유식사상과 현상학

YUISHIKISISOU TO GENSYOUGAKU
– SISOUKOUZOU NO HIKAKU KENKYUU NI MUKETE

by SHIBA Haruhide

유식사상과 현상학

사상구조의 비교연구를 향해서

하루히데 시바

박인성 옮김

도서출판 b

| 일러두기 |

1. 원문에서 밑줄로 강조되어 있던 부분은 번역하면서 진한 글씨로, 강조점으로 된 글들은 고딕체로 표기했다.
2. 미주는 저자의 주이며, 각 장의 뒤에 놓였던 것을 맨 뒤로 통합했다.
3. 한문의 우리말 번역은 모두 옮긴이의 것이다.

서문

이 책은 유식사상과 현상학을 비교사상의 관점에서 대비하고 그것들의 핵심을 이루는 철학적 통찰을 추출함으로써, 양자에 대한 새롭고도 현대적인 해석의 가능성을 찾고자 하는 시도이다. 일개 철학도로서 불교학에 문외한인 필자가 이와 같은 주제로 과연 어디까지 다가갈 수 있을지 염려스럽기 그지없다. 그래서 여기에서 우선 필자가 철학을 수행하면서 유식사상과 만난 일이 어떠한 의미를 지니고 있었는지를 분명히 해 둘 필요가 있을 것이다.

필자에게 철학연구의 출발점은 후설이 자신의 현상학에 붙인 '초월론적'이라는 용어가 갖는 독자적인 의미를 해명하는 데에 있었다. 당초 모든 학문의 기초부여라는 프로그램에 규정되어 있었던 후설의 초월론적 동기는 대체로 순차적으로, 대상인식對象認識의 형태로 이루어지는 우리 지知의 구조의 근저로까지 침잠하고 나서 그것을 뛰어넘고자 하는 시도로 심화하고 있었다. 그러나 후설의 이러한 초월론적 동기의 진의를 이해하는 일이 많은 어려움을 수반하기 때문에, 뒤이은 현상학 연구자의 다수가 오히려 후설의 사상에서 경험론적 동기를 불식하는 데에서 활로를 발견하고자 했다. 예를 들면, 그의 초월론적 동기를 근대적인 기초부여주의로 역행하는 것이라고 비판하고서, 해석학이나 분석철학과 제휴하는 가운데 현상학의 가능성을 탐색하고자 하는 시도 등을 꼽을 수 있겠다. 확실히 과학론의 영역 등에서는 이 방향의 연구가 많은 성과를 거두고 있고, 필자로서도 그 의의를 인정하는 데에 인색하지 않다. 그러나 이러한 연구동향이 과연 후설의 초월론적 동기의 독자성을 충분히 확인한 후에 이루어졌는가 하고 재차 묻는다면 답은 부정적이지 않을 수 없다. 예를 들면, 이데아적인 객관성이 갖는 근원적 역사를 해명하는 과제는 후설의 초월론적 동기에서 필연적 귀결로서 생겨난 것인데도, 데리다의 혜안이 이를 '후설의 위험한 임무'라고 평했을 때 끊임없는 오해에 처했을 뿐만 아니라 문제의 중요성조차도 일반적으로 인정받지 못했던 것은 아닌가? 초월론적 입장의 모순에 대해서 외부에서 야유하며 비판하는 일은 용이하다. 그러나 초월론적 반성의 한계에 부딪치고서, 이 한계점에서 나타남現을 가능하게 하면서도 스스로는 나타남의 권역에 모습을 나타내지 않는 숨겨진 기능이라는 근원사상根源事象에 이르게 된 것은 다름 아닌 만년의 후설 자신이었다. 앞에서 서술한 상대주의적 연구동향에는, 이러한 반성의 한계에서 마주치게 되는 사상事象에 맞서서, 후설이 직면했던 어려움을 자신의 물음으로 받아들이는 철학적 사색으로 이르는 길을 교묘하게 회피해버리는 위험이 없다고 할 수 없을 것이다. 그러면 후설이 남긴 과제를 정면에서 받아들이는 길을 어떻게 개척할 것인가?

불교 특히 유식사상이 지니는, 철학으로서의 중요한 의의를 필자가 깨닫기 시작한 것은 위와 같은 물음을 통해서였다. 따라서 이 책을 집필하는 첫 번째 의도는, 후설이 직면했던 초월론적 반성의 한계점에서 생기하고 있는 사건의 사상事象 구조를 유식사상의 아뢰야식 연기론과 3성설의 관계 속에서 찾아내는 일에 있다. 그렇다고 해서 후설의 초월론적 입장과 유식론을 동일하게 보는 것은 물론 아니다. 양자 간에는 역사적으로도 문화적으로도 엄연한 차이가 있다. 그러나 반성을 촉구하면서도 대상성의 논리의 테두리 내에서 활동하는 반성에 의해서는 파악될 수 없는, 비대상적인 차원에 이르는 사유의 길을 개척하기 위해서 유식론이 문제로 삼았던 사상事象을 발굴하는 일은 현대의 '사유의 사태'로 보아서도 중요한 의의를 지닌다고 생각한다.

그런데 유식사상의 연구 분야에서, 전통적인 법상교학의 이름으로 전승되어 온 호법과 현장의 사상과, 새롭게 발견된 범문원전에 대한 실증적 문헌연구에 기초하는 견해 사이에 다양한 해석의 문제들이 제기되어 왔다. 그중에는 '식전변識轉變'이나 '3성性'의 해석 등, 각각의 입장이 갖는 사상의 철학적 배경 등에 대해 검토해야 할 많은 논점들이 있다. 물론 필자로서는 이 논점들에 관해 문헌학적 고증을 행할 수는 없지만, 현상학적 관점에서 이 논점들이 갖는 사상적 의의에 대해서 설사 불충분하더라도 철학적으로 검토를 시행하는 일은 전혀 무의미하다고 할 수는 없을 것이다. 여기에 이 책의 두 번째 동기가 있다.

따라서 한마디로 말한다면, 이 책은 한편으로는 현상학적 사유의 길을 끝까지 걷기 위해서 유식사상의 철학적 의의에 주목해야 할 필요성을 보여주는 동시에, 다른 한편으로는 유식사상의 여러 논쟁들의 의의를 해명하기 위해서는 어떻게 해서라도 현상학적 분석으로 들어가지 않을 수 없다는 것을 보여주는, 이중의 내적 필연성에 기초하는 비교사상적 작업이다. 이러한 두 사상의 비교의 필연성과 가능성에 대해서는 '서론'을 참조했으면 한다.

이상과 같은 이중의 동기에 기초해서, 이 책은 다음과 같은 3부의 구성을 취한다. 즉, 제Ⅰ부 '행상行相과 현출現出 — 가설의 소의所依와 현상학적 환원', 제Ⅱ부 '훈습과 침전 — 아뢰야식연기와 초월론적 역사', 제Ⅲ부 '전의와 반성 — 유식3성설과 현현顯現하지 않는 것의 현상학'이다. 제Ⅰ부에서는 유식사상의 기본적 입장을 확인한 후 3성설에서 말하는 의타기성과 변계소집성의 관계를 전기와 중기 후설의 환원론에 대응시키면서 고찰한다. 제Ⅱ부에서는 아뢰야식의 문제를 현상학의 지평론 및 후기 후설의 발생적 현상학과 관련시키면서 고찰한다. 제Ⅲ부에서는 3성설에서 말하는 의타기성과 원성실성의 관계를 현상학적 반성의 한계점에서 노정되는 문제와 관련시키면서 고찰한다. 이 3부의 구성을 취하게 된 유래에 대해서는 '서론'에서 상술하기로 하고, 여기서는 이 각 단계들이 『유식삼십송』의 구성에서 보이는 단계들 및 후설 현상학에서 보이는 '현상'개념이 심화하는 단계들에 대체로 대응하고 있다는 것에 주의를 환기하는 정도로 마무리하고 싶다.

이 책의 내용이 이상에서 서술한 목적에 과연 충분히 부응할 수 있을까? 정직하게 말해 필자의 힘의 한계를 인정하지 않을 수 없다. 적어도 두 전문영역에 걸치는 연구를 딛고 가야 한다는 것은 비교사상이라는 학문에 종사하는 학자에게는 큰 벽이다. 불교문헌학의 영역에서는 위에 서술한 논점들에 관해서 이미 상세한 선행연구가 행해졌지만, 이 책에서는 그것들을 충분히 딛고 갈 수 없었다. 또한 비교라는 관점을 중시한 결과, 현상학적 사색의 면에서도 다소 경박한 점이 있을지도 모른다. 이 책은 비교사상에 얽혀 있는 어려운 벽을 앞에 둔 시행착오의 기록에 지나지 않는다. 지금은 단지 이 착종된 발자취를 있는 그대로 제시함으로써 독자의 질정을 바랄 수밖에 없다.

현대가 시대의 큰 전환기를 맞고 있다는 것은 말할 나위도 없지만, 특히 그것이 이제까지의 인간의 지적 존재방식에 대한 재검토와 그 변혁을 요구하고 있다는 점에서 큰 특색이 있다. 과학을 전형으로 하는 대상지對象知가 극한으로까지 발전한 오늘날, 그와 같은 지知를 생겨나게 하면서도 그 그늘에 계속 숨어 왔던 지知의 비대상적인 차원을 탐색하는 작업은 금후 점점 더 그 필요성이 증가하게 될 것이다. 유식사상은 대승의 아비달마阿毘達磨라 불린다. 그것은 비대상지에 대한 엄밀학이라는 의미를 갖고 있다고 생각된다. 이 책이 혹시 이와 같은 학學이 21세기에 떠맡아야 할 현대적인 의의에 대해서 독자와 함께 생각하기 위한 단서가 될 수 있다면, 필자에게 이보다 나은 기쁨은 없다.

독자의 비판을 간절히 바란다.

2003년 3월 하루히데 시바司馬春英

| 차 례 |

제Ⅱ부 훈습과 침전

제Ⅲ부 전의와 반성

보유補遺 논문

불교와 과학_367

생명윤리와 '신身'의 논리_391

서양의 '인과성' 개념의 여러 형태_405

서 론

유식사상과 현상학에 대한 비교론적 관점 제시

시작하며

후설은 자신의 현상학이 모든 객관적 의미형성의 근원적인 장인 초월론적 주관성으로 되돌아가 존재하는 세계를 의미형성체 또는 타당형성체로서 이해하고자 하는 철저한 초월론적 철학이라고 자인하면서, 객관주의적 전제에 아무런 자각 없이 의존하고 있는 실증주의적인 과학적 이성에 대해 근원적인 비판을 시도했다. 한편, 유식사상은 우리의 언설에 의해 세워진 세계를 가설假說(假設)된 세계, 곧 '변계소집성'이라 해서 이를 척결하고, 그 미망迷妄이 의지해 온 곳을 의타기적인 '식전변識轉變'의 '사事'라 하며 이를 탐색했다. 확실히 연대기적으로 보아 유식학이 근대과학을 비판한다는 것은 있을 수 없는 일이다. 유식학이 놓여 있었던 기본적 맥락을 약술하면, 다음과 같이 말할 수 있을 것이다. 즉, 기본적으로 중관학파의 '공空'을 계승하고, 그러면서 아비달마의 치밀한 경험분석을 그 실체론적 전제를 비판하면서 수용하고, 거기에다 말하자면 그 경험의 근저를 돌파하는 '전의轉依'를 통해 '공'의 확증에 이르는 길을 보여주고자 했던 것이다. 이런 한에서 유식학과 현상학은 시대로 보나 문제로 보나 서로 멀리 떨어져 있는 것처럼 보인다. 그러나 그럼에도 불구하고, 자각하지 않은 채 대상인식을 소박하게 수행遂行하는 우리의 지知의 구조에 투철하면서 그것을 뛰어넘어가기 위해서, 한쪽은 초월론적 주체성의 의미구성작용에 대한 해명으로 향하고, 다른 한쪽은 가설假說(假設)의 소의所依인 식識의 인연생기를 천명한다는 점에서 양자 간에는 평행관계라고 할 만한 공통성이 인정된다. 필자는 이 평행관계가 결코 우연한 것이 아니라 우리의 경험의 근저에서 항상 언제나 기능하고 있는 심층차원의 구조를 해명하고자 하는 하나의 보편적 과제를 향해서 양자가 얼마나 철저히 걸음을 내딛고 있었는지 보여주는 증거라고 생각한다.

경험의 심층구조를 탐구하는 이 양자의 특징은, 한마디로 말하자면, 대상성의 논리를 받치고 있는 비대상적인 경험으로 소급해 간다는 점에서, 그리고 그러한 비대상적 경험을 그 자체로 사유해 가는 가능성을 개척하고 있다는 점에서 찾아질 수 있겠다. 결국 그것은 언어표현이 불가능한 직접경험으로 몰입하는 것도 아니고, 또한 언어표현이 불가능한 경지에 서서 거기에서 언어표현에 의지해서 대상논리적 정합성에 집착하는 일을 일거에 분쇄하는 것도 아니다. 오히려 이 양자에 있어서는 일체의 언어표현을 거부하는 비대상적인 '사事'를 대면하면서, 역으로 거기로부터 소환되고 촉구되어 오는 사유의 길이 개척되고 있다고 생각한다. 이 점에서 특히 후설의 후기사상이 주목되어야 한다. 그 특징으로서 첫 번째, '의미발생의 소급적 노정露呈' 혹은 '지향적 은복성隱伏性의 노정'이라는, 발생적 구성분석의 방법적 조탁彫琢을 들 수 있다. 발생적 현상학은 현재적顯在的 대상의미를 잠재적 지향성의 지표로 보고, 이를 길잡이로 해서 역사적으로 침전된 지향성을 노정해가는 것인바, 그것을 통해서 초월론적 주관성의 깊이의 차원을 비추어내고 초월론적 주관성이 그 자신의 안에 무한한 역사적 지평을 짊어지고 있다는 것을 분명히 하고 있다. 이렇게 해서 발생적 현상학은 '의식의 고고학'이라고도 말할 수 있는, 기원을 탐색하는 길을 개척해간다. 후설은 이 발생적 현상학을 그때까지의 현상학을 정태적 현상학으로 부르면서 이와 구별했는데, 이 두 가지는 다음과 같은 관계에 놓여 있다. 즉, 정태적 구성은 이미 전개되어 온 주관성이 갖는 대상구성의 기구機構를 해명하는 것이기 때문에 사상적事象的으로는 의식의 자기구성이라는 발생적 구성을 전제하고 있다. 그러나 방법상으로는 반대로 정태적 구성 쪽이 선행한다. 필자는 유식사상에서 말하는 '전변'의 두 가지 뜻, 즉 '인전변因轉變(인능변因能變)'과 '과전변果轉變(과능변果能變)'의 관계를 이 두 가지 구성론과 대응시켜 고찰하고 싶다. 당연히 전자는 발생적 구성에, 후자는 정태적 구성에 대응한다고 생각한다.

이 발생적 구성분석의 당연한 귀결인, 후설 후기사상의 두 번째 특징은 잠재성을 노정하는 방법에 의해 의식의 지평을 개시開示하고, 그중에서도 '지평들의 지평' 곧 '세계지평'을 문제로서 환기한 점에 있을 것이다. 지평이란 '현재적顯在的인 것에 있는 잠재성의 지시연관'으로서 그 자체는 결코 주제화되는 것이 아니며, 항상 익명적인 차원에 머물면서 모든 대상구성에 임하여 배경적 지반으로서 기능하고 있다. 이 의미에서 세계지평은 의식의 대상구성의 아프리오리a priori한 조건이고, 또 이와 상관적으로 초월론적 주관성은 '세계구성적 생'으로서 끊임없는 생성의 과정에 있는 것으로 다시 파악되게 되는 것이다. 그런데 이 지평이 비-주제적으로 '미리 주어진 것'이라는 선소여성先所與性의 양태와 관련해서, 세 번째로, 발생적 소급의 방법이 경험분석에서 완수한 중요한 의의를 잊어서는 안 된다. 즉, 여기서 의식의 능동적이고 정립적인 지향성뿐 아니라 수동적 종합이라 불리는 선先정립적 지향성의 층이 발견되었기 때문이다. 특히 지각경험을 발생적으로 분석하면서, 감각의 질료hyle 층이 이미 자아작용이 더해지기 이전에 '연합association'이라 불리는 내적 결합법칙에 의해 구조화되어 있고, 이 수동적으로 구성된 의미통일로부터의 촉발에 응하는 형태로 비로소 자아의 대향對向, Zuwendung이 성립한다는 것이 밝혀지게 되었던 것이다. 수동적 구성의 차원은 선술어적 경험의 영역이기 때문에, 그 의미에서 유식학에서 말하는 의타기적 '사事'의 세계를 정치하게 분석하고 있다는 것을 엿볼 수 있다. 즉, 수동적 종합은 자아작용 이전의, 대상화 이전의, 아와 법의 가설假設(假說)의 소의所依가 되는 사상事象을 조명하는 것이다. 전변轉變(능변能變)의 여러 상相들이 이 분석들과 어떻게 대응하는지, 혹은 어떠한 엇갈림이 발견되는지 하는 이런 점들은 비교사상 연구에 무한하다고 말해도 좋을 만큼의 과제를 제기하고 있다고 말할 수 있겠다.

마지막으로, 후설이 그가 사유해 가는 걸음의 궁극점에서 자신의 현상학적 반성의 임계에 다다랐다는 사실이야말로 우리에게 가장 중요한 문제를 던지고 있다. 우선 전술한 수동성의 분석은 자아의 세계구성적 기능에 앞서서 세계가 의식에게 자신을 보내고 있다는 사태를 고지하고 있다. 그것은 지각의 경우 질료 층을 통해서 근원적 자연과 자아의 원原기능이 만나는 장으로 우리를 데리고 간다. 거기에서 우리는 정신과 자연, 주관과 객관, 자아와 세계라고 하는 모든 차이가 거기로부터 발생하는 원초적 사건Ereignis에 이르게 된다. 이것은 한편에서 보면 이성의 자연귀속성을 나타내는 것으로도 해석할 수 있지만, 이때 '자연'이 실체화되고 모든 현상의 출발점으로 간주된다면, 이성의 절대화와 같은 형이상학적 사변에 빠지게 될 것이다. 여기서 중요한 것은 이들 상대개념의 어느 한편을 보다 근원적으로 간주하고 그로부터 다른 한편을 도출하는 것이 아니라, 이 차이화의 사건 그 자체로 향해 현상학적인 사유가 어떻게 되돌아갈 수 있는가 하는 그 가능성의 문제이다. 하지만 이 점에서 현상학적 사유는 가장 큰 어려움에 직면하게 된다. 그 이유는 현상학적 반성은 대상귀의적인 의식의 수행양태의 자기망각성으로부터 각성하는 것으로서, 잠재적 익명성의 모든 층을 잇달아 현재화顯在化시켜 자각으로 가져오는 끊임없는 과정이며, 이렇게 해서 전술한 지평적인 의미의 '숨음隱'이 차츰 분명하게 되지만, 현상학에 있어서 반성적 사유의 수행에 구조적으로 늘 따라다니는

'숨음'은 어떻게 해도 현재화될 수는 없기 때문이다. 여기서 문제가 되는 차이화라는 사건은 지평적인 의미의 '숨음'과는 차원을 달리하며 확실히 현상학적 반성으로부터 몸을 숨기는, 본래적인 '숨음'의 차원에 속하는 사건이다. 즉, 반성적 사유가 거기에서 유래하는 데도 불구하고 그 반성적으로 '본다'고 하는 작용에 이미 덮이고야 마는 '숨음'이다. 이와 같은 '숨음'에 직면해서는 어떠한 반성도 좌절에 빠지지 않을 수 없다. 그러나 후설의 경우 반대로 반성의 좌절을 통해서 이 '숨음'의 소재를 밝혀내고 있다고도 말할 수 있으며, 금후의 현상학적 사유에 있어서 이 차이화의 사건으로 되돌아가기 위해 어떠한 접근법이 가능할 것인지가 큰 과제가 되고 있다고 말해도 좋을 것이다. 필자는 유식3성설의, 의타기성과 원성실성의 불일불이不一不異 관계야말로 바로 이러한 사유 자체의 뿌리에서 생기하는 '숨음'의 사건으로 예리하게 다가서는 것으로 생각한다.

이상과 같이 주로 후기 후설의 사유의 걸음을 따라 문제점을 열거해 왔는데, 여기서 이제까지 서술해 온 사항들을 가능한 한 세친의 『유식삼십송』의 논술 순서를 좇아서 정리해 보면, 다음과 같은 비교론적 논점이 부상해 올 것이다.

① 현상학적 환원과 유식3성설

대상귀의적인 자연적 태도가 변계소집성에 비정된다면, 그 자명성과 익명성의 자각화인 초월론적 환원에 의해 노정되어 오는 초월론적 생生의 영역이야말로 의타기적 '사事'의 세계로 이해될 수 있다. 다만 여기서 대상적인 지知의 가능성의 조건으로 향하는 물음을 공유하는 것을 보여주는 일뿐이라면, 칸트의 선험철학과 비교하는 일만으로도 충분할 것이다. 따라서 우리는 유식론을 어째서 칸트가 아니라 후설 현상학과 대비하는가 하는 필연성을 명확하게 보여줄 필요가 있다.

② 아뢰야식연기의 '종자생현행種子生現行, 현행훈종자現行薰種子'와 후기

후설의 '초월론적 역사'

후설의 후기사상은 중기의 데카르트적 방법에 기초하는 초월론적 주관성의 정시呈示를 자기비판하면서, 초월론적 기능을 맡는 주체의 자기구성 속에 침전된 의미구성의 역사를 노정하는 '발생적 구성분석'으로 향했다. 한편 아뢰야식연기에 관한 위 표제의 말들은 현행식과 그 식이 의지하는 아뢰야식이 교호적으로 순환하는 가운데, 현행식에 의해 훈습된 종자가 다음 찰나의 현행식에서의 세계현출을 규정해 가는 구조를 해명하고 있다. 훈습된 종자는 후속의 현행식에 대해서 초월론적 기능을 갖지만, 이 기능은 무시無始이래의 흐름인 아뢰야식에 훈습되고 침전된 역사에 뿌리내리고 있다. 과전변果轉變에서의 견분과 상분의 상관관계가 노에시스와 노에마의 정태적 구성과 대비된다면, 식識의 인연생기인 인전변因轉變은 칸트에서는 볼 수 없는 이 후설의 '초월론적 역사'의 개시開示와 대비될 수 있을 것이다.

③ 현상학적 반성론의 아포리아aporia와 유식3성설 — '현현하지 않는 것의 현상학'으로 가는 길

'살아 있는 현재'의 분석은 현상학적 반성의 수행이 반성에 앞서는 자아의 원原-분열을 전제한다는 것을 보여주었다. 여기서 현상학은 선반성적인 반성근거, 즉 반성적 대립을 가능하게 하는 근원적인 균열의 생기에 입회하게 된다. 이 생기의 사태는, 지知의 대상 방면으로부터 몸을 빼는 방식으로만 만날 수 있는, 지知의 형성작용을 가능하게 하는 비-대상적 경험의 차원에 속한다. 이 생기를 향해 되돌아가는 것을 3성설의 "의타기에서 변계소집을 항상 원리遠離함의 성性이 원성실성이네"(『유식삼십송』 제21송)라는 규정과 대비하면서 고찰할 것이다.

이상과 같이 유식사상과 현상학에 대한 비교론적 관점에 관해서 필자 나름대로 통찰해 보았다. 이 관점들은 본론의 구성에서는 각각 각 부(제Ⅰ부, 제Ⅱ부, 제Ⅲ부)의 전개에 대체로 대응하는데, 여기서 미리 각 부의 개요를 보여주겠다.

제1장 환원에서의 태도전환과 3성설

우선 처음에 유식학파의 '3성설'을 후설의 현상학적 환원, 곧 자연적 태도에서 초월론적 태도로 태도를 전환하는 일과 대비하면서, 이들 간에 보이는 대응관계를 비교론적으로 고찰해 보겠다. 『유식삼십송』에 따를 때 유식론의 주제는 ① 식전변론, ② 3성설, ③ 수도론修道論[전의轉依, 2지智]의 세 기둥으로 이루어져 있다고 생각된다. 이 중 '식전변론'은 식의 3층구조, 아뢰야식과 현행식이 엮어 가는 교호인과 등의 정치한 분석을 포함하며, 역사적으로는 『아비달마구사론』이나 경량부의 교설에 입각하면서 이를 대승의 입장에서 종합한 아뢰야식연기론이라 할 수 있는 데 반해, '3성설'은 '3무성설'과 대를 이루면서 예로부터 '유식중도'의 설로 여겨져 온 데서 알 수 있듯이 공空의 사상으로 일관하려는 유가행파에 있어서 가장 중요한 위치를 점하고 있다. 이 점에 대해 나가오 가진長尾雅人은 "3성설은 보살정신의 핵심을 찌르는 설"[1]이며, "식론識論은 전식득지轉識得智해서, 즉 식을 전환해서 불과佛果로 향한다는 실천론을 반드시 동반하지 않는다면 불교적 의미가 발생하지 않는다. 또 그러기 위해서는 3성설의 뒷받침이 필요할 것이다"[2]라고 서술하고, 그 이유로서 "용수에게서는 일반적으로 자성의 부정만이 고찰되며, 매개가 되는 부정의 장소가 고찰되지 않지만" "공성이 완전히 나타나기 위해서는, 특히 종의宗義상의 이론적 근거를 위해서는 오히려 부정되어야 할 매개가 필요하다"[3]라는 것, 그리고 의타기성이야말로 변계소집성과 원성실성의 매개자 또는 통일자의 위치에 서 있다는 것을 들고 있다. 변계소집이 제거되고 원성실이 현현하는 '전의轉依'가 가능하기 위해서도 이 제거가 행해지는 장인 의타기성이 필요하다.

그런데 3성설은 진실眞實의 열반의 세계와 언어적으로 분절된 현상세계 간의, 역설적인 동일성과 차이의 관계(非異非不異: 다른 것도 아니고 다르지 않은 것도 아니다)를 주제로 삼고 있다. 이는 세계를 대하는 인간의 근본태도의 차이를 문제로 삼는 것이다. 그렇기 때문에, 3성 각각의 관계와 후설의 현상학적 환원에서의 태도전환을 비교하며 검토하는 것이 가능하며, 이는 비교철학적으로 중요한 테마이기도 하다.

우선 변계소집성은, 표상되고 대상화된 세계에 살고 있는 우리의 존재방식을 나타낸다. 이는 객관적 시공간의 세계와 주관적 소여로서의 자아를 일상적, 경험적으로 파악하는 일[아와 법의 가설]을 포함하며, 언어적 분절화에 의한 사념思念[허망분별]을 특징으로 한다. 이 점에서 그것은 후설의 '자연적 태도'에 비정될 수 있다. 자연적 태도란 대상을 향하여 직진하는geradehin 태도, 대상귀의적 태도, '세계 속에 들어가 살고 있는' 태도이며, 일상성과 함께 과학적 인식[자연주의적 태도]도 여기에 속한다. 이 태도의 특질은 '자명성'에 있고, 세계라는 자명적 선소여성을 전제하며, 세계확신을 지반으로 하면서 이를 주제화할 수 없다는 점에서 '세계에 구속되어' 있다. 또한 반성과 관련해서도 그것이 직진적 의식의 평면에서 행해지는 한[실증적 심리학], 반성하는 자아는 '익명적', '자기망각적'이다. 의식이 수행태遂行態에 있는 한 빠져 있는 이러한 대상귀의적 · 직진적 '소박성'이야말로 '변계소집성'이라 말할 수 있을 것이다.[4]

다음은 의타기성인데, 비교의 순서로 본다면, 후설의 '초월론적 태도'에 비정되리라고 예상되지만, 이 경우 신중하게 조사해서 결정하는 일이 요구된다. 공통성을 지적하면, 우선 의타기성은 '아와 법의 가설'[변계소집의 미혹한 세계]이 의지하는 소의所依(의지처)로서 위치부여되고, 또 그것이 '인연생기'하는 '사事'에서 구해지고 있다는 것에 주목하고 싶다. 세간적 가설들은 "식에 의해 변현된 것이네彼依識所變"(제1송)는 초월론적 환원에, 그리고 "이 모든 식은 분별하는 것과 분별되는 것으로 전변하니是諸識轉變分別所分別"(제17송)는 초월론적 구성론에 대응한다고 해석된다. 후설에게 '초월론적' 문제란 무엇보다도 전술한 '자명성', '자기망각성'의 자각화이며, 선소여적 '세계'에 대한 구성의 문제이다. 그에 대응하여 초월론적 주관성이란 철저한 세계 (내적) 관심을 억제함으로써 밝혀지게 되는 세계구성적 주관성이며, 초월론적 에포케란 자연적 태도에 입각한 주관성의 자기이해, 자기 자신을 세계 속의 존재자로 간주하는 자연적 자기이해에 대한 철저한 거부이다.[5] 이와 같은 판단중지(에포케)는 '이제까지의 나의 생 전체에 대한 보편적 비판'[6]이므로, 현재적顯在的 작용뿐만이 아니라 습성화해서 습득적으로habituell 계속해서 타당하게 되는 일체의 의식작용에까지 걸치는 것이 되지 않으면 안 된다. 여기서 요구되는, 중지로 향한 포괄적인 의지결단이 가능한가의 문제는 주관성의 국재화라는 패러독스도 얽혀 있어서, 후에 현상학적 반성의 수행에 숨어 있는 익명성이라는 반성론의 아포리아에 부득이하게 직면하게 되는 넘기 어려운 벽이다. 그렇다 할지라도 여기서 의식이 비주제적·비현재적인 상相들을 포함하는 '무제한적인 생의 연관'[7]으로서 파악되고 있다는 것은 주목할 가치가 있다. 이것은 의타기의 인연생이 아뢰야식 연기론으로 전개되는 것과 궤를 같이하고 있다. 이 점에 대해서는 제2절에서 논급한다.

다음으로 의타기와 초월론적 태도의 차이점에 대해서 조금 살펴보겠다. 와츠지 테츠로和辻哲郎는 연기縁起하는 '법法을 관함'과 후설의 본질직관이 등치될 수 있는 가능성을 시사했지만[8], 이 차원에선 오히려 양자의 차이에 주목해야만 한다. 후설은 전통적 철학에 대항해서 형상적 환원을 도입해서 노에시스와 노에마의, 의식의 상관분석이라는 영역을 개척했다. 유식학파도 또한 당시의 실재론적 경향에 대항해서 식론識論을 전개했는데, 특히 호법은 "식체가 2분分과 유사하게 전전한다"라고 하며 노에시스와 노에마 상관관계에 비정될 수 있는 견해를 제시했다. 그러나 이 이론적 측면은 선정禪定에서 법의 공성을 관하는 수습修習의 전前단계이며, 특히 3성설은 이 실천적인 면과 떼어놓을 수 없다는 것은 전술한 바와 같다. 노에시스와 노에마의 상관관계가 반성가능하고 직시가능한 소여로서 분석되고, 그 반성의 장이 당초 자아론적 사전정립 하에 있었다는 것은 부정할 수 없는데 반해, 유식학의 에포케는 모든 자아중심적 계기로부터 해방된 전全실존적인 전환이기에 이론적 관찰자를 예상하는 '반성'과는 다른 것이다. 다만 이 대비는 중기 후설과 관련해서만 전형적으로 말할 수 있는 것이며, 후기 후설과 관련해서는 다른 양상이 노정된다. 후기에서는 선-반성적, 선-대상적, 선-언어적인 의미연관, 즉 수동적 종합의 영역에 빛이 비추어지기 때문이며, 또 거기에서 반성을 가능하게 하면서 반성에 들어오지 않는 것, 반성에 배어 있는 원리적 익명성의 문제가 부상해서 현상학적 사유가 어떻게 해서 자신의 숨겨진 뿌리로 되돌아갈 수 있는지가 물어지기 때문이다. 여기서는 현상학적 반성이 임계점에 놓이면서, 지평과 그 지평을 성립시키는 깊은 차원의 교착交錯이 물어지기에, 반성의 질 자체가 중기와는 달라진다. 그러나 역시 자연적 수행遂行의 판단중지를 의지意志한다고 하는 반성의 동기 문제는 남을 것이다. 만약 와츠지가 현상학의 이러한 전개를 사정권에 넣어서 상기한 것과 동일한 것을 인정했다면, 그것은 괄목할 만하다. 이 차원의 문제는 반성론의 아포리아와, 의타기에서 원성실로 전환하는 관계의 문제로서 제3절에서 논급한다.

제2장 아뢰야식연기와 초월론적 역사성

『성유식론』에 "種子生現行 現行熏種子(종자는 현행을 생하고 현행은 종자를 훈습한다)", "三法展轉 因果同時(3법이 전전할 때 인과 과가 동시이다)"라는 말이 있다. 이 말은 의타기에 보이는 인연생기의 자세한 경위를 아뢰야식연기로 단적으로 표현하고 있다. 종자란 아뢰야식에 저장된 생과生果의 공능功能 곧 잠재여력이고, 현행이란 거기에서 현출하는 현상세계이지만 종자의 단계에서는 숨어 가라앉아 있었던 잠세태가 현기顯起하는 것을 의미한다. 여기서 문제가 되는 것은 '인과동시'의 의미이다. 야스다 리신安田理深은 "종자란 경험의 가능근거, 경험의 아프리오리a priori이다. 경험과 경험의 선험적 근거는 동시이다"[1]라고 서술하고 있다. 그러는 한, 종자의 선험성은 칸트적 의미로도 이해될 수 있다. 그러나 그는 다른 한편으로 "아뢰야식은 무시이래의 경험이다. 개個라고 하는 것이 그 자신의 구조로서 역사적, 세계적인 것이다. 무시이래의 경험의 축적, 그것이 장藏이다"[2]라고 역사성을 강조한다. 여기서 우리는 선험적 근거의 역사성이라는 문제에 직면하고 있는 것이다. 이 선험적 근거에 내포된 경험의 축적인 '역사성'을 말하는 것이 '현행훈종자'이다. 그리고 이 점이 바로 우리가 유식학을 칸트의 선험철학보다는 오히려 후설의 초월론적 현상학과 비교하는 것이 더 적절하다고 생각하는 이유이다. 종자에서 현행으로의 방향과는 역인 "소변所變이 역으로 작용하는 의미"[3]를 칸트의 선험성에서 읽어내는 것은 가능하지 않다. 칸트에서는 경험이라 하면 empirisch이기 때문에 그 선험적 근거는 경험적일 수 없다. 그러나 유식학에서는 식의 의지처 또한 식이며, 식의 '3법전전三法展轉' 하는 '사事' 자체가 세계구성적인 초월론적 기능을 떠맡고 있고, 따라서 후설의 초월론적 경험의 영역에 비정될 수 있을 것이다. 이때 식전변의 동시성은 나가오 가진長眉雅人이 말하는 "역으로 시간이나 공간의 근원이 되는 것", "찰나멸의 성性"[4]을 나타내며, '3법전전'하는 '사事'야말로 거기에서 초월론적 시간화가 행해지는 시간구성적 사상事象이라는 것을 말하는 것이다.

여기서, 후설에게 초월론적 문제란, '자명성'의 자각화이며, 습성화된 비현재적非顯在的인 상相을 포함하는 '무제한적인 생의 연관'을 주제화하는 것이라는 점을 상기하자. 초월론적 환원이란, "자신의 작용의 성과에 갇힌 초월론적 주관성"[5]을 그 자기망각성으로부터 해방시키는 것이다. 그 때문에 후기 후설의 발생적 구성분석은 타당의미로 함축되어 침전된 모든 의미의 역사를 '초월론적 역사성'으로 노정하는 것이다. 이조 케른Iso Kern은 '현행훈종자'를 발생적 현상학의 '침전'으로 해석하면서 다음과 같이 서술하고 있다. 즉, "이 의식의 가장 깊은 수준은, …… 종자라고 하는 잠재능력의 형태로 어떤 의식 흐름의 역사를 포함하고 있다. 이 종자는 후설의 용어로 말하면, 의식 흐름의 역사의 침전, 즉 그 장래 경험에 영향을 주고 조건을 부여하는 침전이다"[6]라고 하고 있다. 또 그는 인능변과 과능변을 구별하면서, 후자는 현행식의 견분이 소연所緣에 의지해서 상분을 현출하는 것이고 이 점에서 현재적顯在的으로 타당한 의미대상에 대한 정태적 구성에 해당하는 반면, 전자는 현재적으로 타당한 의미형성체에 지향적으로 함축된 의미창출적인 선능작先能作을 나타내고, 이로부터 잠재적 구성능작의 상相들을 통해서 바로 그 현재적顯在的 타당의미가 형성되어 오는 발생적 구성을 나타낸다고 생각하고 있다. 결국 인능변에서 종자의 공능이란 "침전된 역사로서 그때마다 구성된 지향적 통일 속에 포함되어 있는"[7] 것이고, 아뢰야식의 '장藏'은 이 침전된 지향적 함축을 의미한다고 생각된다. '3법전전'이란 '현행훈종자'가 침전을 일으키고 '종자생현행'이 그것을 전제로 해서 능작能作하는 끝이 없는 연쇄이며, 아뢰야식은 무시이래의 역사를 짊어지면서 다른 모든 식의 의지처로서 그때마다 세계구성의 기반을 이루고 있는 것이다. 따라서 아뢰야식의 개시開示는 우리에게 후설이 말하는 다음과 같은 자각을 촉구할 것이다. 즉, "실로 우리는 끝이 없는 생의 연관의 전체적 통일 가운데 서 있으며, 나 자신의 그리고 상호주관적인 역사적 생의 무한성 가운데 서 있다"[8]는 자각이다.

제3장 지평으로부터 탈각함과 원성실성

— '현현하지 않는 것의 현상학'으로 가는 길

앞 장에서 다룬 역사성은 현재적顯在的 지향성의 깊이의 차원을 이루는 '지평'으로 해명되어 왔던 것이다. 확실히 '지평'론의 전개는 현상학적 사유가 개척한 큰 공적이며, 그러므로 우리는 아뢰야식연기를 말나식이라는 자아통각의 지평영역으로서, "이 통각의 의미능작, 타당능작이 궁극적으로 거기에서 유래하는 초월론적 역사성"[1]이라는 지평으로 고찰했던 것이다. 그러나 최근 현상학적 사유는 오히려 결코 지평에 모습을 나타내지 않고 자신은 끊임없이 거기로부터 몸을 감추면서, 지평적 열림을 가능하게 하는 기능으로 향하는 새로운 방향성을 개척하고 있다. 그것은, 사상事象적으로는 '살아 있는 현재'에서 자아의 원原분열이 생기할 때 반성에 앞서면서 현상학적 반성을 촉구하는 차원, 즉 현상학을 영위하는 것 그 자체의 익명성의 문제를 깨닫게 된 데서, 더 자세히 말해 자기와 자기의 원原-관계로서의 시간성뿐만 아니라 자기와 세계의 원-관계로서의 신체성, 자기와 타자의 원-관계로서의 상호주관성에도 똑같이 원리적 익명성이 얽혀 있다는 것[2],

그리고 거기에서는 한쪽이 스스로 몸을 뺌으로써 다른 것을 현출하게 하는 부정이 개입되는 공속관계가 중요한 매개기능을 완수하고 있다는 것[3]이 발견되어 온 데서 유래한다. 여기서 현상학을 수행하는 사유가 나타남의 권역에 모습을 나타내지 않는다고 하는 사태에 대한 알아차림과 함께, 현상학적 사유가 자신의 숨겨진 뿌리를 향해서 되돌아갈 가능성이 물어지는 것이다. 가시화 현상[지평적 확대]을 가능하게 하는 불가시의 기능[수직적 깊이]으로 되돌아가는 것은, 그러나 지평성의 권역에서 봄[視]의 전환이나 침전된 것의 회복이라고 하는 종래의 방법, 즉 어떠한 종류의 '반성'도 효과를 잃어버리게 하는 반성의 임계점으로 우리를 데리고 간다.

이 현재의 현상학이 도달한 임계점에 이르러서야 우리는 유식3성설의 중심문제, 즉 의타기와 원성실의 '비이非異·불비이不非異'관계라 하는 사태로 바로 정면으로 향하는 것이다. 의타기는 말하자면 거기에서 세계가 개시되는 초월론적 생生이지만 항상 변계소집에 덮여 있다. 이 덮개를 벗겨내어 초월론적 생을 회복하지 않고는 의타기는 투명화되지 않는다. 그러나 이 덮개를 벗겨내는 일에 원리적 익명성이 얽혀 있다. 의타기의 '사事'는 세계현출을 가능하게 하면서 세계를 현출하게 하는 바로 그것에 의해 스스로를 숨긴다. 더구나 이 '사事'의 '성性'인 '유식성'에 머물기 위한 수습의 도정에서조차 이 은폐구조가 지배하고 있다. "현전에 작은 물物을 세우고 이를 유식성이라 하니, 얻음이 있기 때문에 실제로 유식에 머무는 것이 아니네現前立少物 謂是唯識性 以有所得故 非實住唯識."(제27송) 이것은 우리의 사유가 얼마나 '지평구속성'을 면할 수 없는지를 보여주고 있다. 이 점에서 지평구속적 사유로부터 항상 몸을 숨기는 '현현하지 않는 것'을 바로 그 자체로서 존중하는 후기 하이데거의 사유의 길과, 거기에 보이는 '나타남의 본질유래'로 '수직적인 되돌아감'이 주목되어야 할 것이다. 이것은 '지평으로부터 탈각함'으로서 특징지어진다. 『유식삼십송』에서는 이를 "원성실성은 의타기에서 항상 변계소집을 원리遠離함의 성性이다"라고 하고 있다. 이 '원리함遠離性'과 '지평으로부터 탈각함'의 비교론적 고찰은, 대상지對象知

의 발생의 근원에 머무는 비대상적인 지知의 차원으로 헤쳐 들어가려는 현대철학의 과제와, 분별지를 뛰어넘으려는 대승불교의 길이 공교롭게도 서로 만나는 지점을 명확히 한다는 의미에서 앞으로 비교사상을 전개하고자 할 때 극히 중대한 과제가 될 것이다.

이상으로 서론에 제시된 세 가지 관점은 이하 본론에서는 각각 제Ⅰ부, 제Ⅱ부, 제Ⅲ부를 관통하는 주제가 된다.

제 I 부 행상과 현출

– 가설假說의 소의所依와 현상학적 환원

제1장 유식사상은 관념론인가?

시작하며

유식사상을 철학적으로 이해하고자 할 때 종종 상세한 검토를 거치지 않은 채 '유식'이라는 말을 '오직 식識만이 실재한다'라고 이해하고서 '유식사상은 관념론이다'라고 하는 통념이 아직도 뿌리 깊게 남아 있다고 생각한다. 혹은 본래의 유식사상은 관념론은 아니었지만, 『성유식론』 이래의 전통적 법상교학이 관념론으로 떨어졌고, 따라서 참다운 유식사상을 만나기 위해서는 아직 관념론으로 더렵혀지지 않은 고유식古唯識으로 되돌아가야 한다는 견해도 있다.[1]

그러나 필자의 생각으로는, 『성유식론』을 포함하는 유식사상을 일반적으로 관념론이라는 틀로 파악하는 것 자체가 많은 문제를 내포하는 오해이며, 유식사상이란 오히려 어떠한 형태로든 관념론적인 이론구축을 행하지 않을 수 없는 인간사유의 미망을 철저하게 도려내는 '대치對治, pratipakṣa'

의 가르침이다. 특히 『성유식론』은 이 '대치'의 자세를 가장 선명하게 드러내고 있다고 생각된다. 대치되어야 할 것은 능취grāhaka와 소취grāhya의 형태로 나타나는 '취取, upādāna'이고, 집착이다. 그렇기 때문에 유식 수도론修道論에서는 '소지장jñeya-āvaraṇa'의 단사斷捨가 가장 중요한 과제이다. 또한 아뢰야식으로서 전개되는 '업業'의 문제는 이 '취取'가 왜, 어떻게 생겨나는가 하는 '취取'의 성립조건을 둘러싼 물음 속에서 해명된다. 따라서 유식사상은 '취取'를 문제의 근간으로 하고, 그 연원을 규명하면서 최종적으로는 그 대치對治에 이른다는, 불도佛道라는 한 가닥의 실로 꿰어지는 것이다. 유식사상의 궁극은 "식識의 무소득無所得"[2]이지 결코 식識만이 실재한다는 관념론적 주장이 아니다. 따라서 이것은 무엇보다도 『성유식론』에 관한한 타당하다.

한편 이 문제에 관련하여, 최근 출간된 루스트하우스Dan Lusthaus의 『불교현상학』[3]은 주로 『성유식론』에 기초하면서 "유식사상은 관념론이 아니다"라는 명석한 논지를 전개하고 있다. 이 장에서는 이하, 루스트하우스가 논하는 큰 틀을 필자 나름의 관점에서 전개해 가면서 유식사상의 본의를 탐구하기 위한 단서를 열어 두고자 한다.

제1절 유식에 대한 관념론 해석과 그 오류

한마디로 말로 관념론이라 해도 다양한 입장의 착종이 보이기 때문에, 여기서 관념론이라고 지목되는 여러 입장들을 다음과 같은 3가지 유형으로 정리해 두는 것은 무익하진 않을 것이다.

① 형이상학적 관념론 — 심적이며 비물질적인 실재가 모든 존재자를 창출한다.

② 인식론적 관념론 — 생각될 수 있는 모든 것의 궁극적 근거는 인식주

관이다.

③ 비판적 인식론적 관념론—세계가 심心에 의해 구성된다고 주장하지는 않지만, 우리의 심적 세계구성 또는 세계해석을 세계와 구별하는 것은 불가능하며, 그런 한에서 인식자가 세계경험을 구성한다는 것을 승인하고 또한 그것을 주장한다. 전혀 다른 것은 본질적으로 알려질 수 없기 때문이다.

(1) 형이상학적 관념론

이제 '유식唯識' 또는 '유심唯心'이란 말을 "심心만이 진실한 실재이고 다른 모든 것은 심에 의해 창조된 것이다"라는 주장으로 받아들이면, 유식사상은 ① 형이상학적 관념론이라는 해석이 성립한다. 그러나 유식문헌을 조금이라도 마주쳐보면, "세계는 심心에 의해 창조된다"라는 주장이 행해진 적은 한 번도 없었다는 것을 판명하게 알 수 있다. 유식문헌이 말하는 것은, "우리는 우리가 투영한 세계해석을 세계 그것으로 간주해버린다"라는 것이고, "우리는 자신의 심적 구축물을 세계 그것으로 그릇되게 받아들이고 있다"라는 것이다. 즉 '식識'이란 궁극적 실재 혹은 모든 난문에 대한 결말로서 제시된 것이 아니라 그것 자체가 근본적인 문제이며 문제의 소재인 것이다. 이 '식'과 얽혀 있는 문제에 대해서 유식학파는 다음과 같이 다양한 어휘를 구사해서 자세하게 분석하고 있다. kalpanā(분별=개념적 구축물의 투영), parikalpa(허망분별虛妄分別), parikalpita(변계소집遍計所執), abhūta-parikalpa(허망분별), prapañca(희론戱論), samāropa(증익增益), khyāti(현현顯現), pratibimba(상像, 영상映像, 경상鏡像) 등등. 인식의 올바름이란 연기적 조건들을 그것들이 생기하는 그대로(yathā-bhūtam=여실如實) 보는 것을 방해하는 장애를 제거하는 일과 다른 것이 아니다.

'유唯, mātra'란 말은 형이상학적 실재를 의미하는 것이 아니라 극복되어야 할 문제의 소재를 명시하고 있다. 예를 들어, prajñapti-mātra라는 말에서 prajñapti가 가설假說·언설言說·시설施設을 의미한다고 해서, 이 말이 경험세계의 배후에 있는 형이상학적 실재를 보여주고 있다고는 누구도 생각하지 않을 것이다. kalpanāmātra(분별뿐), bhrānata-mātra(미란迷亂), ākāra-mātra(행상行相뿐), ākṛti-mātra(형상뿐) 등에 대해서도 마찬가지이다. '유唯'가 붙은 이 단어들은 극복되어야 할 무명avidyā, 우치愚癡, moha의 징표이다. 어떻게 '유식'이란 단어만이 궁극적 실재라는 의미를 지닐 수 있겠는가?

그렇다면 왜 우리는 이와 같은 오해에 쉽게 이끌려서, 그것이 일반적인 통념으로 침투해 오는 것일까? 그 이유는 '유식'이란 말이 종종 존재론적 명제로 받아들여져서, 업의 문제에 관한 인식론적 '대치'로서 이해되는 일이 어렵게 되기 때문이다. 유식학파가 '식識'에 초점을 맞추는 것은 '업'의 분석에서 나온 필연적인 것이지 형이상학적 사변을 위한 것이 아니다. 다만 여기서 '인식론적'이라고 말해도 그것은 어디까지나 존재론적 관심을 괄호에 넣은 것이지 주관과 객관을 전제한 근대 인식론의 구도를 의미하는 것은 아니다. 그 의미에서는 '현상학적'이라고 말하는 편이 정확할 것이다.

(2) 인식론적 및 비판적 인식론적 관념론

엄밀히 말하면, ②의 인식론적 관념론과 ③의 비판적 인식론적 관념론 간에는 중요한 입장 차이가 있지만 지금 여기서는 그것들을 일괄해서 보고자 한다. 유식사상이 형이상학적 관념론이 아니라고 해도 '유식무경唯識無境' 또는 '불리식不離識'이란 말로 미루어서, 적어도 분석의 최초의 단계에선 유식론이 인식론적 또는 비판적 인식론적 관념론을 따르고 있는 것처럼 보일 수 있다. 그러나 만약 ②의 인식론적 관념론이 모든 인식의 궁극적 근거를 닫혀진 의식의 자기관계에서 구하는 입장이라면, 유식사상은 이 입장과는 명확히 구별된다. 왜냐하면 유식론에서는 닫혀진 의식의 자기관계야말로 하나의 기본적인 '문제'인 것이며, 오히려 이 닫힌 영역을 해체하고 제거하는 것이 목적이기 때문이다. '심心'은 해결이 아니라 '문제'이다. 의식으로 환원된 것은 결코 단순하게 순수한 의식 그 자체가 아니다. '불리식不離識'이라고 말해지듯이 '유식'은 의식의 닫힌 영역을 나타내는 것이 아니라 스스로를 초월해가고자 하는 우리의 모든 노력은 의식의 투영과 다른 것이 아니라는 점을 말하는 것이다. 그렇다면 이 '불리식'은 ③의 비판적 인식론적 관념론과 동일한 입장을 말하는 것은 아닐까? 즉 우리의 세계해석을 세계와 구별하는 것은 가능하지 않으며, 결국 세계는 우리의 세계해석과 다른 것이 아니라고 말이다. 그러나 이것이야말로 유식론이 대치對治의 대상으로 본 지知의 기만, 즉 소지장所知障과 다른 것이 아니다. 루스트하우스는 이 ③의 입장을 '인식적 나르시시즘'[4]이라고 부르고 이러한 인식구조의 뿌리가 되는 '취取'를 '사유화私有化, appropriation'로 번역하고 있다. 인식의 자애自愛[만慢]이다. '불리식'이라 말하는 것은, ③의 입장과는 정반대로 이 지知의 자애의 자각화를 통해서 소지장의 단사斷捨로 이르는 길로 인도하기 위해서이다. 확실히 '유식'의 입장은 인식구조의 이해에 관해서는 ③의 입장과 유사할지도 모른다. 그러나 그 인식구조에 대한 태도에 있어서는 정반대이다. 관념론이 세계는 관념이라고 말함으로써 세계를 사유화하려는 데 대해 유식은 확실히 그러한 사유화에 대한 대치에 다름 아니기 때문이다.

유식론은 ③의 입장도 포함한 넓은 의미에서 인식론적 관념론의 근저에 도사리고 있는 존재론적 집착을 예리하게 드러내 보인다. ②와 ③의 입장은 ①과 같이 명시적으로 존재론을 표방하지 않지만, 그만큼 '취取', 즉 지知가 세계를 사유화하려는 동기를 보다 강고히 나타내고 있다. 유식학파의 관심은 왜 우리가 그러한 여러 입장들을 만들어내고, 그것을 고집하는지를 해명하는 것이다. 유물론이든 관념론이든 '취'라는 집착에 기초하고 또 거기로 이끄는 한, 유식학파는 양자를 단호하게 거부한다. 이 점을『성유식론』은 다음과 같이 명확히 서술하고 있다.

> 심과 심소 바깥에 실제로 대상이 있다고 허망하게 집착하는 것을 버리게 하기 위해 오직 식識만 있다고 설한다. 만약 오직 식만이 실제로 있다고 집착한다면 바깥 대상[외경外境]을 집착하는 것과 같으며 역시 법집이다.[5]

為遣妄執心心所外實有境故, 說唯有識. 若執唯識真實有者, 如執外境亦是法執.

이 말에 의해 유식사상은 관념론이 아니라는 것이 명확해진다. '외경'뿐 아니라 '유식'도 또한 '유有'라 한다면, '법집法執', 즉 존재론적 집착에 빠지는 것이다. 『유식삼십송』의 제27송도 또한 관념의 투영과 결합한 존재론적 집착을 경계하고 있다.

현전에 작은 물物을 세우고 이를 유식성이라 하니, 얻음이 있기[有所得] 때문에 실제로 유식에 머무는 것이 아니네.[6]

現前立少物 謂是唯識性 以有所得故 非實住唯識

즉, 만약 어떤 사람이 유식이라는 관념을 투영해서 그것에 집착한다면 진정한 의미에서 유식의 이해에 도달하는 것이 아니다 하고 말이다.

제2절 존재론적 침묵과 대치

유식학파에 있어서 모든 존재론은 어떤 법집을 숨기고 있는 인식론적 구축물이다. 그러므로 우리에게 존재론적 이론을 구축하게 해서 거기에 집착하도록 강요하는 인식론적 조건들을 해명하고, 그것에 대해 '대치'를 시행하는 것이 과제가 된다. 따라서 유식학파는 존재론적 주장의 타당성을 문제로 삼는 대목을 제외하고는 결코 존재론적 주장을 행하지 않는다. 유식학의 '중도'는 이 존재론적 침묵과 밀접한 관계를 갖는다. 존재론적 주장 대신에 말해지는 것은 '청정清淨, viśuddhi, vyavadāna', '무루無漏, anāsrava' 등의 순수성이다. 이 존재론적 침묵은 법집을 품고 있는 존재론적 관심을 괄호에 넣어서 차단한다. 즉 '불리식'이란, 유식사상에 있어서 현상학적 환원을 의미하고 있다. 유식학파에 있어서는 모든 것이 존재론적 관여를 차단한 현상성으로 환원된다. '유식'도 예외일 수 없다는 것은 앞 절에서 서술했다. 여기서는 '무위법無爲法, asaṃskṛta', '진여tathātā' 또한 예외가 아니라는 것을 확인하도록 하자. 『성유식론』에서는 '무위법', '진여'도 또한 '가시설假施設 prajñapti'이라고 명기하고 있다. 즉 5가지 무위법 즉 허공虛空, 택멸擇滅, 비택멸非擇滅, 부동不動, 상수멸想受滅을 거론한 후에,

> 이 다섯은 모두 진여에 의지해 가립된 것이며 진여도 또한 임시로 시설된 명칭이다.[7]
>
> 此五皆依真如假立, 眞如亦是假施設名.

라고 서술하고 있다.

그런데 '가假'가 '실實'의 대립개념인 것을 고려한다면, 이것은 진여가 실實로는 없다는 것을 의미하는 것인가? '실實'이 '유有'를 함의해서 존재론에 말려드는 두려움이 있는 한에서는 그렇다. 그러나 이는 정확하게 말해 바르지 않다. 유식중도唯識中道는 '실'과 '가'의 대립에 있어서 한쪽 극을 부정하면 곧바로 다른 쪽 극으로 비약하게 되는 것이 아니라는 것을 가르쳐 준다. 진여는 확실히 '가시설'이지만 조금도 실효가 없다는 것을 의미하지 않는다. 그것은 곧 가시설이기 때문에 '방편upaya'으로서 존재론적 집착에 대한 '대치'의 의의를 갖는 것이다. 『성유식론』은 이 점을 '진여'와 관련해서 다음과 같이 말하고 있다.

> 뽑아내서 없다[無]고 하는 것을 막기 위해서 있다[有]고 설한다. 집착해서 있다[有]고 하는 것을 막기 위해서 공空이라고 설한다. 허虛나 환幻이라고 해서는 안 되기 때문에 실實이라고 설한다. 리理는 허망이나 전도가 아니기 때문에 진여라고 이름한다. 색과 심 등을 떠나 실제로 상주하는 법이 있고 이를 이름해서 진여라고 하는 다른 학파의 주장과는 같지 않다. 그러므로

무위들은 결코 실제로 있는 것이 아니다.[8]

遮撥為無故說為有. 遮執為有故說為空. 勿謂虛幻故說為實. 理非妄倒故名真如.

不同餘宗離色心等有實常法名曰真如. 故諸無為非定實有.

'공空'이란, 존재론적인 언어에 대한 대치를 의미한다. 무위와 진여에 대해서 존재론적으로 말하는 것은 허용되지 않는다. 이에 대한 철저한 자각이 유식학파와 다른 학파 간의 뚜렷한 차이를 낳는다. '법성dharmatā'에 대해서도 마찬가지이다. 법성은 제법과 동일하지도 않고 다르지도 않다고 말하고 있다. 진여도 법성도 실유實有가 아니다. 그것은 업에서 생긴 염오染汚와 식별지에서 생긴 장애에서 벗어나 순화된 지智에서 일어나고 있는 것을 기술한 것이다. 기술에 지나지 않는다는 의미에서는 '가시설假施設'이다. 그러나 이 '가시설'은 법집[존재론적 망집]에 대한 대치가 다시 법집에 빠지는 것을 피한다고 하는, 유식사상에서 한없이 중요한 의의를 담당하고 있다. 여기서 또 한 번 "만약 오직 식만이 실제로 있다고 집착한다면 바깥 대상外境을 집착하는 것과 같으며 역시 법집이다"라는 말을 상기해야 할 것이다. '유식'이란 말 또한 법집에 대한 대치가 다시 법집에 빠지는 것을 피한다고 하는, 존재론적 집착에 대한 철저한 대치를 의미하는 것이며, 형이상학적 관념론에서 말하는 궁극적 실재라고 하는 의미를 티끌만치도 포함하고 있지 않다.

제3절 '질質'

유식사상이 관념론이라고 말할 수 없다는 것을 보여주는 일례로서 여기서 '질質'이란 개념에 주목해 보고자 한다. '질'은 『성유식론』에서 '소연연ālambana-pratyaya'을 설명하는 대목에서 '소소연연疎所緣緣'과 관련해서 언급된다. 소연연이란, 한마디로 말한다면, 심의 작용이 일어나고 있는 경우의 대상적 측면을 말하지만, 정확히는

> 자기의 상相을 띠는 심心 혹은 상응相應의 소려所慮나 소탁所託이 되는 법法을 말한다.[9]
>
> 謂若有法是帶己相心或相應所慮所託.

'법dharma'은 아직 주관이라고도 객관이라고도 말할 수 없는 사건이지만, 그 법이 일어나고 있을 때에 그것은 그 자체의 현출방식 곧 '행상ākara'을 갖는다. 그리고 심이 그 행상에 상응해서 생기할 때 그 행상이 대상으로서 인식되고 파악되는 것이다. 따라서 소연연이란, 심이 그것에 의탁해서 생기는 것이라고 말할 수밖에 없을 것이다.

한편 이 소연연에는 '친소연연親所緣緣'과 '소소연연疎所緣緣'의 2종이 있다. 현대어로 번역하면 다음과 같다.

> 만약 능연에 주어지는 것이 그 자체 능연과 분리되지 않고 견분(이나 상분) 등과 같이 내적으로 지각되고 인식되고 있는 경우에는 그것은 '친소연연'이다.
>
> 만약 능연에 주어지는 것이 그 자체 능연과 분리되어 있더라도 '질'이 되어, 이것에 기초해서 내적으로 지각되고 인식되는 경우에 그것은 '소소연연'이다.[10]
>
> 若與能緣體不相離, 是見分等內所慮託, 應知彼是親所緣緣.
>
> 若與能緣體雖相離, 為質能起內所慮託, 應知彼是疎所緣緣.

친소연연은 지각되는 것이 모조리 투명하게 주어지는 경우이며, 소소연연은 사태가 모조리 주어지지 않고 불투명한 바가 남은 경우이다. 예를 들면 타인의 생각을 나는 그 본인과 같이 알 수 없을 것이다. '질質'이란

인식을 촉발하지만 완전히 투명하게 될 수 없는 어떤 것이다.

이 '질'의 유무에 관해서 『성유식론』에서는 아뢰야식 · 말나식 · 의식 · 전5식前五識 각각에 대해 논하고 있지만, 여기서는 말나식에 대해서만 간단히 살펴보고자 한다.

> 제7식의 심품은 아직 전의轉依하지 않은 위位에서는 구생俱生하기 때문에 반드시 외부의 질質에 의탁한다. 그러므로 또한 정히 소소연연이 있다. 이미 전의轉依한 위位에서는 이것은 정히 있는 것이 아니다. 진여 등을 연하는 것에는 외부의 질質이 없기 때문이다.[11]
>
> 第七心品未轉依位是俱生故必仗外質. 故亦定有疎所緣緣. 已轉依位此非定有. 緣真如等無外質故.

말나식은 전의轉依 이전의 단계에서는 아뢰야식의 활동을 '아我, ātman'로 대상화하고, 그 대상으로서의 아我에 망집해서 그것을 사유화私有化한다. 이때 이 '아我'는 더 이상 소연연일 수 없다. 왜냐하면 그것은 분별이고 명목뿐이기 때문이다. 그러나 이때 말나식이 **그것**을 '아我'라고 굳게 믿고, **그것**에 '장탁杖托해서, 즉 **그것**에 촉발되어 대상화를 행한다고 할 때의 **그것** — 이 경우는 아뢰야식의 소변所變 — 이 바로 '질'이다. 전의轉依 후에는 소소연연은 더 이상 없다. 사물을 모조리 투명하게 보는 진여의 활동에 있어서는 불투명한 '질'은 없기 때문이다. 여기서 '소疎' 또는 '외부의 질質'이라고 말하고 있지만, 그것은 외경外境을 의미하는 것이 아니다. '친親'과 '소疎'는 어디까지나 소연연의 구별이며, 현상학적으로 말하자면 '내재Immanenz'의 내內에서의 구별이다.

이상 서술한 유식론의 '질質'은 대체로 후설 현상학의 '휠레hyle(감각질료)'에 대응한다고 생각할 수 있을 것이다. 휠레는 말하자면 의식이 마주치는 것이며, 의식으로 완전하게는 환원될 수 없는 데도 불구하고 의식 이외의 어디에서도 나타날 수 없는 어떤 것이다. 그것은 생생한 감각질료라고 부를 수밖에 없으며, 그 자체는 지향적이 아니지만 노에시스적 지향성이 그것에 의미를 부여함으로써 의미대상인 노에마가 구성되는 그 원래의 여건이다.[12] 그것은 노에시스와 마찬가지로 내재의 '내실적實的, reell' 요소이지만, 노에시스에 의해서 투명화될 수 없다. 그것은 "내재의 내부에서 현출과 현출하는 것의 구별을 요구하는"[13] 것이다. 후설은 『현상학의 이념』에서 음音의 지각을 예로 들면서, 이 구별을 '현출의 소여성과 대상의 소여성'이라는, 절대적 소여성의 두 가지 구별이라고 하면서 다음과 같이 말하고 있다. "그러나 대상은 이 내재의 내부에 내실적인 의미에서 내재하고 있는 것이 아니며 현출의 일부분이 아니다. 즉 음 지속의 지나간 위상들은 지금도 여전히 대상적으로 존재하고는 있지만, 현출의 지금 시점에 내실적으로 포함되어 있는 것은 아니다"[14]라고 한다. 현출은 항상 직접적으로 현재, 지금・여기이다. 휠레hyle는 지금・여기에서 직접 현재하고 있다. 유식학에서도 지금・여기에서 생기하고 있는 것을 제외하고는 모두 '망계妄計parikalpita = 변계소집'이다. 여기서 '내실적reell'과 '비내실적'의 구별이 행해진다. 휠레와 노에시스는 내실적이지만, 노에마는 그것들이 상호작용해서 구성된 '비내실적'인 의미대상이다. 따라서 휠레와 노에시스의 구별이 노에시스와 노에마의 구별보다 앞서는 것이다. 휠레는 노에시스에 의해 활성화活性化되는 것을 통해서 노에시스와 함께 노에마의 구성에 참여하고 있다.

'질'이란 말하자면 노에시스가 그것에 '장탁해서' 활동하는 휠레, 곧 내실적 내재라고 할 수 있겠다. '소疎'는 내실적 내재에서 휠레가 노에시스와 구별된다는 것을 나타낼 뿐이다. 이에 반해서, 노에시스와 노에마의 상관관계는 견분과 상분의 상관관계로서 '친소연연'에 상응할 것이다. 그러나 엄밀하게 말하면 상분은 견분과 마찬가지로 지금・여기에서의 사건이기 때문에, 이 점에서 상분과 노에마의 차이를 간파할 수 있을 것이다. 다만 비내실적이라고 해도 노에마 역시 어디까지나 내재이다. 노에마를 초월이라고 말할 수 없듯이, 상분을 '변계소집'이라고 말할 수는 없다.

그런데 소연연이 말해지는 내재영역의 한가운데에서 불투명한 '질'이 허용되고 있다는 것은 중요하다. 왜냐하면 이것은 유식사상이 관념론이라는 견해에 대해 재검토를 요구할 문제이기 때문이다. 후설 현상학에 대해서도 마찬가지여서, 이는 휠레의 문제를 통해서 초월론적 관념론이라는 틀에서는 결코 파악되지 않는 무한한 탐구영역을 개척해 왔던 것이다. 현대의 현상학은 이 휠레의 문제를 계승해서 신체론이나 타자론 등의 영역에서 풍부한 성과를 올리고 있는데,[15] 유식론에서도 '질'의 문제가 바로 타자론과 신체론을 토대로 해서 말해지고 있다는 것은 주목할 가치가 있다. 『성유식론』은 아뢰야식에서 소소연연의 있고 없음을 논하는 가운데, 없다고 하는 것도 있다고 하는 것도 '이치에 맞지 않다'고 하며 다음과 같이 서술하고 있다. "자기와 타자가 신身과 토土를 서로 수용할 수 있다. 타자가 변위한 것을 자기의 질質로 삼기 때문이다. 자종자自種子를 타자가 수용하는 이치는 없다. 타자가 이것을 변위한다는 것은 이치에 맞지 않기 때문이고, 유정들은 종자가 모두 동등한 것이 아니기 때문이다自他身土可互受用. 他所變者為自質故. 自種於他無受用理. 他變為此不應理故, 非諸有情種皆等故."[16] 자세한 논의는 기다려야 하겠지만, 이로부터 '질'이 타자 이해의 통로가 되면서 동시에 어디까지나 타자의 타자성을 잘 드러내는 개념이라는 것이 이해될 것이다. '타자'는 반드시 인간에 제한되지 않는다. 그렇다면 타자의 타자성을 존중하는 사상을 관념론이라고 부르는 것은 적어도 타당성을 결여하는 것이리라.

제4절 '색rūpa'

'색rūpa' 곧 물질성의 문제를 유식의 입장에서는 어떻게 생각하는가? 『성유식론』은 이 물음에 한마디로 '명언훈습'이라고 답한다. 즉 역사적으로 침전된 언어이자 개념이라고 말이다. 그렇다면 역시 유식사상은 관념론이 아닌가? 아니다. '유식'은 해결이 아니라 문제라고 앞에 서술했다. 침전된 언어나 개념의 세계는 '전도viparyāsa'이다. 그렇다면 이 '전도'를 파하는 입장에서 곧바로 '공'이라고 말하면 좋지 않을까? 그러나 그것도 아니다. 왜냐하면 이 '전도'의 장場이야말로 잡염법도 청정법도 거기서 성립하는 '의처依處, adhiṣṭhāna'이기 때문이다. 잡염법이 전도로서 어떻게 성립하고 있는지를 간파하는 일, 혹은 아는 일을 제거해서는 '공空'의 세계로 들어갈 수 없다. 이 '의처'를 '의처'로서 꿰뚫어보는 일을 제거해서는 '전의轉依'도 있을 수 없다. 그것을 제거하는 데 '공'이라는 말을 갖고 논다면, 마치 침전된 개념으로써 물질세계를 대상화하고 사유화私有化하는 것과 마찬가지로, '공'도 사유화하려고 하는 '취取'의 소용돌이에 휘말려드는 것이다. 잡염법의 성립을 해명하는 것이 '공'에 이르는 유일한 통로이며, 그것들은 같은 사태의 겉과 속이다. 이 의미에서 '색'의 문제, 즉 물질세계가 어떻게 구성되고 있는가를 해명하려는 과제는 유식사상의 열쇠라고도 할 수 있는 중요한 위치를 차지한다. 이 점에 대해 『성유식론』은 다음과 같이 서술하고 있다. 즉, 어째서 식識이 '색'과 유사하게 나타나는가 하는 물음에 대해서,

> 잡염법과 청정법에 대해 의지처가 되기 때문이다. 이를테면 만약 이것이 없으면 전도가 없을 것이며, 또 잡염법이 없을 것이고 청정법이 없을 것이다. 그러므로 제식諸識은 또한 색과 유사하게 나타난다.[17]
>
> 與染淨法為依處故. 謂此若無應無顛倒, 便無雜染亦無淨法. 是故諸識亦似色現.

라고 하고 있다.

유식론은 심心이 물리적 세계를 산출한다는 것 따위를 말하는 것이 아니다. 이것은 앞 절에서 서술했듯이, '질' 즉 휠레(질료)가 내실적 내재로서 인정되고 있었다는 것을 상기하면 분명하다. 이를테면 마음은 찰나찰나 세계와 마주치고 있는 것이다. 그러나 여기서 '세계'라 해도, 그것은 결코 대상화된 세계['외경外境']가 아니라는 것은 말할 나위도 없다. 이 '마주침'

이 '법法'이라 불리고 있는 것이며, 거기에서는 심이 아직 주관으로서 닫혀 있지 않고 세계도 아직 객관으로서 고정화되어 있지 않다. 이 '마주침'이 '연緣'이며 '연기緣起'이다. 한 찰나에 질료와 마주치는 일은 '현량現量' 곧 직접경험의 사실이다. 이것을 "현량으로 증證할 때에는 집착해서 외부대상으로 삼지 않는다"[18]라고 『성유식론』은 서술하고 있다.

심心은 물리적 세계를 창출하거나 하지 않는다. 그러나 심心은 이 마주침을 그대로 보는 것은 가능하지 않으며, 곧바로 해석적 범주에 휘말려들어서 그렇게 해석된 것을 세계로 잘못 보는 것이다. 이 해석적 범주에 투영된 세계가 '외경外境'이다. 따라서 '외경'의 부정은 유식론이 관념론이라는 증거를 보여주는 것이 아니라, 반대로 관념론적 세계해석에서 탈각하는 것을 목표로 한다는 것을 보여주고 있다. '외경外境'의 뿌리는 '외상外想'이며 관념적 해석이기 때문에, 비판되는 것이다. "후에 의식이 분별하여 허망하게 외상外想을 일으킨다"[19]라는 것이다. 그러면 이 해석적 범주는 어떻게 해서 생긴 것인가? 『성유식론』에서

> 만약 모든 색처色處가 또한 식을 체로 삼는다고 하면, 무슨 연유로 색상色相과 유사하게 나타나고, 한 부류로 견고하게 머물러 상속하여 전전하는가? 명언훈습의 세력에 의해 일어나기 때문이다.[20]
>
> 若諸色處亦識為體, 何緣乃似色相顯現, 一類堅住相續而轉? 名言熏習勢力起故.

라고 서술하고 있다. 식은 찰나찰나 생겨나서 멸하고, 끊임없이 변화하여 멈추지 않는데, 그 식에 의해 동질성 · 안정성 · 연속성을 지닌 물질성이 구성되는 것은 왜 어떻게 해서 그러한 것인가? 이 물질성의 성격[색상色相]들은 '명언훈습', 곧 습득화된 언어적 조건을 통해서 나타난다. 경험세계의 영역은 이미 언어적으로 조건지어진 말하자면 신체화된 언어이다. '식'이 '색'을 구성하고 있다는 사실이 이미 이를 입증하고 있다. 인연생因緣生인

세계는 끊임없는 지향성의 흐름이 겹겹이 중첩을 이루어 침전되어 있는 세계이다. '명언훈습'이란, 이 침전되고 습득성으로 화한 잠재적 지향성이라는 지평영역을 의미하는 것이리라. 이 신체화된 언어세계의 그물은 개별적 주체가 내던질 수 있는 것이 아니고, 또한 개별적 주체에 의해 파괴될 수 있는 것도 아니며, 이미 그 세계구성을 규정하고 있는 수동성의 심층으로 깊이 파고들어가 있는 것이다. 따라서 해석적 범주의 투영을 세계로 오인한다고 말하기보다, 오히려 해석적 범주를 투영하게 한다고 말하는 편이 좋을 것이다. 우리는 마치 신체화된 언어라는 '폭류'[21]의 한가운데에서 내지르며 흘러가고 있다. '윤회saṃsāra'란 이러한 사실을 말한다.

이상 서술한 바와 같이, '색'이란 유식사상에서 '식'과 마찬가지로 존재론적 문맥에서 정의되는 개념이 아니다. '색'과 '식' 중 어느 쪽이 존재론적 근거를 이루는가, 즉 실재론인가 관념론인가 하는 틀만으로 유식을 이해하는 일은 전혀 당치 않은 것이다. 그러면 왜 '색'을 문제로 하는 것일까? 그것은, 이 절 서두에서 서술한 바와 같이, "식이 색과 유사하게 나타난다"라는 사실事實이 바로 '염정법의 의지처'이며, 깨달음에 이르는 불도佛道에 있어서 물어져야 할 문제의 소재일 수밖에 없기 때문이다. 그것은 어떻든 개념의 역사적 침전에 대한 해명에서부터 '훈습'론을 경유해서 '업業'의 문제로 심화되어 마침내 '취取'의 성립 기제를 파헤치는 유식론의 도정에 있어서 그 기점을 이루는 문제이다. '취'의 성립 기제를 파헤친다는 것은, 바꾸어 말하면, 관념론으로 휘말려들지 않을 수 없는 우리의 소지장所知障의 뿌리를 밝히는 것이다. 이 의미에서도 유식사상을 관념론으로 보는 견해는 유식사상 전체의 골격을 잘못 보고 있다고 할 수밖에 없을 것이다.

제5절 '식의 유소득有所得'과 '식의 무소득無所得'

'색', 정확히는 "식이 색과 유사하게 나타난다"라는 사실事實이 염정법染淨

法의 의지처이다. 염법染法의 의지처이기 때문에 정법淨法의 의지처가 될 수도 있다. 염법의 의지처로서 그것은 거기에서 전도가 일어나는 장소이다. 직접 경험하는 사실事實에서는 식과 색은 불리不離이다. 전도顚倒란 '불리식不離識'이라는 사실事實을, 의식에 외적인 것[외경外境]으로 간주해버리는 것이다. 이 전도에 의해 경험은, 인식대상이 거기에서 지적되고, 언급되고, 파악되는 장소가 된다. 즉 대상이 소취所取로 취取해지고, 그것과 함께 '식'이라는, 원래 '색'과 떨어지지 않는 불리不離 사실事實이 능취能取로서 실체화된다. 사실事實인 '불리不離'가 이원적으로 분리되게 되는 것이다.

이 이원성이 출현하는 기제는 '명언훈습', 곧 언어이다. 언어는 보편자라는 유類의 영역이며, 자상自相, svalakṣaṇa 곧 절대적 개별의 경험에 공상共相, sāmānya 곧 보편적 일반자를 할당하여, 자상을 지나쳐서 자상에서 공상을 인식하고 만다. 자상의 '현출'을 지나쳐서, 공상이 구성적으로 관여하는 '현출자'를 인식하고 만다고 말할 수 있겠다. 예를 들면, '이것은 펜이다'라는 인식은 찰나찰나의 색이나 손의 촉감이나 단단함 같은 감각적 현출들의 집합에, '펜'이라고 이름 붙여진 유적 대상에 속하는 어떤 동일성을 부여함으로써 성립한다. 그러나 '펜'은 종합된 조건들의 복합적 영역에 대한 '가시설prajñapti'에 지나지 않는다. 이렇게 해서 '색'이 전도의 의지처가 되고, '명언훈습'이 그 전도의 조건이 된다. 이와 같이 '이것은 펜이다'라는 인식이 성립한다면, 그것과 동시에 이 명제를 발화하고 있는 자가 분리되어 세워진다. 소취와 능취의 괴리가 생기고 이 괴리를 우리는 '취取'라는 작용에 의해 채우고자 하는 것이다.

이렇게 해서 '색'은 '취'가 성립하기 위한 필요조건이 된다. 이 점에 '색'을 '염법의 의지처'라 말하는 이유가 있다. '색'은 '취'의 성립 기제를 상징하고 있으며, '취'의 해명과 그 '대치'야말로 유식사상의 근본문제이다. 의식은 언어에 의해 인식대상을 구축하고, 그 스스로 구축한 것을 외적 대상[외경外境]으로 세운다. 자못 원래 거기에 있었던 것과 같이 말이다. 그러나 그것은, 그 대상을 소취로서 취하는 것이 가능하게 되는 것과 같이,

스스로 구축한 것을 은폐하고, 스스로 행한 것의 책임을 망각하기 위한 자기기만이다. '불리식不離識'인 사실事實을 마치 '외경'인 것처럼 인식하는 것을 유식사상이 끊임없이 계속해서 비판하는 것은 이 때문이다. 인식작용 중에 들어 있는 바로 이 자기기만이야말로 유식학파가 말하는 '허망분별 abhūta-parikalpa'과 다른 것이 아니다. '유식'의 자각은 의식활동에 깃들어 지내는 이 자기기만을 노정시키고, 그것을 통해 이 기만을 제거하는 것이다. 이 기만이 제거될 때 인식의 존재방식은 더 이상 식별지vijñāna(= 식識)가 아니라 직접지jñāna(= 지智)가 된다.

그러나 의식이 자기기만이라면 왜 더 단도직입적으로 의식을 무화하지 않는가? 왜 식을 곧바로 공이라고 말하지 않을까? 중관학파와 대론하면서 유식학파가 식의 사실성을 끝까지 중시한 것은 왜일까? 그것은, 식이 아무리 자기기만의 경향성을 뿌리 깊게 품고 있다고 해도, 현상성이라는 사실만은 확보되어야 하기 때문이다. 즉, 이 현상성이라는 사실 없이는 식이 어떻게 해서 전도되는지도 해명될 수 없으며, 따라서 '공'으로 다다라야 할 통로도 상실되기 때문이다. 염법의 의지처이기 때문에 바로 정법의 의지처도 될 수 있는 것이다.

더욱 흥미로운 것은 망집의 뿌리인 '능취'가 직접적으로 부정되는 것이 아니라 '소취'의 부정을 매개로 해서 부정된다는 점이다. 『변중변론』에

> 식의 유소득有所得에 의지하여 경境의 유소득이 생하네.
> 경의 무소득無所得에 의지하여 식의 무소득이 생하네.[22]
> 依識有所得 境無所得生 依境無所得 識無所得生

라고 설해지고 있다. '유소득upalabdhi'이란 인식적으로 파악하는 것, 사유화하는 것, 즉 '취取 = 집수執受'이다. '경境, artha'이란 지향성이 거기로 향하는 바로 그것이다. 전반 2구는 '불리식'이라는 사실로 돌아가는 것인데, 현상학적으로는 자연적 태도를 차단해서 현상학적 환원을 시행하는 것에

상응하는 것이리라. 의식작용에서 분리되어 무언가로 나타나고 있는 것[현출자]은 의식작용의 나타남[현출]에 다름 아니라는 것, 즉 인식대상이 인식에서 분리되어 실재하고 있는 듯 보이는 것은 인식적 구성작용 내에서뿐이라고 하는 것이다. 그리고 이것을 이해해야지만, 사람은 스스로 자신의 구축물을 마치 외부에서 파악할 수 있는 실체所取인 듯 망집妄執하고 파악하고자 안달하는 일[능취能取]을 멈출 수 있다. 이것이 후반 2구이다. 전반 2구가 설해지는 것은, 후반 2구의 이해를 위해서 전반의 이해가 불가결하기 때문이다.

출발점은 '식의 유소득'이지만, 궁극점은 '식의 무소득'이다. 중관학파와 구별하기 위해서는 출발점이 갖는 의의가 중요하지만, 관념론적 입장과의 차이를 명확히 하려면 궁극점을 잊어서는 안 된다. 유식사상은 식의 구성작용을 실체화하기 위해서 대상을 거부하는 것이 아니다. 반대로, 대상을 '소취'로서 망집할 필요가 없게 되면, '능취'에 대한 망집도 멈춘다고 주장하고 있다. 출발점인 '식의 유소득'은 어디까지나 '염정법의 의지처'로서의 현상성을 확보하기 위한 것이다. 그러나 그것은 대상을 사유화하고자 안달하는 절망적인 '취'의 기제를 규명하기 위한 것이며, 궁극적으로는 그 '취'의 기반이 붕괴해서 "경境이 없으니 식識 또한 없다"[23]라고 하는 사실事實에 서는 것이다. 궁극적으로 '식의 무소득'을 설하는 사상을 관념론이라 부를 수는 없다. '유식'은 '식의 무소득'에 다다르기 위한 '대치'로써 설해진 것이다.

우리는 무아無我·무상無常이라는 사실事實에 그대로는 서지 않는다. 무아·무상의 불안을 호도하기 위해서 상주하는 것[소취]을 자아내고, 그것에 기대어 스스로[능취]를 세우고 있는 자신의 모습을 자세히 아는 것을 통해서만 무아·무상이라는 사실事實로 되돌아가는 길이 열리는 것이다. 소취의 부정을 매개하지 않고서 능취의 부정은 있을 수 없다. 있을 수 있다고 생각한다면, 이는 그 자체 관념에 지나지 않는다.

제2장 가설假說의 소의所依인 식전변識轉變

시작하며

이 장에서는 우선 세친Vasubandhu(230~400)의 『유식삼십송』의 처음 1송 반, 그리고 17송과 18송을 채택해서, 거기에서 설해지는 '가설假說의 소의所依' 와 '식전변識轉變, vijñānapariṇāma'의 의미에 대해서, 주로 현장(602~664), 자은대사 규기(632~682) 이래의 법상교학의 전통에 따르면서 검토해 보겠다. 또한 근대 이후의 산스끄리뜨원전 연구, 특히 실벵 레비 Sylvain Levi에 의해 안혜Sthiramati(470~550)의 『유식삼십송석』의 산스끄리뜨원전이 발견되자마자 논쟁의 중심이 되었던 '식전변'의 의미를 둘러싸고서 벌어진 해석이 종래의 전통교학과 어떤 점에서 같고 다른지 고찰해 보겠다. 다음으로, 후설 현상학의 현상학적 환원과 사상적事象的으로 어떻게 연관되는지 고려하면서 이 문제를 재고하고, 이 논쟁에 관한 필자 나름의 견해를 제시해 보고자 한다.

제1절 가설假說의 소의所依

처음에 『유식삼십송』 본문 모두의 1송 반을 든다.

由假說我法 有種種相轉	가假로 아와 법을 설하는 것이니 종종의 상相의 전전함이 있네.
彼依識所變 此能變唯三	저것들은 식에 의해 변현된 것이네. 이 능변은 셋일 뿐이니.
謂異熟思量 及了別境識	이숙, 사량, 그리고 요별경의 식이네.

예로부터 이 모두의 1송 반은 이른바 초·중·후의 분과分科에 의거할 때 최초의 단段에 해당하며, 전체에 대한 총설 또는 약설의 위치를 점하는 중요한 대목이다. 상相·성性·위位의 분과分果에 의거할 때 이 단段은 유식의 상相을 약설하는 것이 되고, 또 경境·행行·과果의 분과에 의거할 때도 마찬가지로 총설의 위치는 변하지 않는다. 그 의의는, "간략하게 외인의 힐난을 해소하고 간략하게 식의 상을 표방한다初一頌半 略釋外難 略標識相"[1]라고 말하는 바와 같이, 우선 처음의 3구에서 세친 자신의 『유식이십송』의 귀결로부터 일어난 당연한 의문에 답하는 형태로 시작하고, 이어지는 후 3구에서는 제2송 후반부터 제24송까지의 광설廣說에서 상술되는 상相과 성性, 또는 경境과 행行 — 그 중심은 식전변과 3성설 — 을 약설하고, 세친 자신의 입장을 명확하게 표방한다는 점에 있다. 『유식이십송』에 대한 의심의 힐난이란 "若唯有識, 云何世間及諸聖教說有我法?(만약 오직 식만이 있다면 어떻게 세간과 성교에서 아我와 법法을 설하는가?)"[2] 즉, 만약 유식무경唯識無境이라면 어떻게 세간世間과 성교聖教에서 아와 법을 설하는가이다. 이 의문에 대해서 제1구와 제2구는 "비록 세간과 성교에서 설하는 아와 법에 종종의 상이 있다 해도 그것은 가설假說이다"[3]라고 답한다. 가설upacāra이란 시설施設 혹은 안립安立이라고도 하며, 언설言說에 의해 가假로 세워졌을 뿐이라는

것을 의미한다. 이 '가假'의 종종의 상相에는 "愚夫所計(어리석은 범부가 계탁하는)의 實我實法(실아와 실법)"[4]으로서 세간에서 설하는 "無體隨情假(체가 없는 망정에 따르는 가假)"[5]와, "內識所變(내식에 의해 변현된)의 似我似法(사아와 사법)"[6]으로서 성교에서 설하는 "有體施設假(체가 있는 시설의 가假)"[7]가 있는데, 그것은 모두 가립의 것, 언설만의 것이라고 하고 있다. 여기서 또한 "若由假說, 依何得成?(만약 가假에 의지해서 설한다면 무엇에 의지해서 성립할 수 있는가?)"[8]하는 의문이 제기된다. 즉, "그러나 가假라는 것은 실實이 있기 때문이 아닌가? 가假는 도대체 무엇에 의지하는가?" 하는 물음이며, 이것은 곧 아와 법이 가설되는 것은 무엇에 기초해서인가 하는 가설의 소의所依(근거, 장소)에 대해서 묻는 것이다. 이 물음에 답한 것이 제3구이다. 彼依識所變(저것들은 식에 의해 변현된 것이네), 즉 아와 법이 가假로 시설되는 것은 識所變(식에 의해 변현된 것)이라는 사실事實에 있어서이다. 일체의 존재는 식소변에 있어서 가설된다. 여기서 모든 시설施設이 행해지는 사실事實의 지반地盤은 '식소변'이라는 것이 밝혀지고 있다.

제2절 '전변轉變'에 대한 해석을 둘러싼 논쟁

앞의 단段에서 가설의 소의所依가 '識所變(식에 의해 변현된 것)'으로 제시되었는데, 이 '所變(변현된 것)'이란 역은 현장이 한 것이며, 전통적인 법상교학에서 정착되어 온 말이다. 그런데 근년에 들어서 안혜의 『유식삼십송석』의 산스끄리뜨원전에 대한 연구가 진척되면서 이 역의 시비를 둘러싸고 불교학자들 간에 다양한 논의가 끓어올랐다. 이 경우 직접적인 문제는 다음과 같다. 즉, 현장 역에서 제3구는 "彼依識所變(저것들은 식에 의해 변현된 것이네)"의 '所變(변현된 것)'으로, 제4구는 "此能變唯三(이 능변은 오직 셋일 뿐이니)"의 '能變(능변)'으로 구분되어 번역돼 있지만, 안혜 석의 산스끄리뜨본에는 어느 쪽이나 pariṇāma라는 동일한 용어가 사용되고 있다. 이 용어는 통상 '전변轉變'으로 번역되며, 실제로 제1송의 광설에 해당하는 제17송에서 현장 자신이 "시제식전변是諸識轉變"의 '전변轉變'이란 말을 pariṇāma에 대응시키고 있다. 또한 『성유식론』에서도 현장은 "변變이란 식체가 2분과 유사하게 전轉한다"[9]의 '변變' 곧 '전변轉變'이란 용어의 정의를 행하고 있는 것으로부터 보아도 원래는 능能과 소所가 나누어지지 않고 같은 말로 사용되고 있었다는 것은 명료하다. 이로부터 현장 역 혹은 이에 기초하는 법상학은 세친의 유식론에는 본래 없었던 독자적인 해석을 베풀고, 그렇게 함으로써 본래의 유식론의 핵심에서 일탈해버린 것은 아닌가 하는 의문을 갖게 된 것이다. 직접적인 문제점은 능能과 소所의 역으로 나누어진 것에 대한 것이지만, 여기서 '전변'이란 말의 의의를 둘러싼 문제와, 3성설의 '변계소집성'과 '의타기성'의 관계에 대한 문제가 서로 뒤얽히고, 또한 '원성실성'이란 과연 능能과 소所가 해소된 것을 의미하는가 어떤가 하는 문제와도 관련이 있기 때문에, 하나의 중대한 논쟁점으로서 논의를 불러일으켜 왔던 것이다.

근대의 문헌학에 입각하여 대부분의 불교학자는 이 제3구와 제4구를 능能과 소所로 나누지 않고 동일하게 '전변'으로 번역하고 있다. 다만 유우키 레이몬結城令聞은 이 능能과 소所를 나누어 번역하는 근거로서 산스끄리뜨의 격변화에 착안해서 나누어 번역하는 것을 정당하다고 보고 있다. 즉, 제3구는 vijñānapariṇāme로 제7격locative, 곧 어성於声 또는 의성依声의 형태로 되어 있는 데 반해, 제4구는 pariṇāmaḥ로 제1격nominative, 곧 체성體声의 형태로 되어 있다고 하는 지적이다. 그리고 전성轉声의 경우 제7전성에는 대상[境]의 제7전轉과 의지처[依]의 제7전轉이 있는데, 지금의 경우는 의지처의 제7전轉에 해당한다는 것은 『술기』, 『추요』로부터 보아 분명하다. 따라서 이 의지처의 제7전이라 하기 때문에, 제3구의 전변은 여러 종류가 있지만 그중에서도 전변의 최종단계로 파악되고 있다는 것을 알 수 있으며, 문자적으로는 전변이 된다 해도 의미로는 소변所變이 된다고 하는 것이다.[10] 필자는 이 지적을 충분히 유의해야 한다고 생각한다.

그러나 그럼에도 불구하고 이 나누어 번역하는 것을 철저히 거부하고

유난히 이 문제를 주제로 해서 이것에 예리하게 다가간 이는 우에다 요시부미上田義文이다.[11] 우에다 요시부미의 주장의 요점은 다음과 같이 정리할 수 있을 것이다.

① '전변'이라는 어의를 정의하는 것에 관련해서, 범문 안혜 석의 정의를 세친의 견해와 같은 것, 즉 정당한 것으로 인정하고, 『성유식론』에서 설하는, 호법과 현장의 "식체가 2분과 유사하게 전전한다"라는 의미의 전변 사상은 세친에게는 없었다고 한다.

② 안혜에 의하면, 상분과 견분 2분은 분별성[변계소집성]이며 비유非有이다. 식전변은 망분멸妄分別과 같은 뜻이며, '비유非有를 소연으로 하는 것' 즉 비유非有인 소연에 대한 능연이다. 이 비유非有인 소연에 대한 능연인 식전변[망분별]은 연생緣生이어서 유有이며, 이것을 의타기성이라 부른다.

③ 따라서 여기서는 능연만이 유有이고 소연은 무無라고 하는 우리의 통상적인 지성으로서는 이해하기 어려운 인식론적 구조가 설해지고 있지만, 이 점은 『유식삼십송』 전체가 3성설의 입장, 즉 무분별지의 입장에서 기술한 것이기에 어떠한 문제도 없을 뿐 아니라 지극히 당연한 것이다.

④ 현장 역의 '식소변'은 상분과 견분을 의미하고, 『성유식론』에서 그것은 인연생인 의타기성으로 받아들여지지만, 이와 같은 것은 ②로부터 볼 때 인정되지 않는다. 따라서 식소변의 상분과 견분이라는 사상은 범문 삼십송에는 전혀 없는 사상이며, 따라서 해당 역어는 근거가 없을 뿐 아니라 호법과 현장의 유식론이 세친의 본래 유식론에서 일탈했다는 것을 시사한다.[12]

여기서 확인을 위해 제1송 중의 "彼依識所變(저것들은 식에 의해 변현된 것이네)"의 '變변'에 대한 『성유식론』의 정의와 안혜 석의 '전변'의 정의를 들어서, 우에다의 논의를 검토해 보고자 한다. 우선 호법과 현장의 설은 다음과 같다.

변變이란 식체가 2분과 유사하게 전전하는 것을 말한다. 상분과 견분은 모두 자증분에 의지해서 일어나기 때문이다. 이 2분에 의지해서 아와 법을 시설한다. 그 둘은 이것을 떠나서는 소의가 없기 때문이다.[13]

變謂識體轉似二分. 相見俱依自證起故. 依斯二分施設我法. 彼二離此無所依故.

다른 한편 안혜 석의 '전변'의 정의는 이렇다.

이 전변이란 무엇인가? 달리 있는 것이다. 전변은 인因의 찰나가 멸하는 것과 동시에 과果가 인因의 찰나와는 특질을 달리해서 생하는 것이다.[14]

우선 호법과 현장의 전변론을 확인해 두자. 방금 든 전자의 정의는 어디까지나 아와 법 곧 일체법의 가설의 소의란 무엇인가 하는 물음에 대한 답으로 제출된 것이며, 가설이 되는 직접적인 장場(근거)은 상분과 견분으로서 식이 나타나고 있다는 것, 즉 식이 어떤 내용을 표현하고 있다는 사실事實에 있다고 하는 점을 명확히 한 것이다. 상相과 견見으로서 식이 나타나고 있다고 하는 것은 사실事實이며, 따라서 의타기이다. 의타기에서 변계소집이 행해지는 것이다. 무언가를 실아와 실법으로 계탁하는 의식의 활동에서 변계소집이 일어나는 것이며, 이 '무언가'까지는 부정될 수는 없다. 그러나 이 직접적인 가설의 소의가 되는 '소변'은 '전변'의 어의로 할 때는 '과전변果轉變' — 현장에서는 '과능변果能變' — 에 해당하며, 당연히 '인전변因轉變' — '인능변因能變' — 에 지탱되어 성취되는 것이다. 이 인전변이야말로 제2송 후반부터 제16송까지 전개되는 아뢰야식 연기를 내용으로 하는데, 특히 제18송과 19송에서는 시간의 문제를 주제로 하면서 재확인되고 있다. 제17송부터 제19송은 제16송까지의 내용을 재차 종합적으로 총괄하는 의의를 지니며, 여기서 인능변(제18, 19송)과 과능변(제17송)의 관계가 주제로서 서술된다.

제17송은

이 모든 식은 분별하는 것과 분별되는 것으로 전변하니, 이 때문에 저것들은 모두 있지 않네. 그러므로 일체는 유식이네.[15]

是諸識轉變 分別所分別 由此彼皆無 故一切唯識

제18송은

일체종자식에서 이와 같이 이와 같이 전변하네. 전전展轉의 세력 때문에 그런 그런 분별이 일어나네.[16]

由一切種識 如是如是變 以展轉力故 彼彼分別生

전통적인 해석에서는 제17송은 제1송의 "彼依識所變(저것들은 식에 의해 변현된 것이네)"을 받아서 과전변을 분명히 하고, 다음으로 그것을 성립시키는 인전변을 제18송에서 서술한다. 제18송에 대해서『성유식론』은

이 식 중의 종자는 다른 연이 돕기 때문에 이와 같이 저와 같이 전변한다. 생하는 위位로부터 전전해서 성숙의 때에 이르는 것을 말한다.[17]

此識中種餘緣助故, 即便如是如是轉變. 謂從生位轉至熟時.

라고 설명하고 있다. 즉 여기서 '전변'은 아뢰야식 중의 종자가 생하는 위位로부터 순숙純熟하는 것에 이르는 성숙의 과정을 의미한다. 아뢰야식 중의 종자의 전역변숙轉易變熟이다. 즉 이는 genetisch(발생적)인 성숙과정이며, 그 의미에서 인위因位이다. 이 인전변의 힘에 기초해서 과전변이 성립한다. 다른 한편으로, 제17송의 과전변 쪽은 식이 소분별所分別과 유사하게 나타나는 것, 식이 어떤 내용을 표현하는 것이며, 여기에서 '전변'은 나타나는 것, 즉 '변현'을 의미한다. 이 점을 야스다 리신安田理深은 "그렇기 때문에 변현은 표면의 의미이며, 속으로는 인전변, 겉으로는 과전변이다. 과전변을

성립하게 하는 그 속에는 인전변이 있다"[18]라고 서술하고 있다. 우에다 요시부미도 이 점을 "전자[인전변]는 종자가 성장하는 것[시간적인 과정]을 의미하고, 후자[과전변]는 식체가 전전하여 견상2분이 나타나는 것[동시적 현상]을 의미한다"[19]라고 하며 대조시키고 있다. 과전변이 동시적 현상이라고 한다면, 그것은 genetisch인 인전변에 대해서 statisch(정태적)로 특징짓는 것도 가능할 것이다.

그런데 우에다 요시부미는 이와 같이 전변에는 인因과 과果의 2종이 있다는 『성유식론』의 전변에 대한 해석에 의문을 제기한다. 물론 안혜에게도 인전변과 과전변의 구별이 있지만, 우에다는 그것들이 두 종류의 다른 전변이 아니라, 기본적으로는 인전변과 과전변을 통틀어서 '전변'의 의미는 하나라고 끝까지 그 일의성을 주장한다. 여기서 또 한 번 '전변'에 대한 안혜의 기본적 견해를 확인하자.

> 이 전변이란 무엇인가? 달리 있는 것이다. 전변은 인因의 찰나가 멸하는 것과 동시에 과果가 인因의 찰나와는 특질을 달리해서 생하는 것이다

우선 처음에 주의를 불러일으키는 것은 '전변'이 어디까지나 찰나멸이란 시간론에 의거해서 말해지고, 거기에서 인과 과의 특질의 상위相違로 전변이 정의되고 있다는 것이다. 그러면 여기서 인因이나 과果로 불리는 것은 도대체 무엇인가? 종자인가, 현행한 식인가? 보통은 '인因'은 종자를, '과果'는 현행식을 의미하는데, 우에다는 이 '특질의 상위'를 종자와 현행 간의 상위相違라고 하는 해석을 부정한다. 왜냐하면 찰나멸의 입장에서 볼 때 현재 찰나의 식의 인因이 그 현재 찰나의 종자에 있다는 것은 '과구유'의 개념으로부터 보아도 명료하기 때문이다. 즉, 종자는 그것의 과果, 즉 그것에서 생하는 식과 동일찰나에 있어야 한다. 그런데 위에서 서술한 '전변'의 정의로 볼 때 과果의 찰나에는 이미 인因의 찰나는 멸하고 있는 것이 되기 때문이다. 이 찰나멸에 의거해서 인因과 과果의 관계를 이해하고자 할 때,

우리는 시간론이라는 매우 어려운 문제에 닥치게 된다. 이 문제는 현상학적인 내적 시간의식의 분석에서 해명되어 온 '살아 있는 현재'라는 사상事象과 관련해서 고찰되어야 하는데, 여기서는 이 방향의 논의는 유보해야만 한다. 당면한 문제는 이 안혜 석에서 말하고 있는 인과 과가 무엇을 가리키는가 하는 것이다. 우에다는 이 점에 대해 다음과 같이 서술하고 있다.

> 식전변이란 말은 본래 '식이 달리 있는 것'을 의미하며, 이 식 전후의 상위는 종자 전후의 상위[종자의 증장增長]를 매개로 해서 가능한 것이기 때문에 식전변 중에 종자의 전변 — 앞의 위位에서 차이나는 것 — 이 스스로 포함되어 있다. 식전변은 식의 '인과 과의 특질의 상위'이며, 그것은 기본적으로는 식과 식의 상위 — 과果의 상태의 전변 — 이지만, 그 식과 식의 상위에는 필연적으로 종자와 종자의 상위 — 인因의 상태의 전변 — 가 포함되어 있는 것이다.[20]

즉, 찰나멸의 시간론을 통해서 행해지는 우에다의 논의의 요점은, 종자의 수준과 식의 수준의 구별은 있지만 '전변'이란 어의는 인전변과 과전변을 통틀어서 기본적으로 '달리 있는 것'으로 일관하고 있다는 것을 보여주며, 『성유식론』의 인능변과 과능변의 구별을 거부한다는 데 있다. 특히 과능변에 해당하는 식체에서 견見과 상相 2분이 전轉한다는 사상을 철저하게 거부한다고 하는 것이다. 우에다의 이 독자적인 관점은 제17송을 읽는 방식에서도 엿보이고, 또한 3성설에 대한 호법과 현장의 해석과 결정적으로 상위한 점이 가장 명확하게 인정되기 때문에 다음에서 이 점을 확인해 두고 싶다.

제3절 제17송 읽기 — 호법과 현장 그리고 안혜

우선, 제17송의 원문을 든다.

vijñānapariṇāmo 'yaṃ vikalpo yad vikalpyate

tena tan nāsti tenedaṃ sarvaṃ vijñaptimātrakam

안혜의 석은 전반의 vikalpo에서 일단 매듭을 짓고 전체를 다음과 같이 셋으로 나누고 있다. 즉, "① 이 식전변은 망분별이다. ② 그것에 의해 분별되는 것은 모두 유有가 아니다. ③ 그러므로 이 일체는 유식이다."[21]라고 말이다. 이 석의 특징은 운율보다는 삼단논법적인 논지 전개를 중시해서, 식전변이 최초의 '분별'에만 결부되어 소분별所分別과는 분리되고 있는 것, 그리고 명시적으로 '무無'가 되는 것은 '소분별'뿐이며, 이 '소분별'의 무에 의해 '일체유식'이 유도되고 있다. 즉, 식전변은 '분별한다'라는 오로지 노에시스적 작용만을 가리키며, 이것이 '유식'[유식무경]의 의미와 직접 연결된다. ②의 "그것[분별작용]에 의해 분별되는 것은 존재하지 않는다"라는 명제는 이른바 삼단논법의 소전제의 위치에 놓이면서, 분별되는 것이라는 노에마적 측면에 대한 철저한 거부를 표명하고 있다. 『성유식론』에서 안혜는 전변에 '변현變現'과 '변이變異'의 두 가지 뜻이 있다는 것을 인정하면서도 그 '변현'에 대해서 말할 때 1분설의 입장을 취해 자체분만을 의타기로 하고 변현된 견과 상 2분은 변계소집이라고 했다고 설하고 있다. 식이 2분으로서 변현되지 않을 수 없다는 것을 승인하면서 그 2분이라는 사실事實의 존재를 거부하는 것이다. 다시 말해, 의타기로서 인정되는 것은 노에시스적 작용이라기보다는 오히려 노에시스와 노에마의 상관관계라는 현재적顯在的 지향성으로서 나타나기 이전의, 이른바 분별의 경향성이라고나 해야 할 잠재적 지향성의 활동이라는 것이다. 노에시스와 노에마 상관관계로서 변현되어버린 사실事實은 이미 식의 퇴락태이다.

이에 반해서, 현장은 전반부를 "이 모든 식은 분별하는 것과 분별되는 것으로 전변하니"로 읽고 있다. 이 읽기에 의해, 우선 3능변 모두가 2분으로 나타나는所變 제1단계와, 그 소변所變에 있어서 견분[분별]과 상분[소분별]

이 서로 관계하는 제2단계로 이루어지는 2중의 전변구조가 표현되고 있다고 볼 수 있다. 여기서 주목해야 할 것은 "소변所變의 견분을 분별이라고 한다. 능히 상相을 취하기 때문이다. 소변의 상분을 소분별이라고 한다. 견見에 취해지기 때문이다"[22]라고 하는 바와 같이, 소분별[상분 = 노에마]은 물론이고 분별이라는 작용[견분 = 노에시스]도 '소변'에 넣어지고 있다. 즉, 통상 작용적, 주관적 측면이라고 생각되는 견분도 또한 3능변의 소변에 자리 잡고 있다. 역으로 말하면, 만약 통상의 주관적 작용이 소변所變에 있어서 견분의 작용이라면, 3능변 그것은 주관으로도 객관으로도 환원될 수 없는 것, 오히려 거기로부터 주객의 분리가 소변으로서 산출되어 오는 근원적 활동이 된다. 또한 이 읽기에 의해 분별·소분별과 능취·소취를 변별해서, 분별과 소분별을 의타기로 하고 능취와 소취를 변계소집으로 하는 해석에 정합성이 확보된다. 분별은 견분, 소분별은 상분이며, 그것들은 거기에서 아我와 법法의 가설이 행해지는 장소이기 때문에 의타기이지만, 거기에서 가설된 아와 법은 변계소집이다. 이 가설된 아와 법이 변계소집인 능취와 소취가 된다. 분별과 소분별은 모두 의타기의 사실事實로 확보되는 것이다.

이 17송에 대한 해석의 차이에 의해, 제1송에서 이미 살펴보았던 현장과 안혜의 '전변'의 의미의 차이가 보다 명확해진다. 현장은 산스끄리뜨의 격변화를 가능한 한 중국어에 번역하고자 해서, 제1송에서는 의依(처處)격의 pariṇāme를 '소변', 주격의 pariṇāmaḥ를 '능변'으로 나누어 번역했다. 그뿐 아니라 이 '능변'과 '소변'을 합하여 의타기적 사실로 해서 이것을 받는 지시어로서는 '此(이것)'을 배당하고, 이 의타기적 사실에 의해 시설된 변계소집의 아와 법에 대한 지시어로는 '彼(저것)'을 배당해서 '전변'의 중첩구조를 명시했다. 능변에서 변현하면서 노에시스와 노에마의 상관관계에 의해 거기로부터 가설적인 인식세계가 구성되는 장이 어격於格의 '소변'이다. 그것은 아뢰야식과 말나식과 의식으로 이루어지는 '능변'에 대해서는 '소변'이지만, 변계소집[彼]에 대해서는 의타기[此]이다. 이 제1송에 보이는 '此'와 '彼'의 구별은 기본적으로 제17송에서도 나타나고 있다. 그 제2구 "이것 때문에 저것들은 모두 있지 않네. 그러므로 일체는 유식이네"에서 부정되는 것은 '彼' 곧 '실實의 아와 법'인 변계소집뿐이다. '이 때문에'란 정확히는 '이 정리正理 때문에'로 해석되지만, 제1송을 배경으로 놓고 보면 이 '此'자字에 의해 분별[견분]과 소분별[상분]이 의타기의 사실事實로서 확보되고 있음이 명확해진다.

그러면 어째서 이러한 분별과 소분별을 의타기라고 하는 해석이 가능해지는가 하면, 능변계 · 소변계parikalpya[23] · 변계소집parikalpita을 구별하고, 소변계를 의타기성으로 하는 『섭대승론』에 입각하기 때문이다. "또 의타기자성을 소변계라고 한다."[24] 변계되어야 할 것parikalpya(소변계)은 의타기이다. 능변계[의식]는 의타기인 소변계를 변계소집으로 집착하는 것이다. 소변계와 변계소집의 구별은, 현상학적으로 보면, '현출'과 '현출자'의 구별에 상응한다. 이 구별을 호법과 현장은 소연연所緣緣과 소연所緣의 구별로 파악하고 있다. 소변계의 자성을 물으며 『성유식론』에서는 "『섭대승론』에서 이 의타기일 뿐이라고 설하고, 변계의 심心 등의 소연연이기 때문"[25]이라고 서술한다. 소연이라 하면 경境이지만, 소연연은 연생緣生이며 능연을 생하는 연이 된다는 사실事實이다. 이러한 연생한다는 사실을 곧바로 변계소집이라고 할 수는 없는 것이다. 소변계가 의타기인 이유는 소변계가 소연연이 된다는 점에서 구해진다.

여기서 안혜와 호법 · 현장의 차이는 능변계의 범위를 둘러싼 대론에서 명백해진다. 안혜는 유루有漏의 8식 모두를 능변계로 간주한다. 즉, 분별이라는 것은 이미 그만큼 '계탁計度'을 포함하고 있다. 식이라고 하는 한에서, 모든 식은 허망분별을 자성으로 하기 때문에 아뢰야식, 전前5식을 포함해서 전全8식이 계탁하고 집執을 일으키는 능변계로 간주된다. 이에 반해서 호법과 현장은 '계탁'을 보다 엄밀히 생각해서 능변계를 제6의식과 제7말나식 두 식으로 한다. 모든 식은 허망분별이지만 허망분별이 곧바로 계탁이라고는 말할 수 없다. 계탁은 분별이 틀림없지만, 분별이라고 해서 반드시 계탁으로 한정되는 것은 아니다. 계탁을 일으키는 것은 '의意, manas'의 활동이다. 따라서 능변계는 '의意'를 포함하는 식으로 한정되는 것이다. 이러한 능변계의 엄밀한 규정은 자성분별, 수념분별, 계탁분별을 구별하는 호법의 교학에 기초한다.

이상과 같이 능변계와 소변계의 규정을 둘러싼 대론이 『유식삼십송』의 제20송 읽기에 반영되어 있다. 제20송은 현장에 의해 "① 이러저러한 변계에 의해서 ② 종종의 물物을 변계하네. ③ 이 변계소집의 ④ 자성은 있지 않네"[26]라고 번역된다. 그러나 범문 원전에는 ①과 ②의 '변계'에 해당하는 말은 vikalpa이며, ③에서 처음으로 parikalpita라는 말이 사용되고 있다. 따라서 원문에 충실하게 번역하면 ①과 ②는 '분별'과 '소분별'이 된다. 그러나 현장은 변계소집의 성립 기제에 관한 『섭대승론』의, 위에서 서술한 엄밀한 분석에 입각해서 이 송을 번역하고 있는 것이다. ①은 능변계, ②는 소변계에 해당한다. ②의 vikalpyate의 배후로 『섭대승론』의 parikalpya(소변계)를 거듭해서 읽으면 현장의 독해의 의미가 전달되어 온다고 생각된다. 의타기성에 대해 말하는 제21송에서는 재차 '분별'이라는 역어를 사용하고 있는 것을 여러모로 생각해 보면, 제20송의 번역에 현장이 얼마나 고심했는지를 엿볼 수 있다.[27]

여기서 다시 이상의 고찰에 입각해서 제17송으로 돌아가 보자. 안혜는 분별이 이미 그만큼 '계탁'을 포함한다고 보고 있었다. 이것이 4분의四分義에서 말하는 '1분설'의 특징이다. 1분설은 자체분 만을 인정하고, 견상 2분은 이미 변계소집이고, 무無라고 한다. 『성유식론』에 안혜의 주장으로서 "총무總無의 상견相見, 별무別無의 아법我法이다"[28]라는 주석이 있다. 이미 견상이 무無인 것이다. 식이 2분으로 변현되고 나면 거기서 이미 식은 식 자체의 자성을 잃는다. 즉, 식 본래의 내면성을 상실해버린다. 여기서는 '전변'의 의미는 더 이상 '변현'이 아니라, '변역變易' 혹은 또 '변실變失'이라는 의미가 될 것이다. 그러나 우에다 요시부미는 이 점에서 더욱 철저한 관점에 서 있는데, 그에 의하면, 무릇 안혜에게는 '상분'이라는 개념조차 존재하지 않는다. 이 점에 대해, 우에다는 "견분, 상분이란 말은 범어와 서장어로 존재하는 안혜의 석소釋疏에는 그 용례가 발견되지 않는다"[29]라는 야마구치 스스무山口益의 지적을 들고 있다. 이 점은 위에서 서술한 바 안혜에게 있어서 '전변'은 노에시스적 작용만을 가리킨다는 것을 여러모로 생각해 보면 납득이 간다. 따라서 제17송의 읽기에서, 원문에 없는 상분과 견분이란 개념을 보충해야 비로소 의미가 통한다는 전통적 독해 방식은 무리가 있는 것이다.

우에다의 견해에 의하면, 제17송에는 앞에서 적은 바의 능분별·소분별과 능취·소취의 중층적 구조가 아니라, 능연·소연의 관계만 있을 뿐이다. 따라서 그 읽기도 매우 단순해서, 망분별인 능연에 의해 분별된 소연은 있지 않다[非有]고 '소박하게' 읽을 수밖에 없다. '망분별'이란 제2송부터 제16송까지 서술된 8식의 심·심소 전체의 식전변 그것을 받아서, 그것을 다시 제17송에서 다시 규정한 것일 뿐이다. 이 경우 물론 '전변'의 의의는, '전역변숙轉易變熟'이라는 종자의 증장 — 인因의 상태 — 도 함의하면서 식이 앞의 위位와 다르게 있다고 하는, 이른바 '일의一義적'인 의미에 의해 규정된 것이다. 그것은 본래적으로 시간성을 포함하는 개념[30]이며, 동시적인 "식체가 2분과 유사하게 전전한다"라는 의미를 전혀 갖고 있지 않다. 이 식전변이 '망분별'로 불리는 것은 그 소연이 있지 않기[非有] 때문이며, 여기서 "무無를 분별해서 있다고 하기 때문에 허망이라고 한다"[31]라는 『섭대승론』(세친 석)의 진제역이 교증敎證으로 되어 있다.[32] 망분별인 식전변은 당연히 연생緣生이기 때문에 의타기이며, 망분별된 것은 있지 않고[非有] 분별성[변계소집성]이다. 그런데 인식론적으로 본다면 망분별은 능연, 망분별된 것은 소연이기 때문에, 여기서는 "능연은 있고 소연은 있지 않다"[33]는 관계가 설해지고 있는 것이 된다. 이 관계가 "우리의 지성으로는 이해하기 어려운 인식론적 관계"[34]라는 것은 우에다 자신이 인정하고 있다. 그럼에도 불구하고 이 유有인 능연과 무無인 소연의 관계가 『유식삼십송』 전체를 꿰뚫고 있다고 그는 보고 있다. 그 이유는 『유식삼십송』 전체가 무분별지를

얻어 진여를 본 입장에서 쓰였기 때문이라고 한다.[35]

이제 이상 서술한 것으로부터 호법과 현장, 그리고 안혜에게 있어서 '전변'이란 어의의 차이를 통해서, 각각의 사상의 특징을 조금이나마 명확히 할 수 있지 않았을까 생각한다. 그러나 우에다 요시부미가 말하는 것처럼, 이로부터 곧바로 호법과 현장의 사상은 "식識이 경境과 유사하게 나타난다" — 식체가 2분과 유사하게 전전한다 — 라는 본래의 유식사상에는 없었던 사고방식을 가져왔으며, 이것이 유식설은 관념론이라고 하는 해석을 지지하게 한다[36]는 결론에 도달할 수 있을까? 최초의 논점, 즉 호법과 현장의 설이 세친의 설에서 일탈한 것인지 아닌지의 문제는 상세한 문헌학적 고증을 요하며, 현재의 필자로서 용이하게 결론내릴 수 있는 문제가 아니다. 제2의 논점, 즉 호법과 현장의 유식설을 관념론이라고 부를 수 있는가 어떤가에 대해서는 이미 제1장에서 필자의 생각을 서술해 두었다. 이 문제에 관한 우에다의 논거는 명석하다. 요컨대 표상주의에 대한 비판인 것이다. "상분도 의타기성이라고 하는 설은 대상이 의식에 내재한다고 생각하는 것이며 분명히 관념론이다."[37] "식의 경境을 식에 의해 변현된 것이라고 생각하고, 이 경境을 광의의 식 중에 포함시키고, 따라서 또한 이를 의타성 — 의타성은 인연생을 의미하며, 따라서 유有를 의미한다 — 으로 하는 것은 소분별의 경을 능분별의 식과 연속적으로 생각하는 것이므로 분명히 관념론적이다"[38]라고 하고 있다. 즉, 우에다에게 있어서 관념론이란 "식의 경은 식 — 표상주체 — 에 의해 나타난 (식에 내재하는) 표상과 다른 것이 아니다"[39]라는 사상이다. 확실히 vijñapti라는 말을 '표상'으로 번역하는 최근의 경향에 대해서는 필자로서도 수긍할 수 없다. '표상'이 representation으로 받아들여진다면, 그것은 외적 대상을 사전에 전제하는 것이 되기 때문이다. 그러나 역으로 '능연의 유有에 대한 소연의 무無'라는 사상이 어째서 관념론이 아닌가 하는 논거에 대한 우에다의 논의는 그만큼 명석하지는 않다. "식을 모두 능분별로 하고 소분별은 일체 무無라고 하는 설은 (중략) 관념론은 되지 않는다"[40]라 하고 있다. 하지만 오히려 능연만을 인정하는, 이를테면 순수 노에시스주의라고도 불릴 수 있는 안혜의 입장이야말로 주관적 관념론에 빠질 위험이 있다고 말할 수 있지 않을까? 호법과 현장의 입장이 관념론으로 규정된다면, 역으로 안혜의 입장이 관념론이 아니라고 말하는 근거가 명확히 제시되지 않으면 안 된다. 그러나 우에다 요시부미의 논술에서는 이 점에 관한 명확한 근거가 제시되고 있다고는 말하기 어렵다. 그의 논의에서 안혜의 입장이 관념론이 아니라는 논증은 곧바로 진제 역의 성상융즉性相融卽의 입장에 직결되어 대답되고 마는 것이며,[41] 이 점에서 논리의 비약이 있다고 생각된다. 여기서 상세한 논의는 가능하지 않지만, 진제의 3성설에서는 진실성이 분별성이나 의타기성 같은 차이화가 생기하는 식별세계에서 초월한, 하나인 통합적인 영역을 나타내고 있다고 생각된다. 그것은 오히려 분별성이나 의타성이라는 차이의 세계가 거기서 연원하는 형이상학적 영역을 나타내는 것은 아닐까? 그리고 만약 이런 진제의 입장과 안혜의 입장이 가까운 것이 사실이라면, 안혜의 순수 노에시스주의는 차이화의 연원으로 소급하는 것 또는 회귀하는 것으로 이해할 수 있는 것은 아닐까? 이 점은 면밀한 고증이 필요해서 단정할 수는 없지만, 진제의 사상은 오히려 형이상학적 관념론의 경향을 농후하게 갖고 있다고 생각된다. 여기에 진제의 사상에 기초해서 호법과 현장의 입장을 관념론으로 비판하고자 하는 우에다 요시부미의 주장이 갖는 난관의 원인이 있는 것은 아닐까?

호법과 현장의 '불리식不離識'이라는 입장이 반드시 표상주의적 관념론으로는 간주될 수 없다는 것은 이미 제1장에서 논했다. 다만 『성유식론』의 입장이 관념론으로 오해될 요인이 있다면, 그것은 '능변'의 실체화를 허용하는 듯한 메타포에서 찾을 수 있을 것이다. 즉, 능변能變인 식전변이 바다에, 소변所變인 분별과 소분별이 그 바다의 표면에 이는 파도에 비유되는 경우가 있다. 이 비유에 의해, 능변의 차원이 마치 우리의 분별세계의 근저에 있는 불변적 실체라는 오해로 이끌리게 된다. 그러나 이 비유는 일견 주체적 행위인 듯 보이는 분별이라는 활동이 얼마나 깊이 '업業'의 역사에 의해 규정된 것인가를 나타내는 것이고, 이른바 분별의 수동적 구성이라는 차원의 중요성을 두드려져 보이게 하기 위해 설해진 것이지 결코 능변의 실체화를 의도한 것이 아니다. 왜냐하면 업에 의해 규정되고 있음을 자각하지 않고는, 분별에 의한 관념론적 구축에서 벗어날 실마리는 어디에도 없기 때문이다. 분별 또한 '소변'에 넣어지고 있는 데에는 중요한 의미가 있다. 협의의 분별이 주관적 구성작용을 의미한다면, '능변'인 '식전변'은 그 주관적 구성을 잠재적으로 구성하고 있는 역사적 차원이며, 이 의미에서 '식'이란 이미 (혹은 '아직') 단순한 주관으로도 또한 객관으로도 환원될 수 없는 초월론적 경험의 영역을 똑바로 말하고 있다고 생각되기 때문이다. 이 점이 식전변을 어디까지나 주관 쪽으로 환원하고 하는 안혜의 사상과 두드러진 대조를 이루는 곳이다. 그러나 양자의 차이는, 우리가 분별에 의한 관념 구축을 그것대로 자각화하고 거기로부터 어떻게 해서 탈각할 수 있는가 하는 문제를 축으로 하여, 이 물음에 대한 양자의 길의 차이로서 논해져야 할 사안이다. 따라서 상견 2분을 의타기로서 인정하는 입장이 곧 관념론으로 불려도 좋은가 어떤가는 철학적으로 보다 신중한 고구考究를 요하는 것이 아닐까? 어쨌든 요에다 요시부미가 말하는, 비유非有인 소연에 대한 유有인 능연이라는 상반의 관계에 대해서는, 당연한 일이겠지만, 여러 가지 비판이 행해지고 있다. 그 대표적인 것은 나가오 가진長尾雅人에 의한 비판일 것이다.[42]

우선, 나가오 가진은 우에다가 능연 = 식 = 의타기성, 소연 = 경 = 분별성(변계소집성)이라는 도식을 고정화하고 있는 점을 비판한다. 능연이 소연을 소변所變인 상분과 견분을 매개하지 않고 직접 상대한다고 말하는데, 만약 그렇다면 "의타기가 변계소집을 본다"라는 구조가 고정화되어 생각되고 있는 것이 된다. 그러나 이 점은 3성 전체를 전환적인 역동주의dynamism로 파악하는 나가오로서는 도저히 이해될 수 없는 것이다. 확실히 안혜가 "소취와 능취 둘은 무無이다"라고 주장하는 것은 사실이지만, 그러나 그 '무無'가 의미하는 바는 "실은 범부가 집착하는 대상, 범부가 생각하는 소취와 능취는 무이다"라는[43] 것이지, "식이 '무'를 대상으로 한다"[44]라는 것이 아니다. "범부가 대상적으로 실재라고 생각하는 실아와 실법이 실은 무無이다. 그러므로 "의타기가 변계소집을 본다"라는 것이 아니라, 식의 활동이 범부에게 있어서는 변계소집되어 있는 것이다. 이 집착을 그치게 하기 위해서 "소취와 능취는 공이다"라고 설해졌다"[45]라는 것이다. 나가오에게는 3성 전체가 전환적이다. "의타기적인 존재방식은 전환적으로 항상 변계적인 존재방식으로 향하여 타락하는 경사傾斜를 갖고 있다."[46] 이와 동시에 또한 "의타기에서 변계로 타락하는 경사와 함께, 그것과 역으로 그 진상眞相이 보여짐으로써 원성실로 돌입한다고 하는, 유가행의 의미"[47]가 있고, 그러므로 "그 전의의 가능성을 여기서 볼 수 있을 것이다"[48] 하고 서술되는 것이다. 이와 같은 나가오의 3성설 이해에 기초하면, 우에다의 견해에 있어서는 "의타기적으로 있는 세계가 범부의 집착 때문에 전체가 변계遍計적 세계로 된다는 전환은 생각되고 있지 않다. 3성의 전환적인 구조가 보이지 않기 때문에, 유有인 의타기의 능연이 곧바로 무無인 변계의 소연에 직면하는 것이다"[49]라고 비판되는 것이다.

나가오 가진이 말하듯이, 확실히 우에다의 3성설 이해는 어딘가 고정적인 바가 있다는 인상은 불식할 수 없다. 다만 우에다 논의의 근저에는 성상융즉性相融卽 <융통融通>과 성상영별性相永別 <별관別觀> 혹은 일승一乘과 삼승三乘이라는 불교사를 관통하는 대론對論에 입각하여, 그중 유식의 입장 특히 3성설이 갖는 의미를 확정하고자 하는 의도가 있으며, 이 점에 관한 그의 주장의 궁극적인 의도를 이해하지 않고서는 그것에 대한 비판도 표층적인 것으로 끝나버릴 우려가 있을 것이다. 또한 식전변과 얽혀서 전개되는 찰나멸에 대한 그의 독자적인 견해는 철학적 시간론에서 보아도 대단히 흥미 깊은 논점을 제시하고 있고, 이 점에서도 우에다의 독자적인 유식이해가 우리에게 귀중한 사색의 과제를 제기하고 있다는 것은 의심할 여지가 없는 바이다. 이 문제에 관해서 야마구치 이치로山口一郎는 원인상原印象과 원파지原把持의 동시성이라는 역설적인 사상事象으로 향하는 후설의 현상학적 분석에 입각하면서 아뢰야식과 현행식의 상호관계에 대해 시간론적인 해명을 수행하고 있다.[50] 야마구치의 이 논의는 우에다의 찰나멸 시간론에 관한 현상학적 해명이라서 주목할 필요가 있다. 그러나 이 여러 논점들에 대해 이 장에서는 이 이상 상술하는 것은 유보하겠다. (본론 제III부 제1장에서 3성설을 둘러싼 여러 해석들을 거론할 때에 다시 이 문제를 언급할 것이다.)

여기서 우리는 이 장의 출발점으로 돌아가서, 범문원전 연구에 의해 비판에 노출된, 현장이 능변과 소변을 나누어 번역한 문제, 또 인능변과 과능변 구별의 문제에 대해서 그것을 '식'이라는 활동의 존재방식에 즉하는 사상事象 탐구의 측면에서 현상학에 입각해서 고찰해 두고 싶다.

제4절 현상학적 의식분석과의 비교

『중변분별론』의 현장 역인 『변중변론』에서 현장은 처음 2송을 다음과 같이 번역하고 있다.

> 허망분별이 있네. 이것에 둘은 전연 없네. 이것에 오직 공이 있을 뿐이네. 저것에도 이것이 있네.[51]
>
> 虛妄分別有 於此二都無 此中唯有空 於彼亦有此

여기에서 '이것此'이란 말과 '저것彼'이란 말을 사용할 때 엄밀하게 나누어 사용하고 있다는 것에 주목해야 한다. '이것'이란 거기에서 모든 가설이 행해지는 소의이며 아와 법이 시설되는 장, 즉 사실事實의 지반을 의미한다. 니시다 철학西田哲學으로 말하면 '~에 있어서 어떤 장소'에 해당한다. 이에 반해서, '저것'은 '~에 있어서 어떤 것'이다. 여기서는 '둘'과 '공'이 '저것'으로 받아들여지고 있다. 그러면 그 '이것'의 내실內實이란 무엇인가 말한다면,

그것은 '허망분별'이라는 사실事實이다. 이 사실은 3성설로 말하면 '의타기성'이다. '둘'이란 능취와 소취이며 '변계소집성'에 해당한다. 또한 '공'은 공성空性, 공리空理이며 '원성실성'에 해당한다. 따라서 이 문장은 미혹迷惑도 증오證悟도 '이것', 즉 '의타기'적인 사실事實에 있다는 것을 의미한다. 현장은 이렇게 철저하게 나누어서 역하고 있는데, 예를 들면 『유식삼십송』의 제17송의 역 "이것 때문에 저것은 모두 없네"에서도 '이것'은 식전변의 사실 즉 의타기성을 나타내고, '저것'은 거기에서 시설된 것, 즉 변계소집성을 가리키고 있다.

이제 필자는, 이 '이것'으로 말해지는 사실事實, 거기로부터 '아와 법'이라는 일체의 사물이 가설되는 사실적 지반, 즉 '의타기성'을 후설 현상학에서 말하는 '초월론적 영역'으로 이해할 수 있다고 생각한다. '초월론적 영역'이란 거기에서 일체 사물의 존재의미가 구성되는, 세계구성의 기반을 이루는 장소이다. 현상학이란 "존재자에 관한 모든 지知의 여러 시원으로 데리고 돌아가는 기초학"[52]이자 '지知의 원형'을 향해서 거슬러가는 탐구이다. 그리고 그 때문에 '사상事象 그 자체로zu den Sachen selbst'라는 격률을 따르는 것이다. 이 '지知의 원형'이 되는 '사상事象'을 필자는 '의타기'적 사실事實로 이해한다. 그것은 일단 '사물 die Dinge'에 대해서 '체험 Erlebnis', '체험류 Erlebnisstrom', 대체로 '경험 Erfahrung'이라고 불리는 사실에 상응한다.

> 사물이 바로 그 사물인 것은 경험의 사물이기 때문이다. 오로지 경험만이 사물에 그 의미를 지정하는 것이다.[53]

이 경험은 내재적인 '동기부여'의 연관에 의해서 "항상 새로운 동기부여를 받아들이고 이미 형성된 동기부여를 변형해간다"[54]라고 하는 끊임없는 전변 속에 있다. 이 동기부여 연관에 기초하는 의미지향을 통해서 그때마다의 현출체험을 매개로 해서 우리는 세계를 구성하고 사물을 구성하는 것이다.

> 전全공간적 시간적 세계는, 그리고 인간이나 인간적 자아도 이 세계에 속하는 개별적 실재로서 이 세계로 산입算入되는데, 이러한 세계는 그 의미상 단순히 지향적 존재일 뿐이다. 즉 그러한 존재란 의식에 있어서 존재라는 단순히 제2차적이고 상대적 의미를 갖는 존재이다. 왜냐하면, 그 존재가 의식의 주관들 속에서 현출을 통해서 경험되는 존재이기 때문이다.[55]

이렇게 해서 우리는 『변중변론』의 "이것에 둘은 전연 없네"와 상응하는 『이념들 I』의 다음과 같은 기술로 인도된다.

> 실재란 개별적으로 보여진 사물의 실재이든, 또한 전全 세계의 실재이든 모두 본질상 자립성을 결여하고 있다. …… (중략) …… 실재는 절대적인 의미에서 전혀 아무것도 아닌 무無이며, 실재는 전혀 아무런 '절대적 본질'을 갖지 않으며, 실재가 갖고 있는 것이라고 한다면 원리적으로 단지 지향적인 것에 지나지 않는, 단지 의식되거나 또는 표상될 수 있는 것에 지나지 않는 가능적 현출 속에서 현실화될 수 있는, 그러한 것의 본질성뿐이다.[56]

사물이나 자아를 포함하는 세계가 의식에서의 현출을 매개로 한 지향적 존재로서 다시 파악될 때, 그것들은 엄밀한 의미에서 실재의 '무'라고밖에 말할 수 없다. 참으로 소취와 능취의 '둘'은 '무'이다. 그러나 의미세계를 지향적으로 구성하고 있는 의식의 사실事實, 즉 '의타기'의 사실은 부정할 수 없다. "허망분별이 있네"이다. 그렇다 해도 이 의식의 사실은 그 내실內實을 본다면 끝이 없는 '동기부여 연관' 속에서, 앞서는 '동기부여'[타他]에 의지해서[의依] 생기[기起]하면서, 그것을 변형한다는 방식으로 끊임없이 전변하고 있는 것이니, 그것 자체로는 '공'이라고밖에 말할 수 없다. "이것에 오직 공이 있을 뿐이네"이다.

이와 같이 『변중변론』 서두의 구句와 후설의 초월론적 의식으로 환원하는 일 사이에는 놀랄 만한 대응을 볼 수 있을 것이다. 다만 후설이 '순수의식'이라고 부르는 현상학적 영역을 유식에서는 처음부터 '허망虛妄'이라고 파악하고 있는 점은 양자의 기본적 입장의 차이를 나타내는 것이니 끊임없이 염두에 둘 필요가 있다는 것은 말할 나위도 없다.

이제 이상에서 서술했듯이 후설의 사상事象 분석은 『이념들 I』기에서는 초월적 의식의 노에시스와 노에마의 상관관계를 해명하면서[정태적 현상학] 출발했지만, 점차로 이 세계구성의 기반인 초월론적 주관성 내에 숨겨져 있는 수동적 구성의 여러 상相들이 발견되고, 후기의 발생적 현상학으로 전개되어 가게 된다. 이것은 본래 '지향성intentionaliät'이라는 열쇠가 되는 개념 안에 처음에는 감춰져 있었던 여러 기능들이 점차 분명하게 드러나는 과정에 대응한다.

그런데 필자가 보는 한, 이 후설의 정태적 현상학으로부터 발생학적 현상학으로 심화하는 것은, 유식론에서 과전변의 평면으로부터 그 과전변을 성취하고 있는 인연因緣을 분명히 하는 인전변으로 심화하는 것에 대응한다. 『유식삼십송』 제1송에서 '저것들[아와 법의 가설]은 식에 의해 변현된 것이네. 이 능변은……'이라고 말하듯이, '소변'과 '능변'이 구별되고 있는 것에는 사상事象상의 근거가 있다. 과전변은 식이 현행하는 때이며, 그 현행식의 구조가 2분[견분과 상분]인 것이다. 이것은 정확히 『이념들 I』기의 후설이 사상事象 분석을 노에시스와 노에마 상관관계를 해명하면서 행한 정태적 구성분석에 해당한다. 『유식삼십송』에서 말한다면, 제17송이다. "이 모든 식은 분별하는 것과 분별되는 것으로 전변하니"라고 하는 사태이다. 여기서 전변은 '변현'의 의미이고, 식이 어떤 내용을 표현하고 있는 사태를 말하고 있다. 의식이라는 사실事實에 있어서, 의식을 초월한 것을 의식한다는 것은 있을 수 없다. '의식을 초월한 것'도 또한 그러한 것'으로서' 의식되고 있는 것에 지나지 않는다. 이 사실을 "경境과 유사하게 나타난다"라고 말하는 것이다. 식이 경과 유사하게 나타난다고 하는 사실事實이 있고, 그로부터 외경外境이 구성된다. "무언가에 대한 의식이 있다"고 하는 사실에서 처음으로 주관이라든가 객관이라 하는 것이 생각되어 오는 것이다. 이 '무언가'가 노에마, '에 대한'이 노에시스이다. 지향성이란 주관이라든가 객관이 그로부터 구성되는 사실事實 그것이다. 이것이 의식이 다른 것과 구별되는 점이며, 심과 심소법의 특유한 존재방식이다. "소변所變을 소연所緣으로 한다"라고 하는 구조이다. 이 사정을 『성유식론』에서는

> 유루의 식 자체가 생할 때 모두 소연이나 능연과 유사한 상相이 나타난다. 그것과 상응하는 법도 또한 그러하다는 것을 알아야 한다. 소연과 유사한 상을 상분이라 하고, 능연과 유사한 상을 견분이라 한다.[57]
>
> 然有漏識自體生時, 皆似所緣能緣相現. 彼相應法應知亦爾. 似所緣相說名相分, 似能緣相說名見分.

라고 서술하고 있다. 능연과 소연은 변계소집이지만, 능연이나 소연과 유사한 상은 의타기이다. '분별과 소분별', 노에시스와 노에마는 아직 주관과 객관이 성립하기 이전의 사상事象이다. 그러나 이 사실은 아직 제17송의 수준에서 파악된 사실, 즉 과전변에서의 사실에 지나지 않는다. 유루의 식이 생했을 때, 현행했을 때의 구조를 파악한 것에 지나지 않는다. 그러면 왜 이와 같은 구조가 생기는 것일까? 왜 현재의 세계구성은 이와 같이 되어있는가? 이와 같은 물음에 이끌려 비로소 제18송의 "如是如是變(이와 같이 저와 같이 전변하네)"이 의미를 갖게 된다. 이 '변'은 더 이상 '변현'의 의미가 아니다. 엄밀한 의미에서 '전변'이다. 제18송에 대해 『성유식론』은

> 이 식 중의 종자는 다른 연이 돕기 때문에, 이와 같이 저와 같이 전변한다. 생하는 위位에서부터 전전하여 성숙의 때에 이르는 것을 말한다.[58]
>
> 此識中種餘緣助故, 即便如是如是轉變. 謂從生位轉至熟時.

라고 서술하고 있다. 이 '전변'은 시숙時熟의 과정이며, 앞의 경우가 현행

의 때果이었던 데에 반해, 이 경우는 그 '때時'가 무르익기까지 인위因位에서의 성숙을 나타내고 있다. 그러나 이 시숙의 과정은 현행하고 난 식에 있어서는 숨겨진 방식으로 일어나고 있다. 그것은 현행식에 있어서는 말하자면 '익명성'의 차원에 속한다. 현행의 때時를 성립하게 한 이 '깊이'의 층에는 무시이래의 역사가 간직되어 있다. 시간의 문제, 역사의 문제를 여기서 묻게 되는 것이다.

이 과전변에서 인전변으로 물음이 깊어지는 것은, 후설 현상학이 걸어간 길에도 적용된다. 『이념들 I』 시기의 노에시스와 노에마 상관분석에 의해서 초월론적 주관성의 구조가 모조리 명증화되고, 모든 학의 기초부여를 수행하는 구성기반을 확보하고자 했던 그때, 기묘하게도 『제일철학』이라고 제목을 붙인 저작에서 이른바 "데카르트주의로부터 이반함"[59]이라는 사태가 일어난 것이다. 즉, "무역사적 선험주의apriorism인, 또한 근대합리주의의 완성인 초월론적 주관주의의 좌절"[60]이 일어난 것이다. 1920년대 이후 후기 후설의 발생적 현상학은 초월론적 주관성의 수동적 선구성先構成 문제를 주제화하고, '지평'론을 통해서 이른바 아프리오리a priori 그것에 배어 있는 숨겨진 역사를 파 일구어 가는 작업이다. 이 문제는 본론 제II부의 과제가 되므로, 여기서는 더 이상 언급하지 않는다.

그러나 마지막으로 확인해 두고 싶은 것은, 이상의 고찰에서 『유식삼십송』 제1송에서 현장이 '소변'과 '능변'으로 나누어 번역한 것은, 사상事象에 입각해서 보는 한, 정당한 근거가 있다고 말할 수 있다. 소변의 수준[과전변]에서는 현행한 식의 구조를 엄밀하게 기술할 필요가 있기 때문에 전변은 '변현'의 뜻이 된다. 능변[인전변]을 말할 때는, 현행을 가능하게 한 역사성의 차원으로 발을 내딛기 때문에 전변은 필연적으로 시간과 분리되지 않는 '변화'의 뜻을 떠맡는다. 이 점에 관한 한, 나누어 번역하는 것은 사상事象에 입각한 필연성을 갖고 있으며, 범문원전의 뜻과 크게 다르지 않다고 생각된다. '변현變現', '사현似現'이란 사태는 현행식의 사실事實이며, 이것은 이미 '해심밀경'에 다음과 같이 단적으로 표현되고 있다.

이것에는 어떤 법法을 보는 어떤 법法도 남아 있지 않다[61]

此中無有少法能見少法.

(어떤 법을 보는 어떤 법도 남아 있지 않다 할 때) '어떤 법'이란 무엇이든 대상화되어 파악된 것이다. 주관이라든가 객관이 처음부터 존재하고, 그 주관이 객관을 본다는 따위는 이미 생각된 것이며 사상事象 그 자체는 아니라고 말하고 있다. 이 사상 그 자체는 현장이 '변현', '사현'으로 표현한 것에 지나지 않는다. 명석한 기술이다.

제3장 행상行相과 현상학적 현출론

제1절 '행상'과 '지향성'

'행상ākāra'이란 말의 정확한 의미를 확정짓는 데에는 어떤 독특한 어려움이 따라다닌다. 『술기述記』에서 "행상行相에 두 가지가 있다. 첫째는 견분이다. …… 소연에 대해서 반드시 있다. 둘째는 영상의 상분을 행상이라 한다"[1]라고 서술하고 있듯이, 행상은 해석에 따라 견분에도 상분에도 배당된다. 당초 한어漢語의 '행상'이라는 용어가 성립했을 때 이미 양의적이었다. 그러나 역으로 말하면 이 양의성은 이 용어가 가리키는 사태를 오히려 정확하게 표현하고 있다고도 말할 수 있을 것이다. 왜냐하면, 이 용어는 심의 작용을 가리키고 있으며, 심이 작용할 때는 반드시 무언가로 향한다[行]는 것과 이 향함을 받아들인다[相]는 것이 동시에 일어나기 때문이다. 만약 이 용어의 개념을 명확히 하고자 무리하게 주관 쪽으로 끌어당긴다거나 객관 쪽으로 끌어당긴다면, 곧바로 이 용어가 갖고 있는 '작용'으로서의 의미가 사라지고 왜곡되고 말 것이다. 오히려 이 용어는 주관이라든가 객관이라는 우리의 상식적인 견해를 제거하여, 사태 그 자체로 우리의 눈을 향하게 한다는 의미를 지니고 있다.

이 점에서 '행상'은 후설 현상학의 핵심용어라고 말할 수 있는 '지향성intentionaliät'에 비정되어야 할 중요한 의미를 담당하고 있다고 생각한다. 후설은 경험을 해명할 때 감각여건, 무언가로 향하는 작용, 그 작용이 겨누고 있는 대상적 계기와 같은 계기들의 관계성을 기술하기 위해, 브렌타노Brentano한테서 이어받은 '지향성'이란 말을 현상학의 중심개념으로 완성해 갔던 것이다. 따라서 '지향성'은 관계항을 처음부터 자신 안에 거두어들이고 있는 관계 그 자체, 주관이라든가 객관이 아직 고정화되기 이전에 이미 그것들이 만나고 있는 장면을 부상하게 한다. 이와 같은 의미에서 '지향성'이라는 개념은 주관과 객관을 전제한 후에 그것들의 관계를 묻는, 이원론에 기초하는 인식론적 문제설정을 해체하고자 하는 의도를 처음부터 포함하고 있으며, 또한 관계항의 한쪽을 근거로 우선시하여 다른 쪽을 한쪽에 환원해버리는 도식적 형이상학을 회피하는 의미도 담당하고 있다고 할 수 있을 것이다.[2]

그런데 '행상'에 대해 『술기述記』에서는 다음과 같이 말하고 있다. "(식심識心은) 영상影像에 반드시 변위가 있다. 의타기의 법이기 때문이다. 그러므로 행상은 이것에 의탁해서야 일어날 수 있다"[3] 행상은 영상의 상분에 대해서 일어나는 작용이라는 측면이 문맥상 다소 강하게 드러나고 있다고 할 수 있고, '의탁[杖]해서'라는 표현은 무시할 수 없는 '상相'의 강조를 나타내고 있다. 여기서 영상의 상분을 노에마, 그 상분을 겨누는 작용인 견분을 노에시스라고 말하는 것이 허용된다면, 행상이란 '상相(노에마)'과 그것에 의탁해서 일어나는 '견見(노에시스)'의 상관관계, 즉 지향성이라는 개념이 가리키는 사태를 의미한다 해도 좋을 것이다. 의타기란 연생緣生을 의미하지만, 특히 호법과 현장에서는 과전변의 면에서 바로 이 '상관관계Korrelat'를 의미하기도 한다. 이 상관관계를 주제적으로 연생으로서 파악한 것이 호법 이래 유식학의 특징이기도 할 것이다.

이렇게 해서 '행상'이란 말은 상분과 견분의 관계성을 표현하고 있는 점에서 그 말의 본질로 보아 양의성을 면할 수 없다. 이 점은 산스끄리뜨의 ākāra도 마찬가지여서, 그것은 한편으로는 '형상形象' 또는 '상相'으로 번역되기도 하고, 또 '상분'의 원어로 nimitta-bhāga와 함께 ākāra-bhāga라는 표현이 추정된다는[4] 점에서, 어느 쪽인가 하고 말한다면, 대상적 측면을 표현한다고 볼 수 있다. 학설사에서 말해지는 '유상유식有相唯識', '무상유식無相唯識'의 '상相'도 또한 ākāra이다. 그러나 동시에 이 말은 어근에 작용성을 의미하는 √kṛ를 포함하기에 '견見'의 요소도 겸비하고 있다. 이렇기 때문에 현대 불교학자의 해석도 다양한데, 예를 들어 뿌셍Possin은 mode 또는 maniere d'etre라고 번역하고, 또 프라우발너E. Frauwallner는 Erscheinungsform로 번역하고 있다. 이들의 역은 '상相'의 측면을 역어로 받아들이면서도, 역시 어디까지나 의식에 나타나 오는 양태성을 함의하고 있다. 이에 반해서, 주로 작용의 측면을 중시하는 '활동양태' 또는 단적으로 '활동'이라는 현대어 역도 행해지고 있다. 이것은 이조 케른Iso Kern의 보고에 의하면, 현대중국의 유식연구자에 의한 번역[5]이지만 거기에는 역시 현장 이래의 '행상'을 '견분'으로 간주하는 전통이 반영되어 있다고 생각할 수 있을 것이다. 그러나 『술기』에서 "行於境相(경境의 상相에 대해서 행行하다)"[6] 또는 "行境之相狀(경의 상상相狀에 대해서 행하다)"[7]이라는 말법이 행해지고 있는 것으로부터 보아도, 작용이라 해도 어디까지나 상相을 포함하는 작용이지 단순히 대상에서 독립한 주관적 작용은 아니며, 이 점에서 그것은 현상학에서 말하는 '지향성'과 전적으로 맥락을 같이하는 것이다. 만약 작용과 경상境相이 독립해 있고 그 둘의 관계가 행상이라고 한다면, 그것은 더 이상 연생이라고 할 수 없으며 의타기가 아닌 것이 될 것이다. 그렇게 되면 경상境相은 의타기가 아니고 변계소집이 되어 버리며, 그것을 보는 '견분'도 또한 의타기의 본성을 잃고 말 것이다. 현장이 행상을 견분으로 간주했다 해도, 그것은 어디까지나 관계항을 처음부터 자신의 안에 거두어들이고 있는 관계라는 작용성격을 의미하고 있었다는 것은 말할 나위도 없다. 참으로 호법과 현장은 식을 떠나서 외계에 대상이 존재한다고 하는 소박한 실재론자와 대론하면서, "식체가 2분과 유사하게 전전한다"[8]라는 과전변의 사상思想을 정비해 갔다고 생각하며, 그 "경境과 유사하게 현현한다"라는 표현은 관계항보다도 관계 그 자체가 주제로 거론되어야 할 사상事象이라는 것을 명확하게 자신의 사상思想적 입장으로 명시했다고 생각한다.

제2절 '彼依識所變(피의식소변)'과 현상학의 근본동기

이상으로부터 '행상'이란 용어가 갖는 양의성이, 이 용어가 가리키는 사상事象이 현상학에서 '지향성'이라는 용어가 가리키는 사상事象과 놀랄 만한 공통성을 갖고 있다는 것을 우리에게 알리고 있다는 것이 이해될 것이다. 이 공통성은 결코 단순히 우연이 아니라 호법과 현장의 유식학이 '사상 그 자체로'를 표방하는 후설의 현상학과 얼마나 공통된 학문적 동기에 의해 관통되고 있었는가를 보여주는 증거라고 생각한다. 호법이 당시 실재론자와 주고받은 대론은 시대를 초월해서, 현대의 실증주의적 학문들이 아무런 의문 없이 전제하는 소박한 존재이해에 대해 현상학이 맞섰던 근원적 비판에 필적하는 의의를 갖고 있다. 실재론을 비판한다고 해서 그것이 곧바로 관념론의 입장을 표명한다고 단정할 수는 없다. 흔히 유식사상은 관념론이라는 해석이 지금도 상당히 널리 퍼져 있는 것처럼 보이는데, 이러한 해석만큼 피상적이고 천박한 단정은 없다. 오히려 유식학은 실재론이나 관념론 같은 모든 여러 형이상학적 입장들이 얼마나 세간적으로 무자각적으로 행해지는 '가설 = upacāra'인가를, 그런 갖가지로 행해지는 논의가 자신의 발밑에서 일어나고 있다는 사실을 얼마나 망각하고 그것을 그냥 지나친 희론prapañca에 지나지 않는가를 보여주는 데서 출발하고 있다.

이는 '유식삼십송' 서두의 제1송을 상기한다면 곧바로 수긍되는 것이다.

> 가假로 아와 법을 설하니 종종의 상의 전전함이 있네. 저것들은 식에 의해 변현된 것에 의지하네.[9]
>
> 由假說我法 有種種相轉 彼依識所變

과학적 인식을 포함해서 세간적으로 여러 형태로 이루어지고 있는 모든 논의들은 어떤 일정한 일상성으로 화한 상식적 존재 이해를 암묵리에 전제하고 있다. 사물의 존재, 심心의 존재, 사회의 존재, 선악의 존재, 진위의 구별 등등에 대한 논의들은 어떤 일정한 문화적 전통 속에서 주로 언어에 의해 분절화되어 가면서 역사적으로 형성되며 '자명성'으로 화한 일상적인 존재이해 또는 세계이해에서 행해지고 있다. 이러한 '자명성'은 과학적 태도에 의해서도 뛰어넘을 수 있는 것이 아니다. 실증과학은 개별과학으로서 각각 한정된 존재자의 영역을 대상으로 하지만, 그 영역 구분은 바로 그 실증과학의 활동에 의해 행해지는 것이 아니라 이미 선先과학적 · 일상적 인식에서 성립하고 있는 것이며, 과학은 그것을 사전에 주어진 것으로 전제하고 있기 때문이다. 게다가 또한 '진정한 존재'를 찾는 형이상학에서조차 대부분의 경우 이 '자명성'은 극복되지 않은 채, 바로 그 형이상학적 사유에 끈질기게 늘 따라다니고 있다. 그렇지만 여기서 과학적 인식이나 형이상학적 사유가 자신의 행위에 의해 구상된 것을 '진정한 존재'로 간주해서 일상성에 대해 진리 요구의 우위성을 주장한다면 그때 그것들은 바로 '변계소집성'에 떨어지게 될 것이다. '자명성'을 '자명성'으로 척결할 수 없는 한, 과학이든 형이상학이든 모두 '범부'의 입장에서 벗어날 수 없으며, 거기서 행해지는 진리요구를 위한 모든 언설은 모두 '아와 법의 가설'이 될 수밖에 없다.

그러면 "저것들은 식에 의해 변현된 것에 의지하네"란 무엇을 의미하는가? 이 문제를 현상학의 근본동기와 연관해서 고찰해 보자. '저것들'이란

'가설된 아와 법', 즉 '자명성' 내에서 실체적으로 구상된 일체법 즉 모든 존재자이다. '자명성'이란 존재자와 친근하게 지내는 동안 존재자의 존재와 의미에 대한 물음이 덮여버리는, 존재자와의 교섭태도, 곧 '자연적 태도' 또는 '자연주의적 태도'이다. 이 '자명성'이 타파되어 일상적 존재 이해에 암묵리에 전제되고 숨겨져 있었던 확고한 지반이 흔들릴 때 그 '자명성'이 물을 만한 가치가 있는fragwürdig 것으로 전화轉化한다. 이 사태는 한편으로는 존재자에 대한 일반적 이해의 좌절이지만, 다른 한편으로 그것은 동시에 존재자의 존재와 의미에 대한 물음의 자각화이다. 그리고 이 일반적 이해가 좌절하는 동안 존재자의 존재와 의미에 대한 물음을 어떻게 해서 캐물을 수 있는가, 이 문제야말로 현상학을 끊임없이 계속해서 몰아가고 있는 근원적 동기이다. 현상학에서 의식이 주제가 되는 것은 바로 이 존재의 의미에 대한 물음을 캐묻기 위한 것과 다른 것이 아니다. 그럼 왜 이 물음으로부터 의식이 주제화되지 않으면 안 되는가? 그 필연성은 어디에 있는가? 이 문제는 '가설의 소의'가 어째서 '식소변', 곧 '식전변'에서 구해지지 않으면 안 되는가 하는 문제이며, 그것은 또한 다른 대승불교의 여러 흐름에 대해서 유식사상의 독자성을 해명한다고 하는 큰 과제와도 연동될 것이다. 아마도 거기에는 자명성이 타파되어도 여전히 뿌리 깊게 남아 있는, 우리가 변계소집으로 기우는 일에 대한 유식학파의 예리한 통찰이 있을 것이다. 이 기움은 '가설'의 성립에 대한 반성적 분석에서도, 그 반성적 행위 그 자체가 망분별인 한 최후까지 따라다니는 뿌리 깊음을 갖는다. 이와 같은 문제의 차원은 현상학에서 현상학적 반성의 한계점에 직면하는 현상학적 사유의 전환이라고 하는, 후기 후설에서 부상된 문제와 연동하는 것인데, 이 점에 대해서는 본론 제Ⅲ부 이하에서 다시 논하겠다. 여기서는 우선 현상학에서 의식이 주제화되는 근거를 확인하고 그와 관련해서 '식소변識所變'의 의미를 탐구해 두고자 한다.

제3절 내재와 초월 — 초월론적 현상학으로 가는 길

존재자의 존재와 의미에 대한 물음이 왜 또 어떻게 의식의 주제화로서 전개되기에 이르렀는가? 여기서 우리는 후설 현상학의 표어가 되고 있는 '사상事象 그 자체로Zu den Sachen selbst'라는 말에서 '사상'이 무엇인가를 묻지 않으면 안 된다. 이 말은 『논리 연구』의 다음 용례에서 유래한다고 한다. "우리는 단순히 '말'만으로는, 즉 단순히 상징적인 말의 이해만으로는 도저히 만족할 수 없다. 설사 어떤 직관에 의한다 할지라도, 어렴풋이 불명료한 직관에 의해서 살려지는 수밖에 없다 하는 의미는 우리를 만족시킬 수 없다. 우리는 '사상 그 자체'로 되돌아가고 싶다."[10] 그러면 우리가 되돌아가야 할 '사상'이란 무엇인가? 일체의 선입견을 거부한다는 점에서는 일관되어 있다고 해도, 후설 사유의 걸음의 진전과 함께 그 의미는 미묘한 뉘앙스의 변이를 보여주고 있다. 『논리 연구』 시대에는 심리학주의, 기타 자연주의적 선입견으로부터의 해방과, 그것에 수반되는 객관적 이데아주의의 논조가 표출되어 있는데, 이 시기의 사상을 중시하는 해석자는 '사상事象'을 이데아적 대상을 의미하는 것으로 받아들이고 있다. 그러나 이 시기에서조차 이미 "사상 그 자체에 부합하는 것, 즉…… 주어져 있는 대로의 사상 그 자체를 물어 밝히고……"[11]라고 말하는 바와 같이, 후의 '근원명증Ur-evidenz'의 사상思想, 곧 존재자의 '자기능여Selbstgebung'의 사상思想에 대한 맹아가 보인다. 또한 이 시기에 이미 후기의 사유에 이르기까지 현상학의 전개를 몰아간 '현출'의 문제가 상당히 깊이 파고들어 고찰되었다는 것도 주목되어야 한다. 그러한 연속성을 잊어서는 안 되지만, 일단 초기 후설의 순수논리학적 차원에서 문제가 되는 '사상事象'은 그 자체로 존재하는 이데아적 일반자 — 개념 자체, 명제 자체 등 — 라고 해도 좋을 것이다. 그러나 그 후 본래의 현상학적 견해가 성숙해 감에 따라 지향적 능작能作과의 상관관계에서 대상적 존재자의 근원적 존재방식을 해명하고자 할 때는, '사상事象'은 더 이상 자체적 존재자가 아니라 주관에 대해서 현출하는 대상적 존재자, 심지어 그것들이 거기에서 현출하는 순수의식 체험을 의미하는 것이 된다. 『이념들 I』에서 정비된 '현상학적 환원'의 사상思想에 비추어본다면, 전자 곧 이데아적 일반자에 대한 주목은 '형상적 환원'에, 후자 곧 순수의식으로의 환원은 '초월론적 환원'에 해당하지만 지금 문제가 되는 것은 이들 양자의 관계이자 전자에서 후자로의 이행의 필연성일 것이다. 이 문제는 '초월론적 현상학'이란 입장의 성립을 촉진시킨 근본동기가 무엇인가라는 물음이기도 하다.

이 초월론적 입장으로의 전환의 필연성을 고찰할 때, 다음 두 가지 중요한 계기에 주목할 필요가 있다. 즉, 첫째는 명증이론과 결부된 인식비판에 보이는 근본주의radicalism라는 계기이고, 둘째는 '자명성'의 극복이라는 문제를 다룰 때 자연적 태도에서 활동하는 가장 근원적인 자명성인 '세계의 존재타당의 자명성'이 물어졌다는 점, 이 두 가지이다. 우선 첫 번째 계기는 후설의, 철학은 시원Anfänge 또는 근원Ursprünge의 학으로서 엄밀학die strenge Wissenschaft이지 아니면 안 된다는 요구로부터 당연히 귀결되는 것이다. 그에게 있어서 근본적인radical 인식비판은 "절대적인 의심불가능성으로 거슬러가고, 일상적 생이나 학문적 세계지知의 내용에 의해 전혀 어떤 것도 이전에 주어진 것으로 자명하게 전제하지 않는"[12] 인식비판이며, "절대적 소여성이라는 무전제적인 영역의 내부에서, 인식이란 그 본질과 의미에 따라서 도대체 무엇인가를 명석성으로 가져오는 것"[13]이다. 모든 인식체험에 공통적인 본질성격은 무언가의 대상을 지향하고, 그것을 사념하는 것이다. 그러나 여기에 커다란 의문이 감추어져 있다. 즉 "어떻게 인식이 초월자에, 곧 자기소여가 아니라 '초출超出적으로 사념되는 것'에 적중할 수 있는가?"[14] 하는 '초월의 의문'이다. 『현상학의 이념』(1907년)에서 인식비판의 과제는 이 '내재'에서 '초월'로 비약하는 일에 대한 의문을 해명Aufklärung하는 것이라고 말하고 있다. 거기에서는 객관적인 과학들에서 하는 설명Erklärung은 아무런 역할도 수행할 수 없다. 왜냐하면 과학적 인식은 이미 그 자체 내에 '초월의 위구危惧'를 포함하고 있고, '초월의 의문'에는 괘념하지 않는 자연적 태도에 속하기 때문이다. 만약 이 의문을 '해명'하기 위해 '설명'이 혼입되면 곧바로 '다른 류類의 문제로 전이metabasis하는 일'에 빠지게 된다. 여기에 초월적 사물에 대한 소박한 존재정립을 일시 중지(에포케)해서 "모든 초월적 규정을 배제하는 일"[15]이 요청되고, 절대로 의심할 수 없는 자기소여성인 순수의식 현상에 대한 '현상학적 환원'이 수행되는 이유가 있다. 그것은 '초월Transzendenz의 의문'을 해명하는 것이기 때문에 본질적으로 '초월론적transzendental'이다. 이렇게 해서 절대로 확실한 인식기반인 필증적apodiktisch 명증의 영역이 순수내재적인 초월론적 주관성에서 발견되고, 거기에 있는 대상구성기능인 지향작용(노에시스)과 그것에 의해 구성된 의미대상(노에마)의 상관적 연구가 현상학의 과제로서 명시되게 된다.

다음에 두 번째 계기로서 '세계'의 문제론을 언급해야 하겠다. 일상적인 자연적 태도는 '초월의 의문'을 그냥 지나쳐서 의식된 것에 소박하게 맞서는 '대상귀의적' 성격을 특징으로 하는데, 그 때문에 거기서는 존재자의 존재와 의미에 대한 물음은 닫힌 채로 있다. 존재자와 친근하기 때문에 오히려 역으로 '존재와 멂'이 놓여 있는 것이다. 그런데 이러한 존재자와 친근함 밑에 가장 근원적인 자명성으로서 '세계의 존재타당의 자명성'이 가로놓여 있다. 따라서 습관화된 실체화적인 사고양식 내에 망각되어 있는 '존재자와 가까움'을 발견하기 위해서는 역으로 세계의 자명성으로부터 몸을 멀리해야 한다. 이것은 『이념들 I』에서는 '일반정립'의 에포케로서 조금 추상적으로 말해지고 있었지만, 마침내 초월론적 반성론의 전개 중에서 초월론적 주관성은 세계가 거기에서 현출하는 장場, 세계를 구성하는 주관성으로 이해되어 오는 것이다. 그때, 세계확신의 뿌리 깊은 단지 자연적 태도에서뿐만 아니라 현상학적 반성의 수행에서조차 암묵리에 지반으로서 계속해서 활동하고 있다는 것이 자각화되고, 그로부터 세계의 소여성 양식에 대한 물음을 통해서 '지평현상'의 주제화가 파악되어 오는 것은 주목할 만하다. 지평의 문제에 대해서는 아뢰야식과 연관해서 다시 논급할 작정이다. 여기서는 초월론적 태도가 세간적인mundan 자연적 태도에 대립되는 것으로서, 후설에게는 "어떤 종교상의 회심과 비교될 수 있는 인격상의 전회"[16]이었다는 것을 확인하는 것으로 멈추기로 하자.

제4절 의타기와 변계소집의 관계에 대한 고찰

이제 후설 현상학의 '내재와 초월'의 문제에 입각해서 다시 "彼依識所變(저것은 식에 의해 변현된 것에 의지하네)"의 의미를 재고해 보겠다. 이 '所變(변현된 것)'의 해석을 둘러싼 논쟁에 대해서는 앞 장에서 언급했다. 문제가 되는 것은 "식체가 2분과 유사하게 전전한다", "경境과 유사하게 현현한다"라고 말하는 경우, 이 '2분' 곧 상분과 견분이 의타기에 속하는가, 혹은 변계소집으로 간주되는가 하는 점, 그리고 여기서 '사似' 또는 '사현似現'이 어떠한 사태를 의미하는가 하는 점일 것이다. 후자의 문제부터 고찰해 보자. '사似'라는 말은 일견 외적 사물의 존재를 전제하고 그것과 유사하게 무언가가 현상하는 것이 아닐까 하는 오해를 불러오기 쉬운 표현이지만, 실은 이 말은 그것과는 전혀 반대의 사태, 즉 무언가가 현상하고 있다는 사실事實은 의심할 수 없지만, 그로부터 유추하여 마치 외계에 독립하여 존재한다고 생각되는 것[외경]은 존재하지 않는다는 것을 나타낸다. 혹은 한 걸음 더 나아가서, 그 현상하고 있다는 사실事實 그 자체도 망분별과 다른 것이 아니며 본래적으로는 무無라고 하는 것도 함의하고 있다. 그러나 여기서는 어디까지나 '아와 법의 가설'이 행해지는 소의所依, 근거로서 '식전변'이 말해지고 있는 한, 우선 제1단계로서는, 현상하고 있다는 사실事實 그 자체가 주목되고 있다는 것은 의심할 수 없을 것이다. 이제 이것을 앞 절에서 서술한 '내재와 초월'의 문제에 비추어 대조해 본다면, '사似'라는 사태에서 문제가 되고 있는 것은 바로 '초월의 의문'이 아닐까? 물론 유식론에는 후설에서처럼 모든 학문의 기초부여가 거기로부터 출발할 수 있는 절대적 기반을 획득하고자 하는 동기는 없다. 오히려 최종적으로는 이 무언가가 현상하고 있다고 하는 사실 그 자체도 또한 본래 공空하다고 하는 통찰에 이르는 것을 목표로 하는 것이리라. 그러나 그 때문이라도 우선은 가설假說의 소의所依가 그 자체로서 파악되지 않으면 안 된다. 즉 초월에 대한 내재의 영역이 그 자체로서 확보되어야만 하는 것이다. 따라서 필자는 의타기로서 유有라 하는 것은 초월화가 거기에서 수행되는 내재의 영역을 의미한다고 생각한다. 그에 반해서 그 내재적인 식의 구성작용에 의해 계탁되어 외적 사물 곧 초월적 대상으로 생각되는 것이 변계소집이다. '사현似現'이란 '현현顯現, pratibhāsa'이며, 내재영역에 나타난 바대로의 상相이다. 여기서 의타기성과 변계소집성의 관계는 후설 현상학의 '현출자 Erscheineindes와 그 현출Erscheinung의 차이성과 동일성'의 문제로서 고찰할 수 있다고 생각한다.

그러면 상분과 견분의 위치부여는 어떻게 생각되는 것일까? 이 문제를 고찰하고자 할 때 후설이 말하는 '내재'라는 용어의 의미 범위가 어떻게 생각되고 있는가를 확인하는 것이 도움이 될 것이다. '내재'란 '내실적reell'으로 내재하고 있는 것' 즉 "의식체험에서 내실적으로 발견되는 감각여건과 의식작용(노에시스)"[17]만을 의미하는 것이 아니라, "지향적인 의미에서 내재적인 것" 즉 "어떠한 방식으로 지향될 수 있는 한에서 모든 대상적 존재자"[18]도 함의하는 것이다. 즉, 『성유식론』에 보이는 난타의 2분설로 말하자면 견분뿐 아니라 상분도 내재에 포함되는 것이며, 진나 이후 3분 및 4분설로 말하자면 자체분만이 아니라 견분과 상분도 또한 내재영역에 속하는 것이 될 것이다. 따라서 상분과 견분 2분은 의타기에 속하고 그것에 의해 변계소집의 아와 법이 가설된다고 생각하는 호법과 현장의 사상은 현상학적으로도 수긍될 수 있다고 생각한다.

그러나 문제는 의타기와 변계소집의 관계, 내재와 초월의 관계이다. 이 관계를 고찰하고자 할 때 후설 현상학의 '현출론'은 많은 시사를 준다고 생각한다. 왜냐하면 현출론은 내재와 초월의 관계를 바로 구조화하고 있는 바의 '현출하는 것과 그 현출의 차이'를 문제로 하고 있기 때문이다. 1908년 무렵부터 명확해져 가는 후설의 초월론적 입장이 확립될 때에, 앞 절에서 서술했듯이 의심할 수 없는 순수명증의 영역인 '내재'에 결정적인 우위성이 부여되고 있다. 그것은 "절대적인 무전제성과 무선입견성에서 인식의 기초부여"[19]를 찾으려는 인식비판의 문맥으로부터 당연히 귀결된 것이다. 그리고 그로부터 "초월론적 주관성은 유일한 절대적 존재자이다"[20]란 언명이 행해지고, 다시 객관적 세계의 존재방식에 대해서는 "객관적 세계는 나에 대해서 그것이 소유하는 의미의 모든 것과 존재타당을, 초월론적 자아인 나로부터 길러오는 것이며, 모든 초월적인 것은 의식생意識生과 불가분한 것으로서, 의식생에서 초월론적으로 구성된 것이다"[21]라는 존재해석이 제시되게 된다. 즉, 객관적 세계도 또한 내재적 초월로서 주관성에 내재해 있고, 다른 한편 초월론적 주관성은 그 자신의 내부에서 세계의 존재의미를 구성하는 것으로서 세계의 존재에 앞선다고 하는 것이다.[22] 이것은 후설 자신도 말하듯이 명확히 '초월론적 관념론'의 입장표명이리라. 그러나 과연 근본적인radical 인식비판이라는 요청으로부터 곧바로 초월론적 주관성을 '절대적 존재자'로 하는 존재해석이 정말 필연적으로 이끌어지는가? 닛타 요시히로新田義弘는 이 점에 대해서 "초월론적 현상학이 인식비판의 궁극적 시점을 확보하기 위해서 내적 반성의 필증적apodiktisch 명증의 입장에 서는 것은, 반드시 의식의 절대적 존재를 설하는 형이상학적 주장에 의해 지지될 필요는 없다"[23]고 하며 다음과 같이 서술하고 있다.

> 초월론적 현상학은 이른바 내부와 외부, 내재와 초월의 관계를 처음부터 의존관계로 확정함으로써 성립한다고 하기보다는 오히려 내부와 외부의 매개개념으로서 지향성의 개념에 정위定位해서 이 지향성의 본질연관을 순화하고자 할 때 지향성이 세계를 구성하는 초월론적 기능이 물어진다는 의미에서 초월론적이다. …… 현상학적 에포케는 새로운 현상차원을 열기 위해서 존재문제에 대한 결정을 유보하는 방법이며, 이 방법에 의해 사물의

존재가 확증된다거나 부정된다거나 하는 것이 주어지는 쪽에서 일어난다는 것이 발견된다. 그 의미에서 의식이 현출자의 존재나 비존재를 현출을 통해서 결정하는 장소라고 말할 수는 있지만, 이것이 그대로 본래 의식이 현출자의 존재영역을 상대화하는 의미에서 절대적 존재라고 하는 것은 아니다.[24]

사실, 실라시W. Szilasi 등은 이 방법으로부터 '초월론적 객관주의'[25]의 가능성을 길러오고 있고, 파톡카Patocka는 세계론의 문맥으로부터 자아 없는 현상학을 제창하는 것이기도 하다.[26] 그리고 무엇보다 중요한 일이지만 후설 자신이 1920년대부터 싹트기 시작하는 후기의 사유에서 다름 아닌 그 자신이 만족하지 않고 현상학적 분석을 진전시킨 결과로서, 이 초월론적 주관성의 절대성을 뒤흔드는 사태에 직면하게 된다. 그때 우선 그 절대성의 동요를 파악하게 된 것은 주어지는 세계와 연동해 있는 '지평'을 발견한 덕분이었다. 그러나 이 '지평'분석은 갑자기 이루어진 것이 아니라 이미 '논리 연구' 시대부터 일관되게 묻고 있었던 '현출'론의 문맥에서 실질적으로 행해지고 있었던 것이다. 즉 초기의 '사물의 현출'에 대한 물음이 '세계의 현출'에 대한 물음으로 깊어지면서, '지평'의 문제권역을 자각하게 되고, 그것과 상관적으로 초월론적 역사성 · 신체론 · 상호주관성 · 살아 있는 현재 등의 새로운 문제영역을 주제화하게 된다. 그러나 그것들의 분석은 모두 초월론적 주관성이라는 내재영역의 충전적인 명증성을 물음에 붙이는 결과를 가져왔다. 필증적 명증의 확보로 향한 후설 자신의 만족하지 않는 분석이 도리어 초월론적 주관성 그 자체가 그 근저에서 깊은 역사성이나 타자성으로 지탱되고 있다는 것을 밝혀내게 되었던 것이다. 이와 같은 단계에서는 설사 후설 자신의 체계화로 향한 구상이 어떠한 것이든, 초월론적 현상학을 관념론으로 단정하는 것은 더 이상 적합하지 않을 것이다. 그리고 필자는, 유식사상도 '식소변'의 근저에 침잠해 있는 역사성이나 근원적 자연과의 교섭을 탐구하며, 특히 3성설은 분별이라는 활동의 자성이 바로 그 분별에 '숨어 있음'을 말하고 있다고 생각한다. 그렇다면 현상학을 관념론으로 단정하는 것이 적합하지 않은 것과 마찬가지로, "vijñapti"에 '표현'의 의미가 있다고 해서 곧바로 호법의 유식론을 관념론으로 단정하는 것도 또한 결코 합당함을 얻었다고는 생각하지 않는다. 단지 앞 장에서 우에다 요시부미上田義文의 주장을 확인할 때 알게 된 것, 즉 찰나멸에 기초해서 '전변'을 '다르게 있는 것'이라고 해석하는 안혜의 견해에 대해서 필자는 결코 부정적인 견해를 갖고 있지 않으며, 식의 사상事象에 대한 분석으로서 중요한 의미를 갖는다고 생각하고 있다고 덧붙여 말해 두고 싶다.

제5절 현출론에 보이는 '차이성'의 문제와 '~로서 구조'의 생기인 의타기성

이미 제1절에서 우리는 '행상'이라는 용어에 주목해서 그것이 상분으로도 견분으로도 받아들일 수 있는 양의성을 갖고 있고, 바로 그 때문에 그 '간間'적 성격이 관계항을 이미 거두어들인 관계를 나타내며, 이 점에서 이 말은 현상학의 '지향성'에 비정될 수 있는 의미를 담고 있다고 서술했다. 이제 문제는 이상의 고찰이 내재와 초월, 유식론에서 말한다면 의타기와 변계소집의 관계를 해명하고자 할 때 어떠한 의의를 지니고 있는가이다. 여기서 우리는 후설의 현상학적 분석의 핵심부에 위치하는 '현출자의 현출'이라는 사상事象이 유식3성설에 있어서 특히 의타기와 변계소집의 관계와 어떻게 연동하고 있는가 하는 물음에 이끌리게 된다.

'현출'론은 우선 '지향적 체험과 그 <내용>'이란 제목에 붙은 『논리 연구』 제2권 5연구에서 설해지고 있다. 거기에서는 내재와 초월의 관계가 '주어지는 방식'에 정위定位해서 논해지고 있다. 핵심개념으로는 '대상', '내용', '작용'이 거론되며, 또한 '지각'과 '체험'의 구별이 중요하다. 우선 후설은 다음과 같이 서술하고 있다.

사물의 현출(체험)은 현출하는 사물 — 유체적有體的, leibhaftig인 것으로서 우리에 '대립하고 있다'고 생각되는 것 — 이 아니다. 현출이 <의식의 관련에 속하는 것으로서> 우리에게 체험되는 것에 반해서, 사물은 <현상계에 속하는 것으로서> 우리에게 현출하는 것이다. 현출 그 자체는 현출하지 않는다. 그것은 체험되는 것이다.[27]

통상 '지향성'은 '무언가로 향해 있는 것das Sich-auf-etwas-richten'이라는 방위성격으로 받아들여지고 있지만 그것은 어디까지나 형식적인 규정이고, 여기서는 그 실질적 구조가 물어지고 있는 것이며, 그 때문에 여기서는 대상과 작용의 구별뿐 아니라 대상과 내용의 구별이 또 중요한 의미를 갖게 된다. '내용'이란 "의식을 내실적reell으로 구성하는 체험이며, 의식 그 자체는 체험들의 복합체이다."[28] 즉 그것은 내실적 계기로서 대상과 구별된다. 그러나 또한 이 용어가 '지향적 내용'이란 의미로 사용되는 경우에는 다음과 같이 말해지고 있다.

작용의 대상으로서 이해되는 지향적 대상에 관해서는 다음의 것이 구별되어야 한다. 즉, 지향되고 있는 그대로의 상相에 있어서의 (so wie er intendiert ist) 대상과 단적으로 지향되고 있는 바의 대상이다.[29]

여기서 "so wie"('~그대로의 상相에 있어서의')라는 말의 표현이 주목된다. 그것은 여기서는 문맥상 명확하게 '이러이러한 무언가로서' 의미 규정된 그대로의 상相, 즉 노에마적 규정의 상相을 의미한다. 예를 들어 오해를 염려하지 않고 말한다면, 금성이라는 대상이 아니라 그것이 '새벽의 샛별로서' 혹은 '초저녁의 샛별로서', 의미로서 지향된 그대로의 상相이다. 여기서 내실적인 '내용'에서 지향적인 '내용'으로 변화되었다는 것이 확인된다. 이처럼 '내용'이라는 말도 또한 양의성을 품고 있으며, 만약 그것이 순수하게 '내실적'인 계기라면 그것은 '그것을 통해서 지향대상으로 향하는 그 그것'이라고밖에 말할 수 없는 것, 즉 『현상학의 이념』에서 'τόδε τι(이 이것 Dies da)[30]'로 말해지고 있는 것에 상당한다. 불교 언어로 말하면, 그것은 '공상共相'과 반대되는 '자상自相'에 해당한다. 그러나 필자로서는 이와 같은 후설의 용어에 따라다니는 양의성을 오히려 적극적으로 받아들이고 싶다. 왜냐하면 거기에서 오히려 후설이 '의미화'의 생기하는 동태 그 자체를 파악하고자 고투하고 있었다는 것이 엿보이기 때문이다. 그리고 이와 같은 '내용'이야말로 '현출Erscheinung'이라고 불리는 것이다. 그것은 대상 곧 현출자Erscheinendes'가 주어지고 있는 그대로의 상相이다. 현출자[대상]는 현출하고 지각되지만 체험되지는 않는다. 현출은 체험되기는 하지만 현출하지 않고 지각되지 않는다.[31] 요컨대 우리는 '현출'을 통해서 '현출자'로 향하고 있는 것이다. 현출이 현출자가 현출해 오는 상相, so wie인 한, 현출자와의 동일성을 보전하고 있기는 하지만, 의식의 내실적 연관에 속하는 한 현출자와 구별되는 것이다. 여기서 현출자와 그 현출의 동일성과 차이성의 구조의 해명이 현상학의 과제가 된다. 왜냐하면 의식은 현출을 통해서 현출자로 향하고 있는 데도 불구하고 자연적 태도에서는 그 현출을 그냥 지나쳐서 대상으로 직접 향하고 있기 때문이다. 현상학적 반성이란 이러한 자연적 태도의 대상귀의적인 직접성을 에포케함으로써 '현출'을 '현출'로서 부상시켜서 현출자와 그 현출의 차이의 구조를 주제화하는 것을 비로소 가능하게 하는 것이다.

그런데 이 차이성과 동일성의 구조는 사물[物]의 현출에서 여러 음영적으로 주어지는 다양한 현출을 통해서 대상을 규정해 가는 과정적 성격을 지니고 있다. 지향성은 '무언가를 무언가로서' 사념하는 의미규정 작용이지만, 거기에는 의미와 의미되는 것 간에 일어나는 어긋남으로 인해 구동되는 끊임없는 차이화의 운동이 보인다. 이 차이화 활동의 과정적 동태성을 현상학적으로 철저하게 분석했을 때 '지평'론이 성립하게 된다. 그러나 여기서는 지평론에 대한 논술은 유보하며, '차이화'라는 현상에 초점을 한정하고 그것에 기초해서 당면한 현안인 의타기성과 변계소집성의 관계에 대해 고찰해 보겠다.

필자의 생각을 단적으로 말한다면, 다음과 같이 정리할 수 있다. 즉 의타기성은 '현출' 그 자체의 영역, 결국 체험의 영역이며 거기에서는 끊임없이 '무언가를 무언가로서' 의미적으로 규정해 가는 차이화의 활동이 생기하고 있다. 이 차이화의 활동이 '식전변'이다. 즉, '~로서als 구조'가 끊임없이 생기하고 있는 현장이 의타기성이다. 그리고 이 차이화의 활동을 알아차리지 못하고, 그것에 의해 의미부여된 것을 곧바로 외계에 투영하여 실체시하는 것이 변계소집성이다. 그런데 이 '~로서 구조'의 생기는 인간적인 지知의 본성이지만 또한 미혹의 근거가 되는 것이기도 하며, 여기에 끊기 어려운 '소지장所知障'의 원천이 있다. 그 의미에서 '~로서 구조'가 생기하고 있는 한 식전변은 곧 '망분별'이라고 말할 수 있으며, 이 점을 강조하면 안혜의 '전변' 해석도 이해할 수 있다. 끊임없는 차이화의 생기는 찰나멸에 입각해서 '다르게 있는 것'이라는 안혜의 전변 정의에 부합하며, 또한 '~로서 구조'의 생기가 망분별이라고 한다면 그것은 『유식삼십송』 제17송 제1구를 '이 식전변은 망분별로서……'라고 읽는 범문원전에도 부합한다.

그러나 또한 의타기를 '현출'의 영역으로 보는 필자의 견해는 호법과 현장의 과능변의 해석과 모순되지 않는다. 왜냐하면 앞에서 서술한 현출자와 그 현출의 동일성과 차이성의 구조는 '사현似現'이라는 말에 의해서 단적으로 제시되고 있다고 생각되기 때문이다. '경境과 유사하게 현현하고' 있는 것은 현출자가 아니라 현출이다. 그러나 자연적 의식이 이 '현출'을 그냥 지나쳐서 '현출자' 곧 대상으로 직접 향해 버리는 것과 마찬가지로 '유사하게 현현하고' 있는 그대로Wie의 현출을 그냥 지나쳐서 그것을 외경으로 실체화하는 곳에서 변계소집이 성립한다. 변계소집성이란 따라서 현출자와 그 현출의 차이, 그 차이화의 생기라고 하는 사건이 은폐되고 있는 상태를 가리킨다고 생각한다. 이 변계소집성에서는 덮여 있는 '~로서 구조'의 생기라고 하는 차이화의 사건은 거기에서 변계소집인 가설이 행해지는 '사事, vastu'이다. 그리고 사현하고 있는 그대로의 상相, Wie은 '~로서 구조'의 내적 계기이기 때문에 이 '사事'의 영역에 속한다. 따라서 상분—혹은 상분과 견분 2분── 은 생기하고 있는 '~로서 구조', 즉 의타기성에 포함되어도 좋은 것이다.

안혜의 전변 이해는 이 차이화가 생기하는 끊임없는 유동하는 동태에 주목한 것이다. 이에 반해서, 호법과 현장의 과능변의 이해는 변계소집에서는 덮여 있는 현출자와 그 현출의 차이를 밝히는 것에 중점을 두고 있다고 생각한다. 여기서 '계탁'이라는, 실체화로 향하는 집착의 활동이 8식 전체에 걸치는 것인가 혹은 제6의식과 제7말나식에 한정되는 것인가 하는 것이 문제가 된다. 확실히 전前5식의 경우는 감각여건인 휠레hyle에 상응하는 것이기 때문에, 거기서 적극적인 의미의 지향성을 확인하는 것은 어려운 일이다. 『논리 연구』시대의 후설은 현출론을 통각, 휠레적 여건, 현출이라는 세 가지 개념으로 말하고 있다.[32] 휠레는 그 자체로는 지향성을 결여한 의식의 내실적 요소에 지나지 않으며, 그대로는 대상의 현출로서 기능하고 있지 않다. 통각이 그것을 활성화beseelen함으로써 휠레를 '~에 대한 음영'으로 바꾸어 현출을 이끌어 일으킨다. 통각작용을 받아서 휠레가 현출하게 되는 것과 동시에 의식은 그것을 초월해서 현출자 곧 대상으로 향하는 것이다. 따라서 여기서는 전5식은 아직 활성화되기 이전의 식識이 '자기 자신 하에 있는bei-sich-selbst-sein 것'으로 머물러 있어서, 적극적으로 '계탁'하는 활동을 한다고는 인정할 수 없다. 그러나 후설 후기의 발생적 현상학에서는 감각적 수용의 수준에서조차 수동적 종합이라는 활동이 발견되며, 그 의미에서는 전前5식에서도 어떤 차이화 기능이 활동하고 있다고 볼 수도 있을 것이다. 또한 제8식 아뢰야식은 현행식이 아니기 때문에 적극적인 '계탁' 기능을 인정하기는 어렵지만, 그러나 아뢰야식에서도 '불가지의 집수와 처處와 료了'라고 말하는 바와 같이 미세한 행상과 소연 곧 2분이 인정되고 있는 한, 이른바 '원原-차이화'라고도 말할 만한 심층기능이 활동하고 있다고 볼 수 있으리라. 이와 같이 보게 된다면, 안혜의 견해는 수동적 종합이나 원-차이화도 광의의 '~로서 구조'에 포함시켜서 모두를 망분별로 재단하는 철저한 구도의 입장을 표현한다고 볼 수 있을지도 모른다. 그에 반해서, 호법과 현장의 입장은 미망의 이유를 '~로서 구조'의 생기로 끝까지 보면서 그것을 보다 엄밀하게 규정하여, 명확한 의미부여 기능으로서의 차이화와 그 현재적顯在的 기능을 익명적으로 감추면서 유발하고 있는 원-기능으로서의 차이화를 구별해서, 그것들의 관계를 정확히 확인하고자 하는 엄밀학의 입장이라고 할 수 있겠다. 그러나 그렇다고 해서 후자에는 구도의 정신이 모자란다고 즉석에서 단정을 내리는 일은 삼가야 할 것이다. 반대로 안혜의 입장은 모든 차이화를 불순하다고 간주하는 순수 노에시스주의가 되어, 종교적 주체의 고귀함과는 달리 그것이 교의로서 고정화되면 용이하게 비의秘儀, esoterisch의 신비주의로 치우칠 위험이 배태되어 있다고 생각되기 때문이다. 확실히 안혜는 『유식삼십송』을 이해할 때 시종일관하게 무분별지의 입장에 서 있다고 할 수 있을지도 모른다. 그러나 불지佛智뿐 아니라 후득지에서도 어떠한 차이화도 인정하지 않는다면 후득지의 후득지로서의 의미가 상실되는 것은 아닐까? 그에 반해서 호법과 현장의 입장은 층 구조를 이루는 식의 깊음과 얕음의 각 수준에서 묻게 되는 문제를 사상事象에 상응하면서 엄밀하게 기술해 가고자 하는 입장이라고 할 수 있을 것이다.

의타기와 변계소집의 관계를 둘러싼 논의에서 상분과 견분 2분이 의타기에 속하는가, 변계소집으로 간주되는가 하는 논점이 과연 정말로 유식이라는 입장의 질을 결정할 정도로 중요한 지표Merkmal가 될 수 있는가 어떤가[33]는 다시 한 번 신중하게 검토될 만한 문제이리라. 이제까지 서술해 온 현출자와 그 현출의 동일성과 차이성이라는 구조는 처음부터 내재의 영역과 초월의 영역을 실체적으로 구분하고 그것을 전제로 해서 내재에서 초월로 이르는 메커니즘을 설명하기 위해 고안된 설명원리가 아니라, 오히려 정반대로 자연적 태도에서 전제되고 있는 안과 밖이라는 실체적 구별을 에포케하고 사상事象 그 자체로 눈을 돌리는 가운데 발견되어 온 현상이기 때문이다. 처음부터 내재영역과 초월영역이 전제되고 있는 것이 아니라, 오히려 이 차이성과 동일성의 구조 그 자체가 내재와 초월의 차이를 구조화해서 성립시키는 것이다. 따라서 상분과 견분이 내재적인 의타기성에 속하는가, 초월적인 변계소집성에 속하는가와 같은 논점은 그 자체가 부당이행 metabasis(다른 류로 이행함)이다. 오히려 상분과 견분은 '~로서 구조'의 생기라는 차이화 활동의 계기들이며, 그것을 통해서 처음으로 내재와 초월의 차이가 성립하게 되는 것이다. 이미 이 장 제1절에서 우리는 '행상'이라는 말의 양의성에 주목해서 그 본질적인 '간間'의 성격이야말로 오히려 그것이 '지향성'으로 비정될 이유라고 서술했던 것도 그 때문이다.

제4장 유식 4분의四分義와 자기의식의 문제영역

시작하며

이 장에서는 이조 케른Iso Kern의 '현장의 의식구조론'[1] — 『영국 현상학 회지』 제19호, 1988년 게재 — 에 기초해서, 자기의식을 둘러싼 철학적 문제들을 해명하려 할 때 호법과 현장이 설한 유식4분의가 어떠한 의의를 가질 수 있는가를 고찰해 보고 싶다. 케른의 이 논문은 현상학에서 다루는 자기의식의 문제를 유식학의 '자증분'·'증자증분'과 관련시켜서 조명하고자 하는 시도인데, 『성유식론』, 『성유식론 술기』(이하 『술기』), 『집량론』, 『불지경론』 등을 섭렵하고, 현대철학의 자기의식론을 끊임없이 염두에 두면서 불전佛典 속에서 그것과 대응하는 문제를 탐색해 가는 방법론을 취하고 있다. 그리고 이 논문의 마지막에서는 다음과 같은 말로 맺고 있다. '후설 서거 50년이 되는 이 기회에, 나는 이 소론을 그에게 바치고 싶다. 바라건대, 그가 이 소론을 현상학적 문제들은 인간에게 보편적인 것이라는 사실에 대한 증거로 평가해 주기를! 그리고 과거의 이질적인 여러 문화들의 사유를 생생하게 소생시켜 그들과 대화하는 길을 열고 있는 그의 철학적 노작에 대해서 나는 마음속에서 우러나오는 감사의 뜻을 표하고 싶다."[2]

제1절 행상行相과 소연所緣의 문門

— 현출과 개시성開示性의 장

케른이 전술한 논문에서 주제로 채택한 '의식의 일반구조'란, 『성유식론』 제2권의 후반부를 이루는 '행상行相과 소연所緣의 문門'에서 전개되는 '4분의四分義'에 해당하는 것이다. 4분은 견분見分, 상분相分, 자증분自證分, 증자증분證自證分이다. '행상·소연문'은, 『유식삼십송』에 비추어 보면 제3송 전반의 "불가지不可知의 집수執受와 처處의 료了이다"를 상세하게 부연한 부분인데, 『유식삼십송』 전체의 구성에서 본다면 상당히 한정된 아주 작은 한 부분에 지나지 않는다고 생각할 수도 있을 것이다. 그러나 예로부터 "四分·三類唯識半學(4분과 3류경을 공부하면 유식의 반을 공부한 셈이다)"이라고 말해 온 바와 같이, 4분의는 유식을 이해하기 위한 가장 중요한 돌파구 중 하나로서 존중되어 온 부문이다. 특히 현장 이래 법상교학에서, '식識' 구조의 체용론體用論을 둘러싼 문제가 난타(2분설/견분, 상분), 진나(3분설/견분·상분·자증분), 안혜(1분설/자증분)에 대해서 호법(4분설)의 입장에서 대론하는 형태로 가장 체계적으로 서술되고 있다는 점에서 이 부문은 중요한 의미를 갖는다. 이 대론은 5, 6세기 인도에서 있었던 유상유식파[진나 계통]와 무상유식파[덕혜 계통]의 대립을 반영하고 있는데, 현장은 진나 계통에 속하는 호법의 제자인 계현을 사사했기 때문에, 덕혜의 제자인 안혜의 1분설에 대해 가장 비판적이었고 진나의 3분설을 심화하고 보완한 호법의 4분설을 지지했다. 여기에는 나란다사寺를 거점으로 한 학파(호법)와 서인도 발라비에 기반을 둔 학파(안혜) 간의 기본적 발상의 차이가 엿보인다는 점에서 비교사상적 관점으로 보아도 흥미진진한 일이다.

그런데 문제의 '행상＝ākāra'이란 말인데, 이 말은 매우 다의적이니, 『술기』에서 "행상行相에 두 가지가 있다. 첫째는 견분, …… 소연에 대해서 반드시 있다. 둘째는 영상影像의 상분을 행상이라 한다"[3]고 말하는 바와 같이, 해석하면서 이를 견분에도 상분에도 배당하고 있다. 즉, 행상은 심心의 활동이며, 심心이 활동할 때 반드시 무언가로 향해 가는 것[行]과, 이 향해 감을 받아들이는 것[相]이 동시에 일어나고 있는 것이다. "대승에 따르면, 무를 연해서는 식심識心이 생하지 않는다. 영상影像에는 반드시 변위變爲한 것이 있다. 의타기의 법이기 때문이다. 그러므로 행상은 이것에 장탁杖託해서 비로소 일어날 수 있다"[4]고 말하기도 한다. 여기서 행상은 '상相(노에마)'과 그것에 장탁杖託해서 생하는 '견見(노에시스)'의 상관관계, 즉 현상학적인 현출의 영역을 지적해서 말하고 있는 것이다. 의타기는 과전변果轉變의 측면에서는 바로 이 상관관계Korrelat를 가리킨다. 따라서 이 노에마적 또는 노에시스적 측면의 어디를 강조하는가에 따라 해석이 달라지게 된다. 예를 들면, 뿌셍은 manière d'étre라고 하고 프라우발너는 Erscheinungsform이라고 했는데, 다른 한편 mode of activity, state of activity(활동상태), activity(활동)라고 보는 견해도 있다. 전자는 산스끄리뜨의 ākāra(형상, 상相)에 보다 충실하게 노에마적 측면을 강조한 번역이고, 후자는 행상을 견분으로 하는 법상종의 전통에 따라 작용의 측면을 강조한 것이다. 그러나 여기서 케른은 현상학적 '현출'의 관점에서 독자적인 해석을 제기한다. 즉 "나는 감히 우리의 문맥에서 '행상'은 의식에 있어서 대상을 나타나게 하는 바의 것을 의미한다고 생각하고 싶다. 그 활동성의 의미는 바로 이런 종류의 '하게 한다'고 하는 데에 있다"[5]라고 하고 있다. 여기서 케른이 말하는 '문맥'이란, 예를 들면 하이데거가 『존재와 시간』에서 서술하는 "현상들을 나타나게 하는 것ἀποψαίυεσϋαι τὰ ψαιυόμευα"이라는 현상개념을 가리키고 있다고 생각한다. 즉 "그 자신을 내보이는 것, 그것이 그 자신으로부터 그 자신을 내보이는 대로 그 자신으로부터 볼 수 있도록 하는 것"[6]이다. 케른의 '문맥'

을 좀 더 깊이 탐구하면, 그것은 후설 현상학을 주도하고 있었던 '현출론'의 문맥이라 해도 좋을 것이다. 현상학적 에포케는 현출자와 그 현출의 차이를 통찰함으로써 현출자 대신에 그 현출로 이르는 통로를 여는 것이다. 그것은 현출자로 직진하는 태도로부터 현출자의 현출 그 자체로, 그리고 현출자의 현출 가능성의 제약으로 물음을 거슬러가게 하는 것이다. 그리고 여기에 이르러 우리는 자칫하면 오해를 불러일으키기 쉬운 현장의 '사현似現'이라는 표현이 의미하는 사태의 중요성을 깨닫게 된다. "유루식有漏識 자체가 생할 때 모두 소연과 능연과 유사하게 상相이 나타난다. …… 소연과 유사한 상을 상분이라 하고 능연과 유사한 상을 견분이라 한다."[7] '사似'라는 표현은 자칫하면 외경外境을 전제하는 것 같은 인상을 주지만 본래 현출을 통해서밖에 현출자는 주어지지 않기 때문에, '주어지는 방식'에 의거해서 말한다면 경境보다는 '사현似現' 쪽이 일차적인 것이다. 이렇게 해서 '사현'이란 말은 무엇보다도 현출자로부터 현출이라는 사상事象 그 자체로 시선의 전환을 촉구하고 있다고 나는 생각한다. 현출론의 문맥을 다시 밀고 나아간다면, 그것은 결코 주관적 관념론으로 통하는 것이 아니라는 것에 주의해야 한다. 현출의 영역에서는 자기自己가 세계의 현출 가능성의 제약인 것과 상관적으로 세계는 자기의 현출 가능성의 제약이다. 현장은 이 상관관계를 소연과 유사한 상[상분]과, 능연과 유사한 상[견분] 간의 상관관계로서 명확하게 서술하고 있다. 견분은 결코 식의 '체體'가 아니라 상분과 상관적으로 '이름 붙여진' 식의 한 가지 상相에 지나지 않는다. 현출의 영역은 유식론에서는 '의타기성'에 해당한다. 그것은 식의 인연생기因緣生起를 의미하는 동시에 특히 현장에게는 이상과 같은 상분과 견분의 상관관계도 의미하고 있다. 외경外境의 부정이라는 점에 중점이 놓여진다면 관념론이라는 해석에 기울기 십상이지만, 나는 현장도 거기에 편승하고 있는 유상유식론은 세계의 '나타남'을 묻고 '현출하는 것'을 주제화하고자 하는 현출론으로서, 그 의미를 발굴해야 할 가능성을 감추고 있다고 생각한다.

하지만 여기서, 그렇다 해도 '식의 자체가 생할 때'로 말하고 있지 않은

가? 그것은 주관적 관념론의 증거가 아닌가 하고 물을지도 모른다. 그러나 '식의 자체'란 주관과 객관, 내와 외를 병립적으로 대치시킨 후에 주관[내內]을 절대화하는 것을 의미하는 것이 전혀 아니다. 오히려 그와 같은 주와 객의 틀은 어떤 특정한 세계현출 방식으로 규정된 자기해석의 하나에 지나지 않는다. '식의 자체'란 그러한 세계현출의 방식을 가능하게 하는 '사事'에 대한 물음으로 물음을 전환하는 가운데 주제화되어 오는 문제의 차원이리라. 다만 그때 현출 가능성의 제약을 행하는 차원이 끊임없이 자기와 세계의 관계, 자기와 자기의 관계, 자기와 신체의 관계로 개방되면서, 그 관계를 일으키는 것을 통해서 현출을 가능하게 하는 활동에 속하기 때문에, '식의 자체'에 대한 물음은 자각의 문제, 곧 '자증분[자기의식]'의 문제로 추심追尋되어야 할 필연성이 있다고 말할 수 있겠다. 그렇다 해도 그것이 결코 심리학적인 폐색 영역을 가리키지 않는 것은 아뢰야식의 소연으로서 '불가지의 집수와 처'가 들어지고 있는 것으로부터 보아도 분명하다. '처處'란 '기세간', 곧 세계와의 관계성으로 개방되는 것을 말한다. '집수'에는 '종자'와 '유근신'이 있는데, 전자는 자기와 자기의 관계로서의 시간성에 깊이 관계하며, 후자는 신체관계를 통해서 근원적 자연으로 이르는 통로가 되는 것이라고 생각할 수 있겠다. '식'이 세계로의 개시성開示性의 장이기 때문에 그 구조가 주제적으로 규명되는 것이다. '행상'의 의미에서 출발한 우리는 이렇게 해서 '자증분'의 문제로 걸음을 내딛게 된다.

제2절 자증분

— 자기의식과 시간의 문제

(1) 자증분의 논증과 이에 대한 반론인 '칼'의 비유

우선 '자증분'을 도입하는 현장의 말은 "상분과 견분의 소의所依의 자체를 사事라고 한다. 즉 자증분이다"[8]이다. 『술기』에는 "此二若無一總所依者,

相離見應有.(만약 이 둘에 하나의 총체적인 소의가 없다면, 상분은 견분과 분리되어 있게 될 것이다.)[9] 만약 이 2분이 어떤 공통의 기반을 갖지 않는다면 그것들은 분리되고 말 것이다. 또한 "若無自證分, 相見二分無所依事故, 即成別體, 心外有境. 今言有所依故離心無境, 即一體也.(만약 자증분이 없다면 상분과 견분 2분은 소의의 사事가 없기 때문에, 별도의 체를 이룰 것이니, 심 바깥에 경이 있게 될 것이다. 이제 소의가 있다고 말하기 때문에 심心을 떠나서 경이 있지 않으니, 하나의 체이다.)"[10] 만약 자증분이 없다면 상분과 견분은 의지해야 할 어떤 것도 갖지 않게 된다. 그렇게 되면, 두 가지 실체가 있게 되고 심心 외부에 경境이 있게 될 것이다. 공통의 기반이 있다고 말하고 있기 때문에 심心을 떠나서 경境이 있지 않고 하나의 체만이 있게 되는 것이다. 여기서는 밀접하게 관련돼 있는 두 가지 사태를 엄밀하게 말하고 있다. 즉, ① 자증분은 상분과 견분이 분리되지 않기 위한 공통기반[소의所依 자체 = āśraya]을 이루는 '사事 = dravya'로서 도입되는데, 그것은 무엇보다도 ② 만약 상분과 견분이 분리된다면 '무경無境'이 성립하지 않아서 심心과 경境이 별개의 체라고 하는 실재론에 빠져버리기 때문이다. 이 외경의 부정이라는 제2의 논점은 관념론의 기초부여라 하는 문맥이 아니라, 세계가 나타나는 현출의 영역을 주제화하고자 하는 현출론의 문맥으로 이해되어야 한다는 것을 앞 절에서 서술했다. 세계의 나타남과 그것으로 지향함이라는 상관관계가 유식학의 주제이다. 만약 첫 번째의 공통기반의 요구라는 논점뿐이라면 2분을 결합하는 유대가 왜 '자증분 = svasaṃvittibhāga' 곧 자기의식이 아니면 안 되는가의 이유가 그만큼 명백하지 않게 될 것이다. 세계의 현출 가능성의 제약과, 현출을 가능하게 하는 존재자의 자기관계는 상관적이기 때문에, 심心과 경境이 별개의 체라고 하는 실재론이 거부되고 동시에 이 자기관계가 주제가 되지 않으면 안 된다.

이 점은 역사적으로 본다면, 진나의 『집량론』의 영향이 농후하게 반영되어 있다. 그 논에는 '자기 자신을 두 가지의 나타남을 갖는 것으로서 인식하는 것'이라는 자증분의 독자성이 제시되고 있다. 즉, 차이화와 동일화의 동시 생기이며, 여기에서 또한 '나타남'으로의 개시성開示性의 조짐이 확인되는 것이다. 『술기』에는 '자연自緣' 또는 '반연返緣'이라는 말도 사용되고 있으며[11], 케른은 이를 "holding intentionally itself" 또는 "intentional reflection"으로 번역하고 있다. 그렇지만 식이 자증분을 포함한다는 이 주장에 대해서, 대론자는 "刀不自割, 如何心能自緣?(칼은 스스로를 자를 수 없는데, 어떻게 심心이 스스로를 연할 수 있겠는가?)"[12] 하고 반론한다. 칼은 스스로를 자를 수 없는데, 어떻게 해서 심心이 스스로를 연하는 일이 있겠는가 하는 것이다. 여기에는 진나와 니야야, 바이쉐쉬까 학파의 대론이 밑에 놓여 있다. 니야야, 바이쉐쉬까에 의하면, 대상인식은 그 자체를 의식하지 않으며, 이 최초의 인식이 파악되는 것은 내부감각을 매개로 해서 그것을 대상으로 해서 취하는 다른 후속하는 인지에 의해서일 뿐이다. 이 견해는 또한 설일체유부도 공유하는 것이다. 『술기』에 칼의 비유가 소승의 주장이라고 되어 있는 것은 이 때문이다. 또 진나는 상키야 학파와의 대론도 통과하고 있다. 상키야도 니야야, 바이쉐쉬까와 마찬가지로 인식작용을 물질로부터 발전하는 것으로 보고, 그 자체를 의식하지 않는다고 생각한다. 그러나 상키야에 특징적인 점은, 최초의 인지가 의식되는 것은 후속하는 인식작용에 의해서가 아니라 뿌루샤puruṣa, self, soul라는 보다 높은 차원의 정신적 실체에 의해서라고 한다는 점이다. 뿌루샤는 이 세상을 벗어난 영원하고 불변하는 작용 없는 실체이며, 그것만이 자기를 의식하고 관찰자로서 지향작용을 분명히 할 수 있다고 하고 있다. 진나는 이런 종류의 이론에 대해 자기의식은 이미 조건지어진 끊임없는 전변 중에 있는 의식작용에서도 확인된다고 했던 것이다.

"칼은 스스로를 자를 수 없다"라는 비유는 정립적 반성의 모델로서는 명쾌하다. 만약 정립적 대상화만이 의식작용의 본질이라면 반성에 있어서도 사태는 마찬가지이다. 확실히 '자연自緣', '반연返緣'이 자기로 향하는 작용이라 해도 그 자기로 지향함에는 반드시 반성작용이라는 매개가 필요할 것이다. 그러나 설사 반성작용이 가능하다 해도 그 반성작용에 의해 파악되는 의식작용은 바로 그 반성작용일 수는 없고, 그 반성작용에 의해 대상화된 한에서의 작용일 것이다. 즉 반성은 식의 능취와 소취로의 분열을 전제로 해서만 성립하므로 간접적이고 또 사후적인 작용에 지나지 않는다. 따라서 직접적 자기의식은 불가능하다.

이 문제는 근대철학에 늘 따라다니는 '반성론의 아포리아'와 같은 종류이다. 반성은 반성하는 자아와 반성되는 자아로의 자아분열을 통해서 그 양자가 동일한 자아라는 것을 확인하는 작업이지만, 이 동일성의 보증을 정립적 반성 자신에 의해 획득할 수는 없다. 확인되어야 할 동일성은 오히려 바로 그 반성작용이 성립하기 위한 전제이기 때문이다. 이와 같은 반성론은 직선적이고 등질적인 시간표상과 그 위에 위치하는 점적인 순간의 표상을 암묵리에 전제하고 있다. 정립적 대상화 의식과 직선적인 시간을 전제해서 자아동일성을 획득하기 위해서는 대상인식이 성립하는 조건으로서 '나는 생각한다'가 항상 거기에 수반될 필요가 있다는 통각이론이 가장 유효하다. 그러나 이 이론은 '원형原型적 지성'의 이설理說을 배후에 숨기고 있는 한, 구조적으로는 상키야 이론과 그다지 다른 것이 아니다. 후설이 칸트의 통각이론을 '신화적'[13]이라고 비판한 것도 이유가 없는 것은 아니다.

그렇지만 이 아포리아는 후설의 현상학적 반성으로서도 해결된 것은 아니다. 오히려 현상학적 반성의 의의는, 반성을 시간의 흐름으로 환원하는 '철저한 반성'을 통해서 자아의 동일성의 원초적 성립을 보고자 하지만, 마침내 자기의식이 지니는 '반성으로부터 항상 몸을 뺀다'라는 독자적인 현출양태에 마주치게 된다고 하는 데에 있다. 반성을 철저히 하는 가운데, 반성에 있어서 원리적으로 익명적인 차원이 전반성적이고 비주제적으로 알아차려지고 있다는 것, 그리고 그와 같은 익명적인 차원이야말로 바로 그 반성에 있어서 전반성적인 반성근거를 이루고 있다는 것이 분명해진다. 그러나 이 익명성 또는 자기은폐성은 누군가의 배후로 몸을 감추듯이 숨기는 방식은 아니다. 오히려 그것은 시간화라고 하는, 의식의 기능현재에 수직적으로 끼어들어오는 근원적인 틈이다. 어쨌든 여기서 우리는 익명적인 시간화로 살고 있는 것을 감촉感觸하는 비정립적인 자기의식의 구조에 이르게 된다. 만약 자증분이 입증된다면 이 비정립적 자기의식으로서이리라.

(2) 자증분을 증명하는 한 예, '기억'

"칼은 스스로를 자를 수 없다"에 기초하는, 직접적 자기의식의 불가능성에 대한 논증에 대하여, 진나를 계승한 현장은 '억憶(기억 · 상기)'을 예로 들면서 '자체분 = 자증분'을 옹호한다. "此若無者…… 必不能憶故.(만약 이것이 없다면…… 결코 기억할 수 없기 때문이다.)"[14] 기억할 때, 우리는 대상을 상기할 뿐 아니라 그것을 경험했다는 사실도 상기하고 있다. "謂若曾未得之境, 必不能憶. 心昔現在曾不自緣, 既過去已, 如何能憶此已滅心?(이전에 경험하지 않은 대상은 결코 기억할 수 없다. 심이 지난 현재에 일찍이 스스로를 연하지 않은 채 지나가버렸다면, 어떻게 이 이미 사라진 심을 기억할 수 있겠는가?)"[15] 우리는 이전에 경험하지 않았던 것을 떠올릴 수 없다. 만약 심心이 과거의 시점에서 일찍이 자신을 직접 연緣하지 않은 채 (자기의식이 없는 채로) 이미 지나가버렸다면, 그 심心은 후에 더 이상 존재하지 않는 상태를 어떻게 상기할 수 있겠는가? 여기서 '자연自緣'이라 불리는 자기의식은 최초의 대상화를 다시 반성적으로 대상화하는 제2의 대상화작용이 아니다. 오히려 여기서 '자연自緣'은 상기라는 반성작용이 가능하기 위한 조건으로 자리매김되고 있다는 것에 주의해야 한다. 자연은 최초의 견분을 상분으로 하는 제2의 견분이 아니다. 자연에 있어서 연해지고 있는 — 지향적으로 파악되고 있는 — 상相은 제2의 상분이 아니다. "체體를 스스로 연하는 것은 모두 자상自相을 증証한다."[16] 자연自緣은 오히려 직접적인 자각작용 곧 '자증'이다. 진나와 호법의 전통에 따라서 현장은 이 직접적 자각작용을 '현량 = pratyakṣa'이라고 부른다. 만약 자기의식이 제1의 견분으로 향하는 (그것을 상분으로 하는) 제2의 견분이라면, 무한소급無窮過에 빠질 것이다. "만약 상분으로 하는 심心이라면 이는 결코 하나의 능연의 체體가 아니기 때문에 혹은 다른 사람의 심이거나 혹은 전후의 심이다."[17] 상분이 되는 심은 타인의 심이라든가, 혹은 설사 자기 자신의 심이라 해도 다른 시점의 심에 지나지 않는다. 여기서, 결코 상분으로 대상화될 수 없는, 그리고 또한 오로지 대상화를 일로 하는 견분과도 다른, 독자적인 직접적 지각으로서 '자증분'이 제시되고 있다.

케른은 이 점에 대해 다음과 같은 현상학적 고찰을 행하고 있다. 즉, 현상학적으로 말하면 '자증분'은 반성적 의식이 아니다. 다시 말해 제1의 작용으로 향하는 제2의 작용이 아니다. 그것은 오히려 반성에 앞서서 현재 수행하고 있는 것을 직접적으로 각지覺知하는 것이다. 이 전반성적 의식은 지향적 작용수행의 한 구성적 측면이다. '반연返緣' 또는 '자연自緣'으로 불리는 자기의식에서의 지향성은 어떤 대상에 대한 의식도, 대상화하는 작용(견분)도 아니다. 결국 '자증분'은 앞 절 말미에서 서술한 비정립적 자기의식, 즉 의식의 기능현재에서의 시간화를 감촉하는 것 또는 '알아차리는 것'에 다름 아니다. 자증분은 만약 그것이 없다면 애당초 세계현출로의 개시성의 장場이 상실되고 마는 '현출의 근원양태'이다. 이 자기의식 특유의 현출양태는 구체적으로는 가장 직접적인 자기파악을 목표로 하는 현상학적 반성의 극점에서 후설이 직면한 '살아 있는 현재'의 의문으로 노정되어 온 것이다. 거기에서, 한편으로는 "반성할 때, 나는 나의 '방금 지나간 지금'이 작동하고 있었던 바로 그 시간지평에서만 스스로에게 도달한다. 즉, 나는 나의 구체적 기능에 파지적으로만 도달한다."[18] 다른 한편으로는 "그렇지만 반성의 지금 점에서 나는 '작동하고 있는 것'으로서 스스로를 감촉하고 있다."[19] 반성은 자기 자신에 대한 거리를 요하는 동시에, 그러나 또한 반성이 가능하기 위해서는 이 거리에 다리가 놓이지 않으면 안 된다. 이 점을 케른은 반성한다는 것은 "분리되어 있는 것 속에서 하나가 되어 있는 것=Eins-sein-im-Getrenntsein"[20]을 전제한다고 서술하고 있다. 여기서, '흐르면서 머무는 자기현재'의 역설적 구조가 반성의 가능성의 조건으로서 발견되었던 것이다. 흘러가는 것에 의해 탈현재화하면서 자기 자신으로부터 원초적 거리를 스스로 만들어내고, 그러면서도 머무는 것에 있어서 흐름의 위상적인 다양성이 이미 취집聚集되어 있기에 이 원적原的 거리에 다리가 놓이게 된다. 이와 같은 원原수동적인 시간화가 전반성적인 반성의 조건으로 해명되었던 것이다.

이 '시간화'라는 사건은 직선적 시간표상이 오히려 거기에 뿌리를 내려 그로부터 구성되는 시간구성적 사상事象이며, 후설 특유의 의미인 '초월론적' 기능을 담당하고 있다. 케른의 '지향적 작용수행의 구성적 측면'이라는 지적은 이를 명시하고 있다. 이상의 고찰에서 돌아보면, "칼은 스스로를 자를 수 없다"를 논거로 해서 '자증분'을 부정하는 논리는, 이미 구성된 시간표상에 기초하면서 시간구성적 사상事象을 재단하는 '부당이행metabasis(다른 종류로 이입하는 오류)'[21]을 범하고 있는 것이리라. 말할 나위도 없이 이 부당이행이란 이미 대상귀의적, 직진적인 초월화적 사고작용 — 자연적 태도 — 을 행하고, 이를 기초로 하면서 바로 그 초월의 의문에 대한 판단을 내리고 마는 자연주의적 사고의 함정이며, 이 오류의 극복이야말로 후설에게 현상학적 환원으로 가는 길을 동기부여하고 있었던 것이다. 이렇게 본다면, '자증분'의 있고 없음을 둘러싼 소승과 대승의 대론은 자기의식을 둘러싼 자연주의적 입장과 초월론적 입장의 논쟁으로 다시 받아들이는 것도 가능하리라. 자증분에 대한 진나의 '자기 자신을 두 가지의 나타남을 지니는 것으로 인식하는 것'이라는 규정을 '살아 있는 현재'의 시간론에 비추어 보면, 그것은 자기현재에서의 원原적 거리가 수동적 종합에 의해 이미 취집되어 있다고 하는 '전반성적 원합일'을 정확히 확인한 후의 입론이라고 말할 수 있겠다. 여기서 시간론을 본질로 하는 '기억'의 비유가 '칼'의 비유 직후에 그것에 대한 응답으로 제시된 것은 결코 우연이 아니라 사상事象에 들어맞는 필연적인 통찰에 기초하고 있다는 것을 알 수 있을 것이다.

(3) '양과量果'로서의 자증분과 내재적 목적론

마지막으로 "以尺丈量於物.(자로 물건을 측량한다.)"[22]라는 비유에 대해

서술해 두고 싶다. 이 비유에서 측량되는 것所量은 상분, 자能量는 견분, 그리고 측량의 결과인 수數의 인식量果은 자증분이다. 여기서 케른은 우선 견분이 자로 비유되는 것에 주목하고, 이 해석은 '행상'을 '나타나게 하는 것'으로 이해하는 견해와 일치한다고 서술하고 있다. 즉, 능량이란 대상의 측정을 나타나게 하는 바의 것이라고 하고 있다. 그러나 케른이 보다 중요하게 여겨 경탄해 마지않는 것은 자증분이 '양과'로 되어 있다는 점이다. 당초 자증분은 상분과 견분의 소의所依로서 도입되었다. 따라서 자증분은 오히려 상분과 견분이라는 두 기능이 생기하게 되는 원인[근거]으로 보았던 것은 아닐까? 왜 여기서는 그것을 인식의 결과라고 하는 것일까? 그러나 케른도 지적하고 있듯이 이 최초의 이해에서도 자증분은 결과와 분리된 원인으로 생각되지 않았고, 두 기능을 통일하는 식으로 생각되었던 것이다. 이 점을 『술기』에서는 "이제 이 3종[소량 · 능량 · 양과]은 체體가 하나인 식이다. …… 과果는 무슨 뜻인가? 인因을 성만成滿하게 한다는 뜻이다"[23]라고 서술하고 있다. 여기에 '성만인成滿因'이라는 중요한 용어가 나온다. "능량能量에 과果가 없다면 경境을 측량하는 것이 무슨 이익이 있겠는가?"[24]라고 이어서 말하는 것을 보아도 이 성만인이 목적인을 의미한다는 것을 엿볼 수 있다. 케른도 또한 이를 telos 또는 entelecheia로 이해한다.[25] 그리고 그는 현장이 자증분의 두 가지 해석, 즉 상분과 견분의 소의라고 하는 해석과 양과라고 하는 해석 중 후자가 전자를 가능하게 한다고 생각하고 있었다고 지적한다. "자기의식의 두 가지 기술을 결부시키는 유대紐帶는 현장에게는 '양과'를 '성만인'으로 이해하는 일에 달려 있다는 것이 확실하다"[26]라고 하고 있다. 현장에게 있어서 '체體'의 개념은 '인因'의 개념과 결합되어 있는데, 최초의 해석에서도 "소의所依 자체"라 하고 있고, 제2의 해석에서도 "이 셋은 체體가 다르지 않다"라 하고 있다. 이렇게 "'성만인'[실현된 인식]은 상분과 견분 사이에서 충전充全하게 실현된 차이의 의식적 통일(체)로 이해된다"[27]라고 하면서 케른은 '자증분'의 장을 맺고 있다.

이제 자증분의 근거인 이 '성만인'이라는 용어를 보며 나는 후설이 말하는 의식생意識生에서의 내재적 목적론을 상기하지 않을 수 없다. 이와 동시에 후설의 목적론이 궁극적으로는 자신의 현상학의 입장에 대한 '자기책임'과 결합하고 있다는 것을 관련지어 생각해 보면서, 위에서 서술한 '체體'의 개념을 이른바 '존재론적 책임'이라고도 말할 만한 자각적 태도의 표현으로 받아들이고 싶다. 후설에게 있어서 목적론은 이미 의미지향과 그 충실이라고 하는 명증이론에서 그 원형이 확인된다. 그것은 현출자와 그 현출의 차이에 의해 구조화되는 우리의 지知가 갖는 관점적perspective 현출을 통해서 존재자가 자기능여自己能與에 이르는 본질적인 과정적 성격을 나타내고 있다. 후기의 발생적 현상학에 이르러, 세계현출과 세계구성적 생生의 상관분석이 주제가 되어서 '의미의 역사'가 물어질 때, '의식생意識生'은 세계의 의미가 구성되어 가는 생성의 과정으로 파악되며, 여기서 명증 문제 속에 감춰져 있던 목적론의 구도가 명확하게 부상해 오게 된다. 의식생이란 단순히 체험들의 순서가 아니라 합법칙적인 역사적 연관을 형성하고 있고, "이 역사는 의미의 형성을 단계를 뒤따르면서 구성해 가는 내재적 목적론에 완전하게 지배된 구성의 활동"[28]이 되어 있어서, 이 의미의 목적론은 "초월론적 주관성의 보편적 존재를 존재론적 형식으로 결정하는 것"[29]으로서 "모든 형식의 형식"[30]이라고까지 말해지는 것이다. 목적론이라는 개념은 자칫하면 형이상학적 독단에 빠질 위험을 배태하고 있는 개념이지만, 후설이 말하는 목적론은 결코 '세계로 향해서 바깥에서 가져온 범주'가 아니라 "세계와 자아와 우리가 실제로 존재하는 것을 가능하게 하는 존재방식"[31]이다.[32] 개인적 견해로는, 그것은 '존재론적 책임'을 떠맡은 자각自覺의 가능근거이다.

이런 의미에서 자증분이 성만인으로 말해지는 것에는 큰 의의가 있다. 식은 존재론적으로 무시이래의 역사의 성취로서만 존재한다. '4분의'로 이어지는 아뢰야식론의 문제권역은 이 세계구성적 생이 떠맡고 있는 역사성을 개시開示하는 것이리라. 그러나 그것은 이미 성만인을 함축한 식의 '체體'라는 개념으로 예료적으로 제시되고 있다.

제3절 증자증분

제4분인 증자증분은 제3분[자증분] 외에 별도로 부가된 것이 아니라 자증분을 보다 정확히 분석한 결과 발견된 것이다. 이것은 자증분이 견분의 바깥에 부가된 것이 아닌 것과 마찬가지이다. 견분 · 자증분 · 증자증분 이 셋은 '모두능연의 성性'[33]이며, 그런 한에서 2분설도 3분설도 틀린 것은 아니다. 단지 분석이 소박할 뿐이다. 2분설의 소박성은 다음과 같이 지적된다. "상相과 견見을 외外라고 하는데, 견見은 바깥을 연하기 때문이다. 제3분과 제4분을 내內라고 하는데, 자체를 증證하기 때문이다."[34] 또한 "제3분과 제4분 2분은 자체를 취取하기 때문에 현량에 속한다."[35] '내內' 또는 '자체自體를 취하는' 것이 제3분과 제4분의 특징이다. 이에 반해 제2분은 '외外'라고 말하고 있다. 그 이유는 "견분은 어떤 때에는 비량非量에도 속한다"[36]라고 하는 점, "(제2분)은 혹은 양量이나 비량非量, 혹은 현량이나 비량比量이다"[37]라고 하는 점에 있다. '양量'이란 인식으로, '현량' · '비량比量' · '비량非量'의 3량으로 구별된다. 현량이란 직접지각, 직접체험, 직각直覺이다. 이에 반해 비량比量은 추리나 개념을 통한 간접적이고 일반적 인식이다. 비량非量은 그릇된 인식이다. 견분은 비량比量이나 비량非量일 가능성을 불식할 수 없다. 그것은 '초출적으로 사념되는 것'으로 향하기 때문이다. 따라서 현량은 현상학적 의미에서 '자기소여'이고, 내재적immanent 영역에 속한다.

그러면 3분설의 소박성은 어디에 있으며, 내재영역이 다시 이중화되는 이유는 어디에 있는가? 현장은 두 가지 근거를 들고 있다. 첫째로, "만약 이것[증자증분證自證分]이 없다면 무엇이 제3분을 증證하겠는가?"[38] 자증분도 또한 식의 분分이기에 증證되지 않으면 안 된다. '증證'은 직각直覺이고, '자증'은 자각自覺이다. 자각이라 해도 자각작용이기에 실체가 아니다. 자체自體는 실체가 아니다. 자각하는 것이 있어서 자각하는 것이 아니다. 자증이 자증으로 머문다면 실체가 된다. 자증도 다시 자증되지 않으면 안 된다. 자증은 자기완결하고 있는 것이 아니며, 자각은 자각되는 곳에서 성립한다.

요컨대 이 첫 번째 근거는 자증분의 실체화를 피한다는 데 의미가 있다. 그러면 자각을 자각하는 작용이 왜 견분이어서는 안 되는가? 이 물음에 현장은 "견분은 바깥만을 연하며 되돌아서 (자증분을) 연할 수 없기 때문"[39] 이라고 답한다. 자증분은 견분의 '체'이기에 견분에 의해서는 증證될 수 없다. 현재顯在적 지향성에 의해 초출적으로 사념되는 것을 매개로 해서 이 지향작용을 분석한다면 부당이행에 빠지게 된다.

두 번째 근거는 "(만약 증자증분이 없다면) 자증분은 과果가 있지 않을 터인데, 그러나 모든 능량은 반드시 과果가 있기 때문"[40]이다. 이 논의는 앞 절에서 서술한 '성만인'에 기초해서 자증분이 견분에 대해서 능량일 때 그 양과는 무엇인가 하는 문제이다. 견분이 그 양과를 떠맡을 수는 없다. 견분에는 비량比量도 비량非量도 있어서, '일정하지 않은 것(부정不定)' 이기 때문이다. "비량比量과 비량非量의 2종은 체를 증證하는 것이 아니다. 무엇을 현량의 과果라 할 수 있겠는가?"[41] 간접적 인식이 직접적인 내적 직각直覺[체體]을 성취하는 것은 가능하지 않다. 자증분의 과果를 떠맡을 수 있는 것은 증자증분이지 다른 것이 아니다.

이상 두 가지 이유에서 참으로 자증을 성립시키기 위해서 증자증분이 세워졌다. 이 논의들은 한갓된 반성작용과는 구별되는 자각작용의 독자성을 호법과 현장이 얼마나 예리하고도 엄밀하게 들추어냈는지를 전하는 것이다. 대상화작용인 견분의 반성은, '평면의 생'의 순환에서 벗어날 수 없다. 그러나 자증분은 실체가 아니고 자기완결한 것이 아니기 때문에 그것도 또한 증證되어 충실해지지 않으면 안 된다. 그러면 마찬가지로 증자증분도 그것을 증證하는 증증자증분을 필요로 하는 것은 아닌가? 이 의문에 대해 현장은 "제3분은 능히 제2분과 제4분을 연한다. 증자증분은 단지 제3분을 연한다. …… 그러므로 심과 심소는 4분이 합해서 성립하고 소연과 능연을 갖추므로 무궁의 과실이 없다"[42] 하고 답한다. 증자증분을 증證하는 것은 자증분이다. 여기에 자증분과 증자증분의 교호성이 성립하며, 이 교호성에 의해 자각작용이 무한하게 깊다는 것을 분명히 하고 있다. 그러나 그것은 '평면의 생'에서의 지평적 반성이 빠지는 순환적인 무한역행과는 다르다. "무궁無窮의 과실이 없다"는 말에 의해서 자각작용의 무한한 깊이가 반성작용의 무한한 순환과는 완전히 질을 달리한다는 것을 명시하고 있다. "제3분은 앞으로는 제2분을 연하고 되돌아서는 제4분을 연한다"[43]고 하는 말이 있다. 여기서 '되돌아서는'이라는 표현에 주목할 필요가 있을 것이다. 자증분과 증자증분의 교호적 자증은 '되돌아서는'이라는 방식으로 특징지어진다. 여기에, 이 교호적 자증 곧 자각의 운동에 독자적인, 즉 지평론적 반성과는 질을 달리하고 오히려 지평론적 반성의 유래를 찾는 수직적vertikal인 되돌아감의 특질이 제시되고 있는 것은 아닐까?

맺으며

현금의 현상학이 진전하면서 반성을 철저하게 수행하게 되었을 때 오히려 반성에 흡수될 수 없는 의식존재의 불투명성의 문제가 노출되고, 또 이 의식의 존재론적 제약이 되는 차원에 대한 반성은 의미를 발생사적으로 소급해 가는 방법인 지평론적 반성과는 질을 달리해야 한다는 것이 차츰 명백해지고 있다. 현상의 조건에 해당하는 것을 현상화하고자 할 때는 반성의 존재방식에 전환이 일어나지 않을 수 없기 때문이다. 유식학에서는 의식의 존재론적 제약이 되는 차원에 대해서는 아뢰야식론에서, 또한 '분별'의 전환轉依의 논리에 대해서는 3성설에서 각각 주제적으로 다루고 있다. 이 점에 대해서는 다른 곳으로 미루지만 이 두 주제로 들어가는 관문인 '4분의四分義'에서도, 비록 형식적이긴 하지만, 현출의 조건이 되는 깊이의 차원으로 들어가는 길이 자각의 논리로서 논급되고 있다는 것을 간과해서는 안 될 것이다.

제5장 후설의 '초월론적' 개념

— 칸트와 비교하며

시작하며

후설이 자신의 철학적 입장을 최초로 초월론적 현상학die transzendentale Phänomenologie으로서 명확히 내세운 것은 1907년에서 1908년경이라고 추정된다. 그에 앞서 『논리 연구』에서 그는 본질존재론적인 객관주의에서서 이념적인 논리학적 존재와 실재적real인 존재의 이질성을 강조하고 심리학주의의 근본오류가 양자를 혼동한 데 있다는 것을 지적했다. '초월론적'이라는 말에 대한 후설의 독자적인 의미내용을 이해하기 위해서는, 그에게는 이와 같이 이념학이 선행하고 있었다는 데에 주목할 필요가 있다. 왜냐하면, 이 점에서 후설이 말하는 의미의 '초월론적'이라는 개념은 칸트에서 시작하는 관념론적 전통의 그것과 명확히 구별되기 때문이다.

칸트에게 있어서는 '초월론적'이라는 이름하에 경험일반의 가능성의 제약이 물어지지만, 후설에게 있어서는 경험되어야 할 대상의 의미를 해명하는 일이 최초의 문제이다. 칸트에게 있어서는 경험의 객관적 타당성에 기초를 부여하는 일이 의도되고 있는 데에 반해, 후설에게 있어서는 객관적 타당성의 의미를 해명함으로써 그 이미 확립되어 있는 객관적 타당성의 덮개를 벗겨내려는 일이 의도되고 있다. 이렇듯 양자는 자신의 철학에 '초월론적'이라는 동일한 명칭을 쓰고 있다 해도, 이들 철학의 근원적 의도는 역의 방향을 취하고 있다고 생각된다.

이 차이는 '구성Konstitution'에 대한 양자의 사상에 가장 단적으로 나타나 있다. 이 장에서는 주로 후설의 1908년경의 초고들 — 후설 전집Husserliana 제7권의 보유補遺에 수록되어 있다 — 을 채택해서, 여기에서 당시 후설이 칸트와 어떻게 대결하고 있었는가를 확인하면서 양자의 초월론적 동기의 차이를 고찰해 가겠다.

다만 처음에 미리 양해를 구해야 하는 것은, 이 장의 기술은 주로 후설의 초월론적 동기를 분명히 하는 것에 주안점을 두고 있어서, 칸트 철학의 근원적 의도에 대해서는 언급할 수 없었다는 점이다. 이 점에서 비교사상론의 관점에서 볼 때 불충분하다는 것을 인정하지 않을 수 없다. 두 철학의 근원적 의도를 충분히 이해한 후 비교론적 고찰을 하기에는, 현재 필자의 힘이 거기까지 미치지 않는다. 이는 금후 필자의 과제이며, 여기서 하는 기술은 그것을 위한 하나의 기초작업이다.

이하 후설과 칸트의 '구성'론의 차이를 이해하기 위해서, 우선 처음에 후설에게 인식비판이란 무엇을 의미하는가를 확인하고, 이어서 양자의 '아프리오리a priori'개념의 차이에 주목해 보겠다.

제1절 '인식비판의 근본문제'에 대한 후설의 생각

(1) 칸트의 배진적背進的 · 구축적 방법에 대한 비판

후설은 다음과 같이 문제를 제기한다. "칸트는 '아프리오리한 종합판단은 어떻게 가능한가?' 하고 물었는데, 그렇다면 실제로 어느 정도까지 인식비판의 근본문제의 과녁을 쏘았는가?"[1], "아프리오리의 형식설이라는, 칸트적 형태의 이론에 의해서 무릇 어떠한 일이 어떤 진정한 근본적 인식비판을 위해 행해질 수 있는 것일까?"[2] 그러면 후설에게 있어서 '진정한 근본적 인식비판'이란 어떤 것이어야 할까? 그것은 "절대적인 의심불가능성으로 거슬러가고, 일상적 생이나 학문적 세계의 내용에 의해 전혀 아무것도 사전에 주어진 것으로 자명하게 전제하지 않는다"[3]라는 학문적 근본주의 radicalism로 관철되고, "절대적 소여성이라는 무전제적인 영역의 내부에서, 인식이란 그 본질과 의미에 따라서 무엇인가를 명석성으로 가져오는 것"[4]이다. 그런데 인식이란, 후설에게 있어서, 지각 · 상상 · 상기 · 기대 · 긍정 · 부정 · 추론 등 여러 체험에 공통되는 사건, 곧 '객관화하는 지향'[5]을 가리킨다. 여기서 문제가 되는 것은 "어떻게 해서 인식하는 자가 초월자에, 즉 자기소여가 아니라 '초출적으로 사념되는 것'에 적중할 수 있는가?"[6] 하는 의문과 다른 것이 아니다. 후설에게 '명석성'이란, "이 적중가능성의 본질을 간취해서 그 본질을 직관적으로 소여성으로 가져오는 것"[7]이다. 실증과학의 '설명'은 이 초월의 의문을 자각하지 않는 한, 이 의문을 '해명'하고자 할 때 어떠한 도움도 되지 않는다. 이 초월의 의문을 해명하기 위해서는 우선 무엇보다도 '모든 초월적 정립의 배제', 곧 '현상학적 환원'이 거행되지 않으면 안 된다. '환원'은 인식에서 제기되는 이와 같은 초월의 의문을 해명하는 것을 과제로 하기 때문에 본질적으로 '초월론적'이다. 현상학의 의도는 '인식의 궁극적 자기이해에서 생기하는 바의, 인식에 고유한 능작能作에 대한 학學의 가능성'[8]이며, 그런 한에서 현상학은 본래적으로 초월론적인 물음을 철저히 수행하는 일을 자신 안에 떠맡고 있다고 말할 수 있겠다.

이제 후설은 이와 같은 의미에서 자신의 '초월론적' 문제에 비추어서, 그 자신의 초월론적 현상학적 방법과 칸트의 초월론적 논리적 방법을 대립시킨다.

칸트의 초월론적 인식이란 "대상에 관한 인식이 아니라, 오히려 우리가 일반적으로 대상을 인식하는 방식 — 그것이 아프리오리하게 가능한 한에서 — 에 관한 인식"[9]이다. 즉 아프리오리한 개념들에 기초하는 한에서의, 인식의 가능성에 대한 물음이다. 칸트는 경험론의 당연한 귀결이라 생각되었던 회의론을 피하기 위해서, 인간이성은 모든 개념을 경험에서 길러올 수는 없고, 일반적으로 인식이 성립하기 위해서는 아프리오리한 개념을 요구해야 한다고 생각했는데, 그렇다고 해서 경험론을 수용해서 이러한 아프리오리한 개념을 생득관념으로 주장하는 데로 가지는 않았다. 여기서 칸트는 아프리오리한 개념의 유래에 대한 물음과, 그 객관적 실재성 즉 그것으로써 대상을 인식할 가능성에 대한 물음을 구별할 필요가 생겼다. 주요한 물음은 사유의 주관적 조건이 어떻게 객관적 타당성을 지니는가, 일체의 대상인식을 가능하게 하는 조건이 되는가이다. 그래서 모든 아프리오리한 표상이 거기로부터 필연적으로 도출되는 유일한 원리가 구해져야 한다. 이 원리는 '나는 생각한다'라는 통각의 통일에서 구해진다.

이 통각의 통일은 아프리오리한 인식이 이 통일에 의해 가능하게 된다는 의미에서 '초월론적 통일'이라 불리지만, 그것은 동시에 직관에 주어진 다양을 결합해서 객관 곧 대상으로 삼는 '객관적 통일'이다. 그 이유는 직관의 다양의 종합적 통일이야말로 통각의 동일성의 근거이기 때문이다. "이러한 종합이 없다면 자기의식의 완전한 동일성은 생각할 수 없다."[10] 그리고 내가 동일한 '자기'를 의식하는 것은 "직관에서 나에게 주어진 다양한 표상과 관련해서"[11]이다. 이렇게 해서 아프리오리한 표상을 경험에 도달하기 위해 사용하는 권리는, 그것 없이는 의식의 통일이 불가능하리라는 것이 보여지는 한에서 근거부여되는 것이다.

이제 이와 같은 연역에 의한 칸트의 초월론적 논리적 방법에 대해서 후설은 서두에서 보여준 의심을 제기한다. 우선 첫째로, 칸트의 연역적 방법이 '배진적-구축적'[12] 방법이라서 여기에서는 객관적 타당성의 의미가 이미 (수학적 자연과학을 전범으로 하는) 학문적 인식의 사실事實로서 전제되어 있고, 초월론적 철학으로서 자기 자신을 기초부여하는 절대적 지반의 직접정시呈示라고 하는 요구, 즉 일체의 소박한 존재정립을 배제한, 자신의 지반의 무전제성이라는 요구를 만족시키지 않는다는 점이 지적된다. 후설에게 초월론적 철학이란 "모든 객관적 의미형성과 존재타당의 근원적인 장인 인식하는 주관성으로 돌아가서, 존재하는 세계를 의미형성체 또는 타당형성체로 이해하고, 이렇게 해서 본질적으로 새로운 종류의 학문성과 철학으로 길을 열고자 시도하는 철학"[13]이다. 그리고 이와 같은 초월론적 철학이 참으로 그 단서에 도달하기 위해서는 '작동하고 있는 주관성'인 자기 자신에 대한 명백한 이해에 도달해야 한다. 즉 '초월론적인 것의' 영역이 직접정시呈示 가능한 지반으로 개시開示되어야 한다. 칸트도 또한 대상인식 일반을 근거부여하기 위해 주관성으로 돌아가지만, 거기에서는 근거부여되어야 할 대상의미가 전제되어 있으며, 주관으로 회귀함은 그것을 가능하게 하는 조건을 인간적 능력들 안에서 발견하고자 하는 '배진적' 요구에 기초하는 것이다. 다시 또한 인간적 모든 능력들은 "활동할 때 무질서하게 구는 것이 아니라, 어떤 생득적인 합법칙성을 따라서 항상 합법칙적인 형성체를 산출해야 하는 것으로 구축"[14]된다고 여겨진다. 이 의미에서 칸트의 방법은 '배진적-구축적'이라 불러야 할 것이다.

(2) 이성비판의 독단적 전제에 대한 지적

칸트의 이성비판에 있어서 감성이나 오성과 같은 인간적 기능들의 확고한 합법칙성은 도대체 어떻게 보증되고 있는가?[15] 이 물음을 통해서 후설은 칸트의 초월론적 이론에서 불가결한 요소로 나타나면서 그 자체는 바로 그 이론에 의해 초월론적으로 해명될 수 없는 '독단적' 전제들을 지적해야 한다. 이와 같은 전제들은 배진적-구축적 방법에 의해서 요구되는 것과 동시에 그 방법을 지탱하고 정당화하고 있는 것이다. 이와 같은 이성비판 내의 형이상학적 잔재로서 사물 자체의 이론, 원형적 지성의 학설, 선험적 통각 또는 '의식일반'의 신화, 반쯤은 신화적인 아프리오리한 개념이 거론되고 있다.[16] 우선 칸트의 인식비판은 다음의 두 가지 사항을 자명한 것으로 보고 있다. 즉 첫째는 "인간의 심心, Gemüt 외부에 그것을 촉발하는 사물이 존재하고, 감각적 직관은 그 내용에 있어서 촉발하는 외부의 사물에 의해 규정된다"[17]라는 것, 둘째는 라이프니츠의 intellectus ipse(지성 그 자체)라는 가정假定이다. 이것은 "신이 순수하게 자기 자신으로부터 창조한, 외부의 자극으로부터는 생겨나지 않는 개념이 존재하고, 이 개념들로부터 생기는, 이른바 아프리오리한 법칙은 순수하게 정신의 내재적 본질에 속하는 합법칙성을 표현하고 있다"[18]라는 것을 함의한다. 확실히 칸트는 인간 오성에 지적 직관을 인정하지 않고, 그 사유의 내용을 감성적 조건에 의존하게 함으로써 합리론을 배척하고 있지만, 그러나 그 사유법칙의 필연성과 보편성이 현상학적으로 환원된 영역 내에서 그 의미에 따라 해명되고 증시證示되지 않는 한, 그 법칙의 필연성과 보편성은 인간정신에 고유한 보편적 강제력으로서 전제되고 있는 것이리라.

후설에게 있어서 "대상을 형성하는 기능들은 그러나 주어져 있지 않은"[19] 것이며, "이 기능들의 여러 법칙은 주어진 현상이 아니다. 그것들은 모두 초월이다."[20] 그리고 이 인간적 소질들이 초월적 존재로서 초월론적 인식비판에 의해 제외되어야 한다면, 칸트의 '아프리오리한 종합비판은 어떻게 가능한가?' 하는 기본문제에 대한 모든 구축이론은 그 기반을 상실하고 말하자면 공중에 떠돌고 만다[21]고 말하고 있다. 후설에 의하면, 이 기본문제 안에 본래 가로놓여 있는 문제는 다음과 같이 바꾸어 말해야 한다. "필연성이라는 어떤 고유한 성격은, 어떤 규칙적인 내용에 대한 판단에 현실적 타당성을, 즉 이 판단이 갖는 의미에서의 자연적 타당성 곧 객관적 타당성을 수여해야 한다는 것을 어떻게 **이해할** 수 있는가?"[22] 만약 이 물음에 대해서 '나의 정신이 감각인상에 직면하고 그것을 계기契機로 삼아서, 항상 절대적인 예외를 없앰으로써 일정한 형식화를 행하도록 구축하는' 것이라고 답한다면 그것은 전혀 아무런 의미도 없는 주장이다. 왜냐하면 이 답에서 말하는 보편성 또는 필연성은 '하나의 사실Tatsache이지, 이와 같은 사실에 대한 지知, Wissen는 아니기'[23] 때문이다.

이렇게 해서 칸트의 구축이론은 인식비판의 근본문제를 "형이상학적 또는 심리학적 영역으로 밀어보내는"[24]것일 수밖에 없으며, 이 의미에서 후설은 칸트의 초월론적 방법을 '초월론적 심리주의' 또는 '인간학주의'[25] 라고 부르면서 상대주의의 위험을 완전히 불식시키지 못하고 있다고 하는 것이다. 후설에게 '필연성'이란 "심리적 사실과는 전혀 다른 무엇"[26]이지 않으면 안 된다. 이 점은 후술하기로 하고, 그러면 왜 칸트는 이처럼 "심리학적 의미의 필연성과 보편성을 인식론적 의미의 그것과 혼동하게"[27] 된 것인가? 그것은 칸트가 "경험을 가능하게 하는 주관의 구조들로 침잠했음에도 불구하고, 이 주관 자신을 그 궁극의 근거에서 파악하지 않고 있기"[28] 때문이다.

'의식일반'은 그 존재론적 규정을 일체 거부하고 있다. 의식의 존재체제存在體制, Seinsverfassung를 묻는 일은 주의 깊게 회피하고, 경험일반의 가능성의 제약이라고 말하는 데 그칠 뿐이다. 칸트는 명시적으로 통상적인 의미의 자연주의와 심리주의를 배척하고 있기는 하지만, 그러나 이것은, 예를 들면 감성의 수용성을 논할 때의 감각인상이란 말에서 볼 수 있듯이 자연주의적 감각론을 수용해서 '심心'[29]을 자연화된 심心, 자연의 시간 안에 있는 인간의 구성요소로 생각된 심心으로 해석하고, 또 동시에 "흄의 회의가 경고한 바와 같이 심리학으로 되돌아가는 것은 모든 순수한 오성 문제를 배리적으로 전도顚倒시키는 것이기 때문에 이를 피하기"[30] 위해 필연적으로 요구되는 조치였던 것이다. 따라서 칸트는 다음 절에서 서술하는 '상관관계'와 '구성'의 문제차원에 서지 않고, 경험론에게서는 자연주의적 감각론을, 합리론에게서는 인간적 능력들의 이론을 각각 무비판적으로 수용함으로써, "그 특유의 신화라고도 해야 할 가공架空의 개념구성에 빠졌다"[31]고 후설은 말하고 있다. 확실히 칸트는 자기의식과 구별하면서, "자연과 마찬가지로 심心, Seele, 즉 인간적 특성을 갖춘 주관도 작용하는 의식에 대해서는 하나의 초월이라고 보고"[32]있었다는 것은 틀림이 없지만, 그러나 칸트에게 있어서 주관은 '차단된다는 방식에서'[33] 문제로 삼아지는 것이 아니라, 사실적 학문들이 이해가능하게 되도록 재구축되고 있다. 후설에게 있어서 "이 양쪽의 (자연과 심 또는 주관이라는) 초월은 같은 것으로 받아들여지는데, 이들은 문제를 배태하는 것이기에 괄호에 넣어져서, 그 근원으로 향해서 탐구되어야 하는 것이다."[34]

(3) 후설의 초월론적 현상학적 방법 — 근원으로 향하는 이중의 소급

후설의 초월론적 현상학적 방법은 '근원'으로 향하는 소급을 통해서 인식타당성의 궁극적 **의미**에 대한 탐구로 향하는 것이다. 인식의 근원으로 향하는 소급이란 ① 우선 첫째로 논리적 근원으로 향하는 소급이다. 즉, 모든 전진이 그 아래 서는 논리적 기원 또는 원리들로 향해 되돌아가면서, 겉보기의 인식을 논리적으로 (말하자면) 신분증명하는 것, 즉 엄밀학으로 향하는 소급이다. 따라서 그것은 출발경험, 출발공리, 방법적 또는 넓은 의미에서의 이론적 원리를 명시하는 것이다. 여기서는 특수개별과학이 문제가 되지 않는다. 문제가 되는 것은 완전한 객관적 논리학이고, 또 그 진정한 학문이 학문의 모든 주요형태에 이르는 조리를 분석하는 것이다. ② 그러나 인식의 이 논리적 근원은 한층 더 근원으로 향하는 소급을 요구한다. 즉, 이 원리들에서 언명되는 객관적인 것의 구성Konstitution에 대한 초월론적 현상학적 탐구를 요구한다. 즉, 초월적 주관성에 있는, 객관성의 근원이다. 바꿔 말하면, 절대적인 것[의식]에서 구성되는 객체라고 하는 상관적 존재의 근원이다. 첫 번째 의미의 근원은 모든 원리적 기반 혹은 다양한 기반의 존재방식이고, 객관적-논리적 결합의 원리들이다. 두 번째 의미의 근원은 의식의 본성들, 의식 본질들이며, 또 그것에 속하는 본질법칙이다.[35]

이 두 가지 근원의 구별과 상관관계, 그리고 초월론적 주관성에 있는, 객관적인 것의 구성이라는 문제를 주제화함으로써, 후설의 초월론적 현상학은 합리론적 전통 내에 있는 초월론적 철학과 결정적으로 결별하게 된다.

합리론적 전통에서는 아프리오리한 법칙은 순수하게 정신의 내재적 본질에 속하는 합법칙성을 나타내는 것이라고 말하고 있는데, 칸트도 또한 이 전제 위에 서 있다. 따라서 칸트는 '개념의 분석론'을 '실로 오성능력의 분석'[36]이라 하고, 순수개념의 '배아와 발전의 소질은 인간의 오성에 머물고'[37] 있고, "이러한 배아 또는 소질로서 촉발을 기다리고 있다"[38]라고 서술할 수 있었던 것이다. 그러나 이것은 후설 쪽에서 보면, 칸트에게는 초월론적 비판에 복무하지 않는 논리학이 바로 초월론적 탐구를 인도하는 실마리가 되고 있다는 것[39]을 의미한다. 설사 칸트가 대상을 모두 아프리오리하게 사유하기 위한 조건이 되는 바의 일개의 학문, 즉 인식의 기원, 범위, 그리고 객관적 타당성을 규정하는 학문을 '초월론적 논리학'[40]이라고 부른다 해도, 논리학적 사상事象 그 자체에 대해서는, 칸트는 그 가능성의 제약에 대한 물음을 설정하지 않았으며, 따라서 근원으로 향하는 이중 소급이라는 방법에 대해 "전혀 깨닫지 못했다"[41]라고 말해야 한다. **후설에게 있어서 두 번째 근원으로 향하는 소급은** "형식논리학과 전全보편학 일반은 이를 차단하는 에포케 안으로 거두어들일 수 있는"[42] 것이며, 이렇게 해서 '초월적인 본질'의 영역과 '초월론적으로 순화된 의식의 본질론'[43]이 구별되게 된다. 그리고 그와 동시에 이 두 영역들 간의 상관관계가 초월론적 주관성에 있는, 객관성의 구성으로서 주제화된다. 그런데 여기서 주의해야 할 것은 이 구성은 의식으로부터 산출된 것이 아니라는 점이다.

이 의식으로부터 산출된다는 관념론적 전통에 있는 뿌리 깊은 오해는 칸트에게 있어서는 물자체와 현상의 이분법으로 귀결된다. 이 오해에 대해서 후설은 다음과 같이 서술한다. "만약 그렇다면 '진정한 존재'는 생생하게 체현體現된 실재로서 지각에 주어지는 것과는 완전히 원리적으로 다르게 규정될 것이다."[44] 난점은 감각이나 현출을 직접적으로 접근할 수 없는 실재 자체의 고지告知로 보고, 그로부터 실재를 추측하고자 하는 경향에 있다. 현상학은 현출을 통해서 직접 실재를 지각한다. 구성되는 세계는 실재적 세계이다. 그것은 곧 초월적 실재이다. 현상학자가 이런저런 대상의 구성을 기술할 때, 그는 초출적인 실재의 구성을 보고 있는 것이다. 그렇다고 해서 그것은 의식에서 독립해 있는 사물 자체는 아니다. 어디까지나 의식에 있어서의 초월이다. 실재는 의식에 있어서 초월적이므로 원리적이고 근원적으로 의식과 달리 있으면서 의식에 의해 도달될 수 있다는 것이지, 이 초월의 의문을 현상학은 해소하고자 하는 것이 아니다. 요컨대 실재를 의식에 따르게 하거나, 의식을 객관적 세계로 해소하는 것이 아니다. "의식과 실재 간에는 참으로 의미의 심연이 입을 벌리고 있다"[45]라고 말하고 있다. 그럼에도 불구하고 지향성에 의해 실재는 지知의 안에서, 즉 구성에 있어서 의식과 관계를 맺게 된다. 따라서 현상학은 초월의 의문을 해소하는 것이 아니라, 지향성이라는 작용을 통해서 초월적 실재와 의식의 상관관계를 초월성의 구성으로서 해명하는 것이다. 실재는 그 초월성이라는 의미를 바로 주관성에서 구성됨으로써 획득한다.[46] 후설이 "칸트는 인식과 인식대상성의 상관관계에 대한 진정한 의미로까지 꿰뚫어보지 않았고, 따라서 '구성'이라는 특별히 초월론적인 문제의 의미로까지 꿰뚫어보지 않았다"[47]라고 서술한 것은 이상과 같은 의미에서이다.

두 번째 근원영역의 구별과 상관관계, 그리고 거기에서의 구성이 주관성으로부터 산출되거나 창조되는 것이 아니라 상관관계의 이해와 해명이라는 것, 이로부터 초월론적 현상학에 의해서 다음과 같은 두 가지 가능성이 열리게 된다. 그것은 첫째로, 초월론적 문제를 관념론적 틀에서 해방시켜 초월론적 객관주의[48]라고도 부를 수 있는 새로운 입장으로 가는 길을 여는 것이고, 둘째로, 초월론적 주관성을 하나의 탐구가능한 영역으로 정시함으로써 의식의 존재론을 향한 가능성을 여는 것이다. 그런데 이 양자의 가능성은 앞에서 서술한 것으로 보아 분명하듯이 상호관계를 맺고 있는 것이어서, 설사 후설의 입장이 종종 '초월론적 주관주의'라고 불릴 수 있다 해도, 관념론적 전통에서 생각하는 것과는 엄밀하게 구별되어야 한다. 관념론적 전통에 있는 초월론적 주관주의는 기본적으로 실재를 의식 내로 해소해서 실재를 의식으로부터 산출되거나 창조되는 것으로 생각하는 반면, 현상학의 구성사상은 이와 같은 해소를 허용하는 것이 아니기 때문이다.

첫 번째의 초월론적 객관주의로 향한 가능성이란 다음과 같은 사항을 의미한다. 즉 그것은, 확실히 지향성은 의식에 고유한 능작能作이고, 구성은 또한 주관성의 영역을 지반으로 하지만, 거기에서 대상의 구성은 주관적 법칙 — 그것은 원형原型적 지성이라는 합리론적 전통에서 유래한다 — 을 따르는 것이 아니라, 대상에 있어서 자체적으로 타당하고 대상에 의해 요구되는 법칙을 따른다는 점을 증시할 가능성[49]이다. 이 점에 대해서 후설은 다음과 같이 서술하고 있다. "여러 사유작용들은 한편으로는 현실성의 요소이지만, 다른 한편으로 현실성은 오로지 사유에서 의식되고, 직관되고, 사유되고, 증명되는 것이다. 즉, 사유법칙은 한편으로는 정히 사유의 법칙이어야 하지만, 그러나 다른 한편으로는 객관적으로 타당한 **존재**일반의 가능성의 조건이기도 해야 한다."[50] 문제가 되는 것은 경험일반의 가능성의 조건이 아니라 존재일반의 가능성의 조건이며, "'존재'란 참으로 정당한 의미에서 무엇을 의미하는가?"[51]이다. 그러나 이와 같은 물음의 장면은 "인식이란 그 자체 그 본래적인 해소할 수 없는 의미에 따라서, 대상 하에서 무엇을 사념하는가가 증시되는"[52] 경우에만 처음으로 열리는 것이며, 이 의미에서 첫 번째 가능성은 두 번째 가능성과 상호 관계를 맺으며 처음으로 가능하게 된다고 말할 수 있겠다.

두 번째 가능성이란 다음을 의미한다. 초월과 상관관계 속에서, 현상학적으로 환원된 내재영역 내에서 의식본질로서의 본질법칙을 기술할 가능성이다. 이렇게 해서 궁극적으로는 "자아는 자기 자신을 초월론적 경험에 의해 무한하게 그러면서도 체계적으로 해명할 수 있는"[53] 하나의 영역으로 열려오게 된다. 이것은 "칸트에 고유한 (좁혀진) '초월론적'인 개념을 확장해야 한다"[54]라는 후설의 요구를 나타내고 있다. 후설의 초월론적 주관성이란, 칸트의 '나는 생각한다'가 아니라, 오히려 칸트에게 있어서 규정되지 않은 채로 산견되는 Gemüt라는 말에 의해 의미되는 영역을 꼭 짚어 말하고 있다고 생각된다. 칸트의 '나는 생각한다'는 기성의 객관적 타당성을 갖는 경험의 통일을 위한 인식론적 보증[55]이라는 의미로 좁혀진다. 그러나 후설에게 문제가 되는 것은 다양한 "객관적인 의미형성체의 초월론적 이론"[56]이며, 그것은 "객관적 의미를 형성하는 생에 대한 초월론적 본질연구와 결코 분리될 수 없다."[57] 후설에게 초월론적 논리학이란 순수오성에 대한 학문 — 그것은 형식논리학을 전제하고 있다 — 이 아니라, 우리의 생 그 자체가 무한한 가능성을 향해서 열리고 있는 '초월론적 Noetik에서만 가능한'[58] 것이다. 초월론적 논리학은 의식의 다양한 능작 가능성을, 의식에 의해 능작되는 것과의 통일 내에서 서술하는 것이며, 의식의 존재규정이 지향성을, 즉 초월하는 것의 가능성을 근거부여하는 한, 그것은 궁극적으로 의식의 존재론의 체계를 목표로 하는 것이다.[59]

제2절 후설과 칸트의 아프리오리 개념

(1) 후설의 '직관'과 '이성'

앞 절에서 서술한 근원으로 향하는 이중의 소급은 현상학에 고유한 '직관'개념에 기초를 두고 있다. 후설에게 '직관'이란 "원적原的으로 주는 활동을 하는 작용"[60] 일반을 의미한다. 그런데 근대적 사유의 전통에서는 이 원적으로 주는 활동이 감각적 경험에 한정되어 있다. 칸트에게도 직관은 단지 감성적 직관일 뿐이며, 감각에 대한 수용성의 능력이다. 그리고 이 수용성에 오성적 사유의 자발성이 대치하고 있다. 그러나 현상학은 지향성이라는 개념에 의해 이와 같은 '사유'와 '직관'의 관계를 근저에서 뒤엎는다. 후설은 이성의 능작能作을 지향과 그 충실의 관계에 의해 파악하고자 한다. 언어능작의 예를 취해 본다면, 언어는 그것이 표현하는 것에 의해 사유에, 또 사유가 명석판명하게 파악하는 것에 항상 이미 앞서고 있다. 사유는 직관으로 향하고, 그 직관에서 스스로를 충실하게 한다. 직관이야말로 원적으로 주는 활동으로서 사유에 앞서는 것이다. 후설에게 직관은 혼란한 사유도 아니거니와, 또한 칸트에서처럼 그 자체가 맹목적인, 단순히 실재를 고지告知하는 감각적 촉발의 의식도 아니다. 직관은 하나의 지평을 — 즉, 비로소 사유의 지향이 언어적 분절화에 따라서 명석판명하게 될 수 있는 지평을 — 개시開示하는[61] 것이고, '원적으로 준다'란 이와 같은 지평을 최초로 연다는 것을 의미한다.

이에 반해서, 오성적 개념은 이성에 내재하는 아프리오리한 고유성의 자기전개가 아니라, 직관내용을 서술하기 위한 지시 또는 보조수단에 지나지 않는다. 이 의미에서 근대적 사유 전통에서 행한 '사유'와 '직관'의 위치 부여는 후설에 의해 말하자면 전복되었다고 말할 수 있겠다. "근원을 즉 절대적 소여성을 직관적으로 인식하기 위해서는, 지나치게 사색을 농弄해서 그 사고적 반성들에서 억측적 자명성을 길러내는 것만큼 위험한 일은 없다."[62], "그러므로 가능한 한 오성을 사용하지 말고 가능한 한 순수직관 — 오성적 사고 없는 직관 — 을 사용해야 한다"[63]라고 말하기까지 하는 것이다. 그렇지만 이와 같은 후설의 언명은 현상학적인 '이성'개념이 근세적 · 근대적 전통의 개념과 전혀 계보를 달리한다는 것을 다짐하지 않는 한 정당하게 이해될 수 없을 것이다. 후설이 '직관적 인식은 오성을 바로 이성으로 높이고자 하는 이성이다'[64]라고 할 때, 여기서 말하는 '이성'은 이미 닫혀 있는 이성이 아니다. 즉 외계와 분리되고 정신 안에 고정된, 내재적인 아프리오리한 능력에 의해 세계를 산출해 가는 이성이 아니다. 그것은 오히려 세계에 대해서 열려 있고 초월적 존재의 구성을 그 가능성에서 단적으로 보는Noein 작용이다. '직관적 인식'에 기초하는 이성은 세계를 자신의 고정된 본질 안으로 해소하지 않는다. 이성은 스스로를 지향의 충실로 향하도록 방위부여하는바, 이 지향의 충실 곧 명증은 의식과 세계의 초월적 상관관계를 해소하는 것이 아니라, 바로 그 상관관계의 장場에서 생기하는 것이다. 그리고 이성은 이 상관관계의 장에서 끊임없이 지知에 대해서 그 가능성을 열어 가는 활동이다.

명증이 상관관계의 장場에서 생기하는 일은 '자기능여自己能與, Selbstgebung'[65]

라는 용어에 의해 암시되고 있다. 명증은 단순히 수용적인 소여所與도 아니고, 또한 단순히 자발성의 결과도 아니다. '자기능여'야말로 "명증적 권능을 창조하는 작용"[66]이고, "정당성으로서의 진리를 창조적으로 원설립하는 일Urstiftung"[67]이라 말하고 있다. 그리고 그 이유는, "자기능여가 우리에게 있어서와 마찬가지로 그때마다의 대상성들에 있어서도, 존재와 관련해서 근원적으로 의미와 존재를 설립하기 때문이다"[68]라고 말하기 때문이다.

초월론적 현상학이 "모든 객관적 의미형성과 존재타당의 근원적인 장인 인식하는 주관성으로 되돌아가는"[69] 것은, 그 주관성이 아프리오리한 개념이라는 재산목록[70]을 구비한 하나의 능력으로서의 이성을 자신 안에 내장하고 있기 때문이 아니라, 초월론적 주관성이 존재자의 자기능여로 향해서 열려져서 직관적 인식을 추진해 가는 이성의 활동공간이기 때문이다.

다음으로, 후설의 '이성' 개념과 근대적 전통 계보에 있는 개념의 차이에 관해서 현상학적 아프리오리와 칸트의 아프리오리를 비교함으로써 더듬어 보겠다.

(2) 현상학적 아프리오리

후설의 직관은 '원적으로 주는 활동을 하는 작용'이었다. 그것은 우선 첫째로 자연주의적 감각론을 넘어선다는 특징을 갖고 있다. 순수한 직관작용은 "거기에서, 마치 경험적 직관에서 개별적 실재가 주어지는 것과 똑같이, 본질이 대상으로서 원적으로 주어지는 하나의 소여성 양식"[71]이다. 즉, "단지 개별성뿐 아니라 보편성도, 즉 보편적 대상이나 보편적 사태도 절대적 자기소여성이 될 수 있다"[72]라고 하는 것이다. 이로써 현상학은 "순수직관적 고찰의 테두리 내에서 행하는, 즉 절대적 소여성의 테두리 내에서 행하는 본질분석 또는 본질연구"[73]로서 근본적 인식비판의 진정한 기초적 지반이 될 수 있다.

그런데 후설에게 '아프리오리'는 이와 같은 순수직관 곧 본질직관에 주어지는 본질필연성 또는 본질보편성을 가리킨다. 그것은 "유적類的 직관에 의해 파촉되는 종種, spezies과 그 종種에 기초해서 직접 직관가능하게 구성되는 아프리오리한 사태"[74]라고 말하고 있듯이, 초월론적 주관성에 있어서 그 지향적 능작의 상관자로 구성되는 사태라는 대상적인 의미를 담당하는 것이다. 후설은 그것을 '대상의 아프리오리'[75], '존재론적 아프리오리'[76] 혹은 '사태의 아프리오리'[77]라고 부르고 있다. "진정한 인식의 아프리오리는 어떤 본질연관에 대한 필증적 통찰을 의미하는 것이어서, 그와 같은 아프리오리에는 상관관계적으로 사태의 아프리오리가 대응하고 있으며, 그 사태가 본질연관으로 인식되는 것이다."[78]

이제 이와 같은 존재론적 사태의 아프리오리의 특질은, 세계내부적인 사실Faktum에 맞서서, 사실과 관련 없는 무제약적인 보편성으로서 타당한 순수가능성의 영역 곧 의미의 영역을 가리킨다고 하는 데에 있다. 순수의식에 있어서 직관적으로 자기소여성에 이르는 일반적 사태는 그 의미 내에 개별적인 사실의 현실정립을 조금도 포함하지 않는다. 그리고 이 무제약적이고 보편적인 타당성 아래에 있는 각각의 사실적 사례는, 예를 들면 그것이 지각되는 한에서 사실事實로서 타당할 뿐 아니라 '필연적으로' 타당하다.[79] 여기서 '필연적'이란 '본질필연성'[80]의 뜻이므로, 그것은 즉 "그 부정이 오류일 뿐만 아니라 불가능하고 반의미Widersinn라는 것, 그리고 (그 부정은) 의미내용과만 관계하는, 일반적이면서 아프리오리한 오류의 한 사례이다"[81]라고 하는 것이다.

그러면 이와 같은 '사태의 아프리오리'에서 도대체 어떤 것이 귀결되는가 하면, 그것은 곧 '모든 진정한 종합적 아프리오리는 모든 분석적 아프리오리와 꼭 마찬가지로 그 부정에 있어서 반反의미를 주는 것이며, 순수하게 그 의미에 따라서 절대적으로 타당하다'[82]라는 것이다. 후설은 이 점에서 칸트의 아프리오리한 종합판단에 대해서 다음과 같은 비판을 행한다.

① 칸트는 논리적 합리주의의 선입견 하에 단지 한 종류의 반의미 곧 형식적-논리적 모순, 따라서 분석적 반의미밖에 알 수 없었다.[83]

② 따라서 칸트는 아프리오리한 종합판단을 최초부터 종합, 즉 다르게 실현되는 것이 가능했을지도 모르는데도 단지 사실적으로 우리 인간에 의해, 우리의 사실적 주관에 기초해서 어떤 동일한 방식으로 실현되어야 하는 종합으로 생각했다.[84]

③ 여기에는 아프리오리에 대한 다음과 같은 신념이 잠재해 있다. 즉 어떤 지성이 그 특성에 따라서 종합의 어떤 특정한 방식을 항상 실현하고, 그것에 의해 사전에 주어진 질료에서 어떤 특정한 모습의 형상을 산출하고자 하는 경향을 갖는 경우 이와 같은 지성은 아프리오리하게 인식할 수 있다는 신념.[85]

④ 따라서 칸트의 아프리오리는 '바깥으로부터 유래하는' 질료의 본성에는 눈을 돌리지 않고, 주관성이 스스로 자기 자신으로부터 창조한 인식이지만, 그 규칙은 그 자체 본질규칙이 아니라 사실事實에 지나지 않아서, 바로 그 지성은 그것에 고유한 보편적 기능을 단지 후험적으로a posterori 인식할 수 있을 뿐이다.[86]

(3) 칸트주의에 의한 비판

그러나 이와 같은 후설의 사태의 아프리오리에 대해서, 칸트주의 쪽에서는 다음과 같이 말하는 것이 가능하다. 즉, "만약 본래적인 아프리오리한 인식으로서의 본질통찰은 연역에 의해서가 아니라 주어진 것을 자유변경하는 것에 의해서 획득된다고 한다면, 우리는 이 방법에 기초해서 '다르게-사유할-수 있다'라는 사실적 불가능성에 도달할 수는 있겠지만, 하나의 원리 즉 '다르게는-사유할-수 없다'라는 보편적이고 필연적으로 증시되는 하나의 원리의 통찰에는 이를 수 없을 것이다. 이 '다르게는-사유할-수 없다'라는 기준에서 볼 때 자유변경은 단지 한계에 부딪칠 뿐이며 각 경우마다 사실적으로 확정해서 관장할 뿐이다."[87] 후설의 아프리오리한 법칙은 종種, spezies의 가능성의 활동공간 전체를 구속함으로써만 이 종種의 각각의 현실적 개별 사례를 필연적으로 구속하는 것이지만, 그러나 이 사실성으로서의 현실적인 개별 사례가 존재한다는 것은 그 자체 필연적이지 않다.[88] 이와 같은 필연성은 모든 필연성이 특정한 사태와 상관적으로 이해되는 후설의 지반 위에서는 일반적으로 확립될 수 없다. 따라서 후설의 아프리오리한 법칙은 현실성에 대해서는 단순히 가설적으로 타당할 뿐이며 전칭적全稱的, universal[89]으로 타당한 것이 아니다.

(4) 양자에 있어서 초월론적 전회의 동기의 차이와 현상학적 아프리오리의 의의

확실히 우리 경험일반이 모든 가능한 대상에 타당한 전칭성에 도달하기 위해서, 아프리오리한 필연성은 어떤 특정 사태에 기초하는 것이 아니라 주관성 자신의 본질에 기초해야 할 것이다. 그리고 자아의 본질로부터 행해서, 그 자아가 특정한 유일한 형식에서 대상을 경험해야 할 것이다. 그러나 전술한 바와 같이, 후설의 경우 이와 같은 자아의 본질로부터 행하는 아프리오리한 근거부여는 그 자신의 초월론적 문제와 관련해서 아무런 의미도 없으며, 그에게 초월론적 전회는 애당초 칸트의 경우처럼 근거부여 Begrundung라는 문제에 기초부여되어 있는 것이 아니다. 칸트에게 아프리오리한 주관적 전회는 경험적 진리의 근거부여에 의해 동기부여되고 있는 데 반해, 후설에게 그것은 그것에 의해 비로소 철학적 규준면[90]에 도달할 수 있는 것에 의해 동기부여되고 있다. 이 경우 그가 염두에 두었던 것은 오히려 흄의 문제이다. 즉 "'객관적 세계'라든가 객관적으로 진정한 존재라든가, 또 객관적 진리란 그 의미와 타당성으로부터 말한다면 도대체 무엇인가?"[91], "문제는 더 이상 '초월적 인식이 어떻게 가능한가?'가 아니라 '인식에 초월적 능작을 인정하는 선입견이 어떻게 설명될 수 있는가?'이다"[92]와 같은 문제의 차원이다. 따라서 철학적 규준면에 도달하려면 우선 초월론적 의식생의 현상학적 지반이 노정되어야 하므로, 그와 같은 장場이 '주관적'인 것은 사태의 소여성 양식에서 그 사태내용이 구성되는 일이 문제가 되는 한에서이며, 자아로부터의 구축적인 근거부여라는 점에서 주관적인 것은 아니다.

후설에게 '의미'란 그것에 대응하는 작용에서 구성되며, 아프리오리한 필연성은 어떤 일정한 종種적인 작용의 순수한 고유성에 기초하는 것이지 주관성의 본질에 기초하는 것이 아니다. 그러나 이러한 아프리오리의 상대적 성격은 칸트주의에 의해 비판되는 규범 없는 상대주의로 이끄는 것은 결코 아니다. 현상학적 아프리오리는 그 본래적 차원을 '가능성'의 영역에 머물게 하는 것이며, 여기서는 필연적 구조를 갖는 것은 경험일반이 아니라 경험**가능성**이다. 따라서 그로부터 각각이 그 고유한 아프리오리를 갖춘 경험양식의 다양성으로 가는 길이 열리게 된다. 그러나 그것만이 아니다. 현상학적 아프리오리가 사태의 아프리오리로서 각각의 지향적 구성능작에 상관관계적이기 때문에, 역으로 칸트에게 있어서 언급되지 않았던 주관성의 깊은 구조가 처음으로 밝혀지게 된다. "구성하는 의식의 가장 내적인 측면이 칸트에게 있어서는 거의 언급되지 않는다. 예를 들면 칸트가 한결같이 종사하고 있는 감성적 현상들은 이미 극히 풍부한 지향적 능작에 의해 구성된 통일체이지만, 그러나 그 구조는 결코 체계적 분석 아래로 끌어들여지지 않는다."[93] 즉, 칸트에게 현상학적 아프리오리의 원천은 항상 일정한 전제 안에 은닉된 채로 있으며, 후설의 초월론적 전회는 이 덮여 있던 전제를 타파하여 "경험가능성에 대해서 아프리오리한 기반을 이루는 '주관적 원천'에 대한 초월론적 고찰"[94]을 감행하기 위해 행해지지 않으면 안 되었던 것이다.

제6장 후설의 논리와 생生

— '세계'의 개념

시작하며

논리와 생의 괴리, 이것은 현대라는 시대가 짊어지고 있는 무거운 숙명이다. 금세기 초두에 한편으로는 실증주의적 과학철학이, 다른 한편으로는 실존주의가 동시에 흥륭한 것은 이 사태를 단적으로 이야기하고 있다. 전자는 철학을, 세계관에 대한 임의로운 사변으로부터 과학적 개념들의 논리적 분석으로 순화하고자 했다. 그러나 그 결과는 철학으로 하여금, 생生에 대한 학문의 의의를 상실하기에 이른 현대의 숙명적 사태를 단지 추인하게 하는 방향으로 이끌었을 뿐이다. 한편, 후자는 결코 일반화될 수 없는, 생의 무조건적인 사실성을 강조했다. '실존'이란, 통일적이고 정합적인 세계에 짜넣어지는 것을 거부하는 것이다.

그러나 후설은 이러한 현대의 역경에 대해서 이 두 가지 입장과는 다른 이를테면 제3의 길을 열고자 했다고 생각된다. 이 두 대립하는 입장에는 하나의 공통성이 있다. 그것은 세계와 생의 의미로 향한 물음을 이성의 자기성찰을 통해서 캐묻고자 하는 보편적 학문이라는 이념에 대한 신뢰의 상실이다. 후설에게 이성이란 "모든 사물, 가치, 목적에 궁극적으로 의미를 부여하는 것"[1]이다. 그러나 실증주의는 사실의 탐구에서 가치나 목적을 배제함으로써 객관적 진리로서의 보증을 취득하고자 한다. 다른 한편으로, 실존주의는 이러한 객관주의화된 이성에 대한 절망으로 일어나는 생의 반역이다. 그러나 후설은 오히려 아무리 객관주의적 학문이라고 해도 그 근저에는 깊이 숨겨진 이성적 의미동기가 잠재해 있다는 것을 보여주고자 한다. 그것은 실은 객관주의적 학문을 가능하게 하는 생동하는 체험의 차원에 속하는 것이지만, 그럼에도 불구하고 바로 그 객관주의적 학문의 전통에 의해 항상 가려져 온 것이다. 후설의 초월론적 현상학은 이 항상 가려져 온 의미지향적 생의 차원을 발굴함으로써, 생과 깊이 관계하고 있는 이념적인 의미를 실현하고자 하는 본래적인 이성동기를 현재화顯在化하고자 하는 시도이다.

이제 이와 같은 후설의 시도에 있어서, 논리학적 타당성에 대한 그 타당의미의 해명이라는 과제가 가장 본질적인 중요성을 갖는다. 왜냐하면 객관주의적 학문이 자신의 학문으로서의 객관성과 확실성을 길러오는 그 원천은 순수한 형식논리학적인 명증Evidenz에 있기 때문이다. 그러나 후설에게는 이 논리학적 명증성 그 자체가 문제가 된다. 현상학적 관점으로 본다면, 이 논리학적 명증은 그 존재론적 기반으로서 일상적인 생의 세계Lebenswelt를 전제하고 있다. 따라서 형식논리학은 그 세계에서 이미 활동하고 있는 생동하는 지향적 의미형성작용[노에시스]에 의한 의미형성체[노에마]로서 다시 파악되어야 한다. 후설에게 초월론적 논리학이란 "객관적인 의미를 형성하고 있는 생에 대한 초월론적 본질탐구와 결코 분리될 수 없다."[2]

이하 제1절에서는 형식논리학의 존재론적 기반으로 향하는 걸음의 일단을 언급하고, 제2절에서는 칸트의 초월론철학과 대비하면서 후설이 회복하고자 한 이성이란 어떠한 것인지를 보여주겠다. 제1절과 제2절을 통해서 우리는 '초월론적transzendental'이란 말이 갖는 후설 특유의 의미는 무엇인가 하는 물음으로 인도된다. 이 말은 논리와 생의 괴리라는 현대의 역경의 연원을 찾아내고자 하는 후설의 철학하는 동기를 표현하고 있다고 생각되기 때문이다.

제1절 형식논리학의 존재론적 기반

— '세계'

(1) 초월의 의문

현상학의 가장 근간이 되는 개념은 '지향성Intentionalität'이다. 후설은 이 개념을 갖고서 인식이라고 하는 의문의 해명에 착수한다. 인식의 의문이란 초월의 의문이다. 후설에게 인식이란 지각·상상·상기·기대·긍정·부정·추론 등 여러 체험들에 공통적인 사건, 즉 '객관화하는 지향'[3]을 가리킨다. 거기에서는 항상 무언가가 겨냥되고 있고, 무언가에 대한 지향적 경험이 이미 성립하고 있다. 인식 그 자체는 주관적인 작용이면서, 스스로를 초출超出해서 '초출적으로 사념되는 것에 적중的中'[4]한다. 이 적중의 가능성의 문제가 초월의 의문이며, 이 의문의 해명Aufklärung이 현상학의 과제가 된다. 거기에서는 확실히 주관적 작용이 문제가 되고 있지만, 이 해명은 심리학에 의한 설명Erklärung과는 다르다. 심리학은 객관적 실증과학의 하나로서, 이미 이 초월의 가능성을 전제하고 있어서 심리작용도 대상적으로 파악해버리기 때문이다. 현상학적 해명은 모든 초월적 정립의 해제解除에 의해, 즉 현상학적 환원에 의해 초월로 향하는 지향성과 그것이 겨냥하고 있는 '의미'를 밝혀내고자 한다.

초월의 의문을 해명하기 위해서, 우리는 어떤 대상에 대해서 무엇을 갖고서 그 객관성을 주장하는가 하는 그 '의미'의 해명이 선결문제가 된다. 초월적 실재 정립을 소박하게 수행해버리는 과학들이나 우리의 자연적 태도에서는 이 '의미'를 겨냥하지, 그것을 구성konstituieren하고 있는 지향적 능작Leistung은 주제화하지 않은 채 암묵리에 전제하고 있다. 이 통상은 가려져 있는 의미지향적 구성능작을 밝은 데로 가져옴으로써 초월의 의문을 주제화하고 해명하는 일, 후설에게 '초월론적'이라는 말은 우선 이것을 지시하고 있다.

이상 서술해 온 것은 논리학적 명증에도 들어맞는다. 현상학자가 논리학을 의미형성체로서 다시 파악하고자 하는 것은 논리학자가 소박하게 전제하고 있는 논리학적 법칙들의 타당성이 하나의 의문으로 변할 수 있기 때문이다. 형식논리학적 명증성인 분석적 선험도 또한 그 타당의미와 관련해서 초월론적 물음에 따르게 해야 한다.

(2) 형식논리학의 존재론적 기반인 '세계'

후설은 논리적 범주에 대한 태도의 차이에 따라서 형식논리학을 형식명제론과 형식존재론으로 나눈다. 전자는 명제의 형식구조를 주제로 하고, 후자는 그 명제에서 언급되고 있는 대상, 즉 범주적으로 형식화된 대상을 주제로 한다. 그런데 일반적으로 명제는 어떠한 명제이든 그것이 언급하고 있는 사태에 대한 진리요구를 잠재적으로 포함하고 있다. 또한 후설은 논리학을 단순히 규범학이나 실용학으로서가 아니라 학문 일반을 가능하게 하는 기초적 학문론으로 파악하고자 한다. 따라서 그에게 논리학이란 일체의 아프리오리한 존재의 기초부문인 형식적 존재론이며, 그것은 또한 진리의 논리학이라고도 불리는 것이다. 이 관점에 의해, 오로지 명제론적 주제설정 하에 영위되는 전통적 논리학은 기초적 학문론으로서의 이념을 놓치고 있다고 비판을 받게 되는 것이다.

그런데 후설에 따르면, 형식존재론이 주제로 하는 범주적으로 형식화된 대상은 근저에 사상事象(가능적 사상)과 결부되어 있다. 그는 논리학적 형식은 실질적 소재Stoff, 질료hyle의 세계를 지시하고 있다[5]고 말한다. "범주적으로 형식화된 대상은 명제론적 개념이 아니라 존재론적 개념이다"[6]라고 말하는 것이다.

여기서 이 점을 이해하기 위해서 배중률의 문제를 들어 보자. 예를 들면 '임금님은 흐리다'라든가 '이 색 더하기 1은 3이다'라는 의미를 결여한sinnlos 명제를 생각해 보자. 이 명제들은 통사론을 만족시키고 있고, 그런 한에서 '무의미Unsinn'가 아니다.[7] 그러면서 모순율에 의해서도 배제되지 않는다. 모순율에 의해서 배제되는 것은, 예를 들면 "4각형은 4개의 각을 갖지 않는다"라는 반의미Widersinn이다. 그런데 형식논리학에서는 어떤 판단이 통사론과 모순율을 만족시키고 있다면, 그 판단은 진眞이든가 위僞든가 어느 쪽이 되어야 한다. 이것이 배중률이다. 그러나 후설의 분석은, 만약 판단의 실질[내용]이 통사론에 의해서도 모순율에 의해서도 특정되지 않는 '의미'라고 하는 조건을 만족시키고 있지 않다면, 그 판단에는 배중률이 적용되지 않는다는 것을 보여주고 있다. 상술한 명제에는 '의미'를 결여하기 때문에 진眞으로도 위僞로도 판정될 수 없다. 오히려 '의미'의 영역은 그것에 의해 진위의 판정이나 배중률이 성립하는 지반이 처음으로 주어지는 영역이며, 논리학적인 순수형식이 도리어 거기로부터 추상돼 오는 실질적인 기반을 이루고 있는 것이다.[8]

이와 같은 실질적 기반을 주제화하기 위해서는 논리학에 대한 '주관적으로 방향지어진 물음'[9]을 통해서, 판단의 선-술어적 수준에서 활동하고 있는 지향적 경험으로까지 소급해야 한다. 후설은 이 물음을 통해서 형식논리학이 항상 암묵리에 전제해 온 '가능적 경험의 통일'[10]인 '세계'로 인도되고 있는 것이다. 즉 "모든 판단에 앞서서 보편적인 경험의 기저가 있다"[11], "모든 생각할 수 있는 판단은 궁극적으로는 '세계' 혹은 '세계-영역'과 관계를 맺고 있다"[12]라고 서술하고 있다.

현상학의 관점에서 보면, 논리학은 그 지반을 이 '세계'라는 존재론적 지평에 두고 있다. 그러나 논리학이 그 소박성을 벗어나 자신의 철저한 자기이해에 도달하기 위해서는, 이 기반이 단순히 지평으로서 전제된 채로 있어서는 안 된다.[13] 세계의 존재의미를 구성하고 있는 주관성이 이 존재의미에 소박하게 **사로잡힌** 채로 있어서는 안 된다. '세계'가 주제로서 물음에 붙여져야 한다. 여기서 '초월론적'이란 말에 의해 후설이 보여주고자 하는 새로운 의미가 부상해 온다. 즉, 여기서 이 말은 '세계구성적weltkonstituierend'이란 의미로 사용되고 있다. 초월론적 주관성은 세계구성적인 주관성이다.

그런데 논리학자는 논리학을 '가능적 경험'이나 '세계'에 기초하고자 하는 시도를, 순수형식을 사실事實에 의해 기초하고자 하는 오류라고 하며 혐오할 것이다. 그러나 후설도 논리학이 진실로 순수한 학문이 되려면 그 논리학은 사실로부터 도출되거나, 사실에 기초해서는 안 된다는 것에 완전히 동의하고 있다. 오히려 그의 주장의 요체는 다음과 같은 점에 있다. 즉, '세계'로부터 단순히 눈을 돌림으로써 순수성을 가정하거나 요구해도, 그렇게 해서는 진정한 의미에서 순수성을 획득하게 되지 않는다. 역설적으로, 논리학자는 지금까지 논리와 세계의 결부를 분석할 수 없었기 때문에 아직 순수성에 도달한 일이 없다. 진실로 순수성을 획득하기 위해서는 우리는 '세계'로부터 눈을 돌리는 것이 아니라, '세계'를 돌파해야 한다.[14] 그리고 이를 위해서는 '세계'의 존재의미에 관한 초월론적인 물음이 감행되지 않으면 안 된다.

제2절 새로운 이성의 개시

— 칸트와 대비하면서

(1) 후설의 칸트 비판

앞 절에서 서술한 바와 같이, 후설의 '초월론적'이란 개념에 있어서는, 형식논리학적인 객관적 타당성에 대한 의미해명 또는 의미구성이라는 문제가 가장 추요가 되는 위치를 점하고 있다. 그리고 이 물음에 인도되어, 후설은 논리학도 또한 그것이 뿌리내리고 있는 존재론적 기반인 '세계'를 주제화하고, 초월론적 주관성을 '세계구성적'인 주관성으로서 파악하는 관점을 획득하기에 이르렀던 것이다. 따라서 후설의 칸트 비판은 다음 두 가지 점으로 집약될 것이다. ① 칸트는 흄에 의해 독단의 잠에서 깨어났음에도 불구하고 결국은 합리론적 전통으로부터 탈각하지 못했으며, 논리학적인 객관적 타당성의 '의미'의 해명 또는 구성이라는 문제로 생각이 미치지 못했다. ② 그리고 그 결과 칸트의 순수통각 '나는 생각한다Ich denke'는 이미 성립한 객관적 타당성을 갖는 경험의 통일을 위한 인식론적 보증이라는 의미로 좁혀지고 말았다. 즉, 구성되어야 할 객관적 타당성의 '의미'는 이미 수학적 자연과학에 의한 학문적 인식이라는 모델에 의해 규정되어 있고, 일상적인 생의 차원도 포함하는 '세계'에 대한 구성문제, 즉 후설이 말하는 의미에서의 본래적인 초월론적 문제가 누락되어 있다. 칸트의 초월론적 문제 설정은 이 문제를 가린 채로 말하자면 뛰어넘고 있다. 이상 두 가지 점이다.

후설은 "칸트는 논리학이라는 이념적인 사유형성체에 대해서 인식의 가능성을 묻는, 본래적으로 초월론적인 물음을 제기하고 있지 않다"[15]라고 하면서, 형식론적 영역에 대해서 초월론적인 물음으로 향하는 일을 소홀히 하고 있다는 것을 누차 지적한다. 이것은 단적으로 말하면 칸트는 분석적 아프리오리를 문제 삼지 않았다는 것이다.

칸트의 초월론철학을 주도했던 물음은 말할 나위도 없이 "아프리오리한 종합판단이 어떻게 가능한가?"[16] 하는 물음이었다. 그러나 후설에게는 종합적 아프리오리의 문제보다는 분석적 아프리오리의 명증성의 문제가 보다 힘들면서 중요한 문제였다. 그는 어느 초고草稿에서 다음과 같이 서술하고 있다.

> 아프리오리한 종합법칙이 어떻게 해서 성립하는가 하는 것은 용이하게 이해될 수 있다. 즉, 모든 영역의 본질법칙으로서이다. 이에 반해서, 아프리오리한 분석판단이 어떻게 해서 가능한가, 그 명증의 원천은 무엇인가 하는

문제는 결코 용이하지 않다.[17]

칸트가 분석적 아프리오리를 문제 삼지 않았다고 하는 것은 그가 근대 초두의 합리론 대 경험론이라는 대립의 틀을 결국은 탈각하지 않았다는 것을 보여주고 있다. 그의 비판철학은 경험론에게서는 자연주의적 감각론을, 그리고 합리론에게서는 아프리오리한 인식능력의 설說, 즉 "아프리오리한 법칙은 순수하게 정신의 내재적 본질에 속하는 합법칙성을 표현한다"[18]고 하는 전제를 무비판적으로 수용하고 있다. 이 점에서 후설은 철저한 내재주의로 인해 회의에 빠진 흄에게서 도리어 본래적인 초월론적 문제의 맹아를 읽어내고 있다. 후설에게 '흄의 문제'란 '세계의 의문'의 문제이며, "우리가 거기에서 살고 있는 세계의 확실성이 갖는 소박한 자명성이…… 어떻게 해서 이해가능하게 될 수 있는가?"[19] 하는 문제이다. 흄은 모든 객관성을 구체적인 순수자아론적 내재로부터 발생한 형성체로서 탐구할 필요성을 최초로 통찰한 인물이라고 후설은 서술하고 있다.[20] 하지만 흄은 자연주의적 감각론에 의지하고 있었기 때문에 지향성이라는 의미능작을 깨닫지 못하고, 이 본래적으로 초월론적인 물음을 충분하게 마무리 지을 수 없었다.

한편 칸트는 아프리오리한 종합판단의 가능성을 물음으로써 경험적 인식의 성립조건을 명시하고자 했다. 그러나 이 인식비판은 후설 쪽에서 보면 너무나 깊게 합리론적 전통에 침투해 있었기 때문에, 위에서 서술한 '세계의 의문'의 문제로까지 돌진할 수 없었다. 분석적 아프리오리의 '의미'가 물어지지 않은 채 전제되고 있는 한, 코페르니쿠스적 전회는 철저하게 이루어지지 않고 도상에서 단절된다고 말하지 않을 수 없다. 칸트의 초월론적 이론에서 그것은 초월론적 비판에 따르지 않는 논리학이 초월론적 탐구로 인도하는 실마리가 되어 있다. 칸트는 '개념의 분석론'을 '실로 오성 그 자체의 분석'[21]이라 하고, 순수개념 곧 범주에 대해서는 "그 배아와 발전의 소질은 **인간의 오성에 깃들어 있다**"[22]라고 했다. 인간 오성이야말로 아프리오리한 개념의 출생지인 것이다. 확실히 칸트는 경험의 내용과 관련해서는 감성적 수용에 의존하게 함으로써 순연한 합리론을 배척하고 있다. 그러나 경험적 대상에 대한 판단의 정당성은 역시 그 자체 객관적인 의미를 갖는 범주의 정당성에 힘입고 있다. "범주의 객관적 타당성은 범주에 의해서만 경험이 가능하게 된다고 하는 데에 기초한다"[23]라고 칸트는 말했다. 그러나 후설에게 문제가 되는 것은, 이 객관적인 범주의 '정당성'의 '의미'이다. 아무리 범주가 오성에서 유래한다고 말한다 해도, 그것은 이 범주의 정당성의 '의미'에 대한 해명이 되지는 않는다. 그리고 사유법칙의 필연성과 보편성이 그 '의미'에 따라서 해명되지 않는 한, 그 법칙의 필연성과 보편성은 인간 정신에 고유한 보편적 **강제력**으로서 전제되고 있는 것이리라. 이 점을 가리켜서 후설은 칸트의 초월론철학을 '초월론적 심리주의'[24] 또는 '인간학주의'[25]라고 부르고 있다.

(2) 존재론적 아프리오리 — 세계와의 만남의 장

칸트의 '아프리오리'에 '선천적'이라는 번역어를 할당해도 별로 불합리하지 않다. 그러나 후설의 '아프리오리'에 이 역어는 아주 부적당하다. 후설의 아프리오리는 순수가능성의 영역, 즉 '의미' 영역에서의 '본질필연성'을 가리킨다. 그것은 즉 "그 부정은 오류일 뿐만 아니라 불가능하고 반의미Widersinn를 준다"[26]는 것이다. 후설에게는 이 본질필연성이 어떤 인간적 능력에 선천적으로 부여되고 있는가 어떤가 하는 문제는 정말 아무래도 좋은 것이다. 오히려 그에게 아프리오리란, 세계와 지향적 생을 사는 초월론적 주관성 간의 상관관계의 장에서, 세계가 주관에 주어지는 그 방식의 순수가능성을 사전에 그리고 있는 본질필연성이다. '의미'의 영역이란, 세계가 주관에 주어지는 다양한 가능성을 여는 장이며, 말하자면 우리와 세계의 **만남의 장**이다. 현상학이 연역의 학이 아니라 기술의 학이라고 말해지는 것은, 그것이 이 '의미'의 장을 엶으로써 세계와 다양하게 만나는 방식의 무한한 가능성으로 눈을 돌리기 때문이다. 따라서 후설의 아프리오리는 항상 세계의 존재론적 본질구조와의 상관관계에 있어서 언급된다. 여기에 '존재론적 아프리오리', '사상事象의 아프리오리' 또는 '실질적 아프리오리'('종합적 아프리오리')를 말하는 이유가 있다. "진정한 인식의 아프리오리는 어떤 본질연관에 대한 필증적 통찰을 의미하고 있어서, 그와 같은 아프리오리는 상관관계적으로 사상事象의 아프리오리가 대응하고 있고, 그 사상이 본질연관으로서 인식되는 것이다."[27] '사상事象 그 자체로'라는 현상학의 슬로건은 말하자면 **오성에 깃든** 아프리오리에 의해 세계를 연역적으로 재단하는 일 없이, 사상事象 곧 '세계와의 만남'에 실제로 제시되고 있는 아프리오리를 보라고 하는 호소이다.

여기에서는 분석적 아프리오리든 종합적 아프리오리든 존재론적인 의미를 갖고 있다. 따라서 한편으로 논리적 범주[분석적 범주]는 단순히 형식적인 명제론적 규정일 뿐 아니라 가능적인 실재의 본질구조와의 상관관계를 포함하고 있으며, 다른 한편으로 종합적 아프리오리는 실질적인 세계의 본질필연성으로서 "분석적 아프리오리와 꼭 마찬가지로, 그 부정에 반의미를 주는 것이고, 순수하게 그 의미에 따라서 절대적으로 타당하다."[28] 따라서 후설에게 있어서 "아프리오리한 종합판단은 어떻게 가능한가?" 하는 물음은, 초월론철학에 있어서 그다지 본질적인 의의를 갖는 것이 아니다.

그 대신 후설의 초월론철학에서 열쇠가 되는 것은 '명증Evidenz'의 문제이다. 명증이란 지향적 생과 세계의 상관관계의 장에서 항상 이미 일어나고 있는 사건이다. 분석판단이든 종합판단이든 이 이미 일어나고 있는 명증에 기초해서 수행되고 있다. 인간은 이미 명증 속에서 살고 있다. 그러나 통상은 그 명증에 대한 반성으로 향하는 일은 없다. 인간은 단순히 대상에 부딪치고, 대상은 주어진다. 그러나 사람은 그 주어짐[소여]이란 무엇을 의미하고 어떻게 해서 가능한가를 반성하지 않고, 반성적으로 탐구하지도 않는다. 즉, 초월의 의문을 알아차리지 못하고 초월을 수행하는 있는 것이다. 현상학적 환원이란 이 통상의 시선을 뒤집고, 초월의 의문 가운데 즉시 서는 것이다. 그리고 그때 비로소 명증은 자기능여Selbstgebung로서 현재화

顯在化되어 온다. 자기능여란 선-술어적인 경험, 아직 객관적 범주에 종속하고 있지 않은 경험 수준에서의 사건이다. 그것은 단순히 수용적인 소여도 아니고, 또 단순히 자발성의 결과도 아니다. 자기능여야말로 '명증적 권능을 창조하는 작용'[29]이고 '정당성으로서의 진리를 창조적으로 원설립하는 것原設立, Urstiftung이다.'[30] 그리고 그 이유는 "자기능여가 우리에게 있어서와 마찬가지로, 그때마다의 대상들에 있어서도 존재와 관련해서 근원적으로 구성적이고, 근원적으로 의미와 존재를 설립하기 때문이다"[31] 하고 말하고 있기 때문이다.

후설의 이 말로부터 명증이란 세계와 나의 양자에 대한 존재론적 근거로서 위치부여되고 있다는 것을 엿볼 수 있다.

(3) 열려진 이성

칸트에게 있어서 범주는 오성에서 유래하지만, 이 오성의 기능은 다시 통각 '나는 생각한다'의 근원적 통일에 의해 가능하게 된다. 통각의 통일이야말로 범주를 가능하게 하는 것이다. 한편 칸트에게 있어서 경험은 사실경험적empirisch인 인식이며 이미 범주를 포함하고 있다. 따라서 인식의 궁극적 가능근거인 통각의 통일은 결코 경험되는 것이어서는 안 된다. 어디까지나 순수사유이어야 하며 순수하게 지성적intellektuell이어야 한다.[32] 그것에 의해서만 범주의 순수성이 보증되고, 인식의 객관적 타당성이 보증되기 때문이다. 그러나 현상학적으로 보면, 아무리 범주의 순수성을 보증했다고 할지라도, 그것으로 객관적 타당성의 '의미'가 해명된 것은 아니다. 이 타당의미를 해명하기 위해서는 오히려 칸트와는 반대로 객관적 범주의 근거가 되는 경험의 수준, 즉 아직 객관적 범주에 종속하지 않는 경험의 수준을 발굴하지 않으면 안 된다. 후설에게 있어서 초월론적 자아의 '아我'는 그 자체 그와 같은 경험, 객관성을 구성하는 선-술어적, 선-객관적 경험이다. 후설은 이를 초월론적 경험이라고 부른다. '아我'는 순수사유가 아니라 항상 **살아지고 있는** 것이다. 칸트의 경우 범주는 경험 없는 '아我'에 기초하고 있지만, 후설의 경우는 반대로 초월론적 자아의 **생**, 초월론적 경험에 기초하고 있는 것이다.

이상으로부터 후설이 말하는 의미의 이성과 합리론적 전통에서 말하는 이성 간의 근본적인 차이를 알 수 있을 것이다. 단적으로 대비하면, 후설의 이성은 가능적인 '의미'의 장을 활동공간으로 하는 직관적 이성이고, 전통적 이성은 직관과는 대극對極적인 사유를 본질로 하는 이성이라고 말할 수 있겠다. 후설에게 있어서 직관이란 "원적原的으로 주는 활동을 하는 작용"[33] 일반을 의미하고, 감성적 경험에 한정되는 일은 결코 없다. 여기서는 칸트가 행한 오성과 감성, 사유와 직관이라는 구별과 그것들 간의 관계는 근저에서 전복된다. 후설은 이성의 활동을 의미지향과 그 충실의 관계에 의해 파악하고자 한다. 언어작용을 예로 든다면, 언어는 그것이 표현하는 '의미'에 의해 사유의 판명성Deutlichkeit에 항상 앞서고 있다. 사유는 직관으로 향하고, 거기에서 충실하게 된다. 즉 명석성Klarheit에 이른다. 직관이야말로 '원적으로 주는 활동'으로서 사유에 앞서는 것archē이고, 또한 사유가 목표로 하는 것telos이기도 하다. 후설에게 있어서, 직관은 혼란한 사유가 아니거니와, 맹목적이며 단지 실재를 고지告知하는 감각적 촉발의 의식도 아니다. 직관은 오히려 하나의 지평을— 즉, 거기에서 비로소 사유의 지향이 언어적 분절화에 따라 명석판명하게 될 수 있는 지평을— 개시하는 것[34]이며, '원적으로 준다'란 이 지평을 최초로 연다는 것이다. 후설이 "직관적 인식은 오성을 바로 이성으로까지 높이고자 하는 이성이다"[35] 하고 말할 때, 여기서 말하는 이성은 더 이상 전통적인, 말하자면 닫힌 이성이 아니다. 즉 외계와 분리되어 정신 안에 고정된 아프리오리한 능력에 의해, 세계를 자신의 형型에 맞게 산출하고, 재단하고, 지배하는 이성이 아니다. 그것은 오히려 세계에 대해 열리고, 세계의 구성을 그 가능성에서 단적으로 보는Noein 작용이다.

초월론적 현상학이 "모든 객관적 의미형성과 존재타당의 근원적인 장으로서 인식하는 주관성으로 되돌아가는"[36] 것은 그 주관성이 아프리오리한 개념이라는 재산목록[37]을 구비한 하나의 능력을 자신 안에 숨기고 있기 때문이 아니라, 초월론적 주관성이 존재자의 자기능여로 향해 열려져서 직관적 인식을 추진해 가는 이성의 활동공간이기 때문이다.

제Ⅱ부 훈습과 침전

– 아리야식 연기와 초월론적 역사

제1장 아뢰야식과 현상학적 신체론

시작하며

아뢰야식에 대해 말하고자 할 때 성급하게 그것은 무엇인가Was라고 묻는 것은 무의미하다. 적어도 적절한 물음은 아니다. 왜냐하면, 물음 자체에 답해져야 할 성격을 암묵리에 예상해서 규정해버리고 있기 때문이다. 특히 과학의 시대인 오늘날 이러한 물음에 답해져야 하는 것을 실체적 대상물로 예상해서, 이로부터 아뢰야식을 심층심리학의 '무의식'의 영역으로 보거나 혹은 생물학의 DNA로 비정하는 등 다양한 해석들이 현재 행해지고 있는 것 같다. 이러한 해석들이 잘못된 것이라고 무조건 단정할 수는 없지만, 그러나 오늘날의 과학적인 물음의 공간에서 행해진 해석들이므로 그 한도 내에서 받아들여져야 할 것이다.

오히려 우리는 여기서 아뢰야식으로서 대답되어지는, 그 물음에 귀를 기울이는 것이 중요하다. 아뢰야식으로 대답되던, 당시 행해지던 물음으로 우리의 물음을 되돌리는 것이다. 물음의 질을 되물음으로써 물음의 차원이 깊어져 가는 자각화의 과정을 빼고는, 아뢰야식에 대한 물음은 의미가 없다. 그런데 현상학이라는 학學은 이 물음의 깊이를 학문적으로, 엄밀학으로서 끝까지 묻고자 하는 행위라고 할 수 있을 것이다. 따라서 이 장에서 우리의 과제는 다음과 같이 규정된다. 즉, 유식학의 아뢰야식 문제에 있어서 물어지는 물음이 어떻게 현대의 현상학에서 물어지는 내용과 일맥상통하는지, 혹은 시대적 · 문화적인 상위에 입각하여 미묘한 차이가 인정된다면 그것은 어떠한 점인지를 명확히 하려는 과제이다.

그러면 아뢰야식으로 답해지는 물음은 어떠한 물음인가? 그것은 한마디로, '범부'로서 신체를 갖고 살고 있는 이 나라는 존재의 사실을 성립시키고 있는 모든 조건에 대한 물음이며, '범부'로서의 피한정성의 유래를 찾는 물음이라고 할 수 있다. 그런데 이 물음은 통상 우리의 의식활동의 전제가 되고, 그 가능근거가 되고 있음에도 불구하고 표층적인 의식활동으로부터는 어떻게 해도 대상적으로 분명해질 수 없는 전前자아적인 영역으로 우리를 데리고 돌아가는 것이다. 그러나 이것은 바로 후설 후기의 현상학에서 학문적으로 끝까지 묻고 있는 내용이다. 그는 다음과 같이 서술하고 있다.

> 원적原的 존재[항상 살아 있는 흐름]의 구성분석은 우리를 자아구조로, 그리고 다시 그 자아구조를 기초짓고 있는 자아 없는 흐름의 상주常住하는 하층으로 이끈다. 이 자아 없는 흐름은 수미일관한 되물음을 통해서 침전된 활동을 가능하게 하고, 또 전제하는 사상事象으로 즉 근원적인 전前자아적인 것으로 데리고 돌아간다.[1]

그러면 이 '전前자아적인 것'의 구조가 아뢰야식의 문제권역에서는 어떻게 물어지는가? 우선 그것을 확인하지 않으면 안 된다. 여기서 우리는 우선 『유식삼십송』의 아뢰야식의 여러 규정들을 확인하는 것에서 출발하기로 하겠다.

제1절 아뢰야식의 여러 규정

『유식삼십송』에서 아뢰야식의 주된 규정을 차례대로 들면 ① '이숙異熟이다', ② '일체종一切種이다', ③ '불가지不可知의 집수執受와 처處와 료了이다', ④ '항상 촉觸, 작의作意·수受·상想·사思와 상응한다', ④ '무부무기無覆無記', ⑥ '恒轉如暴流(항상 폭류와 같이 전전한다)', ⑦ '阿羅漢位捨(아라한위에서 제거된다)'이다. 이 중에서 현상학적 물음에서 겨냥되는 사상事象과 유식학에서 물어지는 사상의 교차영역을 확정하려는 이 장의 주제에 의거할 때 중요한 의미를 갖는 것은 ① '이숙', ② '일체종', ③ '불가지의 집수와 처의 료', ⑥ '항전여폭류'이다. ① '이숙'과 ② '일체종'은 후설의 '초월론적 역사'의 문제권역과 교차한다. 이는 초월론적 주관성의 깊이의 지평을 묻는 물음과 사상事象과 밀접하게 얽혀 있다. 그러나 후설의 초월론적 역사에 대한 물음은 무엇보다도 과학적 인식을 가능하게 하는 이념적 형성체가 머물고 있는 '의미의 역사'의 침전을 주제화하는 문제에서 출발하고 있다는 점에서, '이숙' 및 '일체종'에 대한 물음과 미묘하면서도 중대한 차이를 보여주고 있다. '이숙'에서도 '일체종'에서도 물음의 출발점은 어디까지나 '이 몸[신身]'이라는 사실의 가능근거를 둘러싼 문제인 것이다. 이 점에서 유식학의 '역사'에 대한 물음은 처음부터 '신체'에 대한 물음을 포함하며, 그와 밀접히 연결되어 있다고 할 수 있다. 그런데 아뢰야식이 갖는 신체성을 확실히 주제로 하는 것이 바로 ③의 '불가지의 집수와 처와 료'이다. 따라서 이 장에서는 처음에 이 ③의 규정이 의미하는 점을 명확히 하는 것에서 출발하고, 이를 통하여 아뢰야식으로써 답하고 있는 유식론의 물음이 무엇을 목표로 하는가를 탐구해 가기로 하겠다.

제2절 '불가지의 집수'와 수동적 선구성先構成

아뢰야식의 존재논증은 말할 나위도 없이 유식학파에서 가장 중요한 과제이며, 『유가사지론』에는 여덟 가지 이증理證으로써 그 존재논증이 행해지고 있다. 또 『섭대승론』의 '소지의분所知依分'에 상술되고 있고, 이것을 이어받아 『성유식론』에는 열 가지 이증으로 정비되고 있다. 그중 아홉 번째 이증에 '멸정滅定의 증명'이라 불리는 아뢰야식의 존재논증이 있다. 그것은 다음과 같은 교설을 근거로 들고 있다.

> 멸정에 머무는 자는 신身·어語·심心의 행行이 모두 멸하지만, 수명은 멸하지 않고 또 온기를 여의지 않으며, 근根은 변괴하지 않고, 식識은 신身을 여의지 않는다.[2]
>
> 住滅定者身語心行無不皆滅, 而壽不滅亦不離煖, 根無變壞, 識不離身.

논은 계속해서 "만약 이 식識이 없다면 멸정에 머무는 자에게 신身을 여의지 않은 식識이 있지 않게 되기 때문이다.若無此識, 住滅定者不離身識不應有故" 라고 서술하고 있다. 여기서 우리가 주목해야 할 것은 아뢰야식이 '신身을 여의지 않은 식'으로 되어 있다는 점이다. 멸정滅定이라고 하는 완전히 의식 활동이 정지된 상태, 즉 신행身行의 입출식入出息, 어행語行의 심사尋思, 심행心行의 수受와 상想[감정과 표상]이 완전히 가라앉은 상태에서도 수壽·난煖·근根은 남으며 '신身'은 거기에 있다고 하고 있다. 살아가고 있다는 것이다. '신身을 여의지 않는 식'은 생존을 가능하게 하는 식이라는 의미이다. 멸정滅定이라고 하는 불도佛道의 수행과정의 경지가 어떠한 것인지는 지금은 보류하기로 하며, 여기서 중요한 것은 의식활동이 거칠게 활동하고 있는 경우에는 숨어 있는 '불리신식不離身識'을 명료하게 노정시키기 위해, 멸정이라는 상태를 받아들이고 그것을 아뢰야식의 존재논증으로 하고 있는 점이다. 수壽·난煖·근根은 과학적으로 보자면 단순한 생리학적 현상에 불과하지만, 여기서는 이것들을 유기적으로 통일하고 생사를 성립하게 하는 작용을 '불리신식'으로 노정하여 아뢰야식의 존재 근거로 하고 있는 것이다.

여기에는 어떤 독자적인 초월론적 물음이 일관되어 있다. 즉 유정을 유정이게끔 하는 것을 분명히 하려는 물음이다. 필자가 이 물음을 '초월론적'이라고 부르는 것은, 이 물음이 어디까지나 경험의 가능근거를 찾는 물음이자, 또한 결코 대상화하는 지식에 의해서는 호응할 수 없는, 오히려 대상화하는 지식을 가능하게 하는 차원으로 향해진 물음이기 때문이다. 사유・감정・표상 등에 의한 경험이 거기에서 가능하게 되는, 경험 가능성의 조건을 묻기 때문에 '멸정'이라는 상태가 선택된 것이다. 또한 이 물음은 '초월적'에 대해 '초월론적'으로 불리는 것이 적합하다. 즉, 그것은 어디까지나 주체적인 물음이며, 경험의 가능근거를 초월적인 절대자에 맡기는 것을 거부한다. 식識의 근원은 또한 어디까지나 식識이다. 여기서는 형이상학적 절대자가 들이닥칠 여지가 없다. 이 점과 밀접하게 관련되지만, 그러나 필자는 또 이 초월론적 물음에 '독자적인'이라는 형용사를 붙였다. 그 이유는 다음과 같다. 결국 경험의 가능근거에 대한 물음은 경험을 초월한 조건을 찾기 때문에 '초월론적'이지만, 여기서는 이 경험을 초월한 조건이 유정으로서 생사를 생사이게 하는 이 몸을 결코 벗어나지 못하는 '불리신식不離身識'에서 찾아지기 때문이다. 즉 '초월하는' 방향이 어디까지나 '이 몸'이라는 사실에 수렴하는 것이지, 초월자로 향하여 높아지는 것은 아니다. 한편에서 보면, 오늘날에는 과학적, 생물학적 분석의 대상이 되는 생리학적인 유기적 통일작용의 수준까지가 주체적인 '식識'으로서 받아들여지는 반면, 다른 한편에서 보면 그 '주체성'은 통상의 자아를 전제로 한 사고를 범형範型으로 하는 의식작용을 모델로 해서는 결코 추량할 수 없는 것이다. 말하자면 자연내재적인 생명의 자기차이화라고 말할 수밖에 없는 원초적, 근원적인 '주체성'이다.

여기서 이와 같은 원초적・근원적인 '주체성'이 있는 곳까지 물음을 밀고 나간 유식학파 특유의 문제를, 『유식삼십송』의 "불가지의 집수와 처와 료이다”라는 아뢰야식의 규정으로 되돌아가 확인할 수 있다. 이 규정을 둘러싼 아래의 대론에서 바로 앞에 서술한 ‘멸정滅定의 증명’이 의미를 갖기 때문이다. 『성유식론』 제2권의 끝부분에 “어떻게 식이 소연경을 취하는 행상을 알기 어려운가? 멸진정에 신身을 여의지 않는 식이 있듯이 식이 있다는 것을 믿어야 한다. 그런데 반드시 멸진정에 식이 있다고 인정해야 한다. 유정에 속하기 때문에. 유심有心의 때가 그렇듯이. 무상정 등의 위位에서도 또한 그렇다는 것을 알아야 한다.云何是識取所緣境行相難知? 如滅定中不離身識, 應信為有. 然必應許滅定有識 有情攝故. 如有心時. 無想等位當知亦爾”라는 말이 나온다. 문답의 형태로 하면 다음과 같다.

문(1) 전식轉識 이외에 본식本識이 있다면, 본식에도 그것이 식인 이상 소연과 행상이 있을 것이다.

답(1) 아뢰야식에도 견見과 상相 2분이 있다. 그러나 불가지不可知이다.

문(2) 불가지라면 어떻게 있다고 운운하며 말할 수 있는가?

답(2) 비록 멸진정이라 해도 살아 있는 한 불리신식不離身識이 아니면 안 될 것이다.[3]

이와 같이 아뢰야식의 ‘불가지不可知’성性이 불리신식不離身識으로 이끄는 중요한 계기가 되며, 이 점이야말로 유식학에서의 독자적인 초월론적 물음과 현상학에서의 익명적anonym 차원에 속하는 사상事象을 향한 추심追尋이 서로 겹쳐 오는, 양자에게 있어서 물음의 공통성을 엿볼 수 있다. 그것은, 통상의 대상화하는 분별지로써는 알 수 없다 해도 오히려 일체가 거기에서 성립하고 있는 그것, 불가지不可知이지만 지知인 세계가 오히려 그것에 의해 성립하는 그것으로 향하는 심구尋求인 것이다.

그러면 ‘불가지의 집수와 처와 료’란 어떠한 사태를 말하는 것인가? 우선 『성유식론』에 대응시켜 보면 이 문장은 “이 식의 행상과 소연은 무엇인가?”[4] 하는 아뢰야식의 행상과 소연을 찾는 물음에 대한 답으로서 위치부여되고 있다. 호법護法, Dharmapāla 교학을 계승한 현장에게 있어서, 행상은 견분에 해당하고 넓게는 자증분과 증자증분도 포함한 의식의 작용적 노에시스적 계기를 가리키며, 소연은 상분에 해당하고 의식의 내용을 이루는 노에마적 계기이다. 여기서는 "요了란 요별, 곧 행상을 말한다. 식은 요별함을 행상으로 삼기 때문이다"[5]라고 하고, 또한 "집수 및 처處는 모두 소연이다"[6]라고 하고 있기 때문에, '집수'와 '처'가 아뢰야식의 노에마적 내용이고 '요了'는 그 소연에 '의지해서 일어나는'[7] 즉 상관관계적으로korrelat 생기하는 노에시스적 작용이다. 아뢰야식의 특색은 이 노에마적 계기도 노에시스적 계기도 불가지라는 점이다. 보다 상세하게 그 구조를 본다면, 행상의 불가지는 소연의 불가지에 기초한다. 즉, 내용의 불가지가 작용의 불가지를 필연적이게 하고 있다. 따라서 불가지성의 의미를 음미하기 위해 여기서 중요한 것은 소연에 해당하는 '처處'와 '집수'이다.

> 처는 처소이니 곧 기세간을 말한다. 모든 유정의 의지처이기 때문이다.
> 집수에 둘이 있으니, 종자들 및 유근신을 말한다.
> 종자들이란 상相과 명名과 분별分別의 습기들을 말한다.
> 유근신이란 색근들 및 근들의 의지처를 말한다.
> 이 둘은 모두 식에 집수되는 것이고 자체自體에 포함되는 것이다. 안安과 위危를 같이하기 때문이다.[8]
>
> 處謂處所, 即器世間. 是諸有情所依處故. 執受有二, 謂諸種子及有根身.
> 諸種子者, 謂諸相名分別習氣. 有根身者, 謂諸色根及根依處.
> 此二皆是識所執受, 攝為自體. 同安危故.

'처'는 기세간 곧 환경이다. 유정이 거주하는 장소所依處이다. '집수'는 유근신과 종자 두 요소이지만 함께 유정세간에 속하고, '외外'인 기세간에 대하여 '내內'라 불린다. 그러나 내・외라 불리는 이름은 고정적으로, 말하자면 자연주의적으로 파악되어야 하는 것은 아니다. 외外라고 해도 외경은 아니며 어디까지 아뢰야식의 내용으로서의 환경적 측면이며, 내內라고 해도 자아가 아니라 근원적 주체성인 아뢰야식의 상분에 불과하다. 단지 상분 내의 주체적 측면이라고 할 뿐이다. 내와 외 2종의 세간은 같이 아뢰야식의 소연 곧 상분[노에마적 내용]이며, 이들은 인연에 의해 아뢰야식이 생겨남과 동시에 개시되고 또한 개시됨과 동시에 소연이 된다.

> 아뢰야식은 인과 연의 힘으로 인해, 자체가 생할 때 내內로는 종자 및 유근신을 변위하고, 외外로는 기세간을 변위한다. 소변所變을 자기의 소연으로 삼는다. …… 그런데 유루식 자체가 생할 때 모두 소연·능연과 유사한 상이 나타난다.[9]
>
> 阿賴耶識因緣力故, 自體生時, 內變為種及有根身, 外變為器. 即以所變為自所緣. 然有漏識自體生時, 皆似所緣能緣相現.

하고 설하듯이, 아뢰야식은 식의 소변을 소연으로 하는 것이며, 아뢰야식이 생할 때 아뢰야식은 기세간·유정세간과 유사하게 나타나고 나타난 것을 요별한다. 여기서 '변위變爲'라는 중요한 개념이 등장하는데, 이와 함께 소변과 소연의 차이와 관계라고 하는 문제가 발생한다. 변위 혹은 변變은 일반적으로는 어떤 것으로부터 어떤 것을 생하여 나타나게 하는 것을 의미하지만, 유식학파에서는 아뢰야식으로부터의 변화 곧 '전변pariṇāma'과 같은 뜻이다. 이것을 생하여 나타나게 한다는 사상事象으로 파악한다면, 이것은 현상학에서의 '현출Erscheinung'이라는 사상事象에 해당한다고 말할 수 있겠다. 특히 현장의 유식학에서는 pariṇāma라는 원어는 능변[식 자체]과 소변[식에 의해 생하여 나타나게 된 것]으로 나뉘어 사용된다. 따라서 "소변을 소연으로 한다"란 아뢰야식은 스스로 생하여 나타난 것을 스스로의 내용적 대상으로 한다는 것이다. 이 점이 "변變은 식체가 2분과 유사하게 전전한다"[10]라는 문장이 말하는 내용이다. 호법과 현장에 비판적인 견해를 갖는 논자는 이 점을 '관념론'으로 지적한다. 확실히, 필요도 없는 곳에서 능能과 소所로 나눈다고 한다면 개념의 유희에 떨어진다고 지적하는 것이 당연하다. 그러나 이 경우에 과연 그렇다고 할 수 있을까? 이것은 사정에 맞게 보다 엄밀히 고찰할 필요가 있다. 또한 관념론이라는 지적은 "소변을 소연으로 한다"라는 것을 의식이 스스로 만들어낸 표상을 스스로 인식한다는 것으로, 나아가 세계는 의식의 소산이라는 것을 의미하는 것으로 해석하는 것이리라. 그러나 필자는 이 견해가 아뢰야식의 소연이 기세간, 유근신, 종자로 되어 있는 것의 의미를 충분히 이해하지 못하고 있는 것은 아닐까 생각하고 있다. 이 세간들은 통상의 표층적 의식의 능동성으로는 어떻게 해도 다가갈 수 없는 수동성의 수준에 속하며, 이 경우의 '변위'와 소연의 관계는 세계로의 개시성開示性이 생기하는 사건을 말한다고 생각한다. 그렇기 때문에 바로 이 관계성은 대상화적 지知에게는 불가지가 되는 것이다. 그리고 이 개시성의 생기라는 사건에 유근신 곧 신체성과 종자 곧 역사성이 깊이 관련되어 있다는 것이 제시되고 있다.

여기서 유정세간[유근신과 종자]과 기세간의 관계를 확인해 두겠다. 『성유식론』에

> 소변所變의 토土는 본래 색신色身이 의지依持하고 수용受用하기 위한 것이기 때문이다.[11]
>
> 然所變土本為色身依持受用故.

하고 서술되어 있다. 색신이란 유근신을 의미하고, 소변의 토土는 기세간이다. 기세간은 색신이 그것에 의지하고, 그것에 의해 보존되기 위해 수용되는 것이다. 유근신과 기세간의 관계는 대상으로 하는 관계가 아니라 '수용受用'관계이다. 수용이란 말의 원어를 보면, 이 관계의 특징이 떠오를 것이다.

> 수용受用 upabhogaḥ : enjoying, eating, enjoyment, pleasure, satisfaction, cohabitation 음식, 쾌락, 만족, 같이 거주함

수용 upayogaḥ : use, application, service, employment, fitness, suitableness 응용, 사용, 적합성

수용하다 upa-yuj : use, employ, taste, enjoy, experience, consume, eat 사용하다, 맛보다, 체험하다, 소비하다, 먹다[12]

기세간이란 단적인 비유로 말하자면, 유근신을 유지하게 하는 음식물이다. 유근신이란 살고 있는 '이 몸身'이다. 살고 있다는 것은 몸을 가지고 살고 있다는 것이다. 아뢰야식이 2종 세간을 소연으로 한다는 것은 아뢰야식이 이 수용 관계의 자각과 다른 것이 아니라는 것을 나타내고 있다. 자각이라 해도 제6의식mano-vijñāna · 제7말나식manonāma vijñāna에 보이는 '말나末那, manas'라는 사유작용을 전제한 것이 아니다.[13] '불가지'라고 말할 수밖에 없는, 살고 있다고 하는 사실事實의 감각이며 직관이다. 살고 있다는 것을 유근신有根身이라고 한다. 근根을 갖는 신身이다. '근indriya'은 기능이다. 기세간이란 이 기능이 작용하기 위한 의지처이다. 예를 들면 안구는 본다고 하는 기능을 위한 의지처이며, 고막은 듣는다고 하는 기능을 위한 의지처이다. 안구와 고막은 기세간에 속하고, 그것을 이를테면 음식물로 '수용'함으로써 '근'이 기능하고, 유근신이 성립한다. 수용관계로 연결된 근과 의지처는 서로 독립해서 있을 수 없다. 어느 쪽이 우선인가라는 물음은 '수용'관계를 대상관계에 입각해서 해석하려는 '메타베이시스(부당이행)'이다. 그러므로 "유근신이란 색근들 및 근들의 의지처를 말한다"[14]라고 말하듯이, 의지처를 근根의 의지처 곧 유근신으로 받아들이는 기술記述도 있다. 이것은 모순이 아니라 오히려 수용관계라고 하는 사상事象에 들어맞는 정확한 기술을 증명하고 있다. 수용관계 그 자체가 대상관계에 앞서 있는 것이다.

이제 이상에서 서술한 것처럼 수용관계의 세계가 바로 아뢰야식의 내용

을 이루지만, '집수'에는 유근신만이 아니라 종자라는 요소가 더해져 있다는 것이 주목되지 않으면 안 된다. 이것은 유근신과 다른 것이 아닌, 오히려 유근신이 짊어지고 있는 깊이 침전된 역사성을 나타내는 용어이다. 그뿐 아니라 그것은 유근신과 기세간의 수용관계의 성립에 숨은 채로 작용하고 있는 잠복된 역사성에 대한 물음에 부응하는 개념이다. 이 역사성은 이 신身을 받아들이고 있다는 사실에 내포되어 있는 역사성이면서 동시에 지금·여기서 세계와 각각 관계하면서 이 신身으로써 '세계-내-존재 In-der-Welt-sein'하고 있다는 사실事實을 가능하게 하는 역사성이다. 앞의 인용문 중에서 "유루식 자체가 생할 때 모두 소연·능연과 유사한 상이 나타난다"라고 말해지고 있는 사事는, 이 신身이라는 신체성과 수용관계에 있는 세계가 열리는 그 찰나의 사건을 적시하고 있다. 신체라는 장에서의 세계 개시성이다. 이것은 유식교학에서는 '과전변'이라고 일컬어지는 사태이다. 그러나 지금 문제가 되는 '역사성'은 이 '과전변'이라는 세계개시를 다시 가능하게 하는 차원에 속하는 것이다. 앞의 인용문의 "아뢰야식은 인과 연의 힘으로 인해, 자체가 생할 때 내內로는 종자 및 유근신을 변위하고, 외外로는 기세간을 변위한다"라고 하는 것이 바로 그것이다. 인연생기의 절차인 것이다. 교학적 표현으로는, 이것은 '인전변因轉變'에 해당한다. 자기와 세계의 개시성이 과전변이라면, 인전변은 그 개시성을 가능하게 하는 역사적 차원이다. 여기에 아뢰야식이 '일체종자식' 및 '이숙식'이라는 이름을 갖는 이유가 있다. 전자는 바로 '종자'라는 개념을 중심으로 한 아뢰야식의 정의이며, 후자는 그것과 밀접한 관련을 갖는 '업'이라는 개념을 주제화한 아뢰야식의 규정이다. 이 규정들에 대해서는 다음에 상술하고자 하며, 여기서 주목하려는 것은 '인과 연의 힘으로 인해' 종자, 유근신, 기세간을 '변變'하게 하는 아뢰야식의 독자적인 '인연변因緣變'이다.

『유식삼십송』 제18송에서 "일체종자의 식에서 이와 같이 이와 같이 전변하네. 전변의 세력 때문에 그런 그런 분별이 생하네"라고 말하고 있다. 여기서도 분별이 '如是如是變(이와 같이 이와 같이 전변하네)'의 '변變'에 기초가 부여되고 있음을 엿볼 수 있다. 분별은 의식의 표층에서 작용하고 보다 고차적인 명석판명한 작용인 데 반해서, '변變'은 심층에서의 작용이고 따라서 불가지不可知이지만, 기초부여하는 관계에서 보면 보다 기초적인 위치에 있다. 단지 '변變'은 원래 '전변pariṇāma'인데, 넓은 의미에서는 『유식삼십송』의 제1송에서 아와 법의 가설이 "식전변에 의지한다"라고 설하고, 제17송에서 "이 모든 식은 분별하는 것과 분별되는 것으로서 전변하니……"[15]라고 설하는 데서도 알 수 있듯이, 분별도 포함하는 개념이다. 또 '분별'도 넓거나 좁은 여러 의미를 갖지만, 이 경우는 식의 자성을 말하므로 무릇 식인 한에서의 분별이라 하는 넓은 의미이다. 그러나 현장은 이 점을 특히 엄밀하게 생각해서 '인연변'과 '분별변'을 구별했다. 이 구별은 '인연변'을 현상학적 신체론과 관련해서 고찰하고자 할 때 아주 중요한 의미를 갖는다.

이 인연변과 분별변의 구별에 대해서 『성유식론』은 다음과 같이 기술하고 있다.

> 유루식의 변變에 크게 보아 2종이 있다. 하나는 인연의 세력에 따라서 전변하며, 다른 하나는 분별의 세력에 따라서 전변한다. 앞의 것은 반드시 용用이 있고, 뒤의 것은 단지 경境일 뿐이다. 이숙식이 전변하는 것은 단지 인연을 따르는 것이며, 소변所變의 색법 등은 반드시 실實의 용用이 있다.[16]
>
> 有漏識變略有二種. 一隨因緣勢力故變, 二隨分別勢力故變. 初必有用後但為境. 異熟識變但隨因緣. 所變色等必有實用.

즉, 아뢰야식이 전변한 제법은 인연변이지 분별변이 아니라고 하는 것이다. 이것은 아뢰야식이 인연에 의해 세계를 감感하고 있는 것이지 세계를 표상하고 있는 것이 아니라고 하는 것이다. 앞에서 서술한 '수용'의 관계를 다른 방식으로 관점을 바꾸어 고찰하고 있다. 아뢰야식과 세계의 관계는 감각이지 표상이나 해석이 아니다. 인연변에 '실實의 용用'이 있다는 것은,

예를 들면 실제로 '아프다'라는 것이고, 분별변이 '단지 경境일 뿐'이라는 것은 '아프다'라는 표상이 있을 뿐이라는 것을 뜻한다. 분별이란 말은 여기서는 협의의 엄밀한 의미로 사용되고 있다. 즉, '계탁분별'이고, 대상화작용으로서의 현재적顯在的 지향성이다. 여기에는 제6 · 제7식에 보이는 '말나manas'라는 작용이 포함된다. 그러나 전前5식의 5감의 세계와 제8식의 아뢰야식의 세계에는 말나가 개재하지 않는다. 즉 반성 이전의 세계이다. 말나는 사량을 본질로 하고 '의意'로 한역되고 있다. 제6의식은 통상의 의식활동이며, 일상적 및 과학적인 사고, 오성적 인식도 여기에 포함된다. 제7말나식은 『유식삼십송』 제5송에서 "依彼轉緣彼(저것에 의지해서 전전하고 저것을 연하네)"라고 말하고 있듯이 아뢰야식에 의해 전전하고 아뢰야식을 연하는 것, 자신의 소의인 아뢰야식의 '상속'이라는 흐름을 소연으로 하는 것이며, 이것을 『성유식론』은 "執彼爲自內我(저것을 집착해서 자신의 내적 자아로 삼는다)"[17] 즉, 아뢰야식을 집착해서 그것을 자신의 내적 자아內我로 삼는다고 설하고 있다. 자아의식의 발생이다. 말나식 자신은 아직 현재적顯在的 지향성이라고 할 수는 없어도 자신이 의지하고 있는 흐름에서 출발하여 그 흐름을 '아我'로서 집착하는 이상, 어떤 '~로서' 구조가 거기에 생기하고 있는 것이다. 제6의식의 기초가 되는 의미분절의 원초적 생기이며, 미세하지만 '아'라는 표상이 거기서 나타나고 있다. 따라서 '계탁'은 고차와 저차의 차이가 있긴 해도, 어떤 표상작용을 동반하여 작용한다고 말할 수 있겠다. 계탁분별에 의해 세워진 세계는 이미 변계소집성의 세계이다. 즉, 사실事實 그 자체가 아니라 주관적 해석이나 생각이 혼입되어 있다. '분별변分別變'이란 대략 이러한 것이다. 이에 반해 제8아뢰야식과 전5식은 분별변이 아니라 '인연변'이다. 주관적인 생각으로 아직 들어가지 않은 사실事實 그 자체의 세계이다. 그러나 그것은 죽어 있는 물物의 세계가 아니며, 거기에서 바로 순수하게 연기적인 활동이 한순간의 정지도 없이 맥박치고 있는 것이다. 이와 같은 인연변에 의한 '사事' 그 자체의 세계가 의타기성의 세계이다. 여기에는 표상은 없어도 '인연의 세력'에 따라 '변變한다'는 작용, 주관성립 이전의 작용이 있다. 수용관계를 성립시키는 신체 수준의 세계와의 관계가 끊임없이 '변變'하는 방식으로 일어나고 있다. 이것은 말하자면 후설이 지각의 발생분석에서 발견한 휠레적 계기의 자기구조화 기능, 즉 키네스테제Kinästhese의 기능에 해당한다고 볼 수 있다. 전5식은 지각에 관여한다. 5근과 5경 위에 성립하는 것이 전5식이다. 아뢰야식의 소연이 유근신과 기세간이라고 하는 것은 전5식이 거기에서 성립하는 5근과 5경을 아뢰야식이 부여하고 있기 때문이다. 인연변이라는 작용은 이 5근과 5경을 '부여하는' 활동이며, 역으로 성립한 지각 쪽에서 말한다면 지각이 거기로부터 수동적으로 성립하게 되는 바의 휠레의 자기구조화 작용이다. '변變한다'는 것은 생하여 나타나는 작용이며, '연緣한다'는 것은 그것을 보는 작용이다. 전식轉識의 소연은 주어진 것이다. 그러나 아뢰야식에서는 '변變한다'는 것 외에 '연緣한다' 하는 일은 없다. 변해진 채로 연해지는 것이다. 인연변이란 거기에서 세계현출이 생하고 있는 그 '사事'를 가리킨다. 인연변이라는 개념에 의해 『성유식론』은 의식의 근저에서 의식이 휠레적인 것과 만나는 장소를 탐색하는 것이며, 이것은 현대 시스템이론으로 말하면 시스템의 변연邊緣에서 일어나고 있는 사건에 해당한다고 필자는 생각하지만, 이에 대해서는 여기서 상술하지 않겠다.

이와 같이 아뢰야식이 전변한 제법은 인연변이다. 아뢰야식은 내외의 세계를 분별하는 것이 아니라 실제로 느끼는 것이다. 인연변은 실제적wirklich인 용用(실용)이다. 이 의미에서 분별변이 표상이고 주관적인 데 반해서, 인연변은 객관적이라고 말할 수 있겠다. 그러나 이 객관적이라는 의미는 주관과 객관을 전제하고 난 후에 객관적이라 하는 것이 아니라는 것은 말할 나위도 없다. 오히려 주・객 성립 이전의, 거기로부터 주・객이 성립하게 되는 세계현출이 생기하는 사실事實이라는 의미에서, 즉 주관적 자의恣意를 인정하지 않고, 주관이 어떻게 하는 것도 가능하지 않은 사실事實이라는 의미에서 객관적이다. 따라서 유식의 원어인 "vijñapti-mātra"라는 용어를 '유표상唯表象' 혹은 '유표식唯表識'으로 번역하면 정확하지 않을 뿐 아니라 큰 오해를 불러일으킨다고 해야 할 것이다. 또한 현장이 아뢰야식을 '제1능변'이라고 한 것을 취택하여, 그로부터 현장의 입장을 아뢰야식에서 모든 것이 산출된다고 보는 관념론으로 단정하는 해석이 있는데, 이 또한 큰 오해이다. 오히려 인연변이라는 사실事實에 맞게 사상事象 그 자체로 육박하고자 한다는 점에서, 관념으로는 어떻게 해도 안 되는 세계를 열고 있는 것이 유식이라고 해야 할 것이다. 현장의 유식론이 '분별'을 특히 엄밀히 파악하고, 분별변과 인연변의 구별을 엄밀하게 분석하는 것은 분별로부터 그 분별의 가능성의 조건으로 물음을 거슬러 올라가는 가운데, 분별의 근저에 분별에 의해서는 어찌할 수 없는 사태, 즉 신身과 떨어지지 않은 식에 의한 신체 수준에서의 세계개시성이라는 사태를 만나는 것, 그것을 사상事象에 맞게 정확히 기술한 결과와 다른 것이 아니다. '태도'라고 해도 그것은 이 신체 수준에서의 세계개시성開示性이라는 사태를 나타내는 것이지, 결코 주관적인 능동성을 의미하고 있는 것은 아니다. 오히려 이미 성립한 주관 쪽에서 보면, 그것은 수동성의 차원 즉 그 주관의 형성에 불가결한 조건으로 기능하면서 바로 그 형성된 주관으로부터는 망각되어 버린 수동성의 차원에 속한다. 능변의 '능能'이란 보다 고차의 의식 활동의 가능성의 제약이 된다고 하는 의미이지, 의식에 의한 능동적 산출을 의미하는 것이 아니다. 그러나 '능能'이란 개념에는 마찬가지로 그 나름의 의미가 있으며 세계관계가 거기에서 열린다고 하는 사실이, 보다 고차의 세계구성을 감추면서 제약하고 있음을 나타낸다. 이런 의미에서 초월론적인 기능을 완수하고 있는 것을 '능能'으로 부른다는 것은 확실하다. '불가지不可知'라는 말은 이 가능성의 제약이 되는 차원의 은복성隱伏性을 나타낸다.

> 불가지란, 이것의 행상이 극히 미세하기 때문에 요지하기 어려운 것을 말한다. 혹은 이것의 소연인 내집수內執受의 경境 또한 미세하기 때문에, 밖의 기세간은 측량하기 어렵기 때문에 불가지라고 이름한다.[18]
>
> 不可知者, 謂此行相極微細故, 難可了知. 或此所緣內執受境亦微細故,

外器世間量難測故，名不可知.

'지知'라는 작용은 분별변에 속하지만 아뢰야식의 변變은 인연변이다. 인연변은 분별변의 가능성을 제약하는 차원에 속하기 때문에 분별변에 의해서 대상화해서 알기가 어렵다. '요지了知하기 어려운' 것이다. 아뢰야식의 행상과 소연이 모두 '미세'하다란, 인연변은 너무나 직접적이기 때문에 대상화될 수 없다는 것이다. 살아 있다는 것을 느낀다고 하는 직접성 때문에 불가지이다. 이 '미세'라는 개념은 『해심밀경』 이래의 전통을 이어받고 있다. 아뢰야식의 존재논증의 제3교증教証으로,

아타나식은 지극히 미세하다.[19]

라는 『해심밀경』의 설이 거론되고 있다. 아타나식은 집지식으로 의역되듯이, 우선 첫째로 감관과 신체를 집지하여 괴멸하지 않게 하는, 즉 신체기능을 유지한다는 의미를 담고 있다. 이것이 아뢰야식의 다른 이름으로 계승되어 온 것이다.

이 '미세' 또한 필자는 위에 언급한 '직접성'과 마찬가지의 뜻을 갖는다고 생각한다. 이 점을 현상학적으로 표현하면, 현상학적 환원을 그 이상 진행하는 것이 불가능한 '수행遂行, Vollzug'의 직접성이며, '최초의 세계의 열림die erste Eröffnung von Welt'[20]이 거기에서 이루어지는 '초월론적 사건das transzendentale Geschehen'[21]으로서의 '키네스테제적 운동kinästhetische Bewegung'이라고 말할 수 있겠다. 이 키네스테제의 수행은 신체감정 Leibgefühl'과 하나가 되는 것이며, 아타나라 불리는 신체성은 이런 의미의 신체성Leiblichkeit과 다르지 않다. 그것은 물체적 신체Körper와는 구별되어야 한다는 것은 말할 나위도 없다. 물체적 신체는 의식에 의해 대상적으로 구성된 것인 데 반해, 이 '신身, Leib'으로서의 신체는 의식된 의식내용이 아니라 오히려 의식의 근거로서 전제되고 있는 것이다. 그것은 반성에

선행하고, 그 수행의 직접성 때문에 반성적으로 눈앞에 가져오는 것이 가능하지 않다는 의미에서 본질적으로 익명성Anonymität의 차원에 속한다. 즉 '불가지'이고 '요지하기 어려운' 것이다. 대상적 구성작용의 가능성의 조건인 초월론적 차원을 유식에서는 '소의所衣' 혹은 '의지依止'라고 한다. 전식轉識에게 소의가 되는 것을 아뢰야식은 직접적인 내용으로 하므로, 전식 쪽에서 볼 때 그것은 불가지이다. 전식에서는, 5근의 존재는 5식이 성립하고 있는 결과로부터 추리되는 것에 지나지 않는다. 유근신이 아뢰야식의 소연이라고 하는 것은, 5식의 전제가 되는 5근을 아뢰야식이 직접적인 내용으로 하고 있기 때문이다. 전식의 소의를 부여하는 것은 아뢰야식이다. 아타나라고 불리는 신체유지기능은 확실히 이 '소의' 수준에서의 내용인 것이다.

제3절 키네스테제와 '유근신'

지금까지 "불가지의 집수와 처의 료了이네"라는 아뢰야식의 규정을 둘러싸고 고찰을 해 왔는데, 여기서는 '일체종자' 및 '이숙'이라는 아뢰야식의 본질규정으로 들어가기에 앞서서, 현상학에서 말하는 신체성Leiblichkeit이 초월론적 주관성에 있어서 수동적 선구성先構成의 차원에 속한다는 것을 확인하고자 한다. 왜냐하면, '종자' 및 '이숙'은 본질적으로 유식의 독자적인 시간성과 분리해서는 생각할 수 없고, 또 이 시간성은 아뢰야식의 신체기능과 밀접하게 결부되어 있으며, 바로 '이 신身을 받았다'고 하는 사실事實의 가능근거의 차원에서 발견되어 온 시간성이라고 생각되기 때문이다. 이는 뒤에 서술하는 바와 같이 '시숙時熟'이라고 말하는 시간성이며, 현상학의 '시간화(시숙 = Zeitgung)'와 무관할 수 없다. 또한 현상학에서는 '세계의 열림'이라는 초월론적 사건에는, 다소 형식적으로 말하면, 한편으로 공간성이라는 측면에서는 신체성의 분석을 통해서, 다른 한편으로 초월론적 자아의 발생적 구성 분석이라는 측면에서는 주로 자기와 자기의 관계성으로서의 시간성의 분석을 통해서 도달되는 것이다. 이 시간성과 공간성의 구별은 어디까지나 편의적인 것이며, 실제로 신체성은 그 키네스테제라는 운동성 때문에 시간성과 밀접하게 얽혀 있다. 이 점에서 아뢰야식에서의 집수 내의 유근신과 처 곧 기세간의 관계는 신체라는 공간성의 면에서 세계개시開示의 기점을 나타내고, 집수 내의 종자는 그 공간적 세계개시를 가능하게 하는 시숙이라는 시간성을 나타내고 있으며, 유식론에서도 세계의 열림이라는 초월론적 사건을 공간성과 시간성의 양면으로부터 해명하고 있다고 말할 수 있는 것이다. 게다가 이 두 계기는 함께 집수라는 아뢰야식의 소연에 속해 있고 밀접한 관련에 놓여 있다.

앞 절까지는 두 계기 안에서 유근신이라는 신체성에 초점을 맞추어 주로 세계 개시성의 공간적 계기를 서술해 왔으나, 다음 절부터는 종자와 이숙이라는 시간적 · 역사적 계기로 주제를 전환할 차례가 된다. 그런데 이 두 계기는 서로 떨어질 수 없는 밀접한 연관을 기초로 하고 있으므로, 이들 관계의 시비도 명확히 할 필요가 있다. 따라서 이 절에서는 후설의 '키네스테제Kinästhese'를 중심으로 하는 신체 감각론의 개요를 서술하고, 그것이 초월론적 현상학의 세계구성론 가운데 어떠한 위치를 차지하고 있는가 확인해 두고자 한다. 필자로서는 이 작업이 유식학의 신체론과 시숙의 차원의 관계를 해명하는 데 도움이 된다는 점을 아주 확신하고 있다.

후설이 행한 지각의 발생적 분석은, 근대 이후 감각여건을 단순한 소재[질료]로 하는 암묵적 전제를 붕괴시키고, 오히려 지각의 성립에 있어 이 질료적 계기[휠레]가 이미 어떤 종류의 자기구조화 기능을 갖고 있다는 것을 분명히 했다. 이와 함께 신체Leib가 가진 근원적인 구성기능이 해명되었던 것이다. 근대 인식론적 도식에서는 신체는 심 · 신 2원론의 틀의 기초로 물체Körper로서만 위치부여되어서, 신체가 가진 독자적 구성기능은 완전히 덮여져 있었다. 확실히 신체는 그 자체 공간시간적 세계에 속하는 하나의 물체임에 틀림없다. 그러나 신체는 그뿐 아니라 동시에 신체 없이는 어떠한 물체도 구성될 수 없다는 의미에서, 물체로서 구성될 수 없는 면도 갖고 있는 것이다. 여기에서, 신체가 구성되는 물체임과 동시에 구성하는 작용이 있다고 하는 이중성을 담고 있다는 것이 분명해진다. 이 이중성은 자신의 몸을 감촉하는 경우에 감촉하는 기관과 감촉되는 기관이 상호전환할 수 있는 것으로부터도 분명해지는데, 이것이 '자기감촉의 이중감각'[22]이라 불리는 것이다. 이 중 특히 신체가 갖는 구성기능은, 물체가 촉각적으로 현전할 때 반드시 신체가 거기에 간접적으로 현전해 있고, 이 신체의 '그 곁에-있음Dabeisein'[23]이 물체의 구성에 불가결한 조건이 되고 있다는 것에 기초한다. 이 점에 대해서 후설은 다음과 같이 서술하고 있다.

> 외적인 물체의 감촉에서 최소한의 촉각적인 현전태Präsentation와 하나가 된 나의 신체의 간접적 현전태Appräsentation는 근원적 세계 경험의 한 계기이다.[24]

라고 하고 있다. 이 '간접적 현전' 즉 '그 곁에-있음'은 결코 대상적으로 주제화될 수 없는 방식으로, 즉 항상 비주제적으로 감춰진 방식으로 물物의 현출에 수반되고 있다. 이렇게 신체는 감춰진 채 기능하는 형태로 세계현출의 조건이 되는 것이다. 이 인용문이 중요한 것은, 일체의 대상정립에 언제나 이미 앞서 있는 세계의 근원적 선행성과, 일체의 구성에 앞서는 신체의 근원적 선행성이 상관관계로 놓여 있다는 것을 보여주고 있다는 점이다. 신체성의 기능들은 세계를 구성하는 가장 기본적인 초월론적 조건에 속한다. 세계는 어떤 사물로서 주제적으로 대상화될 수 있는 것이 아니라, 어떤 사물이 나타날 때 그것과 함께 사전에 주어져 있는 그 '지평'으로서 지반기능을 수행하고 있다. "우리를 촉발해 오는 모든 것은 세계라는 지반 위에서 촉발해 오는 것"[25]이다. 이와 같이 어떤 사물이 현출할 때 항상 수반되는 비주제적인 세계의식과 상관하여, 서로 공속共屬하고 활동하는 기능이 신체의식이라고 할 수 있다. '키네스테제'는 지각의 분석을 통해 해명되어 온 이와 같은 신체의식이다. 그것은 '키네시스kinesis(= 운동)'와 '아이스테시스aisthesis(= 감각)'의 합성어이며, 지각의 성립조건이 되는 신체적 운동감각을 가리킨다. 현출자가 초월적 지각 객체로서 구성될 때 도래하는 현출은 처음부터 선행적으로 틀이 잡혀 있고, 이 키네스테제에 의존해서만 연속적으로 착종錯綜하면서 이행해 가는 의미의 통일을 구성할 수 있다고 말해지고 있다.[26]

여기서 세계의식 또는 신체의식이라 해도, 그것은 통상 고차의식에서 인정되는 대상정립을 행하는 자발성을 수반하는 것일 수는 없다. 그럼에도 불구하고 그것이 지각이라는 가장 기본적 지향성에 있어서 구성적으로 활동하는 이상, 거기에는 어떤 미세한 (혹은 심세深細한) 자발성이 인정되지 않으면 안 된다. 말하자면 고차의식의 자발성이 '분별변'에 해당하는 데 반해서 키네스테제적 운동감각은 '인연변'에 해당하며, 현장이 말하는 '능변'은 이 키네스테제적 자발성의 수준을 의미한다고 생각된다. 이를테면 '미세한 노에시스'이다. 여기서는 수용성과 자발성이 서로 규제하고 서로 전제하고 있다. 여기서 아뢰야식의 소연所緣은 현행으로서는 색법뿐이며, 심・심소법은 오직 종자로서만 아뢰야식의 소연所緣에 포함된다는 것을 상기할 필요가 있다.[27] 색법은 전5식의 상관자이며 지각의 수준에 상응하는 것이다. 이에 반해 심・심소는 고차의식의 정립적, 현재적顯在的인 자발성에 통한다. 심・심소법의 경우 오직 종자만을 포함한다는 것은, 아뢰야식의 '능변'이 현재적顯在的 의식의 가능조건이면서 현재적 의식과 관련해서 수동성의 수준에 속한다는 것, 곧 수동적 선구성先構成의 수준에 속한다는 것을 의미한다. 사실 후설의 '초월론적 주관성'은 이 수동적 선구성passive Vorkonstitution의 수준을 포함하는 것이기에, 그러니까 시간성의 분석을 통하여 해명돼 온 '살아 있는 현재'에 해당하는 원수동성原受動性, Ur-passivität의 차원을 포함하는 것이기에 그 의의가 충분히 이해되는데, 이 점에서 그것은 아뢰야식의 문제권역과 사상事象적으로 거의 겹친다 해도 과언이 아니다.

이제 여기에서 후설의 키네스테제를 중심으로 하는 신체성의 기능을 구성과정의 '깊이의 차원Tiefendimension'의 중요한 계기로 파악해서, 이를 초월론적 주관성의 '원적原的으로 흐르는 사건das urströmende Geschehen'과 필연적 연관 하에 논하고 있는 란트그레베Landgrebe의 기술[28]을 검토하기로 한다. 이를 통해서 아뢰야식에서의 신체성과 시간성의 필연적인 연관이 보다 명확히 이해될 수 있다고 생각되기 때문이다.

란트그레베는 이 논문에서 다음 3가지 명제의 필연적인 연관을 분명히 하려고 기도하고 있다.

(1) 구성과정의 '깊이의 차원'은 현상학적 반성에 의해서는 되찾을 수 없다.

(2) 신체성의 기능은 그 자체 수동적 선구성의 기능에 속하며, 따라서 '초월론적 주관성'에 속한다.

(3) '초월론적 주관성'의 원적原的으로 흐르는 사건은 창조과정으로 이해되어야 하는데, 이 창조의 정확한 의미는 이 과정의 현상학적 분석에 의해 분명해진다.[29]

여기서 우선 제2명제를 검토해 보자. 초월론적 주관성의 가장 심층에 작용하는 능작은 시간적 자기구성의 종합이지만, 시간적 자기구성과 신체성은 상호 어떠한 관계일까? 이 물음이 제2명제를 관통하는 물음이다. 우선, 시간형성적인 구성능작은 일반적으로 그것이 발동하기 위해서는 어떤 주어진 내용을 필요로 하는 단순한 기능형식으로 볼 수 있다. 『내적 시간의식의 현상학』에서 후설은 이 내용을 원인상原印象과 상관관계에 있는 휠레적 여건으로 이해하고 있었다.[30] 이는 『이념들』에서와 마찬가지로[31] 형식 없는 질료로서의 휠레를 의미한다. 이 단계에서 휠레와 형식은 대립개념이다. 그러나 만년의 후설은 이 휠레 및 그것과 상관관계에 있는 원인상이라는 개념을 버리기에 이르렀으며, 『위기』에서는 '순수경험이라는 궁극적이면서도 가장 깊은 증명원천에 대해 물을 때, 더 이상 곧바로 직접소여라고 생각되었던 『감각여건』으로 되돌아가서는 안 된다"[32]고 서술하고 있다. 이 휠레 개념의 정정은 후설이 행한 키네스테제 의식의 분석에서 귀결했다고 클래스게스Claesges가 『후설의 공간구성이론』[33]에서 분명히 했다. 여기에는 세간적인mundan 주관성과 초월론적 주관성의 관계의 문제가 내포되어 있다. 휠레와 키네스테제 기능의 관계는 『이념들 II』에서는 지각대상의 구성과 관련해서 기술되었을 뿐, 자아의 시간적 자기구성과 관련해서는 언급되지 않았다. 이는 당시의 구성개념이 정태적이었기 때문이다. 오히려 당시에도 후설은 키네스테제 능력이 주관성의 원능력原能力, Ur-vermögen으로까지 회귀적으로 자취를 찾을 수 있다는 것에 주의했지만, 이 모든 능작의 원천 및 시작의 문제를 둘러싸고 해결 불가능한 어려움에 직면하고 있었다. 『위기』에서 후설은 왜 감각여건을 직접적 소여로 간주해서는 안 된다고 서술했을까? 그것은 감각작용에 있어서 감각되는 것으로 이해되었던 휠레가 그 자체 직접적으로 주어지는 것이 아니라, 오히려 '시간화Zeitigung'라는 구성하는 능작에 의해 매개되고 있기 때문이며, 형식 없는 소재인 휠레와 형식인 활성화하는 파악을 구별하는 일이 더 이상 타당하지 않기 때문이다. 『데카르트적 성찰』에서 후설은 "모든 실질을 제공하는 수동적 종합"[34]이라고 표현하기까지도 한다. 그러면 이 능작이란 무엇인가? 그것은 첫째로 흐르고 있는 현재와 종합되고 있는 과거파지와 미래예지이다. 그렇다면 이 시간화라는 종합에서 도대체 무엇이 종합되는가? 『내적 시간의식』에서 그것은 원인상적原印象的 여건이었다. 그러나 실제로는 그 원인상적 여건이 선행하는 키네스테제를 전제로 하고 있는 것이다. 여기서 다음이 명확해진다. 즉,

> 인상印象 없이는 어떠한 시간구성적 능작도 없고, 키네스테제 없이는 어떠한 인상도 없다.[35]

라고 한다. 모든 인상은 감각능력根에 할당된 그때마다의 키네스테제 감각장과 관계를 맺고 있다. 생생하게 흐르고 있는 현재를 항상 원인상적 현재라고 말하는 것은 이 원인상이 이미 연합Assoziation과 대조Kontrast의 수동적 종합에 의해 확립된 종합적 통일이라는 것을 의미하고 있다. 이 수동적 종합에서만 개개의 여건이 부각되어 오는 것이며, 그것을 부각시키고 있는 능작들을 무시할 때 비로소 여건을 고립된 것으로 생각하게 되는 것이다. 그러나 실제로는 나타남은 저 수동적 종합에 매개되어 있고, 그 수동적 종합은 또한 내적 시간의식에 의해 구성되어 있는 것이다. 따라서 클래스게스의 말처럼 우리는 "키네스테제 의식은 시간의식이다"[36]라고 말하는 것이 가능하다. 이것을 아귀레Aguirre는 "휠레는 나 자신으로부터 출현한다"[37]라고도 표현하고 있다. 휠레는 바로, 그것 없이는 단적으로 흐르고 있는 현재가 존재할 수 없는 키네스테제적 과정에서 생기하는 것이다.

이상의 기술에 의해, 키네스테제가 시간의식과 분리될 수 없는 것이며 오히려 시간의식보다 더 기저基底 수준에 위치하고 있는 것으로 고찰되고 있다는 것을 알 수 있다. 클래스게스나 아귀레는 키네스테제적인 자발성을 시간구성 능작의 가능조건으로까지 생각하고 있으며. 이것은 그들이 키네스테제를 노에시스와 동일시하고 있다는 것을 의미한다. 그렇지만 이와 같은 이해는 과연 정황을 정확하게 파악하고 있는 것일까? 란트그레베는 이 점에서 보다 신중하며, 키네스테제와 시간의식의 관계를 더욱 깊이 고찰하고 있는 것 같다. 그는 클래스게스나 아귀레의 견해에 대하여 다음과 같이 되묻고 있다. "정동情動을 통해서 자아는 근원적인 방식으로 깨어난다. 인상印象 없이 깨어난 자아는 생각할 수 없다. 그러나 그렇다고 해서 이것이 정동이 초월론적 주관성으로 되돌아가게 된다는 것을 의미하는가? 만약 그렇다면 이 경우는 그 구성능작은 창조적이라고 말하는 것이 되리라"[38]라고 하고 있다. 이 물음으로 인도된 우리는 좀 더 란트그레베와 더불어 문제의 깊은 곳으로 향하여 탐색을 계속해 보자. 그는 이 물음에 직면하여 후설의 다음 문장에 주목하면서 고찰을 더욱 진행한다.

> 감각여건은 의식 속에서 가장 복잡한 방식으로 (근원적 시간의식에 있어서) 스스로를 구성한다. 자아작용, 즉 '내가 자극에 의해 촉발된다'라는 것은 자아로부터 나타나면서 흐르고, 그것으로 향해지고 있다고 생각될 수 있는 체험이며, 모나드의 전체적 연관으로서만 생각될 수 있는 체험이다.[39]

만약 모든 촉발이 나의 신체기관인 감각기관의 근원적 촉발이고, 그리고 또한 모든 키네스테제적 운동이 거기에서 감각기관의 촉발이 가능하게 되는 조건이라고 생각한다면, 신체성은 단순히 구성되는 것이 아니라, 또한 구성하는 것이지 않으면 안 된다고 하는 귀결에 이르게 될 것이다. 그것은 모든 감각장이 거기로 되돌아가게 되는 구성적 능력성Vermoglichkeit의 체계이며, 그와 같은 것으로서 그것은 초월론적 주관성에 속한다. 나에게 여건이 될 수 있는 것은, 나의 신체와 관계를 맺고 있던 감각영역의 기구機構에 의해 확립되는 것이다. 이 의미에서 확실히 "휠레는 나 자신으로부터 출현한다"라고도 말할 수 있을 것이다. 그렇지만 여기서 더 묻지 않을 수 없다. 도대체 어떻게 해서 나는 나의 신체성을 근원적인 방식으로 각지覺知할 수 있는가? 이 점에 대해 후설은『이념들 II』에서 신체에서의 "나는 할 수 있다Ich-kann"[40] 및 "지배할 수 있다Walten-können"[41]라는 각지覚知에 대해서 말한다. 그러나 여기에서도 반론이 가능하다. 즉, 이 '할 수 있다'라는 의식마저 이미 구성된 것이 아닌가라고 말이다. 내가 나에 의해 야기된 운동을 지각하고 있다는 것조차도 구성된 나의 신체를 전제하고 있는 것은 아닌가? 이 반론에 대해 여기서 주의하지 않으면 안 될 것은 이 '뜻대로 할 수 있다Verfügen-können'는 분명히 우리가 그것에 대한 의식을 갖기 이전에 일어나고 있다는 것이다.『이념들 II』에서 후설은 "'나는 움직인다'가 '나는 할 수 있다'에 앞선다"[42]라고 서술하고 있다. 여기서 중요한 것은

'신체에 있어서 뜻대로 된다'는 능력의식은 발생적으로 보다 발달한 자아의식에 선행한다고 하는 것이다. '나의 것'이라는 발견은 '나'의 발견에 선행한다. 즉, 우리가 수행하는 '나'로 돌아가는 자발성은 아직 숨겨진 채 있는데, 그럼에도 불구하고 숨겨진 채 지배하고 있는 것이다. 그러면 이와 같은 '지知, Wissen' 또는 '각지覚知, innesein'는 어떠한 방식으로 전개된 자아의식에 앞서는가? 그것은 그것에 대한 반성에 앞서서, 만족이라든가 불만족이라는 '신체감정Leibgefühl'으로서의 키네스테제의 수행과 하나가 되고 있다. 이 '신체감정'이란 표현은 아직 스스로를 아는 내면성이 주어지지 않았는데도 '내면성'을 예상하게 한다는 점에서 확실히 어울리지 않은 표현이다. 하이데거의 '정황성Befindlichkeit'[43]이라는 개념 쪽이 이 각지를 보다 적절하게 성격지울 수 있을 것이다. 왜냐하면 그것은 단순한 '감정'이 아니라 촉발하는 것, 키네스테제적 운동이 거기로 향하는 바의 한가운데의 상황을 지시하기 때문이다. 이런 의미에서 '최초의 세계의 열림die erste Eröffnung von Welt'[44]이다. 그것은 반성에 앞서고, 그 수행의 직접성 때문에 반성적으로 눈앞에 가져올 수 없는 것이다. 왜냐하면, 반성적으로 대상화된 수행은 결코 직접적으로 생기하는 것이 아니기 때문이다. 키네스테제의 수행은 반성적으로 포섭할 수 있는 것 이상으로, 세계와 세계 내에 있는 우리의 상황에 대해 이해되어야 할 것을 부여하고 있다. 그리고 이와 같은 자발성의 중심이 그때마다 존재하는지 어떤지는 더 이상 연역적으로 도출될 수는 없는 것이다. 그렇지만 이 중심에는 전혀 장소가 없는 것도 아니다. 그 장소는 거기에서 세계가 스스로 초월론적 주관성의 내재의 상像, Gebilde으로서 우리에 대해 스스로를 형상화하는 초월론적 사건 속으로 귀속하고 있다.[45] 후설은 이런 의미에서 이미 『이념들 II』에서, 신체에서 스스로를 고지告知하고 있는 '자연이라는 기저Untergrund von Natur'[46]에 대해 말하고 있다. 그것은 구성하는 초월론적 주관성의 수동적 구조계기로서, 그리고 또한 주관성의 '자연적 측면Naturseite'[47]으로 말해지고 있다. 지금까지 주로 란트그레베의 기술을 따르면서, 후설의 키네스테제론이 신체성이라는 수동적 선구성의 수준에서 생기하고 있는 세계 개시 기능을 밝히기 위한 가장 중요한 단서가 되고 있다는 것을 확인했다.

이상 후설의 키네스테제론이 아뢰야식의 인연변因緣變을 뒷받침하기에 더할 나위 없는 사상事象 분석이라는 것은 더 이상 여러 말이 필요하지 않을 것이다. 키네스테제론을 통해 후설이 찾아낸 근원 사상事象은 거기에서 세계가 스스로를 우리에 대해 상[像]화하는 초월론적 사건이며, 그것은 어떠한 반성으로도 포섭할 수 없는 근원사상이다. 왜냐하면 반성이라는 의식작용 그 자체가 거기에 뿌리내려, 거기에 유래하는 사상事象이 문제가 되기 때문이다. 아뢰야식으로 되돌아가게 하는 '불가지의 집수'가 이와 같은 신체성의 수준에서 생기하는 세계 개시 기능을 나타내고 있음은 이미 의심할 여지가 없다. 후설은 "나의 신체를 나에게 최초로 경험 가능하게 하지 않으면 안 되는 키네스테제는 사유 불가능하다"[48]라고 서술하고 있지만, 그것은 키네스테제가 바로 근원적인 세계경험의 한 계기이기 때문이며, 사유는 그 위에 처음으로 성립하는 것이기 때문이다. 다시 또한 후설이 신체성에서 스스로를 고지하는 '자연의 기저'를 찾아내었다는 사실은, 분별변分別變과는 구별되는 아뢰야식 특유의 인연변의 수준으로까지 현상학적 분석이 깊어졌음을 입증하는 것이다. 그것은 인연변의 객관성 — 그것은 물론 자연과학적 객관성이 아니고 분별변일 수도 없는, 오히려 분별변의 기저로서의 초월론적 사건이라는 의미에서 객관성이지만 — 과 놀라울 정도로 부합되는 것이다. 그럼에도 불구하고 현장이 아뢰야식의 작용을 '능변'으로 부른 것은 어째서인가? 필자는 여기에 키네스테제가 시간성과 밀접하게 서로 연관된 기능이라는 것을 상기하지 않을 수 없다. 자연과 서로 통하는 신체성의 수준에서 근원적 주체성이 생기하는 그 현장으로 나아가기 위해서는 우리는 시간성의 문제로 어쩔 수 없이 파고들어야 한다. 그것은 현상학적으로 말하자면, 수동적 선구성보다도 더 깊은 시간 그 자체의 시숙이라는 사상事象, 후설이 원-수동성Ur-passivität이라고 불렀던 사상事象으로 파고드는 것을 의미한다. 이 시숙이라고 하는 사상事象에 입각하고 있기 때문에 바로 아뢰야식의 작용이 '능변'으로 불릴 수 있다고 필자는 생각하는 것이다. 란트그레베는 초월론적 주관성의 원적原的으로 흐르는 사건을 '창조적 과정'[49]이라 부르지만, 이 '창조적'이라는 말이 결코 형이상학적으로 해석되어서는 안 된다는 것은 말할 나위도 없다. 란트그레베 자신이 이 '창조성'의 정확한 의미는 이 과정의 현상학적 분석에 의해서만 해명되어야 함에 주의하고 있다. 유식학에서 말하자면, 이 '창조성'의 분석이란 인연변이 그것과 함께 생기하는 근원적 시간성, 그리고 더욱 더 우리에게 있어서는 숙업의 자각으로서만 받아들여지는 인연을 성취하고 있는 근원적 역사성의 차원으로 파고드는 것을 의미한다. 숙업의 자각은 자연과 서로 통하는 신체성에서 성취되는 시숙인 한, 원수동적이다. 그러나 숙업의 자각은 그 신체성에서 성취되는 시숙을 사실로서 떠맡는다고 하는, 깊은 수긍과 함께 이뤄지는 심층에서의 자각이기도 하다. 이 자각은 '존재론적 자각'으로도 불려야 하며, 표층적인 전식轉識의 수준에서는 (즉 통상 그 수준에서 살아가고 있는 '범부'로서는) 도저히 도달할 수도 없을 것이다. 그것은 시숙과 함께 생기하는 생명의 자기차이화라는 사상事象 그 자체로 내려가는, 경험의 심층으로 향하는 수직적인 소급을 요구하고 있는 것이다.

지금까지 현상학적 신체론과 연관지어 아뢰야식의 '불가지'성을 고찰해 온 우리는, 그 신체성에서 성취되고 있는 '시숙'의 문제를 매개로 해서 아뢰야식의 '이숙' 및 '일체종'의 규정이 갖는 의미의 탐구로 향하지 않으면 안 된다.

제2장 '이숙'과 '일체종', 그리고 초월론적 역사

시작하며

『유식삼십송』에서 아뢰야식에 대해 설하는 대목에서 우선 처음에,

> 최초의 아뢰야식은 이숙이고, 일체종이네.[1]
> 初阿賴耶識 異熟一切種

라는 말로부터 출발하고 있듯이, '이숙異熟'과 '일체종一切種'은 아뢰야식의 가장 본질적인 규정이기 때문에, 원래 앞 장에서 고찰한 '불가지의 집수' 보다도 먼저 주제로 삼았어야 했다. 그러나 본 논문에서는 고찰의 순서를 역으로 잡았다. 거기에는 이유가 있다. 사상事象의 순서로 볼 때는 '이숙'과 '일체종' 쪽이 앞서지만, 탐구의 순서로 볼 때는 아뢰야식이 '불리식신不離識身(신身을 여의지 않는 식)'이라는 사실事實을 확인하는 일이 앞서야 한다고

필자는 생각했기 때문이다. 이것은 학문의 방법론으로서, 현재 확인된 확실한 사실에서부터, 이 사실을 가능하게 하는 것으로 향하는 물음의 진행을 명확하게 한다는 의의를 지니고 있다. 후기 후설의 발생적 현상학에서 말하는 '길잡이Leitfaden'의 방법도 또한 학문적 방법론으로서 이 순서를 따르고 있다. 발생적 현상학의 방법은 '의미 발생의 소급적 노정'의 방법이라고 말해지고 있다. 그것은 현재 현현하고 있는 현재적 대상의미로부터, 그것을 가능하게 하면서 스스로는 숨어 침전해버린 잠재적 지향성을 노정해 가는 현상학적 반성의 방법론이다. 이때 현재적 대상의미는 잠재적 지향성의 해명을 위한 '길잡이' 또는 '지표'가 된다. 이 발생적 현상학에 대해서는 뒤에서 상술하기로 하고, 유식불교에서 행하는 아뢰야식의 탐구도 또한 실로 이와 같은 물음의 순서로 일관해 있다고 필자는 생각한다. 즉 최초의 사실事實은 '이 몸身'을 받아들이고 있다고 하는 의심할 수 없는 사실이다. 그리고 아뢰야식의 문제는 이 사실에 대한 물음으로부터 일어난다. '이 몸'이라는 사실의 가능근거에 대한 물음이다. 아뢰야식이란 이 몸과 '안安과 위危를 함께하는' 식識이며, 신체성이다. '이숙'과 '일체종'은 이 신체성의 성립근거는 무엇인가 하는 물음에 답할 때 비로소 본래의 의미를 갖게 된다. '이숙'과 '일체종'이라는 개념은 본질적으로 '시간성'을 포함하고 있다. 그보다 시간의 시간성을 성립하게 하는 활동에 대한 고구考究가 이 용어들로 결정화結晶化되었다고 말하는 쪽이 정확할지도 모른다. 이것은 이 몸이라는 사실의 가능근거에 대한 물음이 시간에 대한 물음으로서, 그리고 다시 역사에 대한 물음으로서 마지막까지 물어졌다는 것을 보여준다. 앞 장에서는 아뢰야식이 '불리신식不離身識'이라는 것이 확인되었다. 이 장에서는 이 신체성의 성립근거로 향하여, 시간의 문제를 축으로 해서 고찰해 나갈 것이다.

『성유식론』은 앞에서 든 2구를 초능변식初能變識의 3상相으로 체계적으로 파악하고 있다. 즉 아뢰야식은 자상自相, 이숙은 과상果相, 일체종은 인상因相이다. 여기서 이미 '인과因果'라는 시간성의 축이 명확하게 나타나고 있다.

또 인因과 과果를 종합함으로써 자상自相의 의의를 분명히 하고 있다. 이 중에서 이숙vipāka은 업karman의 문제를 기반으로 한다. 과상果相을 이숙과로 파악하는 것은 중요한 의의가 있다. 이숙은 등류niḥṣyanda, niṣyanda에 대립하는 개념이다. 일체종은 오히려 등류의 세계를 분명하게 하고 있다. 이 등류와 이숙의 구별은, 한마디로 말해, 인因과 과果의 관계에서 인과과가 상사相似하고 동류同類인 경우를 등류라 하고 다른 경우를 이숙이라고 하지만, 여기서 인상因相을 등류, 과상果相을 이숙으로 파악하고 있는 것이 『성유식론』의 특징이다. 과상을 이숙으로 한정한 데에는, 업을 받아들이는 아뢰야식이 적극적으로 업을 '떠맡는다'라는, 앞 장 말미에서 언급했던 '존재론적 책임'의 주체가 되는 여지를 남겨 놓는다는 의의가 있다. 과상이 등류라면 업의 사상思想은 운명론이 되어버릴 위험이 있다. 이 점은 제2절에서 서술할 것이다. 여기서는 우선 일체종의 의의를 고찰하는 것부터 시작하겠다.

제1절 일체종과 시간

일체종이란 아뢰야식이 아뢰야식이란 이름이 붙게 된 근거로서, 『섭대승론』에 다음과 같이 서술되어 있다.

> 제법諸法을 섭장攝藏하는 일체종자식이기 때문에 아뢰야식이라고 한다.[2]

제법을 섭장하는 일체종자식이기 때문에 아뢰야라는 이름이 붙게 되었다는 것이다. 일체제법의 종자가 되는 식이다. 제법의 현행을 섭장하는 것이 아니라 제법의 종자를 섭장하는 것이다. 즉, 일체 제법에 대하여 인연으로서의 근거가 된다. 그런데 종자는 어디에서 성립하는가 하면, 그것은 제법의 훈습에 의해서이다. 제법의 훈습을 받고, 제법의 종자를 섭장한다.

즉, 제법의 경험을 축적하고, 또한 제법의 가능성의 근거가 되는 그와 같은 장場이 아뢰야식이다. 이 점을 『성유식론』에서는,

> 이것은 능히 제법의 종자를 집지하여 잃지 않게 하기 때문이다.[3]
> 此能執持諸法種子令不失故.

라고 하고 있다. 앞의 인용문과 같은 의미이지만, 일체의 경험을 축적하고 그것을 자신의 것으로 한다는 점을 강조한 표현이다. 즉 여기에는 일체의 경험을 받아들인다는 의미에서 '존재론적 책임'을 떠맡은 주체라고 하는 의미가 담겨져 있다고 생각된다. 『유식삼십송』 제4송에 "항전여폭류恒轉如暴流"라는 말이 있듯이, 아뢰야식은 무시이래의 흐름이다. 일체제법의 종자를 집지한다는 것은 무시이래의 일체의 경험을 짊어지고서 성립해 있다는 것이다. 즉, 무시이래의 과거를 훈습이라는 방식으로 떠맡고 있는 것이다. 또한 동시에 종자라는 형태로 미래의 제법의 가능성을 저장하기도 한다. 여기에 필자가 이 장의 주제로서 시간성이라는 문제를 주축으로 하는 근거가 있다. 아뢰야식은 존재의 자기한정이 이루어지는 장場이며, 이 자기한정이라는 사상事象이 바로 시간을 시간으로서 성취하는 것이다. 혹은 역으로 말한다면, 시간을 시간으로 성취하는 일을 통해서 그것과 하나가 되어 처음으로 자기한정이 성립한다고 말할 수도 있을 것이다. 자기한정이란 또한 존재의 성취이기도 하다면, 그렇다면 여기서 시간의 성취와 존재의 성취가 서로 공속하게 된다. 이와 같은 초월론적 사건이 생기하는 근원장根源場이 아뢰야식이라고 밝혀지는 것이 아닐까? 앞 장에서 서술했듯이, 현상학에서도 또한 시간의 자기구성이 신체적 키네스테제와 분리될 수 없는 방식으로 서로 공속하고 있음이 발견되었다는 것을 상기할 필요가 있다. 자기한정, 즉 개별화의 원리와 시간성의 문제는 전적으로 동일한 사상事象의 양면이라고도 말할 수 있을 만큼 밀접하게 서로 연결되어 있다. 무릇 '종자'란 『성유식론』에 다음과 같이 개념규정되고 있다. 즉 종자는,

본식本識 중에서 친히 자과自果를 생하는 공능차별을 이른다.[4]

謂本識中親生自果功能差別.

'친히 자과自果를 생하는 공능'이란 바로 자기 자신을 실현한다고 하는 것, 곧 자기한정이다. 그것은 물체의 운동처럼 외부로부터의 힘에 의해 이동하는 것이 아니다. 물체의 운동의 경우 인과성Kausalität은 초월적으로 밖에서부터 (혹은 위로부터) 부과되게 된다. 그러나 종자의 경우 인과는 철저하게 내재적이다. 같은 것이 이동하는 것도 아니거니와, 다른 것으로 변화하는 것도 아니다. 실현되어야 할 자기 자신[자과自果]이 되는 것이다. 직접(친히) 자기를 자각화하여 가는 과정이라 해도 좋을 것이다. 그리고 이것이 '인연'이라 불리는 것이다. 물체가 이동하는 경우에 시간은 이미 전제되어 있다. 그러나 자각화의 과정은 시간의 성취[시숙時熟]와 하나이며, 바로 시간화Zeitigung 이다. 자각화란 자기차이화와 자기동일화의 동시적 생기이다. '공능차별'의 '차별'이란 본식에 함장되어 있는 종자의 독자성을 부각시키기 위한 표현이지만, 필자는 오히려 자각에 따르는 '자기차이화'의 활동을 표현하고 있다고 생각한다.

여기서 종자라는 개념이 어떻게 시간의 문제와 밀접하게 결부되고 있는지를 보이기 위해 종자6의義를 확인해 보기로 하자. 종자6의는『섭대승론』에 설해지고 있으며,『성유식론』은 그것을 받아들여 각각에 대해 자세히 서술하고 있다. 여기서는 우선『성유식론』에 실려 있는 최초의 정의를 들고, 이어서 그 의의에 대해서 약간의 철학적 고찰을 덧붙이겠다.

① 찰나멸刹那滅

첫째는 찰나멸이니, 자체가 생하자마자 찰나의 간격 없이 필연적으로 멸하고, 수승한 공력이 있기에, 이에 종자가 성립하는 것을 말한다. 이는 항상 전변이 없는 상법常法을 배척하는 것이니, (상법은) 능히 생하게 하는

작용이 있다고 설할 수 없기 때문이다.[5]

一刹那滅, 謂體纔生無間必滅, 有勝功力, 方成種子. 此遮常法常無轉變, 不可說有能生用故.

종자는 생하는 찰나 멸하며, 결코 두 찰나에 걸쳐 있지 않다. 생멸하는 것이기에 작용이 있는 것이다. 작용은 곧 공능인데, 필자는 이 '공능功能'이라는 말을 후설 현상학의 '능작能作, Leistung'으로 이해한다. Leistung은 업적이라는 의미를 포함하는 작용이다. 작용이란 공능을 완수하는 것이다. 다 완수하고 나면 멸한다. 멸하지 않는 것에는 공능은 없다. 생하여 공능을 완수하고 멸한다. 멸함으로써 완수한 업적이 남는 것이다.

이 찰나멸과 후에 ③에서 서술하는 항수전恒隨轉은,『유식삼십송』제18송에서 "如是如是變(이와 같이 저와 같이 전변하네)", 제19송에서 "전의 이숙이 멸하면, 다시 다른 이숙이 생하네.前異熟既盡 復生餘異熟"라고 말하는 바와 같이, 사라지면서 이어지는 '비연속의 연속'의 기초가 된다. 이 비연속의 연속이란 하나의 실체가 동일성을 갖고서 지속하는 것이 아니라 '상황 내 존재'인 자기自己 — '자기'라고 해도 여기서는 자기동일성이 전제되는 것이 아니다. 동일성은 시간화가 성취된 후에 성립하는 것이지만, 여기서의 '자기'는 시간화라는 사건 그 자체를 말한다 — 가 그때그때마다 하나의 상황에서 다른 상황으로 단절하면서 연속하는 것을 의미한다.

필자는 여기서 화이트헤드가 말하는 '에포크적 시간'[6]을 환기하고자 한다. 에포크적 시간이란 화이트헤드의 사적事的 존재관을 정식화한 '현실적 존재actual entity'라는 개념에 상즉相卽하는 시간개념이며, 시간적 두께 또는 지속temporal thickness or duration으로서 특징지어진다. 현실적 존재는 주어진 다양성을 여러 파악prehension을 통해서 통일성으로 가져오는 자기 조직화[합생] 과정이며, 이렇게 가져온 통일은 '만족'으로 불리는데, 합생 과정이 일정하게 확립된 단계에 도달한 상태이다. 현실적 존재는 합생 과정의 단계에서는 '주체subject'라 불리고, '만족'에 도달한 단계에서는 자기초월체superject라 불린다. 자기초월체에 도달한 현실적 존재는 이번에는 다른 후속하는 현실적 존재에 의해 객체로 파악되게 된다. 현실적 존재는 다양성의 통일성을 완결한 단계인 만족에서, 그 자신을 초월하여 스스로를 객체화한다. 이렇게 해서 현실적 존재는 주체-자기초월체subject-superject로 파악된다. 에포크 시간론은 이렇게 그 자신을 실현하는 기간을 내장하고 있는 현실적 존재의 관점과 결부되어 있다. 합생이 만족에서 내적으로 완결되기까지는 '지속'이라 말해지는 데 반해, 다른 현실적 존재에 의해 객체로 파악되어 후속하는 경험활동에서 '다多' 중의 '일一'로 파악되는 경우는 그 후속하는 경험활동으로의 '이행transition'이라 말해진다. 여기서 사라지면서 이어지는 비연속의 연속이라는 시간론이 훌륭하게 전개되고 있음을 알 수 있다. 시간은 오히려 이 합생과정의 '지속' 및 다른 것에 의해 파악되는 '이행'에 의해 처음으로 구성되는 것이기에, 이 2종의 과정이 사전에 시간이라는 것을 전제하는 것이 아니다. 합생 과정인 지속은 하나의 에포크를 이루고, 그것이 성취되는 단계에서는 다른 에포크의 성립에 기여하게 된다. 그리고 이러한 사건에 의해 과거, 현재, 미래라 하는 시간이 성립하게 되는 것이다. 이런 의미에서 화이트헤드는 현실적 존재를 '에포크적 계기epochal occasion'라고도 부르고 있다.[7]

이와 같은 에포크적 시간에 입각해서 다시 한 번 '찰나멸'의 사상을 파악해 보면, 그것에는 어떤 사건이 내적으로 성취되고, 그 성취된 사건이 다른 사건의 성취에 참여해서 기여하고 공헌해 간다고 하는 사태 그것이 시간이라 하는 것을 시간으로서 구성하는 것이라는 사상思想이 언급되고 있다고 생각한다. 이는 바로 '種子生現行 現行熏種子 三法展轉 因果同時.(종자는 현행을 생하고 현생이 종자를 훈습하며 3법이 전전할 때 인과 과는 동시이다.)'라고 말하는 사태 그것이며, 찰나멸의 시간론은 바로 이 사태에 기초하고 있는 시간론이다.

그런데 찰나에 생멸하는 것은 유위법이다. 생멸을 떠난 것은 무위법이다. 종자가 될 수 있는 것은 유위법뿐이며 무위법은 종자가 될 수 없다. 따라서 진여는 제법의 종자일 수 없다. 여기서 진여를 인연으로 해서 제법이 성립한다고 하는 진여수연眞如隨緣(진여가 연을 따른다)의 사고방식이 부정된다. 발출론emanation적 우주론은 엄밀학인 유식학에서는 부정되고 있는 것이다. 아뢰야식도 또한 유위법이며 찰나에 생멸한다. 종자는 그 아뢰야식 속의 공능차별, 곧 '본식本識 속의 공능차별'이라고 말하고 있다. 찰나생멸하고 이렇게 해서 과거의 것을 훈습해서 떠맡아, 미래에 업적을 남기는 공능을 완수한다. 공능은 식전변識轉變이라 말하듯이 '변變'이다. 차이화의 생기이다. 두 찰나에 걸치지 않는다는 것은 이 차이화의 생기라는 사건이 바로 시간구성적 기능을 떠맡고 있기 때문이다.

② 과구유果俱有

둘째, 과구유이니, 생한 현행의 과법과 함께 현現에 화합해 있기에, 이에 종자가 성립하는 것을 말한다. 이는 전과 후를 배척하고 서로 분리되어 있음을 배척하는 것이니, 현행과 종자는 다른 부류이지만 상위하지 않기 때문이다.[8]

二果俱有, 謂與所生現行果法俱現和合, 方成種子. 此遮前後及定相離, 現種異類互不相違.

이 '구俱'는 '함께 있다'는 것, 시時를 같이하고 처處를 같이한다는 것을 의미한다. 즉, 종자는 그것에 의해 생겨난 과법果法과 함께 있기에 비로소 종자라고 말할 수 있다는 것이다. 종자와 현행은 시간적으로 전후이시前後異時가 되지 않는다. 종자는 과果와 함께 있지 않으면 안 된다. 통상의 이해에 따르면 인과관계에서 인因의 때에는 과果가 아직 없고, 과果가 되었을 때는 인因은 이미 없다. 그러나 종자와 현행의 관계는 인과동시因果同時이다. 이것은 종자와 현행의 관계를 생각할 때 중요한 의의를 갖는다. 현행과 현행, 종자와 종자의 관계는 인과이시因果異時이다. 현행과 종자 같은 이류異類의 경우에서만 '구유俱有'가 되는 것이 가능하다. 현행과 종자의 경우에 인因이

과果와 함께한다는 것은, 현행과 종자의 관계가 경험과 경험의 관계가 아니며 경험과 그 가능근거의 관계이기 때문이다. 현행과 현행의 관계는 어떤 경험과 이미 다른 하나의 경험의 관계이다. 경험은 어떻게 가능한가, 경험은 어떻게 성립하는가와 같은 물음에서 발견하게 된 것이 아뢰야식이며, 따라서 현행과 종자의 관계에서 종자는 현행이라는 경험의 가능성의 조건으로 위치부여된다. 즉, 인과동시는 종자가 현행이라는 경험의 선험적 근거를 이루고 있다는 것을 보여주는 것이다. 다만 이 '선험적'이란 칸트가 말하는 '선험적'과는 차이가 있다. 칸트에서 경험은 empirisch한 경험을 가리키기 때문에, 그 가능성의 제약이 되는 선험성은 완전히 경험을 떠난 것이지 않으면 안 된다. 그러나 아뢰야식은 앞 장에서도 서술한 바와 같이, 특히 신체적 경험의 세계이며 또한 무시이래의 경험의 축적으로서의 역사를 떠맡고 있다. 이런 이유 때문에 필자는 이 종자와 현행의 관계에서 보이는 '선험적' 근거를 칸트적 의미가 아니라, 후설이 말하는 '초월론적transzendental' 근거로서 고찰해 온 것이다. 키네스테제나 시간적 구성이나 의미발생의 역사는 초월론적 경험이 일어나는 영역이다. 종자는 제법의 초월론적 근거라는 의미에서 제법의 인因이다. 경험적인 것과 초월론적인 것은 차원이 다르기 때문에 동시에 있을 수 있다. 과果를 과果이게 하는 것은 과果와 동시가 아니면 안 된다. 초월론적 근거는 경험을 넘어서 있되, 경험을 떠나지 않는다. 따라서 '과구유'이다.

이에 반해서, 이시인과異時因果는 종자의 자류상생自類相生의 경우를 말한다. 과구유果俱有는 연緣을 기다려서 현행하는 경우를 말한다. 경험이 경험으로서 성취되는 경우이다. 이에 반해서, 연緣이 없는 경우는 종자는 종자로서, 즉 가능성은 가능성대로 상속한다. 가능성의 영역에 대해서도 상속을 말하는 것은, 종자는 찰나멸이기 때문이다. 이 종자가 자류상속한다는 설에 대해서 비판적인 견해도 있지만,[9] 지금은 이를 언급할 겨를이 없다.

③ 항수전恒隨轉

셋째, 항수전이니, 반드시 장시에 걸쳐 한 부류一類로 상속해서 구경위에 이르기에, 이에 종자가 성립하는 것을 말한다. 이는 전식轉識을 부정하는 것이니, 전역轉易하고 간단間斷하는 일은 종자의 법과 상응하지 않기 때문이다.[10]

三恒隨轉, 謂要長時一類相續至究竟位, 方成種子. 此遮轉識, 轉易間斷與種子法不相應故.

항수전은 종자의 자류상생自類相生을 나타낸다. 찰나멸은 생멸, 즉 비연속성을 나타내지만 이 항수전은 한 부류一類로 상속하는 연속성을 나타낸다. 이것은 일견 모순인 것 같지만 '恒轉如暴流(항상 폭류와 같이 전전하네)'와 같은 흐름의 연속성이 없다면 경험의 축적이 성립하지 않는다. 연속이라 해도 '상常'이란 의미에서의 연속이 아니다. 경험으로부터 훈습을 받으면서 경험의 근거가 되는 공능을 완수하는 비연속의 연속이다. '항恒'이란 전전한다 할 때의 비연속의 연속을 말하는 것이지, '상常'이라는 영원성을 말하는 것이 아니다. '전轉'이란 제법의 훈습을 받으면서 아뢰야식이 전변하는 것을 말한다. 항상 전변하고, 전변하면서 연속하는 것이다. 단절하면서도 연속한다고 하는 이 연속성은 본식本識에 한정된 특징이기에, 전식轉識이나 색법에는 없다. 유위법은 모두 찰나멸이지만, 항전恒轉이란 말로 전식이나 색법과는 다른 아뢰야식의 독자적인 성격이 표현되고 있다. 또한 과구유果俱有의 경우는 현행과 종자의 관계지만, 항수전의 경우는 종자와 종자의 관계이기에, 이를 상속이라 말하는 것이다.

④ 성결정性決定

넷째는 성결정이니, 인因의 힘에 따라서 선과 악 등을 생하는 공능이 결정되기에, 이에 종자가 성립하는 것을 말한다.[11]

四性決定, 謂隨因力生善惡等功能決定, 方成種子.

성결정은 이숙과 구별하기 위한 규정이다. 선, 악, 무기라는 성류 중에서 종자가 인연이 될 때는 성류가 다른 인因에서 다른 과果가 생하는 일이 없다. 만약 성류가 다른 과果가 생한다면, 그 과果는 이숙인바, 인과관계로 볼 때 그때의 종자는 증상연에 해당한다. 존재를 부여하는 것은 인연이 되는 종자이며, 존재의 자기규정[현실존재], 곧 이숙의 근거를 부여하는 것은 증상연이 되는 종자이다.

⑤ 대중연待衆緣

다섯째는 대중연이니, 반드시 자기의 뭇 연緣들의 화합을 기다려서 공능이 수승해지기에, 이에 종자가 성립한다.[12]

五待衆緣, 謂此要待自衆緣合功能殊勝, 方成種子.

인因이 과果가 되기 위해서는 뭇 연들을 기다리지 않으면 안 된다. 인因은 가능성이므로 인因이 인因만으로는 과果를 생하게 할 수 없다. 인을 과이게 하는 것, 경험을 경험으로서 성취하게 하는 것이 연緣이다. 경험을 생기하게 하는 조건이 연緣이다. 가능태dynamis를 현실태energeia로 만드는 것이 연緣이다. 연緣이 없다면 인因은 영원히 가능성으로 머문다.

⑥ 인자과引自果

여섯째는 인자과이니, 색법·심법 등 각각의 과果를 각각 끌어와서 생하게 하기에, 이에 종자가 성립하는 것을 말한다. 이는 외도外道가 유일한 인因이 모든 과果를 생한다고 집착하는 것을 배척하는 것이다.[13]

六引自果, 謂於別別色心等果各各引生, 方成種子. 此遮外道執唯一因生一切果.

인자과引自果는 상이한 법들 간에 인과因果가 있다고 생각하는 견해와 구별하기 위한 규정이다. 색법에서 심법이 생한다거나, 그 역의 경우 등은 있을 수 없다는 것이다. 만물의 근원과 같은 것을 안이하게 상정하지 않겠다는 것이다. 만물의 근원과 같은 것을 상정하면, 예를 들어 어떤 물질을 근원으로 한다면, 거기로부터 정신도 생겨난다고 생각하게 될 것이며, 또한 만물의 근원을 정신적인 것에서 찾으면 물질은 정신으로부터 생겨난다고 하게 될 것이다. 그러나 이런 견해들은 불교에서 보면 외도의 사상이다. 아뢰야식이 제법을 생한다고 할지라도, 그것은 아뢰야식 중의 제법의 종자因로부터 생하는 것이지, 형이상학적으로 만물의 근원을 상정하고 있는 것이 아니다. 아뢰야식에 대한 물음은 초월론적인 물음을 내포하고 있는 것이다.

이상과 같이 종자6의는 인과관계를 매우 엄밀하게 고찰하고 있다. 그리고 여기서 시간성의 문제가 엄밀하게 고찰되고 있다. 이 중 ①의 찰나멸은, 현상학의 용어로 말한다면, 의식의 원原-수동성 수준에서의 '살아 있는 현재'의 시간화Zeitigung에 해당하는 것이리라. 찰나멸성kṣaṇikatva은 시간의 자기구성의 사태를 지시하는 것이리라. 종자란 현행식과 관련해서 수동적 구성 수준의 사건이라는 것을 의미한다. 또, 두 찰나에 걸치지 않는 것은 그 자체가 시간구성적인 사건이기 때문이다. ②의 과구유는 이 시간구성적 사태가 현행식에 대해서 초월론적인 구성 기반이 된다는 점을 분명히 하고 있다. ③의 항수전은 ①의 '살아 있는 현재'가 사상事象적으로는 '흐르면서 머무는 것'이라는 점을 정확하게 말하고 있다. 이상 앞의 3가지 규정은 종자가 내포하는 본질적인 의미를 말하고 있다. 뒤의 3가지 규정은 종자가 다른 것과 구별된다는 점을 말하는 것이니, 즉 ④의 성결정은 이숙과와 구별된다는 점을, ⑤의 대중연은 연과 구별된다는 점을 보여주고 있다. 이 두 가지를 통해서 종자는, 경험을 성취하는 개별화의 원리와 엄밀히 구별되는, 순수가능성으로 규정된다. 마지막의 ⑥의 인자과는 일인설一因說과 구별된다는 것을 말하는 것이니, 아뢰야식은 제법의 의지처이지만 결코 형이상학적으로 정립된 존재자가 아니라는 점을 명확히 하고 있다.

이상의 종자의 규정과 관련해서 '일체종자'라는 문제의 권역에는 종자의 기원과 관련된 '훈습'의 문제, 상호[교호]인과의 문제, 그리고 인과차별의 문제라는 큰 과제가 포함되어 있다. 이 모든 것들은 현행과 관련해서 시간의 문제 및 구성의 문제에 깊이 관여하고 있다. 아뢰야식은 훈습과 종자를 매개로 해서 제법과 관계한다. 이 관계는 교호인과이다. 제법은 '다多'이지만 그것들이 훈습된 아뢰야식은 '일一'이다. 그리고 또한 '일一'인 아뢰야식에서 '다多'인 제법이 생한다. 이 '일一'로부터 '다多'로가 인과차별이다. 결국은 '차이화'의 문제가 '훈습 → 종자 → 현행 → 훈습 → ……'이라는 교호인과에 의해 분명해지는 것이다.

우선 종자의 기원의 문제인데, 그것은 훈습에 있다고 한다. 훈습은 제법의 과果이다. 그런데 종자는 제법의 인因이다. 따라서 종자의 기원이 훈습이라는 말은 제법에 의해 주어진 결과가 제법의 인因이 된다는 것을 의미한다. 인因은 어디로부터에서 초월적으로 부과되는 것이 아니라, 제법이 아뢰야식에 훈습된다는 사실 그 자체에 있는 것이다. 아뢰야식의 존재논증의 제1이증으로 '지종증持種證'이라는 것이 있다.

> 계경에서 설하길, 잡염과 청정의 제법의 종자가 집기하는 곳이기에 심心이라고 한다.[14]
>
> 謂契經說雜染清淨諸法種子之所集起, 故名為心.

'집기集起'란 '적집집기積集集起'라고도 말하는데, 일체의 경험이 거기에 모이고 거기로부터 일어나는 장소를 나타낸다. '소의지所依止'이다. 아뢰야식은 제법의 종자가 거기에 모이고 거기로부터 일어나는 장소이다. 일체의 경험이 가능성으로서 저장되어 있는 장소이다. 그러나 그 가능성이 어디에서 왔는가 하면, 그것은 제법의 훈습에서 온 것이다. 종자는 현행한 제법[경험]에 대해서 그 가능성의 제약을 행하고 있다. 이 의미에서 아뢰야식은 경험이 성립하기 위한 초월론적 근거이다. 그러나 그 초월론적 근거가 초월론적 근거인 것은, 그것이 경험으로부터 훈습을 받았기 때문이다. 필자는 여기서 후설의 후기 현상학에서 해명된 '의미의 침전Sedimentierung'과 완전히 동일한 사태가 발견되고 있음에 놀람을 금할 수 없다. 훈습에 의해 초월론적 역사가 성립하는 것이다. 우리가 현재 행하는 의미구성은 무한하게 깊은 의미침전의 역사를 배후에 지고 있으며, 그 위에 비로소 성립하는 것이다. 우리가 어떠한 경험을 하는가는 경험해 온 역사가 규정하고 있는 것이다. 훈습에 의해 종자가 성립하지만 이 경우에 종자는 습기라고 불린다. 같은 것이 현행의 과果인 측면에서는 습기라고 불리며, 현행의 인因인 측면에서는 종자라고 불린다. '습기'란 현상학의 용어로 말한다면 '습득성Habitualität'에 해당하는 것이리라. 이것은 초월론적 역사라는 깊이의 지평을 지고 있는 현재의 세계구성을 가리켜서 말하는 것이다. 이 점에 대해서는 장을 바꿔서 자세히 서술할 것이다.

다음으로 '교호인과'인데, 지금까지 서술해 왔기 때문에 이미 분명할 것이다. 아뢰야식의 종자가 제법[현행]의 인因이기 때문에 제법[현행]은 아뢰야식의 종자의 과果이다. 그러나 역으로 종자는 현행으로부터 훈습된 것이기 때문에 이런 측면에서 보면 현행이 인[因]이고, 습기[종자]는 과果이다. 이것이

> 종자는 현행을 행하고 현행은 종자를 훈습하면서, 3법이 전전할 때 인과과는 동시이다.[15]
>
> 種子生現行, 現行熏種子, 三法展轉, 因果同時.

라고 말하는 사태이다. '인과동시'에 대해서는 이미 '과구유'를 서술할 때 다루었듯이, 종자가 현행이라는 경험의 선험적 근거를 이루고 있다는 것을 나타낸다. 그러나 아뢰야식의 경우 이 선험성은 결코 경험을 거부하는 것이 아니라, 무한하게 경험을 수용하는 것이다. 경험이 침전된 역사 이외에 현재의 구성능작을 규정하는 것은 없다. 경험의 훈습에 의한 역사 이외에 현재의 자기는 없다. 후설은 확실히 이 사태에 대해,

초월론적 주체성의 존재는 역사적 존재이다.[16]

라 하고 있다. 나의 제법의 인因은 제법의 과果가 규정하고 있는 것이다. 주체가 경험의 인因인 것은, 그것이 현행의 경험으로부터 역으로 규정되기 때문이다. 경험을 산출하는 것은 경험에 의해 산출된 것이다. 역사의 내포는 바로 이러한 자기형성적 사태이다. 형성된 것이 역으로 형성적으로 작용하는 점에서 역사가 성립하는 것이다.

마지막으로 인과차별이 문제가 된다. 교호인과를 다른 각도에서 보면 '일一'에서 '다多'로, '다多'에서 '일一'로의 연쇄이다. 이 경우 '일一'에서 '다多'로의 방향은 역으로 '다多'가 어떻게 해서 성립하는가 하는 물음에 응하면서 구하게 된 답이다. '다多'는 제법이며 경험이다. 제법은 어떻게 해서 성립하는가, 경험의 가능근거는 무엇인가 하는, 경험의 가능성의 제약에 대한 초월론적 물음이 출발점이다. 그런데 제법의 세계는 '다多'의 세계이며 차별의 세계이다. 따라서 차별의 세계의 근거로서 발견하게 된 아뢰야식은 당연히 '차이화'의 원리를 떠맡고 있지 않으면 안 된다. 즉, 5온蘊, 12처處, 18계界라는 차별계를 성립시키는 연기이지 않으면 안 된다. 차이화가 생기하는 장이 아뢰야식이다. 그러나 그것은 '모든 소가 검게 되는 밤'[17]과 같은 발출론적 원점이 아니다. 왜냐하면 앞에서 서술했듯이 그것은 그 자체가 훈습에 의해 성립하고, 교호인과에서 성립하는 것이기 때문이다. '일'로부터 '다'로의 차이화의 원리가 '다多'로부터 '일一'로의 내용을 기반으로 해서 비로소 성립하는 것이다. 이것이 아뢰야연기阿賴耶緣起이다. 확실히 아뢰야연기는 제법의 자성을 문제로 하고 있다. 이것이 무자성 · 공, 제법개공諸法皆空을 설하는 중관학파로부터 비난받는 점일 것이다. 그러나 아뢰야연기는 제법 자체를 성립하게 하는 연기를 묻고 있는 것이며, 그것이 인연으로 응답되어 종자라는 개념이 조탁되어 온 것이다. 넓게 소승, 대승을 통하여 12지支 연기가 있다. 그 각 지支는 각각의 법이다. 법과 법의 관계를 설한 것이 12지 연기이다. 그러나 점차 관계의 관계항을 이루는 법이 실체화되게 된다. 거기에 관계항인 법도 또한 연기이기 때문에 공이며 자성은 없다고 말할 필요가 생기게 된다. 이것도 실체화를 비판하는 한 방향이다. 그러나 실체화를 비판하는 것에는 또 하나의 방향이 있다. 그것은 법의 성립을 연기로써 해명하는 것이다. 전자의 방향이 공관空觀이며 후자의 방향이 아뢰야연기이다. 후자에서 자성이 문제가 되는 것은, 자성의 인연을 묻고 있기 때문이다. 실체화를 비판한다는 점에서는 같지만, 후자의 방향은 물음을 초월론적 물음으로, 즉 자신의 유래에 대한 물음으로 조탁하는 것이라고 말할 수 있겠다. 필자가 여기서 초월론적 물음은 자신에게 철저하게 책임을 짊어지는 물음을 함의한다고 말하고 싶다.

제2절 이숙과 책임

이숙이란 말은 『유식삼십송』에서는 아뢰야식이라는 말보다도 먼저 나타난다. 이것을 보아도 유식론에서 이숙의 문제가 아뢰야식을 세우는 가장 중요한 동기였다는 것을 알 수 있을 것이다. 이숙의 문제는 업의 문제이다. 『성유식론』의 아뢰야식의 존재논증 중 제2이증理證이 이숙에 대한 증명인데, 여기서 교증敎證으로 인용되고 있는 말은,

> 또, 계경에서 설하길, 선업이나 악업이 초감하는 이숙심이 있다고 한다.[18]
>
> 又, 契經說有異熟心善惡業感.

이다. 이 말은 업의 인과는 어떻게 성립하는가 하는 물음에 대하여 '이숙심'으로 응답하는 것이다. 불교에서는 '무아'가 가장 기본적인 교설이다. 그런데 업이라는 사실事實이 있는 것은 어째서인가? 업을 떠맡는 주체는 자아가 아닌가? 이와 같은 물음에 직면한 대론이 아뢰야식의 존재논증에

유력한 동기를 부여했던 것이다. 업에 있어서 문제가 되는 인과는 이숙인과이며, 이것은 일체 유위법의 인과인 등류인과와 구별된다. 이 구별은 등류인과가 존재의 필연성을 부여하는 데 반해, 이숙인과는 그 존재[실존]의 자기 한정이 된다는 점에 있다. 즉, 업은 일체 제법의 처지를 결정한다는 의의를 갖는 것이다. 개별화의 원리라고 해도 좋을 것이다. 업도 또한 유위법이지만 그와 동시에 유위법의 처지를 규정하는 역할을 수행하고 있다. 12지支 연기에서는 제2지 '행行'과 제10지 '유有'가 업에 해당한다. '유有'는 이 신身을 갖고 살고 있다는 사실을 나타낸다. 생존이다. 이 신身으로서의 생존은 어떤 처지에 놓여 있는데, 이를 '취趣'라고 한다. 이와 같이, 어떤 처지에 놓여 신身으로써 생존한다는 사실事實을 성립하게 하는 근거로서 업이 밝혀지게 된 것이다. 처지를 규정한다고 하면, 운명과 구별하는 일이 문제가 된다. 운명은 결정론에 서 있는 개념이다. 이숙이란 운명론, 결정론을 거부한다는 의미를 내포하고 있다. 즉 '因時善惡, 果是無記.(인因일 때는 선이거나 악이지만, 과果일 때는 무기이다.)'이다. 이 '무기'가 운명론이 아니라는 것을 말해주고 있다. 등류인과의 경우는, 인因이 선이면 과果도 선이고, 인因이 악이면 과果도 악이다. 이숙은 업과를 받아들이면서 운명론, 결정론에 빠지지 않는 근거를 부여하고 있는 것이다. 불교는 업을 인정하되 운명론, 결정론을 외도의 견해라고 해서 배척한다. 왜냐하면 운명론, 결정론에 따르면 정진精進이 무익하게 되기 때문이다. 여기에 이숙은 책임이라고 하는 필자의 견해가 성립한다. 책임이라 해도, 그것은 계약관계를 전제로 한 책임은 아니며, 자신의 존재는 업에 의해서 한정된다고 자각한다는 의미에서 '존재론적 책임'이라고도 부를 수 있을 것이다. 그것은 앞서 주어진 것은 자신이 스스로 구한 것이라고 떠맡음으로써 성립한다. 그러나 이런 떠맡음은 표층의 제6식에서 일어나는 의식적인 것이 아니다. 오히려 제6의식에서 보면 수동성의 층, 즉 자신의 소의所依가 되는 숨겨진 층에서 이미 성취되고 있는 사태이다. 주체적 존재는 실체가 아니라, 업의 한정으로서 이루어진 것Werden이고 업의 성취이다. 그리고 자신의 존재를 이 업의 성취로서

'감感하는' 것에서 비로소 주체의 주체성이 성립하게 된다. 주체성은 초월적으로 위로부터 부여된 것이 아니다. 오히려 주체성은 그 근저에 깊은 수동성의 층을 간직하고 있고, 그것의 자각을 통해서 본래의 주체성이 성립하게 된다. 이 주체의 근저에 숨어서 작용하는 깊은 수동성의 층이야말로 '업감業感'으로 불리고 있는 것이다. 이 업감은 일체의 지知에 앞서고, 오히려 일체의 지知의 성립기반을 이루고 있지만 분별지에 의해서 결코 반성적으로 파악될 수는 없다. 오히려 반성에 앞서서 떠맡아 있고, 이 떠맡음에 기초해서 반성 또한 성립한다. 의식에 앞서서 이미 신身이 떠맡고 있는 것이 업과業果이다. 이런 의미에서 이 신身이라는 것은 업이라는 역사의 표징이다. 후설의 발생적 현상학에서 현재적顯在的 대상의미의 구성에 숨어서 참여해 온 잠재적인 의미의 역사를 노정할 때 바로 그 현재적 의미가 '길잡이Leitfaden'가 되듯이, 여기서는 이 신身이라는 사실事實이 그것을 성취해 온 업의 역사를 감感하기 위한 '길잡이'가 되는 것이다. 업감연기란, 말하자면 어딘가에서 자연사와 서로 공통되는 점이 있는, 이 신身의 사실事實을 성취해 온 초월론적 역사의 감득感得이다.

이숙식이란, 업을 짊어지고 태어나고, 업을 다하고, 업을 완수하여 죽는 것이다. 『유식삼십송』의 제19송에서 '앞의 이숙이 이미 다하면 다시 다른 이숙이 생한다"고 하듯이, 이숙은 다하면서 이어지는 것이다. 이것은 아뢰야식도 찰나멸이기 때문에 당연한 것이지만, 여기서는 생애가 찰나와 동일한 구조를 갖고 있다. 혹은 역으로 찰나도 생애와 같은 구조를 갖고 있다고 해도 좋을지 모른다. 찰나도 생애도 생겨난 시간으로서 에포크적 구조를 갖고 있다. 직선적으로 균일한 시간은 이념화에 의해 고도로 추상화된 시간에 지나지 않는다. 에포크적 시간이란 의미에서 업을 다한다고 하는 것과 관련해서 『섭대승론』에 '유수진상有受盡相'이라는 표현이 있다. 즉, 유수진상有受盡相과 무수진상無受盡相이 대비되고 있다. 본문을 인용하면,

> 또, 유수진상과 무수진상이 있다. 유수진상有受盡相은 이숙과를 이미 성숙

하게 한 선·불선의 종자를 말한다. 무수진상無受盡相은 명언훈습의 종자를 말한다. 무시시래 종종의 희론을 유전하게 하는 종자이기 때문이다. 만약 이것들이 없다면, 이미 짓고 이미 지은 선악 2업이 과果를 주어서 수진受盡하는 일이 성립하지 않을 것이고, 또 새롭게 명언훈습이 생기하는 일이 성립하지 않을 것이다.[19]

復有有受盡相無受盡相. 有受盡相者, 謂已成熟異熟果善不善種子. 無受盡相者, 謂名言熏習種子. 無始時來種種戲論流轉種子故 此若無者, 已作已作善惡二業與果受盡應不得成. 又新名言熏習生起應不得成.

유수진상은 이숙인으로서의 종자를, 무수진상은 명언훈습의 종자라 했듯이 등류인으로서의 종자를 두고 하는 말이다. 이숙의 종자는 업의 종자이고, 등류의 종자는 제법의 종자이다. 이 등류의 종자는 '언어의 훈습'의 세계이고, 반복되는 개념적 허구[희론]가 침전된 세계를 의미한다. 개념적 세계이므로 순수가능성이고 본질이라는 의미에서 인因이다. 이런 의미에서 '일체종자'는 '법계dhātu'를 나타낸다. 'dhātu'는 '종족'이라는 뜻이지만 이것은 어떤 것을 그것 자체이게 하는 본질이다. '법계등류'라고 말하듯이, 본질의 세계에는 등류인과等流因果 이외에는 있을 수 없다. 가능태 녹색이 현실화되어 미 음이 되었다고 하는 일은 있을 수 없다. 제법의 종자는 가능성으로서의 Wesen이다. 그러나 이 등류종자는 아직 현실존재Existenz를 성취할 수 없다. 그것으로 하여금 현실존재를 성취하게 하는 것은 '업연業緣'이다. 같은 하나의 현실을 두고, 법法의 측면에서 보면 그 자신의 본질이 현실화한 것이기 때문에 등류과이지만, 그것을 현실화하게 한 작용 곧 업業의 측면에서 보면 업의 이숙과이다. 연緣에도 여러 가지가 있어서 우연적인 연緣도 있지만, 업연業緣이란 일찍이 자신이 행한 행위이며 거기에는 자신의 의사가 침전되어 있다. 그것이 업의 종자가 되어, 지금·여기에·이 신身을 갖고서·실존Existenz하는 이 나를 성취하게 하는 것이다. 이 사실事實은 인간의 본질이 현실화되었다 운운하는 단지 등류인과적 설명에 의해서만 다해지는 것이 아니다. 이숙이 갖는 엄숙한 의미가 여기에 있다. 업은 행위적 경험이다. 업이라는 경험의 특징은 업을 만들면 반드시 그것을 견인한다고 하는 점에 있다. 즉, 반드시 떠맡지 않으면 안 된다는 것이다. 그러나 업에는 또 하나의 특징이 있다. 업의 인과는 그것을 떠맡으면 없어지게 된다는 점이다. 수진受盡하는 일이 가능하게 된다. 그래서 업의 종자를 '유수진有受盡'이라고 하는 것이다. 이것은 업이 운명이 아니라는 것을 나타낸다. 책임을 갖고 떠맡음으로써 그 대가를 치루는 것이 가능하게 된다. 이에 반해서, 등류인과는 에포크적 시간에 있어서 수진受盡하는 일은 가능하지 않다는 것을 나타낸다. '무수진無受盡'이다. 인간의 본질이 무엇인가는 인류의 역사 전체가 보여주는 것이다.

제3장 후설 현상학에서의 초월론적 역사

시작하며

후설이 제창한 현상학은 당초 학문의 이념을 단순한 사실학으로 환원하는 실증주의적 경향에 대해서, 본래적인 학문의 성립조건을 다시 묻는다는 과제 하에 아프리오리한 형상학形相學으로 출발했다. 경험과학은 소박하게 존재자에 대해 논급하지만, 현상학은 그 논급의 규범이 되어야 할 보편적 본질을 해명하고자 한다. 그런데 이 보편적 본질은 순수의식의 이념적 가능성에 기초해서만 해명되기 때문에, 현상학은 소박한 실재 정립의 전부를 판단중지해서 필증적인apodiktisch 내재영역을 확보하지 않으면 안 된다. 이것이 현상학적 환원이며, 이 내재영역은 거기에서 초월적 객관성의 의미가 구성되는 근원적인 장이기 때문에 '초월론적 주관성'이라 불린다. 이렇게 '사상事象 그 자체로'라는 표어 아래 철학의 절대적으로 명확한 시원 또는 철저한 무전제성을 요구하는 현상학은 초월론적 주관성과 그 구성능작에 관한 근본학 즉 순수현상학의 구성에 이르는 것이다.

그러나 뜻밖에도 '제일철학'이란 제목의 1923~24년의 강의에서 이 절대적인 시원 또는 무전제성의 요구의 가능성이 '초월론적 경험의 필증성 비판'[1]이라는 형태로 문제화된다. 여기에 후기 후설의 '역사로의 전회轉回'가 개시開始된다.

그런데 란트그라베가 "무역사적인 아프리오리주의의 좌절"[2]이라고 부른 이 역사로의 전회는, 과연 당초의 현상학의 근본동기인, 절대적 시원에 의거해서 본래적인 학의 기초를 부여함이라고 하는 과제의 방기를 의미하는가? 확실히 "초월론적 주관성의 존재는 역사적 존재이다"[3]라는 언명은 절대적이어야 할 것의 피규정성을 표현하고 상대주의로 가는 길을 준비하는 듯한 인상을 준다. 그러나 1936년의 『유럽 제학문의 위기와 초월론적 현상학』(이하 『위기』)에서는 명확하게 "우리는 과제로서의 철학의 가능성을, 따라서 보편적 인식의 가능성을 방기할 수는 없다"[4]라고 서술하고 있다. 우리는 이 글에서 '역사로의 전회'는 이 근본동기의 방기가 아니라, 오히려 자신의 현상학의 의도를 보다 깊이 자각하는 일에 이르는 길이라는 것을 보여주려 했다고 생각한다. '무역사적 선험주의'의 좌절은 필증성에 대한 소박한 전제가 붕괴하고, 그 필증성이 본래 무엇을 의미하는가 하는 물음이 주제화되지 않을 수 없는 상황을 노정하고 있지만, 그것은 오히려 현상학적인 시원에 대한 물음의 심화에 상응하는 것이다. 후기 후설 철학에서 말하는 '역사'란, 필증성의 의미가 거기에 숨겨져 있기에 거기에서만 발굴될 수 있는 '초월론적 역사'이다. '초월론적'이라는 개념이 "인식에 대해서 자신의 한계를 설정하는 것을 가능하게 하는 인식의 방식 또는 방법"[5]을 의미한다고 하면, 후기 후설의 '역사로의 환원'은 본래적 의미에서 '초월론적'이었다라고 말할 수 있을 것이다. 왜냐하면 그것은 자신이 입각하는 필증성에 대한 끊임없는 자기비판, 자기해명의 시도였기 때문이다.

제1절 초월론적 경험의 영역 확보와 그 직접제시

현상학에 고유한 '초월론적 경험'이라는 영역개념을 이해하기 위해서, 우선 처음에 후설의 초월론적 현상학과 칸트의 초월론 철학을 대비하는 것에서 시작하자. 후설의 초월론적 현상학은 "모든 객관적 의미형성과 존재타당의 근원적인 장인 인식하는 주관성으로 되돌아가서, 존재하는 세계를 의미형성체 또는 타당형성체로서 이해하는"[6] 것을 과제로 한다. 칸트의 초월론적인 물음은 한마디로 말하면, '경험의 가능성의 제약'에 대한 물음이다. 양자의 결정적인 차이는 후설에게는 '객관적 의미의 형성'이라는 문제가 있다고 하는 점이다. 애당초 현상학은 "순수직관적 고찰의 테두리 내에서의, 즉 절대적 소여성의 테두리 내에서의 본질분석이자 본질연구"[7] 였다. 후설의 초월론적 물음은 이 본질연구를 기반으로 하며, 그의 칸트비판의 핵심은 초월론적 근거부여를 필요로 하는 '객관적 세계'에 관한 칸트의 선입견에 있었다. 확실히 칸트는 아프리오리한 종합비판의 객관적 타당성을 '나는 생각한다'라는 초월론적 통각으로까지 거슬러 올라가서 거기로부터 연역적으로 근거부여했다. 그러나 그러한 근거부여를 요하는 객관성의 의미는 수학적 자연과학의 세계개념에 의해 사전에 규정된 것이었다. 후설의 과제는 굳이 말하자면, 칸트가 "인간의 마음 깊은 곳에 숨어 있는 은미隱微한 기술技術"[8]이라고 여긴 구상력의 도식을 분명히 제시하는 데 있다고 생각된다. 따라서 후설에게 초월론적 논리학은 칸트에게서처럼 연역적일 수 없으며, "초월론적인 Noetik에서만 가능한"[9] 것이 된다. 즉 "객관적 의미형성체의 초월론적 이론은 객관적 의미를 형성하는 생에 대한 초월론적 본질연구와 분리될 수 없는"[10] 것이다. 이렇게 현상학에서는 초월론적 주관성은 처음부터 단순한 순수통각이 아니며, 의미형성적인 생이라는 초월론적인 고유한 존재영역을 지시하고 있었던 것이다. 이 영역이야말로 판단중지에 의해 개시開示되는 '초월론적 경험'이라는 무한한 탐구 가능한 영역이다.

그런데 이 초월론적 경험에서 '경험'은 현상학적 환원을 거친 내재영역에서의 초월론적 자아의 자기경험이지, 세계내부적인 empirisch한 경험이 아니다. 후설은 empirisch한 의식과 faktisch(사실적인) 의식을 구별하고, 후자를 "현상학적 환원의 내부에 있는 특정한 의식경과"[11] 또는 "의식의 흐름"이라고 서술하고 있다. 또한 초월론적 자아의 보편적으로 필증적인 경험구조로서 "체험의 흐름의 내재적인 시간형식"[12]을 들고 있다. 이처럼 후설에게는, 초월론적 경험의 사실성의 구체적이고 적극적인 직접정시呈示가 있다. 왜냐하면 초월론적 주관의 의미구성 능작을 짊어질 수 있는 장은 거기 밖에 없기 때문이다. "우리는 현실적인 이성적 주관으로서, 숙명으로 가득 찬 생의 현실 한가운데 서서, 바로 이 생의 기능으로서의 학을 추구하고 있는 것이다. 따라서 우리의 관심은 사실성이다. 게다가 형상적인 초월론 철학[초월론적 현상학]은 『초월론적 사실학』을 위한 도구 또는 방법이다."[13]

칸트에게 경험이란 empirisch한 대상 경험과 다르지 않기 때문에, 경험 가능성의 제약에 대한 물음은 그 자신은 더 이상 경험의 대상이 되지 않는 통각으로까지 배진적regressiv으로 거슬러 올라가지 않으면 안 된다. 그러나 그렇게 해서, 근거부여되어야 할 객관적 타당성의 의미가 물음으로 화하는 이상, 그러한 배진적 방법은 후설에게는 전혀 효과가 없다. 객관적 타당성을 말하는 것이 허용되는 것은 주관성의 구성능작의 해명을 통해서 객관적 타당성의 의미가 명시되는 경우에 한정된다. 또, 타당의미에 대해서 말하는 것은, 가능적인 의식 일반이 아니라 초월론적 주관의 사실적 원原경험과 관련해서만 유효하다.

이렇게 해서, 초월론적 현상학에 있어서 '근원'[14]으로의 귀환은 궁극적으로 초월론적 주관성의 사실적 원경험으로 인도하지만, 이와 동시에 이 사실적 원경험의 필증성의 문제, 즉 초월론적 존재의 필증적 명증의 유효범위[15]라는 어려운 물음 앞에 서게 만든다.

제2절 발생적 현상학과 '의미의 역사'

『제일철학』 제2부에서 후설은 세계의 존재의 필증성에 대한 비판을 통해서 일거에 초월론적 주관성에 도달하고서, 지금까지의 판단중지를 '데카르트의 길'[16]로 특징짓고 그에 대한 자기비판을 행한다. 이 길은 "확실히 단번에 초월론적 자아로 도달하지만, 그것에 선행하는 설명이 완전히 빠져 있기 때문에 이 초월론적 자아를 일견 내용이 없는 채로 밝혀낸 것이다"[17]라는 결함을 갖는다. 그러나 초월론적 주관성은 앞 절에서 서술했듯이 의미구성적인 생으로서, 초월론적인 지향적 생으로서 충분한 내실을 수반한 것으로서 해명되지 않으면 안 된다. 이렇게 해서 초월론적 자아에 도달하는 '새로운 길'[18]이 구성된다. 여기서는 세계의 선소여성Vorgegebenheit과 그 사전에 주어지는 방식에 대한 물음이 제기되고, 지평의식의 분석에 의해 지향적 함축intentionale Implikation의 여러 상相들이 해명된다.

처음에 주목해야 하는 것은 "주관성의 초월론적 생의 흐름의 초월론적 시간형식"[19]이다. 내적 시간은 흐르면서 현재하는 '나는 있다' 내에서 스스로를 구성하는 주관성의 필증적 형식이다.[20] "초월론적 생은 고유한 초월론적 시간형식 내의 연속하는 초월론적 경험에서 스스로를 나타내는"[21] 것이다. 이 흐름 속에서 충전적으로 주어지는 것은 확실히 '살아 있는 현재'일 뿐일 것이다. 그러나 예를 들어 하나의 멜로디를 듣고 있을 때 '현재' 속에 과거의 여운과 미래의 예기가 포함되어 있듯이, "생생하게 흐르는 현재 속에는 항상 직접적인 과거의 영역과 직접적 미래의 영역이 속해 있는"[22] 것이다. 멜로디의 어떤 한 음이 현재 열리면서, 이 현재의 현재적顯在的 의식은 하나의 멜로디 전체를 앞서서 묘사하고 있는 잠재적인 의식을 수반한다. 이처럼 현재적 의식과 함께 작용하면서 그 활동공간을 예료하는 잠재성이 '지평'이다. 이 지평이 미치는 범위는 직접적 과거 또는 미래에 머물지 않는다. 그 배후에는 "침전된, 이미 끝난 과거성의 영역"[23]이, 혹은 "열려진 무한한 저편의 미래의 지평"[24]이 걸쳐 있다. 흐르고 있는 경험에서 지평의 중심은 변이해 가지만, 끊임없이 "함축된 무한한 모든 타당성"[25]을 안에 포함하고 있다. 따라서 궁극적으로는 "지속적인 타당성이 어떻게 근원적으로 창설하는 작용으로부터 생기하는가?"[26]가 물어지지 않으면 안 된다. 지평은 실재적 환경세계에 대해서뿐만 아니라 특히 이념적 대상에 대해서도 물어지고 있다. "우리는 우리의 이념적 '세계'를, 거기에서 이념적 대상성이 그 원창설Urstiftung을 경험한 작용에 의해 생긴 지속적인 타당침전으로 소유하고 있다."[27] 이념적 대상도 또한 이전에 초월론적 경험 중에서 형성되었으며, 이제 그것은 우리의 습성적인 인식소유물이 되어 있는 것이다.

이제 이와 같은 지평 속에 침전되어 있는, 함축된 타당성의 노정이라는 과제는 우리를 지향적 분석에 기초하는 발생적 현상학으로 인도한다. 그러나 그것으로 들어가기에 앞서서, 우리는 여기서 필증적 명증성의 유효범위에 대해서 서술해 두고자 한다. 왜냐하면, 현상학적 환원 후의 내재영역은 본래 완전한 소여성으로서의 충전적인 명증과 모든 의심을 배제하는 필증적 명증을 동시에 만족해야 하는데, 지평이라는 잠재영역이 과연 이 조건을 만족하는지 아닌지 당연히 물어져야 하기 때문이다.

초월론적 자아의 원소여는 현상학적 본질인식에 대해서 최초로 활동공간을 열지만 그것 자체는 사실적이다. 여기서, 사실적 자아 자신이 주어지는 명증과 거기서 현상학적 보편구조가 주어지는 명증의 구별이 생긴다. 만약 충전적인 명증의 규준을 철저히 한다면, 형상적 구조의 소여가 자아의 원소여에 대해서 우위를 점하게 된다. 역으로, 초월론적 의식의 자기소여를 사실적인 것으로 자취를 남기고자 한다면, 이 자기소여를 충전하게 주어지는 것으로서 타당하게 하는 것은 어렵게 된다.[28] '초월론적 자기경험'은 단지 본래 충전적인 경험의 '핵'만을, 즉 살아 있는 자기현재만을 보여줄 뿐이다. 여기서 "초월론적 경험의 필증성 비판"[29]이 필요하게 되는 것이다. "'소박한' 것으로서 현출하는 것은 이제는 자연적 인식만은 아니다. 초월론적 주관에 기초하는 인식도 그것이 필증성 비판에 복종하지 않는 한 소박한 것이다."[30] 그러나 그 결과는 두 가지 명증의 괴리였다. 충전적인 명증에서 보면, 의심할 수 없는 소여는 사실이 아니라 '형상적 구조형식'[31]뿐이며, 거기에서도 사실성의 우위를 확보해야 한다면 충전성을 더 이상 최고의 명증개념으로 간주하는 일은 포기해야 한다. 따라서 이제 필증성은 '불충전적인 명증'[32]으로서도 가능하지 않으면 안 되게 되는 것이다.[33]

이것은 분명히 당초의 현상학적 환원의 필증적이면서 충전적인 명증이라는 방법론적인 조건의 좌절이다. 그러나 이런 좌절을 자각하면서도 초월론적 경험의 사실성의 해명으로 돌진하는 그 가운데서, 후설 현상학의 근본동기를 엿볼 수 있다. 그것은 다름 아닌 초월론적 자아의 생의 철저한 자기이해이며, 초월론적 자아의 자기구성의 해명[34]이라는 과제이다. "순수자아는 비록 그것이 이미 그 지향적 생, 즉 거기에서의 현출과 타당성에 따라 모든 객관성이 형성되는 지향적 생의 주관으로서 파악되었다 해도, 그것은 여전히 쉽사리 생각해낼 수 없는 깊은 '지향적 함축'이라는 간접성을 감추고 있으며, 그것을 해결하지 않고는 순수한 생은 완전히 이해되지 않은 채 남게 될 것이다"[35]라고 서술하고 있다. 즉, 초월론적 자아의 진정한 자기이해를 위해서는 그것이 이전과 같이 단순히 객관적 의미구성의 극極으로서 파악되는 것만으로는 불완전하며, 그 지향적 생이 잠재적인 모든 구성능작의 중층重層에서 형성되는 '지속적인 개성', '습성'[36]을 짊어지고 있는 것으로 이해되어야 한다. 이 잠재적인 모든 구성능작의 중층이 '지향적 함축'[37] 이며, 그것을 해결하는 방법이 '지향적 분석'이다. 그리고 이 방법에 기초하는 초월론적 자아의 자기구성의 해명은 이전의 정태적 현상학에 대해서 발생적 현상학이라 불린다.

발생적 현상학에서의 지향적 분석은 "외면화된 지향성으로부터 벗어나 내적인 지향성 — 즉 외면화된 지향성을 지향적으로 구성하는 지향성 — 을 향해 돌진할"[38] 것을 요구한다. 현재적顯在的 지향성은 체험류의 내적 시간지평 안에 무한한 잠재적 지향성을 함축하고 있다. 현재적 지향성의 상관자로서 주제적으로 주어지고 있는 대상은 무한히 다양한 현출의, 원리적으로 닫혀질 수 없는 체계 중에 서 있다. 이 다양한 현출 각각은 단지 흘러가기만 하는 것은 아니다. 구성의 상相들은 의식의 다양한 시간양태 속에서 흔적을 남기지 않고 흘러가는 것이 아니며, 구성과정의 시간성은 구성되어야 할 획득물에 대해서 항상 구성적으로 작용하고 있다.[39] 따라서 이미 구성된 대상적 통일 속에는 '익명적'[40]으로 생성하는 의미창설적인 선능작[41]이 함께 침입해 있는 것이다. 지향적 분석은 이 다양한 익명적인 선능작을 노정하는 것을 과제로 한다.

『형식논리학과 초월론적 논리학』(1929년)은 논리학적, 이념적 객관성의 의미를 그 의미의 원창설의 작용으로까지 다시 밟아가는, 논리학적 형성체의 발생적 구성분석을 주제로 하고 있다. 그런데 이 분석을 통해서 통상은 그 아프리오리성에 있어서 자족적으로 기초부여되고 있다고 간주되는[42] 논리학적 형성체도 그 '발생적 서열'[43]로서의 '의미의 역사'[44]를 짊어지고 있음이 개시開示되는 것이다. 이 현상학에 고유한 일종의 '역사성'에 대해서 다음과 같이 서술되고 있다. "'구성' 또는 '발생'의 완성된 산물로서의 판단은, 이 의미 안에 함축되고 본질적으로 거기에 속하는 의미계기에 대하여 물을 수 있고, 묻지 않으면 안 된다. 그러한 산물이 의미이며, 그것이 그 발생의 의미함축으로서, 어떤 일종의 **역사성**을 자신 안에 짊어지고 있다고 하는 것, …… 그리고 따라서 어떠한 의미형성체도, 그것에 본질적으로 속하는 **의미의 역사**에 대하여 물을 수 있다는 것, 이것은 완성된 산물의 본질적인 특성인 것이다"[45](고딕은 필자)라고 하고 있다. 이 '의미의 역사'의 안에는 숨겨진 채 작용하고 있는 익명적인 지향능작이 숨어 있으며, "이 능작은 어떤 침전된 역사sedimentierte Geschichte로서…… 그때마다 구성된 지향적 통일 속에 포함되어 있다"[46]는 것이다. 발생적 구성분석은 이 '침전된 역사'를 재활성화하는 것Reaktivierung[47]과 다른 것이 아니다.

이상 서술한 것으로부터, 현상학적 환원에 의해 추려져야 할 초월론적 자아는 단순히 객관적 의미 구성의 극으로서의, 점点적으로 '내용이 없는'[48] 공허한 자아가 아니라 배후에 '무한히 열린 지평'[49] 영역을 지니고, 그 자신의 역사를 짊어지면서 초월론적인 생을 살아가는 자아라는 것이 이해될 것이다. 그러나 이 초월론적 주관성의 자기구성과 관련된 역사성은 결코 세간적인mundan 역사가 아니며, 따라서 "초월론적 주관성의 존재는 역사적 존재이다"[50]라는 언명은 결코 상대주의로 이끄는 것이 아니다. 오히려 이 말은 자기의 구성에 익명적으로 참여했던 침전된 역사의 노정을 통해서, 자기의 역사적 지평을 자각하지 않고는 초월론적 주관성의 필증성 자체가 애매한 채로 있게 된다는 것이며, 따라서 초월론적 주관성의 사실적 원경험의 필증성은 자기의 역사성의 자각으로부터 그 내실이 해명됨으로써만 확보된다는 것을 말하는 것이다. 초월론적 자아의 역사성의 자각은 '사상事象 그 자체'로 이르는 길의 좌절이 아니라 반대로 '사상 그 자체'의 내실을 밝히는 것이다.

제3절 초월론적 상호주관성과 초월론적 역사

앞 절에서 서술한 현재적顯在的 의식작용의 배후에 있으며, 그것에 대해 구성적으로 작용하고 있는 잠재적인 지평영역의 해명은, 실은 초월론적 자아의 자기구성 내에 '타자의 초월론적 생'[51]이 참여하고 있었음을 밝히는 것이다. 『제일철학』 제2부에서 '지향적 함축'에 대하여 서술하고 그 무한한 열린 지평이 미치는 범위를 문제로 한 후에, 후설은 계속해서 다음과 같이 서술한다. "사실 말하자면, 우리는 끝이 없는 생의 연관의 전체적 통일 가운데 서 있으며, 나 자신의 그리고 동시에 상호주관적 역사적 생의 무한성 가운데 서 있는 것이다."[52] 즉 초월론적 자아의 자기구성에 참여하고 있는 침전된 역사적 지평 내에는 '타자의 초월론적 생'이 함축되어 있으며, 이 지평은 정확히 말하면 단순히 역사적 지평이라기보다도 '역사적인 동시에 상호주관적 지평'이라고 해야 할 것이다. 왜냐하면, 요컨대 현상학적 발생론에서 보면, 정태적으로는 소박하게 필증적인 내재영역으로 간주된 순수

자아 내에 이미 타자와의 교섭이 함축되어 있기 때문이다. "나는 나의 주관성의 테두리 내에서 타자의 주관성을 함께 경험하고 있었다"[53]라고 하는 것이고, "그러한 타자의 초월론적 생의 협동에 의해 나의 사물세계의 지향적 구성은 바로 타자가 수행하고 있는 지향적 구성과 공동성을 획득한다"[54]고 하는 것이다.

그런데 원래 현상학에서는, 객관성은 예컨대 의식 일반에 상관적인 것으로서 처음부터 전제되는 것은 가능하지 않으며, 객관성의 의미를 초월론적 주관성으로부터 구성해야 하기 때문에 현상학자는 처음부터 어떻게 현상학적으로 환원된 초월론적 자아로서의 '나'라는 순수내재영역으로부터, '만인에게 있어서'[55] 성립하는 객관성의 의미가 구성될 수 있는 것인가 하는 어려운 물음 앞에 서게 된다. 상호주관성의 현상학은 당초 이 객관성의 구성 문제, 즉 대상의 객관성의 성립조건을 해명하고자 의도된 것이었다.

이제 여기서 만약 초월론적 자아의 지향적 구성능작 내에 타자의 초월론적 구성능작의 협동이 함축되어 있지 않다면, 초월론적 자아로서의 나가 구성하는 세계가 객관적 세계라는 것이 보증될 수 없을 것이다. 따라서 객관성의 구성 문제는 본래 발생적 현상학의 지향적 분석에 의해 개시開示되는 역사적이면서 상호주관적 지평에서, 개개의 초월론적 주관이 자기구성의 본질적 계기로서 타자와의 협동이 함축되어 있음을 해명하지 않고는 해결할 수 없는 문제이다. 즉 객관성의 구성 문제와 초월론적 주관성의 역사성의 개시開示는 본래 불가분의 관계인 것이다.

다음으로 상호주관성이라는 현상학의 제2의 주제는, 구성하는 초월론적 주관의 공동체의 자기구성이라고 하는 문제이다. 객관적인 하나의 세계의 상관자, 즉 그것을 구성하고 그 존재를 초월론적으로 가능하게 하는 것은 개개의 초월론적 자아가 아니라 서로 다른 모든 초월론적 자아의 공동체이다. 단독의 독아론적 자아의 능작으로 객관적 세계를 구성하는 것은 가능하지 않기 때문이다. 이 공동체는 비로소 객관적 세계를 초월론적으로 가능하게 하기 때문에 '초월론적 상호주관성'이라고 불린다. 그러나 이 공동체의 구성 문제는 현상학적 환원에 불가피하게 수반되는 자아론적 출발점[56]이기 때문에 해결불가능하다고 생각될 정도의 난관에 직면한다. 자아론적 출발점은 판단중지에 의한 "철저한 철학으로서의 방법적 요구"[57]이며 "나의 자아가…… 모든 기초부여가 거기로 거슬러 올라가 연관지어져야 할 원기반"[58]임을 요구한다. 이 출발점에 서는 한, 서로 함께 초월론적 상호주관성이라는 공동체를 구성해야 할 타인의 초월론적 주관도 또한 나의 자아라는 원기반으로부터 구성되어야 하며, 그런 한에서 나에게 있어서 구성된 초월적 대상이 되는 것이리라. 그러나 그러한 타자는 이미 나와 함께 초월론적 상호주관성을 구성해야 할 초월론적 주관으로서의 타자는 아니다.

이 어려움을 해결하기 위해서는, 초월론적 주관의 존재방식이 다음과 같은 방식으로 기초부여되지 않으면 안 된다. 즉 "나는 나 자신의 구성을 나만으로 돌아오게 하는 것은 가능하지 않으며, 나는 그 때문에 의미창설創設적인 타자의 공동능작을 요한다"[59]라는 것을 증시하는 방식이다. 『위기』에서 말하는 "자기의식과 타자의식은 불가분이다"[60]라는 통찰은 자아와 타아가 동근원적일 뿐 아니라 상호 그 자기구성에서 다른 것에 힘입고 있다는 것을 보여준다.[61] 이 자아와 타자의 동근원성과 상의성이 발견되는 차원은, 그러나 결코 나라고 하는 원기반에 의해 기초부여될 수 있는 것이 아니라, 오히려 이 나라고 하는 원기반의 가능성을 제약하는 차원이어야 한다. 나라고 하는 원기반이 거기에서 모든 대상구성적인 구성능작이 수행되는 장이라고 한다면, 지금 문제가 되고 있는 자아와 타아의 동근원적 차원은 그 대상구성적인 구성능작의 가능성을 제약하는 차원이다. 이러한 차원으로 소급하는 일에 대해 후설은 다음과 같이 서술하고 있다. "원적 현재[항상 살아 있는 흐름]의 구성분석은 우리를 자아구조로, 그리고 다시 그 자아구조에 기초부여하고 있는 자아 없는 흐름의 상주常住하는 하층으로 이끈다. 이 자아 없는 흐름은, 수미일관한 되물음을 통해서, 침전된 활동을 가능하게 하고, 또 전제하는 사상事象으로 즉 근원적인 전前자아적인 것으로 데리고 돌아가는 것이다."[62] 이제 궁극적인 것은 "자아 없는 '수동성'에서 기초부여된 것"[63]으로 다시 파악된다. 초월론적 상호주관성이라고 하는 모든 서로 다른 초월론적 자아의 공동체의 구성은 이러한 수동적 선구성의 차원에서 해명되어야 한다. 거기서는 말하자면 원-상호주관성이 모든 서로 다른 원-자아와 함께 각자가 서로 타자 없이는 있을 수 없다고 말했던 방식으로 동시에 발생하는 것이다.[64] 서로 다르면서 공존하는 모든 초월론적 자아를 후설은 모나드라고 부른다. 다만 그것은 서로 발생적으로 타자를 함축하는 점에서 '창窓을 갖는' 모나드이다. 각 모나드는 각각 자기구성의 '내재역사'를 짊어지고 개체화된다. 동시에 공존하는 모든 모나드는 모나드 공동체로서의 초월론적 상호주관성의 구성에 참여하고 있다. 현실적 세계가 하나의 세계라고 하는 것은 초월론적 모나드 전체 — 그것은 공존하는 개개의 모나드의 상호구성에 의해 형성된다 — 가 존재하는 것에 의해서만 해명될 수 있다. 그러나 이 초월론적 모나드 전체의 존재는 각각의 모나드가 그러하듯 그것 자체가 역사적 존재이다. "모든 자아는 역사를 가지며, 그 역사의 주관으로서만 존재한다. 그리고 절대적 자아의 모든 교섭적 공동체 — 그것은 풍부한 구체성으로 세계의 구성에 참여한다 — 는 그 '수동적'·'능동적'인 역사를 갖고 이 역사에서만 존재한다. 역사는 절대적 존재의 위대한 사실이다."[65] 이 공동체 즉 초월론적 상호주관성의 역사가 바로 '초월론적 역사'[66]로 불리는 것이다. 이렇게 역사적으로 이해된 초월론적 상호주관성이 그 기능에 의해 객관적 세계를 구성하기 때문에, 이 세계는 본질적으로 역사적 세계이기 때문에 이 이외에는 어떠한 의미도 귀속될 수 없다.[67] 자연도 또한 '초월론적 역사의 형성체'[68]이다. 초월론적 주관성은 그때마다의 객관성을 궁극적으로, 오직 역사적으로 파악된 객관성으로서만 창설하는 것이 가능하다. "인간적 자연과 역사는 초월론적 역사의 통일의 초월론적 색인이 된다."[69] 초월론적 주관성은 "이 초월론적 역사 안에 생성되는"[70] 것이며, 그것은 "영원의 초월론적 발생에서 무한하게 생성하면서 이 생성하는=생성되는 것에서 지속적인 존재를 소유하는"[71] 것이다. "초월론적 주관성의 존재는 역사적 존재이다"[72]라고 하는 것은 이런 의미에서이다.

모나드는 확실히 자신의 내적 역사에서 자기구성된 자체적인 절대적 주관성이지만, 그 내적 역사에는 공동체의 역사가 떠맡겨져 있으며, 그 공동체의 역사가 모나드의 주관적 구성능작에 대해서 초월론적인 조건, 즉 그 자신의 가능성의 제약이 된다. 이런 의미에서 초월론적 역사는 개개의 자아주관의 내적 역사가 가능하기 위한 아프리오리한 조건이라고 말할 수 있겠다.[73] 역사라는 사실事實을 초월론적 근거로 하는 것은 칸트 이래의 초월론적 철학에게는 친숙하지 않을 것이다. 그러나 이 역사라는 사실성은 익명적이기에 초월론적 우위성을 지닌다. 익명성은 초월론적 반성이 궁극점에까지 달하는 초월론적 한계이다. 그 반성의 궁극점에서 초월론적 반성은 자신이 더 이상 그것을 넘어서서 나아갈 수 없는, 자신에게 부과된 한계를 발견한다.[74] 후기 후설의 발생적 상호주관적 현상학은 우리가 말할 수 있는 모든 사상事象에 항상 이미 선행하고 있는 절대적 사실성으로까지 이끌기 때문에 초월론적이다. 초월론적 역사라는 절대적 사실은, 암묵의 자명성에 대해서 끊임없이 자기비판하면서, 특히 후설 자신이 이전에 확신했던 소박한 필증성의 자명성에 대해서 자기비판하면서 노정되어 획득된 사실事實이다.

맺으며

후설은 초월론적 역사의 절대성을 발견했지만, 그와 동시에 초월론적 주관의 절대성을 방기하지 않았다. 모나드 공동체로서의 전체는 그 개개의 성원들을 자신의 단순한 추상적 한 계기로서 집어넣는 일종의 '대아大我'가 아니다.[75] '나'는 '우리로서의 나'를 살지만 이 생을 사는 것은 다름 아닌 이 '나'이다. 초월론적 역사의 절대성은 역사적으로만 해석되는 객관성의 가능성의 제약으로서의 절대성이지만, 초월론적 주관의 절대성은 자기의 구성능작의 가능성의 제약을 자기의 책임에서 해명하는 '자율적 인간의 궁극적 자기책임'[76]을 의미한다. 후설이 초월론적 자아를 '절대적 사실'[77], '원-사실'[78]이라 부를 때, 그것은 어떠한 의미에서도 형이상학적으로 파악되어서는 안 된다. 그것은 초월론적 의식이 생겨난 과정을, 이른바 '현행범으로'[79] 체포하고자 하는 끊임없는 행위를 의미한다.

후설에게 역사는 '근원적 의미형성과 의미침전이 서로 공존하여 생기는 운동'[80]과 다른 것이 아니며, '현상학자와 현상학은 그 자체 이 역사의 안에 서 있는'[81] 것이다. "초월론적 함축은 모든 초월론적 주관으로 향하여 자신을 고지하고 있다."[82] 현상학자는 그에 호응하여 '원적 근원성에서 전통을 창조하고 있는 생과 그 모든 가능성을 탐구하고'[83], 자신의 책임하에서 그 의미를 개시하고 근거부여해야 한다. 후설의 역사적 성찰은 '가장 원리적 의미'[84]에서의 필증성, 즉 철저한 자기성찰을 통하여 근원적 창설로부터 자신의 유래를 해명하고, 그것으로써 자기책임에 기초하는 궁극적 건설[85]로 향하고자 하는 실천적 규정에서의 필증성의 요구로 이루어져 있다. 보편학의 이념은 포기된 것이 아니다. "인간의 생존 전체에 의미가 있는가, 없는가?"[86] 하는 물음을 이성 자신이 짊어지고자 하는 한 포기되어서는 안 되며, 또한 포기될 수 없는 것이다. 후설은 "보편학의 진정성은 자신의 근저에 존재하는 생의 모든 전통의 총체를 노정하는 것을 요구한다"[87]라고 서술하고 있다.

제4장 후설의 생활세계와 역사의 문제

시작하며

이 본론 제Ⅱ부에서 지금까지, 아뢰야식의 문제를, 유정을 유정으로서 성립하게 하는 초월론적 근거에 대한 물음으로 다시 파악하고, 이로부터 신체성과 역사성이라는 유정의 존재를 받치고 있는 근원적 차원이 아뢰야식의 규정들을 통하여 개시開示된다는 것을 확인해 왔다. 제1장에서는 『유식삼십송』 등에서 설하는 '불가지의 집수와 처'라는 말을 단서로 해서 아뢰야식과 신체성의 연관을 다소나마 분명히 했으며, 제2장에서는 '이숙' 및 '일체종'이라고 하는 아뢰야식의 규정의 의미를 탐색하는 가운데 아뢰야식이 무시이래의 역사를 짊어지고, 그러면서 현행식에 대해서는 그 가능성의 영역을 이루고 있다는 것을 분명히 했다.

그런데 이 신체성과 역사성이라는 문제 차원은, 우연하게도, 후기 후설 현상학에서 세계구성적인 초월론적 주관성의 자기구성이 물어졌을 때 이 초월론적 주관성의 수동적 선구성의 해명과 함께 주제화되었던 사상事象 이외의 다른 것이 아니다. 그래서 아뢰야식이 짊어지고 있는 역사성의 의미를 현대철학으로 비추어보고 보다 보편적인 시야에서 다시 파악하기 위해, 제3장에서는 후설 현상학의 초월론적 역사에 대해 다소 깊숙히 논해 보았던 것이다.

그러나 거기서는 후설 후기사상의 유산 중에서, 협의의 철학에 대해서뿐만 아니라 그 후의 학문론 일반에 대해서 기여했다는 점에서 볼 때 가장 주목되어야 할 '생활세계Lebenswelt'의 개념에 대해서는 주제적으로 논할 겨를이 없었다. 그래서 이 장에서는 이 '생활세계'의 개념에 대해서, 후설 현상학 전체에서 어떠한 위치를 차지하는가 하는 물음을 축으로 해서 고찰해 보겠다.

제1절 '생활세계'의 주제화의 두 측면과 '지향사志向史'의 과제

여기서는 후설이 그의 만년 저작『유럽 제 학문의 위기와 초월론적 현상학』*Die Krisis der europäischen Wissenschaften und die transzendentale Phänomenologie*(1936)에서 주제로 삼았던 '생활세계'의 개념이 지니는, 학문적으로 독자적인 의의에 대해서 고찰해 보고자 한다. 우리는 후설이 '생활세계'를 주제로 삼게 된 그 근본동기가 어디에 있을까 하는 물음을 끊임없이 염두에 둘 필요가 있다. 이 물음이 의미하는 바는 다음과 같다. 즉, 이 '생활세계'의 개념을 단순히 그것으로서만 고찰하는 것이 아니라, 후설이 그의 '초월론적 현상학'에서 궁극적으로 의도하고 있었던 사태와 관련지어 고찰할 때, 어떻게 그 관련 속에 정당하게 위치부여하는 것이 가능한가 하는 것이다.

이제 후설이 '생활세계'를 주제로 삼게 된 동기로서, 우리는 우선 다음 두 가지 점을 들 수 있을 것이다.

(1) 근대의 객관주의적 과학이 가져온 '기술화'에 의한 의미의 공동화空洞化에 반대해서, 근원적인 살아 있는 의미체험['근원적 명증ursprüngliche Evidenz'[1]] — 을 되찾는 것.

(2) 이성의 문제[의미에 대한 물음]에 대한 철학적 자기책임이 어떻게 획득될 수 있는지, 그 가능성으로 향해서 물음을 밀고 나아가면서, 우리에게 가장 자명한 영역[생활세계]으로 하강해서, 이 생활세계를 구성하는 ('초월론적 주관성'으로 불리는) 익명적 주관성으로 소급해서 묻는 것.

이 두 가지 동기를 현상학적 환원의 조작에 의거해서 말하면 다음과 같이 정리할 수 있겠다.

(1) 제반 과학에 관여하는 것을 보류함, 그리고 근원적으로 미리 주어져 있는 생활세계로 귀환함.

(2) 생활세계에 관여하는 것을 보류함, 그리고 주관적 작용 — 후설 고유의 용어로는 '능작'Leistung이다 — 으로 귀환함. 즉, 미리 주어져 있는 생활세계를 구성하는 주관성으로 소급해서 물음.[2]

즉, '생활세계'라는 개념은 앞의 이중의 환원의 결절점에 위치한다고 말할 수 있다. 여기서 (1)의 동기는 다소나마 현대의 의미상실적 정황을 자각하지 않을 수 없는 우리에게 비교적 이해되기 쉽다고 생각한다. 그러나 (2)의 동기는 어떠한가? 바로 이 점이야말로 이제까지 다양한 비판을 불러일으켜 온 진원지는 아닐까? 무릇 근대적 학문의 근거를 추상적인 이성의 높이로부터 끌어내려, 구체적인 생활세계에서 출발해야만 한다는 것을 보여주었던 것이 현상학이 아니었던가? 어째서 다시 생활세계로부터 '초월론적 주관성'으로 회귀함이 요구되어야 하는가? 초월론적 철학이란 무엇보다도 두드러지게 근대적인 '기초부여'주의를 보여주는 것은 아닌가? 그렇다면 후설은 애써 생활세계로 내려섬으로써 이를 근대주의에 대한 비판의 단서로 삼으면서, 재차 이 '초월론주의'에 의해 근대주의로 역행하고 있는 것은 아닌가? ……. 대체로 이러한 비판이 제2의 동기에 반대해서 반복되고 있다고 생각된다.

그러나 이러한 비판은 과연 후설의 '초월론적 현상학'의 가장 궁극적인 동기가, 전통적인 형이상학 — 우리 자신이 이로부터 자유롭다고는 결코 말할 수 없다. 현대의 철학적 입장의 대부분이 거기에 휘말려들었는지도 모른다. — 에 대한 철저한 비판이라 하는 것을 정당하게 평가하고 나서 이루어졌는가? 후설의 '객관주의'에 대한 비판은 단순히 근대과학[수학적 자연과학]으로 향해졌던 것이 아니라, 근대의 초월론 철학 속에 암암리에 숨어 있는 형이상학적 도그마로 향해져 있었다는 것을 우리는 또 한 번 명확하게 확인해 두지 않으면 안 된다.

후설의 초월론적 주관주의는 결코 근대적인 '기초부여'주의로 회귀하는 것일 리가 없다. 그것은 오히려 근대적인 아프리오리주의를 해체해서 과학적 진리에 체현되고 있는 일반성 · 보편성이 그 자체 상호주관적 역사적인 이념적 형성체라는 것을 보여주고자 하는 시도이다. 그런데 이러한 현상학적 의미에서의 '역사'는 객관성을 구성하는 초월론적 주관성의 자기구성을 문제화하는 가운데, 즉 발생적 현상학으로 심화하는 가운데 발견되어 온 것이다. 후설의 초월론적 주관주의는 이 독자적인 역사성 내에 있으며, 또한 그것을 가능하게 하는 숨겨진 기능이, 말하자면 그 현장에 입회하고자 하는 방향으로 일관되어 있다. 필증적 명증을 호소하는 일은 반드시 자기의식의 자기정립적인 자기관계의 절대화로 통한다고는 단정할 수 없다. 오히려 후설의 경우는 반대로 그것은 거기에서 자기가 자기의 역사성의 자각으로 열려져 가는 창이다.

이하에서는 우선 '생활세계'의 주제화 중 첫 번째 동기를 간단히 돌아본 후에 두 번째 동기를 정당하게 평가할 가능성을 탐색해 보겠다. 마지막으로 이 가능성을 탐구하면서, 필요한 한에서, 현상학적인 의미의 '역사성' 곧

'지향사'[3]의 고찰로 나아가겠다.

제2절 객관주의적 과학의 구성기반인 생활세계

(1) 이성에 대한 신뢰의 붕괴

『위기』 제1부에서는 먼저 19세기 후반 이후 두드러진 학문의 실증적 경향으로 인해, 학문이 '생'에 대한 의의를 상실하고, 그것이 현대에서의 의미상실의 정황을 조성하기에 이른 경위를 언급하고 있다. 실증과학 또는 사실학은, 이 인간의 생존 전체에 의미가 있는가 없는가 하는, 인간에게 가장 초미의 문제가 되는 것을 원리적으로 배제함으로써 성립한다. 실증과학에서는 모든 평가적 태도는 주의 깊게 회피되어야 한다고 하고 있으며, 학문적으로 객관적인 진리란 물리적 세계 및 정신적 세계가 사실상 무엇인가를 확정하는 것이라고 하고 있다. 이에 반해서, 주관적인 '의미'의 세계는 상대적으로 '자의적인 생각'의 세계, 즉 도크사doxa(= 억견)의 세계로 폄하된다. 그러나 후설에게 있어서 이 생의 의미에 대한 물음은 모든 인간에 대해 갖는 보편성과 필연성으로부터 보아, 일반적으로 성찰되어야 하는 것이고, 이성적 통찰에 의해 대답되어야 하는 것이다. 실제로 근대에서도 이 '의미에 대한 물음'으로서의 이성의 문제가 학문적으로 엄밀하게 기초부여된 진리의 요구에 의해 처음부터 배제되었던 것은 결코 아니었다. 그래서 문제는 왜 학문의 이념이 실증주의적으로 국한되었는가, 그 필연성은 어디에 있는가 하는 것이 된다. 후설은 이 필연성을 근대를 통하여 모든 학문영역에 걸쳐서 현재적顯在的 혹은 잠재적으로 지배하고 있었던 객관주의 내에서 간파하고자 하는 것이다.

(2) 학문적으로 정초된 객관적 세계와 생활세계의 관계

『위기』 제2부에서는, 우선 근대과학의 성립 기원을 갈릴레이에 의한 자연의 수학화로 거슬러 올라가 추적한다. 여기에서 중심과제는 과학적 방법의 근저에 있는 '이념화Idealisierung'라는 작용의 본질을 노정시키는 것이다.

> 우리의 최초의 관심은 그 학문적 세계의 기저층에 있는 하나의 성공한 합리적 대상화의 원천을 향해 더듬어 되돌아가는 것이다. 그 대상화는 기하학이나 순수수학으로 성취되는 것이다. 대상화란, 경험의 전前학문적인 여건에 기초지어진 방법의 문제이다. 수학은 직관적 표상에 의해 이념적 대상을 구축하고, 그 이념적 대상을 조작적으로 또 체계적으로 다루는 방법을 가르친다. 그것은 손으로 하는 일처럼 사물로부터 다른 사물을 산출하는 것이 아니다. 그것은 이념을 산출한다. 이념은 어떤 특수한 종류의 정신적인 작용, 즉 이념화라는 작용을 통하여 생기게 된다.[4]

수학적 자연과학의 정밀성Exaktheit이 근거로 하는 논리적·객관적 아프리오리도 실은 이렇게 이념화라고 하는 어떤 하나의 정신적 작용에 의해 형성되어 온 이념적 형성체이다. 그것은 긴 역사를 통하여 형성된 이 이념화에 의해 습관적으로 사용가능한 성과가 된 것이다. 그렇지만 그것은 일정한 성과인 동시에 근원적 명증성을 은폐하는 것이기도 하다. 그것은 그 의미가 어떻게 형성되어 왔는지가, 그때마다 반복해서 분명히 의식될 필요 없이 인식되고 사용되는 것이다. 즉 생겨난 의미형성 작용이 변양되고 침전되며, 이렇게 침전되고 전승화하면서 간혀진 의미함축 속으로 당초의 의미형성 작용이 은폐된다. 그리고 순수하게 이념적 실천에서 조작가능한 객관적, 논리적 명증성이 그것을 대신하게 된다.

이 문맥으로부터 '생활세계'가 주제화되는 첫 번째 동기를 간파할 수 있을 것이다. 생활세계란, 객관적·논리적 명증이 그 숨겨진 기초부여의 원천을 거기에서 유지하는, 궁극적으로 작용하는 생의 영역 즉 근원적 명증성의 영역이다. 후설은 갈릴레이를 "발견의 천재인 동시에 은폐의 천재"[5]라고 말하고 있는데, 그렇게 말하는 이유는 갈릴레이는 인과법칙이라는 진정한 (이념화되고 수학화된) 세계의 아프리오리한 형식을 발견하고, 또한 이념화된 자연의 모든 사건이 정밀한 법칙에 따라야 한다고 하는 '정밀한 법칙성의 법칙'을 발견했지만, 그로 인해 수학적 자연과학이라는 '이념의 옷'[6]이 객관적으로 현실적으로 진정한 자연으로서 생활세계를 대리하게 되고, 그 결과 하나의 방법에 지나지 않는 것을 진정한 존재라고 믿게 했기 때문이다.

따라서 생활세계로 귀환함은 이념적 대상에서 이념화라는 어떤 잊어버린 정신적 작용을 밝혀내는 것을 과제로서 포함한다. 객관적 · 학문적 세계에 대한 지식은 생활세계에 '정초하고 있는' 것이며, 그런 한에서 객관적 학문은 어디까지나 '주관적 형성체'로 다시 파악되지 않으면 안 된다.

제3절 도크사doxa의 복권과 형이상학 비판으로서의 초월론 철학

(1) 도크사의 복권

이상의 서술은, 주관적이고 상대적인 것으로서 전통적으로 경멸을 받아온, 학學 이전의 도크사의 영역을 정당하게 평가해야 한다는 요구를 의미한다. 즉 이는, 생활세계의 명증성이 갖는 근원적 권리를 확실히 주장한다는 것, 도크사의 영역은 인식을 기초부여한다는 점에서 객관적 · 논리적 명증에 비해서 보다 높은 품위Dignität를 갖는다는 것[7]을 분명히 하는 과제이다. 여기서 우리는 현상학이 단순히 근대적 사유뿐이 아니라 전통적 형이상학 전체를 향해 던지는 비판의 사정射程의 깊이를 간파할 수 있을 것이다.

형이상학의 전통에서 존재의 진리는 항상 지속적이면서 항상적인 것으로 이해되어 왔다. 즉, 항상 흐르면서 전변하고 있는 것으로 경험되는 이 세계의 배후에 불멸하고 불변화적인 존재에 관여하는 진리가 있다고 하는 전제가 형이상학의 발전의 제반 특징을 꿰뚫고 있다. 그런데 그 발전의 종국에 모든 배후세계Hinterwelt에 대한 거부를 요구하는 니체가 서 있다.[8] 이 요구는 단순히 초월신이라는 관념뿐이 아니라, 끊임없이 전변의 배후에 자체적인 것이 숨어 있다는 전제에 대한 거부를 의미하며, 또한 이 자체적인 것에 의해 측정될 수 없는 '생성'으로 회귀함을 요구한다는 것을 의미하기도 한다. 후설은 이 형이상학의 종언 이후에 어떤 끊임없이 전변하고 있는 '헤라클레이토스적 흐름'을 철학의 주제로 삼아야 한다고 선언했던 것이다.[9] 따라서 현상학은 지금까지 경멸되어 왔지만, 학學 곧 에피스테메episteme에 대해 기초로서의 존엄을 일거에 요구한다는 점에서, 도크사에 대한 학學이라는 기묘한 학學의 성격을 필연적으로 짊어지게 된 것이다.[10]

(2) '초월론적' 개념 — 후설 특유의 의미

이 견지에서 되돌아보면, 자연과학자는 이념화라는 정신적 작용에 의해 획득된 주관적 형성체로서의 세계를 그 자체로서 있는 진정한 세계라고 소박하게 생각하는 한, 전통적 형이상학에서 한 걸음도 더 나아가지 못하게 될 것이다. 자연과학자는 객관적인 것을 형이상학적 초월자로 해석하고 있는 것이다.[11]

하지만 오랜 기간 동안 학지學知(에피스테메)의 전통 안에서 길러진 이 객관주의적인 사유양식이 지배했던 것은, 분명히 명시적으로 객관주의를 표방한 근대과학의 영역만은 아니었다. 그것은 근대에서 확실히 그 보편적인 '이성의 문제'를 수미일관하게 추구하고자 하는 동기에서 출발한 초월론 철학 속으로 암암리에 침입해서, 마침내 그 시도를 좌절에 빠뜨리기도 한 바로 그것이다. 예를 들면, 칸트의 초월론적 철학도 후설 쪽에서 보면 다음의 여러 가지 점에서 객관주의로부터 자유롭지는 않았다. 즉, 우선 첫째로, 물자체를 전제하고 있다.[12] 그리고 둘째로 감성・오성의 작용을 비록 명시적으로는 아니라 해도 인간에 고유한 생득적 능력으로 전제함으로써 인간학주의라고 하는 일종의 객관주의적인 도그마(독단론)에 빠지고 있다.[13] 더구나 순수오성개념에 관해서는 형식적, 논리적 아프리오리성을 그 자체 자족적인 것으로서 전제하고 있고, 논리학에 대하여 초월론적인 물음을 던지고 그것을 이념적 형성체로서 다시 파악하려고 하는, 본래적 의미에서의 구성Konstitution론이 결여되어 있다[14] 등등…….

따라서 끊임없이 객관주의에 대한 유혹에 노출되어, 좌절에 빠져 온 초월론적 동기를, 그 잠세태dynamis로부터 구출해서 현세태energeia로 가져오기 위해서는 가장 자명하게 사전에 주어져 있는 생활세계의명증성으로 되돌아가서, 항상 이미 익명적으로 작용하고 있는 주관적 구성작용을 바로 해명하지 않으면 안 되는 것이다. 그러나 이것은 또한 앞에서 말한 '생활세계'의 주제화 중 두 번째 동기와 관련된 문제이다.

여기에는 모든 자명성의 영역 가운데로 돌진하여 그것을 해명하지 않을 수 없는, 철저한 철학적 자기책임의 자세를 간파하는 것이 가능하다.

후설에게 있어서 무릇 철학의 가능성은 자명성[세계의 존재의 보편적 자명성]을 자기이해로 가져오고자 하는 동기와 함께한다. 그에게 철학이란 인식하는 자가 자기이해작용에 대하여 일관되게 행하는, 최고이면서 궁극적인 자기성찰, 자기이해 및 자기책임으로부터 생겨나는 인식이지 않으면 안 된다.[15] 그에게 '초월론적'이라는 말이 의미하는 것은, 이 철저한 자기책임 또는 자기이해 이외의 것이 아니다. 바꾸어 말하면 그것은 철저한 형이상학 비판 이외의 어떠한 것도 아니다. 이에 반해서, '객관주의'는 이 자기책임을 방기하고, 궁극적으로는 자기이해로 가져오지 못하는, 어떠한 '배후세계'[초월적 세계]를 암암리에 전제하는 형이상학이다. 후설은 '초월론 철학'을 다음과 같이 정의하고 있다. 즉, 전前학문적 또는 학문적인 객관주의에 대하여 모든 객관적인 의미형성과 존재타당의 근원적인 장으로서의, 인식하는 주관성으로 되돌아가, 존재하는 세계를 의미형성체 및 타당형성체로서 이해하고, 이러한 본질적으로 새로운 종류의 학문성과 철학으로 길을 열고자 시도하는 철학[16]이라고 하고 있다. 그것은 작동하고 있는 주관성으로서의 자기 자신에 대한 명백한 이해에 도달하는 것을 가리킨다.

그러면 이 가장 자명적인 영역 가운데로 들어가서 그것을 주제화하는 것은 도대체 어떻게 가능한 것인가? 새로운 종류의 학문성은 어떻게 개척할 수 있는가?

제4절 지향사志向史의 개시開示

(1) 지평과 의미의 역사

이제 논리적 · 객관적 아프리오리보다도 근원적인 명증성의 영역으로서 생활세계가 발견됨에 의해, 이 새로운 학문성의 탐구는 사전에 주어져 있는 생활세계의 그 주어지는 방식을 묻는 식으로 수행되지 않을 수 없다. 여기에 지평의식의 분석과 그에 포함된 지향적 함축[17]interntionale Implikation의 노정이라는 과제가 생겨나는 까닭이 있다. 지평이란, 현재적顯在的인 대상의식과 함께 작용하면서 마치 그것을 **그림**으로 부조하는 **땅**처럼 세계가 현출해 오는, 그 방식을 가리킨다.

그런데 지평이라는 개념은 이미 1920년대 초월론적 자아의 존재방식을 돌아보는 성찰 중에서, 데카르트 길로부터 이반함과 발생적 현상학으로 이행함을 촉구하는 것으로 중요한 의의를 지니고 있었다. 주의해야 할 것은 당초의 지평의식의 분석은 초월론적 생의 흐름인 내적 시간의식을 주제로 하여 이루어졌던 것이다. 예를 들어 어떤 멜로디를 들을 때 현재에 과거의 여운과 미래에 대한 예기가 포함되어 있듯이, 현재의 명증적 의식 내에는 함축된 무한한 타당성이 지평으로 포함되어 있다. 그렇다면 더 이상 필증적 명증을, 데카르트적인 순수자아처럼 자기정립적인 자기관계로서 소박하게 정립하는 것은 가능하지 않다. 초월론적 자아는 단순히 그로부터 모든 객관성이 형성되는 극점이 아니라, 그 자신의 안에 지향적 함축이라는 간접성을 감추고 있으며, 그것을 풀어내지 않고는 철학적 자기이해는 달성될 수 없다. 발생적 현상학은 이 지향적 함축을 풀어내고자 하는 시도이다. 이는, 초월론적인 지향적 생은 잠재적인 다양한 구성작용의 중층重層으로 이루어진 지속적인 개성 · 습성을 짊어지고 있는 것이므로, 그것이 어떻게 해서 근원적으로 창설하는 작용에서 생기해 왔는지를 묻는 것이다.

그런데 초월론적 주관성의 현재적顯在的 지향성에 있어서 그 원창설[18]原創設, Urstiftung이 물어질 수 있는 것은, 내적 시간에서의 다양한 현출이 흔적을 남기지 않고 단순히 흘러가는 것이 아니라, 그 내적 시간이 바로 그 현재적 지향대상에 구성적으로 작용하기 때문이다. 이미 구성된 대상적 통일 내에는 그것에 선행하여 익명적으로 생성하는 의미창설적인 작용이 침전된 역사로서 함께 침입하고 있는 것이다. 이렇게 해서, 모든 지향적 대상은 의미형성체이기에 그것에 본질적으로 속하는 '의미의 역사'[19]에 대하여 물어질 수 있게 된다.

(2) 지향사의 과제

이 원창설原創設에 대한 물음이야말로 생활세계의 주제화의 두 번째 동기를 관통하는 물음이다. 그것은 단적으로 세계 속에 들어가서 살고 있는, 자연적 생의 존재방식으로부터 세계를 사전에 주어지는 주관성의 영역의 개시開示로 향해서 보편적 관심의 전환을 촉구하는 계기가 된다. 이 물음에 의해 사전에 주어진 세계가 상호주관적으로 구성된 하나의 의미형성체로서 다시 파악되고, 그 의미의 역사가 지향사의 문제로 해명되게 된다. 현상학에서의 역사는 사실적史實的 역사가 아니다. 그것은 자연적 생에 있어서 이미 성립하고 있는 타당의미 — 예를 들어 기하학적인 이념적 대상 — 의 원창설로 향하는 발생적 구성탐구이며, 그런 한에서 지향사라고 불리는 것이다.

따라서 이 물음은 종래의 인식론을 완전히 새로운 형태로 재편성하는 것이 된다. 즉 무역사적으로 근거부여되어 온 종래의 인식론 속에 발생적인 기원의 해명이 본질적으로 내재해야 한다는 것을 요구하는 것이다. 확실히 인식론은 고유한 의미에서 역사적 과제로 간주된 적은 한 번도 없었다.

그러나 인식론적 해명과 발생적 기원을 원칙적으로 분리하는 지배적 도그마는 근본적으로 도착倒錯이라고[20] 말할 수 있다. 이 분리는 가장 깊은 본래적인 역사의 문제를 계속해서 감추기 때문이다. 종래의 인식론은 단적으로 세계 속으로 밀고 들어가는 존재방식에 의해 기초부여되어 왔을 뿐이었다. 그러나 자연적 생에서의 여러 타당성에 대해서 바로 그 발생적 구성을 문제로 삼는 지향사적 과제에 있어서, 인식론은 말하자면 의식의 고고학으로서만 성립할 수 있는 것이다.

여기에 논리적 아프리오리도 포함해서, 모든 타당성을 하나의 역사적 형성체로 다시 파악할 수 있는 시점이 획득되게 된다. "우리는 역사적 지평 내에 서 있다"[21]고 말하는 것은 바로 이 때문이다.

제5절 역사성의 새로운 관점으로서의 초월론적 역사성

— '역사의 아프리오리'와 '역사적 아프리오리'

그렇다면 "우리는 역사적 지평 내에 서 있다"라는 언명은 모든 타당진리성에 관한 역사적 상대주의를 의미하는가? 모든 아프리오리한 타당성이 역사적 변천이라는 '헤라클레이토스적 흐름' 속으로만 몰리는 것인가? 이 물음과 관련해서 '초월론적 역사'에 대해 서술하는 후설의 다음과 같은 말에 주목하기로 하자.

> 인간적 자연 또는 역사는 거기에서 초월론적 주관성이 본질적으로 생성하고 생성되고 있는 바의, 하나의 초월론적 역사의 통일의, 초월론적 지표Index가 된다. 이 초월론적의 역사 내에서 초월론적 주관성은 이렇게 생성하고 생성되면서 그 자신의 부단한 존재를 유지한다. 영원한 초월론적 발생 내에서 무한히 생성하면서…… 초월론적 주관성의 존재는 역사적 존재이며, 그 무한성은 역사적 무한성이다.[22]

통상 우리는 '역사적인 것'과 '초월론적인 것'을 대립시켜 생각한다. 즉, 전자는 내세계적인 우연적 사실성에 관여하고, 후자는 이것을 초출하고 있다는 듯이 생각한다. 이 장의 서두에서 든 의심은 이와 같은 상식 위에 세워진 것이다. 그러나 후설은 여기에서 다음과 같은 이중의 사태를 말하고 있다고 생각된다. 즉, 첫째로 애당초 인간의 역사가 존립할 수 있기 위한, 그 가능성의 조건이 물어져야만 한다는 것이며, 둘째로 이 가능성의 조건은 그 자체 결코 역사를 초출한 것에서 구해져서는 안 되며 어디까지나 여기 '초월론적 역사'로 불리는 것의 내부에 있다는 것, 이 두 가지 점이다. 첫 번째 관점은 '역사**의** 아프리오리'로 향하는 물음이고, 이에 반해서 '역사**적** 아프리오리'라는 말은 두 번째 사태를 가리키고 있다고 생각한다.

저 '헤라클레이토스적 흐름'은 적어도 **역사**로서 말해지는 경우에는 단순한 사실적 연쇄의 흐름이 아니다. 역사란, 이미 형성되어 온 의미가 끊임없이 지향적 함축으로서 침전되면서 장래에 형성되어야 할 새로운 의미에 대해 부단하게 구성적으로 작용한다고 하는 그 의미형성 과정에서 고유한 사태로서 비로소 성립하는 것이다. 사실을 서술한 역사도 그러한 역사성을 전제하고 있다. 후설에게 역사란 원래 근원적인 의미형성과 의미침전이 서로 공존하여 생겨난 운동 이외의 다른 것이 아니다.[23] 따라서 '역사**의** 아프리오리'에 대한 물음은 이 의미형성 작용이 수행되는 그 현장에 마주서는 일을 요구한다. 그러나 그것은 '이 인간으로서의 나'라고 하는 자기통각 내에 갇혀져 있는 초월론적 기능, 즉 초월론적 주관성이 작동하고 있는 지향성 이외에는 어디에서도 구해질 수 없다. 이 초월론적 기능은 인간적이고 역사적인 지평을 초출한 예지계에서 부여된 순수이성에 기초하는 것일 수 없다. 그것이 어떠한 것인지는, 단지 이 자기통각 속에 숨겨진 수동적이면서 능동적인 발생적 구성의 **역사**를 노정함으로써만 발견되는 것이다. 우선 이 수동성의 계기가 초월론적 역사를 개시開示한다. 그것은 통각의 의미작용이나 타당작용이 결국은 거기에서 유래하는 바의 것이다.[24] 예를 들어 그것은, 현상학적에서는 과학을 역사적 사실이라는 방식으로만 고려에 넣는다는 것을 허용하지 않는다고 하는 경우, 그 제반 과학들의 아프리오리한 타당성의 '평면'을 성립하게 하는 이른바 '깊이'[25]로서의 역사성이다. 한편 제반 과학들의 아프리오리한 타당성은 이와 같은 초월론적 역사에서 유래하는 한, '역사**적** 아프리오리'라고 말할 수 있겠다.

이제 여기서 초월론적 역사에 대해서 서술한 처음의 인용으로 되돌아가자. 거기서 "인간적 자연 또는 역사는, 하나의 초월론적 역사의 통일의 지표가 된다"고 말하고 있다. 즉 초월론적 역사란, 현실적으로 역사의 내에서 성취되어 온 인간적 존재의 존재방식을 길잡이로 해서 발견되어야 할, 인간사 전체를 관통하는 지향사로서 생각되고 있는 것이다. 이것이야말로 "우리는 역사적 지평 내에 서 있다"고 하는 말의 의미이다. 후설은 세계지평의 유일성에 대해서 말하고 있다. 즉, 세계는 그것에 대해서 복수複數가 무의미한 유일성에서 존재한다[26]고 말하고 있다. 초월론적 역사란 그 자체 역사적 존재라는 점에서, 갖가지 초월론적 주관성 구성작용에 숨겨진 채 참여하고, 그러면서 그것에 의해 부단하게 구성되면서 이와 같은 유일성으로서 흐르고 있는 하나의 사실Faktum이다. 역사는 절대적 존재의 위대한 사실事實이다.[27]

이로부터 후설은 역사의 절대적 의미에 대한 물음, 즉 궁극적으로 형이상학적인 목적론적 물음으로 향하도록 촉구되는 것이다.

그러나 후설의 현상학은 끊임없는 형이상학 비판으로 일관했던 것이 아닌가? 그렇다. 후설의 이 목적론은 결코 역사 전체가 그 자기전개인 '절대정신'을 전제하거나 예상하는 것이 아니다. 더구나 역사를 하나의 전체로서 닫음으로써 '역사적 아프리오리'로서 현상하는 모든 타당성을 초시간적인 영원한 상相 아래서, 궁극적으로 근거부여하는 것도 아니다. 현상학자와 현상학은 그 자신의 역사성 내에 서 있는[28] 것이다. 그 유일성이나 절대성에 대한 언급은, 결코 신탁神託을 참칭하는 이성이 내세계적內世界的 존재자 전체를 근거부여하고 또는 지배한다고 하는 오만hybris을 의미하는 것이 아니다. 만약 그렇다면, 우리는 단호하게 후설의 역사철학을 거부할 것이다. 그렇기는커녕, 이 인간의 생 전체에 의미가 있는가, 없는가 하는 물음을 확실히 그 자신의 존재를 걸고 묻기 위한 것이었다. 그의 초월론적 동기가 본래적인 자기이해 또는 자기책임의 요구로 일관되어 있다는 것을 상기해 보라. 초월론적 주관 또는 초월론적 역사의 절대성이란 오히려 세계초출적인, 이른바 신탁적 이성에 대한 비판을 철저히 하는 것이며, 어디까지나 이 생의 내재적 사실성에 서서 그 **깊이**의 해명에 머물러야 할 것을 선언하는 것이다. 후설의 역사의 의미에 관한 형이상학적 물음은 전통적인 사변적 형이상학에 정면으로부터 대립하는 초월론적 사실학[29]의 요구 이외의 것이 아니다.

여기서 되돌아보면 후설의 필증적 명증에 대한 요구가 데카르트주의의 그것과는 전혀 다르다는 것을 알 수 있을 것이다. 그것은 데카르트의 '나는 생각한다'와 같은, 거기에서 여타의 인식을 절대적인 확실함으로 연역하기 위한 전제일 수는 없다. 왜냐하면 후설의 필증성은 결코 닫힌 자기정립적인 자기관계에서 성립할 수 있는 것이 아니라, 그것은 그 자체 초월론적 역사로 개방하는 것에 의해서만 확보될 수 있는 것이기 때문이다.

제5장 의식의 '뿌리'로서의 자연

— 화이트헤드와 후설을 묶는 관점

제1절 의식의 '뿌리'로서의 자연을 향하여

기계론적이고 결정론적인 자연관의 재검토와 그 극복이라는 주제는 금세기 철학에서 이미 진부한 부류에 속한다. 그러나 자연과 의식의 관계에 대한 문제는 인간존재의 자기해석, 자기규정에 있어서 가장 본질적인 계기를 이루는 이상, 이 주제는 우리에게 역시 가장 중요한 주제이다. 화이트헤드는 기계론적 자연을 구성하는 — 오히려 '허위로 구성하는'이라고 해야 할까? — 강고한 사유습관을 타파하기에 앞서, 그 허구를 성립하게 하는 관념들, 예를 들면 실체와 속성, 산산조각난 개개의 감각여건, 균질적인 선線적 시간에 정위定位하는 인과관계 등의 관념들의 '부정합성'을 노정하고, 이와 동시에 직접경험인 '현실적 계기actual occasion'에 호소함으로써 그 관념들을 해체해 간다. 이 두 가지 방도는 서로 밀접하게 얽혀 있다. 이 중 직접경험에 호소한다는 점을 골라내어, 그것을 후설 현상학의 '사상 그 자체로'와 비교하는 것은 그렇게 어려운 일이 아니다. 후설도 또한 근대과학을 이념화에 의한 구성체로 파악하고, 자신의 이념화작용을 망각한 객관주의[자연주의적 태도]에서 그 이념화의 기반인 생활세계로 귀환하고, 또 거기에서 활동하고 있는 작동 지향성을 해명할 수 있도록 철저하게 현상학적 환원을 수행했기 때문이다. 환원의 가능성은 직접경험에 이르는 길의 가능성이기도 하다.

그런데 화이트헤드가 실재론에 기초해서 '정합적coherent'인 사변적 형이상학을 구축한 것은 일견 현상학과는 걸맞지 않는 것처럼 보인다. 그러나 우리는 화이트헤드가 굳이 자신의 입장에 사변적 형이상학이라는 전前칸트적인 명칭을 부여한 것에는 근대적 사유의 심부深部에 대한 투철한 비판이 있는 것이며, 이 점에서 후설 후기의 '지평'론에서 말하는 '사전에 주어진 익명적인 세계'와 화이트헤드의 우주론cosmology을 그 차이를 염두에 두고 비교하는 일은 중요한 과제라고 생각한다. 양자가 응시하고 있었던 것은 근대에서의 '이성의 탈세계화'라는 사건이다. 이 사태에 대해서 화이트헤드는 '정합성'을 구하고, 후설은 환원의 최종국면에서 '인간적 주관성의 역설'[1]에 직면하고서는 이 사건을 깊은 차원에서 스스로 짊어지면서 추체험追體驗하고 있다고 생각된다. 환원의 가능성에 대한 물음이 역으로 이 사태에 배태되어 있는 모순을 심층에서부터 밝혀내고 있다고 말할 수 있겠다.

지知의 자기성찰인 철학에 있어서 의식이 그 자신의 유래를 찾는 일은 그 본래성에 속한다. 그런데 의식의 자기규정은 불가피하게 의식과 자연의 관계에 대한 반성을 자신의 안으로 끌어들인다. 그때 자연은 의식에게 두 가지 다른 차원에서 나타난다. 의식의 대상으로서의 자연과, 의식이 거기로부터 나타나 오는 '뿌리Wurzel'로서의 자연이다. 후자의 자연은 전통적으로 '자연의 형이상학'에 의해 '의식의 기원사'로서 심문되어 온 자연이다. 그것은 무제약적인 것으로서 결코 지知의 대상이 될 수 없으며, 오히려 지知의 근거이지 않으면 안 된다. 그러나 기계론적 자연관과 그것을 성립시키고 있는 지知의 구도의 지배 하에서, 이와 같은 근원적인 자연에 대한 물음은 봉인된다. 이 물음을 회복하기 위해서는, 세계의 밖에서 세계를 조망하는 근대의 지知의 구도를 근거에서 다시 물어야 한다. 이와 같은 문제 차원에서 화이트헤드와 후설이 모두 자신의 철학을 형성하는 일을 맞이해서 칸트와 독자적으로 대결하는 일을 경유할 필요가 있었다. 칸트에게 인간이성은 자연에 법칙을 부여하는 입법자이다. 다만 칸트도 이미 감성과 오성을 근본적으로 결합하는 근본능력을 "우리에게는 알려지지 않는 뿌리"라고 말했던 것이며, 이 '뿌리'의 문제는 비판철학의 체계화의 최종국면에서 '초감성적인 것'으로서 다시 물어지지 않을 수 없었다. 여기에 칸트가 '자연의 형이상학'의 가능성을 묻는 이유가 있다. 그러나 비판철학의 입장에서는 "모든 것의 궁극의 담당자로서 필요불가결한 무제약적 필연성은 인간이성에게 진정한 심연이다"[2]라고 말할 수밖에 없다. 칸트는 이 심연 앞에 섰으나 거기로부터 물러나 '실천적인 것', '도덕적인 것'으로 옮겨갔다고 말할 수도 있을 것이다. 그런데 이 심연이란 무엇인가? 그것은 근저에서 '탈세계화'라는 사건을 지나며 성립한 근대의 의식이, 일단은 자신의 존립기반을 자기의식의 확실성으로 구하면서, 이 확실성의 근저에서 항상 '탈세계성'이라는 근저 없음의 소리를 듣는다고 하는 사태에서 유래하는 것은 아닐까? 자연은 인간에게 있어서 결코 대상으로서의 자연에 머물 수 없는 것이다.

제2절 시간과 인과성

(1) 시간

프리고지네Prigogine의 '비평형 열역학'은 물리화학적 기구機構 내에 있는 불가역적인 질서 형성, 자기조직화 과정을 분명히 함으로써 존재에서 생성에 이르는 길로 특징지어지는 금세기의 자연관의 변혁에 새로운 장을 열었다. 이제 '단순히 위치를 점한다simple location(단순정위)'라고 하는 물질 개념 그 자체가 다시 물어져야 한다. 물질적 존재조차 그 존재를 위해 시간을 요하는 것이다. 화이트헤드의 '현실적 존재actual entity'는 시공적 통일체로서의 자기창조적 과정이다. 이 과정은 에포크epoch적 시간으로서의 정지적 지속이다. 그것은 거기에서 현실적 존재가 과거를 자기 자신으로 끌어들임으로써 처음으로 실질적인 개체화를 성취하는 시간이다. 이것은 시공時空 통일체로서의 양자量子가 수명을 갖는다고 하는 사실과도 대조할 수 있을 테지만, 동시에 또한 직접 경험된 시간 곧 후설이 내적 시간의식의 현상학에서 해명한 '과거파지' 및 '살아 있는 현재'에서의 '멈추어 선 지금'과 놀랄 만한 공통성을 지니고 있다. 과거파지란 '사영射影의 모습으로 과거의 유산을 내장하는 연속적 변양'[3]이며, '멈추어 선 지금'이란 궁극적으로 작동하는 자아가 거기에서 스스로를 취집聚集해서 보지保持하고 있는 사태이다. 자아라고 해도 처음부터 무시간적으로 존재하는 것이 아니다. 그것은 항상 이미 원수동적으로 미끄러져가면서, 흘러가면서 머물러서 있는 사事에서 생기한다. 다만 후설은 여기서, 머물러 서 있음에서 초월론적 반성의 기반이 확보되는 데도 불구하고, 그 머물러 서 있음은 항상 흐름에 선행한다는 모순에 이른다. 실재론에 서는 화이트헤드에서는 이 '반성의 아포리아'는 보이지 않는다.

(2) 인과성과 신체성

후설은 위에서 서술한 원수동성의 분석을 통해서 초월론적 의식에 끊임없는 익명적으로 머무는 지평적인 나타남에 주목하고, 거기에서 '나타나지 않는 것'의 차원으로 수직적으로 소급하는 물음을 수행했다. 그는 지평의 가능근거로서 다음과 같은 원原-관계에 대해 말하고 있다. ① 자기와 환경세계 간의 원-관계로서 신체성 = 신체의 이중적 나타남, ② 자기와 자기 간의 원-관계로서의 시간성 = 살아 있는 현재에서의 자아의 원-분열, ③ 자기와 타자 간의 원-관계로서의 상호주관성 = 우리-기능이다. 이와 같은 원초적 차원의 사상事象을 화이트헤드는 '파악prehension'론에서 주제화하고 있다. 그는 의식을 경험의 기저에 두지 않는다. "의식이 경험을 전제하지 경험이 의식을 전제하는 것이 아니다."[4] "의식은 가끔씩밖에 달성되지 않는 경험의 화관花冠이지 경험의 필연적 기저는 아니다."[5] 바로 칸트의 역전인 것이며, 이 점에서 화이트헤드 철학은 순수이성비판이 아니라 순수경험비판이라고 말할 수 있는데, 거기에서는 지각경험에 대해서 그의 독자적인 현상학적 분석이 이루어지고 있다고 생각된다. 통각apprehension이 의식의 입장을 나타낸다면, 파악prehension은 의식도 또한 거기에서 모습을 나타내는 원초적 사상事象을 가리키고 있다. 후설이 의식으로부터 의식의 근저에 숨어 있는 원-관계로 이른바 역관逆觀적으로 수직적으로 소급하는 것에 반해서, 화이트헤드는 이 원-관계를 모든 현실적 존재를 관통하는 '만들어지면서 스스로를 만들어 가는' 활동성, 즉 '한정되면서 한정하는' 율동적 운동에서 파악하면서 말하자면 순관順觀적으로 의식의 소재를 밝혀냈다고 말할 수 있겠다.

여기서 '인과성'과 관련해서 다음과 같은 점이 주목되어야 한다. 즉, 화이트헤드에게 인과성은 '단순히 위치를 점하는' 물질에 초월적 외적으로 부과된 것이 아니라, 모든 현실적 존재에서 '만들어지고 있는' 최초의 어떤 피한정적인 상相에 이미 내재해 있는 것이다. 경험에 의거해서 말한다면, 그것은 이미 신체 수준에서 감취感取되고 있다.

화이트헤드는 '현시적 직접성presentational immediacy'과 '인과적 효과성causal efficacy'이라는 두 양태의 지각을 구별한다. 전자는 개별적인 감각여건이며, 경험론자가 인식의 분석을 위한 출발점으로 생각했을 뿐만 아니라, 흄에 의해 독단의 잠으로부터 깨어난 칸트도 또한 감각의 수용성으로 계승했던 것이다. 만약 이것을 인식의 출발점으로 한다면 흄처럼 인과성에 대해서 회의론에 빠지든가, 칸트처럼 인과성을 경험의 성립조건으로서 범주에 편입하든가 양자택일에 직면하게 된다. 그러나 화이트헤드에게 현시적 직접성은 인과적 효과성이라고 하는 애매하지만 보다 기본적인 지각양태에서 추상한 것에 지나지 않는다. 이 원초적 지각은 비감성적 지각으로도 불리며, 직접적 과거의 지각 등이 예로서 들어지듯이 과거의 사건이 현재로 들어와 관계를 맺는 일이나, 과거의 것에 의해 현재의 것이 한정되는 일과 같이 신체와 함께하는 직접적 지각이다. 파악론의 문맥에서 말하자면, 그것은 '순응적 자연적 파악'에 해당한다. 과거는 현재에 의해서 객체화되는 한에서 과거이지만, 이 객체화는 자기동일적 주체를 전제했을 때의 객체화가 아니다. 오히려 다른 현실적 존재를 객체화함과 동시에 그것을 영원한 객체eternal object와 함께 파악하는 한, 그 현실적 존재는 형성적으로 주체가 되는 것이다. 파악의 성취에 의해 그 주체는 자기초월체superject가 되며, 이번에는 그것은 객체로서 다른 현실적 존재에 의해 파악된다. 여기에서 현실적 존재의 합생 과정에 내재적인 피한정적 측면 — 순응적 자연적 파악 — 이 작용인으로서의 인과성을 나타내고, (영원한 객체의 파악을 포함하는) 능한정적 측면에는 목적인의 관여가 확인되는 것이다. 이와 같이 화이트헤드에게 인과성은 결코 현상계에 투입된 것도 단순한 습관도 아니며, 과정으로서의 실재에 내재적인 것이다.

제3절 '탈세계화' 사건에 대한 양자의 입장

화이트헤드는 17세기에 발흥한 기계론적 자연관을 '역사적 반역을 행한 반反합리주의'라 부르고, 반대로 중세 후기 사상을 '방자한 합리주의'[6]라고 부른다. 이 언명을 이해하는 열쇠는 앞에서 서술한 탈세계화에 대한 비판적인 관점에 있다. 그에게 '정합성'이란 "구도構圖를 전개하고 있는 기본적인 관념들은 상호 전제하고 있으며, 따라서 그것들은 고립해 있을 때는 무의미하다"[7]는 것이다. 자연법칙에 대한 '법칙내재설'과 '법칙부과설'의 대비가 이것을 이해하는 데에 한 도움이 된다. 근대 역학은 단순히 위치를 점하는 질점의 궤적을 초월적으로 지배하는 이신론理神論적 신을 암묵리에 전제하는 한에서 '부과설'의 계보에 속한다. 질점은 존재를 위해 다른 어떤 것도 요구하지 않는 데카르트적 실체의 추상화인 한 '정합성'을 만족하고 있지 않다. 한편 '내재설'은 "자연의 질서란 자연의 안에서 발견되는 온갖 존재를 공동으로 구성하고 있는 실재적 사물들의 성격을 표현하는 것이다"[8]라고 하는 설이다. 이 설은 절대적 존재의 부정을 함의하고, 사물들의 본질적인 상호의존성을 전제한다. 이로부터, 신과 함께 세계의 바깥에 섬으로써 코스모스로서의 세계에 포섭되는 것을 상실했던 근대이성의 자기해석에 대한 실재론 측의 비판을 읽어낼 수 있을 것이다.

한편 후설이 초월론적 반성의 근거를 찾으면서 발견한 '나타나지 않는 것'을 곧바로 '자연'으로 규정하는 것은 유보가 필요할 것이다. 다만 그는 칸트의 비판철학에 숨어 있는 intellectus ipse의 전제를 노정하고, 최종적으로는 도크사에 대한 에피스테메라는 모순된 과제를 스스로 떠맡았다. 그는 '탈세계화'된 이성의 허구를 철저히 내측에서 응시했던 것이다. 허구의 끝에서 발견되는 것은 '자연'인가, '무無'인가? 그것은 지금도 우리 자신에게 부과되는 물음이다.

제6장 소가 료신曾我量深의 아뢰야식론

시작하며

소가 료신은 "법장보살은 아뢰야식이다"라는 주된 취지를 기회가 있을 때마다 일관적으로 서술하고 있다고 생각한다. 그럼에도 불구하고 이 취지의 의미를 각별히 겉으로 드러내어 논한 경우는 그다지 없지 않은가? 그래서 이 장에서는 그가 이 말에 의탁해서 말하고자 했던 의미를 미미하게나마 탐구해 보고자 한다.

도대체 왜 소가 료신은 법장보살을 특별히 아뢰야식과 관련해서 해석하지 않으면 안 되었는가? 그 필연성은 어디에 있으며, 또한 왜 소가 료신은 그렇게 할 필요를 느꼈을까? 생각해 보면 이 말은, 진종眞宗 교학의 근거인 제18원願의 문文이 그 고도의 완결성 때문에 도리어 현대의 과제에 부응할 수 없게 되고 말았다는 현실인식에 입각해서, 그 경직화한 교학의 껍질을 깨고 살아 있는 현재의 사事로서 본원本願의 뜻을 개시開示하고자 하는 필사적인 시도를 의미하고 있다고 말해야 하지 않을까? 그러나 그렇다 해도 왜 '아뢰야식'인가? 이 필연성은 그가 맞서고자 했던 그때까지의 경직화한 교학의 근간과 관련된 다음과 같은 문제를 고려함으로써 얼마간은 독해될 수 있을 것이다. 그것은 즉 "設我得佛…… 不取正覺(만약 내가 붓다가 될지라도…… 올바른 깨달음을 취하지 않겠다)"이라는 48원에 일관된 형식에 보이는 그 '아我'의 의미를, 그리고 제18 · 제19 · 제20의 세 가지 원願에 공통된 "設我得佛…… 十方衆生(만약 내가 붓다가 될지라도…… 시방중생을……)"에 보이는 '아我'와 '시방중생'의 관계를 묻는 일 없이 오히려 이해했다고 전제함으로써 불투명한 채로 방치하게 된 문제이다.

그래서 이하에서는 그가, '시방중생'을 내실內實로 하고 그것을 떠맡음으로써만 성립하는 '아我'의 자각에 대해 말하고자 했다고 이해하고, 아뢰야식을 그러한 자각의 근거로서 고찰해 보고자 한다. 그런데 만약 이것이 이 원고의 날줄이 된다고 한다면, 그때 나는 후설 현상학에서 논하는 상호주관성과 타자론의 문제를 씨줄로 고찰해 나아가고자 한다. 왜냐하면, 유식사상과 현상학 간에는 이밖에도 사상事象상 대단히 밀접한 관계가 있다는 것을 최근에 이르러 현상학자 측에서 주목해 왔기 때문이고, 필자도 또한 이 점에 큰 관심을 기울이는 사람 중 한 사람이기 때문이다.

제1절 소가 료신의 "법장보살은 아뢰야식이다"라는 말에 대해서

— 역사 · 사회 · 자연을 떠맡는 책임의 자각

소가 료신은 "법장보살은 아뢰야식이다"라는 말을 하고 있다. 그렇다면 그는 어떠한 근거에 기초해서 법장보살을 아뢰야식과 관련시켜 말하는 것일까? 우선 형식적으로는 한역어의 유사성을 들 수 있다. "나는 경經의 법장보살과 논論의 아뢰야식을 서로 대조시켜서 여래의 깊디깊은 대원大願을 나타내고자 한다. 아뢰야식의 이름은 범어로 한역해서 장藏이라고 한다."[1] 즉, ālaya-vijñāna를 한역해서 '장식藏識'이라고 하는 바로부터, 법장보살과 아뢰야식의 본질적인 관련을 찾고자 하는 것이다. 물론 이 말들을 어원학적으로 탐색하면, 법장보살의 '법장法藏'은 "dharmākara"이고 아뢰야식은 ālaya-vijñāna이므로 분명히 다른 말이다. 그러나 그렇다고 해서 위에서 서술한 말이 황당무계한 한갓된 착상이라고는 말할 수 없을 것이다. 왜냐하면 이는 소가 료신의 '대승불교의 요체는 아뢰야식의 대자관大自觀이다'[2]라는 통찰에 기초하고 있기 때문이다. 즉 지금 문제가 되고 있는 그의 말은 본원本願을 '최초에'로 서술한 '자각'의 문제로 받아들인다는 그의 근본적 입장을 명확하게 표현하고 있는 것이다.

여기서 재차 법장보살과 아뢰야식의 내적 관계를 묻지 않으면 안 된다. 그렇다고 한다면, 여기에는 상호 밀접하게 관련을 맺고 있는 몇 가지 요인factor을 발견할 수 있다고 생각한다. 여기서 내가 주목하고 싶은 것은 이하의 세 가지 계기이다. 첫째, '영현影現'이라는 말에 담겨진 '역사성' — 또는 그 속에 함의된 '사회성' 곧 '상호주관성' — 의 계기. 둘째, '육체'라는 적나라한 말로 표현된 주체의 근저인 '근원적 자연'의 계기. 셋째, 역사·사회·자연을 기반으로 한 '책임의 자각'이라는 계기이다. 이 세 가지 계기들은 법장보살과 아뢰야식의 내적 관련을 해독하는 열쇠라고 생각된다. 그뿐 아니라 이것들은 모두 대체로 현대의 철학적 사유가 근대의 지知에 의해 계속해서 은폐되어 온 지知의 원초적 발생의 차원을 밝혀내고자 할 때 필연적으로 만나지 않을 수 없는 계기이기도 하다는 점이 주목된다.

여기서는 특히 첫째의 '영현影現'과 그 역사성의 문제를 채택해 보기로 하자. 「영현影現의 나라와 응현應現의 나라」에서 소가 료신은 '영현'과 '응현'을 대비해서 다음과 같이 서술한다. "생각하건대, 대자연의 여래는 현실계에서 두 가지 면으로 현현한다. 대자연의 여래는 내계에 영현하고 외계에 응현한다. …… 영현하는 것은 자아의 근본적 주관이고, 응현하는 것은 자아주관의 앞에 엄연하게 서서 부르짖는 가르침의 소리이다."[3] 또한 『대무량수경』과 『법화경』을 대비하면서 "우리의 법장보살께서는 대자연의 내면, 관념의 영계에 고요히 영현하고, 그 상행보살上行菩薩은 자연의 외면, 잡음雜音의 물계物界에 홀연히 응현하신다."[4], 혹은 "『법화경』이 항상 지상의 평면 세계를 보여주는 데 반해, 『대무량수경』은 깊은 입체의 세계를 보여주고 있다"[5]는 등의 표현이 보인다. 두 경의 단순한 비교평가에는 문제가 있겠지만, 여기서 응현과 영현이란 외와 내[초월과 내재], 지상과 지하, 평면과 입체, 넓이와 깊이와 같은 대비로서 파악되고 있다는 것에 주목해야 한다. 여기서 '지하', '입체', '깊이'라는 말은 주체가 스스로 떠맡고 있는데도 불구하고, 해당 주체에게는 이미 은폐되어버린 근원을 이루는 차원을 의미하는 것이리라. 그것은 해당 주체의 가능성의 제약으로서 기능하면서도, '지상'의 '평면'[6]에 살고 '넓이'밖에 시야에 들어오지 않는 주관에게는 이미 망각되고 어둠에 깊이 가라앉고만 숨겨진 근원의 차원이다. 앞에 서술한 세 가지 계기는 모두 이러한 차원에 속한다고 생각되지만, 소가 료신은 여기서는 특히 그중 '역사성'의 계기에 최대의 관심을 기울이고 있다고 생각된다. "인류가 걸어왔던 바의 지하의 사실事實, 여기에 믿음의 기초가 있다"[7]라는 말이 주목된다. 이 역사성에 대해서는 '법장보살 영현의 역정歷程으로서의 3원願'에서 보다 명확하게 서술된다. 즉 "제18·제19·제20의 3원願은 법장보살 영현의 과정이니, 즉 우리 인간의 구제의 역사이자 자각의 역정이다"[8]라고 하고 있다. 제19원에서 제20원으로 전입轉入하는 일은 관상觀想 또는 윤리적 입장으로부터 종교적 결단으로 전환하는 일이라고 말할 수 있겠지만, 여기서는 "그 믿는 바의 본원本願은 여전히 추상적 이상理想"[9]이고 "인간이 이상理想의 여래로 향해서 자기의 기원祈願을 받들어 올리고"[10] 있는 것에 지나지 않다고 말할 수 있다. 이상理想은 그것이 '평면'의 생을 사는 인간에 의해 세워진 것인 한, 언제라도 변계소집에 빠질 위험을 불식시킬 수 없다고 할 수 있겠다. 그런데 "18원願에 의해 법장보살은 현실세계의 깊이에 영현하신 것이다"[11]라고 하고 있다. 이상을 현실이라고 말하고 있다. 유식학의 용어로 말하면, 의타기의 사실事實이고 '현행'이리라. 그러나 여기서 중요한 것은 이 사실事實이 그 '깊이에 영현'하는 역사를 떠맡으며, 그 역사가 성취된 것으로서 현現에(현재적顯在的으로) 행行하고 있다는 것이다. "種子生現行 現行熏種子.(종자가 현행을 생하고 현행이 종자를 훈습한다.)"[12]의 역사가 여기에 기반하고 있는 것이다. 『법장보살』이라는 강화講話에서도 '이념이라든가 이상이라든가 하는 것'에 대해서 '현행'이 말해지고 있다. "기機의 깊은 믿음이란 나의 처분대로 있는 것이 아닙니다. 이것은 사실事實입니다. 현행의 상相을 어떻게 한다는 것은 생각할 필요가 없습니다. 현행을 현행으로 올바르게 승인해서 행하는 것입니다"[13]라고 서술하고, 또한 "본원은 종자이다. 염불은 현행이다"[14]라고도 말하고 있다. 이렇게 해서 소가 료신은 제18원願에서 법장보살이 현실세계 깊이 영현하는 역사歷史를 감득하여, 이 역사를 떠맡은 것을 아뢰야식으로서 이해했다고 말할 수 있을 것이다.

그러나 여기서 주의해야 할 것은, 이 역사는 통상의 '지상地上'적인 '평면'의 생에 머무는 한 은폐된 채로 있으며, 바로 그렇기 때문에 여기서 '자각'이라는 문제가 물어져 온다는 점이다. 따라서 또한 "올바르게 승인한다"라고 해도, 그것은 결코 한갓된 무비판적인 현실긍정과는 전혀 다른 것이다. 그것은 '번뇌가 곧 보리菩提이다'와 같은 무비판적인 현실긍정이 아니라, 자각을 통했다고 하기보다는 자각을 촉구하는 것에 감촉되어 수긍하는 것이라고 말할 수 있겠다. "내가 몸을 올바르게 나의 몸이라고 말할 수 있는 것은 역시 이 아뢰야식 때문이다"[15]라는 말이 있지만, 이것을 역으로 하면 "아뢰야식이 아닌 것에는 나의 몸을 나의 몸으로 올바르게 승인할 수 없다"라고 하는 것이 된다. 그럼 아뢰야식이 아닌 것은 무엇인가? 그것은 아뢰야식을 의지로 해서 비로소 성립하면서도, 이 사실을 은폐하고, 또 이 은폐 속에서 아뢰야식을 자아라고 집착하고, 좁은 사적인privat 영역으로 폐색하는 말나식 및 그 말나식에 의해 지배되는 앞서 서술한 '평면'의 생이다.

여기서 문제가 되는 것은 다음 두 가지이다. 첫째로, 위에서 서술한 '자각'이란 도대체 어떠한 것인가? 그것은 어떠한 기본구조를 갖고 있는가? 또한 이 기본구조와, 이 절 처음에 세 번째로 거론한 '책임'의 계기가 도대체 어떠한 필연적 관계에 의해 결부되고 있는가? 그리고 둘째로, 그러한 자각을 통해서 모두에서 제기한 문제 즉 '設我得佛(만약 내가 붓다가 될지라도)'의 '아我'와 일체중생의 관계를 둘러싼 문제에 대해서 어떠한 해결에 이르는 통로가 열리는 것인가?

이와 같은 문제를 고찰할 때 나는 후설이 그의 현상학의 기본사상, 즉 자연적 태도에서 초월론적 태도로 전환함이라는 현상학적 환원의 사상을, 그때마다 나타나는 어려움에 직면하면서도 이 전환의 동기를 되물음으로써 심화해 가는 도정道程을 상기하지 않을 수 없다. 그래서 이하에서는 우선 첫째로, 이어지는 제2절에서 자신이 떠맡으면서도 자신의 활동의 성과에 갇혀서 은폐된 자아통각의 깊이로서의 역사 또는 자연을 자각화하는 문제를 후설의 세계내적mundan 태도와 초월론적 태도의 관계를 통해서, 특히 후기 후설의 발생적 현상학에 착안하면서 고찰하고, 아울러 현대의 현상학자가 유식사상에 관심을 기울이고 있는 이유에 대해서도 약간 언급해 보고자 한다. 그리고 둘째로, 마지막 제3절에서는 '設我得佛(만약 내가 붓다가 될지라도)'의 '아我'와 일체중생의 관계를 제2절에 기반해서 자기존재의 유래가 되는 역사에 대한 각성과 자기책임의 자각이라는 관점에서 고찰해 보고자 한다.

제2절 초월론적 역사와 아뢰야식

『성유식론』에는 현행식과 아뢰야식의 종자의 교호관계에 대해서 "三法展轉因果同時(3법이 전전할 때 인과 과가 동시이다)"[16]라고 하는 중요한 기술이 있다. '三法展轉(3법이 전전할 때)'은 "種子生現行 現行熏種子(종자는 현행을 생하고 현생은 종자를 훈습한다)"를 말한다. 여기에서 생生과 훈熏[훈습熏習]이라는 '능작能作과 소작所作이 동시 교호로 전전하면서 활동'하는 식전변의 역동주의dynamism가 언급되고 있다. 현행이 경험세계라고 한다면 종자는 그 경험의 가능근거이며, '因果同時(인과 과가 동시이다)'란 경험과 경험의 선험적 근거의 동시성을 나타낸다고 말할 수도 있겠다. 이 점에 대해서 야스다 리신安田理深은 다음과 같이 서술하고 있다.

> 호법의 유식론에서 말하고자 하는 것은, 종자란 종자라는 하나의 경험이 아니라 경험의 가능근거, 경험의 아프리오리이다. 경험을 경험적으로 기초짓는 것이 아니라, 경험을 선험적으로 기초짓는다. 경험과 경험의 선험적 근거는 동시라고 하는 것이 호법의 사고방식이다. 이렇게 말하는 것이 아뢰야식을 생각하게 된 원인이다.[17]

나는 이 야스다의 예리한 통찰에 이끌리면서도, 그러나 앞 절에서 서술한 '영현影現'의 역사는 바로 이 '선험적 근거'가 떠맡고 있는 역사라는 것을 깨닫게 되었다. 이 점에 대해서 야스다 리신 자신이 다음과 같이 서술하고 있다.

> 아뢰야식은 무시이래의 경험이다. …… 개인이 이미 역사적인 것이다. …… 개個라는 것이 그 자신의 구조로서 역사적, 세계적인 것이다. …… 무시이래의 경험의 축적, 그것이 장藏이다.[18]

따라서 종자가 선험적 근거라고 해도, 그 선험성을 칸트적 의미에서 이해하는 것은 곤란하다. 왜냐하면 칸트의 선험성에는 선험적 근거의 역사성, 즉 '現行熏種子(현행은 종자를 훈습한다)'의 의미를 길러올 수 없기 때문이다. 종자에서 현행이 생하는 방향과 반대가 되는 '소변所變이 역으로 작용하는 의미'[19]를 칸트의 선험성에서는 읽어낼 수 없다. 칸트에서 경험이란 empirisch이기 때문에 그 선험적 근거는 경험적인 것일 수 없다. 그러나 유식학에서는 식의 의지도 또한 식이며, 그 식이 '三法展轉(3법이 전전한다)'

하는 '사事'에 세계구성적인 초월론적 위계가 귀속되는 것이다. 여기에는 '교호인과'의 문제가 깊이 관련된다. 야스다 리신은 "아뢰야식이 일체제법의 과果인 경우에 제법은 그 인因이다. 아뢰야식이 인因이라면 제법은 과果이다. 교호로 인과因果가 되는 것은 능장能藏, 소장所藏이다. 함장하는 것이고 함장되는 것이다"[20]라고 서술하면서, 다음과 같은 경문을 인용하고 있다.

> 제법은 식에 함장되고, 식은 제법을 함장하네. 서로 항상 과성果性이 되고 또한 인성因性이 되네.
>
> 諸法於識藏 識於法亦爾 更互爲果性 亦常爲因性 (『대승아비달마경』)

이와 같은 의미에서 식전변의 동시성이 경험과 그 선험적 근거의 관계를 표시하기 때문에, 그 선험성은 칸트의 선험성보다는 오히려 후설의 초월론적 경험의 영역에 의해서 보다 정확히 파악된다고 나는 생각한다. 그리고 그때 이 전변의 동시성은 나가오 가진長尾雅人이 말하는 바와 같이 '역으로 시간이나 공간의 근원이 되는 것'[21]으로서, '찰나멸성kṣaṇikatva'[22]으로 고찰할 가능성이 열리게 되는 것이리라. '인과동시'란, '3법전전'하는 전변의 '사事'가 시간구성을 떠맡고 있다는 것, 즉 이 '사事'야말로 거기에서 초월론적 시간화가 행해지는 시간 구성적 사상事象이라는 것을 나타내고 있다고 생각한다.

여기서 '선험적'과 '초월론적'이라는 말에 대해서 한마디 하고 넘어가야 하겠다. 둘은 모두 transzendental이라는 말의 역어이지만, 통상 칸트와 관련해서는 '선험적'이라고 번역되어 온 데 반해서, 후설과 관련해서는 '초월론적'이라는 역어가 배당되고 있다. 이 차이는 어디에 있는가 하면, 칸트에게서는 경험일반의 가능성의 제약이 물어지고, 또한 그 경험은 수학적 자연과학을 전형으로 하는 대상경험이기 때문에, 이를 근거짓고자 할 때 역사적 계기가 혼입할 여지가 없다. 이에 반해, 후설에게서는 모든 문화형성체로서 현재적顯在的으로 성립하고 있는 타당의미의 의미해명이 첫 번째 문제이며,

따라서 "모든 객관적 의미형성체와 존재타당의 근원적인 장"[23]인 초월론적 주관성으로 되돌아가서 거기로부터 "존재하는 세계를 의미형성체 또는 타당형성체로 이해"[24]하는 '의미형성론'이 주제가 된다. 수학을 포함한 모든 의미형성체는 문화적 형성체이기 때문에, 그 타당의미 내에는 그 의미형성에 관여한 '의미의 역사'가 함축되고 침전되어 있다. 후기 후설의 발생적 분석은 이 침전된 역사를 재활성화하는 것이라고 말하는 것은 이 때문이다.[25] 현재적顯在的으로 지금 활동하고 있는 의미지향적 경험에 있어서 이 역사가 배후에 숨겨져 있는 한 '선험적'이라고도 말할 수 있겠지만, 그러나 이 역사는 결국 어떠한 의미에서 경험[초월론적 경험]의 축적이기 때문에 '선험적'이라는 번역은 정확하지 않다. 후설에게 있어서는 칸트와 다르게 초월론적인 물음이 역사에 대한 물음을 야기할 필연성을 그 자신의 안에 갖고 있다고 말할 수 있겠다. 초월론적 주관성이 그 의미형성의 근원 장인 자신의 모습을 노정할 수 있다고 한다면, 그것이 필연적으로 초월론적 역사성을 떠맡는다는 것은 충분히 이해될 수 있는 것이리라. 현상학적 환원에서 자연적 및 세계내적mundan 태도로부터 초월론적 태도로 이행하는 일은, 기본적으로는 "자신의 활동의 성과 속에 갇힌 초월론적 주관성"[26]을 그 은폐된 양태[자기은폐성]로부터 해방시키는 것에 다름 아니다. 즉, 자연적 태도에서도 항상 이미 익명적으로 활동하고 있는 초월론적 주관성의 구성능작을 그 익명성으로부터 해방시켜서 자각으로 가져오는 것이다.[27] 학문적 책임의 문제가 후설의 사색을 관통하고 있다는 것을 이 점에서도 엿볼 수 있을 것이다.

여기서 이상 서술해 온 바와 같은 역사를 떠맡은 '초월론적 주관성'을 곧바로 아뢰야식에 비정하는 데에는 일정한 유보가 필요할 것이다. 그러나 나는 오히려 시대도 목적도 다른 두 사상이 자신의 근거를 찾는 가운데 다다른 역사성의 해명이라는 물음의 공통성에 놀라운 마음을 금할 길 없다. 그리고 이 점을 또한 최근에 현대의 현상학자 이조 케른[28]이 주목하는 바이기도 하다는 것을 여기서 소개해 두고 싶다.

'3법전전'에 대해 케른은 다음과 같이 서술하고 있다. 즉, 아뢰야식이라는 "이 의식의 가장 깊은 수준은, 여러 잠재가능성들이란 형태로, 보다 정확히는 종자로 불리는 잠재능력이라는 형태로 어떤 의식의 흐름의 역사를 포함하고 있다. 이 종자는 후설의 용어로 말하는 것이 허용된다면, 의식의 흐름의 역사의 침전, 즉 그 의식의 장래 경험에 영향을 주고 그것을 조건짓는 침전이다."[29] 즉, '현행훈종자'의 '훈습'을 발생적 현상학의 '침전 Sedimentierung'으로 이해하는 것이다. 여기서 케른은 식전변에 인전변[인능변]과 과전변[과능변]이라는 두 가지 뜻이 있다는 것에 주목하고 있다. 이 중 인전변이란 종자가 현행식과 그 소연所緣을 산출하는 것이다. 과전변이란 "연緣으로서 취取한다"라는 것을 말하는데, 이는 현행식의 견분이 종자에 의해 산출된 소연所緣에 의탁해서 현행식의 상분을 현출하게 한다는 것을 의미한다. 따라서 과전변은 현재적顯在的으로 타당한 의미대상에 대한 정태적 구성에 해당하며, 현실적現實的인 의식의 흐름의 여러 활동의 다양함을 통해서 어떤 대상이 현출해 오는 그 방식을 가리킨다. 이에 반해서, 인전변은 현재적으로 타당한 의미형성체에 지향적으로 함축되어 있는, 의미창출적인 선능작先能作을 가리킨다. 즉, 잠재적 구성능작의 여러 상相들을 통해서 바로 그 현재적顯在的 타당의미가 형성되어 오는 발생적 구성을 가리키는 것이다.[30] 케른이 인전변 내에서 발견한 의식류意識流의 역사의 침전이란 이 의미형성체에 함축되어 있는 '의미의 역사'와 다른 것이 아니다. 인전변에서의 종자의 공능[능작]은 "침전된 역사로서 …… 그때마다 구성된 지향적 통일 속에 포함되어 있는"[31] 것이다. 아뢰야의 '장藏'이라는 의미는 이와 같은 침전된 지향적 함축을 의미한다고 해석할 수 있을 것이다.

여기서 나는 후설의 다음과 같은 말을 상기하지 않을 수 없다. 즉, '원적原的 존재의 구조분석은 우리를 자아구조로, 그리고 다시 그 자아구조를 기초짓고 있는 자아 없는 흐름의 상주常住하는 하층으로 이끈다. 이 자아 없는 흐름은 수미일관한 되물음을 통해서 침전된 활동을 가능하게 하고, 또 전제하는 사태로 즉 근원적으로 전前자아적인 것으로 데리고 돌아간다."[32] 여기에서 '현행훈종자'가 침전을 낳고 '종자생현행'이 그것을 전제로 해서 능작하는 '3법전전'의 끝없는 연쇄가 말해지고 있다고 볼 수 있으리라. 이 능작은 찰나멸할 때 흔적을 남기지 않고 흘러가는 것이 아니라, 다음 찰나에 구성되어야 할 획득물에 대해서 항상 구성적으로 활동함으로써 '역사'를 형성한다. 아뢰야식은 무시이래의 전전展轉의 역사를 떠맡아 저장하면서, 다른 모든 식의 의지처로서 그때마다의 세계구성의 기반을 이루고 있는 것이다. 아뢰야식의 개시開示는 우리에게 다음과 같은 자각을 촉구한다고 생각된다. 즉 "참으로 우리는 끝없는 생의 연관의 전체적 통일 가운데서 있으며, 나 자신의 그리고 또한 상호주관적 역사적 생의 무한성 가운데서 있다"[33]라는 자각이다.

제3절 자기책임의 문제

마지막으로 처음에 서술한 "設我得佛(만약 내가 붓다가 될지라도)"의 '我아'와 일체중생의 관계의 문제가 남아 있다. 솔직히 말하자면, 나는 아직 이 물음에 대해서 후설의 상호주관성론이 어떠한 기여를 수행할 수 있는가를 파악하고 있지 않다. 모색하면서 고찰을 진행할 수밖에 없다. 상호주관성은 후설 현상학의 걸림돌이기도 한 타자론과 떼어놓을 수 없다. 거기는 초월론적 주관에서 타자의 내재성과 초월성이 미묘하게 교착하는 지점이다. 한편 '아'와 일체중생 간에도 또한 내재와 초월의 관계에서의 비대칭성이 존재한다. 다만 소가 료신은 "법장보살은 아뢰야식이다"라고 말함으로써 우선 그 '내재'의 계기를 회복하는 것을 통해서 이 문제를 다시 묻고자 했다고 생각한다. 요컨대, 이 '아'는 일체중생을 안에 포함하고 그것을 내실內實로 해서 비로소 성취되며, 역으로 일체중생도 그 근저에 이 '아'를 함장함으로써 비로소 생겨나게 된다. 그것이 바로 "법장보살이 현실세계의 깊은 곳에 영현한다"[34]라는 말로 표현된 것이리라. 여기에서 '아'와 일체중생 간에 내재적 상즉관계를 확인할 수 있다. 그러나 주의 깊게 읽으면, 이 관계가 한갓된 동일성인 융합적 내재가 아니라, 법장보살은 어떤 의미에서 일체중생을 넘어서는 초월성을 확보하고 있다는 것을 깨닫게 된다. 애당초 '영현'이라는 말은 동일성, 융합적 내재를 배척하는 의미를 갖고 있다. 즉, 양자의 관계는 한갓된 내재적 상즉이 아니라 내재적 상즉을 근저에서 밟고선 후의 비대칭성으로 성격지어진다. 법장보살과 일체중생 간의 이 상호내재의 존재방식에는 말하자면 존재론적 차이[35]라고도 해야 할 비대칭성이 있다. 한마디로 말한다면, 법장보살 쪽에서 보면 이 '아'는 일체중생을 내실로 하기 때문에, 일체중생에 이미 내재해 있다. 그러나 중생의 쪽에서 보면 이 내재는 덮여져 있다. 그러므로 이 덮여 있는 양태Verborgenheit[36]로부터 해방되기 위해 '자각'이라는 것이 문제가 되지만, 중생 쪽에서 행하는 이 '덮개를 벗기는Entbergen'[37] 어떠한 시도도 변계소집적 허망성을 면할 수 없다. 중생은 이 개個로서의 관점성perspective을 면할 수 없어서, '아'가 갖는 존재론적 보편성을 관념적 보편성으로밖에 받아들일 수 없기 때문이다. '원성실이 아닌 것을 원성실로 하는'[38] 문제가 끊임없이 따라다니는데, 바로 여기에 '형이상학'의 미궁으로 가는 함정도 있는 것이다. 하지만 역으로 말하면 바로 이 비대칭성에 '원願'이라는 것이 생겨나는 까닭이 있다고 말할 수 있겠다. 이 점과 관련해서 소가 료신은 제19, 20원에 대해 다음과 같이 서술하고 있다. "법장보살이 임종을 맞아 서약할 때, 반드시 다음 생애에 과果를 성취하지 않으면 정각을 이루지 않겠다고 서원한 것은, 오히려 그가 현실세계의 깊은 곳에서 영현할 수 없음을 보여줌과 동시에 어떻게든 영현하지 않으면 안 된다고 하는 원락願樂을 버릴 수 없음을 보여주는 것이다."[39] 이 '영현하겠다는 원願'은 제18원에서 사실事實이 된다. 중생 쪽에서 말하면, 이것은 형이상학의 미궁이 깨졌다는 것이리라. 제19원에 상응하는 중생의 태도가 윤리·도덕이고, 제20원에서는 구제를 희구하는 것이라 한다면, 제18원에서 '영현'이 의미하는 것은 '책임'이다. "기機의 깊은 믿음이란 결코 지옥이 정해져 있다는 개념이 아니라 자기의 모든 책임의 자각이다."[40], "죄악의 자각은 모든 책임을 짊어지고 일어난 것이다. 이것이 바로 법장보살의 발원의 내적 동기이다"[41]라 하고 있다. '영현'이 숨겨진 역사를 내포하고 있다는 것은 이미 보았다. '원願'이 평면에 살고 있는 중생에게 스스로의 자기존재의 숨겨진 역사에 대한 책임을 불러 일깨운다. 구제를 희구하는 일은 구제의 초월적 근거를 구하는 형이상학을 필요로 했는데, 그것은 오직 평면의 생의 지평에 매몰되면서 자신의 근거를 날조하고 있었기 때문이다. 거기서는 존재자의 근거를 존재자성存在者性으로 세움[42]으로써 도리어 자신의 존재의 유래가 계속해서 숨겨져 온 것이다. 그러나 이제는 그것이 필요하지 않다. 자기존재의 유래에 대한 책임을 무한하게 떠맡아 행하는 길이 이미 열려 있다는 것이야말로 자각의 내용과 다른 것이 아니기 때문이다. 다만 이 책임은 이중의 의미에서 무한하다. 첫째로 그것은 '무시이래'의 역사를 떠맡고 있기 때문이며, 그리고 둘째로 제18원과 제20원 간에 안이자 겉인 다음과 같은 동적動的 관계가 있기 때문이다. 즉, 두 원願은 "제18원은 끊임없이 제20원을 자기소외에 의해 성립하게 하면서, 또한 그것을 소멸의 계기로서 부정하며 제18원으로 계속 전입시키지 않으면 안 되는"[43] 끊임없는 상호부정적인 상호매개에서만 존립할 수 있는 것이기 때문이다.

맺으며

이 장에서는 역사성의 문제에 지면을 많이 할애한 결과, 당초의 과제인 후설의 상호주관성 또는 타자론을 토대로 하는 "設我得佛(만약 내가 붓다가 될지라도)"의 '我아'와 일체중생의 관계에 대한 고찰로는 충분히 들어설 수 없었다. 다만 후설의 초월론적 역사성은 사실상 상호주관적 역사일 수밖에 없다는 점에 대해서는 이미[44] 서술한 바 있다. 그러나 그 후의 타자론의 전개는 레비나스의 타자론이 나오면서 새롭게 초월론적 영역의 타자라는 문제차원을 열고 있다. 이 점에 대해서는 금후의 과제로 삼겠다고 명기해 두는 것으로 그칠 수밖에 없다.

제7장 키타야마 준유의 아뢰야식론

— 키타야마 준유와 그의 주저 『불교의 형이상학』

시작하며

이 장에서는 금세기 초 국제적으로 활약했지만 지금은 잘 알려지지 않은 불교철학자인 키타야마 준유北山淳友의 사상을 채택해 보겠다. 우선 키타야마 준유의 주저인 『불교의 형이상학』이 나오기까지 그의 경력을 간단하게 돌이켜보도록 하자.

1902년 정강현靜岡県 소진시燒津市의 정토종 교념사敎念寺에서 태어난 키타야마 준유는 구舊 제정강制靜岡중학교를 졸업한 후 1921년 당시의 종교대학[현 타이쇼大正대학]에 입학해서 모치즈키 신코望月信亨, 오기와라 운라이荻原雲來 등의 훈도를 받았다. 1924년 졸업과 동시에 독일의 프라이부르크 대학으로 유학해서 철학을 에드문트 후설한테서, 인도학과 산스끄리뜨문학을 에른스트 로이만한테서 배웠으며, 다시 1927년 하이델베르크대학으로 옮겨 칼 야스퍼스, 하인리히 리케르트, 하인리히 츠인마 등한테서 철학, 인도학,

불교학을 수학했다. 여기서 소개하는 『불교의 형이상학』(원제 : *Metaphysik des Buddhismus : Versuch einer philosophischen Interpretation der Lehre Vasubandhus und seiner Schule*)은 1930년 하이델베르크 대학을 졸업할 때 야스퍼스에게 제출한 박사논문이다. 이 책은 1934년에 콜햄머 출판사에서 출판되었고, 곧이어 다음해 『칸트 스튜디엔』 제40권[1]에 서평이 게재되는 등 주목을 받았다. 또한 권말에 『유식이십론』의 독일어 초역初譯이 수록되어 있는데, 이는 에리히 프라우발너의 『불교철학』*Die Philosophie des Buddhismus*의 문헌란[2]에 소개되어 있다.

그러나 일본에서는 이 중요한 책의 존재는 물론 키타야마 준유라는 이름조차 아는 사람이 거의 없다. 근년에 『비교사상』 제7호[3]에서 후지모토 키요히코藤本淨彦(붓쿄대학), 미네시마 히데오峰島旭雄(와세다대학) 두 교수에 의해 키타야마 준유의 존재가 발굴되고, 또한 1985년에 상재된 『동과서 영원한 도道 — 불교철학 · 비교철학론집』[4]에 그의 업적과 사상이 가까스로 일반에게 소개되었지만, 그의 주저라고 해야 할 이 책은 아직 일역日譯이 되지 않은 상태이다. 그래서 이 장에서는 이 책 내용의 비록 일부라도 필자가 해석해서 소개함으로써 키타야마 준유의 업적의 일단을 찾아보도록 하겠다.

제1절 『불교의 형이상학』을 관통하는 키타야마 준유의 기본자세

— 불교와 철학

『불교의 형이상학』은 크게 나누어 다음 3장으로 구성된다. 제1장 '세친의 인식이론', 제2장 '절대적 식識의 형이상학', 제3장 '불타의 실존철학, 해탈에 이르는 사유'이다. 이 소론에서는 그중 제2장의 내용을 정리하고, 아울러 몇 가지 문제점을 지적할 생각이지만, 그에 앞서 우선 이 책 전체를 관통하는 키타야마 준유의 저술의 기본자세에 대해서 한마디 해 두고 싶다.

'세친과 그 학파의 교설에 대한 한 철학적 해석의 시도'라는 부제에서도 읽어낼 수 있듯이, 이 책에서 키타야마 준유는 유식학파의 사상에 대한 철학적 해석을 그 자신의 입장에 서서 적극적으로 제시하고자 시도하고 있다. 즉, 그의 기본적 태도는 전통적인 교학[법상종]의 테두리 내로도, 또한 근대적인 실증적 문헌학의 테두리 내로도 거두어들여지지 않는 철학적 요구를 보여주고 있다. 그렇다고 해서 결코 이 두 가지 테두리를 무시하는 것은 아니다. 특히 후자에 관련해서 그의 경력은 당시 가장 앞선 실증적 문헌학의 훈도薰陶를 받았음을 보여주고도 남음이 있다. 게다가 그는 다음과 같이 자신의 자세를 명시한다. "저자의 의도는 일단은 불교의 교의학적教義學的 · 역사적 전통으로부터 자유로워져서, 인도적 또는 동아시아적 정신의 유산을 자주적으로 생각해내는 일에 숙달하는 데에 있다. 이 책은 시대의 한가운데서 사색하는 불교철학자의 입장에 서서 하나의 가능한 진로를 제공할 수 있도록 공헌할 것이다. 즉, 그 성실함 또는 진지함이 단지 그 착상의 실존적인 경주傾注와 그 성과 내에서만 있을 수 있도록 하는 진로를 말이다."[5] 이 말에서 밝혀지듯이, 이 책은 단순히 세친의 교학에 대한 역사학적 · 언어학적 조사연구가 아니라, 세친의 교학이 현대[당시]라는 시대에서 어떻게 실제적인actual 의미를 떠맡을 수 있는가 하는 높은 정신사적 관심으로 인도되는 철학적 서술이다. 그러므로 이 책에서 행해지는 세친 교학에 대한 해석에는 동시대 독일 철학자인 후설 · 셸러 · 야스퍼스 · 하이데거 등의 철학적 개념이 곳곳에 들어가 엮어져 있는데, 거기에 이 책의 독창성이 있는 것과 동시에 독해할 때 독특한 어려움이 부과되는 까닭도 있다. 실제로 문제가 생길 수 있는데, 그래서 첫째로, 유식교학의 근본용어가 종래의 전통교학의 틀과는 다른 문맥에 놓이는 경우 우리는 그 엇갈림을 그 자체로 명확하게 파악하되, 그 용어가 살아 있는 빛을 발하는 키타야마 준유 자신의 철학적 문맥을 헤아리면서 독해를 진행할 필요가 있다. 둘째로, 만약 현대의 실증연구의 수준에서 볼 때 문제가 있는 경우에는, 그 문제를 명확히 하되, 그렇다고 해서 그의 사색을 가치가 없다고 배제하지 말고, 이 문제를 계기로 해서 오히려 그의 철학적 사색의 흔적을 발굴하려는 작업이 우리에게 부과되어야 한다. 키타야마 준유의 유식 해석은 현상학 · 실존철학 · 해석학과 같은, 넓은 의미에서의 현상학 운동이 대두하는 금세기 초의 독일 사상 상황 속에서 수행되었던 것이며, 아직도 충분히 결정화되지 않은 이 철학운동 와중에 작성된 생생한 현장보고로서도 독해되어야 할 귀중한 가치를 담고 있다. 그가 놓여 있었던 상황은 이제까지의 전통교학으로부터 자유로운 '자기해석'[6]을 가능하게 함과 동시에, 이 철학운동의 도가니 가운데로 그 자신의 주체적 실존을 내건 고투를 강요했을 것이다. 이 의미에서 그의 철학적 해석은 최대한의 평가를 받아야 마땅하다. 그러나 셋째로, 오늘날의 시점에서 되돌아볼 때 그의 철학적 해석에 대한 비판과 같은 작업도 또한 우리의 과제가 되지 않으면 안 된다. 왜냐하면 1920~30년대라는 '시대의 한가운데서 사색한' 키타야마 준유의 철학적 입장은 오늘날의 시점에 의거한 보다 객관적인 비판을 우리에게 요구하는 것이기도 하기 때문이다.

제2절 키타야마 형이상학의 전체 구도

—『불교의 형이상학』 제2장의 구성

키타야마 준유의 유식 이해의 독자성을 보여주는 것으로, 우선 첫째로 주목되는 것은, 유식학의 중심개념이라고 말할 수도 있는 '아뢰야식'과 '종자'에 대한 번역어 표현이다. 그는 '아뢰야식'을 das kosmische Bewußtsein[우주적 식]이라고 번역하고, '종자'를 die Ideen[이념들]으로 표현하고 있다. 이 역어가 전통교학에 비추어서 정당한가 아닌가를 묻기 전에, 우리는 우선 이 역어를 택하게 했던 그 자신의 유식 이해의 문맥을 더듬어 보아야 한다. 이를 위해 『불교의 형이상학』 제2장 '절대적 식의 형이상학'의 구도를 대략 파악해 두도록 하자. 이 장의 제1절은 '절대적 식의 유한화의 과정'이라는 제목이 붙어 있다. 절대적 식이란 '여래장식'을 가리키는데, 이는 '불성으로서 모든 인간정신에 내재하며', 그 순수한 존재 형식[진실존재 = 진여]은 '무차별'이다. 이 '절대적 식'의 존재방식에 대한 교증教證으로 『구경일승보성론』의 다음과 같은 말이 거론되고 있다.

> 불타의 법신은 편만한 진여로서 차별이 없다. 또 모두에게 실제로 불성이 있다. 그래서 항상 있다고 설하는 것이다.[7]
>
> 佛法身遍滿 眞如無差別 皆實有佛性. 是故說常有.

이에 반해서, 아뢰야식 — 키타야마 준유가 말하는 '우주적 식' — 은 이 절대적 식이 유한한 형식에서, 곧 차별상에서 자기를 개시開示하는 과정 또는 현상 형태를 가리킨다. 그것은 절대적 식의 탁한 상모相貌로서 어떤 규정된 형태로만 우리와 만나고 체험된다. 우리가 우주적 식과 만나는 이 피규정성 — 그것은 동시에 우주적 식의 자기형상화와 상응한다 — 은 인간존재를 통해서, 그 실존적 존재 지위의 운명적 조건에 기초지어져 있다.[8] 이렇게 해서 절대적 식의 유한화의 상相들은 우리 인간의 실존적 지위의 깊이에 부응하는 우주적 식의 자기전개의 단계들로 서술되게 된다. 이는 제2장 제5절 이하의 표제에서 명확하게 파악된다. 즉, 제5절은 '우주적 식의 전개의 제1단계와 절대적 식의 개시'라는 제목으로 되어 있는데, 여기에서는 전前5식이 다루어지고 있다. 제6절은 그 제2단계로서 제6의식을 주제로 하는데, 여기에서는 아울러 3성설이 말해지고 있다. 제7절에서는 그 제3단계로서 자기의식 곧 말나식이 주제가 된다. 제8절은 '우주적 식과 절대적 식'이라는 표제로 되어 있는데, 이 둘의 미묘한 관계를 유식논서의 중국역경사를 통해서 통일적으로 파악하고자 노력하고 있다. 제9절에 이르러 우주적 식의 전개의 제4단계로서 궁극적 형식으로 전개된 절대적 식이 4종열반과의 관계에서 서술되고 있다.

이와 같은 키타야마 준유의 형이상학 구성은 여래장사상과 유식사상의 대론과 그 융합과정이라고 하는 불교사상사의 사실에 바탕을 두고, 이 대론의 사상적 의미를 그 자신의 철학적 과제로 받아들이면서, 이를 유학 당시 독일의 현상학 또는 실존철학의 문맥에서 통일적으로 다시 파악하고자 하는 노력을 보이고 있다고 생각한다. 특히 우주적 식이 전개할 때 실존적 지위에 대응하는 절대적 식이 개시開示한다는 사상에서는 하이델베르크 시대의 스승인 야스퍼스한테서 큰 영향을 받았다는 것을 엿볼 수 있다. 여기에서 특히 야스퍼스의 『철학』 3부작의 출판은 1931~32년이며, 바로 키타야마 준유가 이 논문을 스승에게 제출한 시기와 겹친다는 점에 주의를 촉구해 두고 싶다.

제3절 '아뢰야식'과 '종자'의 역어 문제

— 형이상학의 구도와 관련해서

이제 앞 절에서 약술한 형이상학의 구도에서, 보통 das Speicher Bewubtsein (장식)으로 번역되는 아뢰야식이 왜 '우주적kosmisch 식'으로 번역되는지의 이유를 엿볼 수 있다. 이와 관련해서, 그 밖에 아뢰야식에 대한 독일어 역으로 프라우발너Frauwallner의 Grunderkennen, 야코비Jacobi 의 Ur-Bewußtsein 등을 들 수 있는데, 이것들은 '근본식', '본식'의 역어라고 생각된다. 이 '장식' 또는 '본식'에 기초하는 번역과 비교해서 키타야마 준유의 번역의 특징을 살펴보면, 그의 '우주적 식'이라는 번역에는 '절대적 식'과의 대조관계를 분명히 하고자 하는 의도가 보다 명확하게 드러나 있다는 것을 알 수 있다. 절대적 식은 확실히 '무차별', '상유常有'인바, 그것은 자체적으로는 아직 전개되지 않고 움직임 없는 정적 속에 머물고 있으며, 시간공간적으로 제한된 이 세계[우주]에서는 스스로를 나타내지 않고 있다. 이 의미에서 그것은 확실히 청정淸淨이지만, 이 세계 내에서 보면 아직 숨겨진 채로 있는 것이다. 이에 반해서, '우주적'이라는 역어는 이 세계의 제한 하에 있다는 것을 명시하고 있다. 이 점에 대해서 키타야마 준유는 다음과 같이 서술하고 있다.

> 우주적 식의 본질은 현존재의 존재의지에, 즉 주관과 객관의 상대성에 의한 인식의 피제약성에 있다. 이 존재의식 또는 주관과 객관 관계의 원-형식은, 절대적 식이 영원적정한 진리와 무상無常한 형상화라는 이중의 반사 가운데 파악되는 점에서만 구해지고, 발견될 수 있다. 이렇게 해서 우주적 식은 절대적 식으로부터 분리되는 것이다.[9]

이 서술에 대한 주注에서 『대승기신론』이 교증으로 들고 있는 것으로 보아 이 '이중의 반사'가 '심진여문心眞如門'과 '심생멸문心生滅門'에 대응한다는 것을 엿볼 수 있을 것이다.

그렇다면, 어떻게 해서 절대적 식으로부터 우주적 식의 이 분리가 일어나는가? 이 물음의 평면에 키타야마 준유가 '종자'를 die Ideen으로 번역한 이유, 그 필연성을 이해할 열쇠가 주어지고 있다고 생각된다. 'Ideen'인 종자는 무한하게 다양한 존재가능성을 일컫는다.[10] 'Ideen'이라는 종자의 역어는 절대적 식에 있는, 순수한 이념 · 이상 및 관념이라는 의미의 순수한 '가능성'[무루종자]과, 유한하게 형상화된 우주적 식에 있는 불순한 '존재' 가능성[유루종자]의 양자를 함의하고, 또한 전자에서 후자로의, 혹은 후자에서 전자로의 부정을 매개로 한 이행관계를 자신의 형이상학의 주제로 하기 위해 키타야마 준유가 치밀하게 선택한 역어가 아닐까? 이 절대적 식과 우주적 식을 부정적으로 매개하는 종자Ideen의 기능은, 생사로의 하강과 열반으로의 상승이라는 두 측면을 갖고 있다고 생각된다. 그 자체는 상주하면서 동시에 완전하게 자재로운[미규정의] 절대적 식은 종자를 떠맡는 자로서는 한이 없이 생성하면서, 하강과 상승의 길을 가고 있다. 생사를 존재형태로 하는 우주적 식은, 자신 안의 '시작도 끝도 알지 못하는 하강의 길'[11]을 걷는다. 한편, 시간적 생성 내에서 전변하는 우주적 식은 자신 안의 '자기 자신을 부정하는 계기' 때문에, 자기조명을 통해서 절대적 식과의 관계를 명백하게 인식할 때 “시간은 자기 자신을 지양하고, 영원성[상주]으로 자신을 전환한다”[12]라고 말해진다. 이 부정의 계기가 ‘무루의 종자’이다.

이상 키타야마 준유의 서술에서 확실히 종자Ideen가 절대적 식과 우주적 식을 부정적으로 매개하는 기능을 떠맡고 있다는 것을 알 수 있다. 그러나 여기에서 보다 본질적인 문제는 바로 “종자 운동의 근거를 해명하는 일”[13]에 있는 것이다. 다만 이 물음은 다시 “궁극적 존재가 자신으로부터 나와서 어디에서 그 존재를 넘어서서 자신을 표현하는가?”[14] 하는 그 장소를 찾는 새로운 물음을 유발하게 되는 것이다. 여기서 키타야마는 이와 같은 물음이 다시 새로운 물음으로 밀어붙이는 무한연쇄를 솔직하게 인정하고 있다. 확실히 키타야마는 이 점에서 형이상학의 정합성의 한계에 이르고 있다. 그러나 우리는 이 점에서 역으로 공허한 형이상학적 의사疑似정합성을 성급하게 건립하기보다는, 오히려 사상事象에 맞게 물음을 추진하는 키타야마의 철학자로서의 성실함을 인정하고 싶다고 생각한다. 다시 말한다면, 여기에서 키타야마 준유는 형이상학자와 현상학자 사이에 서 있다고도 말할 수 있을 것이다. 즉, 어느 쪽인가 하고 말한다면, 형이상학적인 여래장 사상을 구도構圖로 취하면서도, 우리에게 현출해 오는 사상事象[現象]에 맞게 그 사상事象을 가능하게 하는 근거에 대한 물음을 거슬러 올라가게 하는 현상학적인 유식학을 사유의 기반으로 하고 있는 것이다. 구제[해탈]하고자 하는 원願에 촉구되어 절대적 식의 형이상학을 구상함과 동시에, 시대의 곤궁에 헐떡이는 실존으로서 어디까지나 현상학자로 머물고자 했던 것이다. 이와 같은 철학적 입장은, 당시의 키타야마가 놓여 있었던 정신 상황을 반영함과 동시에, 멀리 거슬러 올라가서 저 유식논서의 중국역경사를 돌아볼 때 그가 『기신론』에 가까운 견해를 갖고 독자적인 유식학을 전개했던 진제삼장의 사색을 중시하는 이유가 되기도 하는 것이리라.

제4절 유식논서 한역사漢譯史에서의 아뢰야식의 위치

— 비교론적 연구

『불교의 형이상학』 제8장 '우주적 식과 절대적 식'에서 키타야마 준유는 중국에서 유식학이 역사적으로 전개되는 가운데 나타난 세 학파를 들고, 이 학파들에서 아뢰야식[우주적 식]이 어떻게 위치부여되고 있는지 비교론적으로 고찰하면서 자신의 입장을 명확히 하고자 하고 있다. 첫째는, 보리류지菩提流支에서 시작하는 지론종이다. 이 학파에 의하면, 우주적 식[阿梨耶識]은 본질적으로 절대적 식과 동일하며, 동시에 또한 이 절대적 식은 절대적 진리[진여]와 하나이다. 아리야식을 무구無垢의 진여청정식으로 보는 것이다. 이 식은 업식業識 · 전식轉識 · 현식現識을 통해서 탁해지면서도 현존재의 식으로 분유分有되고 있다. 키타야마는 여기서 이 학파에서는 우주적 곧 절대적 식과 현존재의 식 간의 관계, 즉 절대적 존재로부터 유한적 존재로 이행하는 관계가 불명료한 채로 있다는 것을 지적한다. 오탁汚濁이 어떻게 해서 생기는가 하는 물음에 대해 이 학파는 그것은 근본무명에 의해 바깥으로부터 규정된다고 설하지만, 그렇게 된다면 절대적 존재는 더 이상 거기로부터 모든 존재를 나오는 제1의 궁극적 존재가 아니며, 결국 이원론에 떨어지게 된다고 하고 있다.

둘째는, 진제眞諦 학파[섭론종]이다. 키타야마는 이 학파에서 하는 우주적 식의 위치부여는 자신의 해석과 유사하다는 점을 인정하면서 서술한다. "모든 유한한 것은 절대적 식으로부터 우주적 식의 힘에 의해 생겨나게 된다. 우주적 식은 그 자체 모든 존재자의 존재는 아니며, 그것은 절대적 식으로 하여금 유한한 존재 내에서 자신을 전개하게 하는 유인誘因이 되는 것이다"[15]라고 하고 있다. 유한한 존재자는 우주적 식 내에서만 현상하고, 절대적 식의 은복隱覆이 현상세계를 생겨나게 한다. 그러나 여기에서도 또한 "절대적 식은 우주적 식을 유한화의 근거로서 자기 자신 안에 떠맡고 있는가?"[16]라는 양자의 관계를 둘러싼 물음이 생긴다. 이에 대해 이 학파는 절대적 식을 '아마라식阿摩羅識'(제9식)으로 세우고, 그것은 자성청정심으로서 인간에 내재하고 있고, 우주적 식이 사라질 때 일체법은 순수본질[무루법]로 나타난다[17]고 설한다. 여기에서 다시 우주적 식에서 절대적 식으로 전환하는 일이 어떻게 가능한가 하는 물음이 생기지만, 키타야마의 소견으로는 이 모순은 우주적 식을 유루종자와 무루종자를 연관시켜서 서술함으로써 어느 정도 해결된다[18]고 하고 있다. 이 학파의 특징은 무구청정無垢淸淨(구垢가 없는 청정)한 아마라식阿摩羅識을 제9식으로 별도로 세우는 것과 함께, 우주적 식 곧 아리야식을 진망화합眞妄和合(진실眞과 허망妄이 화합해 있다)으로 한다는 점에 있다. 이 점에서 지론종이 아리야식을 순정무구純淨無垢(순수히 청정일 뿐 구垢가 없다)라고 하고, 법상종이 유망비진唯妄非眞(오직 허망妄일 뿐 진실眞이 아니다)이라고 하는 것과 대비된다. 또한 '아리야阿梨耶'는 '무몰無沒'의 뜻으로 중생의 근본주체로서 항상 존속한다는 것을 함의하며, 이 점에서 '아리야'는 '장藏'을 의미하는 '아뢰야'와 구별된다.

세 번째는 현장의 법상종이다. 이 학파는 첫 번째 학파와 달리 우주적 식을 절대적 식과 동일시하지 않는다. 우주적 식[아뢰야식]은 일체제법의 의지依止이며 스스로를 전개하고 경험하는 식이다. 절대존재는 자체적으로만 있고, 우주적 식의 활동이 그칠 때 비로소 직관된다. 다시 이 학파는 두 번째 학파와 달리, 우주적 식 이외에 일체제법의 존재근거가 될 수 없는 어떠한 다른 식[제9식]도 인정하지 않는다. 절대존재는 마치 인간에 내재하는 것과 같이 절대적 식에서 분리되지 않는 것으로서는 이해되지 않으며, 그것은 어디까지나 초월적 존재이다. 이 절대적인 것의 내재와 초월의 문제는 성불의 가능성을 둘러싼 '실유불성悉有佛性'이라든가 '5성각별五姓各別'이라든가 하는 문제와 얽혀 있다. 첫 번째와 두 번째 학파에서는 절대적 식[아리야와 아마라]이 개별적 식의 근저에 내재하기 때문에 일체중생이 불성을 담고 있다고 하는 데 반해서, 세 번째 학파에서는 절대존재는 우주적 식에 의존하지 않으며 절대적 식과도 동일하지 않다. 그것은 오히려 우주적 식을 부정하면서 각성하게 되는, 절대지絶代智의 대상이다.[19] 앞의 둘에서는 절대존재는 절대적 식과 융합하면서 동시에 식에 내재하기 때문에 절대자와 인간의 연속성이 함의되고 있는 데 반해, 후자에서는 이 융합이 거부되고 절대존재는 '식識'의 부정을 통한 '지智'의 대상이 되는 것이기에 저 연속성은 단절된다. 앞의 둘에서는 '절대적 식'이 존재론적 기저이었지만, 후자에서 그것은 '절대적 직관'이라는 의미를 담고 있을 뿐이다. 키타야마는 이 점에서 앞의 둘을 '현존재와 세계의 관계에 대한 범신론적 해석'이라 부르고, 세 번째 현장 학파를 '진리와 그 인식을 구별하는 인간학적 · 지성적인 인간해석'이라고 특징짓고 있다.[20]

맺으며

이상, 주로 아뢰야식을 '우주적 식'으로 번역하는 근거를 둘러싸고, 키타야마 준유의 유식 해석의 특징을 약술해 왔다. 거기에는 구도자로서 진제의 절대적 식의 사상으로 다가가면서, 그러면서도 어디까지나 사상事象에 맞게 물음을 거슬러 올라가는 현상학의 입장을 견지하고자 하는 이중의 과제를 떠맡은 불교학자 키타야마 준유의 모습이 부상되어 온다. 1920~30년대의 독일을 무대로 하고, 또한 상세한 문헌학적 고증을 요하는 유식사상사에 대한 조예에 입각해서 형이상학과 현상학의 관계라고 하는 현대 현상학의 근본문제로 다가가기까지 강인한 철학적 물음을 지속한 업적은 일본 근대 불교사에서 특출하다고 하지 않을 수 없다.

제Ⅲ부 전의와 반성

– 유식3성설과 현현하지 않는 것의 현상학

제1장 3성설을 둘러싼 여러 문제

시작하며

이미 본서 제 I 부 제1장에서 식전변에 관한 다른 2가지 해석이 있으며, 그 차이는 3성설의 해석과 밀접하게 연동하고 있다고 서술한 바 있다. 거기에서는 현장과 호법의 전통에 서는 법상교학에 대한 우에다 요시부미上田義文의 비판을 채택했는데, 이 중 3성설에 대해서는 이 우에다 요시부미의 논의에 대한 나가오 가진長尾雅人의 비판을 약간 엿보는 데 그치고, 그것을 주제로 하는 데에 이르지는 않았다. 그러나 이 3성설을 둘러싼 견해의 차이는 진제paramārtha(499~569)의 구역舊譯에 보이는 유식 이해가 과연 유식사상의 정통을 전하는 것인가 아닌가 하는 예로부터의 대론을 배경에 담고 있고, 그것은 또한 1승이냐 3승이냐 하는 논쟁과도 연관이 있기 때문에 유식사상의 본질에 대한 기본적인 이해와 얽혀 있는 극히 중대한 논점을 제시하고 있다. 우에다 요시부미는 우이 하쿠쥬宇井伯壽의 학통을 계승해서 진제의 입장을 유식의 정통으로 보기 때문에, 거기로부터 법상교학에 대한 비판이 나오는 것도 당연하다. 그러나 이 문제를 둘러싼 연구들을 일별해 보면, 일이 그렇게 간단하지 않다는 것을 알 수 있다. 『해심밀경』, 『유가사지론』, 『중변분별론』, 『섭대승론』 등에 설해지는 3성설을 일일이 검토하고, 다시 그것과 식론識論과의 연관을 정밀하게 살펴본 후에 진제와 호법의 입장이 그 안의 어떠한 계보에 이어지는가를 확정하는 일 없이, 이 문제에 대해 안이한 결론을 내는 것은 엄중하게 삼가지 않으면 안 된다. 그러나 3성설이 갖는 철학적 의의를 발굴하는 것을 주안점으로 하는 본론에서는 이와 같은 상세한 조사연구로 파고들 여유가 없다. 그래서 이 장에서는 이 문제를 둘러싸고 전개되어 온 이제까지의 연구들의 요점을 정리하고, 금후의 필자의 과제를 분명히 해 두는 것으로 그치겠다.

이하, 이 장에서는 우에다 요시부미의 3성설 이해의 특징을 약설한 후, 스즈키 소우츄우鈴木宗忠의 『유식철학 연구』[1], 카츠마타 죤교勝又俊教의 『불교의 심식설 연구』[2], 다나카 쥰쇼우田中順照의 『공관과 유식관』[3], 다케무라 마키오竹村木男의 『유식3성설 연구』[4] 등 선행하는 연구를 참조하면서, 다음 장 이하에서 전개되는 3성설에 대한 철학적 해명을 위해 사전에 논점을 정리해 두기로 한다.

제1절 성상융즉性相融卽과 성상영별性相永別

『유식삼십송』 제22송은 의타성[의타기성]과 진실성[원성실성]의 관계를 주제로 하고, 이 관계를 '비이非異 · 불비이不非異'라는 말로 설하고 있다. 우에다 요시부미는 이 말의 해석을 둘러싸고 "안혜의 해석이 대승불교 일반의 근본사상과 공통되는 데 반해서, 『성유식론』의 해석은 이것과는 근본적으로 차이가 난다"[5]라고 하고 있다. 그리고 이 차이를 "삼론 · 천태 · 화엄 등 대승의 사상들이 성상융즉性相融卽인 데 반해서, 『성유식론』의 사상은 성상영별性相永別이다'[6]라는 예로부터 전승되어 온 유식사상의 두 조류에 상응하게 한 후에, 안혜의 석釋이 성상융즉性相融卽 · 진망교철眞妄交徹의 입장에 뿌리내린 것이라고 주장한다. 이것은 당연히 무착과 세친도 또한 성상융즉 · 진망교철의 입장에 서 있었고, 안혜와 진제는 그것을 그대로 계승한데 반해서, 호법과 현장의 사상은 그 정통을 관념론적으로 왜곡해서 성상영별이라는, 대승의 본류에서 일탈한 입장에 빠졌다고 하는 그의 일관된 주장에 연접하고 있다. 이와 같은 견해가 과연 바른 것인가 아닌가를 검증하는 것은 유식논서 전반에 걸치는 상세한 문헌학적 조사를 요하므로 곧바로 결론을 낼 수 없지만, 어떻든 우선은 우에다 요시부미의 논증의 자취를 밟아가 보도록 하자.[7] 그가 들고 있는 논점으로서 다음과 같은 것들이 주목된다.

① 안혜 석에 의하면, 소연인 아我와 법法이 공하다고 할 때 그것에 대한 능연의 망분별 곧 의타성도, "소취가 없을 때는 그것을 취取하는[연緣하는] 것도 없기 때문에"(제20송)라 하는 도리에 의해 공이 된다. 즉, 3성설에서 의타성과 진실성의 '비이 · 불비이非異 · 不非異'의 관계에서 '비이非異'란 의타성의 공을 의미하고 있는 것이다. 그런데 "『성유식론』에서는 변계소집성의 원리遠離를 말할 때 '앞의 것'이라는 말은, 단지 앞의 것 곧 변계소집성만이 공하다는 의미이지, 의타성이 공하다는 의미는 아니다." 따라서 안혜 석은 호법과 현장의 해석과는 전혀 다른 3성설 이해를 보여주고 있다. 이 논점은 '의타성[연성緣性 = 유有]'은 능연, 분별성[무無]은 소연'이라는 능연能緣과 소연所緣의 대응관계에 입각해서 궁극적으로는 소연이 무無이기 때문에 능연의 유有 또한 공하며, 이를 통해서 '경식구민境識俱泯'의 진실유식眞實唯識에 이른다고 하는 진제의 유식관으로 이끄는 것이다.

② 그러면 이 의타성과 진실성의 '비이非異'의 관계는 완전한 동일성인가 하면 그렇지 않다. "양자는 동일할지라도 그 동일성은 직접적인 동일성이 아니라 의타성의 부정[공空]을 통한 동일성이다. 의타성을 A라고 하면, 비非A가 바로 진실성인 것이다. 그리고 이 A[의타성]와 비非A[진실성]가 불이不

異(동일함)이다라고 하는 것이다."

여기서 우에다 요시부미가 스즈키 다이세츠鈴木大拙의 '즉비卽非의 이론'에 입각하고 있다는 것이 주목된다. 여기에는 '모순율에 반하는 초합리적인 사상이 보이는데', 이것은 그에게는 도리어 유식학파의 '무분별지'가 『반야경』과 용수 이래의 반야바라밀['깨달음 = saṃbodhi']과 동일하다는 것을 보여주는 증거이다. 다시 그는 이 반야바라밀[일체법공一切法空]과 무분별지[일체법유식一切法唯識]는 다른 표현을 취하면서 동일한 '깨달음'에 서는 것이며, 이것이야말로 "반야경과 용수龍樹로부터 무착無着과 세친世親, 다시 도원道元과 신란親鸞과 임제선臨濟禪으로까지 이어지는 대승불교의 본질을 이루는 것"이라고 서술하고 있다.

③ 여기서 물어지는 것은 '공空, śunya'과 '공성空性, śunyatā'의 구별과 동일성의 문제이다. "『성유식론』은 공 — 혹은 무 — 이 원성실성이 아니라 공에 의해 나타나게 된 실성實性 · 진여眞如가 원성실성이라고 하고 있다. 『성유식론』의 사고는 공과 공성[실성 · 진여]을 명확하게 구별하는 사고방식인 데 반해서, 안혜 석은 공이 곧 공성인 것"이며, 이 "의타성은 분별성에 의해 공이다"라고 하는 사상은 "진제 역의 곳곳에 보이는 분별무상分別無相 · 의타무상依他無相의 동일한 무성無性이 진실성이라고 하는 사상과 동일하다." 그것은 결국 '생사계의 만물이 공성 · 진여 속으로 녹아들어가서 만물은 무상animitta이 되고 공성 · 진여와 하나가 되는 것'이며, '상相이 성性으로 녹아 사라지는 것'이다. 『성유식론』은 '비이非異'에 대해서 "다르다면 진여는 저것의 실성이 아닐 것이다異應真如非彼實性"로 서술하고 있는데, 이 논에서는 원성실성과 의타기성의 '불리不離'의 관계를 보여줄 뿐이며, 양자가 '다르지 않다'고 하는 의미는 조금도 길러내고 있지 않다. 여기에서 『성유식론』이 성상영별의 사상에 서 있으며, 세친의 입장에서 일탈하고 있다는 것이 분명하게 된다. 세친이 '상相[유위법]과 성性[무위법]의 융즉融卽'의 입장에 서 있다는 것은 "『섭대승론』 세친 석에 법신의 특질 중 하나로서 『무이無二』를 설하고, 거기에 유위와 무위의 무이無二, saṃskṛta-asaṃskṛta-advaya를 들고

있는 것"에 의해 알 수 있다.

④ 다음으로 제22송의 "이것이 보이지 않을 때 저것이 보이지 않는다"란, "능연은 유有이지만, 그것의 소연은 무無라고 하는 이 관계는 무분별지 · 진여의 입장, 바꾸어 말하면 3성의 입장이지 않으면 알 수 없다는 것"[8]이다. "식전변은 자신이 보고 있는 것이 비유非有[분별성]인 것, 환원하면 자신이 의타기성인 것을 자신이 알 수 없다. 그러나 후득지는 이미 실유實有의 경境, bhūta-artha을 보고 있으므로, 식전변[8식]이 보고 있는 경境이 비유非有라는 것을 알 수 있다."[9] 후득지는 이미 "소연에 대립하는 한갓된 능연이 아니라 소연과 나누어지지 않는 것이며, 이 소연과 평등한 능연은 소연의 바깥에 서 있는 것이 아니라 소연과 하나로 융합된 능연"이므로, 거기에서는 "지智(주체)와 경境은 평등 · 무차별이다."[10] 우에다 요시부미에게서 '비이 · 비불이'라는 부정의 논리는 "일체법과 법성 · 진여는 부정을 통해서 동일하다"[11]고 하는 '융합의 논리구조'를 보여주고 있는 것이다.

제2절 일승가一乘家와 삼승가三乘家

이상 우에다 요시부미가 이해한 3성설의 개요를 서술해 왔는데, 이와 같은 이해에 대해서는 제 I 부 1장에서 잠깐 살펴본 나가오 가진의 비판 이외에도 다양한 관점에서 의문이 제기되고 있다. 맨 먼저 스즈키 소우츄우鈴木宗忠의 「왜곡된 무착의 유식철학」[12]이라는 논문을 들 수 있겠다. 이 논문은 『섭대승론』에 논의를 한정하고, 또한 우에다 요시부미에 대한 직접적 비판은 아니지만 진제 역을 중시하는 입장 전반에 대한 의문을 제기하는 것이므로 논점을 명확하게 하기 위해 도움이 될 것이다.

스즈키 소우츄우은 우선 무착의 『섭대승론』에 다른 두 가지 해석이 있다는 것을 확인한다. 즉 "첫째는 삼승가의 관점이라고 말할 수 있는 것으로, 이에 의하면 『섭대승론』의 성격은 세친의 유식론과 가까운 것이 되고,

따라서 무착의 유식철학은 그 내용을 볼 때 거의 중국의 법상종과 동일하다. 이에 반해서, 둘째는 일승가의 관점이라고 말할 수 있는 것으로, 이에 의하면 『섭대승론』의 성격은 세친의 『십지경론』에 가까운 것이 되고, 따라서 무착의 유식철학은, 그 내용을 볼 때 거의 중국의 섭론종과 동일하며 어떤 의미에서는 화엄종과 가깝다고 말할 수도 있다"[13]라고 하고 있다. 당연히 앞 절에서 살펴본 우에다 요시부미의 이해는 이 중 두 번째 해석에 속하는 것이다. 그러나 스즈키 소우츄우는 이 두 번째 해석은 무착의 철학을 왜곡하는 것으로 보고, "이 왜곡된 무착의 유식철학을 복원시켜서 그 참된 모습을 되찾고자" 한다는 것이다.

이 양자 해석의 특징을 한마디로 말하면, 전자인 삼승가의 관점이 "『섭대승론』의 사상은 뢰야망식설賴耶妄識說에 기초하는 유상有相의 유식철학이다"라고 하는 데 반해, 후자인 일승가의 관점은 "여래장정식설如來藏淨識說에 기초하는 무상無相의 유식이다"라고 하는 것이다. 그런데 이 일승가의 해석은 아마도 진제역의 세친석론이 그 최초이겠는데, 그러면 이 진제의 사상은 어디에서 유래하는가 하면 "그것은 미륵의 유식철학에 기초하고 있다"라고 스즈키는 말한다. 즉 "『중변분별론』에 그런 특색이 보이고 있고", 결국은 "여래장정식설에 기초하는 무상의 유식"[14]인 것이다.

그러나 여기에서 세친 섭론석의 역들을 비교 대조해서 살펴보면, 진역陳譯·수역隋譯·당역唐譯 중에서 진제의 진역陳譯은 다른 두 역에 비해 분량이 약 두 배가 되어서, 세친석론을 그대로 번역했다고는 생각되지 않으며, 세친석론에 진제 자신의 의소義疏를 부가했다고 생각된다. 내용면에서 보아 다시 스즈키는 다음과 같은 중요한 점을 지적한다. 즉, "이 여래장정식설에 기초하는 무상의 유식사상이 진제 역의 석론에서는 다른 두 역에는 없는 부분에 많이 나타나며", "이 진제역도 다른 두 역과 공통되는 부분은 그것만으로 보면 다른 두 역처럼 뢰야망식설에 기초하는 유상의 유식이다"라고 말하고 있다. 이로부터 스즈키는 "다른 두 역과 다른 진제역의 부분은 본래의 세친석론이 아니라 진제의 의소義疏이다"[15]라고 생각한다. 다시 스즈키는 『섭대승론』 본론에 대해서도 여러 역들을 고증해서, 진역陳譯에 영향받지 않은 진제의 원본의 모습을 수역隋譯을 표준으로 해서 복원하고자 한다.

이제 이와 같은 문헌학적 고증의 결과 스즈키가 발견한 것은, 원본이라 생각되는 『섭대승론』에서 그 사상의 전全 체계는 의타성을 중심으로 하는 유상유식이고, 따라서 뢰야망식설이라는 것이었다. 예를 들면,

> 이 의타성은 분별성 때문에 일부 생사가 되고, 진실성 때문에 일부 열반이 된다.[16]
>
> 此依他性由分別一分成生死, 由眞實一分成涅槃.

라고 말하듯이 "의타성을 떠나서는 분별성도 없고 진실성도 없기 때문에, 의타성이 3성의 중심이다." 그리고 "의타성依他性 또는 의타상依他相을 중심으로 할 때 분별된 것 또는 요별된 것, 환언하면 생사의 미계는 물론 존재하지 않지만, 분별 또는 요별, 즉 현실의식은 그것을 주관이라 하는 한에서 존재하는 것이다. 이 의미에서 의타성을 중심으로 하는 유식철학은 무상無相의 유식이 아니라 유상有相의 유식이라고 해야 한다"[17]라고 하고 있다.

다시 스즈키는 이 점을 『중변분별론』에 보이는 미륵의 무상유식과 비교함으로써 분명히 하고 있다. 『중변분별론』 제1상품, 제3송 후반에

> 식은 있지만 그 경은 없네. 이것이 없으면 저것도 없네.

하고 있는데, 이 문文은 일단은 (제1상품 최초의 송에서) 분별의 주관인 아뢰야식을 긍정했지만, 다시 전식轉識인 '경境'을 부정함으로써 전자도 부정해서 "유有에서 무無로 전이함을 보여주었다"라고 이해된다. 따라서 미륵의 입장은 무착의 유상有相의 입장이 아니다. 이렇게 해서 "무착은 의타성을 중심으로 해서 그 위에 진실성을 세우지만, 미륵은 진실성을 중심으로 해서 그 위에 의타성을 세운다"라는 것이 분명하게 된다. 즉 "전자는 염오와

청정을 의타성의 차별이라고 했지만, 후자는 진실성 곧 진여의 차별로서 잡염과 청정이 일어난다고 생각했다"라는 것이다.

이상 개략적으로 고찰한 결과, 스즈키는 일승가의 관점에 대해서 그것은 "『중변분별론』의 무無의 유식에 준거해서 『섭대승론』의 유有의 유식을 해석하는 것에 다름 아니다"[18]라고 하고 있다. 그러면 세친의 유식론은 이 중 어느 쪽에 속하는 것일까? 여기서 스즈키는 "『섭대승론』이 『중변분별론』과 다르고 『성유식론』과 동일한 점은 실로 의타성과 진실성의 관계에 있다"[19]라고 하여 『유식삼십송』 제21송을 들고 있다.

> 진실[진실성]은 항상 전자[분별성]를 여읜 것이다.

이 송을 보면, "『성유식론』도 『섭대승론』처럼 진실성을 의타성의 본질인 분별의 본성이라 하고, 의타성에서 분별성이 없게 된 것이 진실성이다"라는 것은 명료하며, 세친의 입장도 또한 "『섭대승론』과 마찬가지로 의타성을 중심으로 해서 3성을 설한다"라는 것을 알 수 있다[20]고 한다.

이상으로 스즈키 소우츄우의 고증이 제1절에서 서술했던 이른바 일승가의 주장과 정면으로 대립하는 견해를 제시하고 있다는 것이 확인되었다.

제3절 '무상유식無相唯識'에 대한 검증

앞 절에서 미륵과 무착의 입장의 차이에 주목했다. 이 점을 이제 다시 카츠마타 슌쿄勝又俊教의 논의에 기초해서 확인해 두고자 한다. 3성설을 둘러싼 중요한 논점으로, 능취와 소취 2분分을 변계소집으로 보는가, 혹은 2분 의타기로 보는가 하는 문제가 있다. 『성유식론』에서는 전자는 안혜의 설이라 하고, 후자는 호법의 정의正義라 하고 있는데, 이 "능취와 소취 2분을 변계소집으로 보는 것은 『중변분별론』에 기초하는 것이고, 2분 의타기로 보는 것은 『섭대승론』의 견상見相 2분의 설 및 11식을 의타기로 보는 설에 기초하는 것이니, 각각 그 전거가 있는 셈이다."[21] 따라서 이 문제에 관한 한 안혜는 『중변분별론』을 계승하고, 호법은 『섭대승론』을 따르고 있다는 것은 분명하다. 이 점은 미륵의 흐름과 무착의 흐름 둘이 대립하고 있었다는 앞 절의 논의와 부합한다. 그러나 문제가 3성 각각의 관계를 주제로 삼는 제21송으로 옮겨가면, 앞 절에서 본 바 있는 스즈키 소우츄우의 견해, 즉 진제의 사상은 『중변분별론』에 보이는 미륵의 철학에서 유래한다고 하는 견해가 반드시 들어맞는 것은 아니라는 것이 분명하게 된다. 즉, 진제의 『전식론轉識論』에 보이는 진실성의 설명은 안혜나 호법과 다른 독자적인 것이다. 카츠마타 즌쿄는 여기에서 『전식론』의 다음 구절을 인용해서, "진실성에 대한 이 논의 설명은 다른 논의 설명과 현저하게 다르다"[22]라는 것, 즉 『중변분별론』이나 『섭대승론』과 다르다는 것을 확인하고 있다. 그 구절은 다음과 같다.

> 이것에 의해 나타난 체體는 실제로는 있는 것이 아니다. 이 분별이란, 다른 것으로 인해서 일어나기에 의타성이라고 세운다. 이 전과 후의 두 성性은 아직 일찍이 서로 분리된 적이 없기에 곧 진실성이다.[23]
>
> 此所顯體實無. 此分別者因他故起, 立名依他性. 此前後兩性未曾相離, 即是實實性.

『유식삼십송』 제21송의 "범문에서는 의타기성에서 항상 변계소집성을 원리遠離한 것이라 하고 있지만, 『전식론』에서는 경과 식이 아직 일찍이 분리되지 않은 것을 진실성이라 하고 있다"라는 것이다. 카츠마타는 다시 이 구절의 주석에 주목하면서 다음과 같이 서술하고 있다. "그 이유는 경境과 식識이 분리되어 있다면 소취와 능취가 대립하고 있는 것이어서 유식의 뜻이 성립하지 않는다. 그러나 경과 식이 분리되지 않아 대립하지 않게 된다면, 우선 유식무경唯識無境(오직 식이 있을 뿐 경은 없다)이 성립하고,

유식무경이 성립하면 경무식무境無識無(경도 없고 식도 없다)도 성립하며, 이 경무식무가 곧 진실유식이고 진실성이라고 하는 것이다. …… 따라서 『전식론』에서는 진제역의 여러 논서들에서 특히 강조하는 경식구민境識俱泯설에 의해 이 게송을 해석했기 때문에, 게송의 역어도 다르고 안혜나 호법과도 다른 해석이 되었던 것이다"[24]라고 서술하고 있다.

더욱이 카츠마타 슌쿄는 호법과 현장을 비판하는 자가 흔히 문제시하는 vikalpa라는 말을 현장이 나누어 번역하는 문제, 즉 제20송에서는 '변계'로 번역하고 제21송에서는 '분별'로 번역하는 모순에 대해서, "그렇지만 이것은 역자가 vikalpa의 의미를, 『섭대승론』의 용례에 따라서 의식에만 한정하는 경우와, 『중변분별론』의 용례에 따라서 3계의 심과 심소 곧 심心·의意·식識의 총칭으로 하는 경우가 있다는 것에 주의해서, 제20송에서는 『섭대승론』에 기초하고, 제21송에서는 『중변분별론』에 기초해서 이해하고자 했기 때문에 굳이 변계와 분별의 역어를 구별해서 사용했다"라는 것이고, 따라서 이 나누어 번역한 일은 "단순히 역어의 상위가 아니라 그 배경 사상의 차이에 기초해서 굳이 의식적으로 한 것이기에 역자의 고심의 흔적이 인정된다"[25]라고 하며 호법과 현장의 이해를 적극적으로 평가하고 있다. 그리고 다시 『성유식론』의 배경사상을 면밀하게 고증해서 "호법은 3성설에 관해서 『유가사지론』을 정통시하고자 하는 사상적 경향을 보이고 있다"[26]는 것을 확인하고 있다.

그런데 『중변분별론』과 『섭대승론』의 식론의 차이에 관해서 독자적인 관점을 제기하는 다나카 쥰쇼우田中順照의 논의가 있다. 다나카는 『중변분별론』의 식識은 "대상을 투척하는 작용"[27]으로서의 식이고, 이에 반해서 『섭대승론』의 식은 "노에시스와 노에마로 이루어진 지향성의 지반"[28]으로서의 식이라고 한다. 대상을 투척하는 식의 경우, 투척된 주와 객은 모두 변계소집이며, "8식의 대경對境은 모두 변계소집이다"라고 하는 안혜의 이해와 연계된다. 반대로 지향성의 지반으로서의 식의 경우는 상분과 견분 2분을 의타기에 넣는 호법의 입장과 연결된다. 『중변분별론』의 식이 "어디까지나 대상이 되는 일이 없는 극한개념의 식"[29]인 데 반해, 『섭대승론』의 식은 "윤회의 주체인 식"[30]이며, 다시 그와 같은 주체가 있는 장소도 또한 식으로 불리고 있다고 한다. 이상을 단적으로 표현하면, 『중변분별론』에서는 식에 '의해서' 무無인 대상이 분별되는 데 반해서, 『섭대승론』에서는 식에 '있어서' 무無인 대상이 분별되며, 이 '의해서'와 '있어서'는 확실하게 구별되어야 한다[31]고 말하고 있다. 만약 '있어서 어떤 장소'인 식에 기초하는 사상思想을 '투척하는' 식에 의해서 해석하고자 하면, 거기에는 당연히 무리가 따를 것이다. 실제로 『섭대승론』의 역들 중에서 진제 역에만 있고 다른 역에는 없는 부분은, 진제가 이 '투척하는' 식에 기초해서 해석한 부분에 해당한다는 것을 그는 여러 예를 인용해서 보이고 있다. 그리고 마지막으로 이렇게 결론짓는다. "진제의 입장이 고유식古唯識의 입장이고, 현장이 그것을 왜곡했다고 하는 설은 적어도 『섭대승론』에 관한 한 일면적이라는 것을 알 수 있을 것이다. 현장의 입장이 고유식의 입장이 아니라고 주장하기 전에, 『섭대승론』의 입장이 『중변분별론』의 입장과 동등하게 유식사상에 속하면서도 다른 점이 있다는 것을 알지 않으면 안 된다."[32]

마지막으로, 무상유식과 유상유식의 구별을 두고 하는 시비에 대해 새로운 관점을 제기하고 있는 다케무라 마키오의 논의를 일별해 두고자 한다. 다케무라는 "무상유식과 유상유식의 구별을 식의 행상=상분이 변계소집성인가, 의타기성인가로 보고자 하는 것은 상당히 문제가 있다"[33]라고 말하고, 그 자신의 소감을 다음과 같이 솔직히 서술하고 있다. "필자는 진작부터 무상유식가無相唯識家는 식의 상분을 변계소집성으로 본다는 설에 대해 의심을 품어 왔다. 왜냐하면, 필자는 유식의 원류에서는 식의 상분 — 또는 상분과 견분 — 을 변계소집성으로 보고 설한 일은 없었던 것은 아닐까 하고 생각하기 때문이다."[34] 그리고 스스로 "식의 상분 등을 변계소집성으로 보는 설이 과연 있는 것일까?" 하는 물음을 제시하고, 예로부터의 유식논서 원전을 섭렵해서 면밀한 고증을 진행하고 있다. 이제 그중 3성설의 정의에 대해 그가 내린 주요한 결론을 조목별로 적어 본다면 다음과 같다.

(1) 『해심밀경』: 변계소집성 = 명언名言에 의해 표현된 것所詮 또 무상無相. 의타기성 = 명언이 세워지고 실물實物이 집착되는 의지처[所依]. 원성실성 = 의타기성에 변계소집성이 없는 것.

(2) 『유가사지론』: 변계소집성 = 명名이 지칭하는 대로 있는 것. 의타기성 = 언어로 표현될 사상事象. 원성실성 = 진여.

이 기본문헌들의 고증에 기초해서 다케무라는 "3성설이 식설에 결부되었을 때, 이른바 식의 상분에는 의타기성의 지평이 확보되어야 한다"[35]라고 서술하고서 『현양성교론』을 포함해서 3성설을 단적으로 정리하면 다음과 같이 된다고 말한다. 즉, 변계소집성 = 명언名言에 의해 계탁되는 것所計. 의타기성 = 인연에 의해 생하는 것[因緣所生]. 원성실성 = 진여.

(3) 『섭대승론』: 의타기성 = 허망분별에 포함되는 11식識. 이것은 어디까지나 식識의 세계로, 의義 — 실체적인 대상 — 가 정립되기 이전의 세계. 변계소집 = 이 의타기가 의義로서 현현한 것. 이때 의타기는 변계소집이 현현하는 소의所依(의지처)가 된다. 원성실성 = 의타기가 의義를 현현하게 하는 소의이고, 거기에서 의義가 현현하고 있다 해도, 그 의義가 어떠한 의미에서도 존재하지 않는 존재방식의 것. 이것을 단적으로 표현하면 "변계소집성 = 명언에 의해 계탁되는 것[所計], 의타기성 = 종자에 의해 생하는 것, 찰나멸의 허망분별에 속하는 (상분과 견분으로 나타나는) 식識. 원성실성 = 진여 — 의타기성에 변계소집이 없는 것 —"가 된다.

더욱이 다케무라는 『섭대승론』의 3성설에 대해서, 이 장의 주제로 볼 때 중요한 다음과 같은 견해를 피력하고 있다. "의타기가 의義[실체적 대상]가 현현하는 소의라는 것은, 능변계인 의식의 대상으로서 소변계가 된다는 것을 의미한다. 오직 식뿐이기에 의義로서는 있을 수 없는 의타기가 의義로서 현현한다는 것은, 특히 능변계인 의식이 활동하는 가운데 의타기의 세계가 의義로서 인식되어 간다는 것을 의미한다. 그리고 의식에 의해 의타기=18계界는 실체시되면서도, 실은 의타기는 의타기인 채로 있고 무자성인 채로 있으며, 그 의義의 존재를 떠난 존재방식이 원성실이다. 이것이 『섭대승론』의 3성설의 기본적 구조이다"[36]라고 하고 있다.

(4) 『변중변론』: 변계소집성=물物, artha. 의타기성=허망분별. 원성실성=소취와 능취 둘이 없는 것.

이 『변중변론』의 3성설에 대해서 다케무라는 다음과 같은 주목해야 할 견해를 서술하고 있다. "어쨌든 『변중변론』은 물物, artha을 변계소집성으로 하고, 허망분별을 의타기성으로 한다. 그것은 장행長行에 제시되고 있는 것을 포함해서 종합적으로 판단할 때, 물物=변계소집성은 실체적으로 파악된 소취와 능취이고, 허망분별=의타기성은 식이 현현하는 한에서의 18계라고 생각된다. 이때 이 3성설은 『대승장엄경론』이나 『섭대승론』의 3성설과 논리구조상 일치한다. 따라서 물론 『유가사지론』의 3성설과도 논리구조상 동등한 것이 된다."[37]

이러한 그의 견해는 이 장에서 전개해 온 주제로 볼 때 중요한 의미를 갖는다. 왜냐하면, 만약 『중변분별론』의 3성설도 『섭대승론』의 3성설과 동일한 논리구조를 갖고 있다고 한다면, 제1절에서 일별한 바 있는 이른바 무상유식을 정통으로 하는 논의는 그 근거를 잃게 될 것이기 때문이다.

제4절 유식관과 '공空'

—'전의轉依'의 철학적 고찰을 향해서

이상 3성설에 대한 문헌학적 고증에 기초해서 여러 학자들의 견해를 개략적으로 더듬어 왔다. 그런데 3성설은 전의轉依로 가는 도정道程을 담고 있는 수도론修道論과 떼어놓을 수 없다는 것은 말할 나위도 없다. 3성설은 3무성설과 대를 이루어 예로부터 '유식중도'의 학설이라고 말해져 온 바와 같이, 유가행이 무릇 공의 사상으로 일관하기 위해 가장 추요가 되는 위치를 점하고 있다. 이 점은 이세속理世俗의 입장을 분명하게 했다고 하는 호법에서도 전적으로 마찬가지이며, 따라서 호법의 입장이 본래의 3성설을 일탈하고 있는 것은 아닌가와 같은 논의는 신중한 검토를 요구하는 것이다. 이 점에서 카츠마타 슌쿄가 호법의 『대승광백론석론』에 주목한 것은 큰 의의가 있다. 『광백론』은 말할 나위도 없이 중관학파의 제바提婆의 저작이므로, 여기에 "호법의 교학의 일면에는 중관학파의 사상적 입장을 바르게 이해하고자 하는 노력"[38]이 있었다는 것을 간파할 수 있다. 이로부터 카츠마타는 "종래 호법의 유식설은 유식무경의 논리를 설하는 것이어서 경식구민境識俱泯의 입장이 명확하지 않아 진제삼장계의 유식설과 다르다는 점이 주의를 받고 있었지만, 그러나 호법은 반드시 유식무경의 이론에 머무는 것이 아니라 경식구민의 반야, 중도의 입장이야말로 유식설의 궁극의 입장이라는 것을 명확히 하고 있다"[39]라고 서술하고 있다. 그러나 호법은 끝까지 일관되게 유가행파의 입장에 서서 반야를 명확히 하고 있고, 따라서 의타기가 무無라는 중관학파의 주장에 대해서는 가차 없이 '악취공惡取空'이라 하며 비판한다. 즉, "만약 의타기성은 자성이 없다고 설하면 염오와 청정 2법이 모두 발무發無되어 악취공이다"라고 하고 있다. 요컨대, "호법의 근본주장은, 염오와 청정의 제법인 의타기성도 무라고 한다면 미迷도 오悟도 없는 것이 되는데, 이는 악취공이라고 한다는 점에 있다."[40] 여기에는, 궁극에는 반야공을 목표로 하면서 거기에 이르는 걸음을 가능하게 하는 미迷와 오悟의 기반을 확보한다고 하는 유가행의 입장이 명확히 나타나 있다. 유식학파는, 본성상 먼저인 것으로부터가 아니라 우리에게 먼저인 것으로부터 출발한다고 하는 독자적인 견해를 취하고 있다고 생각한다.

여기서 주목되는 것은 원성실 곧 진여에 대해 말할 때 호법과 현장의 설과 진제의 설 간에는 차이가 있다는 점이다. 호법과 현장은 진여를 '2공소현二空所顯'의 진여라 하고 있다. 즉, 2공 그 자체가 진여가 아니라 2공에 의해 나타나는 것이 진여이다. 이에 반해서, 진제는 2공 그 자체를 진여라 하고 있다. 이 점을 다나카는 "현장계의 고찰에서는 주와 객의 무無를 문門으로 해서 나타나는 것이 진여이다. 2무아를 탈자脫自의 장場으로 해서 거기서 열리는 것이 공성이다. …… 현장의 이러한 이해에 반해서, 진제에서는 2무아의 무無 그 자체가 공성이다"[41] 하고 서술하면서 양자의 이해를 대비시키고 있다. 그리고 이에 덧붙여, 진제의 입장에 대해 "따라서 (진제가) 유식의唯識義를 설하는 것은 3무성의 진리, 곧 무無의 진리를 밝히기 위해서라고 한다. 그때 유식설은 그 독자성을 상실하게 된다. 과연 그러한가?"[42] 하며 의문을 드러내고 있다. 그러나 다나카는 진제가 이해하는 방식의 의의도 충분히 인정하며, 양자의 특징을 다음과 같이 정리하고 있다. "진제는 식을 넘어서고자 하고, 현장은 식에서 집착을 여의고자 한다. 식을 연기한 것으로서 존재론적으로 해석할 때, 또 전변의 사상을 밀고 나아갈 때 현장의 생각은 당연한 귀결이며, 식을 작용으로 해석할 때 진제의 이해가 생기게 된다."[43] 다만 진제의 입장은 지나치게 중관학파적이며, 그만큼 유식학파로서의 독자성은 희박해지고 만다는 것은 부정할 수 없다. "중관학파에 있어서는 견見 곧 분별이 배척되어야 할 미망이고, 유식학파에 있어서는 객관성이 미망이다."[44] "무자성으로 있는 것을 소집所執의 아와 법을 원리遠離함의 성性으로 이해하는"[45] 현장에게서 유식학파로서의 독자성이 보다 명료하게 간파되는 것이며, "이와 같이 중관학파와 유식학파의 차이를 이해할 때 유식이란 3무성三無性을 밝히는 방편이라고 하는 진제의 설은 유식설 본래의 견해가 아니라는 것을 알 수 있을 것이다"[46] 하는 결론에 이르게 된다.

마지막으로, 유식관唯識觀의 과정이기도 하고 또 그것이 성취한 결과이기도 한 '전의轉依, āśrayaparāvṛtti'에 대해 요점을 적으면서, 다음 장 이하에서 행하는 3성설에 대한 철학적 고찰을 위해 다소나마 발판을 구축해 두고자 한다. 『유식삼십송』에서 '전의'라는 말이 명시적으로 보이는 곳은 제29송이지만, '전의'를 광의로 취할 때 이는 유식관 전체를 관통하는 심적 전회轉回의 과정이라고 할 수 있고, 이런 의미에서 제26송에서 제29송까지에서 논하는 유식관의 실천과정 전체는 '전의'를 주제로 한다고 말할 수 있겠다. 『섭대승론』에서 이 과정은 '손력익능전損力益能轉'[가행위], '통달전通達轉'[통달위], '수습전修習轉[수습위]', '과원만전果圓滿轉[구경위]'의 4단계로 구분되어 있다. 『대승장엄경론』 권3에서는 "전의란 번뇌장과 지장智障을 여의고 극청정출세간지極清淨出世間智와 무변소식경계지無邊所識境界智를 얻어 불과佛果를 원만하게 하는 것이다"[47]라 하고 있다. 『유가사지론』 권51에서는 아뢰야식을 대치對治한 깨달음을 전의로 보고[48] 있지만, 카츠마타는 여기서 "아뢰야식과 전의가 완전히 대척적 입장을 보이는 것으로 되어 있다"[49]는 것에 주의하고 있다. 또 『결정장론』에서처럼 전의가 아마라식阿摩羅識이란 말로 대치되어 자성청정심의 의미로 해석되는 경우도 있다.

여기서 『유식삼십송』의 제29송을 확인해 보면,

> 무소득이고 불사의이네. 그리고 출세간지이네. 2종의 추중麁重을 버렸기 때문에 전의를 증득하네[50]
>
> 無得不思議 是出世間智 捨二麁重故 便證得轉依

'2종의 추중麁重'이란 번뇌장과 소지장이며, 그 종자를 제거했을 때 전의가 있다고 설하고 있다. 이 경지는 무심이고, 무소득에 머물고 있으며, 출세간지로만 되어 있다. 그런데 여기서 먼저 『유가사지론』과 『결정장론』의 해석을 들었는데, 이 상위에 대응해서 이 제29송의 전의에 대한 해석에도 두 방식이 있다. 카츠마타 쥰쿄는 이 두 방식의 해석에 대해서 호법 석에 기초해서 다음과 같이 정리하고 있다. "첫 번째 해석에서 의依, āśraya란 소지의所知依와 동일한 것을 가리키며, 염정법 곧 변계소집성과 원성실성의 소의所依인 의타기의 제8식을 의미한다. 또한 전轉, parāvṛtti은 10지地에서 무분별지를 수습해서 본식本識 중의 2장障의 종자를 끊기 때문에,

본식 중에 변계소집성이 없게 되고 원성실성만 있게 되는 것을 말한다. 그러나 원성실성만 있게 되는 것은, 구체적으로 말하면, 번뇌장을 끊고서 열반을 증득하고, 소지장을 끊고서 보리를 얻는 것이기 때문에, 전의란 2전득轉得을 의미하는 것이다. 이와 같은 설은 『섭대승론』의 전의 사상에 기초한 것이라는 점은 명료하다. 그런데 두 번째 해석에서는, 전의가 생사와 열반의 소의라는 점을 가리키고 있다. 거기에서 전의란 진여에 의한 생사를 멸하고 진여에 의한 열반을 증득하는 것인데, 그것은 다른 말로 하면 이구청정離垢清淨이 되는 과정 및 결과를 전의라 한다는 것이다. 이 해석은 여래장 사상에 기초한 것이다. 따라서 첫 번째 해석을 유식학파의 전통적인 해석으로 보아야 한다."[51] 이 전의를 둘러싼 두 해석의 상위는 "미오迷悟의 원리로서 염정법 종자의 소의인 본식을 고려하는가, 아니면 미오迷悟의 근본인 진여를 고려하는가 하는 상위이고, 이것은 또한 아뢰야식연기와 여래장연기의 사상적 입장의 상위를 보여주는"[52] 것이기도 하다. 여기서는 진제의 이름이 명시적으로는 보이지 않지만, 이 장 제2절에 서술한 바와 같이 진제의 입장은 여래장연기에 입각하는 것이기 때문에, 전의와 관련해서도 전술한 첫 번째 해석이 무착의 『섭대승론』을 바탕으로 한 호법과 현장의 입장을 보여주는 데 반해서, 두 번째 해석은 진제의 입장을 보여주고 있다.

이 '전의'를 둘러싼 두 해석은, 당연하지만, 전술한 '진여'에 대한 두 기술, 즉 '2공에 의해 나타나는 것二空所顯'과 '2공二空' 그 자체의 차이에 상응한다. 다나카 준쇼우는 이 상위에 대해 다음과 같이 서술하고 있다. "2공에 의해 나타나는 것과 2공 그 자체. 2공에 의해 나타나는 것이란 의식의 장에서 외적 실재, 내적 실재라 하는 것이 비실재화됨으로써 거기에서 현성現成하는 것이라는 뜻이다. 거기에서 현성하는 것은 자기와 일체의 것에 근저에 있는 유일한 실재이다. 그것은 모든 한정을 끊어 있기에 여如라고 말한다. 반면에 2공 그 자체는 전혀 한 물物도 존재하지 않는, 절대의 무無이다. 전자는 '~가 아니다'인 데 반해서, 후자는 '~가 없다'이다. 그러나 '~아니다'와 '~가 없다'의 구별은 우리 쪽에서 한 구별에 지나지 않는다.

의식의 장을 넘어선 곳에는 이러한 구별이 없다. 2공에 의해 나타나는 것이라 할 때는 의식의 장에서 파악된 물物과 아我의 무無가 자기존재의 탈자脫自의 장이 된다는 보여주는 데 반해서, 2무無의 유有라고 할 때는 상대적인 것의 무와 함께 거기에서 현전하는 절대적인 무의 의미를 갖고 있다. 모든 것이 여실하게 나타나는 절대적인 무의 장소의 의미를 갖고 있다."[53]

여기에 다음 장 이하에서 전개되는 '3성설' 및 '전의'를 둘러싼 철학적 고찰을 위해서 중요한 시사가 주어지고 있다. 우리는 여기서 '소지장을 끊음斷'이라는 대승불교의 근원적 동기와 마주치게 되며, 그와 동시에 '무명'의 기원으로 향한 회답불가능한 물음 앞에 서게 된다. 즉, 언전言詮의 장을 가능하게 하면서 스스로는 언전의 장으로부터 몸을 숨기는 사건으로 향해서 우리는 어떠한 접근이 가능한가, 아니면 불가능한가 하는 물음이다. 여기에는 만약 그것이 불가능하다면 어떠한 의미에서 불가능한가 하는 물음도 포함된다. 『유식삼십송』 제22송의 "非不見此彼(원성실성을 보지 않고는 의타기성을 볼 수 없네)'라는 말도 이 문제와 관계가 있을 것이다. 무명의 기원은 심구尋究 불가능하다는 것과 관련해서, 다음과 같은 『대승기신론』의 말이 잘 알려져 있다.

> 법계에 도달할 수 없기 때문에 심이 상응하지 않는다. 홀연히 념念이 일어나는 것을 무명이라고 한다.[54]
>
> 以不達一法界故, 心不相應. 忽然念起名爲無明.

이에 대해서 다나카 쥰쇼우는 '대상화하는 작용이 어떻게 일어나는가 하고 심문하는 것 그 자체가 대상화하는 작용이다. 따라서 무명의 기원을 심문하는 것은 가능하지 않다. 무명은 바로 지금 일어나고 있다. 그 논리적 기원을 심문하는 것은 가능하지 않다"[55]라고 서술하고 있다. 확실히 무명의 기원을 논리적으로 규명하는 것은 불가능할 것이다. 왜냐하면 그것은 논리라는 언전의 장을 가능하게 하면서 바로 그 장으로부터 몸을 숨기는 기능에 속하기 때문이다. 대상화하는 작용의 기원을 대상화하는 지知에 의해 해명하는 것은 가능하지 않다.

그런데 이 문제는 20세기 철학자들이 대상화의 특성을 갖는 지知의 임계점에서 이르렀던 어려운 문제와 놀라울 정도로 궤를 같이한다는 것에 주목하지 않으면 안 된다. 그것은 하이데거로 하여금 형이상학적 물음의 근저에서 직면했던 니힐리즘 체험을 계기로 해서, 후기의 존재사유로 이른바 '전회Kehre'를 하지 않을 수 없게 했던 문제이다. 그리고 또한 그것은 비트겐슈타인으로 하여금 "말할 수 없는 것에 대해서는 침묵해야 한다"라고 말하게 하고, 그것을 '보이기' 위해 '문법'으로, 나아가 '생활형식'으로 향하게 한 바로 그것이다. 그리고 무엇보다도 그것은 후설이 현상학적 반성의 극점에서 마주치지 않을 수 없었던, 반성을 촉진하면서 반성으로부터 몸을 숨기는 사건이다. 문제의 핵심은, 의타성의 본질인 분별의 본성으로 향해 우리에게 어떠한 접근법이 허용되는가, 혹은 허용되지 않는다면 어떠한 의미에서 허용되지 않는가 하는 점일 것이다. 진실성은 본래 '말할 수 없는 것'의 차원에 속한다. 그러나 그것으로 향해서 묻는 것은 어떤 의미에서는 무의미하지만 또한 어떤 의미에서는 결코 무의미하지 않다. 왜냐하면 그 물음은 우리의 사유(분별)가 뿌리를 내리고 있는 바로 그것으로 향하는 물음이기 때문이다.

다음 장 이하에서는 우선 3성설과 대를 이루는 '3무성설'에 대해서, 중관학파와 관련되는 것을 염두에 두면서 약간의 고찰을 행하고(제2장), 이를 토대로 해서 넓게는 3성설과 3무성설의 문제를 이 장의 서술을 통해서 점차 분명하게 된 '말할 수 없는 것'으로 되돌아갈 가능성을 심문하는 철학의 물음으로서 고찰하고자(제3장 이하) 한다.

제2장 식의 유有와 무無를 둘러싼 철학적 일고찰

— 유식사상에서 '유'·'무'·'공'이라는 말의 의미

시작하며

앞 장에서는 3성설의 해석을 둘러싼 여러 문제들에 대해서, 주로 1승과 3승 논쟁을 기저에 놓고 선학先學의 업적을 간결하게 정리하는 형태로 약간의 고찰을 시도해 보았다. 그러나 이 논쟁은 인도에서 중관학파와 유식학파가 벌인 대론의 역사를 그 사상적 배경으로 하고 있다. 그리고 이 대론에 보이는 논쟁의 초점은 식에 관한 '유有'·'무無'·'공空'이라는 말을 둘러싼 의미 해석의 차이에 있다. 그런데 이 세 가지 말에 관한 의미 해석의 차이가 가장 첨예한 형태를 띠고 노정해 오는 장면이 바로 유식학의 3무성설이다. 이 장에서는 우선 3무성설에 보이는 '유'·'무'·'공'이라는 말에 관한 여러 해석들에 중관학파와 유식학파의 대론이 어떻게 반영되고 있는지를 명확히 하고(제1절), 이어서 최근 이 문제에 관해 예리한 지적을 하고 있는 루스트하우스Dan Lusthaus의 논의를 일별해 보고자 한다(제2절). 이 말들을 둘러싼 여러 해석들의 차이를 통해서 어떠한 철학적 문제가 추출되어 오는가를 조금이라도 명확하게 할 수 있기를 바라는 바이다.

제1절 유식학의 3무성설에서 말하는 '유'·'무'·'공'

(1) '일체법무성一切法無性'과 밀의설密意說을 둘러싼 여러 견해들

세친Vasubandhu(320~400)의 『유식삼십송』에서는 3성설(제20, 제21, 제22송)에 이어 3무성설(제23, 제24, 제25송)을 설하고 있다. 현장(600~664) 역[1]에서는 이 3무성설에 들어갈 때 한 가지 물음을 제시한다.

> 3성性이 있다면, 왜 세존은 일체의 법은 모두 자성이 없다고 설하는가?[2]
>
> 若有三性, 何世尊說一切法皆無自性?

이것은 의난疑難으로서, 특히 『반야경』의 전통에 서는 '諸法皆空(제법은 모두 공하다)', '一切法皆無自性(일체의 법은 모두 자성이 없다)'이라는 입장에 대한 의난을 배경으로 하는 물음이다. 유식학의 3무성설은 이 의난에 답하는 형태로, 전술한 3성설에 입각해서 '일체법무자성一切法無自性'의 의미를 천명한다.

> 즉 이 3자성에 의지해서 저 3무자성을 세우네.
> 그래서 불타는 밀의로써 일체법은 자성이 없다고 설하네(제23송).[3]
> 即依此三性 立彼三無性 故佛密意說 一切法無性

현장 역은 이처럼 3성(3종의 자성)설을 주로 하면서, 그것에 기초해서 3무성을 세우고 있다. '일체법무자성一切法無自性'은 불타의 밀의, 즉 불요의不了義 또는 미요의未了義, neyārtha이다. 현료顯了, 곧 요의nītārtha는 어디까지나

3성설(3자성설)에 있다.

그러나 이 해석에는 당연히 반론이 있다. 『유식삼십송』 제23송 제3구의 saṃdhāya(밀의)라는 말을 받아들이는 방식이 문제가 된다.

> trividhasya svabhāvasya trividhāṃ niḥsvabhāvatām
> saṃdhāya sarvadharmāṇāṃ deśitā niḥsvabhāvatā

여기서 예를 들면, 이나주 키조稻津紀三의 역은

> 3종의 자성에서의 3종의 무자성성을
> 합해서, 일체제법의 무자성성이 설해진 것이네.[4]

이다. 여기서는 saṃdhāya를 '밀의'라고 겉으로 드러내어 번역하지 않고, 단지 '합해서'라고 하고 있다. 이나주는 이 점에 대해서

> 세친이 설하는 바는, 대승경전들이나 용수대사가 '제법의 무자성'을 설할 때 3종 의미의 무자성성을 모두 포함해서 설하는 것이니, 유식교학은 이를 열어 3무자성성으로 하고, 그러면서 또한 그 무자성의 뜻을 나타낼 때 3자성으로써 한다고 하는 것이다. 이로써 유가유식의 3자성설이 대승 본래의 무자성의 인식과 모순되지 않는다는 점, 아니 오히려 유성有性을 가립해서 무성無性을 나타내는 바이어서 진속2제를 모두 포함하는 뛰어난 체계가 성립한다는 점을 말하는 것 같다.[5]

라고 서술하고 있다. 확실히 이 독해는 반야중관과 유가유식의 사상적 연속성, 후자가 전자를 포섭한다는 것을 뒷받침하는 의미에서 뛰어난 것이리라. 근대 불교학의 연구성과도 학자들에 따라 약간 입장 차이가 있지만 대체로 이 방향으로 해석을 보여주고 있다.

같은 곳을, 우이 하쿠쥬宇井伯寿가 번역한 안혜Sthiramati(470-550) 석으로 보면,

> 3종의 자성에 3종의 무자성이 있는 것을 기초로 해서,
> 일체제법이 무자성이라는 것이 설시되었네.[6]

이다. 여기서는 saṃdhāya가 '기초로 해서'로 번역되고 있다. 우이는 이 점에 대해서 다음과 같은 주기注記를 적고 있다. 조금 길지만 인용해 보자.

> 일역에서는 '기초로 해서'라고 번역했다. 원어는 saṃdhāya이며 일반적으로 두고서라든가 결부해서라는 의미이다. 안혜 석에는 어떠한 풀이도 없기 때문에 일반적인 보통의 의미이지만, 호법 석은 이것을 밀의로 해서라는 의미로 보고 있다. 원어가 saṃdhi라는 명사라면, 현장 역 『해심밀경』, 보리류지역 『심밀해탈경』에서 심밀深密로 번역되는 말의 원어인데, …… 이미 밀의로 번역할 정도이기 때문에 saṃdhāya를 밀의로 해석하고 또 번역하기도 하는 것이고, 밀의라는 말은 총설은밀總說隱密을 의미한다고 하면서 그 설이 요의了義, 즉 명백하고 완전한 것이 아닌 것을 나타낸다는 등의 해석에 이르게 되었던 것이리라. 그러나 이 송문에 있는 saṃdhāya에는 특별히 깊은 뜻이 포함되어 있지 않을 것이기 때문에 밀의로 해서라고 한 것은 호법의 독해일 것이다. 아마도 3자성에 3무자성이 본래 존재하기 때문에, 거기를 속격으로 나타내고 있는 것이며, 그것에 기초해서 호법의 무자성 곧 공이 설해진다고 하는 것이다.[7]

요컨대, 이 대목의 saṃdhāya를 '밀의로 해서'라고 번역하는 것은 무리한 독해라고 주장하고 있다. 그리고 이 독해의 요인에 대해서 우이는 계속해서 다음과 같이 서술하고 있다.

호법설은 전적으로 이세속理世俗의 입장에서 제법의 유를 주로 해서 설하는 것이기에 이른바 진유속공眞有俗空이라고 하는 것이지만, 그러나 대승불교 일반에서는 제법을 공무자성이라고 보는 것이니 이른바 진공속유眞空俗有이기 때문에, 거기에 관점의 차이가 있어서 호법설이 독특한 설이 되고 있는 것이다. 호법설도 대승불교로서 인법人法 2공을 근본사상으로 한다는 것은 말할 나위도 없지만, 모든 것을 유有라고 설하는 관점에서 그 설을 조직하기 때문에, 3무자성이 설해지고 있는 곳을 주석하는 일에는 무언인가의 방법을 채택해서 조화시키지 않으면 안 된다는 점에서 saṃdhāya로 독해하기에 이르렀던 것이다.[8]

확실히 이것은 이 이상 바랄 수 없을 만큼 이치가 정연한 논의이다.

그러나 3무성설을 철학의 문제로서 받아들이고자 할 때, 호법Dharmapāla(530~560)과 현장의 이른바 '이세속理世俗'의 입장은 우리가 어떻게 해도 피해 갈 수 없는 중대함을 갖고 있다고 필자는 생각한다. 왜냐하면 신체를 갖고서 세계 내에 존재하고, 언어를 갖고서 세계에 의미를 부여하며, 이 의미부여된 세계에 살고 있다고 하는 우리의 사실성에 입각하면서 이 사실성을 묻는 경우, 우리는 이 세계의 한계를 내측으로부터 심사尋思(심구사찰尋求思察)하는 것 이외에 다른 방도는 없을 것이기 때문이다.

여기서 재차 현장 역의 취지로 되돌아가면, '일체법무성一切法無性'이라는 교설은 어디까지나 변계소집을 제거하기 위한 것이기에, 의타기성 또는 원성실성에 대해서는 완전한 무성이라고는 할 수 없다는 것이다. 3무성 각각에 대해서 말하자면, 변계소집성에 대해서는 '상무성相無性', 의타기성에 대해서는 '생무성生無性', 원성실성에 대해서는 '승의무성勝義無性'을 세운다. 『성유식론』은 (변계소집성에 대응되는) 상무성에 관해서는,

이것의 체상이 필경 있지 않은 것이 공화空華와 같기 때문이다.[9]
此體相畢竟非有如空華故.

라고 하며, 그것은 '비유非有'라고 서술하고 있는데, (의타기에 대응되는) 생무성에 관해서는,

> 이것은 환사幻事와 같아서 뭇 연들에 의지해서 생한다. 없는 것이 망집과 같아서 자연의 성性이 없기 때문에 임시로 무성無性이라고 말하는 것이지 성性이 전혀 없는 것은 아니다.[10]
>
> 此如幻事託眾緣生. 無如妄執, 自然性故, 假說無性, 非性全無.

또한 (원성실성에 대응하는) 승의무성에 관해서는,

> 즉 승의는 앞의 변계소집의 아와 법을 원리遠離함의 성性이기 때문에, 임시로 무성이라고 설하지 성性이 전혀 없는 것은 아니다.[11]
>
> 謂即勝義由遠離前遍計所執我法性故, 假說無性, 非性全無.

라고 하는 것처럼, 둘 다 마지막에 "성性이 전혀 없는 것이 아니다"라는 경계警戒가 부가되어 있다.

앞의 반야중관과 유가유식의 연속성을 채택하는 해석에서는 "유성有性을 가립해서 무성無性을 나타낸다"라고 하고 있었다. 3무성이 주主이고, 3자성은 가립이다. 이에 반해 현장의 해석은 그 대척점에 있다. 의타기와 원성실에서는 반대로 '무성無性'이 '가설假說'이다. 여기서는 연속성이 아니라 오히려 반야중관파에 대립하는 유가유식파의 독자성이 현양되고 있다고 말할 수 있을 것이다. 연속성을 강조한다면, 유식이 반야중관사상의 방편으로 위치부여될 우려가 있기 때문이다. 호법과 현장의 전통에서 3무성을 통해서 일관되게 말하고 있는 것은 '집執'의 부정이다. 상무성은 말할 나위도 없고, 생무성에서는 '망집妄執'이, 승의무자성에서는 '소집所執'이 부정되고 있다. 의타기성과 원성실성에 대해서 '성즉무성性卽無性'이라고 말할 수는

없는 것이다.

(2) '유'·'무'·'공'과 형이상학 극복의 문제

여기에서, 반야중관과 유가유식에서 쓰는 '유有'·'무無'·'공空'이라는 말에 의탁된 의미의 차이가 문제가 된다. 현장의 해석은 일반적으로 '호법護法과 청변淸弁의 공유空有 논쟁'이라 하는 중관학파와 유식학파의 대론의 역사에 토대를 두고 있다. 이 대론의 양상을 극단적으로 개괄한다면, "중관학파에서 유식학파를 보면 유식학파는 실체론에 떨어진 학파이고, 유식학파에서 중관학파를 보면 공무空無에 떨어진 학파이다"[12]라고 하는 것이 되겠지만, 이것은 그렇게 간단하지 않다. 양자는 '분별'과 '소지장所智障'을 가장 큰 문제로 하는 대승보살도라는 점에서는 동일하기 때문이다. 따라서 '유'·'무'·'공'이라는 말의 의미를 파악하는 양자의 차이에는, 하이데거의 이른바 '동일성과 차이Identität und Differenz'에 비정될 수도 있는, 형이상학적 사유에 대한 비판이라는 문제점이 배태되어 있다고 생각한다. 중관학파가 유식학파에 대해 하는 '실체론'이라는 비판은 물론이고, 유식학파가 중관학파에 대해 하는 "공무空無에 떨어진다"라는 비판도, 단순히 '악취공'이라는 니힐리즘을 비판한 것일 뿐만 아니라 '차견遮遣'이라는 방법 그 자체를 실체화하고 '공' 그 자체를 실체화하는 형이상학적 사유의 위험을 지적한 것이기도 하다고 생각할 수 있겠다. 양자 모두 상대가 형이상학적 사유에 떨어졌다고 하는 비판을 수행하고 있는 것이다. 그리고 이는 '분별'과 '소지장'을 끊고 극복하는 과정이 얼마나 힘든 일인가를 말하는 것이리라. 언어를 매개로 하는 인간적 사유는 본래 대상화할 수 없는 작용을, 특히 그 사유의 작용 그 자체를 대상화하고 존재자화하고 실체화하는 경향을 면할 수 없다. 그래서 이 사유의 본질['성性']을 '공空'이라 말한다 하더라도, 그 '공'이라는 말 그 자체가 존재자화되어 형이상학적 의미를 담고 말 위험을 끊임없이 잉태하고 있다. '분별'을 문제로 하고 '소지장'을 극복하기 위해서는 이와 같이 끊임없이 대상화와 존재자화를 향해 운동하는 사유가, 역으로 그 자신의 뿌리로 향해 되돌아 걸어가는 길이 열리지 않으면 안 된다. 그러나 그것은 한갓된 반성일 수 없다. 반성도 또한 하나의 대상화이고, 형이상학적 사유의 으뜸가는 온상이기 때문이다. 3성설과 3무성설은 이와 같은 반성과도 다른, 사유가 사유 자신으로 되돌아 걷는 길을[13] 보여주고 있다고 생각한다.

유식의 3무성설을 중관학파와의 연속성에서 파악하는 견해와, 중관학파와 대립하는 독자성을 부각시키는 견해 중 어느 쪽이 정당한 것인가, 혹은 우월한 것인가 하는 문제는 필자에게는 그다지 중요한 문제가 아니다. 오히려 중요한 것은 '유'·'무'·'공'이라는 말에 두 학파가 의탁하는 의미의 차이를 명석하게 하는 것을 통해서 두 학파가 무엇을 형이상학적 사유라 했는가, 그리고 그것을 어떻게 극복하고자 했는가를 분명히 하는 것이다.

'무' 또는 '공'이라는 말은 유가유식에선 부정, 곧 '집執'의 부정을 의미한다.[14] 적어도 호법과 현장의 전통에서는 엄격하게 이 의미로 한정된다. 이에 반해서 반야중관에서는 그것은 제법의 실상, 법성을 나타낸다. 이 점의 차이가 생무성生無性과 승의무성勝義無性의 해석의 차이를 결정한다. 생무성은 『유식삼십송』에서는 '무자연성無自然性, na svayaṃbhāva'(제24송)이다. 여기서 '자연'이란 자유自有(스스로 있는 것) 또는 자성自成(스스로 성립하는 것), 즉 자기 자신에서 생하는 자체존재를 의미한다. 의타기성은 '뭇 연들에 의탁해서 생하는 것'이기 때문에 자체존재가 아니라는 의미에서 '무자연성'이라고 말한다. 그러나 호법과 현장에서는 의타기의 연생緣生이라는 사실事實은 전혀 없는 것이 아니다. 그것은 다른 것에 의해 생한다는 의미에서 '유'이다. '무'라고 해서 부정되는 것은 어디까지나 '망집되는 자연성', 곧 변계소집성이다. 이에 반해서 반야중관에서는 '연생緣生'을 '무'로 나타낸다. 자연성은 자성自性이고, 연에 의해 생하는 것은 자성이 아니라는 의미에서 '무'라고 표현된다. 무자성과 공이 법 그 자체, 법성이다. '성즉무성性卽無性(성은 곧 무성이다)'인 것이다. 유식학에서는 '성性'이란 '망집'의 부정 또는 '소집'의 부정을 통해서 나타나는[2공소현二空所顯] 것이기에 '비유비무非有

非無'이다. 그 자체가 곧바로 '성즉무성性卽無性'인 것은 아니다. 의타기성은 어디까지나 '성性'이지만, 단지 그 자체에 의해서만 있는 것이 아닌 '성性'인 것이다.

그러나 유식학에서도 반야중관과 동일한 해석을 발견할 수 있는데, 가령 안혜는 『유식삼십송석』에서 "즉 이것의 생무성성生無性性이라 불린다. utpattiniḥsvabhāvatety ucyate"라 하고 있다. 이에 대해서 이나주 키조稻津紀三는 "자연생自然生이 아니다"라는 말은 법체法體의 무자성과 무생無生 이 두 가지 뜻을 포함하는데 안혜의 석釋에서 이 말은 '즉생무성성卽生無性性' — 즉 '무생anutpatti' — 을 의미한다고 강조하고 있다. 그리고

> 만약 법체무자성의 의미를 포함하지 않고, 단순히 자기에 의해 생한 것이 아닌 의미라고 하면, "다른 것에 의해 생한다"는 의미를 안에 갖는 것이 되기 때문에, 대승의 무생無生(또는 생무생生無生)의 뜻이 아닌 것이 된다. 그리고 안혜의 석釋대로 범문을 읽으면, 저 의타기성은 그대로 망분별의 전변에 실實의 성性[체體]과 실實의 생生이 없다는 것을 의미한다는 것이 분명하게 되어, 성性을 가립해서 무성無性을 나타낸다는 논의 의도가 철저해지게 된다.[15]

라고 서술하고 있다. 이는 생무성에 있어서도, 반야중관의 법체무자성의 입장을 관철하는 해석이라는 것은 말할 나위도 없다.

(3) 승의무성勝義無性 — 말할 수 있는 것과 말할 수 없는 것의 경계

세 번째 승의무성에 대해서는 『유식삼십송』 제24송 후반부터 제25송에 걸쳐서 설하고 있다.

> 마지막은 전의 변계소집된 아와 법을 원리遠離함의 성性이네.
>
> 後由遠離前 所執我法性

이 제법의 승의는 또한 진여이네.

항상 여여함의 그 성性이기 때문이니 곧 유식의 실성性이네.[16]

此諸法勝義 亦即是真如. 常如其性故 即唯識實性

이 중 첫 구는 제21송 후반 "원성실성은 저것[의타기성]에서 항상 앞의 것[변계소집성]을 원리遠離함의 성性이네"를 잇는 것이며, 승의무성이 원성실성에 의해 세워진다는 것을 명시하고 있다. 이를 잇는 제25송은 상相·성性·위位라는 『유식삼십송』의 과문科文 중에서 '성性'에 해당하는 유일한 곳이다. 최초의 송에서 제24송까지에 걸치는 모든 것은 '상相'에 해당하며, 제26송 이후 제30송까지가 '위位'이다. '상相'에서는 아뢰야식연기를 중심으로 식전변의 상相[3능변三能變]들을 철저하게 파고들어 자세히 서술했지만, '성性'에서는 이 제25송 단 한 송을 말했을 뿐이다. '위位'는 이 '성性'으로 가는 오입悟入의 단계들을 분명하게 하는 실천적 수도론이다. 그렇기 때문에 이 제25송은 『유식삼십송』 전체 중에서, 말하자면 이음매의 위치를 점하고 있다. '상相'과 같이 상술되는 것도 아니고, '위位'와 같이 단계를 말하는 것도 아니다. '성性'이 이처럼 간결할 수밖에 없는 것은 '말할 수 없는 것'에 속하기 때문이다. '상相'만이 '말할 수 있는 것'의 영역을 이룬다. 즉 현상의 영역이다. 따라서 제25송은 '말할 수 있는 것'의 영역의 한계에 해당한다.

『성유식론』은 승의제에 4종을 들고, 세속과 서로 겹쳐져서 대응할 수 있는 것과 전혀 세속과 대응할 수 없는 것을 엄밀하게 확정한다. 세속과 대응할 수 있는 것은 물론 대상논리적이지는 않지만 아직 어떠한 의미에서 말로 표현할 수 있는 것言銓可能이다. 전자에는 '세간승의世間勝義'·'도리승의道理勝義'·'증득승의證得勝義'의 세 가지가 있고, 후자에는 '승의승의勝義勝義' 이 한 가지가 있다. 전자 세 가지는 각각 후득지의 소지所知인 온蘊·처

處・계界의 사상事相, 무루지無漏智의 경계境界인 고苦・집集・멸滅・도道 4제諦의 리理, 후득지의 소연所緣인 말로 표현될 수 있는依詮 2공소현二空所顯의 진여[17]이다. 네 번째의 승의승의는 '폐전담지廢詮談旨'이므로, 근본무분별지와 후득지의 소연所緣인 일진법계一眞法界, 곧 말로 표현될 수 없는廢詮 진여이다. 또한 '진여'에서 '진眞'은 '허망하지 않은 것'을 뜻하므로 '무루'이고, '여如'는 '여상如常' 곧 '변역變易이 없는 것'을 뜻하므로 '무위無爲'를 가리키는 것이라고 한다.[18] "진실에서 변계소집을 배제하고, 여상如常에서 의타기를 배제한다"[19]라는 것이다. 제25송의 마지막에서 '유식의 실성實性'을 설하고 있다. 이 '실성'의 의미에도 이 '이중二重의 배제'[20]가 반영되고 있다. 즉, 허망과 대립하는 진'실'에서 변계를 배제하고, 세속과 대립하는 승의 곧 원성'실'에서 의타기를 배제한다[21]고 하는 것이다. 여기에는 말할 수 없는 것을 말할 수 있는 영역의 안쪽에서부터 끝까지 엄밀하게 그 한계를 확정하면서 보여 가는 호법과 현장의 입장을 엿볼 수 있다.

'실實'자를 부가한 것에는 또 하나 중대한 의의가 있다. 그것은 "무위법은 '식識'의 실성이다"[22]라는 의미이다. 이것에 의해 '제법불리식諸法不離識'이라고 하는 호법의 입장이 관철되는 것이다. 이것은 무루와 무위는 식을 초월한 것이라고 생각하는 경향에 대해 대론의 자세를 보이고 있다. 유식은 유식을 넘어서는 것이 본의라고 말하는 사고방식도 있다.[23] 진제와 안혜의 전통은 이런 경향을 보이고 있다. 안혜의 석을 보면, 확실히

> 원성실은 비유非有를 본성으로 한다abhāva-svabhāvatva.[24]

라고 하고 있다. 이것은 3무성설을 끝맺는 말에 해당하며, 『성유식론』에서

> 제법은 모두 자성이 없다고 뽑아버려서는 안 된다고 경계한다.[25]

라고 맺고 있는 것과 대조를 이루는 것이리라. abhāva가 '전무全無', '체무體無', '무성無性', '무법無法'을 의미하기 때문에, 이것은 바로 '발무撥無'이고, '악취공惡取空'이라고 해서 논란이 되는 것이다. 그러나 여기에서 안혜의 견해가 과연 '불리식不離識'을 위반하고 있는가 아닌가는 좀 더 검토를 요하는 사안이라고 생각한다. 안혜 석의 해당 부분을 보자.

> sa yasmāt pariniṣpannaḥ svabhāvaḥ sarvadharmānāṃ paratantrātmakānāṃ paramāthas taddharmateti kṛitvā tasmāt pariniṣpanna eva svabhāvaḥ paramārthaniḥsvabhāvatā pariniṣpannasyābhāvasvabhāvatvāt.

이나주 키조의 역에서는,

> 그 원성실자성은, 의타기를 본성으로 하는 제법의 최상의 의의意義이고 그 법성이다 하는 것이기 때문에, 그 때문에 원성실자성은 바로 최상의 의의의 무자성성無自性性이다. 원성실은 비유非有를 자성으로 하기 때문이다.[26]

여기서 "의타기를 본성으로 하는…… 그 법성이다"라고 하는 서술은 주목할 만한 가치가 있다. 안혜도 무위와 무루는 결코 식을 초월한 것이라고는 생각하지 않았던 것은 아닐까? 이 마지막 부분에서도 abhāva보다는 svabhāvatva에 강조점을 두면 "무無의 승의가 아니라 무에 의해 나타나는 승의이다"[27] 하는 호법과 현장의 입장과 현저하게 모순되는 것도 아니라고 생각된다. 따라서 이나주의,

> 그러므로 변계소집 · 의타기 · 원성실의 3성을 세워서 마침내 무성無性을 나타나게 한 대승유식관은, 무성을 설해서 원성실진여의 바다를 나타나게 한 중도실상관을 정반대쪽에서 조직했다는 의미를 갖는 것이라.[28]

라는 말도 수긍할 수 있다. 다만 진제교학에 이르면, 이 점은 재차 검토를 요하는 과제가 된다. 문제는 이나주가 말하는 "정반대쪽에서 조직했다"고 하는 사안의 엄밀한 의미이다. 어디까지나 의타기의 사실事實에 따르고 우리에게 있어서 내측으로부터라는 의미라면, 여기서도 역시 이세속理世俗에 서는 호법과 현장의 입장의 중요성은 결코 손상되는 것이 아니리라.

(4) 형이상학 비판으로서의 유식

그렇다고 해도 왜 호법과 현장은 이렇게까지 '발무撥無(뽑아서 없앰)'를 경계한 것일까? 통상 의타기의 '유有'의 입장과 원성실의 '실實'의 입장을 형이상학적 관념론이라고 보는 견해가 유포되고 있는 것 같은데, 필자는 오히려 반대로 이것은 호법과 현장이 형이상학을 비판하고 극복하는 길이 떨어지는 함정에 보다 예민했기 때문이라고 생각된다. '무無'가 존재자에서 경험된 존재인 가능성을 불식할 수 없는 한, '무'의 언표는 도리어 존재자에서 '존재자의 타자他者'[무無]로 초월[29]하는 형이상학과, 끝까지 현출의 영역[세속]에 머물면서 그 현출의 뿌리로 향해서 심사尋思하는 유식의 입장을 구별하는 일을 애매하게 만든다. 형이상학을 극복하기 위한 '무'의 언표가 재차 형이상학에 빠진다고 하는 인간 사유의 함정. '성즉무성性卽無性(성性은 곧 무성無性이다)'이라는 안이한 언표를 피했다고 하는 것은 호법과 현장이 이것의 위험성을 다른 어느 학파보다도 더 예민하게 알아차리고 있었다는 증거라고 생각된다.

의타기의 '유有', 원성실의 '실實'을 고수하기 때문이라고 해도, 호법과 현장의 입장이 결코 관념론적 형이상학이 아닌 것은 『성유식론』의 다음 말을 보면 명료하다.

> 심과 심소들은 다른 것에 의지해서 일어나기 때문에, 또한 환사幻事와 같아서, 실제로 존재하는 것이 아니다. 심과 심소 바깥에 대상이 실제로

존재한다고 허망하게 집착하는 것을 버리게 하기 위해서, 오직 식識만이 존재한다고 설하는 것이다. 만약 오직 식만이 존재한다고 할 때 이 식이 실제로 존재한다고 집착한다면, 바깥 대상을 집착하는 것과 같이 또한 법집이다.[30]

諸心心所依他起故, 亦如幻事, 非眞實有. 為遣妄執心心所外實有境故, 說唯有識. 若執唯識眞實有者, 如執外境亦是法執.

"오직 식만이 존재한다"라고 주장할 때, '식'이 형이상학적인 유일한 실재라는 것을 의미하는 것이 결코 아니다. 여기서 철저하게 명확한 말로 "식은 실제로 존재하는 것이 아니다"라고 서술되고 있다. 만약 오직 식만이 존재한다고 할 때 이 식이 실제로 존재한다고 집착한다면, 이는 '법집'이 된다고 하고 있다. 루스트하우스는 최근 출간된 저서[31]에서 이 점에 대해 다음과 같이 서술하고 있다. 즉, '유식'이라는 주장은 "인식론적 · 치료적 therapeutic 이유에서 행해지는 것이지, 존재론적 이유에서 행해지는 것이 아니다. 반대로 그것은 '환사와 같은' 것이다. 여기에서, 유식이란 어떤 실재성을 지시하고 있다고 하는 견해에 대한 강력한 경고가 행해지고 있다. 유식이라는 이름 하에서 하는 주장은 단지 어떤 특정한 뿌리 깊은, 외적 세계를 사유화私有化하고자 하는 편재하는 집착에 대한 해독제antidotes일 뿐이다. 공성은 집착에 대한 교정an antidote으로 정립되어 있고, 유식도 또한 마찬가지의 역할을 맡고 있다"[32]라고 하고 있다. 여기서 '해독제' 또는 '교정'이 '대치pratipakṣa'를 의미한다는 것은 말할 필요도 없을 것이다.

이것은 원성실의 '실實'에 대해서도 마찬가지이다. 『성유식론』은 전술한 곳 바로 앞에서 진여를 포함하는 '6무위無爲'가 모두 '시설施設'이라는 점을 서술하면서 다음과 같이 말하고 있다.

진여 역시 임시로 시설된 이름이다. 뽑아내어 없다고 하는 것을 막기 위해 있다고 설하고, 집착해서 있다고 하는 것을 막기 위해 공이라고 설한다.

허虛와 환幻이라고 말해서는 안 되기에 실實이라고 설한다. 리理는 허망하고 전도된 것이 아니기에 진여라고 이름한다. 다른 학파에서 색과 심 등을 떠나서 실제로 상주하는 법이 있고 이를 진여라고 말하는 것과 같지 않다. 그러므로 여러 무위법들 정히 실제로 있는 것이 아니다.[33]

真如亦是假施設名. 遮撥為無故說為有, 遮執為有故說為空. 勿謂虛幻故說為實. 理非妄倒故名真如. 不同餘宗離色心等有實常法名曰真如. 故諸無為非定實有.

'실實'이란 식을 초월한 형이상학적 실재[상법常法]를 의미하는 것이 아니다. 그것은 단지 '허虛'[변계소집]와 '환幻'[의타기]을 배제한다는 의미에 다름 아니다. 만약 무위인 진여가 형이상학적 실재로서 세워질 우려가 조금이라도 있다면, 곧바로 "정히 실제로 있는 것이 아니다"라는 말이 맞세워진다. '공'은 바로 '해독제'와 '교정'을 위해 '대치對治'로서 정립될 뿐이다. 호법과 현장은 여기에서 진여의 절대화에 대해서, 이 이상 더 바랄 수 없을 만큼의 세심한 주의를 기울이고 있다. 그러면 이것은 진여가 완전한 비실재 혹은 비실非實이라는 것을 의미하는가 하면 그렇지 않다. 그것은 '허虛'와 '환幻'을 배제하고, '리理'로서 '허망하고 전도되지 않은' 한에서 '실實'이라 하는 것이다. 즉, 호법과 현장은 '공空'과 '진여'가 식을 떠나서 형이상학적으로 절대화되는 것을 엄하게 비판함과 동시에 '무위'·'무루'·'진여'도 또한 '불리식不離識(식을 여의지 않음)'이라는 입장을 고수하고 있는 것이다. '실實'이라는 말은 형이상학적인 의미의 존재론적 관여ontological commitment로부터 자유롭지 않으면 안 된다. 그렇다고 해서 우리가 입각할 수밖에 없는 '식', 즉 현상성의 영역을 발무拔無하는 것은 허용되지 않는다. 왜냐하면 이와 같은 '발무撥無'는 발무하고 있는 논자의 언설을 필연적으로 기만에 빠뜨리기 때문이다. 형이상학을 비판하기 위해 '무無'라는 개념을 사용하거나 혹은 '발무'라고 하는 방법을 실체화한다면, 그때 사람은 보다 깊은 형이상학적 기만에 빠져들지 않을 수 없게 된다.

제2절 왜 '식識'은 공空이 아닌가?

— 루스트하우스의 논의에 기초해서

루스트하우스의 새로운 저서 『불교현상학 — 유식학파와 <성유식론>의 철학적 연구』[34]는 '유식사상은 형이상학적 관념론이 아니다'라는 취지를 전편에 걸쳐 시종일관하게 전개한 참으로 호한浩瀚한 논문집이며, 그가 속한 미주리 대학 유식불교연구협회의 학문적 수준의 높이를 입증하는 것이다. 특히 이 책에 실린 「식은 왜 공이 아닌가?」[35]라는 제목이 붙은 한 논문은, 용수Nāgārjuna(150-250) · 청변Bhāvaviveka(490-570) · 월칭Candrakīrti(600-650) · 현장의 이름을 늘어놓고, 중관학파와 유식학파의 대론의 요점을 척출함과 동시에, 호법과 현장의 이른바 '이세속理世俗' 입장의 논리적 정당성을 좇아가고 있다는 점에서 주목할 가치가 있다. 이하에서 그 요점만을 소묘해 두겠다.[36]

만약 대승의 견해가 모든 법은 공하다고 하는 통찰에 있다면, 식도 또한 마찬가지로 공이 아닌가?

> 이 유식성은 어찌 또한 공하지 않겠는가? 공하지 않다. 왜 그런가? 집착된 것이 아니기 때문이다. 식의 전변에 의지해서 허망하게 집착된 실법實法은 이치상 얻을 수 없기에, 법공이라고 설하는 것이다. 말을 여읜 정지正智가 증득하는 유식성이 없기에, 법공이라 설하는 것이 아니다.[37]
>
> 此唯識性豈不亦空? 不爾. 如何? 非所執故. 謂依識變妄執實法理不可得, 說為法空. 非無離言正智所證唯識性故, 說為法空.

유식, 곧 경험은 식의 활동에 의해 생기한다고 하는 원리는 전혀 오류도 아니고, 한갓된 시설prajñapti도 아니다. 관건이 되는 문제는 악견dṛṣṭi에 대한 집착이다. 따라서 집착될 수 없는 것은 공할 필요가 없다. 식識 곧 현상성phenomenality은 집착되는 것이 아니다. 그것은 실實로서 말을 여의었으며離言, 정지正智에 의해 증證된다. 유식성은 사람이 전유하고 사유화하고자 하는 그릇된 투영물[허망abhūta]이 아니다. 그것은 그와 같이 집착되는 것은 가능하지 않다. 여기서 '공'은, 그릇된 심적 구축물을 집착하는 것에 대한 해독제[교정법]로 사용되고 있다. 그것은 그릇된 실체dravya를 집착하는 것이 문제가 되는 때를 대비하는 무기이며, 그 때문에 또한 '공성'은 존재론적 관여ontological commitment를 수반하는 보편적인 존재론적 이론으로서 사용돼서는 안 된다. 유식학파는 식이 원인이나 조건을 떠나 어떤 특정한 실재를 갖고 있다고 결코 말하지 않는다. 다만 식의 사실성, 현상성이 처음부터 거부되어버리는 것을 부정하고 있을 뿐이다.

확실히 중관학파는 유식학파에 대해 다음과 같은 비판을 가하고 있다. "공하지 않다면 무엇이든 그것은 대상화·실체화를 입은 것이니, 식도 또한 예외일 수 없다. 유식학파가 식만은 그것을 면한다고 주장하는 것은 가장 깊은 개념적 집착이다." 그러나 현장은 이 비판에 시종 계속해서 민감했고, 이 비판을 정면에서 받아들였기 때문에 바로 이세속理世俗의 입장을 관철할 수 있었던 것이다. 현장이 중관학파의 비판을 항상 염두에 두고 있었다는 것은, 『중론』 제24 관사제품 제10게송("만약 속제에 의지하지 않는다면, 제일의제第一義諦를 얻을 수 없다. 제일의제를 얻지 못한다면 곧 열반을 얻을 수 없다"[38])을 강하게 상기시키는 말을 사용해서 다음과 같이 말하는 데서도 엿볼 수 있다.

> 만약 이 식이 없다면, 속제俗諦가 없다. 속제가 없으므로 진제眞諦도 없다. 진眞과 속俗은 서로 의지하여 건립되기 때문이다.[39]
>
> 此識若無, 便無俗諦. 俗諦無故, 真諦亦無. 真俗相依而建立故.

이 말은 분명히 『중론』에 토대를 두면서 식識을 속제와 등치시키고 있다. 식의 존재를 부정하는 것은 세속을 부정하는 것이다. 왜냐하면 현상의 영역 전체는 식 이외에 다른 어디에서도 생기할 수 없기 때문이다. 승의제와 세속제는 완전히 분리된 영역이 아니라 상호 의존하는 — 서로 의지해서 건립되는 — 영역이며, 승의제는 어떤 의미에서 세속제에 의지하고 있다. 현상성[세속·식]을 부정하는 것은 인식의 기반을 스스로 빼앗는 것이다. 식 이외에 어느 것도 아니고 식 이외에 어디에도 없는 사실성을 최소한 받아들이지 않고는, 무엇을 긍정한다든가 부정한다든가 할 수도 없으며, 무엇을 안다든가 이해한다든가 할 수도 없다. 알 수 있다는 것은 정의상 식識, 곧 '알아차림'의 수용을 필요로 하는 것이다. 설령 월칭이라 하더라도 이것을 받아들여지지 않으면 안 된다. 월칭은 『중론주中論註, Prasannapadā』 서두에서 '양量' 곧 인식의 기반을 부정했지만, 그러나 그 인식론적으로 기초부여된 세계에 대해서 알고 이해하고 알아차리는 일은 식 이외의 어디에서도 불가능한 것이다. 식 없이는 세속적·관습적 세계도 현출할 수 없다. 그런데 관습적 경험 없이 도대체 무엇에 대해 사람은 승의제[진제]의 통찰을 갖겠는가? 무엇이 공을 투명하게 하는가? 중요한 것은 무엇이 존재하는가 하는 이론 혹은 존재론이 아니라, 사실事實 곧 현상이라고 하는 사실성[세속·식]에 대한 기본적인 최소한의 인식이다.

이 진제와 속제의 비분리성, 2제의 상호성은 『중변분별론』 서두의 게송에서도 이미 시사되고 있다.

> 허망분별이 있네. 이것에 둘은 전혀 없네.
> 이것에는 오직 공성만 있을 뿐이네. 저것에도 이것이 있네.
>
> 따라서 일체법은 공한 것도 아니고 공하지 않은 것도 아니라고 설하네.
> 있기[有] 때문에, 있지 않기[無] 때문에, 그리고 있기[有] 때문이네.
> 이것이 중도에 들어맞는 것이네.[40]

'허망분별'이 있는데 그것에 '공성'이 있고, 또 공성에 허망분별이 있다. '둘은 전혀 없네'란 명시적으로는 '소취'와 '능취'의 이원성을 부정하는 표명이지만, 이는 암암리에 허망분별과 공성의 이원성이 없다는 것에도 주의를 환기하고 있다. 제3게송의 역설은 허망분별과 공성의 구별과 함께 그것들의 비非이원성을 강조하고 있다. '중도中道'란 진제와 속제의 비분리를 요구한다. 여기서 주의해야 할 것은 중관학파도 유식학파도, 다른 방식으로, 유라든가 무라든가 하는 언설, 공이라든가 비공이라든가 하는 언설이 전혀 다른 의미의 영역에서 행해진다고 주장하고 있다는 점이다. 유라든가 무라든가 하는 주장은 반드시 공성의 자각으로 이끄는 것은 아니다. 월칭에게 유와 무는 모두 파탄이 난 인식론적 기반 위에 세워진 환幻이라는 존재론적 주장이다. 유식학파에게 유와 무는 존재론적 주장이 아니라 현상학적 기술이다. 중관학파에게 공은 궁극적인 분석장치이지만, 유식학파에게 그것은 현상성(세속·식)을 구성하는 조건성[의타기]으로 향하게 하는 몇 가지 교정수단, 곧 '대치pratipakśa'의 하나이다.

그리고 유식학파에 의하면, 이 현상성[세속·식]은 중관학파의 2제설二諦說로부터 필연적으로 귀결하는 것이다. 진제는 경험의 기반 이외에서는 이해될 수 없다. 만약 중관학파가 2제설을 방기한다면, 그들은 용수를 배반하게 될 뿐 아니라 스스로 무의미한 독아론獨我論에 빠져서 남을 비판할 자격조차 상실하게 된다. 왜냐하면 적대자의 원칙이나 전제들을, 그것이 그릇되다는 것을 보이기 위해 임시로 수용하는 (척하는) 것조차 할 수 없게 되기 때문이다. 그릇됨을 입증하기 위해서나 다른 입장의 가정을 임시로 승인하기 위해서는, 이미 세속적 언설, 곧 거기에서 의미가 전달가능하게 되는 관습적 언어영역을 전제하지 않으면 안 된다. 그것 없이는 비판도 부정도 성립하지 않는다. 왜냐하면 부정하는 쪽은 부정되어야 할 입장을 이해할 수 없을 것이고, 또한 부정되는 쪽은 비판의 의미를 평가할 수 없을 것이기 때문이다. 또한 만약 중관학파가 2제설을 받아들이고자 응한다면, 유식학파는 바로 이 2제설은 관습적 대화가 행해지는 경험영역[세속·식]을 전제하고 있다고 응수할 것이다.

유식학파에게 있어서 세속[식]은 언어영역을 포함하되 그것보다 넓은 것이다. 그것은 살아온 경험의 전체영역을 포함하는데, 언어는 확실히 그 중요한 요소이지만 그 모든 것을 다 채우는 것은 아니다. 세속은 현상성이다. 중관학파처럼 단지 명제를 비판하는 것만으로는, 희론戱論을 일으키는 문제의 원천에 도달할 수 없다. 만약 중관학파가 식은 '실實, real'이라고 하는 유식학파의 주장에 반대한다면, 세속제를 거부해야만 하며, 결국 회의론자와 명확한 차이도 없어지게 된다. 물론 중관학파는 회의론자가 아니라, 부정을 통해 회의론자에게는 결여된 '증證', 즉 세속에 대한 진제적 통찰을 말하고 있다. 그러나 세속제 없이는 저 부정의 게임은 그러한 부정이 의미를 갖는다고조차 말할 수 없을 것이다. 유식학파의 관점에서 보면, 공은 부득이하게 말로 표현되는 것이며, 그것도 치료적인 '대치對治'로서 부득이하게 표현되는 것이다. 다른 한편, 중관학파가 세속이라는 개념을 수용한다면 그들은 유식학파를 비판할 근거를 상실하게 될 것이다. 왜냐하면 세속이란 개념은 현상성과 상호주관적 대화 없이는 무의미한데, 또한 이 두 가지야말로 바로 '식'의 열쇠라고 해야 할 특징이기 때문이다.

월칭은 세속을 어떻게 볼지 혼란스러워 했는데, 세속을 관습주의conventionalism(규약주의)로 볼지, 완전한 오류 또는 비실非實로 볼지 이 두 견해 사이를 오락가락했다. 유식학파는 세속은 본래 오류도 아니고 비실非實도 아니라고 반박한다. 세속은 한정된 '실實'의 경계를 정하고 있으며, 생기하는 것의 신빙성과 기능을 평가하기 위해 명석판명한 기초를 갖는 모든 영역을 한정하고 있다. 궁극적 진리가 아니라고 하는 것은 완전한 오류라고 하는 것과 같지 않다. 월칭은 이 양극단을 타도하는 데 너무 성급했다. 확실히 바로 용수가 궁극적으로는 공도 또한 공하지 않으면 안 된다고 말했듯이, 유식학파도 또한 궁극적으로는 아뢰야식은 전轉하지 않으면 안 된다고 서술한다. 공도 유식도 자기부정적인 것이다. 그러면 왜 유식학파는 공을 유식으로 보완하는가 하면, 그것은 유식학파가 볼 때 결론을 선언하는 데 너무 지나치게 성급하다면 사람은 이에 주의깊지 않으면 안 되기 때문이다. 유식학파가 볼 때 월칭은 환幻이라 하는 입장에서 입장 없는 입장으로 너무 성급하게 비약하고 있다. 이 양 극단 사이에 이성과 질서가 합리성을 보전하는 영역이 있다고 유식학파는 논한다. 완전히 그릇된 개념[둥근 사각형 등]이나, 그릇됨이 부정되고 극복되는 승의勝義인 관점도 있지만, 그럼에도 불구하고 역설적인 의문의 집합도 형이상학적 높이도 아닌 중도도 보존되고 유지되고 있다. 그것은 정당한 원인이나 근거hetu를 인식하는 경험 또는 언어이고 합리성이다. 이 종류의 합리성은 '진리'로서 통용되고 있는 무의미를 배제함과 동시에, 그것이 자신의 관습성[규약성]을 인식하고 있는 한에서만 타당성을 유지하는 것이다. 그것은 세속saṃvṛti이며 절대적이지 않다. 그것은 무의미와 절대적 형이상학적 요구로서의 '진리' 사이의 중도이다. 만약 중관학파가 이와 같은 관습적 합리성을 거부한다면 어떤 것도 말할 수 없다. 그들은 그것에 의해 바로 자신들의 언설의 조건들을 거부하고 있기 때문이다. 요약해서 말하면, 유식은 설사 경험과 언어 양쪽이 궁극적으로는 관습적이라 해도 어떤 질서나 의미를 부여하는 합리성을 보여주고 있다는 점이다.

따라서 유식은, 사람이 여실如實, yathābhūtam 또는 여如, tathatā를 인식하는 것은 그 자신의 경험 — 현상성에서 전개하고 또 그 현상성으로부터 의미를 짜내며 언어적으로 구성하는 일 — 속에서라는 것을 강조한다. 확실히 모든 견해를 탐사하고 부정하는 것도 '증證'에 이르는 하나의 길일지도 모른다. 그러나 반드시 그와 같은 광범위하고 끝없는 길을 걸어갈 필요는 없다. 단지 단순히 어떤 찰나의 인식이 그 인식의 찰나에 무엇을 필연적으로 수반하고 있는가(소취所取-능취能取-식識-집수執受; grāhaka- grāhya-vijñāna-upādāna)를 증證하는 것만으로도 인식 그 자신jñāna을 투명[공성, śūnyatā]하게 하기에 충분하다.

결국, 중관학파적인 도정을 따르는 일은 경험을 언어로 환원하고, 식識을 악견惡見으로, 인지認知를 인지에 대한 명제로, 사실事實을 사실의 해석으로 환원하는 길로 이끈다. 중관학파는 환원주의를 공격하지만, 그러나 그것이 인지에 관한 합리적인 언설을 졸라매는 한, 그것은 식이란 언어적인 것이고 언어보다 실實한 것이 없다고 하는 언어론적 사상을 시사하는 것이다. 의식

경험은 원인들과 조건들을 통해서 생기하며, 그것들의 이해가 '증證'을 구성한다. 용수가 연기를 공과 등치한 것과 마찬가지로, 유식학파는 식을 의타기라고 정의했다. 양자는 경험을 경험이론으로 환원하는 것에 반대했다는 점에서 공통점을 갖고 있다. 그러나 각각 그 때문에 다른 방법을 제시한 것이다. 중관학파는 이론과 이론화의 과정[희론·분별·악견]을 비판했다. 유식학파는 경험의 깊이를 철저하게 측정했다. 유식학파는 경험을 긍정한 데 반해, 중관학파는 이론화를 부정했다. 그러나 그들은 중도에서 서로 만난다. 양자는 적어도 경험은 언어보다 넓다는 것에 넌지시 동의하지 않으면 안 된다.

중관학파에 대한 주석으로, 유식학파는 현상성과 그것을 둘러싸고 있는 언어게임을 잘못 이해해서는 안 된다는 것을 강조한다. 깨달음은 경험적인 것이다. 유식학파에게 있어서 깨달음은 경험의 해석학hermeneutics을 체득할 것을 요구한다. 언어의 문제는 무시되거나 과소평가되어서는 안 되지만, 그러나 경험의 언어적 요소와, 언어가 지시라는 구실 하에 불가피하게 사유화私有化하는 사실성을 주의 깊게 적절히 구별해야 한다. 언어는 경험을 지시함으로써 경험을 사유화한다. 그때 언어는 경험을, 그 경험을 욕구하고 지향하는 언설로부터 조금 떨어진 곳에 둠으로써 그렇게 사유화하는 것이다. 언어는 그것이 설정한 거리를 횡단할 때 그것이 파악하고자 하는 것과 자기 자신을 혼동한다. 언어를 경험과 혼동한다든가, 경험을 그것을 소유하고 획득하고자 하는 이론적 언설로 환원한다든가 하면, 경험도 그 사유화私有化도 둘 다 이해할 수 없게 된다.

궁극적으로는 실제로 몇 가지 논쟁점이 있음에도 불구하고, 아마도 결국 청변과 현장은 가장 중요한 점에 동의할 수 있을 것이다. 『대승장진론大乘掌珍論』에서 청변은 다음과 같이 서술하고 있다.

> 진실에 있어서 연기한 것[유위]은 공하네. 그것들은 조건들에 의해 생겨난 것이기 때문에. 환사幻事가 그렇듯이.

조건지어지지 않은 것[무위]은 실實이 아니네. 생겨난 것이 아니기 때문에. 공화空華가 그렇듯이.[41]

眞性有爲空. 如幻緣生故.

無爲無有實. 不起似空華.

맺으며

이상으로 유식학파가 중관학파에 대해 행하는 대론을 축으로 해서, 제1장에서는 '3무성설'의 '유'・'무'・'공'의 뜻에 대한 여러 해석들을 검토했으며, 제2장에서는 이 문제에 관한 루스트하우스의 논의를 더듬어 보았다. 그가 마지막에 인용하고 있는 청변의 말 중 '환사幻事' 또는 '공화空華'의 비유는 필자가 제1절 (1)에서 『성유식론』에서 인용해서 증명한 '생무성生無性' 또는 '상무성相無性'을 번역한 문文에 대응시켜 생각해 볼 수 있다. 그러나 '공화(허공의 꽃)'의 비유는 청변에서는 '무위'를 나타내는 데 반해, 현장에서는 '변계'를 나타낸다. 이 차이는 간과할 수 없다. 따라서 엄밀히 말하면, 루스트하우스의 마지막 결론은 유보될 필요가 있다. 다만 『성유식론』에서 "무위들도 정히 실유가 아니다"[42]라고 설하고 있다는 것을 상기하면, 청변과 현장의 가까움을 엿볼 수 있다. 여기에 청변과 현장의 가까움과 멂, 혹은 동일성과 차이라는 중요한 문제가 역시 남게 된다. 필자는 이 차이가 양자가 행하는 형이상학 비판의 시점의 차이를 이야기하고 있다고 생각한다. 이 점에 대해서는 제1절에서 약간 시사했지만, 더욱 자세한 논의를 하기에는 지면이 이미 다했다. 이 문제를 금후의 과제로 명기하면서 이 잠정적 고찰을 일단 끝내고자 한다.

제3장 유식사상과 후설 현상학의 원적原的 사상事象에 대한 물음

시작하며

근대적 기술지技術知, 표상지表象知의 입장을 근저에서 다시 묻는 과제를 수행하고자 할 때, 현상학적인 지知가 밝히는 원적原的 사상事象과, 유식사상이 추구하는 식전변론識轉變論 또는 3성설이 어떻게 서로 결합하는가 하는 문제의 고찰은 바로 이 물음에 적합한fragwürdig 내용일 것이다. 현상학과 유식사상은 모두 의식이라는 사실事實에 입각하면서, 대상구성적인 지知뿐 아니라 그것을 가능하게 하는 자아지自我知[치痴]의 근저로 향해 물음을 깊게 하면서, 궁극적으로는 자기의 물음의 한계 즉 현상학적 반성이 더 이상 넘어갈 수 없는 원사상原事象에 직면한다. 이 한계점에 대해 양자가 어떠한 태도로 임하고 있는지를 고찰하는 것이 우리의 주제이다.

제1절 원의식原意識과 자증自證
— 자아 성립 이전의 사상

유식사상과 후설 현상학이 공통적으로 해명하고자 하는 사상事象이 있다면, 그것은 도대체 어떠한 사상事象인가? 이 문제에 대한 하나의 예시적 접근법으로서 여기에서는 처음에 케른의 『후설의 자기의식과 자아』[1]를 참조하면서, '자아 없는 원의식原意識'이라는 사상事象을 채택하기로 하자. 여기서 케른이 처음에 던지는 물음은 다음과 같다. "무언가에 대한 인식은 또한 그 자체를 인식하는가?", "무언가에 대한 의식은 그 자체를 의식하는가?" 이 물음에 대해서 3가지 입장이 거론된다. (1) 의식작용은 그 자체에 의해서가 아니라 후속하는 (제1의 작용을 대상으로 하는) 제2의 작용에 의해서만 인식가능하다. (2) 인식작용이 의식되는 것은 고차의 심급審級(eine hohere Instanz)[Ich, Seele]에 의해서이다. (3) 인식작용은 그 자체에 있어서 그 자체에 의해 인식된다. (1)의 예로서 인도철학의 니야야Nyāya(정리학파正理學派), 바이쉐쉬까Vaiśeṣika(승론학파勝論學派), 사르바스띠바딘Sarvāstivādin(설일체유부說一切有部)의 이론, 여기에 또 로크의 '반성'과 칸트의 '경험적 통각'[2]을, (2)의 예로서 인도철학의 상키야Sāṃkhya(수론사數論師)의 뿌루샤puruṣa(我知者, 神我 = 비물질적인 순수정신), 여기에 또 데카르트의 conscius(스스로 의식하고 있는)인 한에서의 자아를 들 수 있다. 그리고 (3)의 예로서 들 수 있는 것은 사우뜨란띠까Sautrāntika, 經量部와 요가짜라Yogācāra 곧 유식학파의 이론, 그리고 후설의 das innere Wahrnehmen <innere Bewußtsein>(내적 지각 <내적 의식>)이 있다. 유식학파에서는 특히 Dignāga(진나)(480~540)가 주장하는 식의 3분설(견분 · 상분 · 자증분)이 주목된다. 견분은 객관화하는 작용의 계기darśana, 상분은 대상적 현상의 계기nimitta, 자증분은 Selbstbezeugung(자기증명) 내지 Selbstbewußtsein(자기의식 · 자각)의 계기svasaṃvitti이다. 불교는 무아의 입장을 취하기 때문에 (2)는 처음부터 배척되는데, '자증분'이라는 점에서 (1)에서는 볼 수 없는 비정립적,

비대상적인 식의 본질적 기능 (3)이 적극적으로 채택된다. 후설의 내적 의식은 근원의식Urbewußtsein이라고 말해지는 바와 같이 대상화 이전의 지향작용・지향체험의 내적 계기이며, 결코 (1)과 같은 '후속하는 제2의 작용'이 아니다. 동시에 주목해야 할 것은 후설은 이 지향적 체험의 비대상적인 내적 의식 혹은 원의식을 Das Ich에 대해 말하는 일 없이 특징짓고 있다는 점이다. 그것은 말하자면 '자아 없는 자기의식'이며, 그 수행遂行의 때에 그 자체에게 비대상적으로 (말하자면 배후에서) 의식되고 있는 지향체험 또는 지향작용에 다름 아니다. 후설의 현상학에서도 유식학에서도 내적으로 의식되고 있는 지향작용은 반드시 자아를 전제하지 않는다. 의식의 흐름에서는 본질필연적으로 '나는 생각한다Ich denke'가 수행되고 있다고는 할 수 없다. 유식학의 자증분도 실체적이고 지속적이며 동일적인 자아를 전제로 하지 않는, 식의 '자증' 말하자면 원적原的인 자각이다. 유식의 자증분도 후설의 Selbstbewußtsein도 Ich를 기다리는 일이 없이 생기며, 후설의 순수자아는 자기의식의 성립에 대하여 어떠한 기여도 할 수 없다. 지향작용이라고 하는 환원의 잔여만이 사실事實이라면, 거기에 서는 한, 객관적 대상의 실재 정립과 동시에 das Ich의 존재도 또한 개개의 지향작용에서 '초월'로서 괄호에 넣어지지 않으면 안 된다. — 환원을 수행하는 자의 동기에 대해서는 지금은 묻지 않는다—. 자아는 '초월'로서 구성된 것이다. 그러나 그것은 내재에서의 전적으로 독특한 초월이다. 즉, 끊임없이 전변하면서 교체하는 모든 체험의 흐름으로부터 동일하게 머물고 있는 것으로서 돌출하는 것이기 때문이다. 흐름을 초월하는 것이다. 이 동일적이고 지속적인 자아주관은 개개의 지향체험의 원의식으로부터는 주어지지 않는다. 개개의 코기토라는 지향체험 중에서는 확실히 자아극화自我極化, Ichpolarisierung가 행해지고는 있지만, 이것이 곧바로 자아동일성과 지속성을 생기게 하는 것은 아니다. 자아는 끊임없이 생했다가 멸하는 cogitationes를 관통하는 지속이며, 그것은 지향적 체험으로의 원초적 반성을 기다려서야 비로소 성립한다. 이 경우, 하나의 (선행하는) 코기토와 또 하나의 (후속하는) 코기

토의 '차이'와, 그 각각에서 극화極化되고 있는 각각의 자아극自我極의 '동일성'이, 아직 구성되지 않은 내적 시간에서 어떤 방식으로 알아차려지고, 반성적으로 주제적으로 대상화됨으로써 동일적이고 지속적인 자아가 성립한다. 이렇게 성립한 자아는 구성된 내재적 시간 안에 있다. 이 시간은 객관적인 real한 시간이 아니라 어디까지나 내재적이지만, 역시 반성을 통했기 때문에 구성된 대상적 시간이다. 그러나 이러한 '자각'(알아차림) 또는 '반성'이 통상적 의미와는 다르게 '자아'를 전제하지 않고 수행遂行되는 것이라면, 그것은 도대체 어떠한 방식으로 행해지는 것일까? 이 물음이 이제부터 우리의 논의를 주도할 물음이다.

이상의 케른의 논의를 다음과 같이 정리할 수 있겠다. 우선 첫째로, 자아 없는 '원의식' 혹은 자기의식은 사실事實로서의 근원적 사상事象이다. 둘째로, 개개의 cogito라고 하는 지향작용에서 증시證示할 수 있는 구조계기로서의 자아는 대상극과 대를 이루는 자아극Ichpol이지만, 그것은 표상들의 다양을 통일하는 원리는 아니다. 자아극은 본래 전술한 자기의식과는 어떤 관계도 없다. 셋째로, 반성에서 파악되는 동일적이고 지속적인 자아는 체험의 통일을 생기하게 하는 것이 아니다. 체험은 과거파지적으로 원의식되는 것에서 이미 어떤 종류의 통일을 이루고 있다. 이 통일은 동일성이 아니라 의식류의 시간통일, 즉 흐름의 연속성이다. 자아das Ich는 이 통일을 형성하는 것이 아니라 그 대응물 즉 상관자Korrelat에 지나지 않는다.

제2절 초월론적 영역의 정시呈示로서의 '유식'

현상학적 환원은 궁극적으로는 시간구성적인 의식류를 초월론적 원영역으로 주제화하는 것을 가능하게 했지만, 유식에서는 처음부터 사실事實로서 '유有'가 되는 것은 중층적 구조를 수반한 '식vijñāna'의 전변pariṇāma뿐이다. 아ātman와 법dharma, 즉 자아[실체화된 자아]와 외경[外境, 객관적 실재]

은 모두 가설假設, upacāra이다. 그것들은 '식의 소변所變에 의지한다.'[3] 말하자면 식전변이라는 내재적 근원 사상事象에 의해 '초월'로 구성된 것에 지나지 않는다. 이 식전변에 대해서 다양한 대론이 이루어졌고, 특히 안혜Sthiramati(510~70)와 호법Dharmapāla(530~61)이 파악하는 방식이 서로 다르다. 호법의 경우, 식전변은 식의 자체분이 견분과 상분으로 상관적으로 극화極化하는 것도 함의한다. 식은 '무언가에 대한 식'이기에, 현현할 때 노에시스-노에마 상관관계로 현현하지만, 그것은 식전변에 의지하는 것이므로 체體는 어디까지나 식이다. 이 식전변이라는 원사실原事實의 본질은 '인연생'이라는 데에 있다. 불교에서는 존재를 '연기'로서 파악한다. 모든 존재는 조건적 존재이며, 그 존재를 성립하게 하는 여러 조건이 멸하면 즉시 그 존재도 멸한다. 영속하는 존재는 허망에 지나지 않는다. 바로 '제행무상諸行無常', '제법무아諸法無我'라는 말이 의미하는 것이다. 유식의 특징은 이 연기적 존재의 존재론적 기반을, 내재적 근원 사상事象으로서의 '식전변'에서 찾는다는 점에 있다. 이 점에 관해서 『성유식론』은 다음과 같이 설하고 있다.

> 외경은 정情을 따라 시설된 것이므로 식識처럼 있는 것이 아니다. 내식은 반드시 인연에 의해 생겨나는 것이므로 경境처럼 없는 것이 아니다. 이렇게 해서 증익과 손감의 두 가지 집착을 부정한다. 경은 내부의 식에 의지해서 가립되므로 오직 세속에만 있다. 식은 가립된 경이 의지하는 사事이므로 또한 승의에도 있다.[4]
>
> 外境隨情而施設故, 非有如識. 內識必依因緣生故, 非無如境. 由此便遮增減二執. 境依內識而假立故, 唯世俗有. 識是假境所依事故, 亦勝義有.

따라서 유식에서 말하는 '유有'는 '인연생'과 같은 뜻이다. 인연생이란 모든 존재가 그 존재성격을 거기로부터 길러오는 초월론적인 사상事象에 즉하고 있다는 것을 의미한다. '무無'(가설・가립・시설)라고 해서 배척되는 것은, 실제로는 이 초월론적 기반에 기초하고 있음에도 불구하고, 이 발밑의 사상事象을 지나쳐버리고서 허망분별에 의해 그것을 외경으로서 투영해서 실재정립을 소박하게 수행하는 태도이다. 유식론의 주제의 절반 정도는 그렇다면 왜, 어떻게 해서 본래 '무'인 것에 우리는 붙잡혀 집착하게 되는가 하는 그 근거를 밝히는 것이다. 미혹의 근거를 해명하는 것이다. 현상학은, 내재적인 끊임없이 전변하는 근원적인 '흐름'으로부터 (자아도 포함하는) 초월적 대상이 어떻게 생겨나는지, 그 구성Konstitution의 메커니즘과 구조의 해명을 의도하고 있다고 할 수 있다.

제3절 3성설과 아뢰야식 연기론의 연관구조

3성이란 변계소집성 · 의타기성 · 원성실성이지만, 여기에서는 처음 둘의 관계가 문제가 된다. 한마디로 말하면, 의타기성은 문자 그대로 다른 것에 의지해서 생기하는 것, 즉 인연생이다. 어떤 전변하는 흐름으로서의 사상事象이며, 앞 절과 연관시켜 말하면 '내재'로 생각할 수 있다. 이에 반해 변계소집성은 의타기성에서 허망분별에 의해 계탁된 '초월'이다. 그러나 문제는 이 초월이 어떻게 생기하는지, 허망이라면 허망으로 어떻게 성취되는지이다. 그런데 이 문제를 해명하기 위해서는 식의 층구조가 밝혀지지 않으면 안 된다.

유식학에서 식은 표층부터 말해 보면, 시각 · 청각 등 5감에 해당하는 전前5식, 기억 · 사념 · 오성적 능력에 상응하는 제6의식 — 여기까지가 제1층이다 —, 사념思念을 성립하게 하는, 자기 집착의 연원이 되는 제7말나식 — 제2층이다 —, 그리고 가장 심층에 있고 말나식에 의해 집착되는 당체인 '흐름'으로서의 아뢰야식(제8식) — 제3층이다 — 의 층들로 구분된다. 이러한 식의 층들은 서로 연緣하고 연緣이 되면서, 혹은 잠재하고 현재顯在하면서 그때그때 세계를 구성하고 있다. 식전변의 경우, 앞에서 서술한 견분과 상분 2분으로의 극화極化를 의미할 뿐 아니라, 이들 여러 상相의 식이 상호 인과 연이 되어 어느 찰나에 현재화된다든지 잠재화된다든지 하는 역동성dynamism도 함의하고 있다. 이러한 식전변의 역동성을 『성유식론』은 '종자생현행 현행훈종자 3법전전 인과동시'[5]로 서술하고 있다. 전술한 전5식부터 제6의식까지의 제1층이 현행식이고, 종자는 아뢰야식에 축적되어 함장되어 있는 잠재가능성이다. '훈熏(훈습熏習)'이란 침전Sedimentierung이다. 3법이란 '→ 종자 → 현행 → 종자 →'의 연쇄를 말한다. 그리고 '동시인과'란 이 연쇄의 생기가, 구성된 시간계열이 성립하기 이전의 사건이라는 것을 말한다. 현행은 찰나에 생하고 찰나에 멸한다. 그러나 이 찰나는 대상적 시간계열에 위치지어질 수 있는 것이 아니다. 오히려 '3법전전'이라는 사건이야말로 시간구성적으로 작동하는 것이다. 현행식은 서로 비연속이지만 '훈熏'이라고 하는 과거파지와 '생生'이라고 하는 미래예지에 의지해서 연속성Urströmen을 구성한다. 아뢰야식이 실체화되면 '유식'이라는 입장은 붕괴한다. 아뢰야식이란 찰나생멸하는 현행식의 '상속'Urströmen이라는 사실事實의 '의지依止'[소의所依], 즉 그 초월론적 근거에 다름 아니다. 식의 초월론적 근거는 고차의 심급으로서의 das Ich나 puruṣa(神我)가 아니라 결국 식에 다름 아니라는 것이 유식학의 입장이다.

그런데 이와 같이 비연속의 연속으로서 생멸하는 Urströmen(근원흐름)인 식은, 식인 이상 고유의 분절가능성, 곧 '무언가가 무언가를 무언가로 한다'라는 구조를 배태하고 있다. 이 3항관계에서 각각의 '무언가'는 모두 식이다. 그리고 '~가 ~를 ~로 한다'라는 관계는 '인연因緣'이다. 예를 들면, '말나식은 아뢰야식을 자아로 집착한다' 이것을 『유식삼십송』은 "의피전연피依彼轉緣彼"[6]라고 설한다. '피彼'란 아뢰야식을 가리킨다. 말나식은 아뢰야식에 의지해서 전전하여 아뢰야식을 연한다는 것이다. 연한다란 무언가를 소연所緣 곧 대상으로 하는 것이지만, 이때 능연이 처음부터 전제되는 것은 아니다. 능연은 오히려 소연을 연하고 있을 때만 생기하는 것이며, 역으로 소연에 의해 연해지는 것[소연연所緣緣]도 가능하다. 능・소는 항상 Korrelat(상관)의 관계이다. 문제는, '소의所依'이면서 소연이 되어야 할 무언가, 즉 als 구조의 '~를'에 해당하는 무언가이다. 말나식은 아뢰야식을 소의로 해서 생하지만, 생하는 것과 동시에 바로 아뢰야식을 소연 — 이 경우는 자아 — 으로서als 집착한다. 전前6식의 경우에는 소연은 경境[노에마]이고, 그것과 능연[노에시스]의 Korrelat가 명확하지만, 말나식이 소연으로 해야 할 것은 소의, 즉 자신의 근거에 다름 아니다. 이런 의미에서 말나식은 동일성의 차이화 — als 구조가 생기하는 일 — 와, 차이의 동일화 — 자아로서 집착하는 일 — 가 동시에 거기에서 이루어지는 장소라고 할 수 있다. 위에서 말한 3항관계에서 '~가'에 해당하는 무언가 쪽보다 '~를'에 해당하는 무언가 쪽이 더 근원적이라는 점에 주목해야 한다. 거기로부터 '~가'가 현현하는 것과 동시에 이와 상관적으로 '~로서'도 현현하는데, 여기에서 원초적인 '차이화'가 생기하는 것이다. 이 '현현함'의 이유가 문제이다. 유식학파의 사상사를 보면, 최초에는 말나식이 아뢰야식과 명확하게 구별되지 않았는데, 이 점에서도 말나식의 주제화는 이 동일성으로부터 차이화가 현현하는 것에 대한 물음이 보다 명확히 자각화되는 과정을 보여주고 있다고 생각한다.

후설의 '원의식原意識'은 주의양태注意樣態는 아니며, 이와 함께 '언제나 이미' 사전에 주어져 있는 지평적인 현출의 장이지만, 그것이 Selbstbewußtsein(자기의식)과 겹쳐지는 지점이 말나식과 관련되기 때문에 흥미롭다. 지평적 현출에서 도리어 자신의 근거 곧 소의가 현현해 온다. Selbstbewußtsein이란, 소연과 소의의 동일성과 차이성의 동시적 생기에 대한 '알아차림'이지 않을까?

제4절 3성설

— 이언성離言性의 의미 해명을 향해서

앞 절에서 서술한 als 구조에 따라서 3성설을 다시 파악해 보면, 다음과 같이 말할 수 있지 않을까?

변계소집성 — als 구조에 의해 '~로서' 세워진 것을 실체시하는 경향성 [존재자화의 경향] 및 거기에서 실체시된 것.

의타기성 — 식전변이라는 '사事'에서 생기하고 있는 als 구조, 혹은 그 생기의 사태.

원성실성 — als 구조의 생기에 투철함으로써, 그것에 의해 세워진 것에 집착하는 경향성을 벗어난 상태.

이렇게 다시 눈여겨보면, 3성은 초기불교 이래의 4제에 대응하고 있다는 것을 읽어낼 수 있다. 즉, 변계소집성은 고제苦諦에 상응하는데, 벗어나기 어려운 존재자화의 경향에 의해 아집과 법집에 사로잡혀 있는 상태를 나타낸다. 의타기성은 그러한 아집과 법집의 뿌리가 되고 인因이 되고 있다는 사실, 존재자화를 일으키는 근거, 존재자화의 가능성의 제약이라는 의미에서 집제集諦에 상응한다. 원성실성은 그러한 존재자화의 근거가 실은 als 구조의 생기라는 사건과 다름 아니며, 존재자로서는 무無인 것 곧 존재자화의 근거의 무저성無底性을 나타낸다. 이것은 다름 아닌 '집集'이라는 근거를 투철하게 보는 일이 곧 고의 멸로 통한다는 의미에서 멸제滅諦에 상응한다고 볼 수 있겠다. 그 근거와 그 근거의 무無 간의 불일·불이의 관계를 통찰하고, 그것에 입각하는 것이 유식 수도론修道論이라고 한다면, 이 수도의 과정은 도제道諦를 나타내는 것이라고 할 수 있겠다.

여기서 문제가 되는 것은 의타기와 원성실의 관계, 세계지世界知[변계소집]의 근거와 그 근거의 무無 간의 불일·불이의 관계이다. 『유식삼십송』에서 이 관계에 대해 다음과 같이 서술하고 있다.

의타기자성은 분별이며 연에서 생하네.

원성실은 저것에서 항상 앞의 것을 원리함의 성性이네.(제21송)

依他起自性 分別緣所生

圓成實於彼 常遠離前性

그러므로 이것은 의타기와 다른 것도 아니고 다르지 않은 것도 아니네.

무상無常 등의 성性과 같네. 이것을 보지 않고서 저것을 보는 것이 아니네.

(제22송)[7]

故此與依他 非異非不異

如無常等性 非不見此彼

여기서 '저것'이란 의타기를, '앞의 것'은 변계소집을, '이것'은 원성실성을 가리킨다. 제21송은 원성실이 결코 의타기의 근저에 있는 고차 존재가 아니라 — 만약 그렇다면 그 자체가 존재자화를 면할 수 없게 된다 — 의타기라는 연기의 사실事實에서 변계소집[아와 법의 존재자화]을 떠난다고 하는 것 이외에 어떤 것도 아님을 명료하게 말하고 있다. 이로부터 제22송에서 말하는 원성실과 의타기의 비이·비불이의 관계가 이끌어진다. 여기에 집제와 멸제의 상관관계를 엿볼 수 있다. 그러나 이 상관관계가 결코 평면적인 관계가 아니라 수직적인 단절을 매개로 한 관계라는 것이 제22송의 마지막 구가 의미하는 것이다. 즉, 원성실의 세계로 열리는 일이 없다면, 의타기적인 '사事'를 그것으로서 통찰하는 일이 결코 가능하지 않다는 것이다. 여기에서 우리는 이 장 처음에서 제기한 문제에 직면하게 된다. 즉, 생기한 als구조의 내측에서는 그 구조의 생기의 유래를 찾을 수 없다. 세계의 외부로 나아가 세계의 근거를 통달할 수는 없다. 그렇다고 해서 고제에서 출발한 물음이 세계내부적mundan인 것에 의해 멈출 수는 없는 것이다.

이런 종류의 물음의 특질은 다음과 같은 점에 있을 것이다. 즉, 이 물음은 이미 생기해버린 als 구조에 따라 수행되어야 하지만, 그러나 거기에서 물어지는 것은 이 '생기'라는 사태라는 점이다. 따라서 여기서는 근거로 소급하는 현상학적 탐구는 이 '생기'라는 사실事實을 앞에 두고 한계에 직면하게 된다. 집제와 멸제는 마치 거울을 보고 있는 듯이 대칭적으로 상관하면서도, 근거를 물어 가는 집제 쪽에서 볼 때 그 생기의 유래가 절대적으로 숨겨져 있는 '무명無明'이라는 벽에 부딪히고 있기에, 양자는 단절되어 있다. 이 단절에서 우리는 근거의 심연 또는 무근거Abgrund에 임하고 있다. 그것은 우리 쪽에서는 결코 투명화할 수 없다는 의미에서 절대적인 '심연'이다. 이 단절을 한사코 als구조의 내측에서 정합적으로 해석하려고 하면 발출론發出論에 빠지지 않을 수 없다. 의사적擬似的 정합성으로 대체되어 수직적 단절, Abgrund를 평면화하여 존재자화하는 것이기 때문이다. 함정이 빠지는 형이상학의 문제는 여기에 배태해 있다.

이른바 전회Kehre 이후 하이데거가 현상학적 탐구로부터 '존재의 사유'로 비약하고, 나아가 Sein(존재)이라는 말을 다른 말로 대체해서 계속 부정할 수밖에 없었던 것도, 이 단절, 즉 물어지는 것이 묻는 것 그 자체를 거절하는 심연에 임하며, 존재자에게 나타남을 증여하면서 스스로를 숨기는 '존재'로부터의 재촉을 '사유의 사태'로 수용하는 것밖에 형이상학적 착오를 면할 길이 없기 때문이리라. 그러나 역으로 말하면 묻는 것을 거절하는 차원에 의해 우리는 묻는 것을 재촉당하는 것이다. 이 물음을 거절하면서 항상 물음을 재촉한다는 점에서, 원성실의 이언성離言性의 적극적 의의가 있을 것이다.

이 이언성을 통해서 의타기와 원성실의 불일·불이의 관계가 성립한다는 것을 주의해 두는 게 좋다. 의타기가 자상自相(특수)의 방향으로 자상을 돌파한 (이언離言)'사事'라면, 원성실은 공상共相(보편)의 방향으로 공상을 돌파한 (이언離言)'성性'이며, 만약 양자가 다르다면 특수는 보편의 성性을 가질 수 없고, 다르지 않다면 특수와 보편이 하나가 되어버린다고 말하고 있는 것이다.[8] 여기서 말하는 보편과 특수의 관계는 언어적 세계의 중층적 구조의 총체로 생각할 수 있겠다. 그렇다면 양자의 불일·불이의 관계는 언어적 세계가 그로부터 유래하는 원-관계이고, 언어적 세계는 이 원-관계에 의해 재촉되면서 분절화된 세계일 것이다. 그러나 이 원-관계의 생기는 '무언가'라든지 '어떻게'라는 물음에 의해서는 분명해질 수 없다. 이 물음은 이미 원-관계를 전제하고 있기 때문이다. 이 물음을 재촉하는 사건은 이 물음으로부터 스스로를 숨기는 것이다. 그렇지만 이 '숨는 것'은 '어떤 존재자의 그늘에 숨는 것'은 결코 아니다. als구조의 원-구조의 생기는 이 구조의 내측에서의 소급적 현상학적인 물음에서는 '언제나 이미' 미리 주어져 있는 방식으로, 사후적으로 그 나타남을 보여줄 뿐이다. 그 점에서 확실히 이 '생기'는 숨어 있다. 그러나 이 '숨음'의 '숨음'으로서의 특질은 통상적 의미의, 이미 분절화된 세계의 내부에서의 '숨음' — 즉 '존재자의 그늘에 숨는' 것 — 과는 완전히 그 의미를 달리하고 있다. 그러면 이러한 '숨음'의 특질은 도대체 어떠한 것인가?

여기서 「빛날 수 없는 것의 현상학으로 가는 길」[9]에서 닛타 요시히로新田義弘가 "als"를 '해석학적 Als'와 '상이론적像理論的 Als'로 구별하고 있는 것은 우리에게 큰 시사를 준다. 이제 그 취지를 그의 다른 논문들[10]을 참조하면서 필자 나름대로 정리해 보겠다. '해석학적 Als'는 그때마다의 주제화적 규정 작용에 대해서 의미의 틀을 선행해서 기투하는 것으로서, 의미의 전체적 연관을 끊임없이 구조화하면서 세계-지知의 지평의 '열림'을 가능하게 하는 기능이다. 그렇지만 '해석학적 Als'는 지평현상 그것을 그것으로서 문제화하고, 지평의 생기구조를 그것으로서 붙잡을 수는 없다. 이에 반해 후기 하이데거에서 형이상학적 사유로부터 존재의 사유로 되돌아가는 것은, '지평적 사유로부터 탈각함'[11]으로 특징지어진다. 그것은 사유 스스로가 거기에 구속되어 있는 지평적 현출의 유래로, 스스로의 안으로 수직적으로 침강해 가는 운동이다. 여기에서 현상의 조건에 해당하는 차원을 현상화하는 일 없이 어떻게 해서 그것을 그것으로서 사유할 수 있는가가, 즉 '나타나지 않는 것을 나타나지 않는 것으로서' 사유할 가능성이 물어지게 된다. 그때 하이데거가 '상像, Bild'의 본질에 대해서, 본래적인 상像은 "불가시不可視한 것을 모습으로 보이게 하고, 그 불가시한 것을 그것에게 소원疎遠한 것의 안으로 상화像化하는"[12] 것이라고 서술하고 있는 점이 주목된다. 즉, 상像의 본질은 "스스로를 숨기는 것을 스스로를 숨기는 것으로서 나타나게 하는"[13] 것이다. 여기에서 '스스로를 숨기는 것으로서'라고 말하고 있는데, 이 '로서Als'는 전술한 '해석학적 Als'와는 그 차원을 달리하는 '상이론적像理論的 Als'라고 부를 수 있다. 하이데거가 '균열Riß'이라고 '둔주Fuge'라고도 부르는 이 '로서Als'는, '성기性起가 성기性起한다Das Er-eignis ereignet'라고 말할 수밖에 없는 나타남의 근원차원에서, 차이가 차이로서 현성해 오는 움직임 바로 그것을 가리키는 것이다. 이중의 주름Zwiefalt이 스스로를 전개할 때, 존재는 스스로의 밝음 속에서 존재자를 빛나게 하면서 스스로는 빛나지 않는다. 여기에 존재의 비장秘藏, Verbergen과 개장開藏, Entbergen의 부정을 매개로 한 공속관계가 보인다. '상이론적像理論的 Als'는 이 상호부정적인 공속관계의 '매체Medium'로서 기능하고 있다고 말할 수 있을 것이다.

그런데, 여기서 쓰이는 빛의 비유는 '상이론적像理論的 Als'의 계보를 더듬어가는 과정에서 중요하다. '빛'은 부정신학否定神學의 전통을 이끄는 근세 형이상학에서 중요한 역할을 맡고 있지만, 그것이 상이론像理論으로서 완전한 형태로 나타나게 되는 것은 피히테의 후기 지식학에서이다. 후기 피히테에 있어서, 빛은 '모든 것을 가시화하는 불가시의 것'으로서 스스로를 상像으로 가시화하면서, 거기에서 빛은 스스로를 한사코 불가시不可視에 머물게 하는 것이다. 여기에서 주목해야 하는 것은 이 불가시의 것의 '숨음'의 특질이다. 즉, 불가시의 것은 보여지는 것의 그늘에 몸을 숨기는 것이 아니라 오히려 보는 것에서 몸을 빼는 것이며, 그것에 의해 불가시의 것으로서 기능한다고 하는 것이다. 이런 의미에서 후기 하이데거와 후기 피히테 간에서 어떤 가까움을 읽어낼 수 있을 것이다.

이제, 여기에서 이상에서 서술한 지평을 지평으로서 가능하게 하면서 스스로 지평으로부터 몸을 숨기는 '깊이의 차원'의 '로서Als'에 입각해서 의타기와 원성실의 불일 · 불이 관계를 다시 파악하는 것이 가능하지 않을까? '불일不一·불이不異'는 결코 현재화顯在化하는 것이 아니라 매체로서 기능하는 상호부정적 공속관계는 아닐까? 의타기가 변계소집으로 현현할 때는 의타기의 본성인 원성실은 숨는다. 그러나 이 '숨음'은 덮개를 벗기는 방식으로는 빛을 쬐게 할 수 없다. 왜냐하면, 이 '숨음'은 모두를 가시화하면서 스스로는 불가시不可視에 머무는 빛의 불가시성이기 때문이다. 지평적 사유에 구속된 반성에 의해서는 설령 보여지는 것의 그늘에 숨은 것의 덮개를 걷어낼 수는 있어도 이 불가시성을 극복할 수는 없다. '불일不一'이다. 만약 '불이不異'가 가능하게 되려면, 반성을 철저히 수행해서 '반성의 자기부정'을 통해서 빛을 생겨나게 하는 것에 의해서일 뿐이리라. 그러나 그러기 위해서는 '지평적 사유로부터 탈각함'이 요구되는 것이다.

물론 3성설에서의 의타기와 원성실의 불일·불이의 관계를 곧바로 전술한 '상이론적 Als'에 비정比定할 수는 없을 것이다. 피히테의 '상像'은 절대자의 상像인 반면, 3성설은 궁극적으로 3무성설에 도달해야 하는 것이기 때문이다. 그러나 '숨겨진 것'은 대상으로서 존재자의 그늘에 숨겨져 있는 것이 아니라, '보는 것에서 몸을 빼는 것'이라고 하는 지知의 자기부정 구조는 3성설의 역동적 구조, 특히 원성실의 이언성離言性의 본질적 의미를 언표하고 있는 것은 아닐까? 이언진여離言眞如를 설한다고 해서 이를 곧바로 dhātu vāda(계界이론)로 보는 것은 경솔하다는 비방을 면할 길이 없다. 이언성을 결코 실체화될 수 없는 '매체기능'으로 파악해 가는 길도 가능하며, 오히려 그쪽이 사태에 적합할 것이다. 원성실의 이언성은 의타기를 의타기로서 투명하게 보는 것에 있어서 '몸을 뺀다'라고 하는 근저의 사태와 다른 것이 아니기 때문이다. 따라서 그것은, 보는 것 안에 깊이 뿌리내린 무명성과 대對를 이루고 있으며, 이 무명성의 극복을 위해서 철저한 끊임없는 자기부정의 운동을 불러일으키는 원천이기도 하다. 이언離言이란 정적인 static 상태성이 아니라 오히려 이 끊임없는 자기부정의 운동으로 소환하는 것을 의미한다고 생각된다.

연기관緣起觀의 순관順觀 곧 고苦가 생기하는 절차인 유전문과, 역관逆觀

곧 고苦가 지멸하는 절차인 환멸문의 대칭적 상관관계를 결부시키는 요지에 위치하는 '무명'. 그러나 그것은 연기를 연기로서 관觀한다고 하는 것에 뿌리내리고 있는 것은 아닐까? 분명히 9지支・10지支 연기에서는 명색名色과 식識의 상의상관이 설해지고, 고苦의 존재성립의 근거가 그대로 그 붕괴의 근거이기도 하다는 것이 명확하게 말해지고 있다.[14] 그러나 그렇다면 왜 그로부터 더 나아가 12지支연기에서 식의 근저에 무명無明・행行이라는 지支가 발견되지 않으면 안 되었던 것일까? 그것은 확실히 이 '그대로'라는 일점一點에 가장 큰 난관이 내포되어 있기 때문은 아닐까? 그리고 '즉卽'의 논리가 간과해버린 이 '그대로'라는 일점에 가장 큰 난관이 내포되어 있기 때문이 아닐까? '즉卽'의 논리가 간과해버린 이 '그대로'라는 사태를 주제로 하고 그것을 한사코 깊이 파고 내려간 것이 유식설이 걸어온 길이 아니었을까? 유식학에 있어서 전의轉依, āśraya-parāvṛtti 곧 근거의 전복이란 '즉卽의 논리'에서는 다 파악할 수 없는, 보는 것에서 몸을 빼버리는 근원적 차원을 파헤치고 있다고 생각된다.

제4장 회심廻心의 논리 탐구

— 타케우치 요시노리武內義範의 '전의'

시작하며

앞 장까지는 유식3성설과 3무성설에 얽혀 있는 철학적 문제에 대해 그 문제의 핵심이 어디에 있는가를 다소나마 명확히 하고자 노력했다. 거기서 분명하게 된 것은 의타기와 원성실의 '비이불비이非異不非異' 관계야말로 철학적 문제의 초점이며, 일승과 삼승 논쟁도 중관과 유식의 대론도 또 현대 현상학에서 물어지는 사태도 이 문제를 피해 갈 수는 없었다. 그것은 한마디로 말한다면 이 책 제Ⅲ부의 큰 제목으로 든 '전의와 반성'의 관계의 문제이다. 오해를 우려하지 않고 넓은 시야에서 바라보면, 그것은 또한 '신信과 지知'의 문제에 이어지는 것이리라. 사유가 사유 자신의 유래를 찾는다는 물음을 수행하는 가운데, 이 물음은 궁극적으로 인간적 사유인 반성이 미칠 수 없는 한계점에 직면한다. 그러나 여기에서 이 반성적 사유를 초월한 것을 절대적 존재자로 정립한다면, 이는 지知를 초월한 것을 재차

지知로 거두어들이는 순환에 휘말린다는 것을 의미한다. 중관학파의 '공'의 논리는 이 형이상학적 함정으로부터 자재로운 길을 개척하고 있다는 점에서 중요하다. 그렇지만 이 '공'에 연원하는 '즉卽'의 논리가 형식화되어 고정화될 때 '비이불비이'의 관계가 자칫하면 전환의 논리인 본래의 내발內發적 역동성dynamism을 상실해버릴 우려가 있다. 2제론이 '비이非異'라는 동일성의 측면으로 수렴되어 해석될 때, 전환의 논리에 없어서는 안 되는 '불비이不非異'라는 차이의 계기가 간과되고 말 것이다. 생각해 보면, 2제론에서 3성설로 '공'의 논리를 재편하는 과정에는 이 차이의 계기를 강조함으로써 형식적으로 고정화된 2제론을 재차 전환의 논리로 활성화하고자 하는 동기가 숨어 있던 것은 아닐까? 그리고 중관학파와 대립하는 유식학파의 독자성도 또한 이 차이의 계기를 철저화하는 가운데 구해지는 것은 아닐까?

그런데 이 '전의와 반성' 또는 '신信과 지知'의 문제에 얽혀 있는 역설적 전환의 논리야말로 정토문淨土門 불교의 교학이 근간으로 삼는 주제였다. 본래대로라면, 여기서 유식3성설과 정토문 불교의 교학 간의 관계를 자세히 서술해야겠지만, 현재의 필자로서는 이 관계를 문헌학적 자료에 맞게 상세히 전개할 능력이 없다. 그래서 여기에서는 헤겔의 변증법에 기반하면서 신란親鸞의 3원전입론三願轉入論을 초기불교의 연기사상과 관련지어 깊이 고구한 타케우치 요시노리武內義範의 사상을 채택하고, 그 일단을 필자 나름대로 음미하면서 미미하나마 금후 과제로 향하는 실마리로 삼는 것에 그치지 않을 수 없다.

타케우치 요시노리의 사색의 흔적을 찾고자 할 때, 거기에서 세 개의 큰 가지를 뻗고 있는 큰 나무의 모습을 확인할 수 있다. 그 세 개의 가지란 첫째로 신란親鸞에 관한 연구, 둘째로 초기불교의 연기사상에 관한 연구, 셋째로 헤겔에서 출발한 서양철학 중 특히 실존철학에 관한 연구이다. 그리고 이 세 개의 가지는 그 뿌리가 있는 곳에서 한 점으로 수렴하고 있다. 그의 사색이 끊임없이 돌아서 나선형으로 수렴하는 그 한 점이란 무엇인가? 그것은 한마디로 말하면, '역초월론적逆超越論的'인 자각의 깊이의 궁극점에서 생기하는, 종교적 회심[전의轉依] 논리의 추적일 것이다. 이 점을 분명히 하는 것이 이 글에서 노리는 목적이다. 이하에서 우선 먼저 두 번째와 세 번째 가지가 어떻게 내적으로 관련를 맺고 있는가를(제1절), 이어서 그것이 첫 번째 가지와 어떻게 관계하는가를(제2절) 고찰해 가고자 한다.

제1절 연기사상

— 실존근거의 탐구

타케우치의 연기사상 연구의 가장 큰 특징은 12지支 연기설이 형성되는 과정에서 9지支 · 10지支 연기가 있었던 것에 주목하고, 거기에서 식識과 명색名色의 상의상관의 의미를 깊이 파고들었던 데에 있다. 이 상의관계는 다시 5지 · 6지 연기로 거슬러 올라가면 취取와 갈애渴愛 사이에서도 확인할 수 있다. 이 상의상관성이야말로, 만약 이렇게 말해도 좋다면, 타케우치 철학의 Sache[근본주제]이다. 이제까지, 연기설에 보이는 연기의 지支 상호관계가 일방향적인 기초부여의 계열인가, 아니면 교호매개적인 계열인가에 대해서 여러 논의가 전개되어 왔다. 예를 들어 와츠지 테츠로우和辻哲郎는 전자의 입장을, 우이 하쿠쥬宇井伯寿는 후자의 입장을 대표한다고 할 수 있다. 또 이 관계가 시간적 계열인가, 논리적 계열인가 하는 논의도 왕성하게 행해져 왔다. 그러나 타케우치는 이 관계를 "일방향적인 근거부여를, 최후의 장소에서 상의적인 근거의 교호성으로 심화하고, 다시 이 교호성을 도약판으로 해서 근거에서 비약하는 일을 시도하는 회심回心의 논리"[1]로 파악하는 독자적인 관점을 제시한다. 즉 연기설의 근저에서 '근거의 해명이 곧바로 근거의 전복이 되는 자각의 전환, 회심의 원리'를 보는 것이다. 타케우치의 이 독자적인 관점을 받쳐주는 것은 4성제(고 · 집 · 멸 · 도)를 '근거와 그 지양의 관계'로서 파악하는 예리한 통찰이다. 그리고 이 통찰은 타케우치의 헤겔 연구 및 실존철학, 특히 하이데거 연구에 의해 뒷받침되고 있다.

4성제를 '근거와 그 지양의 관계'로서 파악할 때, 타케우치는 여기서 '근거Grund'라는 말을 헤겔이 『논리학』에서, 그리고 하이데거가 『근거율根據律』에서 사용했던 의미로 쓰고 있다고 명기한다. 즉, 여기에서 '근거'는 '생기의 근거', '모든 존재자의 몰락Zu-Grunde-Gehen'[2], '근거의 지양'이라는 세 가지 계기를 함유하고 있다. 이로부터 불교적 인과론의 '인hetu'을 실존근거로 해서 주체적으로 파악하는 길이 열리게 되며, 이 입장에서 타케우치는 "4성제가 본래 의미하는 사태란 원인Ur-sache(= 근원-사상事象과 그 무화無化의, 즉 근거와 그 지양의 역동적 전개 이외에 어떤 것도 아니다"[3]라고 서술한다. 우선, '고苦'는 한계상황으로서, 우리의 현존재의 근거로 향하는 단서가 된다. '집集'은 고가 고로서 성립하게 되는 근거 또는 지반이다. 그러나 가장 중요한 것은 '집'과 '멸'의 상의상속성相依相屬性Zusammengehörigkeit(이하 '상의성相依性'으로 약기)의 통찰이다. 이 '상의성'이 의미하는 것은, 고의 성립 근거가 동시에 그 소멸의 근거라는 것이다. 즉, 그것은 헤겔의 의미에서 '몰락하는 근거der zu-Grunde-gehende Grund'이고, 그런 한에서 근거는 우리가 그것을 그것으로 깨닫는다는 계기 그 지점에서 스스로를 지양하는 것이다. 만약 우리가 단순히 논리적 또는 관조적 입장에 서서 객관적으로 어떤 사태의 근거를 찾고 있는 한, 이와 같은 '상의성'의 통찰에는 결코 이를 수 없을 것이다. 주체적으로 실존의 입장에 투철함으로써 비로소 우리는 우리 자신의 근거의 탈근거Ab-Grund(= 심연)성에 직면하게 되는 것이다. 그렇지만 그렇기 때문에, 즉 자신의 근거의 탈근거성 때문에 고苦의 인因인 '집集'은 고苦의 지양인 '멸滅'과 상의상관相依相關에 놓이게 되는 것이다. 불타의 침묵은 단순히 형이상학적 문제의 회피가 결코 아니다. 그 침묵이 석존 시대의 회의론과 결연히 구별되는 것은, 그것이 대상지의 입장을 넘어서서 자신의 심연에 침잠하면서 그로부터 이 상의성을 통한 도약을 증證하고 있기 때문이다.

타케우치의 연기 해석은 이상의 4성제의 실존적 해석과 연동하고 있다. 연기 계열은 원인-결과나 조건-귀결과 같은 이론적 기초부여관계로서가 아니라, 우리의 생에 대한 '어디에서, 어디로'라는 물음을 결정화結晶化하는 종교적·실존적 지조志操를 띤 것으로서 받아들여진다. 노老·병病·사死를 선구적先驅的 결의성決意性에 의해 자기 것으로 함으로써, 생生도 또한 자신의 현존재에 고유한 한계로서 투시透視할 수 있게 된다. 업과 윤회라는 표상도 이 결의성에 의해 투시된 자신의 피제약성被制約性·피투성被投性의 고지告知이다. '유有, bhava, bhāva'에 대해서 타케우치는 이 말의 √bhū라는 어간을 존재Sein와 관련지어 말하는 하이데거에 주목하고 있다.[4] bhava에는 확실히 '생성'의 뜻이 포함되어 있지만, 그것은 '보다 풍부하게'라는 단순한 존재긍정에서 유래하는 것이 아니다. 하이데거는 √bhū를 physis 또는 phyein과 관련짓고, '생성'으로서가 아니라 오히려 '빛 속에서 현현함', '밝아옴'으로 해석되어야 한다고 했다. 여기에는 존재자의 '미끄러져 떨어짐 Entgleiten'을 통한 '무無'의 그림자가 감돌고 있다. 타케우치는 이 해석을 전개하면서 '유有'에 대해 다음과 같이 서술하고 있다. "bhava란 존재자 전체 한가운데서의 자기 자신의 존재이다. 그러나 그것은 이른바 '미끄러져 떨어짐'이 일으키는 경외敬畏에 의해 물음으로서 결정화結晶化되는 것이다"[5]라고 하고 있다. 만약 bhava가 발생이나 생성을 의미한다 해도, 그것은 '무無'에 의해 가려진 자기 자신의 '고苦'라고 하는 존재방식의 성립근거로 서일 것이다. 이와 같은 존재자의 미끄러져 떨어짐에 즈음해서 우리는 실제로 탈근거[심연] 안에서 입을 벌리고 있는 문제에 조우하는 것이며, 즉 여기서 근거와 탈근거의 상의성이 분명해지고 있는 것이다. 그러나 이와 같은 조우에 즈음해서, 우리의 의식이나 오성은 어떠한 지침을 줄 수 있을까? '취取, upādāna'의 문제는 이 점을 추구하는 것이리라. '취取'란 현존재의 무의식에 뿌리내리고 있는 인간의 역동적 성향이자, 개념적 파악을 가능하게 하는 '파악함'의 전제이다. 그러나 그것은 철두철미하게 주객의 분열에 의해 규정되며, 그것이 명석판명하면 할수록 우리 자신의 실존의 탈근거의 근거로 향하는 본래의 각지覺知에서는 멀어지고, 미끄러져 떨어져 가게 된다. 탈근거의 안에서 입을 벌리고 있는 문제가 업과 윤회로서 표현되었는데도 불구하고, 어느덧 업과 윤회도 또한 '파악함'에 의해 대상적 인지로 거두어들여져 그 본래의 의미가 풍화해 가게 된다. 이 '취'와 '갈애' 간에는 상의관계가 있다. 갈애는 항상 그때마다 어떤 특정 대상으로 향하고 그것을 잡음으로써 만족을 구한다. '취'는 '갈애'에 의해 길러지고, 동시에 '갈애'는 '취'라는 경향성에 의해 지배되고 있다.

타케우치의 연기 이해의 특징은 연기를 실존의 근거를 규명하는 것으로 받아들이면서, 초창기 형식의 연기계열의 최후에 보이는 2항 간의 상의관계에 주목했다는 점에 있다. 그것은 전술한 예에서는 '취'와 '갈애'의 관계에서 보이지만, 다시 실존의 깊은 곳으로 파내려가 탐구해서 연기계열이 9지支・10지支를 향해서 전개되면, 거기서는 '식'과 '명색' 간의 상의관계가 나타나게 된다. 이 점에 대해 지금은 상론할 지면이 없지만, 어쨌든 여기서 연기설의 각 항의 관계를 일반적으로 나타내는 다음과 같은 정형에 착안해 둘 필요가 있다. 즉 '이것이 있을 때 저것이 있고, 이것이 생할 때 저것이 생한다. 이것이 없을 때 저것이 없고, 이것이 멸할 때 저것이 멸한다." 타케우치는 이 정형의 전반의 상호생기의 부분을 긍정적 상의성, 후반의 상호소멸의 부분을 부정적 상의성으로 부르고, 이 두 가지의 상의성이 또한 다시 내적으로 공속하고 있다고 본다.[6] 그리고 이 생기와 소멸의 상의성의 역동에 의해 상호생기는 그 자체에서 상호부정으로 전환된다고 한다. 연기계열의 최후에 발견되는 상의성은 실존의 깊이를 추적해 가는 과정의 극점에서, 고苦의 집集의 각인覺認이 어떻게 해서 고의 멸로 전환하는지를 말하고 있다. 따라서 상의적 관계는 연기의 각 항 간에 평면적으로, 즉 각 항이 동일 평면상에 있는 것처럼 성립하는 것이 아니다. 실존의 근거를 규명하는 일에서는 오히려 일방향적인 근거부여가 중요한 의미를 떠맡고 있는 것이리라. 상의관계가 계열의 최후에서만 발견되는 것은 그것이 바로 실존근거의 무저無底에 직면하는 전환[=전의轉依 또는 회심廻心]의 상징 또는 논리를 보여주고 있기 때문이다.

제2절 신란親鸞의 기機·법 2종의 깊은 믿음 및 '역초월적' 상즉관계

무저無底의 심연에 임하는 전환의 논리를, 『교행신증敎行信証의 철학』에서는 3원전입三願轉入에서의 종교적 실존의 자각의 변증법으로 서술하고 있다. 타케우치의 이 사상은 후에 '역초월론적'이라는 독자적인 개념으로 결정화結晶化된다.

'역초월론적 transdescendental'이란 '초월론적 transcendental'에 대응하는 — 정확히는 역대응하는 — 개념인데, 인간의 자각구조에 필연적으로 수반되어야 하는 계기이다. 역초월론적 자각이란 조화로운 이상주의적idealistic인 자각과 대비되어 '자신의 바닥으로 무한히 절망적으로 떨어져가는 방향'을 의미하며, 근원악의 자각, 무한한 죄의 자각이라고도 말할 수 있다. 타케우치에 의하면, 그것은 "초월론적인 위로의 초월을 뒤집어놓은, 초월론적인 입장을 매개로 해서 최초로 나오는, 타락이라는 아래로의 초월이라는 의미를 포함하는 인간의 자각"[7]이다. 여기에서 인간의 자각구조에 배태되어 있는 필연적인 두 계기의 서로 호응하는 관계가 이 말에 담겨져 있다는 것을 알 수 있다. 즉, 인간적 자각은 무한한 몰락을 포함하는 것과 동시에 그 몰락이 "초월론적인 입장을 매개로 해서 최초로 나온다"라고 하는 것이다. "인간은 자기가 자기 자신과 관계하는 관계이다"라는 키르케고르Kierkegaard의 말에 보이는 '관계가 관계한다'라고 하는 사태야말로 인간의 자각의 본질이며, 여기에서 절망의 관계가 가능하게 되기 위해서라도 이 관계가 어떤 '거리'로서의 관계 — 신 관계와 인간관계의 거리 — 에 들어가 있어야 한다. 확실히 유한한 실존의 입장에 투철하는 한, 인간의 자기초월은 유한과 무한 간의 조화의 파탄disproportion을 노정하지 않을 수 없다. 그러나 인간존재가 유한하면서 자기초월하지 않고서는 있을 수 없는 한,

저 조화의 파탄이 본래적으로 자각될 수 있기 위해서도, 그 파탄이 보다 근원적으로는 "역대응적인 즉비卽非의 조화dis-proportion 속에 있다"[8]고 말하지 않으면 안 된다. 그러나 이 '즉비의 조화'는 한갓된 평면적인 '화해'도 아니고, 이상주의적인 조화로 거꾸로 되돌아가는 것도 아니다. 그러면 그것은 어떻게 생각되어야 하는가? 신란의 사상에서 말하는 기機와 법法 2종의 깊은 믿음[深信] 및 3원전입三願轉入의 문제가 여기에 깊이 관련되어 있다.

신란은 도덕적인 젠도우善導의 지성심至誠心을 역초월적인 자기부정으로 향하는 초월로 바꾸어 해석했다. 즉 "밖으로 현선정진賢善精進의 상相을 나타내면서 안으로 허가虛假를 품을 수는 없다"[9]라고 하는 젠도우의 문장을 "밖으로 현선정진의 상을 나타낼 수 없다. 안으로 허가虛假를 품는다"[10]로 바꾸어 읽었다. 엄숙주의rigorism를 참회로 바꾸어 읽었다고 말해도 좋을 것이다. 그러나 이렇게 바꾸어 읽는 일은 결코 자의적인 것이 아니라 도리어 젠도우의 "자신은 현재에 죄악 생사의 범부이며, 광겁曠劫 이래 항상 몰沒하고 항상 유전流轉해서 출리出離의 연緣이 있는 일이 없다"[11]라고 하는 기機의 깊은 믿음에 부합하며, 또 이렇게 '바꾸어 읽음'으로써 지성심과 근원악의 자각 간의 역대응적 관계를 스스로 부각시키고 있다. "참으로 양심적으로 지성심을 추구하는 자만이 안의 허가虛假를 자각한다"[12]라는 것이다. — 이는 지성심과 기機의 깊은 믿음 간의 모순을 지양하는 것이다. — 또, 일체의 선근善根을 미래왕생으로 회향하고자 하는 회향 발원심과, 아미타불의 본원력에 힘입어 반드시 왕생을 얻고자 하는 신념에 머무는 법法의 깊은 믿음 간의 모순도 또한 종교적 실존의 자각의 변증법에 의해 다음과 같이 지양된다. 즉 "한결같이 자기의 신身·구口·의意의 업의 선근을 회향하여 정토에 태어나고자 원하는 행자行者만이, 이 발원의 한계에 봉착해서 자력적인 것의 본질적인 자기모순에 번민하다가 결국은 절대자의 쪽에서 오는 회향에 힘입는다는 것을 안다"[13]는 것이다. 관상觀想 또는 윤리도덕적 입장 — 정定과 산散 두 가지 선善의 제19원願 — 은 도리어 자기의 죄장罪障에 대한 무자각을 보이고 있으며, 어떤 행行도 미치기 어려운 내 몸의 근원악을 자각하고서 내재적 자율성을 폐기하지 않을 수 없게 되었을 때 그것은 일거에 종교적 결단으로 전입轉入한다 — 제20원願 칭명염불稱名念佛의 입장 —. 그러나 여기에는 이 결단에 수반되는 '본원회향本願廻向의 명호를 찬탈하는 아성我性의 전도顚倒'[14]가 자기의 깊은 곳에서 자력自力의 집심執心으로서 도사리고 있다. 그것은 여래에 대한 반항, 불성으로 향한 고만高慢이라고도 말할 수 있을 것이다. 절대 타력의 신락信樂의 입장[제18원願]으로 전입轉入하려면 이 아성我性의 전도를 끊임없이 대자화對自化하지 않으면 안 된다. 제20원과 제18원 간에 안팎이 상즉相卽하는 동적 관계에 대해서 타케우치는 이렇게 서술하고 있다. '제18원은 끊임없이 제20원을 자기소외에 의해 성립하게 하면서, 또한 다시 그것을 소멸계기로서 부정해서 제18원에 계속 전입하게 해야 한다."[15] 종교적 결단은 죄장罪障의 절망적 자각에 의해 무한히 나락에 추락하는 주체가 초월적인 힘과 조우함으로써 일거에 도약할 때 성립하는 것이지만, 이 결단은 실은 이 작용과는 방향을 반대로 하는 필연적인 반작용을 포함하며, 그것은 끊임없이 소멸계기로서 계속 지양되어야 한다.

이와 같이 신란의 3원전입三願轉入을 종교적 실존의 자각의 변증법을 통해서 해명할 때, 그것은 각 단계에서 끊임없이 저 조화의 파탄인 역초월론적 계기에 매개되어 있다는 것을 알 수 있다. 그러나 제18원의 입장에서 되돌아보면, 파탄의 관계를 자각하는 일 — 기機의 깊은 믿음 — 은, 그것이 내재의 입장에서는 '불가사의'라고밖에 말할 수 없는 본원력으로 관철되는 일 — 법의 깊은 믿음 — 없이는 있을 수 없는 한, 사태 자체로 보아서는 역대응의 즉비卽非의 조화가 항상 앞서고 있었던 것이리라. 그러나 그것은 또한 실존의 자각의 '지금' — '기機' — 을 통해서 구체적으로 증証되는 것이다.

이상에서 연기론 · 종교철학 · 신란을 주제로 하는 타케우치의 사색의 중심은 시종일관 종교적 실존의 근저에서 생기하는 회심廻心[전의轉依]의 논리를 추적하는 일이었다는 것을 이해할 수 있을 것이다.

제5장 현상학과 대승불교

시작하며

이 장은 본론 전체의 마지막에 위치하므로, 여기에서는 지금까지 제Ⅰ부에서 제Ⅲ부에 걸쳐 전개해 온 사항들에 대해 그것들의 상호연관을 명확히 하면서 총괄적으로 정리하고자 한다. 이하 제1절은 제Ⅰ부, 제2절과 3절은 제Ⅱ부, 제4절은 제Ⅲ부의 내용에 대체로 대응하는 논의이다. 따라서 '전의와 반성'을 주제로 하는 제Ⅲ부의 문맥으로 본다면 곧바로 제4절로 나아가는 것이 절차에 더 맞다고 생각한다. 이 점을 먼저 양해를 구해 두고 싶다.

불교의 기본명제는 3법인(제행무상諸行無常 · 제법무아諸法無我 · 열반적정涅槃寂靜)이다. 그러면 대승불교의 기본명제는 무엇인가? 특히 대승이 스스로를 소승과 구별하는 기치는 무엇인가? 그것은 2공이라 말하기도 하는 인무아人無我와 법무아法無我(아공我空과 법공法空)에서 찾을 수 있을 것이다.

이 중 특히 대승이 문제로 삼고 주제적으로 캐묻고자 한 것은 법무아이다. 그러면 이 법무아라는 기본명제에서 물어지는 사상事象은 무엇인가? 그것은 곧 '분별'이라는 대상화를 일로 삼는 지知의 존재방식이다. 인무아에서 물어지는 사상은 번뇌이다. 대승이 대승인 이유는 유정有情의 고苦를 가져오는 미혹의 근원은 협의의 번뇌가 아니라, 오히려 분별에 있다고 하는 통찰이다. 『대승장엄경론』의 "보살은 분별을 번뇌로 한다"[1]라는 말은 분별이야말로 물어져야 할 사태라는 것을 명확하게 말한 것이다. 중관학파는 이 분별을 넘어서는 일을 하고자 할 때, 분별 그 자신이 더 이상 분별을 수행할 수 없는 자가당착으로까지 추궁함으로써 '희론적멸'로 이끌었다. 유식학파는 오히려 분별을 분별로서 성립시키고 있는 분별의 뿌리로 내려감으로써 거기로부터 전환하는 일을 설했다. 본고에서는 대승불교 중에서도 특히 유식학파의 사상思想을 채택하고자 한다. 왜냐하면, 유식사상에는 분별의 뿌리 곧 대상지對象知를 그것으로서 성립시키면서 스스로는 대상지의 평면에 모습을 나타내지 않는 비대상적 차원의 사상事象 구조가 물어지고 있고, 이 점에서 현대의 현상학과 물음을 공유하고 있다고 생각되기 때문이다.

후설의 사상, 특히 후기사상을 계승하면서, 현대의 현상학은 현상학적 반성에 배태되어 있는 원리적인 익명성의 문제를 바로 '사유의 사태'로 삼고 있다. 현상학적 사유가 자신의 숨겨진 뿌리로 향해 되돌아갈 가능성이 물어지고 있는 것이다. 한편, 유식사상에서도 또한 전-반성적으로, 전-자아적으로 항상 이미 활동하고 있는 기능을 조명하고, 이 기능을 의타기적 사건으로서 투시해야 한다고 설하고 있다. 그러나 이를 위해서는 일상적 및 반성적 사유에서의 표상지表象知가 전환되어야 하는 것이 요구된다. 가장 자명한 식識의 본래성으로 돌아가기 위해서는 무자각적[수면隨眠의]인 자연적 태도가 근저에서부터 부정되어야 한다. 이 전환이 '전식득지轉識得知'[2] 또는 '전의轉依'[3]로 불리는 것이다.

후설도 또한 지知의 태도를 '세간적' 태도와 '초월론적' 태도로 구별한다.

전자는 의식의 '수행양태'에 몰입해서 살아가고 있는 존재방식이며, 그 특징은 '대상으로 귀의하는 것'이다. 후자는 세계관심을 에포케함으로써 '모든 객관적인 의미형성과 존재타당의 근원적인 장인 인식하는 주관성으로 되돌아가고', '작동하고 있는 주관성인 자기 자신에 대한 명백한 이해에 도달'[4]하고자 한다. 후설에게 초월론적 현상학이란, 자신의 사유의 출생기반으로까지 되돌아가 그것을 몸을 갖고서 넘어가는 영위활동이기 때문에 '어떤 종교상의 회심回心에나 비교될 수 있는 인격상의 전회轉回'[5]라고도 부를 수 있는 것이었다. 문제는 이와 같은 초월론적 반성을 어떻게 철저히 수행할 수 있는가 (혹은 수행할 수 없는가) 하는 점이다. 원리적 익명성의 문제는 이 초월론적 반성의 가능성을 (혹은 불가능성을) 물을 때 직면하게 되는 문제이다.

본고에서는, 허망분별의 자각화의 길을 철저히 행하는 유식사상과 후설의 초월론적 현상학은 시대적 격차나 문화적 차이에도 불구하고 대상지의 연원에 깃들어 있는 문제를 응시한다는 점에서 공통점을 갖고 있다는 것을 보여주고, 아울러 현대의 지知의 재편의 소용돌이에서 불교적 사유가 수행할 수 있는 역할에 대해 고찰해 보겠다. 우선 제1절에서 유식사상의 기본적 입장을 후설의 초월론적 현상학의 근본동기와 관련지어 말하면서 확인하고, 제2절에서는 현행식[현재적 지향성]의 깊이의 차원을 이루는 역사적 지평에 대한 물음으로서 아뢰야식의 문제권역을 간략하게 서술하겠다. 이어서 제3절에서는 아뢰야식 연기론과 현상학적 신체론의 사상적事象的 연관을 탐구해 보겠다. 제4절에서는 유식3성설을 부정을 통해 상호 의속依屬하는 관계로 보고 이 매개기능을 고찰해 보겠다.

제1절 유식론의 기본 입장과 초월론적 경험의 영역

유식사상의 기본적인 입장은 세친Vasubandhu(320-400)의 『유식삼십송』[6]의 제1송에 명확하게 서술되어 있다.

> 가假로 아와 법을 설하니, 갖가지 상相의 전전함이 있네. 저것들은 식에 의해서 변현된 것들이네. 이 능변에는 오직 셋이 있네.
>
> 由假說我法 有種種相轉 彼依識所變. 此能變唯三

이 제3구는 유식사상의 주제가 식전변識轉變, vijñāna-pariṇāma이라는 '사事'에 있다는 것을 명시하고 있다. 이에 반해서 자아나 대상으로서 현출하는 것은 가설假說, upacāra이다. 여기에는 이미 현상학에서 말하는 현출하는 것과 현출의 차이의 구조에 상응하는 사태가 포착되고 있는 것과 동시에 이 차이를 구조화하는 기능이 '식전변'으로서 주제화되고 있다. 이 식전변이라는 '사事'는 거기에서 세계가 현출하는 장이 열려지는 곳이고, 그와 동시에 이 현출을 지知로서 구조화해 가는 기능인 지향성에 상응하는 것이라고 생각된다.

일반적으로 대승불교에서 '공성空性'을 설하지만, 유식학파는 중관학파처럼 이를 직접적으로 설하지 않고, 우선 현출의 영역을 그 자체로 확보한 후에 궁극적으로 그 현출의 본성이 공하다는 통찰로 이끈다. 유식학파가 '인연생因緣生'인 '사事'를 '유有'라 하는 이유는, 그것이 모든 존재의 존재성격을 거기에서 길러내는 초월론적 영역을 이루기 때문이다. 반대로 아我와 법法의 가설을 '무無'라고 하며 배척하는 이유는, 그 가설들이 실제로는 이 초월론적 기반에 의지하고 있는데도 이 사상事象을 간과하고 수행하는 소박한 존재정립[허망분별]에 의해 투영된 대상계이기 때문이다.

3성설은 이러한 유식학파의 기본적 입장에 기초해서 설해지고 있다. 이제 제20, 제21, 제22송을 들면 각각 (1), (2), (3)과 같다.

> (1) 由彼彼遍計 遍計種種物 此遍計所執 自性無所有
>
> (여러 가지 변계에 의해 여러 가지 물物이 변계되는데, 이것이 변계소

집이네. 자성이 있지 않네.)

(2) 依他起自性 分別緣所生 圓成實於彼 常遠離前性

(의타기자성은 분별이네. 연에서 생하는 것이네. 원성실은 저것[의타기]에서 항상 앞의 것[변계소집]을 원리遠離함의 성性이네.)

(3) 故此與依他 非異非不異 如無常等性 非不見此彼

그러므로 이것[원성실]은 의타기와 다른 것도 아니고 다르지 않은 것도 아니네. 무상성 등과 같네. 이것[원성실]이 보이지 않을 때 저것[의타기]이 보이지 않네.

변계소집성이란 사물의 자체존재를 소박하게 신뢰하고, 대상에 직진적으로geradehin 관계하는 자연적 태도에 해당한다. 이에 반해서 의타기성은 에포케에 의해 얻어낸 현출의 영역, 곧 지향성이 활동하는 장이다. 彼彼遍計(여러 가지 변계)란 지향적 체험인 능작을, 種種物(여러 가지 물物)이란 변계에 의해 구상構想된 초월적 대상을 가리킨다. 변계라는 능작은 '무언가[소계所計, 계탁되는 것]를 무언가[소집所執, 집착되는 것]로서' 계탁하고 집착하는 활동이다. 소집所執의 의지처로서 소계所計가 없다면 소집所執은 성립하지 않는다. 여기에서 의식의 내용과 그 대상의 구별이 행해지고 있다. 소계所計는 내용[노에마]이고, 소집所執은 대상이다. 이 내용을 상분이라 부른다. 식은 상분을 소연으로 해서 생기한다. 그리고 이 상분과 서로 관계하는 활동을 견분이라 부른다. 노에시스이다. 변계란 연생緣生하는 의타기적 사상事象[현출]을 존재자[현출자]로서 투영하고 그것에 집착하는 것이다. '유식무경唯識無境'이란 현출과 현출자를 구별하면서 현출자를 에포케해서 현출로, 혹은 현출자와 그 현출의 차이의 구조로 향하는 — Zu den Sachen selbst(사상 그 자체로)— 환원의 운동과 무관하지 않을 것이다. 현출자는 '지각'되지만 '체험'되지 않는다. 현출들은 '체험'되지만 '지각'되지 않는다[7]는 후설의 말에 따르면, 의타기성이란 개념적 대상화 이전의 직감·체험·생의 차원이고, '전변'이란 현출들의 체험이 끊임없이 전변하고 유동하는 시간적인 사건이다. 안혜Sthiramati(470-550)의 『유식삼십송석』에서 '전변'은 "변하는 것이다. 즉 과果가 인因의 찰나의 멸滅과 동시에 인因의 찰나와 특질을 달리해서 생하는 것이다"[8]라고 정의되고 있다. 이상과 같이 의타기성의 영역은 현상학에서 말하는 초월론적 경험 또는 초월론적 생의 영역에 상응한다고 말할 수 있겠다.

이제 이 '전변'이 '인전변'과 '과전변'으로 구별되는 것은, 후설의 현상학이 중기에서 후기로 가면서 그 구성분석이 심화되는 일과 관련되어 있어서 주목된다. 과전변이란 『유식삼십송』 제17송에서 "이 모든 식은 분별하는 것과 분별되는 것으로 전변하니"라고 하는 바와 같이, 식이 노에시스와 노에마의 구조로써 어떤 내용을 표현하는 것이며, '변현變現'이라고도 말한다. 이에 반해서 인전변은 제18송에서 "일체종자의 식에서 이와 같이 저와 같이 전변하네. 전전의 세력 때문에 이런 저런 분별이 생하네"라 하고, 『성유식론』[9]에서 "생生의 위位를 따라 전전하여 성숙의 때에 이른다"[10]라고 하는 바와 같이, 종자라는 잠재 수준으로부터 현행에 이르는 식의 성숙을 의미한다. 과전변이 정태적 구성에 대응한다면, 인전변은 발생적 구성에 대응한다. 현행식을 기점으로 할 때 인전변은 그 수동적 선구성을 해당한다고 할 수 있겠다.

그런데 유식학에서는 아뢰야식 연기론을 전개할 때 인전변에 대해 말하고 있는데, '장藏'을 의미하는 '알라야ālaya'의 용어를 담고 있는 아뢰야식이 '집지ādāna식'이라는 다른 이름을 갖고 있고, 또 '이숙'·'일체종'·'항전여폭류恒轉如暴流' 같은 규정을 갖고 있는 것을 고려하면, 아뢰야식의 문제는 현행식의 수동적 선구성先構成을 해명하는 일에 있다는 것이 명확해진다. 이 모든 규정들은 아뢰야식이 현행식의 깊이의 지평이 되는 역사성과 신체성을 떠맡고 있다는 것을 고하고 있다. 이조 케른도 이 점을 주목하고, 인전변을 "사실상 우리의 세계경험을 조건짓는 습득성들Habitualitäten의 생성"[11]으로 해석한다.

아뢰야식의 문제는, 우선 첫째로 경험의 역사, 허망분별의 역사를 해명하는 일에 있으며, 그것은 식이 우리가 집착한 경험이 침전된 역사에 의해 규정되어 나타나고 있다는 것을 분명히 하는 것이다. 말나식이 자아통각으로 간주될 수 있다고 한다면, 아뢰야식은 그 자아통각의 배경으로서, 혹은 깊이로서의 지평영역을 이루며, 후설의 용어로 말하자면 "이 통각의 의미능작, 타당능작이 궁극적으로 유래하는 바의 초월론적 역사성"[12]이라는 지평이라고 말할 수 있을 것이다. 이 점에 관해서는 제2절에서 다시 말할 생각이다.

아뢰야식에 내포되어 있는 제2의 중요한 계기는 신체성이다. 그것은 결코 대상화된 신체Körper가 아니라, 세계와 자기 자신이 개시하는 신체도식을 갖춘 '살아지는 신체Leib'이다. 이 점은 아뢰야식이 스스로를 생할 때, 동시에 신身과 기器를 변위變爲한다고 논해지고 있는 것으로 보아도 분명하다. 기器란 '기세간', 즉 유정이 살고 있는 세계이다. 여기서 신체가 갖는 세계개시의 기능이 논급되고 있다. 무릇 아뢰야식의 문제권역은 유정이 신身을 갖고 생존한다는 사실의 가능근거로 향하는 물음에 의해 관통된다. 전前6식[5감과 의식]은 신身을 부여하는 것이 아니라 도리어 신身을 전제로 해서 생기한다. 그러면 유정의 소의所依인 신身과 기器는 어떤 인연에 의해 변위되어 성립한 것인가? '이숙'이라는 아뢰야식의 규정은 이 물음에 대한 응답이다. 거기서 자기존재란 무엇보다도 업에 의해 한정된 신체로서 받아들여지고 있다. 이 점에 대해 케른은 다음과 같이 서술하고 있다. 즉, 우리가 이 특정한 감각운동기능과 감각영역을 갖춘 유한한 신체를 갖는다는 사실은, 더 이상 습득성의 개념에 의해서는 설명될 수 없다. 우리가 다름 아닌 이 일련의 휠레적 여건을 갖는다는 것, 그것은 현상학이 부여할 수 있는 근거를 갖지 않는 '사실성'이다. '업종자'란 바로 우리 경험에서의 이 사실성의 국면이다. 그것은 바로 칸트의 『실천이성비판』에서 말하는 신神 개념과 마찬가지로 도덕성과 사실적 자연 사이의 매듭을 이루는 것이며, 더 이상 현상학적 개념이 아니다. 칸트도 후설도 그 매듭을 '근본전제 Postulat'라고 불렀다.[13] 즉, '불리식신不離識身'[14]인 아뢰야식의 문제는 우리를 현상학적 반성의 한계점이라고도 말할 수 있는 의식과 자연의 결절점結節点으로까지 데리고 돌아가는 것이다. 이 식이 그 근저에서 휠레와 만나는 국면에 대해서는 제3절에서 "불가지不可知의 집수執受와 처處"라고 하는 구절을 분석하며 고찰하기로 하겠다.

제2절 아뢰야식연기와 초월론적 역사성

"원적原的 존재의 구성분석은 우리를 자아구조로, 그리고 다시 그 자아구조를 기초짓고 있는 자아 없는 흐름의 상주常住하는 하층으로 이끈다. 이 자아 없는 흐름은 수미일관한 되물음을 통해서 침전된 활동을 가능하게 하고, 또 전제하는 사태로 즉 근원적인 전前자아적인 것으로 데리고 돌아간다."[15] 후설의 이 말은 적어도 필자가 아뢰야식 연기론을 도입하는 데 있어서 적격이다. '항전여폭류恒轉如暴流'라고 말해지듯이, 아뢰야식은 무시이래의 흐름이며, 그러면서 그 흐름은 말나식이 그 흐름에서 차이화로서 성립하는 한, 자아 없는 흐름이라고 할 수 있겠다. 또 그것은 '적집·집기積集·集起'라고도 말해지듯이, 선행하는 식에 의해 훈습된 습기vāsanā를 종자bīja로서 저장하면서 일체의 경험이 가능성으로서 존재하는 장場이다.

『성유식론』에 "종자생현행·현행훈종자', '3법전전·인과동시"[16]라는 용어들이 있다. 이 용어들은 의타기라는 인연생기의 자세한 경위를 아뢰야식연기로 단적으로 보여주고 있다. 종자란 아뢰야식에 저장된 생과生果의 공능功能 곧 잠재여력이고, 현행이란 거기에서 현출하는 현상세계이다. 또 현행이란 종자의 단계에서는 숨어 가라앉아 있었던 잠재태가 현기하는 것을 의미한다. 여기에서 문제가 되는 것은 '인과동시因果同時'의 의미이리라. 이 문제는 종자6의[17] 중 '과구유果俱有'에 의해 해결될 수 있다. 즉, 종자는 과果와 함께 있고 과果를 과果이게 하는 것이기에 비로소 종자라고 할 수 있다는 것이다. 야스다 리신安田理深은 이를 '존재론적 선험성'[18]으로 부르면서 "종자란 경험의 가능근거, 경험의 아프리오리이다. 경험과 경험의 선험적 근거는 동시이다"[19]라고 서술하고 있다. 이런 한에서 종자의 선험성은 칸트적 의미로서도 이해될 수 있다. 그러나 그는 다른 한편으로 "아뢰야식은 무시이래의 경험이다. 개個라고 하는 것이 그 자신의 구조로서 역사적이고 세계적인 것이다. 무시이래의 경험의 축적, 그것이 장藏이다"[20]라고 하며 역사성을 강조한다. 여기서 우리는 선험적 근거의 역사성이라는 문제에 직면한다. 그리고 이 선험적 근거에 배태되어 있는 경험의 축적이라고 하는 '역사성'을 말하는 것이 '현행훈종자'이다. 그리고 이 점이야말로 우리가 유식사상을 칸트의 선험철학보다 오히려 후설의 초월론적 경험을 따라서 고구하는 이유이다. 종자에서 현행이 생하는 방향과는 역逆이 되는 '소변所變이 역으로 작용하는 의미'[21]를 칸트의 선험성에서 읽어내는 일은 가능하지 않다. 칸트에서는 한편으로 transzendental(선험적, 초월론적)이라는 술어는 필경 순수이성의 자기관계를 나타내는 데 반해서, 다른 한편으로 '경험Erfahrung'이란 "경험적 인식eine empirische Erkenntnis, 즉 지각에 의해 객관을 규정하는 인식"[22]을 의미한다. 따라서 아프리오리한 인식의 가능성을 묻는 『순수이성비판』의 의도로 볼 때 '선험적(초월론적)인 것과 경험적인 것의 구별'[23]이야말로 인식비판의 근간을 이루지 않으면 안 된다. 이렇게 해서 칸트에서는 경험의 선험적 근거가 다시 경험적이 되는 일은 있을 수 없다. 그러나 유식학에서는 식의 의지依止도 또한 식이고, 식의 '3법전전'하는 '사事'가 세계구성적인 초월론적 기능을 담당하며, 따라서 그것은 후설의 초월론적 경험의 영역에 비정될 수 있을 것이다.[24] 이때 식전변의 동시성은 나가오 가진長尾雅人이 말하는 '역으로 시간이나 공간의 근원이 되는 것', '찰나멸의 성性'[25]을 나타내며, 그것은 또한 '3법전전三法展轉'하는 '사事'야말로 여기에서 초월론적 시간화가 행해지는 시간구성적 사상事象임을 말하는 것이리라.

여기에서 후설의 초월론적 문제란 '자명성'의 자각화이고, 습성화된 비현재적非顯在的인 상相을 포함하는 '무제한적인 생의 연관'을 주제화하는 것임을 상기하자. 초월론적 환원이란 "자신의 활동의 성과에 갇힌 초월론적 주관성"[26]을 그 자기망각성으로부터 해방시키는 것이다. 그 때문에 후기 후설의 발생론적 구성분석은 모든 타당의미로 함축되고 침전된 의미의 역사를 '초월론적 역사성'으로 노정하는 것이다. 이조 케른은 '현행훈종자'를 발생적 현상학의 '침전'으로 해석하면서 다음과 같이 서술하고 있다. "이 의식의 가장 깊은 수준은…… 종자라는 잠재능력이라는 모습으로, 어떤 의미의 흐름의 역사를 포함하고 있다. 이 종자는 후설의 용어로 말한다면 의식 흐름의 역사의 침전, 즉 그 장래 경험에 영향을 주고 조건짓는 침전이다."[27] 다시 그는 인전변과 과전변의 구별에 주목하고, 후자는 현행식의 견분이 소연所緣에 의해 상분을 현출하는 것이니 이 점에서 현재적顯在的으로 타당한 의미대상에 대한 정태적 구성에 해당하는 데 반해서, 전자는 현재적顯在的으로 타당한 의미형성체에 지향적으로 함축된 의미창출적인 선능작先能作을 가리키고, 그로부터 잠재적 구성능작의 상相들을 통해서 바로 그 현재적顯在的 타당의미가 형성되어 오는 발생적 구성을 가리키고 있다고 생각하는 것이다. 즉, 인전변에서의 종자의 공능은 "침전된 역사로서, 그때마다 구성된 지향적 통일 속에 포함되어 있으며"[28], 아뢰야식의 '장藏'이란 이 침전된 지향적 함축을 의미한다고 하는 것이다. '3법전전'이란 '현행훈종자'가 침전을 생하고 '종자생현행'이 그것을 전제로 해서 능작能作하는 끝이 없는 연쇄이며, 아뢰야식은 무시이래의 역사를 떠맡으면서 다른 모든 식의 의지처로 그때마다 세계구성의 기반을 이루고 있는 것이다. 따라서 아뢰야식의 개시開示는 우리에게, 후설이 말하는 다음과 같은 자각을 촉구하는 것이리라. "실로 우리는 끝이 없는 생의 연관의 전체적 통일 가운데 서 있으며, 나 자신의 그리고 그러면서 상호주관적 역사적 생의 무한성 가운데 서 있는 것"[29]이라는 자각이다.

제3절 아뢰야식 연기와 현상학적 신체론

(1) '불가지'와 '익명성'

『유식삼십송』에서 아뢰야식의 여러 규정들을 서술하면서 "불가지不可知의 집수執受와 처處의 료了이다"(제3송)라는 말을 하고 있다. 이 절의 과제는, 이 '불가지성不可知性'의 의미를 우리의 세계경험의 초월론적 조건으로서, 숨어 있는 방식으로 활동하는 '익명적anonym'인 기능을 언표하면서 밝혀 놓는 데에 있다. 특히 여기서는 키네스테제Kinasthese(= 운동감각)에 대한 현상학적 분석을 통해서 해명되어 온 신체성Leiblichkeit의 기능이 주된 논제가 된다. 신체는 한편으로는 물체Körper로서 세계에 속하고, 다른 한편으로는 현출의 영점零點으로서 세계를 현출하게 하는 이중성을 담고 있다. 이 이중성은 한갓된 이중성이 아니라 다른 것을 서로 부정하면서 상호공속하는 매체Medium 기능이라는 2중성이다. 신체성이 갖는 이 매체 기능은 자기와 세계의 '간間, Zwischen'을 구조화하면서 세계로의 열림Weltoffenheit을 최초로 가능하게 하는 원현상原現象으로 발견되게 된 것이다.[30] 한편, 아뢰야식도 '불리신식不離身識'이라 말하는 데서 알 수 있듯이, 문자 그대로 신체성의 기능과 떨어질 수 없는 활동으로서 예로부터 심구되어 왔다. 그러면 아뢰야식의 규정을 이루는 '불가지성'이란 무엇을 의미하는가?

이 '불가지성'의 문제는 아뢰야식의 존재를 논증할 때 벌이는 다음과 같은 대론에 의거해서 제시되고 있다. 즉,

> 문) 전식轉識 이외에 본식本識이 있다면, 그것이 식인 한, 본식에도 소연[노에마적 계기]과 행상[노에시스적 계기]이 있을 것이다.
>
> 답) 확실히 본식에도 견분과 상분 2분이 있다. 그러나 그것은 불가지이다.
>
> 문) 불가지라면 어떻게 그것이 있다 운운하고 말할 수 있는가?
>
> 답) 비록 멸진정滅盡定이라 해도, 살아 있는 한, 불리신식不離身識이라는 것이 없으면 안 된다.[31]

멸진정이라는 불도佛道 수습과정의 한 경지가 어떠한 것인지는 차치하고, 지금 중요한 것은 의식작용이 거칠게 활동하고 있을 경우에는 가려져 있는 '불리신식'을 명료하게 하기 위해서, 멸진정이라는 모든 심작용이 가라앉은 상태를 들어서, 그것을 아뢰야식의 존재를 논증하기 위해 쓰고 있다고 하는 점이다. 여기에는 어떤 독자적인 초월론적인 물음이 일관되게 행해지고 있다고 생각된다. 즉, 유정을 유정이게 하는 것으로 향하는 물음이며, 생사를 생사로 성립하게 하는 근원적 활동으로 향하는 심사尋思이다. 이 대론에서 아뢰야식[본식本識]을 인정하지 않는 측의 입장은, 전식轉識 즉 대상화를 행하는 의식을 전제로 하고, 이것에 의해 알려져 파악되는 것을 신뢰해서, 물음이 비대상적 차원에 미치는 것을 거부하는 자연주의적 태도에 비정될 수 있겠다. 이에 반해서 '불가지'의 차원으로 향하는 물음은, 가지적可知的인 것의 평면을 성립시키고, 그 가능성의 조건이 되는 깊이의 차원을 심문하는 것이다. 이 점에서 이 물음은 '모든 객관적인 의미형성과 존재타당의 근원장根源場'으로 되돌아가고자 하는 초월론적 물음이라고 말할 수 있다.

그러나 유식학파의 초월론적 물음의 독자성은, 이 되돌아가야 할 근원장이 '인식하는 주관성'이라기보다는 오히려 최초부터 유정有情이 유정성인 '이 몸身을 갖고 살고 있다'라고 하는 사실事實을 가능하게 하는 것에서 구해지고 있었던 것이리라. 이 점에서 유식학파에서의 초월론적 물음은 처음부터 '신체로 환원하는 일'을 감행하는 것이며, 초월론적 신체론이었다고 말해도 과언은 아닐 것이다. 그러면 이렇게 해서 발견하게 된 신체성은 후기 후설의 초월론적 주관성의 수동적 구성을 해명하면서 발견하게 된 신체성Leiblichkeit과 어떠한 사상事象적 연관을 갖는 것일까? 이 점을 분명히 하기 위해서는 여기에서 아뢰야식의 소연所緣이라 하는 '집수執受'와 '처處'에 대해 보다 상세하게 검토해 볼 필요가 있다.

(2) '인연변因緣變'과 키네스테제

『성유식론』에서 '집수執受'와 '처處'에 대해 다음과 같이 적고 있다.

> 처란 처소를 말하니, 기세간이다. 유정들의 소의처이기 때문이다. 집수에는 둘이 있으니, 종자들과 유근신을 말한다. 종자들이란 상相과 명名과 분별의 습기이다. 유근신이란 색근色根과 근根의 의처를 말한다. 이 둘은 모두 식에 집수되고, 섭수되어 자체自體가 된다. 안위安危를 같이하기 때문이다.[32]
>
> 處謂處所, 即器世間. 是諸有情所依處故. 執受有二, 謂諸種子及有根身. 諸種子者, 謂諸相・名・分別習氣. 有根身者, 謂諸色根及根依處. 此二皆是識所執受攝為自體. 同安危故.

'처處'란 기세간 곧 환경이다. 유정이 거주하는 장소[소의처所依處]인 주변 세계이다. '집수'에는 유근신과 종자라는 두 가지 요소가 있으며, 합쳐서 유정세간이라고 한다. 이 내內의 유근신이란 바로 신체기능이다. '근根, indriya'은 기능의 뜻이다. 2종의 세간은 모두 아뢰야식의 소연 곧 상분[노에마적 내용]이며, 인연因緣에 의해 아뢰야식이 생하는 것과 동시에 현출한다.

> 아뢰야식은 인因과 연緣의 세력 때문에 자체가 생할 때 안으로는 종자와 유근신을 변위變爲하고, 밖으로는 기세간을 변위한다. 즉 소변所變을 자기의 소연으로 삼는다. …… 그런데 유루식의 자체가 생할 때 모두 소연과 능연의 상相과 유사하게 나타난다.[33]
>
> 阿賴耶識因緣力故, 自體生時, 內變為種及有根身, 外變為器. 即以所變為自所緣. …… 然有漏識自體生時, 皆似所緣能緣相現.

여기에서 주목하고 싶은 것은 '인과 연의 세력 때문에' 종자・유근신・기세간을 '변위變為'한다고 하는, 아뢰야식 고유의 '인연변'이다. '인연변'은 '분별변'과 상대되는 개념이다. 이 구별이야말로 아뢰야식의 불가지성과 현상학적 신체론에서 밝혀지게 되는 자기와 세계의 매개기능의 사상事象적 연관을 고찰하고자 할 때 더할 나위 없는 중요성을 갖는다.

『유식삼십송』 제18송에서 "일체종자의 식에서 이와 같이 저와 같이 전변하네. 전전의 세력 때문에 이런 저런 분별이 생하네"라 하고 있다. 여기에서도 분별이 '如是如是變여시여시변'의 '變변'에 기초지어져 있다는 것을 엿볼 수 있다. 즉, '인연변'은 '분별변'의 초월론적 조건으로서 활동하기 때문에, 바로 그 '분별변'에 의해서는 어떻게 해도 대상적으로 파악될 수 없는 익명적인 기능이며, 그렇기 때문에 '불가지'라고 하는 것이다. 이 인연변과 분별변의 구별에 대해서 『성유식론』은 다음과 같이 기술하고 있다.

> 유루식의 변變에 크게 보아 2종이 있다. 첫째는 인연의 세력에 따라서 변變하는 것이고, 둘째는 분별의 세력에 따라서 변變하는 것이다. 앞의 것은 반드시 용用이 있으며, 뒤의 것은 단지 경境일 뿐이다. 이숙식의 변變은 단지 인연에 따를 뿐이다. 소변所變의 색色 등은 반드시 실용實用이 있다.[34]
>
> 漏識變略有二種. 一隨因緣勢力故變, 二隨分別勢力故變. 初必有用, 後但為境. 異熟識變但隨因緣. 所變色等必有實用.

즉, 아뢰야식이 전변轉變한 제법諸法은 인연변이지 분별변이 아니라고 말하고 있다. 이는 아뢰야식은 인연에 의해 세계를 생생하게 느끼고 있는 것이지 세계를 표상하고 있는 것이 아니라는 것을 의미하는 것이다. 인연변을 두고 '실용實用이 있다'라고 한 것은, 가령 아픔의 경우, 실제로 '아프다'는 것을 느끼기 때문이고, 분별변을 두고 '단지 경일 뿐'이라 한 것은 그 아픔이 '아픔'이라는 표상이기 때문이다.

분별이라는 말은 여기에서는 협의의 엄밀한 의미로 사용되고 있다. 즉 '계탁분별'이며, 대상화작용인 현재적顯在的 지향성이다. 이것에는 제6식과 제7식에 보이는 '말나manas'라는 사유작용이 포함된다. 그러나 전前5식의 5감의 세계와 제8식의 아뢰야식의 세계에는 말나는 개재하지 않는다. 즉 그것들은 반성 이전, 표상 이전의 세계이다. 말나는 '사량思量'을 본질로 하며, '의意'로 한역된다. 제6의식은 통상의 의식활동이며, 일상적 및 오성적 인식도 여기에 포함된다. 제7말나식은 『유식삼십송』 제5송이 "彼轉緣彼(저것을 의지해서 전전하며 저것을 연한다)"라 되어 있듯이, 아뢰야식에 의지해서 전전하며 아뢰야식을 연하는 것, 자신의 소의所依인 아뢰야식의 '상속相續'이라는 흐름을 소연으로 하는 것이다. 이것을 『성유식론』은 "執彼爲自內我"[35] 즉 아뢰야식을 집執해서 스스로의 내적 자아로 삼는다고 적고 있다. 자아의식의 발생이다. 말나식 자신은 아직 현재적顯在的 지향성이라고는 말할 수 없다 해도, 스스로가 의지하고 있는 흐름에서 나와서, 그 흐름을 '아我'로 집착하는 이상, 무언가의 '로서als' 구조가 거기서 생기하게 된다. 제6의식의 기초가 되는 의미분절의 원초적 생기이며, '아我'라는 표상이 거기서 현현하고 있다. 따라서 '계탁'이란 무언가의 표상작용을 수반하는 활동이라고 말할 수 있겠다. 계탁분별에 의해 세워진 세계는 이미 변계소집성의 세계이다. 즉 사실事實 그 자체가 아니고, '로서' 구조를 개입시킨 해석이 혼입되어 있다. '분별변'이란 대략 이러한 것이다.

이에 반해서, 제8아뢰야식과 전前5식은 분별변이 아니라 '인연변'이다. 사실 그 자체의 세계이다. 그러나 이것은 죽어 있는 물物의 세계가 아니라, 여기서야말로 순수하게 연기적인 활동이 한순간의 쉼도 없이 맥박치고 있는 것이다. 이와 같은 인연변에 의한 '사事'의 세계가 의타기성의 세계이다. 여기에는 표상이 없다 해도 '인연의 세력'에 따라서 '변變한다'고 하는 작용, 자아 성립 이전에 자기와 세계 '간間'을 구조화하는 활동이 있다. 이것은 후설이 지각의 발생분석에서 발견한 휠레적 계기의 자기구조화 기능, 즉 키네스테제의 기능에 해당하는 것이다. 전前5식은 지각과 관련이 있다. 5근根과 5경境 상에 성립하는 것이 전前5식이다. 아뢰야식의 소연이 유근신과 기세간이라 하는 것은, 전前5식이 거기에서 성립하는 5근과 5경을 아뢰야식이 부여하고 있다고 하는 것이다. 인연변이라는 활동은 이 5근과 5경을 '주는' 활동, 역으로 성립한 지각 쪽에서 말한다면 지각이 거기에서 수동적으로 성립하게 되는 바의 휠레의 자기구조화 활동일 것이다. '변變한다'란 생겨서 나타나는 활동이며, '연緣한다'란 그것을 보는 활동이다. 전식轉識의 소연所緣은 주어진 것이다. 그러나 아뢰야식에서는 '변變한다'는 것 외에 '연緣한다'는 일은 없다. 변해진 그대로가 연해지고 있다. 이 '변한다'는 것과 '연한다'는 것이 하나가 된 신체기능이 '인연의 세력'으로서 발견되었고, 아울러 신체의 '그 곁에-있음Dabeisein'이 전식轉識의 사물구성에 불가결한 조건이라는 것이 밝혀지게 된 것이다.

후설은 이 신체의 '그 곁에-있음'에 대해서, "외적 사물에 대한 감촉의 최소한의 촉각적 현전태Präsentation와 하나가 된 나의 신체의 간접적 현전태Appräsentation는 근원적 세계경험의 한 계기이다"[36]라고 서술하고 있다. 이 '간접적 현전태' 곧 '그 곁에-있음'은 결코 대상적으로 주제화될 수 없는 방식으로, 항상 비주제적으로 숨겨진 방식으로 사물의 현출에 수반되고 있다. 이 인용문은 일체의 대상정립에 언제나 이미 앞서는 세계의 근원적 선행성과, 일체의 구성에 앞서는 신체의 근원적 선행성이 상관적으로 공속하고 있다는 것을 보여주고 있다. 인연변에서 '변한다'는 것과 '연한다'는 것이 하나가 되고 있는 사태는, 인연변이야말로 '근원적 세계경험'의 조건이며, 세계현출이 생기게 되는 그 '사事'를 지시하고 있다는 것을 의미한다. 인연변이라는 개념에 의해서 『성유식론』은 의식의 근저에서 의식이 휠레적인 것과 마주치는 장소를 탐색하고 있는 것이다.

(3) 행상行相과 집수執受의 '미세'성과 나타나지 않는 기능

'불가지'의 이유에 대해 『성유식론』은 다음과 같이 말하고 있다.

> 불가지란, 이것의 행상은 극히 미세하기 때문에 요지了知하기 어렵다는 것을 말한다. 혹은 이것의 소연인 내집수內執受의 경이 미세하기 때문에, 외부의 기세간은 측량되기 어렵기 때문에 불가지라고 한다.[37]
>
> 不可知者, 謂此行相極微細故, 難可了知. 或此所緣內執受境亦微細故,

外器世間量難測故, 名不可知.

여기서 '불가지不可知'가 '미세함'과 '크기를 헤아리기 어려움'으로 구분된다는 것이 주목된다. 반성도 포함하여 '지知'라는 작용은 분별변에 속하지만 인연변은 분별변의 가능성의 제약을 이루는 차원에 속하기 때문에, 분별변은 인연변을 대상화하여 알기 어렵다. 이 점이 '요지하기 어렵다'는 말이 의미하는 것이다. 여기서 '크기를 헤아리기 어려움'이 지평적 배경이라는 숨음을 시사하는 데 반해서, '미세함'이란 인연변의 익명성이 지평적 배경이라는 숨음이라기보다는 오히려 지평을 지평으로 가능하게 하는 깊이die Tiefe의 차원에 속한다는 것을 말하고 있다고 생각된다. 그것은 '요지' — 반성작용도 물론 여기에 포함된다 — 의 수행이 뿌리내리고 있는 수직적vertikal 차원의 숨음이며, 직접성의 깊이이다. 분별변은 이미 세계를 전제하고 있는 데 반해서, 인연변은 오히려 '원거리遠距離, Urdistanz'의 생기 곧 "세계의 최초의 열림die erste Eroffnung von Welt"[38]이며, 이 의미에서 '초월론적 사건das transzendentale Geschehen'이다.

이 '미세함'이라는 개념은 『해심밀경』 이래의 전통을 이어받고 있는데, 거기에서는 "아타나식은 매우 심세深細하다"[39]라고 적고 있다. 아타나식은 집지식執持識으로 의역되듯이 우선 첫째로, 감관과 신체를 집지해서 괴멸하지 않게 하는, 즉 신체기능을 유지한다는 의미를 담고 있으며, 이것이 아뢰야식의 다른 이름으로 계승되어 온 것이다. 이 아타나라는 신체기능은 단순히 생리학적 의미에 머물지 않는데, 스스로는 현출하지 않고 주변세계를 현출하게 하는 매개기능을 담당하고 있다는 것, 이것이 "매우 심세深細하다"라는 표현에 함축되어 있다고 생각된다. 그 행상과 소연이 모두 요지하기 어려운, 매우 심세한 불리신식不離身識이란, 거기에서 최초로 발생하는 자발성과 수동성이 상호 부정을 매개로 하면서 서로 공속하는 근원적인 장을 지시하고 있는 것은 아닐까?

이 자발성과 수동성이 서로 매개하는 지점과 관련해서, 후설은 『이념들

Ⅱ』에서 한편으로는 신체에서 스스로를 고지하고 있는 '자연이라는 기저 Untergrund von Natur'[40]에 대해서 말하고, 다른 한편으로는 구성하는 초월론적 주관성 그 자신의 수동적 구조계기인, 주관성의 '자연적 측면 Naturseite'[41]에 대해서 말하고 있다. 이것을 이어받아서 란트그라베는 키네스테제의 수행은 반성적으로 걷어들일 수 있는 것 이상으로 세계와 세계 속에 있는 우리의 상황에 대해 이해될 만한 것을 주고 있다고 한 후 덧붙여 다음과 같이 말하고 있다. "그 장소 — 자발성이 생기하는 장소 — 는 세계가 초월론적 주관성의 내재에서의 상像, Gebilde으로서 우리에 대해서 스스로를 형상화하는 초월론적 사건에 귀속되는 것이다."[42] '심세'와 '미세'는 이와 같은 '초월론적 사건', 즉 세계현출을 가능하게 하면서 스스로는 그 현출의 지평에서 몸을 숨기는 '나타나지 않는unscheinbar' 기능을 적시한 용어라고 생각된다.

제4절 유식3성설과 매개기능

(1) 후기 하이데거의 사유의 길과 유식학의 전의로 가는 길

제1절에서 3성설에 대해 언급한 후 이제까지의 논술에서는 '원성실성'의 문제를 다루지 않았다. 이 절에서는 이 문제를 의타기적 '사事'를 그것이 있는 그대로 나타나도록 하는 것이 어떻게 가능한가 하는 물음을 축으로 해서 고찰해 보고자 한다. 이 물음은 현상학적으로는, 작동하고 있는 지향성을 작동하고 있는 그대로 파악하는 것이 어떻게 가능한가 하는 물음이다. 그러나 이 물음은 현상학을 영위하는 능작 그것의 익명성이라는 문제에 끊임없이 붙어다니는 것이며, 후설을 이어받아서 핑크Fink는 이 물음을 학문적으로 철저히 행해서 '현상학의 현상학'이라는 '초월론적 방법론'에 이르고 있다. 초월론적 반성은 직진적 태도를 한갓되게 전환한다는 단순한 반성이 아니라, '세계와 함께 오래된 은폐성과 익명성'[43]으로부터 초월론적

생을 되찾는 것이라고 하고 있다. 그러나 방법론적으로 철저하면 할수록 이 익명성이 원리적인 익명성이라는 것이 부각되어 온다.

3성설 또 이에 이어지는 수도론은 이 원리적 익명성의 문제와 깊이 관련되어 있다고 생각된다. 의타기는 말하자면 거기에서 세계가 개시되는 초월론적 생이지만 항상 변계소집에 덮여 있다. 이 덮개를 벗겨서 초월론적 생을 얻어내지 않고는 의타기는 투명화되지 않는다. 그러나 이 덮개를 뜯어내는 일에는 원리적인 익명성이 얽혀 붙어 있다. 원성실을 증證하자면 이 이중의 익명성을 극복해야 한다. 그러나 그것을 위해서는 우선 식전변識轉變의 지평의 내부에 머물지 않을 수 없는 유한한 사유[유위유루有爲有漏]의 측으로부터 이 원리적인 익명성이 알아차려지고, 그것이 사유의 사태로서 존중되어야 한다. 여기에서 우리는 지평에 구속된 사유로부터 항상 몸을 숨기는 '나타나지 않는 것'을 바로 '나타나지 않는 것'으로 존중하는 후기 하이데거의 사유의 길에 주목하는 것이다. 하이데거는 '나타남의 본질유래'[44]를 묻고, 나타남의 유래로 체류內省하는 일Einkehr을 말하고 있다.

의타기는 그 자체로서는 나타날 수 없고 항상 변계소집성으로밖에 나타날 수 없다. 바로 '전변'이야말로 식의 존재방식이기 때문에, 우리에게 현출하고 있는 세계는 이미 전변한 세계일 수밖에 없는 것이다. 제20송은 표상지表象知에 의해서는 파악될 수 없는 것을 철저한 부정의 모습으로 서술하고 있다. 즉, 표상지 곧 '망분별vikalpa'에 의해 파악되는 것은 모조리 변계된 것parikalpita일 수밖에 없다고 서술하고 있다. 그렇지만 제21송의 전반부는 이 '망분별'의 활동 그 자체는 연기의 사실事實이고 의타기를 자성으로 한다고 서술하고 있다. 그러나 여기서 중요한 것은 이 의타기의 '사事', 연기하고 있다는 사실事實은 망분별로부터는 숨겨져 있다는 것, 그리고 다시 이 의타기적 '사事'의 본래의 '성性'인 원성실은 더더욱 숨겨져 있다는 점이다.

의타기의 '사事'는 세계의 현출을 가능하게 하는 것이면서 세계를 현출하게 하는 바로 그 사事에 있어서 스스로를 숨기는 것이다. 또 이 '사事'의

'성性'인 '유식성'에 머물기 위한 수도修道의 도정에서조차 이 은폐구조가 뿌리 깊이 지배하고 있다. 이 점은 자량위資糧位, 가행위加行位, 통달위通達位를 거치고 난 수습위修習位에서조차 최대의 과제가 '소지장所知障'의 단사斷捨[45]라고 하는 것에서도 확연히 엿볼 수 있다. 덮개를 취하는 행위에 뿌리내리고 있는 은폐구조가 문제인 것이다. 이 나타남과 숨음이 교착交錯하는 차원으로 향해서 사유가 사유 그 자신의 안으로 수직적으로 되돌아가는 것[46]이 전의인바, 3성설이 이중의 숨음의 현상을 예리하게 도려내고 있다는 것이 확실하다면, 그런 한에서 '전의轉依로 가는 길'은 이 후기 하이데거의 '되돌아감Schritt zuruck'과 궤를 같이한다고 말할 수 있겠다.

하이데거의 '되돌아감'은 지평에 구속된 형이상학적 사유의 극복이라는 과제를 떠맡고 있다. 형이상학은 존재를 존재자의 존재자성存在者性으로 간주하고, 이 존재자성을 존재자의 근거로 사유한다. 확실히 여기에서는 존재자와 존재의 차이 — 존재론적 차이 — 가 알아차려지고, 그것이 사유에 의해 사용되고는 있다. 그러나 이 차이의 유래, 차이가 차이로서 성립하는 유래는 물어지지 않고 있다. 존재자성이란 이 차이의 분리, 고정화이자 존재자화이다. 원래 이 차이는 존재자와 존재의 공속적 의존관계Zwiefalt[47]에서의 차이인데도 불구하고 말이다. 하이데거는 이와 같은 형이상학적 사유를 "초월론적-지평적인 표상Vorstellen의 형태에서의 사유"[48]라고 부른다. 이것은 차이를 알고 있지만 차이화가 생기하는 사건을 증證할 수 없으며, 그것을 덮어 마침내는 차이를 고정화한다.

차이화의 사건은 차이화되어 버린 것에서는 파악되지 않는다. 무릇 이 '파악한다'라는 것은 이미 차이화되어버린 지평 속의 사상事象이다. 차이화는 정립적 반성에 의해서 소급을 아무리 되풀이해도 도달될 수 없다. 그것은 정립적 반성으로부터는 원리적으로 숨겨진 차원 — 원리적 익명성 — 에 속한다. 왜냐하면 정립적 반성 자체가 차이화되어버린 지평에서의 활동이기 때문이다. '로서als' 구조를 갖는 '식識'이 '로서' 구조가 생기하는 뿌리로 향하여, '로서' 구조에 의해 소급하는 것은 가능하지 않다. 『유식삼십송』에서 유식불교의 수행과정 중 한 단계인 '가행위'에 대해서 "현전에 작은 물物을 세우고 이를 유식성이라 하니, 얻음이 있기[유소득有所得]이기 때문에 실제로 유식성에 머무는 것이 아니네."(제27송) 하고 읊고 있는 것은 이 때문이다. '유식성'조차 의식내용[유소득有所得]으로 보고 대상적으로 분별하는 것이다. '로서' 구조의 생기로 향하는 반성이 '로서' 구조에 말려들고 있다고 말할 수 있겠다.

'지평구속성'이란 이와 같은 것이라고 생각한다. 하이데거가 지평적 사유로부터 탈각함, 지평적 초월로부터 해방됨을 말하는 것은 이 때문이다. "지평성은 우리를 둘러싸는 열려짐이 우리에게 향해진 측면에 지나지 않는다."[49] 지평에 구속된 형이상학적 사유는 나타남의 권역의 내부에 멈춰있으며, 그러는 한 나타남의 유래를 묻는 일은 가능하지 않다. 지평적 사유의 기본구조는 '순환'이다. 이에 반해서 지평으로부터 탈각함인 되돌아감은 사유가 사유 자신으로 안으로 수직적으로 내려가는 운동이다. 전자에서는 '로서' 구조의 연쇄 때문에 "2취取의 습득성[수면隨眠]을 복멸伏滅할 수 없네"(제26송)가 될 것이다. "소연所緣에 대해서 지智가 얻음이 없을無所得 때", "2취의 상相을 떠나기"(제28송) 위해서는 적어도 후자의 길이 아니면 안 된다. '수직적'이란 의타기의 '사事'가 자신의 '성性'을 증득하는 방향성을 보여주고 있다고 생각된다. 원성실성은, 지평에는 결코 모습을 나타내는 일이 없는 차이화의 생기 그 자체로 되돌아가지만 사상事象에 부합해서 수행될 수 있는 경우에만, 비로소 증득되는 것이리라. 그러나 형이상학적 사유는 끊임없이 원성실이 아닌 것을 원성실로 간주함으로 항상 변계소집성에 빠지지 않을 수 없는 것이다.

(2) 숨음과 나타남의 매개기능과 3성설

유식학파는 이 수직적으로 자신의 안으로 내려가는 사유의 운동을 현대의 현상학과 공유하고 있다고 우리는 생각한다. 여기서 우리가 주목하는 것은『유식삼십송』제21송의 후반부이다. 즉 '圓成實於彼 常遠離前性'이다.

원성실성이란 저것에서 항상 앞의 것을 원리遠離하고 있다는 뜻이다. '피彼'란 의타기, '전前'이란 변계소집이다. 따라서 원성실성이란 의타기에서 항상 변계소집을 떠나 있다는 뜻이다. 필자는 이 '원리遠離'가 전술한 하이데거의 '지평적 사유로부터 탈각함 또는 해방됨'으로 해석될 수 있다고 생각한다.

이와 같은 지평적 사유로부터 탈각함이라는 되돌아감은 『동일성과 차이』에 의하면 '차이를 차이로서 존중하는'[50] 사유의 길이다. 여기서 말하는 '차이'란, 존재자와 존재의 사이[間]에 있는, 나타남과 숨음이 상호 부정하면서 상호 귀속하는 관계를 보여주고 있다. 존재는 존재자로 현현하면서 스스로를 보내고, 그러면서 스스로는 현현하지 않는다. 존재의 자기은폐성이란 단순히 숨어 있다는 것이 아니라, 스스로 몸을 숨기면서 덮개를 취하는 모든 행위를 지배하고 있다는 것을 의미한다. 이렇게 덮개를 취하는 것과 스스로 숨는 것 사이에 있는 부정을 매개로 한 공속성이야말로 여기서 말하는 '차이'의 구조이다. 그리고 여기서 밝혀진 차이의 구조, 즉 나타남과 숨음이 서로 부정적으로 직조하는 매개기능은, 사유가 자신의 안으로 수직적으로 내려가는 비-대상적 사유에서 만나게 된다.

이 매개기능은 다음과 같이 정의된다. "매개는 무를 매개로 해서 공속하는 두 가지 계기로 이루어진다. 왜냐하면, 거기에서 두 가지 차이항은 서로 다른 것을 물리치면서 상호 공속한다는 차이의 구조를 갖기 때문이다. 이 구조는 한쪽의 차이항이 바로 몸을 뺌으로써 다른 쪽의 차이항을 현출하게 하는 운동으로서만 기능한다."[51] 3성설에서 볼 때, 의타기 상의 변계소집과 원성실의 관계는 이 매개기능을 보여주고 있다고 생각된다. 의타기가 변계소집으로서 나타나고 있는 한, 원성실은 숨어 있다. 역으로 원성실이 나타나고 있는 경우에는 의타기에서 변계소집이 부정되어야 한다. 그러나 여기에서 끊임없이 발출론적 형이상학으로 퇴행할 수 있는 위험이 존재한다는 것을 간과하지 말아야 한다. 발출론적 형이상학으로 퇴행하는 일은 스스로 몸을 숨기는 항을, 차이화의 기능에 앞서는 선-차이적 일자一者로 볼 때 일어난다. 그것은 차이항을 무차별적 일자로부터 분절돼 나오는 것으로 간주하는 경향을 갖고 있다. '진여수연眞如隨緣'[52]론에는 다분히 이런 경향이 있다고 생각한다.

『유식삼십송』 제22송은 발출론에 빠지지 않고, 이 부정을 매개로 한 차이의 구조 그 자체를 주시하고 있다. 즉, "故此與依他 非異非不異 如無常等性 非不見此彼." 이것[此]이란 원성실을, 저것[彼]이란 의타기를 가리킨다. 우선 전반부에서 원성실은 의타기와 다른 것도 아니고 다르지 않은 것도 아니라고 말하고 있다. 의타기의 '사事'가 있는 그대로, 즉 '성性'이 바로 원성실이기 때문에 양자는 '非異'이다. 그러나 그 '성性'에 닿기 위해서는 의타기가 변계소집으로서 현현하는 일이 부정되어야 하기 때문에 '非不異'라고 하지 않으면 안 된다.

차이화의 기능은 의타기적인 존재방식을 하고 있는 식 그 자체의 원原-기능이다. 그래서 제22송 후반부에서 "非不見此彼"라고 서술하고 있는 것이다. "원성실을 보지 않고는 의타기를 보는 일은 가능하지 않다"라는 뜻이다. 원성실성은 이미 생기한 식에서는 결코 덮개를 벗기는 일이 가능하지 않은, 바로 그 식識 자신의 원-기능의 경험 — 증득하는 것 — 이다. 이것은 이미 성립해 있는 지평에서는 결코 볼 수 없다. 차이화 그것으로, 즉 나타남과 숨음이 쪼개져서 열리는 것으로 입회하기 위해서는 지평으로 향하는 초월은 무효하다.

여기에서는 오히려 식識이 그 자신의 심연Abgrund에 임하는 '역초월론적trans-des-zendental'[53]인, 지평으로부터 이탈함이 요구된다. 이를 '전식득지轉識得智'라고 말한다. 이 '전轉'은 '식전변識轉變'의 '전轉'일 수는 없다. 오히려 식전변을 전복해서 전변의 바닥에 숨어 있는 심연을 심연으로서 경험하는 '전의轉依, āśraya-parāvṛtti(= 근거의 전환)'의 '전轉'일 것이다. 식전변의 전轉이 지평적인 '로서als'로서 기능한다고 한다면, 전의의 전轉은 그 지평적인 '로서'를 가능하게 하면서 스스로는 거기로부터 몸을 숨기는 차이화의 '로서Als'로서 기능한다.

보유補遺 논문

불교와 과학

— 인지과학자의 불교이해를 단서로

시작하며

'불교와 과학'이라는 표제의 본고는 최근에 인지과학이 새롭게 전개되면서 불교사상이 큰 관심의 표적이 되고 있다는 사실에 주목하고자 한다. 주제로 채택된 책은 프란시스코 바렐라, 에반 톰프슨, 엘레노어 로쉬의 공저인 『신체화된 마음』[1]이다. 우선 이 책의 성립경위를 간단히 돌아보겠다.

남미 칠레에 태어난 바렐라는 1960년대 중반 스승인 움베르토 마투라나와 함께 생명조직화의 신경시스템에 관한 공동연구를 개시했다. 그 연구는 『인지의 생물학』(1970), 『오토포이에시스Autopoiesis — 생명의 유기구성有機構成』[2](1973)으로 결실을 보았지만, 1973년의 칠레 쿠데타로 인해 어쩔 수 없이 망명을 했고, 그 후 바렐라는 북미 콜로라도 주 볼더Boulder의 나로빠Naropa연구소에서 독자적인 활동을 전개해서 인지과학과 불교철학 또는 심리학 간의 대화공간 창출에 진력했다. 1979년에 알프레드 슬론 재단이 주최한 '인지에 관한 대조적인 견해: 불교와 인지과학' 연구회에 참석한 후 1980년 스승 마투라나와 재회했다. 그 공동연구의 성과는 『앎의 나무』[3]로 간행되었다. 80년대에 바렐라는 파리공과대로 연구거점을 옮기는데, 이는 뒤에 서술하는 바와 같이 그의 현상학적 관심과 관련이 있어 흥미롭다. 그 후 하이데거와 니시타니 케이지西谷啓治 등의 철학에도 조예가 깊고, 지각을 비교인지과학적으로 연구한다고 알려져 있던 불교 및 비교철학연구자인 톰프슨이 파리에서 진행 중인 바렐라의 연구에 참가했다. 이 두 사람에 의해 이 책의 기초가 된 초고의 집필이 개시되었던 것이다. 1987년에 '생물학, 인지, 그리고 윤리의 린디스판Lindisfarne 프로그램'(시카고, 프린스 위탁자선단체)의 일환으로 인지과학과 불교에 관한 회의가 개최되었을 때 이 초고가 발표되었고, 이를 계기로 1989년 버클리에서 인지심리학과 불교심리학을 연구하고 있던 로쉬가 집필에 참여했다. 이렇게 해서 『신체화된 마음』은 1991년 가까스로 완성을 보게 되었다. 그동안 초걈 트룽파, 툴쿠 우르젠 등의 불교 승려가 바렐라에게 계속해서 착상의 원천을 주었다고 한다.[4]

이상과 같이 이 책이 성립한 경위를 간단히 뒤돌아보는 것만으로도, 뛰어난 신경과학자 바렐라의 시선이 일찍부터 인지과학 · 현상학 · 불교철학이 교차하는 미답의 영역을 주시했다는 것을 알 수 있을 것이다. 주목되는 것은 바렐라가 중관불교와 아비달마불교에 대해 관심이 컸고 조예가 깊었다는 점이다. 특히 이 책에서는 이 불교사상들이 금후 인지과학의 발전에 본질적으로 중요한 의의를 지니고 있다는 점을 시종일관 강조하고 있다. 그럼 왜 불교사상이 인지과학에서 그토록 중요한 위치를 차지한다고 생각했던 것일까? 이 점을 바렐라 등의 기술에 의거해서 분명히 하는 것이 본고의 주제이다. 다만 이를 해명하기 위해서는 '인지'에 관한 바렐라의 ('enaction'이라 불리는) 독자적인 사상을 이해해 둘 필요가 있다. 제1장은 이 사상을 서술하는 데 할애된다. 이를 토대로 해서 제2장에서는 인지과학과 불교의 관계가 서술된다. 마지막으로 바렐라가 유식불교를 언급하지 않은 점을 지적하고, 금후의 인지과학에 유식불교가 기여할 수 있는 의의에 대해 개인적인 견해를 서술해 보고자 한다.

제1장 인지과학의 전개와 바렐라의 입장

— '행위적 산출'

제1절 '순환'에서 출발함

— '신체로서 있다'란 무엇을 의미하는가?

(1) 과학과 경험

북미의 인지과학의 주류는 AI(인공지능), 마음의 컴퓨터 모델이며, 다시 최근에는 뇌신경과학의 발전에 따라 하위시스템의 네트워크로부터 창발하는 시스템의 전체 특성을 논하는 커넥셔니즘connectionism이 진전하고 있다. 바렐라는 원래 신경과학자에서 출발했지만, 사이버네틱스나 응용수학에서도 뛰어난 업적을 남기면서 주류와는 약간 거리가 생기게 되었다. 그는 유럽대륙의 현상학적 '경험'분석도 정통으로 평가하는 몇 안 되는 인지과학자 중 한 사람이기도 했다. 인공지능의 정밀함Exaktheit뿐 아니라, 현상학적 엄밀함Strenge을 요구하는 문제에 관심을 갖고 있었다고 말할 수 있다. 호프스태터Hofstadter, 데닛Dennett, 자켄도프Jackendoff 등 주류파의 연구태도에 대해서, "우리는 이들의 저작과 관심을 공유하지만 그 방법에도 해답에도 만족하지 않는다. 과학을 보완해야 할 '경험'에 대해 직접적이고 실천적인 접근법을 결여한 오늘날의 연구 스타일은 이론적으로도 경험적으로도 제한된 불만족스러운 것이다. 결과적으로 인간경험의 자발적이고 보다 반성적인 차원이 피상적으로 진부한 취급밖에 받지 못하고 있으며, 거기에는 과학적 분석의 깊이와 세련됨이 없다"[5]라고 서술하는 데서도 엿볼 수 있다. 바렐라가 최초로 불교에 관심을 갖게 된 것도, 이 '경험에 대한 질서정연한 검증'의 가능성을 추구하는 가운데 싹이 튼 것이며, 이로부터 '두 전통의 대화를 도모함으로써 과학에서의 마음과 경험에서의 마음 사이에 다리를 놓고자'[6] 하는 동기가 생기게 되었던 것이다.

이 '경험에 대한 질서정연한 검증'은 종래의 객관주의적인 — 객관주의는 배후에 관찰자인 제3자적 주관을 감추고 있다 — 과학의 존재방식[체재]을 다시 묻는 것이 된다. '인지과학과 인간경험'이라는 부제가 보여주는 대로, '경험' 그 자체 — 현상학에서 말하는 '사상事象 그 자체' — 로 향하는 과학적 접근법이 어떻게 가능한가 하는 물음이 『신체화된 마음』 전편을 꿰뚫는 테마이다. 만약 종래의 과학적 사고의 스타일이 '경험'을 놓쳐버리는 본질적 특징을 떠맡고 있다면, 변혁되어야 하는 것은 그러한 과학적 사고의 체재[패러다임] 그것이지 않으면 안 된다. 그럼에도 불구하고 대부분의 인지과학자는 의식경험을 주제로 하는 인지과학이 직면하고 있는 이 문제상황을 알아차리지 못하고,[7] 종래의 스타일 그대로 '정밀함'을 추구하고 있다. 거기에는 '경험'을 향하는 접근법에 필수적인 '엄밀함'이 결여되어 있는 것이다. 바렐라가 주류파에 대해서 "과학적 분석의 깊이와 세련됨이 없다"고 지탄하는 것은 이 점을 가리킨다.

(2) 신체로서 있다는 것의 이중성 — 메를로-퐁티의 현상학

그러면 '엄밀함'이란 무엇인가? 그것은 인지에 대해서 반성하는 인지과학자가 불가피하게 놓이게 되는 '순환성'을 인지과학자 자신이 자각하고 있어야 한다는 것이다. '순환'이란 마음과 세계의 순환이다. 마음은 세계가 있기에 각성하는 것이고, 우리는 세계를 설계한 것이 아니라 세계를 발견한 것일 뿐이지만, 그러나 발견된 세계에 대한 반성은 마음이라는 구조가 있기 때문에 가능하게 된다. "우리는 반성이 시작되기 전부터 거기에 있다고 생각되는 세계에 있지만, 그 세계는 우리로부터 분리되어 있지 않다."[8] 바렐라는 이 '순환성'을 현상학의 주제로 삼은 메를로-퐁티를 높이 평가하고서, 『신체화된 마음』은 메를로-퐁티의 연구 프로그램의 계승이라고 서술하고 있기까지 하다.[9] 메를로-퐁티의 현상학적 신체론이야말로 "자기와 세계의 차이를 포함하고, 그러면서도 양자의 연속성을 제공한다"[10]라고 하는 '간間, entre-deux'의 공간을 열었기 때문이다. '지각의 현상학'에는 다음과 같은 기술이 있다.

> 내가 반성을 시작했을 때 나의 반성은 비반성적인 것에 대한 반성이었다. …… 반성은 자기 자신을 (세계 내의) 사건으로서 인정하지 않을 수 없으며, 따라서 반성은 (반성작용이라는) 자기 자신의 작업 바로 앞에서 (그것에 앞서서) 세계라고 하는 것이 존재한다는 것을 인정하지 않을 수 없다. …… 세계란, 그 구성의 법칙을 내가 자신의 수중에서 파악해버리는 한 대상 등이 아니라, 나의 일체의 사유와 일체의 현재적顯在的 지각이 행해지는 자연적인 장이며 영역이다.[11]

인지가 '순환'하는 곳인, 자기와 세계의 '간間'이야말로 인지과학의 출발점이어야 한다. 그럼에도 불구하고, "과학과 과학철학은, 이와 같은 간間 또는 중도中道에 존재할 수 있는 것을 대체로 무시해 왔다"[12]라는 것이다. 종래의 과학에 대한 바렐라 인지과학의 독자성은 메를로-퐁티의 현상학에 의해 해명된 '신체로서 있다는 것의 이중의 의미'를 관심의 초점으로 한다는 점에 있다.[13]

그런데 메를로-퐁티의 현상학은 후기 후설의 "신체는 근원적으로 이중의 방식으로 구성된다"[14]라고 하는 구성론에 보이는 '신체'의 독자적인 역할에 대한 현상학적 분석을 계승하고 발전시킨 것이다. 신체는 한 측면에서는 질료적이고 물리적인 물物로서 구성되지만, 다른 측면에서는 주위세계의 일체의 사물이 거기에서부터 원근법적으로 배열되는 '정위영점定位零

點’이기도 하다.[15] 메를로-퐁티는 이 후자의 측면을 ‘살아지는 신체’라고 해서 현상학적 탐구의 중심에 놓았던 것이다. 바렐라가 메를로-퐁티로부터 계승한 것도 이 문제이다. 과학은 “물리적 신체관뿐 아니라, 살아지는 신체관, ‘외측’과 ‘내측’을 아울러 지니고, 생물학적인 동시에 현상학적인 신체관에 도달해야 한다”[16]라는 것이다. 여기서 이 순환을 이해하기 위해 “지식, 인지, 경험을 신체화해야 하는”[17]과제가 생겨난다. 『신체화된 마음』이라는 제목은 이 과제를 표명한 것에 다름 아니다. 이렇게 해서 바렐라는 메를로-퐁티의 ‘살아지는 신체’론을 받아들이면서, “생의 경험의 담당자로서의 신체와 인지기구機構의 맥락 또는 환경으로서의 신체”[18] 간의 순환을 자신의 인지과학이 해명해야 할 중심문제로 놓고 있는 것이다.

(3) 오토 포이에시스auto poiesis — 관찰자의 입장을 다시 묻다

‘오토 포이에시스’란 자기조직화하는 생명현상을 신경과학적으로 기술하는 시스템 이론이며, 그 의미에서는 ‘정밀’과학에 속한다. 그러나 그것은 시스템을 묻는 관점을 관찰자의 입장für uns에서 시스템 그 자체für sich로 전환shift함으로써 관찰자의 입장을 암묵적으로 전제하는 종래의 과학 스타일을 과학자 자신에 대해서 하나의 큰 문제로서 부각시키는 것이다. 말하자면, 과학적 사상事象 그 자체가 종래의 과학방법론의 변혁을 촉구한다는 사태가 여기서 생기하고 있다고 할 수 있을 것이다. 즉, 과학도 또한 앞의 항에서 서술한 ‘순환’을 더 이상 무시할 수 없는 정황에 이르렀다고 하는 것이다. 이것은 철학적으로도 중요하다. 종래의 반성적 사고는 각각의 현상이나 사건을 배후로 거슬러가 보편적 원리에 의거해서 기초를 부여하고자 해 왔다. 그리고 이 보편적 원리를 손에 넣는 것은 관찰자였다. 물리학을 중심으로 하는 근대과학도 또한 사고의 이러한 탈-관점perspective화를 추진하는 것이었다.

이에 반해서, 오토 포이에시스론은 어떠한 현상이나 사건도 시스템의 작동으로 회수하고, 시스템 그 자체와 관련해서 의미를 부여한다. 내부[시스템]와 외계[환경]의 적합, 입력input과 출력output, 외계의 자극에 의거하는 인과적 설명 등은 완전히 배후의 관찰자에 의한 설정이다. 무릇 신경시스템은 자신의 구성요소를 산출하는 것을 통해서 자기의 경계를 결정하는 것이기에, 처음부터 이 '산출관계' — 시스템의 작동 — 를 외계와의 '인과관계'로 파악하고자 하는 것은 이치에 어긋난다. 이 점에 관해서 하버마스는 오토포이에시스론을 배후로 거슬러가는 종래의 전통적 Metaphysik(형이상학)의 사고를 대신해서, 자기 자신으로 회귀하는 Metaboilogie(메타생물학)을 제기하는 것으로 보고 있다.[19] 이에 비추어 말하면, 주류를 점하는 인지과학자들은 이를 알지 못하고 여전히 완고해서 사리에 어두운, 형이상학적 사고를 추진하는 사람들이리라. Metaphysik이 '순환'을 무시하고 회피하고 은폐하는 데 반해서, Metabiologie는 '순환'의 한가운데로 뛰어들고자 하는 것이다.

'경험 그 자체에 대한 질서정연한 검증'은 '순환'에 뿌리를 내리고, 이 자기회귀적 시스템의 작동 — 산출관계 — 을 암묵적인 형이상학적 전제 — 자기, 외부세계 등의 기반 — 에 의지하지 않고 해명하기 위해 요구된다. 그리고 그 전범을 바렐라는 불교 안에서 찾고자 했던 것이다. 이렇게 해서 생겨난 "enactive"(행위적 산출)라는 그의 견해는 안과 밖, 자기와 세계, 표상representation, 기호조작, 적합과 같은 종래의 시스템과학의 체재에 대한 근본적 비판을 포함하고 있다. 그러면 불교는 구체적으로 어떠한 의미에서 바렐라에게 '착상의 원천'이 될 수 있었을까?

제2절 인지과학의 발전

— 그 3단계

인지과학과 불교의 접점을 주제적으로 논하기에 앞서서, 정보과학의 진전과 함께 발전한 시스템론의 3단계에 대응하는 인지과학의 각 단계를 확인해 두는 것이 필요할 것이다. 제1단계는 시스템론의 제1세대에 상응하는 '계산주의computationalism', 제2단계는 제2세대 시스템론에 상응하는 '커넥셔니즘connectionism', 그리고 제3단계는 바렐라가 말하는 '인액셔니즘enactionism'이다. 주안점이 되는 것은 각 단계의 '인지'의 정의를 둘러싼 논의이다.

(1) 인지주의cognitivism(계산주의computationalism): 제1세대

이 경우 '인지'란 기호조작이라는 계산과 등치될 수 있다. 즉, '인지'란 세계를 존재하는 것으로서 표상하는 기호를 조작하는, 마음의 기능이다. 이 점을 바렐라는 다음과 같이 정식화한다.

문1) 인지란 무엇인가?

답) 기호계산이라는 정보처리의 규칙에 기초하는 기호조작이다.

문2) 그것은 어떻게 기능하는가?

답) 개별적인 기능요소인 기호를 유지하고 조작할 수 있는 장치를 통해서. 이 시스템은 기호의 형태 — 그 물리적 속성 — 하고만 상호작용하지 그 의미하고는 작용하지 않는다.

문3) 인지시스템이 충분히 기능하고 있다는 것을 어떻게 아는가?

답) 기호가 현실세계의 상相들을 올바르게 표현하고, 이 시스템에 주어진 문제가 정보처리에 의해 잘 해결될 때.[20]

이상의 것은 체스게임을 하는 인공지능 등을 염두에 두면 이해에 도움이 될 것이다.

(2) 커넥셔니즘connectionism(창발emergence): 제2세대

이 단계의 시스템론은 신경과학에서 행하는 뇌의 기능에 대한 해명을 배경으로 해서 형성되었다. 뇌의 정보처리 양식은 컴퓨터의 직렬형과 달리

‘병렬분산형’이고, 특정한 제어기구도 프로그램도 필요로 하지 않으며, 각각의 신경조직 간의 협조와 경합을 매개로 하는 자기조직화를 통해서, 새로운 상태가 창발적으로 생성된다는 특징을 갖는다. 앞의 항에 한 응답을 답습해서 말하면, 이 경우 ‘인지’는 다음과 같이 정의된다.

문1의 답: 단순한 성분의 네트워크에서 전체상태가 창발하는 것이다.

문2의 답: 개별조작을 할 때는 국소규칙을, 요소를 연결할 때는 변화규칙을 통해서.

문3의 답: 창발특성 및 결과로서 생기는 구조가 특정한 인지능력—요구되는 작업에 대한 바람직한 해결책—에 상응한다고 간주될 때.[21]

뇌의 구성규칙은 어떤 영역 A가 B에 연결되면 B는 호혜적으로 A에 연결된다고 하는 상호의존의 법칙에 의존하며, 여기에 중심처리 단위를 필요로 하지 않는 비선형 네트워크가 형성된다. 이 시스템은 현재 복잡계 또는 카오스이론을 통해서 해명되고 있다.

(3) 인액션(행위적 산출): enaction: 제3세대

그러면 바렐라 등이 창도하는 제3세대 시스템론에서 ‘인지’는 어떻게 정의되는 것일까?

문1의 답: 행위로부터의 산출enaction. 세계를 창출하는 구조적 커플링의 역사.

문2의 답: 상호연결된 감각운동 하부네트워크의 다중 수준으로 이루어지는 네트워크를 통해서.

문3의 답: (모든 종의 어린 생물과 같이) 진행 중인 존재세계의 일부가 될 때라든가, (진화의 역사에서 일어나는 것과 같이) 새로운

세계가 형성될 때.[22]

이 경우 커넥셔니즘에서 주목된 상호의존적 법칙이 보다 철저히 규명되어, '인지'가 자기언급적 작용에 어떻게 깊이 관여하고 있는가가 발견되었다. 즉, 이 경우 '인지'에 있어서 '표상'은 더 이상 중심적인 역할을 지니지 않고, 입력원으로 이해된 환경의 역할은 배후로 후퇴하고 있다. 뇌의 신경시스템의 연구를 통해서, 예를 들면 색채체험은 <뉴런의 상태>와는 관련지을 수 있지만, '파장'과는 직접 관련지을 수 없다는 것이 발견되었다. '인지'는 외계에서 입력되는 것이 아니라, 신경시스템의 활동상태의 시스템구조 그 자체에 의해 규정된 특정한 패턴에 상응하는 것이다. 이는 "지성이 문제를 해결하는 능력에서 의미가 있는 공유세계에 참여하는 능력으로 전환하고 있다"[23]라는 것을 의미한다. 세 번째 물음에 대한 답은 생명의 개체발생과 계통발생[진화]을 보여주고 있고, 첫 번째 물음의 답에 있는 '커플링'은 생명활동에 들어 있는 상호특정相互特定·공진화共進化·공생共生을 표현하고 있다.

제3절 인액티브한 입장의 독자성

— 표상주의에 대한 비판

(1) '표상'에서 '행위적 산출'로 — 표상주의의 모순과 그 극복

이와 같이 시스템론의 3단계를 돌아보면, 계산주의와 커넥셔니즘은 양자 모두 '인지'에 관한 표상주의라는 공통의 대전제에 서 있었다는 것을 알 수 있다. 이들에 의하면 인지시스템의 내측에는 심적 표상이 존재하고, 소여의 세계로 인지 에이전트agent가 낙하산을 타고 내려옴으로써 '인지'가 성립한다.[24] 세계는 소여이고, 인지는 이 세계에 대한 표상이다. 이 전제에 서면, 아무리 정밀한 연구라 해도 고전적인 철학 상의 실재론과 관념론의 대립을 넘어설 수 없다. 이 대립은 표상을 우리와 세계를 격리시키는 '관념의 베일'로서 파악하는 전통에 입각한다. 실재론은 주장한다. 우리의 표상의 정당성을 보증하는 법정은 외계라는 독립된 세계이다. 우리의 표상은 많은 다른 표상과 정합해야 하는, 그와 같은 내적 특징을 이루기 위해 중요한 것은 외계라는 독립된 세계와 대응하는 정도[적합도]를 전체적으로 높이는 것이다. 관념론은 반론한다. 우리가 독립된 세계에 접근할 수 있는 것은 바로 표상을 통해서이다. 자신의 표상이 세계와 어느 정도 적합한가를 철저히 보고자 한다면 자기 자신의 바깥에 서서는 안 된다. 표상에서 독립된 세계라는 생각 자체가 우리의 또 하나의 표상인 것이다. 이리하여 외계의 근거는 흔들리고, 내적표상에 대한 집착만이 남는다.[25] 확실히 인지과학에서 '표상'은 아프리오리한 표상에서 (환경과 인과적으로 상호작용해서 파생하는) 아포스테리오리한 표상으로 탈신비화되어, 이 역시 상기의 철학적 이율배반에 빠지고 있다. 그러나 외부세계와 환경의 소여라는 특징이 표상 프로세스를 통해서 재현된다는 생각은 구태의연한 것이다

그래서 인액티브한 입장은 이 전제를 전복시켜서, '인지'의 패러다임을 "세계의 '표상'에서 세계의 '행위적 산출'로" 변환하는 것이다. 최근의 인지과학은 마음을 정보처리의 입력-출력 장치로 보는 사고방식에서 벗어나고 있다. 뇌와 같은, 고도로 협동해서 자기조직화하는 시스템은 입력과 출력을 특정화할 수 없다. 이것은 정확도의 문제가 아닌데, 뇌가 '그 자체를 변화시키는 프로세스'를 이용하기 때문이다.[26] 이 경우 '표상'개념은 사라지고, '자기변화 프로세스'로 초점이 이동하고 있다. 독립된 세계라는 사고방식에서 자기변화 프로세스와 불가분한 세계라는 사고방식으로 전환하는 일. 입력과 출력이라는 기반에서가 아니라, '조작폐쇄성'[27]으로 인지시스템을 이해하는 필연성이 여기에 있다. 조작폐쇄성을 갖는 시스템이란 그 프로세스의 결과가 프로세스 자체가 되는 시스템이다. 조작 그 자체가 자기로 회귀하여 자율적 네트워크를 형성한다. 이와 같은 시스템은 외부의 제어 메커니즘에 의해 규정되지 않으며, 표상으로 작동할 수 있는 것이 아니다.

그것은 독립된 세계를 표상하는 것이 아니라, 인지시스템에 의해 구체화되는 구조와 분리되지 않는 갖가지 특징을 지닌 도메인(영역)으로서 세계를 '행위로부터 산출하는enact' 것이다.

(2) 사례연구의 대상인 '색' — '색'은 어디에 있는 것일까?

표상주의에 대립하는 인액티브한 인지론을 뒷받침하는 예로서 '색'이 있다. 색은 소여의 세계 속에서가 아니라, 구조적 커플링의 역사[공진화]를 통해서 산출되는 지각이라는 경험세계 속에서 위치가 부여된다.[28] 색은 지각과 인식능력에서 독립해서 '밖의 거기'에 있는 것도 아니고, 생물학적이고 문화적인 세계에서 독립해서 '안의 여기'에 있는 것도 아니다. (물리적 객관주의에 반反해서 경험적 세계에 속하고, 주관주의에 반해서 공유된 생물학적이고 문화적 세계에 속한다.) 소여의 외적 세계의 회복이라는 인지[실재론]와, 소여의 내적 세계의 투사라는 인지[관념론] 사이에 있는 중도中道, 즉 상호특정화[커플링]야말로 인액티브한 인지관의 기저이다. 인지는 회복도 투사도 아니며, 신체로서 있는 행위이다. '구조적 커플링의 역사'는 예를 들면, 꽃의 자외선 반사와 꿀벌의 자외선 시각의 공진화에서 볼 수 있다.[29] 어느 쪽이 먼저 있었던가는 문제가 되지 않는다. 이 사실事實은 환경의 규칙성이 소여의 것이 아니라, 오히려 커플링의 역사를 통해서 행위로부터 산출[창출]된 것임을 보여주고 있다.

(3) 내추럴 · 드리프트 — 진화론의 '최적 적합'에 대한 비판

인지과학의 표상주의는 진화론의 적응주의를 생생하게 모사한 것이다. 어느 쪽이든 최적성을 주안점으로 삼고 있다.[30] 그러나 색 지각만을 취해 보아도 새 · 물고기 · 곤충 · 영장류의 매우 다른 구조적 커플링의 역사가 다르게 지각되는 색 세계를 창출해 — 행위로부터 산출해 — 온 것이며, 우리 인간이 지각하는 색 세계를 어떤 진화론적으로 제기된 '과제'에 대한 최적한 '해解'라고 생각할 이유는 없다. 우리 인간의 커플링의 역사를 통해서 행위로부터 산출된 세계는 많은 다른 가능한 진화 경로 중 하나를 반영할 뿐이다. 우리는 스스로 밟아 온 길에 의해 언제든 제약되고 있지만, 우리가 취하는 발걸음을 규정하는 궁극적인 근거는 어디에도 없는 것이다.

바렐라는 진화를 '최적 적합'에 의해 설명하는 대신에, 그것을 '내추럴 · 드리프트'[31]라고 간주한다. 이 용어는 '무근거성'[32]을 함의하고, '자연적인 경과'로 번역되기도 하는데, 이 '자연적인' 할 때의 자연은 오히려 (자연법이自然法爾라고 말하는 경우의) '자연'에 가깝다고 생각된다. '내추럴 · 드리프트'는 목적론이나 인과적 결정론을 배제하지만, 그렇다고 해서 한갓된 우연론인 것은 아니다. 언제든 스스로 밟아 온 길 — 상호규정적 역사 — 에 의해 제약되고 있다. 그런 의미에서 '필연'이다. 그러나 이 '제약'은 결코 형이상학적 근거에 의해 결정론적으로, 목적론적으로 정해져 있는 것은 아니다. 행위 — 걸어온 길 — 로부터 산출된 것이다. 필연notwendig은 고경苦境, Not을 받아들이고, 그 유래를 심사尋思함으로써 전환wenden[33] 할 수 있다. 이 의미에서, "enactive"의 사상은 불교의 '업'론에 비정될 수 있으며, 거기에서는 '자유'라기보다 오히려 '자재'로 가는 길이 열리고 있다고 필자는 생각한다.

제2장 인지과학과 불교

제1절 불교에 대한 인지과학의 관심

(1) '경험'분석과 '삼매와 알아차림'의 실천

바렐라가 '경험'에 대해 직접적이고 실천적인 접근법을 결여한 과학적 연구의 미비함을 지적하고 '경험에 대한 질서정연한 검증'을 추구했다는 것은 앞에서 적었다. 그가 주목한 것은, '삼매와 알아차림mindfulness/awareness'이라 하는 불교적 명상경험, 곧 '지止와 관觀śamatha/vipaśyanā'이다. '명상'이라면 보통 망아상태나 신비체험을 상기시키지만, '삼매와 알아차림'은 이와는 전혀 반대로 "자신의 마음과 함께 존재한다"[34]라는 점, "경험 그 자체의 상황으로 마음을 되돌려 이끈다"[35]라는 점이 그에게는 중요했다. "직접경험을 포함하도록 인지과학을 넓히기 위해서는 인간경험에 관한 질서정연한 관점perspective을 갖는 것이 필요한데, 그것은 삼매와 알아차림 명상으로서 이미 존재하고 있다"[36]라고 하는 놀라움과 함께 그는 불교에 관심을 갖기 시작했다. 이는 과학자가 '인지' 곧 '자기 및 주체와 객체의 관계에 관한 테마'를 다루는 경우에 당연히 직면하지 않을 수 없는 난관에 바렐라가 진지하게 맞서고 있었다는 것을 보여준다. 과학적인 지知는 통상 무언가에 '대한' 지知인데, 거기에 머물고 있는 한, 인지과학은 스스로 목표로 하는 것 — 직접경험 — 에 결코 도달할 수 없다. 그가 불교한테서 배운 것은, "지식이란 예지叡智의 의미에서는 무언가에 '대한' 지식이 아니다. 경험에서 벗어나 있으면서 경험에 대해 알고 있는 그러한 추상적인 지자知者는 있지 않다"[37]라는 것이었다. 과학이나 철학의 추상적 태도가 잊고 있는 것은 '신체로서 있다'라는 경험의 사실이다. 바렐라는 후설의 현상학에 대해서도, 그것은 혁신적인 방식으로 경험을 포함한 것이지만, 역시 경험에 '대한' 이론적 반성의 시도밖에 제공할 수 없었다고 논하고 있다. 필요한 것은, "추상적으로 신체와 일체화하고 있지 않은 활동에서, 신체로서 있는 — 삼매의 성격을 갖는 — 열려진 반성으로 반성의 성질을 변화시키는 것이다." 여기서 '신체로서 있다'란 '신체와 마음이 일체화된 반성'을 의미하고, "반성은 단순히 경험에 '대한' 것이 아니라 경험의 형식 '이다'라는 것"[38]이다. 그가 '삼매와 알아차림'에서 발견한 것은 이 '일체화된 반성'의 실천이었다.

(2) 인지주의[계산주의]와 5온무아설

인지주의[계산주의]의 특징은 마음을 논리계산으로 보는 착상에 있는데,

그때 계산은 기호의 물리적 형태에만 기초해서 이루어지고, 그 의미가치에는 관여하지 않는다. 의식적 알아차림awareness(자각 또는 자의식)과 인지 행동을 설명하기 위해 전제가 되는 인식구조 또는 프로세스는 다른 차원의 문제가 된다. 여기서는 결코 의식으로 가져와지지 않는 프로세스가 전제되어 있다. 인지는 의식이 없어도 진행될 수 있고, 양자 간에 본질적 필연적인 연결이 없다.[39] 인지가 어떻게 해서 물리적으로 가능한가 하는 문제와, 계산하는 마음에서 어떻게 해서 의식경험이 생기는가 하는 문제가 분리된다. 따라서 "뇌 속에 코드화되어 있다고 인지주의자가 상정하는 기호표현이 어떻게 그 의미를 갖게 되는가에 대해서는 아무것도 알지 못한다"[40]라는 것도 당연하다. 이렇게 해서 계산주의는 "의식에 접근할 수 없는 계산하는 마음을 전제함으로써, 의식적 경험이란 무엇일까에 대해서 어떤 설명도 제공할 수 없다"[41]라는 것이다.

이와 같이 인지주의에서는 자아[인지주체]가 단편화斷片化[비통일화]되어 있는데, 기묘하게도 이것은 5온蘊의 무아설과 역설적인 대응을 보여주고 있다. 바렐라는 여기서 "삼매경험과 인지주체의 불통일 간의 관련성"을 지적하고, "현대의 인지과학이 분명히 했던 자기와 의식 알아차림의 불통일이야말로 삼매와 알아차림 전통의 초점"[42]이라고까지 서술하고 있다. '의식과 그 대상의 묶음들 사이의 관계'를 둘러싼 아비달마학파의 논의도 또한 직접경험의 사실에 서서 "각각의 감각기관이 각각의 의식을 소유한다"라는 것, 그리고 "의식에 있어서는 경험하는 자, 경험의 대상, 양자를 결합하고 있는 심적 인자因子 어디에서도 진정한 자아를 발견할 수 없다"[43]라는 것을 분명히 하고 있다. 5온에 대해서도 마찬가지이다. 5온에 자아는 없다. 그러나 불교적 경험분석은 자아에 대한 정서적 집착을 뛰어넘기 위한 것이기에 인지주의와 동렬에 있는 것은 아니다. 거기서는 집착에 갇히지 않는 경험이 회복되는 것이다. "자아는 공하지만, 5온(색 · 수 · 상 · 행 · 식)은 경험으로 가득 차 있다."[44] 이에 반해서, "고정된 자아는 없다는 것을 분명히 한 과학은 일보 물러나서 그것을 기술했을 뿐"[45]이다. 이는 "계산하는 마음과 현상학적 마음 간에 참된 다리를 놓지 않으며, 후자를 전자의 단순한 '투영'으로 환원하는"[46]것과 다른 것이 아니다. 결국은 '순환'을 무시하는 일에 이르지 않을 수 없는 것이다.

(3) 커넥셔니즘[창발론]과 아비달마

— '마음의 사회'론 그리고 12지연기와 5변행遍行

커넥셔니즘과 아비달마의 대응을 고찰할 때, 바렐라는 마빈 민스키의 '마음의 사회'[47]를 예로 내세운다. 마빈 민스키에 의하면, 마음은 많은 에이전트로 구성되는 일종의 사회로서 창발한다. 에이전트의 집합인 에이전시는, 초점을 바꾸면, 큰 에이전시 중의 하나의 에이전트에 지나지 않는다. 그것들은 모두 실체가 아니라 프로세스[기능]이다. 에이전시의 특성은 많은 이질적인 에이전트[프로세스・네트워크]의 집합으로서 창발하게 된다. 자아가 없는 경험의 생기를 '창발'특성으로 보는 생각이 배태되어 있다. '공의존적 생기'로 번역되는 '연기'는 "순간적이지만 재귀적인 집합 요소의 창발특성"[48]으로 해석된다. 12지연기의 순관과 역관은 "인과분석의 공의존적인 창발특성에 정통하는"[49] 것이다.

자아가 없다고 하면, 인간의 생애에서 어떻게 일관성이 보전되는가? 마음의 사회라는 용어에서 답은 '창발'이라는 개념에 있다. 바렐라는 이 '창발'과 관련해서 '숙업karma'을 든다. "불교에서는 인생에서 다양한 성향이 사적史的으로 형성되는 것을 통상 숙업이라 부른다"라는 것이다. 자기가 없는 경험의 생기에 연속성을 갖게 하는 것은 까르마의 축적이다. 그리고 이 창발을 생기게 하는 동적 프로세스를 그는 다르마 분석[아비달마], 특히 5변행 심소(촉觸・수受・상想・사思・의意 // 촉觸・작의作意・수受・상想・사思)에 의해 해명하고자 한다. 예를 들면 그중 '사思, cetanā(= 의사작용意思作用)'에 주목하고, "까르마는 사思(의사작용)의 프로세스, 인간경험에 축적되어 조건지어지는 프로세스이다"[50]라고 서술하고 있다. 다르마 분석에서 중요한 것은 "다르마를 궁극적인 실재로서 특정하면서도 실질적으로 존재한다는 의미에서 존재론적 실재라고 주장하지는 않았다"[51]라는 점이다. 즉 다르마(법)란 실체가 아니라 현상이고, "창발하는 것이기에 존재론적 실재의 지위는 아니다"[52]라는 것이다. 자아는 순간에서 순간으로 창발해서 형성되는 역사적인 것이며, 그 흔적이 개체발생이 된다. 어떠한 순간에도 구조상의 통일성을 유지하면서 과거의 구조에 의해 조건지어져 있는 생성의 프로세스이다. 또 개체의 경험을 조건지은 결과로서 종種으로서의 집합적 역사가 축적되어 오는 것이 계통발생이다. 이와 같이 다르마 분석은 순간적 의식과 그로부터 생기는 경험의 일관성이 자기나 남의 존재론적 실재가 없어도 창발의 언어로서 논술될 수 있다는 것을 보여주고 있다. 아비달마는 자아의 기반이 없는 직접경험의 창발적 형성에 관한 연구라고 해도 좋다. 다만 인지과학은 자아라고 하는 개념이나 표상과, 그 표상의 실제 기반 — 자아를 구하는 집착 — 을 구별하지 않았고, 전자에 적중하는 실재에 이의를 주창하긴 했지만 후자에 대해서는 숙고할 생각조차 하지 않았다는 점에 바렐라는 주의를 촉구하고, 이것을 인지과학이 오히려 아비달마에게서 배워야 한다고 지적하고 있다.[53]

(4) 인액션(행위적 산출)과 중관학파

구조적 커플링의 종종의 역사를 통해서 행위로부터 산출된 세계는 고정된 영구적인 기반을 갖지 않으며, 궁극적으로는 무근거이다. 이 '무근거성'의 문제는 중관학파 전통의 초점이라고 바렐라는 말한다.[54] 의식의 아비달마 분석에서는 예를 들어 화를 내는 의식의 순간은 화를 내고 있는 사람이 화를 경험한다 — 화를 경험함 이 관계는 원지향성이다 — 로, 즉 보는 사람, 보여지는 것, 봄으로 분석된다. 이렇게 해서 일련의 순간을 통해서 불변적으로 계속해서 실제로 존재하고 있는 주체[자아]는 없다는 것이 제시된다. 그러나 이 경우 외계는 별 문제 없이 객관적으로 독립된 상태로 간주되고 있었다. 아비달마에서 문제의 초점은 자아에 대한 상습적인 집착을 부정하는 것 — 인무아人無我 — 이지, 독립해서 존재하는 세계나 그 세계에 대한 마음의 순간적 관계에 대한 신뢰는 아니었다.[55] 용수는 이 3항 관계의 각 항[주・객・관계에 대응하는 명사]이 독립해서 존재한다는 것을 부정한다. “사물은 공의존적으로 발생하는, 즉 완전히 무근거인 것이다.”[56] 『근본중송』은 주체와 객체, 사물과 속성, 원인과 결과 등의 주제를 논하면서, 이것들이 비공의존적인 존재라고 하는 사고방식을 모두 물리친다.

> 의존성(연기)을 나는 공성이라고 설하네. 그 공성은 가명이고, 또한 중도이네.
>
> 의존하지 않고 생기는 것은 어떤 것도 없네. 그러므로 공하지 않은 것은 어떤 것도 없네.[57]
>
> 衆因緣生去 我說卽是無 亦爲是仮名 亦是中道義
>
> 未曾有一法 不從因緣生 是故一切法 無不是空者

묻는 주체의 마음과 마음의 객체는 모두 동등하게 서로에 대해서 공의존적이다. 용수의 논리는, 묻는 주체의 마음은 실은 공의존적인 것인데, 이것이 그 주체에 의해 객관적 실재와 주관적 실재라는 궁극적인 초석으로 간주된다는 것을 예리하게 지적하고 있다.[58]

용수의 논의는 논리학이나 언어학이 아니라 삼매와 알아차림을 통해서 얻는 ‘경험에 대한 질서정연한 검증’에 의해 발견된 것이다. 용수는 아비달마를 물리치지 않았다. 그의 분석 전체는 아비달마의 범주에 기초하면서 이를 철저히 해명한 것일 따름이다. ‘인무아人無我’에서 ‘인과 법 2무아’로 철저히 해명한 것이다. 만약 마음이 세계로부터 벗어나서 세계‘에 대해서’ 알고 있는 무언가라고 한다면, 우리는 더 이상 마음을 갖지 않는다 — 인무아人無我 —. 우리는 또한 세계도 갖지 않는다 — 법무아法無我 —. 숨겨져 있는 것은 아무것도 없기 — 드러나 있기 — 때문에, 아는 일도 없다.[59] 공을 아는 일은 지향적 행위가 아니다. 지혜는 표상주의의 뿌리를 뽑아내 없어버린다. 이렇게 해서 표상주의에 기초하는 '인人'과 '법法' 양자를 실체로 보는 견해를 물리치는 곳에 '중도'가 성립한다.

여기에서는 근거 — 마음과 세계 — 를 구하는 집착에 기초하는 표상주의적인 관습적 언어사용이 모두 타파되고 있다. 신경과학자 바렐라는 신경시스템이 어떤 독립된 세계의 표상에 의해 작동하는 것이 아님을 확인했다. 그리고 '인지'를 신체로서 있는 행위로 보고, 그것을 표상에 기초하는 문제해결로서가 아니라, '구조적 커플링의 생존가능한 역사를 통해서 세계를 행위로부터 산출enaction 또는 창출하는 것'으로 정의했다. 언어세계도 또한 이렇게 행위로부터 산출된 것과 다른 것이 아니다. 그런데 언어는 그것을 생겨나게 한 행위를 은폐한다. 이 점을 바렐라는 '언어의 출현'을 말하면서 다음과 같이 서술하고 있다.

> 언어영역 — 인간의 언어에 한정되지 않는 어떤 의사소통적 상호행위 — 이 자기언급적 구조를 갖게 — 스스로를 묘사할 수 있게 — 될 때, 언어가 출현한다. 언어가 출현하면 언어적 식별에 의해 조정된 행위action를 은폐하는 '언어적 식별의 언어적 식별'로서, 대상물 — 이름이 주어진 것 — 도 또한 출현한다 — 신身의 분절 → 말의 분절 — . 재귀적 행위를 통해서 언어적 식별이 재귀적recursive으로 식별될 때에만 우리는 언어 속에 있게 된다. 언어 속에서 작동하는 것은 공개체발생적共個體發生的인 구조적 커플링 속에서 작동하는 것에 다름 아니다.[60]

명사의 출현은 행위의 은폐와 짝이 되어 생기한다. 이러한 통찰을 지니는 바렐라에게 '인연생'이란, 바로 신체로서 있는 행위의 영역에서 작용하는 '구조적 커플링의 역사'를 적확하게 짚어내고 있는 것으로 비쳤을 것이다. 무릇 <언어영역>은 사전에 정해진 의도[디자인]가 없이, 어떤 사회시스템의 문화적 드리프트로서 생긴다. 그것은 사회시스템 내의 성원들에 의한 행동의 변환프로세스에 다름 아니다. <언어영역>은 인간에 한정되지 않지만, 인간의 언어는 이 행위적 변환프로세스의 은폐와 짝이 되어 생기고, 표상주의적 전도를 초래한다. 이 표상주의적 전도를 깨고 '드리프트' 그 자체에 투철해야 하는데, '공성'이라 할지라도 이번에는 이 명사 자체가 또 다른 전도를 초래할 수 있기 때문이다. '공성'을 '가명'이라고 하는 것은 이 때문일 것이다.

이렇게 해서 바렐라가 볼 때, 중관학파는 언어가 출현할 때면 본질적으로 생기는 자기언급적(재귀적) 구조와 그것에 수반하는 표상주의적 전도를 꿰뚫어보고, 행위적 산출(인액션)이라는 생명의 있는 그대로의 모습을 체인體認하고 있었으며, 이 점에서 어떤 의미에서는 현대과학의 방법론적 함정의 필연성을 이미 설파하여, 그것을 극복하는 길을 보여주고 있었던 것이리라. '희론prapañca'에 대한 중관학파의 이러한 비판에서 우리는 확실히 현대의 사상적 문맥에서 보아 새로운 의의를 발견하게 된다.

제2절 인지과학과 유식사상

— 인액셔니즘과 아뢰야식의 신체성과 역사성

이제까지 바렐라 등 첨단적인 인지과학자들 사이에 근년 불교에 대한 관심이 높아지고 있다는 것을 확인해 왔다. 그들이 불교를 엄밀하게 이해했는가 어떠한가에 관해서는 금후에 검토해야 할 과제가 되겠지만, 그들이 종래의 과학이나 철학으로는 표현할 수 없는 자신의 참신한 사상을 불교를 기축으로 해서 말하고자 하는 점은 금후 점점 더 주목되어야 할 것이다. 다만 필자에게 남은 생각은 『신체화된 마음』이 유식사상을 언급하지 않고 있다는 점이다. 확실히 유식연구의 전문성 때문에, 그것은 아직 과학자에게는 친숙하지 않을지도 모른다. 또한 바렐라는 이를 아비달마의 숙업宿業을 기술할 때, 혹은 대승의 중관을 말할 때 포함시켰을지도 모른다. 그러나 만약 바렐라가 유식을 표상주의로 간주했기 때문에 이에 대한 기술을 삼갔다고 한다면, 그것은 오해라고 필자는 생각한다. 그래서 마지막으로 본고를 맺으며 인액셔니즘과 유식사상의 관련에 대해서 개인적 견해를 서술하고자 한다.

인지를 신체로서 있는 행위, 곧 행위적 산출로 보는 인액셔니즘과 유식학의 아뢰야식설은 놀라울 정도로 부합하고 있다는 것이 확인된다. 아뢰야식도 '식'인 한 어떤 인지작용을 행하는데, 그 작용은 '아타나식'·'불리신식不離身識'[61]이라는 명칭이 보여주듯이 신체를 집지하고 신체에 뿌리를 내린 작용이다 — 신체성 — . 또한 '장식'이라 말하는 경우, 그것은 '종자생현행種子生現行 현행훈종자現行熏種子'로 이루어지는 무시이래의 역사를 저장하고 있다 — 역사성 — .

(1) 신체성

"불가지의 집수執受와 처處의 료了이네"[62](『유식삼십송』), "인과 연의 세력으로 인해 자체가 생할 때, 안으로는 종자와 유근신을 변위하고, 밖으로는 기세간을 변위한다. 소변을 자신의 소연으로 삼는다."[63], "유루식의 변變에 크게 보아 두 종류가 있다. 첫째는 인연의 세력에 따르기 때문에 변變하는 것이고, 둘째는 분별의 세력에 따르기 때문에 변變하는 것이다. 앞의 것은 반드시 용用이 있고, 뒤의 것은 단지 경境이 될 뿐이다. 이숙식이 변變할 때에는 단지 인연에만 따른다."[64](『성유식론』) 이 일련의 서술들은 인액티브한 시스템론과 놀라울 정도로 부합한다는 것을 보여주고 있다. '인연변'[65]이란 바로 enaction(신체적인 행위적 산출)이다. 시스템은 작동하면서 스스로를 구성하고 — 종자와 유근신을 변위하고 — , 이 자기구성 프로세스를 통해서 세계를 산출한다 — 기세간을 변위한다 — . 세계는 사전에 시스템과 독립해서 존재하는 것이 아니라, 시스템의 작동과 불가분한 소산이다 — 소변所變을 자신의 소연所緣으로 삼는다 — . 인연변은 분별변과 구별된다. 분별변은 표상작용 — 단지 경境이 될 뿐이다 — 인 데 반해서, 인연변은 신체적인 행위적 산출 — 반드시 용이 있다 — 이다. 아뢰야식은 '아프다'는 것이지, '아프다'를 표상하는 것이 아니다. 그런데 인연변이 왜 '불가지'인 것일까? 그 이유는 '안다'[인지]라는 표상작용에 의해 이 작용을 성립하게 하는 '신체로서 있는 행위'가 은폐되어버리기 때문이다.

(2) 역사성

바렐라에 의하면, 진화는 '적응'이 아니라, '구조적 커플링의 역사'의 '내추럴 드리프트natural drift'에 의해 설명되어야 한다.

우선 주목되는 것은 이 '구조적 커플링의 역사'와 유식학에서 말하는 "종자생현행 현행훈종자 삼법전전 인과동시"[66]라는 사태가 서로 관련이 있다는 점이다. 『성유식론』의 이 용어들은 경험 그 자체의 구조인 가능성과 현실성의 상호 특정으로 이루어지는 훈습의 역사를 나타내고 있고, 특히 '현행훈종자'는 결과가 동시에 원인이 되는 사태를 보여주고 있다는 점에서 주목된다. 즉 이 용어는 결과가 이 역사적 흐름에 재귀적으로 회수되고, 그것에 의해서만 이 역사적 흐름이 성립한다는 것을 의미한다. 시스템에 의해서 산출된 결과가 재귀적으로 시스템에 회수되고, 그것에 의해 시스템이 행위적으로 산출되어 간다고 하는 바로 인액티브enactive한 시스템론을 적확하게 짚어서 말하고 있다고 생각된다. 이와 관련해서, 바렐라는 5변행 심소의 '촉觸'에 대해서 다음과 같이 말하고 있다. "순환적 인과율, 피드백, 피드포워드, 창발적 특성의 과학적인 개념이나, 자기언급을 다루는 논리형식을 갖지 않았던 시대에는 창발하는 것을 표현하는 유일한 수단은 프로세스가 원인에도 있고 결과에도 있다고 서술하는 것이었다."[67]

다음으로 주목되는 것은 바렐라가 '무근거성'에 관해 말하면서 제기한 '내추럴 드리프트'의 사상이다. 다소 당돌하다는 느낌이 든다는 것을 부정할 수 없을지 모르지만, 이 '내추럴 드리프트'의 사상에 접하고 필자는 예기치 않게 키요자와 만시清沢満之의 다음과 같은 말을 상기하지 않을 수 없었다. "자기란 다른 것이 아니라, 절대 무한의 묘용에 의탁하여, 임운히 법이法爾하게 이 현전의 처지에 떨어져 있는 것 바로 이것이다."[68] '절대

무한'이라는 말에서 무언가 배후에 있는 고정적인 궁극적인 근거를 구하는 형이상학을 읽어내서는 안 된다. 이것은 아미타불을 가리키지만, 아미타란 잴 수 없는 생명 그 자체를 의미한다. 결정론적으로도 목적론적으로도 그 근거를 잴 수 없는 '내추럴 드리프트'[묘용妙用]로서 자연스럽게 자재로운 생명이다. 이 글은 자기의 근거를 배후에서 구하고 있지 않다. 자기는 '이 현전에 떨어져 있는 것'에 지나지 않는다. 있지도 않은 근거를 날조하는 것이 아니라, 이 '신身'으로서 필연적으로 자연스럽게 서는 것이다. 만약 아미타불의 초월성이 강조된다고 한다면, 그것은 '공성'조차도 표상화하는 인간적 사유(생각)를 넘어선다는 의미이지, 형이상학적 근거를 의미하는 것은 아니다.

이와 같이 '내추럴 드리프트'의 사상을 키요자와 만시를 매개로 해서 필자 나름대로 다시 받아들일 때, 여기에서는 이 '신身'의 존재를 인과적 결정론이나 목적론과 같은 형이상학적 근거에 의하지 않고, 말하자면 '자재로운 필연' — 현전의 처지에 떨어져 있는 것 — 으로 받아들일 수 있는 입장으로 가는 길이 열리게 된다.

그런데 이 '자재로운 필연'이란 바로 아뢰야식의 '이숙'이라는 명칭이 의미해 온 것은 아닐까? '이숙'이란 '등류'에 상대되는 개념이며, '업'에 입각한 자기한정 — 처지의 규정 — 의 사상이다. 등류인과가 '善因善果惡因惡果(선인은 선과를 낳고 악인은 악과를 낳는다)'인 데 반해서, 이숙인과는 '因時善惡 果時無記(인일 때는 선 또는 악이라 하더라도 과일 때는 무기이다)'이다. '이숙'은 '업'이 운명론이나 · 결정론이 아니라는 것을 보여주고 있다.[69] 불교는 업을 인정하면서, 운명론이나 결정론을 '숙작외도宿作外道'라 해서 물리친다. 왜냐하면 운명론에 서면 정진精進이 무익하게 되기 때문이다. 상호한정으로 이루어지는 역사 — 구조적 커플링의 역사 — 를 통해 스스로 밟아온 길 — 내추럴드리프트 — 을 결정론이나 목적론이라는 날조된 근거에 기초하는 것이 아니라, 투철하게 받아들여 이행하는 것 — 『섭대승론』에서 유수진상有受盡相과 무수진상無受盡相을 대비하면서 논할 때의 그

유수진상[70] —. 여기에 '무근거의 한가운데 서는 책임'을 이행하는 정진이 생긴다. 이 '책임'은 결정론이나 목적론의 근거가 되는 만능의 창조신과 맺는 계약契約을 전제하지 않는다. 그것은 내추럴 드리프트인 생명의 역사 그 자체에 뿌리를 내리고 있다. 확실히 내추럴 드리프트 사상은 형이상학적 근거의 허위를 노정함으로써 우리를 무근거의 바다로 밀어 떨어뜨린다. 그러나 '이숙'의 사상은 그로부터 다시 일보 전진해서 무근거의 한가운데서 이행하는 책임 — 이 몸을 '떨어져 있는 것'으로서 다 받아들이는 책임 — 을 나타낸다. 이 의미에서 불교사상은 현대의 과학사상을 아무 모순 없이 감당할 수 있는, 아니 오히려 과학마저 넘어서는 윤리를 제시하고 있다고 할 수 있겠다.

이와 같이 바렐라가 추진한 시스템론의 제3세대의 논리는 유식학과 대응되는 점을 고찰함으로써 보다 깊은 이해가 얻어지는 것은 아닐까 하고 필자는 생각한다.

생명윤리와 '신身'의 논리

— '퍼슨론' 비판의 한 관점

시작하며

최근 첨단의료기술이 비약적으로 발전하면서, 우리는 지금 '생生'과 '사死'의 판정기준을 둘러싼 절박하게 어려운 문제에 직면하게 되었다. 체외수정이나 태아진단이 현실적으로 가능하게 되었고, 또 장기이식과 관련 있는 뇌사 판정기준을 둘러싼 문제 등으로부터 인간의 생명은 언제 시작하고 언제 끝나는가 하는 그 시점을 판정하는 문제, 말하자면 선을 긋는 문제가 생기게 되었다.

선을 긋는 문제에 얽혀 있는 큰 어려움으로서 먼저 다음과 같은 두 가지 기본적인 사항을 확인해 두고 싶다. 첫 번째 어려움은 종래의 이른바 '자연상태'에서는 그 시점을 둘러싼 가치판단이 일단 사실판단에 기초해서 행해질 수 있었던 반해, 현금의 상황에서는 어떤 경우에는 가치판단이 사실판단에 불가피하게 개입하지 않을 수 없게 되었다는 점이다. 무릇 '생명윤리'가 문제로서 의식하고 주제화하게 된 것은 이와 같은 상황에서 유래하게 된 것이며, 바로 여기서 선을 긋는 문제가 물어지지 않을 수 없게 되었다. 두 번째 어려움은 이로부터 필연적으로 일어나는 것이지만, 선을 긋는 일의 자의성arbitrariness이다. 만약 선을 긋는 문제에 적극적으로 대처해서 어떤 하나의 기준을 내놓고자 한다면, 우선 처음에 그 기준이 자의성을 면하고 있다는 것을 논증해야 한다. 다른 한편, 기준에 기초를 부여하는 작업을 비판하는 논의를 행할 때 이 자의성의 문제는 결정적인 논거를 부여할 것이다. 어떤 특정한 기준을 비판하는 경우 그 기준이 자의성을 면하고 있지 않다는 것을 한 예를 들어서라도 보여주는 게 좋다는 논점도 있을 것이고, 또 대체로 모든 기준이 자의성을 면할 수 없다는 논점도 있을 것이다.

이 작은 논문에서는 현재 가장 적극적으로 선을 긋는 기준을 제시하고 있는 '퍼슨론'을 채택함으로써 선을 긋는 문제의 본질을 검토하고, 마지막으로 비교사상적 관점에 서서 불교적 관점에서 이런 종류의 문제에 대해 과연 어떠한 접근이 가능한지에 대해서 약간의 고찰을 시도해 보고자 한다.

제1장 퍼슨론의 문제점

'생명의 존엄the sanctity of life(= SOL)'은 누구라도 일단 승인할 것이다. 그러나 자신이 뇌사상태에 빠지고 단순히 생명유지 장치 덕분에 인공적으로 한 유기체로서의 기능을 연장하고 있다고 한다면, 이런 경우에도 이 원리가 주장될 수 있을까? 여기에서 우리는 '생명의 질the quality of life(= QOL)'이라는 문제에 직면한다. 한갓된 생물학적 생명은 반드시 '존엄'과 결부되는 것은 아니라고 생각하는 경우도 있을 수 있다. 다만, 이 '생명의 질'은 본질적으로는 개개인의 주관에 맡겨져야 할 문제이고, 따라서 이 '질'에 있어서 일반적인 기준을 구하고자 한다면 필연적으로 그 기준의 '자의성'의 문제를 껴안지 않을 수 없다. 도대체 '생명의 질'에 일반적 기준 등이 필요한 것일까? 그러나 여기서 어떤 유기체를 사회적으로 유효한 자원으로서 활용하고자 하는 경우를 생각해 보면, 이것은 개인의 자유의 테두리 내로는 완전히 거두어지지 않는다는 것을 이해할 수 있다. 체외수정을 해서 생긴 수정란을 실험용으로 사용하는 일 등의 경우 부모가 개인적으로 승낙한다고 해서 이것이 허용되는가? 이와 같은 경우에는 의료기술에 대한 사회적 의사 결정의 문제가 물어지지 않을 수 없는 것이다. 지금 "윤리적 문제에 저촉되지 않는 형태로 기술개발을 추진할 수 있다고 하는 단계를 생명조작의 기술이 넘어서고 있고"[1], 선을 긋는 기준을 둘러싼 논의는 이런 사태에 닥쳐서 행해지고 있다.

'퍼슨론'이란, 선긋기의 기준을 '생존권을 갖는 인격person'에서 구하고자 하는 주장이다. 이 논의의 검토에는 ① 이 기준이 다른 기준에 비해 '자의성'을 면하고 있다고 주장하는 근거는 무엇인가? ② 정말로 이 기준이 '자의성'을 면하고 있는가? 하고 묻는 일이 필요하다. 마이클 툴리는 「인구임신중절과 영아살인」[2]이라는 논문에서 태아의 생존권을 둘러싼 논의를 하면서 이 기준을 최초로 내놓았다. 태아의 생장과정은 생물학적으로 보면 연속적이기에, 과학적인 사실에 기초하는 한 언제부터 '인간의 생명'이 되는가를 확정하는 것은 어려운 일이다. 또한 '생명의 존엄' 원리를 방패로 하는 한, 중절을 정당화할 근거는 없게 된다. 그러나 예를 들면 태아진단에 의해 중증의 장애가 판명된 경우 사회적 행복이라는 공리주의의 입장에서 중절이 옹호되어야 한다. 그래서 툴리는 '생물학적인 사람으로서의 인간'과 '도덕적 주체로서 생존권을 갖는 퍼슨'이라는 개념을 신분상 완전히 다른 개념으로서 구별할 것을 제안한다. 툴리에 의하면, 종래의 중절논쟁은 이 신분상身分上 다른 두 가지 개념을 혼동하고는 어떤 단계의 태아가 생물학적으로 인간이라고 말해질 수 있는가 없는가 하는 사실판단에 의해 문제를 해결할 수 있다고 하는 암묵적인 전제에 서 있었다. 그러나 이와 같은 사실문제는 과학 내부의 문제이지 중절문제의 본질이 아니다. 어떤 인간을 생물학적인 호모 사피엔스라고 하는 것과, 그 인간을 생존권을 갖는 퍼슨이라고 하는 것은 완전히 다른 문제이며, 중절문제의 본질은 후자의 도덕적 문제[3]에 있다고 하는 것이다. 선긋기는 사실판단의 문제가 아니라 가치판단의 문제라는 것을 명확히 했다. 여기에서는 ① '어떤 것이 인격이며 생존권을 갖기 위해서는 어떠한 특질을 소유해야 하는가?'[4] 하는 도덕문제는, ② '생장의 어느 단계의 태아가 사실문제로서 그 특질을 소유하고 있는가?'[5] 하는 사실문제로부터 독립해서 순수하게 규범적으로 묻는 것이 가능하다. 툴리가 '퍼슨'이라는 용어를 '모든 기술 내용을 떠난, 순수하게 도덕적인 개념'[6]으로 규정한 것은 이런 의미에서이다.

여기서 툴리가 취한 전략은, '어떤 것이 생존권을 갖기 위한 필요조건은 무엇인가?' 하며 순수하게 규범적으로 물음으로써 '납득이 가는 하나의 도덕원리' — 즉, 선을 긋는 기준 — 를 도출한다는 것이다. 만약 이 원리가 '퍼슨'이라는 개념에서 분석적 · 연역적으로 도출되면, 선긋기에 대한 회의, 즉 점진적이면서 연속적인 생장과정의 어느 점을 취해도 자의성이 남을 것이라는 회의적 비관론을 극복할 수 있다는 것이다. 이렇게 해서 도출된 도덕원리는 '자기의식 요건self-consciousness requirement'이라고 불린다. 즉 "어떤 유기체는 제반 경험과 기타 심적 상태의 지속적 주체로서의 자기의 개념을 가지며, 자기 자신이 그와 같은 지속적 존재자라고 믿고 있을 때에 한해서 생존할 중대한 권리를 갖는다"[7]라고 하고 있다. 어떤 존재자에 대해서 '생존권'이라는 권리문제가 성립하기 위해서는 적어도 그 존재자는 이 조건을 만족시켜야 한다는 것이다.

그런데 이 자기의식 요건에는 다양한 반론이 있다. 상세한 검토에 들어가기 전에 나 자신이 처음 퍼슨론에 접했을 때 품게 된 위화감을 서술해 두겠다. 그 하나는, 인간성의 본질을 특징짓는 철학적 이념인 '인격'이 여기에서는 반대로 '인격이지 않은 것'을 배제하는 일을 정당화하기 위한 수단이 되고 있는 것은 아닌가 하는 것이다. 다른 하나는, '자기의식 요건'은 툴리 자신에 의하면 어디까지나 '도덕원리'가 되고 있지만, 실은 그것은 대뇌신피질의 기능이라 하는 과학의 대상이 되는 사실문제와 표리의 관계에 있는 것이며, 그런 한에서 비록 '사실문제'와 '권리문제'의 신분상의 구별을 표면화해서 주장한다 해도 그 '신분상의 구별' 자체가 '사실문제'의 피구속성에서 완전히 자유롭다고 보증하는 것이 참된 의미에서는 가능하지 않은 것은 아닌가 하는 점이다. 이런 내 자신의 소박한 의심을 보다 엄밀히 언어화하기 위해서라도 여기서 이제까지 행해진 퍼슨론에 대한 뛰어난 비판 중 몇 가지를 일별해 보겠다.

최초로 모리오카 마사히로森岡正博의 퍼슨론 비판[8]을 소개했으면 한다. 우선 툴리는 '퍼슨=생존할 권리=자기의식 요건'의 3항을 대수롭지 않게 같은 것으로 인정해버리는데, 그것은 결코 자명한 것은 아니라고 지적하고 있다. 첫째로, 서구적 전통에서는 그 역사 전체를 통해서 '인격'을 '이성적 존재자'라고 규정하고 있지, '생존할 권리'와 같은 것으로 인정한 전례는 없다. 따라서 '퍼슨'이라는 개념이 '생존할 권리'라는 개념을 내포하고 있지 않는 한, 퍼슨론자는 이 두 가지를 같은 것으로 인정할 필연성에 대해서 명확하게 설명해야 한다. 둘째로, 인격을 자기의식 요건과 같은 것으로 인정할 때 툴리는 오로지 로크의 인격개념만을 채택하고 있고, 그런 한에서 매우 좁은 인격개념에 입각하고 있다. 셋째로, 이 자기의식 요건의 도출 과정이 툴리 스스로 말하는 것처럼 분석적·연역적인 것은 결코 아니며, 거기에는 '퍼슨'을 '자기의식 개념의 소유'와 같은 것으로 인정하기 위해 논점을 선취하고 있다는 의혹이 있다. 모리오카의 지적은 퍼슨론이 자의성을 면하고 있다는 주장에 대한 반론으로서 비상하게 정곡을 찌르는 중요한 지적이다.

다음으로, 미즈타니 마사히코水谷雅彦의 논의[9]도 나에게는 매우 계발적이다. 그의 논의의 중심은, '자기의식을 갖는 퍼슨론의 생명'은 곧 '존엄을 갖는 생명'이다 하는 도식은, 그와 같은 도식을 세우는 것이 가능한 바로 그 사람이 만든 자기중심적 '구성물'이 아닌가 하는 점에 있다. 즉, 사실인즉 자의성을 면할 수 있는 어떠한 기준도 있을 수 없는 것은 아닐까 하는 지적이다. 확실히 퍼슨론은 입으로는 '생명의 존엄'을 외치면서도 실제로는 개개의 생명 간에 어느 정도의 질적 차이를 인정해버린다는 우리의 선행 이해를 명확히 언어화했다는 점에서 나름의 의의를 갖지만, 그 기준을 선긋기의 기준으로서 이론적으로 정식화, 고정화하려고 한다는 점에 문제가 있다. 미즈타니의 논의에서 나에게 가장 흥미로운 것은 퍼슨론이 결코 "퍼슨에는 생명의 가치를 상대화할 수 있는 절대적 가치[존엄]가 있다"고 주장하는 설이 아님을 논증하고 있다는 점이다.

내 나름대로 음미해 보겠다. 지금 만약 동일한 인간 속에 '생명'과 '퍼슨'이라는 독립해서 경합하는 두 가지의 가치가 있고, 그중 '퍼슨'에 절대적인 중요성이 있다고 가정해 보자. 그렇다면 이미 퍼슨이 아닌 생명의 경우는 어떠한가? 이 경우 퍼슨 = 0이지만, 생명 = 0은 아니기 때문에 중요성이 생명 쪽으로 옮겨간다고 해도 좋을 것이다. 그럼에도 불구하고 이 경우에 생명을 끊는 것이 정당화된다고 한다면, 그것은 이미 없어졌어야 할 퍼슨의 존엄을 남아 있는 생명이 훼손하기 때문이라고 말할 수밖에 없다. 다만 이것이 성립하기 위해서는 퍼슨이 신체적 생명의 종언 후에도 존속한다고 하는 조건이 필요하게 된다. 그러나 퍼슨론은 이러한 초월적 전제를 채용하고 있지 않다. 따라서 퍼슨론의 기반은 '생명의 가치를 상대화할 수 있는 퍼슨의 존엄'이라는 원리는 아니다. 이 논증이 분명히 하고 있는 것은 퍼슨론이 그 이름처럼 '퍼슨'에 존엄이라는 절대적 가치를 두는 것이 아니라는 점, 퍼슨론에서도 '생명' 이외의 실질적 가치가 숙고되고 있는 것은 아니라는 점이다.

이것은 퍼슨론의 문제성을 숙고할 때 중요한 의미를 갖는다. 그 이유는 퍼슨론이 실질적 가치로서 역시 '생명'밖에 인정하지 않는다면, '퍼슨'이라는 기준이 사회적인 상대적 권리론의 테두리 속에서 결국은 "혹자는 생존할 권리를 갖고 있지 않다"고 말할 수 있다는 것을 정당화하기 위한 한갓된 수단으로서 도입된 것에 지나지 않은 것은 아닐까 하는 의심이 점점 더 깊어지기 때문이다. 그러나 실질적으로 생명 이상의 절대적 가치가 존재하지 않는다면, 설령 퍼슨론에 의해 '생존권 없음'으로 인정되었다 하더라도 그것만으로는 '살해해도 좋다'는 것을 정당화할 수 없을 것이다. 터쉬넷Tushnet과 시드먼Seidman이 말하듯이 "태아가 '생존할' 권리를 갖고 있지 않다는 사실이 태아를 살해하는 일이 잘못이 아니라는 것을 정당화할 수는 없다."[10]

이상의 논의에 입각해서 여기서 재차 내가 처음에 퍼슨론을 접하면서 품은 두 가지 의심으로 되돌아가자. 즉, ① '인격'이 인격이지 않은 것을 배제하기 위한 수단으로 되고 있는 것은 아닐까? ② 도덕문제와 사실문제의 '신분상身分上의 구별'이 사실문제에 의해 구속되어 있는 것은 아닐까 하는 의심이다. 첫 번째 문제를 숙고하기 위해서는 칸트의 인격개념을 되돌아볼 필요가 있다. 칸트는 『도덕의 형이상학』에서 이렇게 말하고 있다. "인격이란 그 행위의 귀책歸責을 받아들일 수 있는 주체이다. 따라서 도덕적 인격성은 도덕법칙 하에 있는 이성적 존재자의 자유 이외의 것이 아니다. — 이에 반해서 심리학적 인격성은 자기 현존재의 갖가지 상태에서 자기 자신의 동일성을 의식하는 능력에 지나지 않는다. —[11]" 여기서 도덕적 인격성이 '이성적 존재자의 자유'로 되어 있다는 것에 주의해야 한다. 퍼슨론에서 말하는 '자기의식 요건'은 오로지 자기동일의 의식, 즉 여기서 말하는 심리학적 인격성에 의거하고 있다. 그리고 이 자기동일성에 의한 인격규정은 로크의 『인격오성론』에서 말하는 다음과 같은 규정과 매우 가까운 것이다. "이성과 반성능력을 갖고 자기 자신을 자기 자신으로서, 즉 다른 시간과 장소를 통해서 사고하는 동일한 존재로 파악할 수 있는 존재자"[12]라는 규정이다. 모리오카가 지적하는 바대로, 툴리의 '자기의식 요건'은 이 로크의 인격규정을 그대로 이어받은 것이다. 그러나 칸트에게 자기동일의 의식은 그대로 도덕성의 의식이 아니다. 다만 칸트는 『인간학』에서는 '인간이 그 표상 중에 자아를 가질 수 있다는 것은 지상에 생존하는 다른 모든 것 이상으로 무한히 인간을 고양시킨다. 인간은 이것에 의해 인격Person이며, 그리고 나의 몸에 닥치는 모든 변화에도 불구하고 의식의 통일성 때문에 동일한 인격이다"[13]라고 말하고 있다. 여기에서는 자기의식의 유무가 인격과 다른 것을 구별하는 기준이 되고 있다. 이와 같이 본다면, 자기동일의 의식만으로는 도덕적 의식이 성립하지 않지만, 자기동일의 의식이 없다면 도덕성의 의식도 성립하지 않는다. 즉, 심리적 인격성은 도덕적 인격성이 성립하기 위한 필요조건이라고 말할 수 있다.

그러면 '퍼슨론'의 '자기의식 요건'은 칸트적 관점에서 보아도 정당하다고 말해도 좋을까? 나는 그렇게 생각하지 않는다. 이것은 나의 두 번째 의심과 관련되어 있는데, 퍼슨론의 자기의식 요건이 명목적으로는 도덕원리가 되고 있지만, 실질적으로는 대뇌피질의 기능이라는 사실문제로서 대상지의 내용을 이루고 있기 때문이다. 즉, 그것은 '측정가능성'을 뽑아낸다면 무의미한 것이다. 그것은 도덕원리라 하면서도, 어느새 바깥에서 측정할 수 있는 경험적 사실로 슬쩍 바뀌고 말 가능성을 남기고 있다. 그리고 이 슬쩍 바뀜이 전적으로 모순으로서 의식되지 않게 되었을 때, 그것은 객관적인 선긋기의 기준으로서 혼자 걷기 시작하는 것이다.

칸트에게 자기의식은 "의심할 수 없는 사실"[14]이다. 그러나 이 '사실'은 말할 나위도 없이 과학적 사실문제로서 측정될 수 있는 경험계의 사실이 아니라, 자기 자신을 성립하게 하는 근원적 사실이다. 이 "의심할 수 없는 사실" 속에서 자기는 주체로서의 자아와 객체로서의 자아라는 이중성을 의식한다. 전자인 이 주체로서의 자아는 '통각의 주체'인 자아이며, 그것은 아프리오리한 표상이기에 그 자체는 전연 인식의 대상이 될 수 없다. 이에 반해서 후자인 객체로서의 자아는 '지각의 주체'인 심리적 자아이며, 경험적 의식으로서 인식의 대상이 될 수 있는 것이다. 칸트가 인격의 징표로 하고 있는 자기의식은 말할 나위도 없이 전자인 주체로서의 자아, '통각의 주체'로서의 자아이다. 또한 칸트는 『순수이성비판』의 오류추리론에서 '자기 자신을 인식하는 것'과 '자기 자신을 의식하는 것'의 차이에 주의를 촉구하고 있다. 그것은 합리적 심리학이 심령Seele 자체를 인식하고자 하는 것에 대해서, 그와 같은 시도는 직관의 대상이 될 수 없는 것을 대상화해서 인식하고자 하는 오류라고 하며 비판하기 위한 것이다. 자기 자신이 무엇인지는 결코 인식할 수 없는 것이다. 그런데 그럼에도 불구하고 "단순히 사유할 때 나의 자기의식에 있어서 나는 존재자 자체Wesen selbst이다."[15] 존재자 자체, 곧 물자체는 인식할 수 없다. 그러나 그 인식할 수 없는 물자체가 사유 곧 "Ich denke"에 부합하는 자기의식에서 틀림없이 성립하고 있다는 것, 이에 대한 깊은 경이와 숭경崇敬의 마음이 칸트 사상 전체를 관통하는 것이리라.

이렇게 보면, '퍼슨론'의 '자기의식 요건'이 순수하게 도덕적인 권리론에서 도출된다 해도, 그 내실과 관련해서는 칸트가 인격의 징표로서 말한 자기의식과는 크게 **어긋난** 것이 되고 말았다고 말하지 않을 수 없다. 이 '어긋남'은 도대체 어디에서 유래하는 것일까? 그것은 우선 인격의 징표인 자기의식이 대상지의 내용으로서 객관적으로 외부에서 측정가능하다는 것을 우리가 어떤 모순도 없이 인정하고 말았다는 사태에서 유래하는 것은 아닐까? 이 사태의 기묘함을 알아차릴 때, 우리는 후설이 『위기』에서 직면한 다음과 같은 모순에 생각이 이르지 않을 수 없다. 그것은 "세계에 대한 주관임과 동시에 세계의 안에 있는 객관이다"라고 하는 "인간적 주관성의 역설"[16]이다. "세계를 구성하는 것이면서, 세계에 편입되는 주관성인 인간성은 도대체 어떠한 것일까?"[17] 인격의 징표인 자기의식은 본래 거기로부터 세계가 구성되는 초월론적 사실事實이다. 여기에 타자의 인격을 둘러싼 '타자론'이 필연적으로 물어지게 된다. 그러나 퍼슨론에서 말하는 자기의식은 대뇌기능이라는 사실문제의 대응을 갖고서 '타자론'을 그냥 지나쳐서 아무 망설임 없이 객관적인 선긋기의 기준이 되고 있다. 여기서는 칸트가 깊이 숭경崇敬의 마음을 품고 있었던 '자기의식의 사실事實'이 그 자체 '세계 안에 있는 객관'으로서 대상화되어 어느새 '의식이 없는 자에게는 권리가 없음'이라는 명제를 정당화하는 절차 속으로 편입되고 만 것은 아닐까? 확실히 툴리가 말하는 '자기의식 요건'은 그 자체로서는 기술적 측정가능성의 사실을 명시적으로는 전연 함의하고 있지 않다. 그것은 어디까지나 어떤 존재자가 순수하게 도덕적인 의미에서 '인격'이기 위해서 적어도 만족시키지 않으면 안 될 조건으로 도출된 '도덕원리'이고, 또한 그 도출의 논리과정에 사실문제가 개재하고 있지 않다는 것도 인정해야 할 것이다. 그러나 그럼에도 다음과 같은 사고실험은 적어도 허용될 것이다. 즉, 만약 '자기의식'에 대한 측정가능한 여건을 확보하는 것이 우리에게 전연 불가능하다면, 과연 그런데도 '퍼슨론'이 주장될 수 있을까 하고 말이다. 그러나 이 가설적인 물음에는 부정적인 답밖에 있을 수 없다. 그 이유는 퍼슨론은 스스로 공리주의의 입장에 입각하고 있다고 공언하기 때문이다. 공리주의는 자신의 이론의 '유용성unity'을 보여주지 않으면 안 된다. 그런데 선긋기의 기준으로서 자기의식 요건을 채용했다 하더라도, 만약 그것이 전연 측정불가능하다면, 아무리 그것이 '인격'이라는 순수한 도덕적 개념에서 규범적 권리론을 통해 도출된 것이라 해도 선긋기의 기준으로서의 유용성은 없다. 공리주의에 있어서 선긋기의 기준이 될 수 있는 개념은 적어도 측정가능한 경험적 사실과 필연적 관련을 갖는 개념이어야 한다. '자기의식 요건'이 경험적 사실로서 측정가능하다는 것은 퍼슨론에 있어서 문제 삼을 필요도 없는 대전제였다. 문제가 되는 것은 순수한 도덕문제의 테두리 내에서 어떻게 해서 측정가능한 기준을 도출하는가이다. 여기에서 규범적 권리론은 그 도달점의 측정가능성[사실문제]에 제약되어 있다. 따라서 퍼슨론은 그 구조상 처음부터 '논점선취'의 가능성을 품고 있다고 해야 할 것이다.

제2장 '신身의 논리'의 가능성

— 불교적 관점에서

이제, 이상과 같은 문제를 불교적 관점에서 본다면 어떠한 것을 말할 수 있을까? 우선 유의해야 할 것은 불교에서는 자아의식의 명증성Evidenz이 다시 물어지고 있다고 하는 점이다. 명증성은 자아의식이 아니라 오히려 그것을 초월한 '지智'에 놓여 있다. '전식득지轉識得智'라고 하는 경우, 그것은 무엇보다도 자아의식에 명증성의 근거를 두고 있는 입장으로부터 전환하는 일을 의미하는 것이리라. '연기'의 도리에 기초하는 '제행무상', '제법무아'를 퍼슨론의 '자기의식 요건'과 대비해 보면, '지속적 주체인 자기', '지속적 실체', 그것을 '자신이라고 믿고 있는 것' 등의 인격성 규정은 퍼슨론에서는 거의 자명한 사항들이지만, 불교에서는 오히려 그것이야말로 물어져야 할 최대의 문제가 되고 있다는 것을 깨닫지 않을 수 없다. 그것은 바로 아직 '지智'를 얻지 않은 '식識'의 입장, 즉 미혹의 입장에 지나지 않은 것이리라. 따라서 불교적 관점에서 보면, 퍼슨론이 세워서 의지하는 근거는 다시 물어지게 된다.

불교적 사유의 특징은, '고苦'의 근거를 찾아서, 의식을 생기하게 하면서도 의식으로부터 항상 계속해서 숨기는 근원적 사상事象으로 되돌아가는 것이다. 그것은 의식이 최초로 발생해서 나타나는 장場에서 근원적 자연과 교섭하는 일이라고도 해야 할 사건을 직관하는 것이다. 특히 유식사상에서 아뢰야식의 다른 이름인 '아타나ādāna식'은, '집지식執持識'으로 의역되는 데서도 알 수 있듯이 스스로 상속하면서 유정의 신체를 유지하여 무너지지 않게 한다는 것을 함의하고 있다. 이와 같은 신체성은 단순한 대상적 사물로서의 신체성이 아니라 오히려 '식識'의 뿌리로서의 신체성이다. 이와 같이 '식'의 뿌리로서 신체성을 직관하는 일은 무엇보다도 '생·노·병·사'라고 하는 뜻대로 되지 않는 '고'의 사실事實에서 출발한 불교의 근본적 특질일 것이다. 그렇기 때문에 만약 불교적 입장에서 생명윤리가 숙고된다면, 적어도 '의식'을 기준으로 하는 것이 아니라 '신身'의 사실事實에 기초하고, 그러면서도 모든 존재자를 우리의 '신身'을 통해서 동일한 '신身'을 살아가는 것으로 파악하는 관점이 획득되어야 한다. 그러나 이는 한갓된 휴머니즘과도 다른 것이다. 나를 초월한 지혜로써 '생사를 초월하는 것'이 불교의 과제이기 때문이다. 그런데 어떻게 해도 생사를 초월하기 어려운 신身으로서의 우리가 신身으로써 깨닫게 된다고 하는 경우가 있다. 정토계 불교는 이와 같은 '신身'의 발견에 기초하고 있다고 할 수 있겠다. 그것은 업연業緣의 주체로서의 '신身'이다. 업의 사상은 한갓된 운명론 또는 숙명론이 아니다. '신身'은 책임 주체이기도 하기 때문이다. "'자**신**自**身**은 현재 죄악생사의 범부이고, 광겁曠劫 이래 항상 죽고 항상 유전하여 출리出離의 연緣이 있는 일이 없다'고 결정코 깊이 믿는다"[18]라는 술회에는, 이른바 '기機의 깊은 믿음' 가운데서 업연을 자각하는 '신身'의 입장이 이미 설해지고 있는 것이다.

'자**신**自**身**'은 깊은 역사성을 떠맡고 있으며, 뜻대로 되지 않는 피투성被投性으로 있다. 그러나 이것을 깨닫게 될 때 '결정코 깊이…… 믿는다'라고 하는 주체가 생겨난다. 이 주체는 자기의 깊은 역사성을 자각함과 동시에 동일한 '신身'을 살고 있는 모든 것으로 열리고 있다는 점에서 자기의 사회성의 자각이기도 하다. 불교적 생명윤리는 이와 같은 '신身'으로서의 주체를 기반으로 해서 언급되지 않으면 안 될 것이다.

그러나 '의식' 주체를 기반으로 한 현금의 생명윤리에 반대해서, 우리는 어떻게 '신身'으로서의 주체의 논리를 전개할 수 있을까? 여기에 큰 과제가 있다. 이 과제로 향하면서, 의식의 사상과 신身의 사상을 서로 분리하면서 연결하는 접점을 구하고, 그로부터 서로 상호의 사상을 다시 읽는 비교사상적 연구가 요구된다. 이 점에서 철두철미하게 '의식'의 입장을 관철하면서도, 최종적으로는 오히려 의식이 생기하는 원천으로 향해 가는 소급적인 물음을 감행한 후기 후설의 현상학은 그의 신체론과 더불어 매우 중요한 시사를 던지고 있는 것이리라. 거기에는 어디까지나 의식으로 현출하는 것을 통해서 끊임없이 의식으로부터 숨는 근원사상事象을, 마치 연기緣起의 각 지支를 되돌아 더듬어가듯이, 소급하면서 개시開示해 가는 길이 열리고 있다고 생각된다. 모순된 표현이지만, 그와 같은 근원사상事象이란 '신身'의 '신身'으로서의 자기의식이 거기로부터 언급되게 되는 장소가 아닐까?

서양의 '인과성' 개념의 여러 형태

시작하며

불교의 근간을 이루는 '연기緣起'라는 사태의 의미를 현대사상의 정황에서 생생하게 회복하는 일은 어떻게 해야 가능하게 될까? 이 논문은 내용적으로는 (과학도 포함해서) 서양철학에서 말하는 '인과성' 개념에 대한 문제사적 서술이지만, 그러나 논문을 쓰고자 했을 때 필자에게 동기를 부여한 것은 다름 아닌 이 물음이었다. 불교는 인과를 연기로서 짚어내는 가르침이다. 그렇지만 인과라는 용어는 현대에서는 과학적 인과성, 논리학적 인과율과 결부되어 기계론적 결정론이나 논리적 필연성을 상기시키는 경우가 많은 것이 아닐까? 따라서 현대에서 연기관을 회복하기 위해서는 우리의 상식이 되고 있는 이 인과성이라는 관념을 한번 재검토할 필요가 있을 것이다.

그리고 이것은 또한 인과를 연기로 짚어내는 일의 독자성을 해명하는

데 한 단서를 제공할 것이다. 그러나 물론 서양근대의 기계론적 인과론에 불교적 연기관을 단순히 대치시켜서 우열을 겨루게 하는 것과 같은 안이한 도식화는 엄중하게 삼가야 한다. 인과성을 둘러싼 서양의 다양한 관점은 결코 일률적으로 묶일 수 없으며, 또 현대에서는 기계론적 사유양식에 대한 비판이 20세기 철학의 주요과제가 되고 있다. 우리는 이를 답습한 후에 연기로 다가가지 않으면 안 된다. 여기서는, 제1절에서 인과성을 둘러싼 서양의 제반 논점들에 대해 요점을 말해 가면서 역사적으로 개관하고, 제2절에서는 근대 이후의 자연과학적 인과개념을 채택하고, 마지막으로 제3절에서 이에 대한 재검토와 비판의 시도를 언급해 두고자 한다. 다만, 한정된 지면 때문에 각 항목에 대해 겉으로 훑는 정도로 언급할 수밖에 없다. 독자의 질정을 바라는 바이다.

제1장 인과적 필연성을 둘러싼 논점들

제1절 물음의 제시

— 인과적 필연성이란 무엇인가?

러셀B. Russell(1872-1970)은 현대 분석철학의 입장에서 '인과성'이라는 관념을 지나간 시대의 유물이라고 선고했다.[1] 그러나 이 언명은 고도의 분석적 반성을 거친 후의 것인바, 우리의 일상생활이나 과학의 통상적 탐구에서는 원인과 결과라는 관점에서 현상들의 연계를 판단하는 일은 필요불가결하다. 그것 없이는 일상생활을 지탱하는 '추론'이라는 기본적 행위조차 성립되지 않는다. 그런데 추론의 타당성은 '인과율'Kausalgesetz, law of causality의 타당성에 힘입고 있다. 여기에서 '인과율'이란 원인과 결과가 필연적으로 결부되어 있다고 생각되는 경우에 그 필연적인 결합을 가리켜서 말하는 것이다. 문제는 이 '필연성'에 있다.

서양에는 이 '필연성'의 해석을 둘러싸고 다양한 입장에서 논의가 직조되어 왔는데, 그렇기 때문에 투쟁과 융합 혹은 결렬의 역사의 면에서 서양의 '인과성' 개념의 여러 상들을 조망할 수 있을 것이다.

제2절 그리스 사상의 '원인原因'관 — 두 계보

그 역사를 펼쳐 읽고자 할 때 우리는 우선 아리스토텔레스(B.C. 384-322)의 4원인을 확인해 둘 필요가 있다. 즉, (i) 동력인arkhētēs kinēseōs, causa efficiēns, (ii) 질료인hȳlē, causa māterilāis (iii) 형상인eidos, causafōrmalis (iv) 목적인telos, causa fīnālis이다. 예를 들면 목수가 집을 건축하는 경우 목수가 동력인, 재목[소재]이 질료인, 목수가 마음에 품은 '집' — 그 정의에 적합한 기능이나 구조의 형식을 갖춘 '집' — 이 형상인에 해당한다. '집'의 형상은 이 경우 건축이라는 행위의 목적이기도 하며, 목적인과 형상인은 불가분의 관계에 있다. 이 아리스토텔레스의 4원인은 그보다 앞서는 여러 학파들의 '원인'이라는 관념을 체계적으로 정리한 것이다. 밀레토스학파는 만물의 아르케archē(시원, 라틴어는 principium)를 구하며 오로지 질료인을 탐구했다. 엠페도클레스(B.C. 493-433)는 사랑과 투쟁이라는 동기부여의 힘을 강조하며 동력인을 탐구했다. 형상인은 플라톤(B.C. 427-347)의 이데아 — 어떤 것으로 하여금 그것이게 하는 원리, 원형原型 — 를 직접 이어받고 있다. 여기에서는, 원인에 대한 물음은 사물이 그것이어야 할 존재근거에 대한 물음이며, 운동은 그 있어야 할 완전함을 겨누는 방향 — 운동의 궁극원인이다 — 이 없이는 생각할 수 없다. '부동不動의 동자動者'[2]는 궁극적인 동력인임과 동시에 목적인의 계기도 겸해서 갖추고 있다.

그리스 사상의 인과성의 관념에는 또 하나의 다른 계보가 있다. 데모크리

토스(B.C. 460-370)에서 스토아학파, 에피쿠로스학파로 이어지는 원자론의 계보이다. 여기에서는, 사물이 그것으로서 존재하는 사事의 우연성이 주시되고 있다. 인과성은 존재근거로서가 아니라, 오히려 그것이 수용해야 할 강제 곧 법칙으로서 파악된다. 이 계보는 중세에는 거의 돌아보지 않았지만 마침내 근대이후의 자연관으로 이어지게 된다.

이상 두 계보 중에서, 근대 이후는 존재근거에 대한 물음을 배제함으로써 보다 합리적인 경향이 지배적이게 되었다. 그러나 현재 이러한 상식이 재차 다시 물어지고 있다. 화이트헤드A. N. Whitehead(1861-1947)의 다음과 같은 경고를 간과해서는 안 된다. "근대의 가정假定은 예전의 가정과는 다르지만, 전부가 예전보다 좋은 것은 아니다. 근대의 가정은 존재의 궁극적인 가치의 보다 많은 부분을 합리주의적 사유로부터 제외하고 있다."[3]

제3절 인식론적 접근

— 흄과 칸트

여기서 인과적 필연성에 대해 비근한 예를 들어 생각해 보자. 태양의 빛이 돌에 비칠 때 돌이 따뜻해지는 현상을 파악하는 경우, 보통은 태양의 빛이 원인이고 돌이 따뜻해지는 것이 결과이다. 역으로는 말할 수 없다. 이와 같이 원인과 결과라는 용어에는 하나의 역전 불가능한 방향성이 함의되어 있다. 변화를 일으키는 힘은 원인이지 결과는 아니다. 또한 원인은 결과보다 시간적으로 선행한다. 어떤 변화를 일으키는 영향력이 원인에 있다면, 그 영향력은 과거의 사건에는 미칠 수 없다. '힘'이라고 하는 소박한 관념이 부적당하다고 한다면, 단순히 순수하게 시간적 선후 관계로써만 원인과 결과를 정의할 수 있는가 하면 그렇지 않다. 단지 시간적으로 선행한다고 해서 반드시 원인이라고는 말할 수 없다. 선행은 하지만 관계가 없는 사건도 있다. 원인과 결과에는 시간적 선후 관계에 더해져 다음과 같은 필연적 결합관계가 상정되어야 한다. 즉, 원인은 결과가 원인에 대해서 그렇게 할 수 없는 방식으로 결과를 강제적으로 도출한다고 하는 관계이다. 이제, 이 인과적 필연성에 대한 인식론적 논쟁이 근대의 개막을 고한다. 로크J. Locke(1632-1704)의 내관적內觀的인 경험론적 인식론을 이어받아서, 요소로 환원하는 일을 다시 철저히 수행한 흄D. Hume(1711-1776)이 원인과 결과의 필연적 결합에 대해서 최초로 강력한 회의를 제기했다. 흄에게 있어서 경험의 가장 기본적인 요소는 각각 뿔뿔이 흩어져 있는 감각여건뿐이다. 그런데 원인과 결과의 필연적 결합은 그와 같은 감각에서는 도출되지 않는다. 즉 경험되지 않는다. "하나의 사건이 다른 사건에 이어서 일어난다. ……. 그러나 우리는 그것들 간의 매듭을 결코 관찰할 수 없다."[4] 필연적 결합은 객관적으로는 존재하지 않는다. 그것은 다만 A라는 사건이 일어난 경우에 언제나 B라는 사건이 일어난다고 하는, 반복하는 경험에 의해 우리 마음에 형성된 주관적인 예기의 습관 이외의 것이 아니다.

그러나 그렇다면 이미 뉴턴I. Newton(1643-1727)이 정식화한 역학법칙의 인과적 필연성은 어떻게 되는 것일까? 주관적 경험에 기초하면서 객관적 타당성을 갖는 과학적 인식의 진리근거는 어떻게 되는 것일까? 칸트I. Kant(1724-1804)의, 경험의 가능성에 대한 아프리오리한 인식이론은 이와 같은 물음에 대한 하나의 응답이다. 흄에 의해 독단의 잠에서 깨어난 칸트가 스스로에게 부과한 물음은 "아프리오리한 종합판단은 어떻게 가능한가?"[5] 하는 물음이었다. 이 물음에 의해 칸트가 겨냥하고 있었던 것은 경험적 인식의 성립조건과 그 권리근거를 분명히 하는 것이다.

확실히 수용성의 능력으로서의 감성에 주어지는 것은 감각여건뿐일지도 모른다. 그것 없이는 경험은 성립하지 않는다. 그러나 그것만으로는 경험적 인식은 성립할 수 없다. 애당초 그것만으로는 경험이라고조차 말할 수 없다. 경험적 인식이 성립하기 위해서는 감성에 더해서 자발성의 능력인 오성이 필요하다. 감성적 직관이 오성적 개념에 의해 통일될 때 비로소 경험적 인식이 가능하게 된다. 인과성은 직관의 다양을 종합하는 순수오성

개념 곧 범주category의 하나이다. 따라서 인과적 결합은 경험에서 도출될 수 없을 뿐 아니라, 역으로 경험의 가능성의 조건인 것이다. "우리는 현상의 계기繼起를, 따라서 또한 일체의 변화를 원인성의 법칙[인과율]에 따르게 함으로써만 경험도, 즉 현상의 경험적 인식도 가능하게 되는 것이다. 따라서 또한 경험의 대상인 현상 자체도 이 법칙에 따라서만 가능하게 되는 것이다."[6] 여기에서, '현상'이라고 말하는 것의 전형으로서 뉴턴의 역학적 자연을 생각해 볼 수 있다. 그것은 범주에 의해 구성되는 것이며, 그런 한에서 애당초 그 성립 조건인 인과성을 따르고 있는 것이다.

그런데 칸트는 사유와 인식을 엄밀히 구별한다. 우리는 범주에 의거하지 않으면 대상을 사유할 수 없다. 그러나 그 사유가 그대로 인식이 되는 것은 아니다. 감성적 직관과 결합하지 않고는 사유된 대상을 인식하는 것은 가능하지 않다. 인식은 현상계에 한정된다. 따라서 우주가 무한한가 유한한가, 모든 것은 인과적으로 필연적인가 아니면 자유가 있을 수 있는가와 같은 경험을 초월한 형이상학적 물음에 대해서는 인식은 불가능하다. 이와 같은 물음에 대해서 이성이 마치 오성이 현상계를 구성하는 경우와 마찬가지로 사용된다면, 본래 인식할 수 없는 것을 실체화하는 미망이 생기게 된다.

칸트는 흄에 의해 위기가 임박하고 있었던 인과성을 현상계에 한정해서 구출했지만, 위에서 적은 형이상학적 인과적 필연성에 대한 물음에 대해서 이성이 대답하고자 하면 이율배반Antinomie에 빠지지 않을 수 없다는 것[7]을 분명히 했다. 이 의미에서 인과성을 둘러싼 흄과 칸트의 대극적 입장에 놓인 견해는, 인과성이라는 개념이 물어지는 문제 장면을 시공간 내에 있는 사건으로 한정했다는 점에서는 궤를 같이 하고 있다고 말할 수 있겠다. 이 경향은 19세기에 이르러 인과성이라고 하면 자연법칙의 것이라고 사람들이 생각하게 되는 역사적 추세를 예시하고 있다.

제4절 규칙성의 이론

— '필연성'의 해체

이제 그러면 현대에는 인과성을 어떻게 파악하고 있을까? 한마디로 말해, 경험론을 철저히 수행하면서 논리학 또는 언어분석을 토대로 해서 논하고 있다고 말할 수 있겠다. 주된 흐름은 인과성을 단순한 '규칙성regularity'으로 해석하는 쪽에 있다. 경험론을 철저히 수행하면서, 필연적 결합을 아프리오리한 것으로 보는 칸트의 이론을 거부하고 있다. 따라서 인과성을 자연법칙으로서 파악하는 경우에도, 인과의 필연적 결합이라는 관념이 자연법칙에 혼입하는 것을 가능한 한 피하고자 한다. 자연법칙이란, 사실상의 규칙성을 기술하는 것 이외의 것이 아니다. 맥 태거트J. E. McTaggert(1866-1925)와 러셀은 자연법칙을 필연적이고 범할 수 없는 법칙으로서가 아니라, 단순한 제일성齊一性, uniformity으로 해석하고자 한다. 예를 들면, 물은 1기압에서 섭씨 100도가 되면 필연적 법칙에 따라 비등한다고 말하지 않고, 물은 그와 같은 상태에서는 사실상 항상 비등한다고 말하는 것이다. 이 경우 원인에는 결과를 필연적으로 일으키는 힘이 있다고 하는 관념을 가능한 한 배제하고자 하는 의도가 엿보인다. 인과성을 단순한 제일성이라 하는 것은 인과관계를 규칙적인 사실들 간의 관계를 확인하기 위한 실천상의 가정적 요청이라고 하는 것이다. 사실들 간의 관계는 함수적[8]으로 표기되면 충분하므로, 인과적 결합이라는 관념은 여분일 뿐이다.

그러나 이 생각에 대해서는 반론이 가능하다. 즉, 규칙적인 귀결은 승인될 수 있어도, 인과성은 명확히 부인되는 많은 사례가 있다. 예를 들어 낮 다음에는 밤이 온다. 그러나 낮이 오는 것은 밤이 오는 것의 원인이라고 말할 수 없다. 규칙적이기 때문에 인과적이라고는 말할 수 없는 것이다. 아이의 성장기에는 치아가 자란다. 그러나 그것은 머리카락이 자라기 때문에 일어나는 것은 아니다. 단순한 규칙성의 이론에 따르면, 치아의 성장과 머리카락의 성장이 나란히 일어나면 한쪽이 다른 쪽의 원인이라고 해도 지장이 없게 될 것이다.

필연적 결합이라는 관념 없이 인과성을 정의하기 위해서, 원인을 어떤 사건이 일어나기 위한 필요충분조건이라 하는 것도 가능하다. 만약 조건N이 결여하고 있을 때 사건A가 일어나지 않는다고 하면, 조건 N은 A가 일어나기 위한 필요조건이다. 이와 같은 조건들이 모두 열거되면 그것들의 총체는 A가 일어나기 위한 충분조건이 된다. 필요충분조건으로서의 원인은 N1, N2, …… Nn의 총체이다. 확실히 이 정의는 원인에 결과를 일으키는 힘이 있다고 하는 관념을 성공적으로 회피하고 있다. 그러나 이 정의에 따르면, 원인과 결과라는 말의 의미의 차이를 더 이상 주장할 수 없다. P가 Q의 필요충분조건이라면 Q도 P의 필요충분조건일 것이다. 따라서 논리적으로는 P가 Q의 원인이라고 말할 수도 있고 Q가 P의 원인이라고 말할 수도 있는 것이다. 이 정의를 수용하면서 원인과 결과를 구별하기 위해서는 수단과 목적의 관계나 시간적 계기와 같은 다른 인자factor를 도입해야 한다. 그러나 러셀 등은 원인과 결과는 모두 동시적contemporaneous이라고 주장하는 데에 이르고 있다. 그렇다면, 시간적 계기의 도입은 원인과 결과의 구별에는 도움이 되지 않을 것이다.

필요충분조건이라는 정의는 '원인의 복수성'이라는 관점에서 보아도 부적합하다. 예를 들면, 성냥은 마찰할 때 불이 붙기도 하지만 불을 갖다댈 때도 불이 붙기도 한다. 필요조건이란 그것 없이는 결과가 생기지 않는 조건이기 때문에 성냥을 마찰하는 것은 반드시 불이 붙기 위한 필요조건은 아니다. 따라서 원인이 아닌 것이 되어버린다. 이 점에 대해서는 반론이 가능하지만, 어쨌든 필연적 결합이라는 관념 없이 인과성을 설명하고자 하는 시도는 상식에서 벗어나 있다는 것은 부정할 수 없다.

규칙성, 필요충분조건, 시간적 계기 등에 의한 정의는 어느 것이나 인과성을 설명하기 위해 불충분할 뿐 아니라, 상식에 의거할 때 부조리에 빠진다. 문제는 이 부조리가 단순히 말의 의미에 기인하는 것인가, 아니면 말의 의미를 보다 정밀하게 개선해도 여전히 남게 되는 형이상학적 부조리인가 하는 것이다. 이 문제는 아직 해결되고 있지 않다.

제2장 자연과학에서의 '인과법칙'관의 변천

제1절 '자연법칙'이라는 관념

화이트헤드가 '천재의 세기'[9]라고 부른 17세기는 인과성 개념의 전회라는 점에서도 정말 획기적인epoch-making 시대였다. 즉, 이 세기에 일어난 새로운 물리학에 의해 이제까지 고대와 중세를 관통해 온 아리스토텔레스류의 '운동의 궁극원인은 무엇인가' 하는 물음이 방기된다. 인과성을 둘러싼 물음의 전환이 일어난 것이다. 이 전통적인 물음의 붕괴와 새로운 물음의 정식화라는 급격한 사건을 화이트헤드는 "역사적 반역"[10]이라고 부른다. 이 '반역'의 담당자로 우리는 역시 갈릴레이G. Galilei(1564-1642)와 뉴턴을 들지 않을 수 없다. 이 두 사람에 의해, 17세기에 일어난 새로운 물음의 핵심이 드러난다. 그러면 그 핵심은 어디에 있는가? 실체적인 궁극원인[부동의 동자]에 주시하는 것이 아니라, 실험적으로 관찰가능한 현상적 사실에 주시하는 것이 이 시대의 특징이라고 말할 수도 있겠지만, 그것은 어느 쪽인가 하면 부차적인 것이다. 핵심은 오히려 다음의 것에 있다. 즉, 수학적으로 형식화된 경험에 의해 증시證示될 수 있는 '자연법칙'이라는 관념의 성립, 그리고 양적으로 규정가능한 현상들 전체를 통일적으로 고정시킬 수 있는 일반원리로 향하는 정열적 충동이다. 이것은 뉴턴의 다음과 같은 글에서 단적으로 간파할 수 있다.

> 모든 종류의 사물에는 어떤 숨겨진 특정한 질이 갖추어져 있고 그 특정한

> 질에 의해 그 사물은 활동하고 눈에 보이는 작용을 나타낸다고 가르쳐도, 그것은 아무것도 가르친 것이 아니다. 그러나 현상들의 운동에 대해 둘, 셋의 일반원리를 도출하고 이 원리로부터 모든 물체적 사물의 특성이나 활동이 어떻게 귀결하는지를 보여준다면, 그것은 학문[과학]에 있어서 보다 큰 일보를 내딛게 된다. 비록 이 원리의 원인이 여전히 발견되지 않은 채라 해도 말이다.[11]

이 글의 앞부분에서는 전통적인 아리스토텔레스류의 원인탐구에 대해 명백한 거부를 표명하고 있다. '숨겨진 특정한 질', 즉 그것의 존재근거로서의 형상적 이데아 등의 원인들을 거부하고 있다. 뒷부분에서는 새로운 물음의 방향을 단적으로 표명하고 있다. 여기에서는 탐구의 정열이, 기지의 법칙들을 보다 근저에 존재하는 미지의 일반법칙으로 환원해 가는 일에 쏟아진다. 이 일반법칙에 의한, 보다 간결한 통일적인 설명이야말로 학문의 항로이다. 여기에는, 구해져야 할 통일적 설명 내에 형상인形相因 등의 '질質'적 요소가 혼입되지 않고, 설명되어야 할 기지의 법칙들과 같은 종류의 보다 포괄적인 원리만이 원칙적으로 일반법칙으로서 도입되어야 한다는 신념이 있다. '비록 이 원리의 원인이 여전히 발견되지 않은 채라 해도'라는 한 구에 최대로 주의를 기울일 필요가 있다.

제2절 '힘'과 '장場'

— 인과 개념에서 함수 개념으로

일반원리를 구하고자 하는 충동과 더불어, 그 이후 18세기에서 19세기에 걸쳐서 물리학의 인과성 이해에 큰 영향을 준 중요한 개념으로서, 뉴턴의 제2법칙[12]에 의해 도입된 '힘'의 개념이 있다. 즉 물체 가속도의 '원인'으로서의 힘 개념이다. 그리고 어떤 특정한 힘 곧 중력에 대한 해석이 그 이후의 인과성 개념의 전개에 큰 어려움을 일으키게 된다. 원격작용Fernwirkung인가, 근접작용Nahewirkung인가 하는 문제이다. 왜냐하면, 뉴턴의 중력법칙은 한편으로는 18세기 중엽 이후 경험적으로 결실이 풍부한 수학적 자연법칙의 전형이 되었지만, 다른 한편으로는 그것에 담겨 있는 중력의 원격작용이라는 성격은 물질적인 근접작용을 설명하면서 확립되었던 17세기적 사유양식과는 분명히 모순되는 것이었기 때문이다. — 흄과 같은 철저한 경험론자는 18세기에 이르러서도 원격작용을 인정하지 않고, 오직 근접성 = contiguity을 옹호했을 따름이다. 칸트는 중력에 대해서는 원격작용을 인정했다. — 뉴턴은 18세기 이후의 물리학에게 이 모순을 해결하라는 난제를 남겼던 것이다. 이렇게 해서 중력이론을 역학적 근접작용 이론으로 환원하고자 하는 시도가 '원인'관을 둘러싼 논쟁에 있어서 초미의 과제가 되었다. 그러나 19세기까지 이어져 온 이 환원의 시도가 모조리 좌절됨으로써 다음과 같은 두 가지 반동이 일어났다. 즉, 근접작용은 원격작용보다 더 자명하게 판단하기 쉬운 것이 결코 아니라는 이해가 일반화됨에 따라, 한편으로는 원격작용을 더 이상 해명하지 말고 수용해야 한다는 방향으로 이끌어졌으며, 다른 한편으로는 '힘'이라는 개념을 물리학에서 배제해야 한다는 방침이 제기되기에 이르렀다. 그러나 여기서 제3의 가능성이 페러데이M. Faraday(1791-1867)와 맥스웰J. C. Maxwell(1831-1879)의 전자기학에 의해 열렸다. 즉 '장場'개념의 도입이다. 전자기장은 본질적으로 힘의 장이다. 그런데 이 힘의 장을 에테르 이론으로써 역학적으로 설명하고자 하는 종래의 모든 시도가 좌절되었기 때문에, 이 '장'이 독자적 실재성Realitat, 즉 물질Materie과 더불어 그것과 동격적인 또는 보다 근원적인 독자적 실재성을 갖는 것으로서 파악되어야 했다. 따라서 힘의 개념을 배제하지 않고 중력을 장場 이론의 테두리 내에서 다루면서, 공간에서 연속적으로 펼쳐 가는 '장場'에 의해 중력에 근접작용의 성격을 부여할 가능성이 생기게 되었다.

그러나 이때 이미 물리학은, 17세기의 저 '역사적 반역'에서 경이적인 위력을 발휘했던 기본적 테두리, 즉 물질Materie을 기초로 하는 테두리 내에서는 더 이상 진행하지 못하는 사태에 이르렀다는 것을 주목해야 한다. 즉, 전자기학과 함께 물리학은 어떤 추상단계에 이르렀고, 근접작용이라는 개념의 부활에도 불구하고 그 근본법칙의 인과성 해석은 더 이상 종래의 기계론적 역학 자체의 인과관因果觀으로는 충족되지 않게 되었던 것이다. 구체적으로 말하면, 물질과 전자기장의 상호작용을 해석하는 문제이다. 즉 운동을 일으키는 힘의 장場에 대해서 운동을 일으키게 되는 물질이 반작용을 주는 것이기 때문에, 하나의 인과연관 내부에서 각각의 물리적 여건에게 원인과 결과를 일의一義적으로 배분할 수 없는 것이다. 19세기 후반에는 인과법칙에 관한 이러한 어려움을 명확히 의식하게 된다. 마하E. Mach(1838-1916)의 다음과 같은 말이 그런 사정을 전하고 있다.

> 과학이 보다 고도로 발전하면 할수록 원인과 결과라는 개념의 사용은 보다 제한된 것이 된다. …… 이 개념은 어떤 사상事象을 잠정적으로 또 불완전하게 보여줄 뿐이다. …… 사건의 요소들을 측정가능한 양에 의해 성격을 부여하는 데 성공하자마자 그 요소들 간의 상호의존성은 원인과 결과와 같은 개념에 의해서보다는, 함수개념Funktionsbegriff에 의해 더 완전하게 더 정확하게 기술된다.[13]

러셀은 이 사정을 더할 나위 없이 철저하게 단언하고 있다.

> '원인'이라는 말은 그릇된 연상에 의해서 풀어낼 수 없을 만큼 혼란스럽기 때문에, 이 말을 철학적 어휘에서 완전히 배제하는 쪽이 바람직하다고 생각한다. …… 모든 철학자는 인과성을 과학의 기초적 공리로 생각하는 것 같은데 …… 그러나 '원인'이라는 말은 더 고도로 발전된 과학에서든, 중력이론을 응용한 천문학에서든 결코 발견되지 않는다. …… 중력을 받는 물체의 운동에서도 원인이라는 이름이 붙은 것은 어느 것도 발견되지 않았다.[14]

마하의 '함수개념'은 이미 20세기 철학의 특징인 '관계성의 중시'를 예견하고 있으며, 그가 아인슈타인A. Einstein(1879-1955)에 준 영향에 대해서는 잘 알려져 있다. 또한 러셀의 언명에는 분석철학의 관여가 반영되어 있다. 이 점에 관해서는 제1장 4절에서 이미 약간 언급한 바 있다.

제3절 기계론적 결정론과 이에 대한 현대물리학의 시점

(1) 라플라스의 악마

뉴턴 역학을 함수적 사고방식에서 최초로 명확히 파악한 것은 오일러L. Euler(1701-1783)였다. 오일러에 의하면, 뉴턴의 제2법칙이 역학의 유일무이한 근거가 될 수 있었던 것은 이 법칙에 어떤 임의의 수의 물체의 운동에 대한 미분방정식 체계라는 일반형식이 주어졌기 때문이다. 다수의 혹성의 운동을 통일적으로 기술하기 위해 역학을 적용한 것이 성공을 거두었던 것도 바로 이 때문이다. 그러나 이 경험적 귀결을 다소나마 이론적 관점에서 보면, 이 오일러가 파악한 뉴턴의 제2법칙은 힘의 발단에 관해서 결정론적인 성격을 지닌 운동방정식의 체계가 되고 있다는 것은 명백하다. 즉, 질량과 어떤 시각 t_0에 그 물체가 놓인 위치 및 그때의 속도가 다른 임의의 시점 t에 놓이는 그 물체의 역학적 양을 일의적으로 결정한다. 라플라스P. S. Laplace(1749-1827)는 이것을 곧바로 인과성 원리에 연결시켰다.

> 현재의 사건은 다음과 같은 명백한 원리에 기초해서, 그것에 앞선 사건과 결합되어 있다. 즉, 어떤 사상事象은 그 사상事象을 일으키는 원인 없이는 존재하기 시작할 수 없다고 하는 원리이다. …… 따라서 우리는 우주의 현재의 상태를, 그것에 앞선 상태의 결과로서, 그리고 그것에 이어지는 상태의 원인으로서 간주해야 한다. 어떤 주어진 순간에 자연을 움직이는 모든 힘과 자연을 구성하는 존재들 각각의 위치를 알 수 있는 지성이 있다고

한다면, 또한 그 지성이 이들의 소여를 분석하기에 충분한 크기를 갖추고 있다고 한다면, 이 지성은 우주의 가장 큰 물체의 운동도, 가장 경미한 원자의 운동도 완전히 동일한 공식에서 내다볼 수 있을 것이다.[15]

보통 '라플라스의 악마'라고 알려진 이러한 지성을 곧이곧대로 믿는 사람은 지금은 있지 않을 것이다. 그러나 아무리 함수개념이 정치하게 되어 있다 해도 이러한 결정론이 역학적 자연관의 근저를 지탱하는 대전제로서 잠복하고 있었다는 것은 확실하다. "인과관계란 예견가능성을 의미한다"[16]라는 카르나프R. Carnap(1891-1970)의 말은 이 결정론에 대한 20세기식 표현이다. 그러나 표현은 변해도 결정론이라는 대전제는 변하지 않는다. 그 특징은 ⓐ 초기조건에 의해 일의적으로 규정하는 것. ⓑ 모든 시점과 위치에서 시간과 공간이 균질하다는 것, 또 그와 같은 균질적 시-공에 질점이 단순히 위치를 점하고 있다는 관념. ⓒ 관측자에 기준을 두지 않는 의미에서 객관성, 즉 세계를 초월한 '지성'을 전제하는 것. ⓓ 역사성을 배제하는 것…… 등이다.

그런데, 이와 같은 결정론에 대한 반론은 단지 실천적 이유만으로도 제기될 수 있다. 즉, 결정론을 성립시키는 데 필요한 정확한 예측을 위해서는 초기조건의 측정에 실제로 도달불가능한 무한의 대가를 지불해야 한다는 이유이다. 그러나 이 이유는 역학적 개념세계에 근본적인 변혁을 다그치는 것은 아니다. 그에 반해서 어떤 지적 사업 전체의 실패를 선고하는, 이른바 패러다임의 전환을 다그치는 원리적인 '불가능성'의 실증이 있다. 20세기의 상대론 · 양자론 · 열역학은 모두 이 '불가능성의 발견'에 뿌리내려, 종래의 역학의 테두리 내에서는 결코 예측할 수 없었던 실재의 본질구조의 발견으로 이끌었던 것이다.

(2) 상대론

상대성이론은 보편성과 객관성을 향한 소박한 신앙인 뉴턴 물리학에 대해 그 '불가능성'을 실증한다. 진공 중의 광속c와 프랑크 상수h가 지닌 물리학적으로 본질적인 의미의 발견이 그 단서가 된다. 상대성이론의 기본적인 요청은 다음과 같다. 즉, 과학적 기술記述은 기술되는 세계 속에 있는 관측자의 입장을 초월해서, 그 물리적 세계를 '외부에서' 지켜보는 어떤 것에도 의지해서는 안 된다고 하는 것이다. 그것은 원리적으로 '불가능'하다. 어떠한 관측자도 진공 속의 광속보다 빠른 속도로 신호를 전달하는 것은 가능하지 않다. 따라서 떨어진 두 곳에서 일어난 사상事象의 절대적 동시성을 정의하는 것은 가능하지 않다. c라는 한계속도는 관측자가 위치하는 지점에 영향을 미칠 수 있는 공간영역을 제한한다. 뉴턴 물리학의 시-공의 균질성에 대한 소박한 신념이 깨어지고, 또한 이제까지 물어지지 않고 전제되고 있던 '객관성'의 의미가 다시 물어지지 않을 수 없게 된다. 뉴턴 물리학의 근원에는 라플라스의 악마가 들러붙어 있었다. 그러나 상대론 이후 물리학자는 더 이상 우주전체를 바깥에서 지켜보는 악마에 맡기는 것이 가능하지 않게 되었다.

(3) 양자론

양자역학은 더 나아가 '객관성'에 관한 고전적 관념과 결별하라고 촉구하고, 소박한 결정론적 실재론을 다시 물으라고 다그친다. 여기에서는 플랑크 상수h가 주도적인 역할을 한다. 고전역학에서는 운동량에 부여한 수치와 완전히 독립해서 위치좌표에 수치를 부여할 수 있다고 하는 의미에서 좌표와 운동량은 독립변수이다. 그러나 프랑크 상수h는 위치좌표와 운동량을 중개해서 그것들이 더 이상 고전역학에서와 같이 독립변수가 아니라는 것을 보여주고 있다. 좌표q와 운동량p 측정 시 가능한 예측치의 분산 범위를 각각 Δp, Δq로 나타내면, 그것들은 하이젠베르그W. Heisenberg(1901-1976)의 부등식 $\Delta p \cdot \Delta q \geq h$로 관계가 부여된다. Δq를 얼마든지 작게 할 수 있지만 그때는 Δp가 무한대가 되어버린다. 즉, 위치좌표를 정확히 측정하려고 하자마자 그 순간 운동량은 임의의 값을 취한다. 즉 순식간에 대상물의 위치가 임의의 먼 곳으로 가버린다. 고전역학에서는 질점이 '위치를 점한다'라는 의미를 특별히 더 생각할 필요가 없었다. 암묵리에 전제되고 있었다. 그러나 이제 위치의 '국재'의 의미가 불선명하게 되어서 그것을 전제할 수 없게 되었다. 이렇게 해서 고전역학의 기초를 이루는 틀이 근저로부터 뒤집혀지게 된 것이다.

또한 플랑크 상수는 마이크로의 세계가 매크로의 세계와는 다른 모습을 갖고 있다는 것을 가르쳐준다. 소립자는 더 이상 소형의 행성계로 간주될 수는 없다. 우주와 원자를 하나의 식으로 바라보는 라플라스의 악마는 환상이라는 것이 판결되었다. 결정론에 대해 의문이 제기된다. 상대론에서도 불식되지 않은, 자연을 '완전하게' 기술하겠다는 꿈에 대해서 그 '불가능성'이 선고된다. 고전적 관점에서 '객관적인' 기술이란, 있는 그대로의 자연에 대한 완전한 기술이고, 그것이 어떠한 척도에서 어떻게 관측되는가 하는 선택과 독립해 있다고 생각되었다. 즉 고전역학은, 과학은 있는 그대로의 객관적 실재를 표현하는 것이라는 신념으로 지탱되어 왔던 것이다. 그러나 양자론은 물리학에서 연구하는 실재는 단순히 주어지는 것이 아니라 그 자체가 지적 구성체라는 것을 증명하고 있으며, 개념형성을 위한 본질적 요소가 실재 자체에 포함되어 있다는 것을 보여주고 있다.

제3장 전통적 '인과법칙'관을 다시 물음

—'인과성' 개념의 재구축을 향해서

제1절 화이트헤드의 4종의 '자연법칙'관

여기에서는 전통적 인과관을 다시 묻는 시도로서 화이트헤드의 <자연의

법칙>관을 채택하고자 한다. 그는 고대에서 현대에 이르는 <자연의 법칙> 관에는 다음 네 가지 설이 있다고 서술한다. 즉 ① <법칙>을 내재하는 것으로 보는 설, ② <법칙>을 부과되는 것으로 보는 설, ③ <법칙>을 계기繼起의 질서를 관찰하는 것으로 보는, 바꾸어 말하면 <법칙>을 단순한 기술記述로 보는 설, ④ <법칙>을 규약적 해석으로 보는 설이다.[17]

(1) 부과賦課설

처음에 부과설부터 살펴보자. 부과설은 근대를 헤쳐나온 상식에게는 내재설보다 이해하기 쉬운 것이다. 부과설은 '존재하기 위해서 그것 이외의 어떤 것도 필요로 하지 않는' 데카르트의 실체개념과, 초월적으로 법칙을 부과하는 신神이라는 두 가지의 계기로 이루어져 있다. 이 설은 실제로 일반원리로 향하는 뉴턴의 정열을 지탱하고 있던 신념이었다. 그의 역학은 '신'과 관계가 없는 것이 결코 아니다. 그에게는 태양계의 운동을 주관하는 일반법칙을 정식화하는 것은 이신론理神論적인 '법칙을 부과하는 신'의 필요성을 증명하는 일과 다른 것이 아니었다. "뉴턴적인 힘은 그 궁극적인 수학적 공식화가 어떠한 것이든, 신이 주는 부과된 조건 이외의 어떤 것도 아니다."[18] 한편 부과설에서 말하는 자연의 구성요소는 데카르트의 연장적 실체 곧 물체이다. 그것은 그 본성이 '연장'일 뿐인 완전히 수동적인 존재이다. 이것을 철저히 행하면, 역학적 '질점'이 된다. 이렇게 해서 부과설의 <법칙>은 완전히 수동적인 자연의 구성요소에 대한 '외적 관계'가 된다. 여기에서는 "관계의 <법칙>을 아무리 연구해도 관계항의 본성을 발견하는 일은 가능하지 않다. 역으로 관계항의 본성을 조사함으로써 법칙을 발견하는 일도 가능하지 않다."[19]

(2) 내재內在설

그에 반해서 내재설은 존재와 법칙의 본질적인 '내적 관계'를 주장하는 설이다. 여기에서는 자연을 함께 구성하고 있는 "사물들의 본질을 이해하면, 그것에 의해 그 사물들의 상호관계가 알려진다."[20] 이 존재와 법칙의 내적 관계를 이해하기 위해서, 화이트헤드는 플라톤의 "나는 존재의 정의는 단적으로 힘이라고 생각합니다"라는 말을 들고 있다. "플라톤은 힘을 활동하게 하고 힘의 활동을 따르는 것이 존재의 정의라고 말한다. 이것은 존재의 본질은 다른 존재들에 인과적으로 작용하는 것과 깊이 연결되어야 한다는 것을 의미한다."[21] 즉 내재설에서는 존재는 데카르트적인 '존재하기 위해 다른 어떤 것도 필요로 하지 않는' 실체로 생각되지 않는다. 그것의 존재는 다른 것들과 인과적으로 작용하는 것을 기다려서 비로소 성립한다. 따라서 이 설은 "사물들의 본질적인 상호의존성을 전제하고" 있고, "『절대적 존재』의 부정을 포함하고 있다."[22]

(3) 기술記述설

기술설은 근대 과학의 방법론으로 19세기 전반에 정착해서 현재까지 영향력을 떨치고 있는 '실증주의'의 설이다. 여기서는 관찰된 사실을 가능한 한 단순하게 기술하는 일이 요구된다. <법칙>이란 관찰된 사실의 언표 이외의 것이 아니며, '이해한다'란 '기술의 단순함'을 의미한다. 뉴턴의 일반원리에 대한 탐구는 이미 이 설을 실행하고 있었다.

(4) 규약적 해석설

규약적 해석설은 근년의 수학이 오로지 사변적 관심에 의해 발전하고, 그 후 자연이 이러한 수학적 법칙에 의해 해석되고 있다는 사태에 의해 예증되었다. 비유클리드 기하학의 성립은 기하학적 공리가 규약이라는 것을 가르쳐주었다. 자연을 해석할 때면 유클리드 기하학도 비유클리드 기하학도 동등한 자격을 갖고 있다.

제2절 '내재설'에 대한 화이트헤드의 재평가와 이에 기초하는 인과성' 개념의 새로운 의의

이제 여기서는 앞 절까지 서술해 온 '인과'관의 특징들을 이상 네 가지 <법칙>관과 관련해서 살펴보기로 하자. 우선 그리스의 '존재근거'에 대한 물음은 기본적으로는 내재설에 입각하고 있다. 어떤 것이 그것이기 위한 존재근거에 대한 물음은 우주의 내적 질서라는 관념을 예상하는 것이다. 모든 것은 단지 그것만으로 흩어져 존재할 수 있는 것이 아니다. 모든 것은 다른 모든 것과 상호관여하는 가운데 서로 함께하고, 이 질서에 기여함으로써 자신의 존재근거를 유지하는 것이다. 그것이 존재하는 것은 다른 모든 것이 존재하기 위해 불가결한 의미를 갖는다. 역으로 그것의 본성은 다른 모든 것과 상호의존하는 관계에 의해 규정된다. <내재법칙>의 '법칙'이란 이 상호의존관계의 법칙을 가리키고, 따라서 그것은 의미도 없이 존재하는 것에 강제적으로 작용해서 지배하는 부과설의 '법칙'의 초월적 성격과는 완전히 이질적인 것이다. 화이트헤드에 의하면, 본래 내재설은 설명하기 위해 외적인 초월적 절대자를 필요로 하지 않고, "우리 경험의 모든 요소가 그것에 따라 해석될 수 있는 일반관념의, 정합적coherent이고 논리적이고 필연적인 체계를 조립하고자 하는 시도"[23]를 촉구하는 것이며, 그 의미에서 "철두철미하게 합리적인 설"[24]이다. 다만 그리스의 내재설은 저 내재적 질서의 근거를 물을 때 부과설적 계기를 어쩔 수 없이 도입하고 있다. 그러나 이 설에 보이는 부과법칙은 헤브라이즘Hebraism의 일신교 전통에 보이는 강제적 법칙과는 성격을 달리한다. 화이트헤드는 플라톤의 '설득'이라는 개념을 들어서, 그 차이를 분명히 하고 있다.

이제 근대 이후의 경향을 앞에서 서술한 네 가지 설과 관련해서 해석하면 어떻게 되는 것일까? 한마디로 말하면, 근대 이후는 고대에서 중세에 걸쳐 명맥을 보전해 온 내재설을 비합리적이라고 해서 배척하고, 부과설을 암묵리에 전제하면서 기술설을 표명해 왔다고 말할 수 있겠다. 기술설의 표명에도 불구하고 부과설은 20세기까지 계속해서 살아남아 왔다. 즉 결정론에 대한 신앙으로서 말이다. 그러나 상대론과 양자론이 증명해 보인 '불가능성'은 우리에게 자명한 부과설적 구도가 그와는 반대로 결코 합리적이라고는 말할 수 없다는 것을 보여주었다. 화이트헤드가 17세기의 물음의 전환을 '역사적 반역'이라는 부정적 뉘앙스로 불렀던 것은 이유가 없는 것이 아니다. 그가 볼 때 17세기에 성립해서 그 후 과학의 발전을 약속한 기본적 구도야말로 '반합리주의적'인 것이다.[25] 뉴턴의 '비록 이 원리의 원인이 아직 발견되지 않은 채라 해도'라는 한 구절을 상기해 보자. 여기서는 '원인'이 역학체계의 내부에서 근거가 부여되지 않고 이신론理神論적인 '신'에 맡겨져 있다. 이 점에서 러셀이 역학에서는 '원인'이라는 말이 발견되지 않는다고 말한 것은 참으로 정곡을 찌르는 것이다. 따라서 근대의 구도는 화이트헤드가 말하는 의미의 '합리성', 즉 내재설을 가능하게 하는 '정합적, 논리적, 필연적인 체계'를 처음부터 방기하고 있었던 것이다. 화이트헤드는 근대적 사유양식에 침투해 있는 자명한 전제를 다음과 같이 노정시키고 있다. 즉, ① 물질의 순간적 배열이 단순히 위치를 점한다는 것, ② 실체와 성질이라는 사고의 틀[26], ③ 표현이 주어-술어 형식에 속박된다는 것, ④ 지각에 있어서 감각주의를 전제로 한다는 것, ⑤ 물질에 대해서 정신이라는 순수하게 주관적이고 사적인 영역을 확보할 수 있다고 하는…… 등의 전제[27]이다. 그는 이 자명한 전제들을, 추상적인 것을 구체적인 것으로 잘못 이해하는 "구체적인 것을 잘못 놓는 오류"[28]라고 부른다. 이 전제들은 어느 것이나 우리의 '직접경험'에 합치하지 않는 추상개념의 실체화이다. 뿐만 아니라 그것들은 그렇게 실체화함으로써 '정합적, 논리적, 필연적인 체계'를 목표로 하는 합리적 사변을 저해해 왔던 것이다.

여기서는, 화이트헤드 자신의 '합리적 사변'의 내실內實로 파고들어갈 지면이 없다. 다만 그가 그 조건의 첫 번째로 드는 '정합성'에 대해서 마지막으로 한마디만 언급하고자 한다. 왜냐하면 '정합성'이란 근대 이후의 '인과성' 개념을 근저로부터 다시 볼 것을 다그칠 뿐만 아니라, 새로운 존재론으로 가는 길을 여는 것이기 때문이다. '정합성'이 의미하는 것은 "구도를 전개하고 있는 기본적인 제반 관념들은 서로 상호전제하고, 따라서 그것들이 고립할 때는 무의미하다"[29]라고 하는 것이다. 이와 같은 구도에서 인과적 작용은 모든 현실적 존재actual entity에게 왜 그것이 그것인 바의 것일까 하는 이유를 부여하는 것이다. 그러나 이 구도는 결코 정적으로 닫힌 체계가 아니다. 각각의 현실적 존재의 현실태로서의 자기실현은 다른 많은 것들을 '경험'하지 않고는 있을 수 없으며, 또한 다른 것에 의해 '경험'되지 않고는 성취되지 않는다. 이미 그것 자체로서 있는 것은 다른 것을 경험하는 것이 아니다. 존재는 다른 것을 경험하는 '과정'에 있는 것이다.

그런데 이 '과정'은 어떤 방향성을 향수享受함으로써 현실태로서 성취된다. 이 방향성은 각각의 현실태에 독자적인 것이지 초월자로부터 부과되는 것이 아니다. 그렇기 때문에 각각의 현실존재는 무엇이든 다른 것과 함께 형성해야 할 질서에 대해서 둘도 없는 '책임'을 떠맡고 있다. 화이트헤드가 전개하는 새로운 존재론의 입장에서 본다면, '인과적 필연성'이란 강제가 아니라 이 '책임'을 말하는 것이다.

아도르노와 하이데거

— '부정否定'과 '성기性起'

시작하며

데오도르 비젠그룬트 아도르노Theodor Wiesengrund Adorno(1903-1969)는 일찍이 프랑크푸르트 학파의 영수이자 이른바 서구 마르크스주의에 속하는 철학자, (특히 음악론에 뛰어난) 미학자이자 사회과학자이다. 그러나 이는 그저 공식적인 소개일 뿐이고, 실제의 그의 사상은 이와 같은 틀로는 다 포괄할 수 없는 진폭을 갖고 있다. 그의 사상은 현대의 현상학적 '타자론'의 문맥 속에서 볼 때, 말하자면 그것을 안쪽에서 되비추는 독특한 영향을 주고 있다고 생각된다. 하지만 본고에서는 이 점을 파고드는 일은 보류하고, 대신에 그 전 단계로서 '비동일성의 흔적'에 건 그의 철학적 입장을 주로 『부정변증법』을 따르면서 가능한 한 그 자신의 언어를 통해 이해해 가는 것을 주안점으로 하고자 한다.

'비동일성의 흔적'이란 용어는 당연하지만 '동일성'에 대한 비판을 시사하고 있다. 이 비판은 '자기보존'의 원리를 교묘하게 호도하고, 그 호도한 것도 은폐하고자 굳게 둘러싼 모든 구축물, 그중에서도 '밀폐되고', '자급자족화된' 개념의 체계, 근대주관주의철학의 이성의 자율성으로 향하고 있다. 그러나 필자에게 가장 흥미로운 것은 『부정변증법』 제1부에서 전개되는 하이데거 비판이다. 이 비판은 단순히 하이데거가 나치에 협력했다는 이유 때문에 그의 존재론을 단죄하고 잘라서 내버리는 것이 아니라 "존재론의 내재적 비판die immanente Kritik der Ontologie"[1]으로서 수행되고 있으며, 우리 자신 안에 있는 "존재론적 욕구Das ontologische Bedürfnis"의 뿌리로 깊이 들어가서 그것에 대한 자기비판으로서 전개되는 특질을 갖는 '비판'이다.

'동일성'에 대한 아도르노의 비판은 나아가 서구 마르크스주의 내부의 '소외론'적인 문제설정으로도 향하고 있다. '소외론'적인 사고방식은 '균열 없는 본래적인 주관적 직접성이라는 이상상理想像'[2]을 전제하고 있다. 이에 따르면, 현재 우리가 놓여 있는 현황Bestehen은 우리가 이 직접성을 상실해서 스스로가 스스로에게 소원한 것Das Fremde으로 폄하되는 상황이다. 따라서 소외론에서는 이 본래적인 주관적 직접성, 초기 마르크스의 용어로 말하면 유적類的 본질Gattungswesen로 회귀함이 요구된다. 그러나 아도르노에 의하면, 그것은 존재론과 마찬가지로 "주관-객관 이원론의 퇴행적인 극복"[3]이다.

아도르노의 하이데거 비판 및 소외론에 대한 비판에서 공통으로 확인되는 것은 현실의 모순 속에서 분열되는 것을 회피하면서, '본래성'의 이름 하에 안이한 '강요된 유화宥和'[4]를 가져오고자 하는 모든 경향을 거부하는 자세이다. 아도르노의 '부정변증법'은 어떠한 물신物神, der Fetisch도 물신으로서 간파하고자 하는 철저한 이데올로기 비판 또는 형이상학 비판의 시점을 정시呈示하고 있다.

그렇지만, 소외론은 그렇다 쳐도, 하이데거의 존재론에 대한 아도르노의 비판이 과연 정곡을 찌른 것인가 아닌가에 대해서는 큰 논란의 여지가 있다. 왜냐하면, 하이데거의 존재론 또한 주관성의 형이상학의 해체를 의도하고 있기 때문이다. 생각건대 『계몽의 변증법』[5]과 존재의 '역운歷運, Geschick'[6]은 완전히 다른 각도에서이긴 하지만, 현대가 안고 있는 뿌리 깊은 문제를 기묘하게 서로 부합하는 형태로 도려내고 있는 것은 아닐까? 다만 아도르노가 집요하게 다그치고 있는 것은 철학이라는 행위가 몸을 두고 있는 가장 기본적인 입장의 문제일 것이다. 그런데, 그렇다면 이 물음은 아도르노 자신에게도 적용될 터이다. 즉, '비동일성의 흔적'의 입장에 몸을 두는 것이 과연 어떻게 가능한가 하고 말이다. 그러나 이 문제에 파고들기 전에 우선 『부정변증법』의 취지를 가능한 한 정확히 길러내 오는 일이 먼저 해야 할 일이다.

제1장 아우슈비츠 이후

'아우슈비츠 이후nach Auschwitz'라는 시대인식은 아도르노에게 A.D.와 동일한 중요성을 지니고 있다. "아우슈비츠 이후에도 사는 것이 가능할까?"[7] 하는 물음이 그의 『부정변증법』을 관통하고 있다. 그는 유태인의 한 사람으로서 제2차 대전 중 어쩔 수 없이 망명을 하면서 '살육을 면한 자에게 늘 따라다니는 격렬한 죄과'에 대해 다음과 같이 서술하고 있다.

> 그가 계속 살아가기 위해서는 냉혹함을 필요로 한다. 하지만 이 냉혹함이란 그것이 없다면 아우슈비츠도 가능하지 않았을 것이다. 시민적bürgerlich 주관성의 근본원리인 것이다.[8]

여기에는 나치즘은 단순한 광기였던 것이 아니고, 나치즘을 생겨나게 한 것 가운데 우리는 지금도 살고 있다는 인식이 표명되고 있다. 『계몽의 변증법』은 계몽적 이성이 '도구화된 이성'[9]으로 전화하는 과정을 묘사하고 있다. 나치즘의 비합리적이고 끝이 없는 폭력은 바로 합리적 수단에 의해, 관리와 배제의 합법적 조직화를 통해서 실행되었던 것이다. 계몽은 일반적으로 신화로부터의 해방이며, 인간적 자유와 자율성의 확립이라고 생각되고 있다. 그러나 신화라 해도 그것이 우주에 질서를 부여하고자 하는 시도이자 해석 패턴을 확립하고자 하는 시도인 이상 일종의 계몽인 것이니, 오히려 양자를 일관되게 관통하는 것에 주목할 필요가 있다. 그리고 여기서 발견된 것은 그것들이 자연지배와 자기보존Selbsterhaltung을 위해 필요로 하는 인간의 사회적 폭력기구, 억압기구의 조직화를 반영한다는 것 바로 그것이었다. 따라서 아도르노에게 있어서 나치즘에 대한 비판은 단순히 그 비합리적 폭력을 합리적인 이성의 입장에서 단죄한다고 하는 것으로 해결될 수 있는 문제는 처음부터 아니었던 것이다. 이 점을 충분히 인식하고 있어야 비로소 아도르노의 다음과 같은 주장을 이해하게 될 것이다.

> 부정변증법이라는 것이 만약 사고가 사고 자신을 반성하는 일을 요구하는 것이라고 한다면, "사고는 참이기 위해서는…… 어쨌든 오늘날에는…… 사고 자신에 대항해서 사고하지 않으면 안 된다"라는 것이 포함되는 것은 극히 분명할 것이다.
>
> 개념으로 파악해 들어가지 않고 피해 가는 가운데, 가장 극단적인 것을 기준으로 해서 자기를 가늠하지 않는다면 사고는 반주음악으로, 즉 친위대(SS)가 자신의 손으로 죽이는 희생자의 절규를 들을 수 없게 하기 위해 즐기는 저 반주음악과 같은 것으로 처음부터 되어버리는 것이다.[10]

이성적 사고 그 자체에 내재하는 폭력성과 배타성을 자각하지 않는 한, 그 사고는 오늘날 이미 계몽적 이성이 도구적 이성으로 전화하고 있는 현황에서는 합법적으로 죄를 거듭할 수밖에 없을 것이다.[11] 그렇다고 해서 이성적 사고를 방기하고 신비주의로 퇴각하는 것은 현실의 사회적 폭력을 은폐하고 용인하는 것밖에 되지 않는다.[12] 필요한 것은 이성의 자기비판이다. 그러나 이 이성의 자기비판이 칸트처럼 '선험적transzendentel인 입장'에서 행해질 뿐이라면, 그것은 폭력성과 배타성을 감춘 이성을 형식적으로 순수한 방식으로 자기정당화하는 결과로밖에 되지 않을 것이다. 아도르노가 요구하는 이성비판은, 이성 그 자체의 이데올로기성을 노정하게 하는 비판이어야 한다. 그때 비로소 '사고 자신에 대항해서 사고하지 않으면 안 된다'고 하는 과제가 자각되게 된다. 이 말은 독자적인 의미의 유물론Materialismus에서서, 이성비판을 이데올로기 비판으로서 표명하는 것이다.

그의 이데올로기 비판은 단순히 사상과 정치체제, 사상과 경제체제의 상관관계를 폭로하는 일에 머물지 않는다. 그것은 신화에서 계몽을 거쳐 도구적 이성에 이르는 이성의 모든 과정을 '자기보존'의 원리를 축으로 해서 내재적으로 해명하고, 이성의 이데올로기성을, 이성의 조직화와 체계화에 의해 억압되고 소거되어서 마침내는 그 소거된 것도 망각되어버린 소재Materie의 쪽에서, 즉 이성에게 소원한 것, 동일하지 않은 것의 쪽에서 비추어내는 것이다. 인간은 자기보존의 원리 없이는 살아갈 수 없다. 그렇지만 그 자기보존의 원리의 합리적 조직화가 사회적 폭력을, 억압과 차별의 구조를 생겨나게 한다. 즉 자기보존이 자기파괴로 전화한다. 이 전화의 기구機構가 '물상화物象化, Verdinglichung, Versachlichung'이다. 그리고 이때 사고 그 자체도 예외는 아니다. 사고가 물상화되면, "사고는 사회적인 부채의 연관에 굴복하게 된다." 즉, "사고는 이 실재적 강제에 굴복하고 현혹되어 그 실제적 강제력을 사고 그 자체의 강제력으로 간주하게 된다."[13] 그래서 '사고에 대항해서 사고한다'는 다음과 같이 바꾸어 말할 수 있게 되는 것이다. "변증법적인 사유는 논리에 늘 따라다니는 강제적 성격을 논리 자체의 수단을 써서 타파하려는 시도이다."[14]

그런데, 아도르노는 그 '물상화'이지만 현대의 '절대적 물상화'에 대해서 다음과 같이 서술하고 있다.

아우슈비츠 이후에 시를 쓰는 것은 야만이다. …… 정신의 진보도 자신의 한 요소로서 전제하는 절대적 물상화가 바야흐로 이 정신을 완전히 삼키려 하고 있다. 정신이 자기충족적인 관점Kontemplation에 머무는 한 비판적 정신이 이 절대적 물상화 이상으로 성장하는 일은 없다.[15]

인간적 '생'을 억압하는 조직적 기구機構를 비대화하면서 이 물상화된 자기보존의 원리가 홀로 걷고 있는 현재의 상황에서는 더 이상 철학은 자율적이고 자발적인 Ich denke(나는 생각한다)로부터 출발할 수는 없다. 그것은 물상화된 의식을 재생산할 뿐이다. 오히려 철학은 "이 자기보존이 버티고 앉아 있는 이 생 그 자체가 자기보존에 있어서 전율해야 할 것으로 화하고 있다"[16]라는 사실에 대한 성찰에 의해 말하자면 타율적으로 '강요'된다. 아도르노는 근대 주관주의 철학의 자율성Autonomie・자기동일성에 대해서 타율성Heteronomie・비동일성・사물성의 시점을 중시하는데, 이것은 그중에 "자신은 더 이상 살고 있는 것이 아니라 1944년에 가스실에서 살해된 것은 아닌가?"[17]라고 술회하지 않을 수 없는 자의 시점이 들어 있기 때문이다. 그것은 문자 그대로 '물物로 화化했을지도(물상화했을지도 =Verdinglichen)' 모르는 자의 시점이다. "개념의 자급자족이 말소되는 것을 인식하는 철학"[18]이 비로소 이성비판을 이데올로기 비판으로서 가능하게 한다. "개념으로 파악해 들어가지 않고 피해 가는 가운데, 가장 극단적인 것을 기준으로 해서 자기를 가늠한다"란 이와 같은 의미에서 이해되어야 한다.

그러나 이렇게 말한다고 해서, 그가 '개념'을 방기하는 것을 주장하는 것은 결코 아니다. 그것은 '비판'을 방기하는 것을 의미한다. 그가 여기에서 말하고 있는 것은 개념은 비개념적인 것에 그 뿌리를 지니고 있다는 것, 그리고 그것을 개념이 말소하고 망각해서는 안 된다는 것이다.

개념은 설사 그것이 존재자를 다루는 경우라도 개념이라는 것, 이것은 개념이 그 자체에 있어서 비개념적인 것으로 편입되고 있다는 것을 조금도 변화시키는 것이 아니다. 개념은 비개념적 전체가 누락되지 않도록 그 비개념적인 것을 물상화함으로써 스스로를 밀폐하는 것이지만, 그 물상화가 확실히 개념을 개념으로 설립하는 것이다. …… 비개념적인 것으로 향해서 스스로를 관계짓는 것이야말로 개념을 성격부여하는 것이다. …… 개념성의, 이 방향을 변화시키는 것, 비개념적인 것으로 향해 돌아가는 것 이것이 부정변증법의 이음매이다.[19]

이 인용은 아도르노의 『부정변증법』이 헤겔 변증법을 유물론Materialismus 쪽에서 해체작업하는 것임을 보여주고 있다. 변증법에서 사유는 사유 자신의 자기완결적 정합성에 머무는 일이 없이 현실의 모순 가운데로 돌진해가고자 한다. 그러나 그럼에도 불구하고 헤겔에게 있어서 그 모순은 절대정신이라는 동일성 원리에 재차 다 삼켜져버린다. 아도르노는 헤겔변증법의 이성과 현실, 주관과 객관의 매개Vermittelung에 철저히 정위定位하면서 그 매개에서의 "객관의 우위Vorrang des Objekts"[20]를 '이음매'로 해서 동일성의 원리에 대항하고자 한다. 헤겔이 결국은 이 매개를 절대적 주관 쪽으로 수렴시키고 관념론적 동일성의 체계를 형성하는 데 반해, 그는 그것은 헤겔 자신의 '정신'이라는 개념에 어긋난다고 비판한다. 아도르노에 의하면 헤겔의 정신Geist이란 '사회적 노동', 보다 정확히는 사회적 노동의 반성형식이다. 그런데 노동은 "반드시 이 노동과는 다른 것 곧 자연을 지시하고 있다. 노동과 자연이란, 구별되는 동시에 서로 다른 것에 의해 매개되고 있어서 양자는 일체인"[21] 데도 불구하고, 정신의 '형이상학'이 "자기 자신이 노동이라는 것을 의식하지 않는 노동으로서의 이 정신을 절대자로 만들어버리는"[22] 것이다. 아도르노는 헤겔 철학의 진리성을 다음의 사실 내에서만 인정한다. "어떤 사람도 노동을 통해서 구성된 세계로부터 어떤 다른 세계로, 예를 들면 직접적 세계로 나아가는 것은 가능하지 않다."[23] 형이상학이란 이 노동이라는 매개에서 자연적 측면 곧 물질Material을 수미일관하게 소거하고 그 소거한 것 자체도 말소함으로써 성립하는 것이다. 따라서 아도르노의 형이상학 비판은 '매개'의 무시 · 은폐 · 말소를 노정시키는 형태를 취하며 수행된다. 이 의미에서는 그의 실증과학에 대한 비판도 하이데거에 대한 비판도 '형이상학 비판'이라고 할 수 있을 것이다. 그의 비판은 저 '매개'의 소박한 무시나 교묘한 은폐에 대해 향해지고 있기 때문이다.

아도르노는 '객관의 우위'를 말하지만 그것은 말할 나위도 없이 소박한 실재론을 의미하는 것이 아니다. 그것은 주-객의 매개를 주관 쪽의 동일성 · 직접성으로 환원하고 매개의 모순을 '강요된 유화'로 가져오는 것에 대해 철저히 저항하는 것, 의식 수준에서 말하자면, 날조된 '본래성'으로 회귀하기보다 오히려 모순 가운데 왜곡된 의식으로 그 자리에 남아 있는 것을 의미한다. 거기 밖에 형이상학 비판을 가능하게 하는 장소는 어디에도 없기 때문이다.

제2장 하이데거 비판

제1절 존재론적 차이

하이데거는 그 현존재Dasein의 '기초 존재론fundamentale Ontologie'에서 근대적인 '구성하는 주관'이라는 자명성에 쐐기를 박았다. 하이데거는 스승 후설로부터 배웠지만, "<세계>를 구성하는 그와 같은 존재자의 존재 방식은 어떠한 것인가?"[24] 하는 물음을 던지며 결별했다. 이 물음에 의해 그는 인간을 이성적 동물animal rationale로서 자명하게 전제하는 형이상학을 파괴하고자 하는 기도에 착수한다. 현존재는 거기에서 존재자Seiendes의 존재Sein의 의미가 물어질 수 있는 유일한 장場이다. 존재의 의미는 현존재의 시간성 곧 유한성에서만 개시된다. 그것은 적어도 초기의 하이데거에 따르면, 시간 내에 있는 실존의 결단 없이는 열리지 않는다. 전통적 형이상학도 존재자의 존재를 물어는 왔지만, 그 물음방식이 존재의 의미를 덮는 물음방식일 뿐이었다. 즉, 거기에서는 존재론적 차이ontologische Differenz가 애매했기 때문에 존재의 의미에 대한 물음은 결국 어떤 형태로 존재자를 정위定位함으로써 대답될 수밖에 없었다. 설사 그것이 모든 존재자를 초월해 있다고 하더라도, '초월자'로서 '존재자'인 점에는 변함이 없었다. 하이데거의 존재론은 우선 '물음방식'을 전환하면서 착수되는데, 이는 후기 하이데거의 '탈은폐성ἀλήθεια'이라는 진리관으로까지 일관되게 수행되고 있다. 존재론적 차이는 '존재자' 혹은 '존재자의 총체'에만 관여해 온 모든 사고태도에 대한 비판을 포함하고 있다. 형이상학은 존재를 묻지만 결국은 그것을 존재자화한다는 점에서, 즉 실체화한다는 점에서 가장 엄중한 비판에 처해진다.

이제 이렇게 보면 형이상학 비판이라는 점에서 아도르노와 하이데거는 같은 과제를 떠맡고 있다고 말해도 좋을지 모른다. 그러나 아도르노의 하이데거 비판은 치열하기 그지없다. 『부정변증법』의 제1부는 그 전체가 하이데거 비판에 쓰이고 있다. 거기다 아도르노 비판의 중심은 하이데거 존재론의 요체를 이루는 '존재론적 차이'의 기만성을 지적하는 것이다. 왜 그럴까? 여기서 아도르노의 하이데거 비판의 요점을 다음 세 가지 명제로 압축해서 정리해 보자.

(1) "나야말로 물신die Fetische을 파괴하고 있다고 가장하는 사람이 실제로 파괴하고 있는 것은 다만 물신을 물신으로서 간파하는 조건뿐이다."[25]

(2) "존재론은 그 자체의 필연적 귀결에 의해 무인경Niemandsland에 빠진다."[26]

(3) "그때마다의 사정에 의해 역사가 무시되거나 신격화되는 일이 있을 수 있다는 것 이것이야말로 존재의 철학의 실천적, 정치적인 귀결이다."[27]

제2절 물신을 간파하는 조건을 파괴함

— (1)에 대하여

무릇 현대에 '형이상학 비판'이 왜 과제가 되는가 하면, 형이상학이야말로 인간의 생이 자기보존하기 위해서는 — 설사 각각의 주관이 자각하고 있지 않다고 해도 — 불가결하다고 간주되고 있고, 또 실제로 인간의 생을 억압해 온 여러 물신숭배[주물숭배]Fetischismus들을 정당화하는 원리적 기초라고 생각되어 왔기 때문이다. 신, 이성, 국가, 화폐, 기술…… 등등, '물신'으로서 기능해 온 것, 그것들은 인간의 생이 존속하기 위해, 자각하고 있지 않은 상태에서[28] 불가결하다고 간주되고 있기 때문에 '물신'으로서 기능할 수 있었던 것이다. 따라서 형이상학 비판이란 물신을 물신으로서 간파하는 것이다. 인간의 생에 불가결하다고 간주되는 것은 실은 억압을 가져오는 것이라는 점을 노정시키는 것이다.

그런데 하이데거의 형이상학 비판은 존재자Seiendes라는 물신에서 해방되는 것을 그 의도 속에 포함하고 있다. 존재론적 차이에 의해 그것은 '존재자에만 관련되는 비본래적인 존재방식을 벗어나는' 것을 말하고 있다. 니시타니 타케지西谷啓治는 이 의도를 다음과 같이 받아들이고 있다. "우리가 참으로 우리 자신이 되는 입장, 또한 존재하는 것을 넘어선 초월에 있어서 자유라는 것을 여는 입장이다."[29] 그러나 아도르노에게 문제가 되는 것은 바로 이 '자유'의 질이리라.

확실히 하이데거는 그리스 이후 서양 형이상학 전체를 지배해 온 테크네(기술)에서 유래하는 '정위定位, Stellen'적 사고를 도려내고, "그 자신을 내보이는 것, 그것이 그 자신으로부터 그 자신을 내보이는 대로 그 자신으로부터 볼 수 있도록 하는 것"[30]이라고 하는 현상학적 방법에 의거하면서, '존재자 속으로 스스로를 현현함으로써 스스로를 빼는'[31] 바의 존재로 향해서 독자적 사유의 길을 걷고자 했다. 이것은 확실히 '물음의 전환'이자 정위적 사고의 지배를 벗어난 '자유'이다.

그러나 이와 같은 자유는 아도르노에 의하면, 하이데거 자신이 '존재망각 Seinsvergessenheit', '고향상실Heimatlosigkeit'로 진단했던 현황에서 탈출하는 것Ausbruch이지 해결은 아니다. 정위적 사고의 지배에 의해 계속 숨겨져 온 존재는 다만 "순수하고 수동적인 비사량非思量의 사유에 의해 스스로를 나타내는"[32] 것일 뿐이다. 그것은 "조심성이 깊음과 동시에 절망적인 폭력행위"[33]이다. 이렇게 해서 획득된 '자유'는 실제로는 어떠한 질로도 변할 수 있다. 전기 하이데거의 실존의 '선구적 결의성'에서부터 후기의, 존재를 '청종聽從함'으로 전회함Kehre의 비밀은 결국 이 탈출이 '거울 속으로 탈출함'[34]이었던 것에 있다. 그것은 토대에 있는 종합의 계기 — 즉, 주관적 정신과 질료Materie 또는 사실성 — 를 묵살하고 있다. 종합의 계기를 묵살한 후에 성립하는 반성 없는 직접성은 "언제까지나 애매하고 자의적인 채로 머물"[35] 수밖에 없다. 즉, 존재자에 대해서도 초월자에 대해서도 책임을 묻는 일을 면해 있는 것이다. 이렇게 해서 존재자라는 물신을 파괴하고자 하는 행위는 어느덧 그 자체, '존재'를 물신으로 숭상하는 태도로 '전회'한다. 따라서 "철학의 전통에 대한 하이데거의 비판은 그것이 약속했던 것과는 완전히 반대의 것이 되고 있다"[36]라고 말하지 않으면 안 된다. 그것은 형이상학의 파괴, 즉 "인간이 개념을 좇아 만든 미몽에서 깨어나게 한다는 요구와는 완전히 반대로 전화하고 있는"[37] 것이다.

아도르노는 한편으로 "개념에 잡혀 갇히지 않고 도주해 가는 것"의 입장에 서지만, 다른 한편으로는 개념적 환영에 덮이지 않은, 주-객 분리를 넘어선 직접성, 개념화 이전의 시원으로 회귀함이라는 도식의 기만을 결코 놓치는 일이 없다. 그에 따르면, 그와 같은 직접성과 시원성은 그 자체 개념적 사유의 산물에 지나지 않는다.[38]

> 반성적 정신은 자신의 전능을 위해, 세계를 단순한 카오스로 얕보지만, 그 카오스는 반성적 정신이 그것을 존숭하기 위해서 확립한 코스모스와 마찬가지로 정신 산물의 하나이다.[39]

존재론에서는 "정신에 의해 매개된 것인 존재를 수동적인 직관Schau에게 양도"[40]함으로써, "사유의 산물의 근저에 있다고 하는 것을 그 나타남에 머물게 한다고 둘러댈 때, 그 사유의 산물은 부지불식간에 또 다시 자체적인 것das Ansich으로 변해버리는 것이다."[41] 즉, 존재자라는 물신을 파괴하기 위해 직접성 또는 시원으로 향해 감으로써 실제로는 물상화의 기구機構를 노정시키기는커녕 스스로도 그 함정에 빠져들어 가고 마는 것이다.

확실히 아도르노는 '개념에 잡혀 갇히지 않는 것', 즉 비합리적인 것을 중시하지만 이것은 '천박한 비합리주의'와는 다르다고 말한다.

> 비합리성을 보여준다고 하는 것 그 자체는 철학적 비합리주의와 같은 것이 아니다. 비합리성이란 주관과 객관이 제거할 수 없는 비동일성이 인식 — 그것은 그 술어적 판단이라는 형식에 의해 동일성을 요청하고 있다 — 에 남긴 흔적이다. 따라서 비합리성은 주관적 개념의 전능에 한사코 계속 저항하는 희망이기도 하다.[42]

아도르노에게 '비합리성'이란 조직화된 동일성 원리에 의해 억압되고 배제되는 비동일성의 '흔적'이며, 이 흔적이야말로 거기로부터 반격해서 이데올로기를 비판해서 이를 변하게 해야 할 '이음매'이다.

이상으로부터 아도르노의 하이데거에 대한 태도는 다음과 같이 요약할 수 있다.

> 하이데거가 주관과 객관의 차이를 넘어선 입장을 부당하게도 획득했다고 참칭함으로써 회피한 것, 그것과 격투할 용의가 있다는 것이 변증법의 동기 중의 하나이다.[43]

제3절 무인경Niemandsland

— (2)에 대하여

Niemandsland란 사전적 의미에서는 무인지대, 누구의 소유도 아닌 토지, 군사적 완충지대이지만, 아도르노는 여기에서 이 말을 아프리오리한 것의 진영에도, 아포스테리오리한 것의 진영에도 속하지 않는다는 부정적인 메타포로서 사용하고 있다. 존재론은 존재Sein가 그 어느 쪽에도 속하지 않는다는 것, 주-객의 분리를 넘어서 있고 오히려 그 분리를 근저에서 지탱하고 있는 것, 이것을 갖고서 이제까지의 서양의 형이상학이 빠져 온 막다른 골목에서 해방되는 일과 이를 극복하는 일을 가리키고 있다. 이 '어느 쪽에도 속하지 않는다'는 것은 존재론이 형이상학의 '파괴'를 수행할 때 비장의 카드이자 무기였다. 그러나 아도르노가 그것은 Niemandsland에 떨어져 있다고 할 때, 그는 이 '어느 쪽에도 속하지 않는' 존재가 형이상학을 극복한다고 하는 것은 속임수라고 고발하고 있는 것이다.

그러나 이 Niemandsland라는 말이 메타포로서 갖는 의미의 함축에 우리는 주목해야 한다고 생각한다. 만약 하이데거가 '존재'라는 말로 우리가 거기서 쉬어야 할 '국토國土'라는 의미를 담고 있다고 한다면 — 그리고 그것은 '고향Heimat'이라든가 '자성自性, Eigenes'이라는 말이 실제로 지시하고 있다고 생각된다 —, 위에서 인용한 아도르노의 말은 존재론이 희구하는 '고향'은 결국은 '속임수의 국토'에 지나지 않는다고 하는 주장으로서 받아들이게 되는 것이다. 그것은 '화토化土' 혹은 '해만계解慢界'로 번역되어도 좋을지 모른다.

여기에서, 하이데거가 근대의 고향상실Heimatlosigkeit로부터 회복함과 자성自性, Eigenes으로 회귀함을 어떻게 말하고 있는지를 우선 훑어보겠다.

> 고향의 본질이란, 근대 인간의 고향상실을 존재의 역사Geschichte의 본질

Wesen에 의거해서 사색하고자 하는 의도에서 말한 것이다.[44]

역사적인 거주함das Wohnen의 고향은 존재로의 가까움die Nähe zum Sein 이다.[45]

고향상실이란 "존재망각의 증표"[46]이다. 그런데 우리가 여기서 곧바로 '그러면 존재는 무엇인가?' 하고 묻는 것은 가능하지 않다. 그 물음은 이미 존재자를 발견하고자 하고 있는 것이며, 존재를 덮는 물음방식이다. 형이상학의 역사는 존재망각의 역사이며, 거기에서는 "진리를 보내는schicken 역운Geschick으로서의 존재는 숨겨진 채로"[47]이다. 하이데거에 의하면 형이상학은 존재를 현전現前, Anwesen의 상하에서 나타나는 한에서만 다루어 왔다.

존재란 서양적-유럽적 사유의 이른 시기부터 지금에 이르기까지 현전하는 것과 동일한 것을 의미한다.[48]

우리는 현전으로서 존재를 특징짓는 것에 구속되어 있다.[49]

Anwesen은 οὐσία의 역어로서, '체재滯在', '손을 뻗으면 바로 손에 넣을 수 있는 재산', '출석'을 함의한다. 이것은 '실제로 있는 항상적인 실체=있는 그대로 있는 것'으로서 '현재Gegenwart'라는 어떤 하나의 시간양태에 기초해서만 이해될 수 있는 것이다. 그러나 존재로 향한 물음은 이 이해에 기초하는 한 좌절되지 않을 수 없다. 『존재와 시간』에서 존재로 향한 물음은 다만 '도래적으로zukünftig 있는 것과 동근원적으로 기재적으로旣在的, gewesend 있는 바의 존재자', 즉 현존재Dasein의 존재방식으로부터만 개시된다. 그와 같은 존재자만이,

자기의 피투성被投性, Geworfenheit을 받아들일 수 있고, 이렇게 해서 '자신의 시대seine Zeit'로 향해 순간적으로 있을 수 있다. 다만 본래적으로 있는 것과 동시에 유한적인 시간성Zeitlichkeit만이 숙명Schicksal이라 하는 것, 즉 본래적인 역사성Geschichtlichkeit을 가능하게 한다.[50]

라고 말하고 있다. 진정한 존재이해가 가능하기 위해서는 '현재'를 기준으로 해서 이해되는 '존재자'로부터가 아니라, '피투적 투기投企'로서 있는 Da에서 출발하지 않으면 안 된다. 존재는 '항상적 실체'로서가 아니라 '역사성'으로서 즉 '성기性起'라고 말할 수 있는 사건Ereignis 또는 사태Sachverhalt로서 이해되지 않으면 안 된다.

그런데 후기 하이데거에서는 이 역사적 사건으로서의 '있음'은 현존재의 Da로부터도 아니라, Es gibt라는 표현에 맞게 사색된다. "ἔστι(원인)[51]에는 Es gibt가 은폐되어 있다."[52] 존재를 사색하기 위해서 이 표현이 선택된 것은, "존재 그 자신을 그 자성自性, Eigenes의 안으로 사색하기 위해, 존재에 추수追隨하면서 존재를 사색하는"[53] 것이 요구되기 때문이다. 존재는 통상 우리에게 '현전'으로서 이해되고 있지만 하이데거에게 있어서 존재의 자성은 현전을 현전하게 하는Anwesenlassen 활동이다. 이 활동에 응하기 위해서는 현존성은 더 이상 실존Exitenz으로서가 아니라 탈존Ek-sistenz으로서 존재 활동의 열림 가운데 서지 않으면 안 된다. 탈존에 있어서 고대의 ἀλήθεια(알레테이아) = Unverborgenheit(탈은폐성)라는 진리개념이 의미하고 있었던 것에서 서로 만나는 것이 가능하게 된다.

현전하게 하는 것이 그 자성自性을 보여주는 것은 그것이 탈은폐된 것das Unverborgene의 안으로 가져오는 것에 있어서이다. 현전하게 하는 것은 개장開藏하는 것Entbergen, 즉 열림das Offene으로 가져오는 것을 말한다. 개장하는 것에는 어떤 하나의 증여Geben가 활동하고 있고, 그 증여란 곧 현전하게 하는 것에서 현전을, 즉 존재를 주는 것이다.[54]

그리고 이때 '역사Geschichte'는 하이데거류의 어원학etimology에 따라 '보내기Schicken'와 결합된다.

> 존재의 역사의 역사성은 보낸다라고 하는 명운命運, Geschick적 성격에 의해 정해져 있다.[55]

Anwesen이라는 존재방식도, 활동으로서의 존재의 Es Gibt(있음)로부터 받는 선물das Gabe이지만, 그것에 의해 존재는 자신의 전모를 우리에게 내어주고 있는 것은 아니다. 다만 '보내는' 것일 뿐이다. 존재의 자성은 결국 그 자신을 다 주는 것이 아니라 그 자신에 머물러 있는 채로 그렇게 한다. 우리가 고향상실로부터 '본래성'으로 회귀한다는 것은 존재의 목동牧童, der Hirt[56]으로서 존재의 가까움에 탈아적으로ekstatisch 머무는 것 이외의 것이 아니다.

하이데거에 의해서 정위적 사고로부터 탈각해서 걷게 된 이러한 존재사유의 길은, 그러나 아도르노에서 보면 그 자체가 현실의 모순을 은폐하고 있는 관습적 정황Θέαει을 벗어나는 것이 아니다. 이 점에 대해 아도르노는 다음과 같이 서술하고 있다.

> 자신의 하층에 있는 것을 현출하게 한다는 구실 하에, 이 사고형성체는 물상화된 의식이 원래 그러했던 즉자적인 것으로 또다시 되고 만다. 마치 물신을 파괴하는 척하지만, 물신을 물신으로서 간파하기 위한 조건을 단지 파괴할 뿐이다. 겉보기만의 탈출자가 간신히 다다르는 목적지는 탈출자가 거기로부터 도망가려고 하는 바로 그곳이다. 즉 존재 — 탈출자가 거기로 흘러들어가는 존재 — 란, 실은 '관습적 정황Θέαει'[57]인 것이다.[58]

제4절 역사의 무시無視와 신격화

— (3)에 대하여

마지막으로, 하이데거 존재론이 현실의 역사에 대해서 수행한 기능에 대해서 고찰해야 하겠다. 아도르노는 존재론이 역사와 맺는 관계에 대해 다음과 같이 서술하고 있다.

> 존재의 학Seinslehre의 양면성Ambivalenz — 즉, 존재자를 다루면서 그것을 존재론화한다고 하는 것, 바꿔 말하면 존재자의 형식적 성격에 호소하고 그로부터 그 비개념적인 것을 배제한다고 하는 것 — 이 존재가 학의 역사와 맺는 관계를 규정한다.[59]

그리고 이로부터 다음과 같은 이중의 귀결이 생기게 된다. 즉, 한편으로 "역사Geschichte를 역사성Geschichtlichkeit이라는 실존론적인 것das Existential[60]으로 이체함으로써 역사는 그 독기를 뽑아낸다"[61]라고 하는 것, 그리고 그것에 의해 "역사성은 역사를 비역사적인 것으로 고정화한다"라고 하는 것이며, 다른 한편으로 또한 "역사의 존재론화는 존재가능을 잘 검증되지도 않는 역사적인 힘(권력)Macht 속으로 귀속시키는 것을 허용하고 만다"[62]라고 하는 것, 그리고 그것에 의해 "역사적historisch인 정황으로 복종을 정당화하는 — 마치 그 복종이 존재에 의해 명령받고 있었다는 듯이 — 것을 허용하고 만다"[63]라고 하는 것, 이 이중의 귀결이다. 전자가 '역사가 무시되는' 경우이고, 후자가 '역사가 신격화되는' 경우이다. 그리고 이 일견 정반대되는 태도는 실은 또한 완전히 동일한 태도의 두 측면이고, 이것들은 동시에 행해지는 것이다. 실제로 하이데거 자신의 '실존론적-존재론적 기투'라는 태도는 1933년에 현실의 역사적 사태 — 나치스 정권의 성립 — 에 직면하여 이 이상도 이 이하도 아니었던 것이다. 아도르노는 이와 같은 실존론적 태도의 특징을 다음과 같이 서술하면서, 이에 대해

'신화적인 유쾌한 울림을 갖는 철학의 위안'이라고 지적하고 있다.

시간 그것, 따라서 무상성Vergängnis은 실존론적-존재론적 기투에 의해 영원한 것으로서 절대시되는 영광을 받게 되는 것이다. 무상의 본질성Wesenhaftigkeit, 시간적인 것의 시간성Zeitlichkeit으로서의 실존개념은 그러한 (~keit라는) 이름을 부여함으로써 실존을 회피하고 있다. 일단 현상학적인 물음의 제목 하에서 논해지자마자, 실존은 이미 전체 내로 통합되고 있는 것이다.[64]

제5절 '자연사自然史'의 관점으로

이제 여기에서 이 절을 마치면서, 우리는 이상에서 서술한 아도르노의 하이데거 비판을 냉정하게 받아들여서, 그 의의와 한계에 대해 정리하고 금후의 과제에 대해 약간의 고찰을 행해야 할 단계에 있다. 확실히 하이데거 존재론 일색으로 칠해져 치우쳐 있었던, 어떤 한 시기의 전후戰後 독일 철학계의 상황에 대해서 아도르노가 쏜 비판의 화살은 그 상황 자체가 갖는 기만성을 노정시켰다는 점에서 역시 큰 의의를 갖고 있었다는 것은 충분히 평가되어야 마땅할 것이다. 왜냐하면, 전후의 냉전 상황에서 '그것 없이는 아우슈비츠도 가능하지 않았을 시민적 주관성의 근본의식'에 안주하면서, 게다가 그것을 자못 근원적으로 문제화하는 존재론적인 언사를 농하는 추종자Epigonen들에 대한 아도르노의 초조함은 심정적으로 정말 잘 이해될 수 있기 때문이다. 그러나 우리가 아도르노에서 이어받아야 할 과제는 본론 서두에서 서술했듯이, 그가 제기한 '비동일성의 흔적'이라는 입장에 선다고 하는 것이 애당초 우리에게 과연 가능한 것일까 하는 문제이다. 아도르노라면 즉자적으로 인정했을지도 모르는 이 '비동일성'의 입장에 우리가 안이하게 서서는 안 되는 것이 아닐까? 『계몽의 변증법』을 우리가 책임을 갖고 떠맡고자 한다면, 오히려 이 불가능성을 아픔으로써 지속적으로 받아들여야 하는 것은 아닐까?

하이데거도 또한 거기에 뿌리내리고 있는 현상학적 사유는, 전통적으로 자율적인 것으로 여겨져 온 합리적 이성이 실은 익명적인 지평성에 의해 받쳐지고 있다는 것을 밝혀 왔다. 또 후기 하이데거의 존재사유도 결코 직접성으로 회귀하는 것이 아니라, 지평을 지평으로서 가능하게 하는 '틈'에 막다르고 있다. 이렇게 해서 '타자'의 문제는 현상학적 사유에도 초미의 과제가 되고 있다. 과연 이것도 '동일성' 내부의 사건으로 볼 것인가, 혹은 역으로 변증법적 사유에 대해서 그것은 주관적인 구성물을 객관적인 것이라고 주장할 위험에 항상 노출되어 있어서 아도르노의 '비동일성'도 그 예외는 아니라고 되받아칠 것인가? 어쨌든 현상학적 의미의 '타자'와, 아도르노의 '비동일성'으로서의 '타자'가 교차하는 지점을 확인하고, 양자의 가까움과 멂을 신중히 측정해 가는 것이 금후 우리의 과제일 것이다. 그리고 이 교차의 존재방식을 해명할 때 양자에게 '자연'이라는 요인이 갖는 중요성에 주목해야 할 것이다. 왜냐하면, 현상학적 입장은 신체가 갖는 매체기능 등을 통해서 의식주관의 깊이를 이루는 '의식의 뿌리로서의 자연'의 차원에 초점이 맞추어져 있고, 또한 아도르노의 기본적 입장은 이념적인 것, '인위적인 것θέσει'을 기반으로 해 온 형이상학의 역사 전체를 탈인간화해 가고자 하는 '자연사'의 관점을 빼고서는 도저히 이해될 수 없기 때문이다.

제3장 '성좌星座'와 '타자他者'

마지막으로 '비동일성의 흔적'이라고 하는 아도르노의 기본적 입장을 확인하면서, 그의 유토피아적 계기, 즉 어떤 의미에서 종교성이라고도 할 수 있는 계기에 대해서 필자 나름의 생각을 적어두고자 한다. 우선 앞 절로부터 내려오는 흐름을 따르며, 아도르노의 다음과 같은 말을 단서로 해서 시작하자.

> 실존의 학學이라는 어둡게 흐린 하늘에는 더 이상 어떠한 별도 빛나지 않는다. 존재자가 그것에 참여하고 그것에 의해 제약되어야 할, 어떠한 영원한 이념도 거기에는 남겨져 있지 않다. 남겨져 있는 것은 다만 원래 있는 것을 노출시키는 긍정, 즉 힘Macht에 대한 긍정뿐이다.[65]

그러면 아도르노가 말하는 '별'이란 무엇인가? 이 물음은 아도르노 자신이 유토피아적 계기에 대해 말할 것을 요구한다. 그러나 아도르노는 자신의 희망에 대해 적극적으로 표명하는 일이 좀처럼 없다. 그는 "희망은 희망을 상실한 자에게만 의미가 있다"고 말한 벤야민에 대해서조차, 그가 당시의 현황에 대해 '희망적 관측'을 할 때의 달콤함을 지적하는 정도이다. 아도르노의 주저의 이름은 『부정변증법』이고, 그 서두에서 하는 말은 이렇다. "한 번은 오래된 것으로 보였던 철학이 아직도 여전히 생명을 보전하고 있는 것은 그 실현의 순간이 일실逸失되었기 때문이다……."[66] 하지만 이 말에서조차 벤야민의 저 말에서와 마찬가지로 어떤 하나의 '원願'이 말해지고 있다는 것을 희미하게 들을 수 있을 것이다.

서두에서 서술했듯이, 아도르노는 '주관-객관 이원론의 퇴행적인 극복'에 대해서 매우 경계를 했고, '소외론'적 도식의 달콤함을 지적했다. 그러나 그것에 입각하면서도 굳이 자신의 희망을 '유화宥和의 상태에 대한 사변'이라고 말하는 대목이 있다.

> 그러한 상태로서 떠올려야 하는 것은 주관과 객관의 구별 없는 통일도 아니거니와 양자의 적대적인 대립도 아니며, 오히려 서로 다른 것끼리의 의사소통일 것이다. …… 주관과 객관의 관계는, 인간 상호 간뿐 아니라 인간과 그 타자 간에도 평화가 실현될 때 비로소 인식론적으로도 그 바른

지위를 회복하게 될 것이다. 평화란 서로 다른 것끼리 서로 지배하는 것이 아니라 서로 관여하는 상태의 것이다.[67]

마틴 제이Martin Jay는 이 '평화'에 대해서 그것은 "집합적 주관성과 개인적 주관성과 객관적 세계라는 세 가지의 별로 이루어지는 하나의 성좌Konstellation이다"[68]라고 하고 있다. Konstellation이라는 독일어는 일상적으로는 '상황'을 의미하지만, 아도르노의 문맥에서는 '배치연관'으로 번역되거나 혹은 여기에서처럼 '성좌'라고 번역되는 것이 적합할 것이다. 이 말은 또 글자 뜻대로 '함께-세운다kon-stellen'로 읽을 수도 있다. 그렇다면, 성좌 가운데 '함께-세워야' 할 것은 무엇일까? 그것은 이 인용에서도 분명하듯이 '인간과 그 타자'이다. 물론 여기서 '타자'에 무게가 실린다는 것은 말할 나위도 없다. '비동일성의 흔적'에 몸을 두는 아도르노의 사상에는 이 '타자'의 구제라는 종교성의 계기가 일관되게 흐르고 있다고 생각된다. '서로 다른 것끼리 서로 지배하는 것이 아니라 서로 관여하는 상태', 이것을 나는 아도르노의 '정토淨土'론으로 받아들이고 싶다. 앞 절에서 아도르노에게 존재론적 '고향'은 '화토化土'로 비쳤음에 틀림없다고 서술한 바 있는데 이는 이 화토에 대응되는 것이다.

여기에서 마지막으로 다시 '소외론'적 도식과 대비하며 '비동일성'의 입장을 확인해 두겠다. 소외론은 순수한 인간성Humanität을 전제함으로써 인간이 물상화된, 즉 물物로 화한 상태를 혐오한다. 그러나 아도르노는 오히려 소외론에 의해 혐오되었던 '물物'의 입장에 서고 있다.

물상성物象性, das Dinghafte을 근원악으로 간주하고 존재하는 전체를 순수한 활동으로 역동화dynamisieren하고자 하는 자는 타자나 소원한 것에 대해 적대하게 된다. 소외Entfremdung라는 말 가운데, 소원한 것das Fremde이라는 이름이 울려 퍼지고 있는 것은 까닭이 없지 않다.[69]

여기에서 아도르노는 이방인das Fremde 쪽에 있다.

> 사물die Dinge은 억압된 것의 파편으로서 경화硬化되어 있다. 하지만 그 구제를 사념思念하는 것은 사물에 대한 사랑이다. 현황의 변증법에 의해 의식이 물상적이고 소원한 것으로 경험하는 것, 곧 부정적인 속박이나 타율성이 배제되어서는 안 된다. 그것들은 사랑받아야 할 것이 추하게 썩은 모습이기 때문이다.[70]

이 '억압된 것의 파편'이란 말에서 『유신초문의唯信鈔文意』의 '돌, 기와, 자갈과 같이 되는 우리들이네'[71]라는 말이 상기된다고 한다면, 과연 필자만이 그러한 것일까?

비트겐슈타인과 현상학

— 직접경험으로 가는 길과 그 어려움

시작하며

비트겐슈타인과 후설은 모두 20세기 초두의 학문적 상황에서 공통의 철학적 과제를 갖고 출발했지만, 그 후의 계승자들에 의해 거의 극과 극이라고도 할 만한 철학적 조류가 형성되게 되었다. 그러나 완전히 이질적인 사고양식을 갖는 상이한 진영의 창설자로 여겨지는 두 사상가에 공통된 테마가 반 퍼르젠C. A. Van Peursen[1]에 의해 지적된 이후, 니콜라스 기어Nicholas Gier의 『비트겐슈타인과 현상학 — 후기 비트겐슈타인과 후설, 하이데거, 메를로-퐁티의 비교연구』[2] 등 여러 연구가 공간되었고, 일본에서도 쿠로다 와타루黒田亘, 타키우라 시즈오滝浦静雄, 노에 케이이치野家啓一, 오카모토 유키코岡本由起子 등에 의해 위에 표기된 주제를 둘러싸고 우수한 논고들이 발표되었다.[3] 이 논문에서는 박병철의 『비트겐슈타인 철학의 현상학적 측면들』[4], 크리스티안 베르메스Christian Bermes의 『비트겐슈타인의 현상학 — 비트겐슈타인 철학의 동기로서의 현상학』[5]을 참조하면서, 특히 직접경험의 기술이라는 논점에 한정해서 양자를 비교하면서 간략히 고찰해 보고자 한다. 이 논점은, 간접적이지만 본론 Ⅲ부의 '전의와 반성'이란 문제영역과 관계가 있다.

제1장 지금까지의 양자의 비교연구

처음에 비트겐슈타인과 후설 양자의 비교연구의 역사를 박병철의 서술[6]에 따라 간단하게 돌아보기로 하자. 우선 위에서 말한 피르젠의 업적은 양자가 전통적인 형이상학을 무너뜨린다는 의미에서 어떤 공통된 과제에 몰두하고 있었다는 것을 처음으로 분명히 했다는 점에서 중요한 의의를 갖지만, 양자를 비교연구할 때 결정적인 의미를 갖는 비트겐슈타인의 중기사상을 언급하고 있지 않은데, 이 점에서 50년대의 저작이 갖는 한계를 노정하고 있다. 다음으로 리쾨르Ricoeur[7]는 『논리철학논고』에서 말하는 '사태state of affairs = Sachverhalt'가 가능성의 영역을 표현하고 있다는 것에 주목하고 비트겐슈타인 철학의 현상학적 해석을 향해 일보 전진하면서, 그의 사상寫像이론이 반성성을 결여하기 때문에 '이 현상학은 유산流産하는'[8] 경향을 면할 수 없다고 평결했다. 확실히 사상寫像의 형식은 그것이 담는 무언가의 실재를 묘출할 수 있지만, 그 형식 자체를 묘출하는 것은 가능하지 않다. 리쾨르는 이 반성성의 결여 때문에 비트겐슈타인에게서 현상학의 가능성을 단념해버리지만, 그러나 그렇다면 도리어 비트겐슈타인이 직면하고 있었던 현상학적 문제의 어려움을 이해하지 못했다는 것을 스스로 고백하는 셈이 된다. 리쾨르도 또한 비트겐슈타인의 중기사상의 중요성을 알아차리지 못했던 것이다. 박병철에 의하면, 비트겐슈타인이 씨름하고 있었던 문제는 '직접경험'이고, 또 그 직접경험을 어떻게 기술할 수 있는가 하는 것이었다. 직접경험에 주어지는 것을 기술하는 언어는 그 자체가 언어와 세계를 연결하는 궁극적 매체가 될 것이다. 비트겐슈타인은 그 자체가 보편적 매체의 역할을 수행하는 우리의 언어에서 실재의 전체 구조를 발견하고자 했던 것이다. 초기에 그는 세계를 직접적으로 반영해내는 이상적 언어를 구축하고자 했다. 중기사상은 이 이상적 사상寫像이라는 사태에 배태되어 있는 어려운 문제에 직면해서 그의 언어관이 변화하기 시작하는 단계를 보여주고 있다. 그러나 박병철에 의하면, 이는 궁극적 매체로서의 언어는 세계와 맺어주는 매듭으로서 기능한다는 그의 신념을 바꾼 것이 아니며, 후기의 언어게임의 사상思想도 또한 이 목적에 이바지해야 한다는 것이었다. 우리는 언어를 통해서 말하기 때문에 언어구조 그 자체는 말하기의 대상이 될 수 없다. 의미론은 언표불가능하다. 반성성의 문제는 이 의미에서 명시적으로 정시될 수 없다. 그러나 그렇다고 해서 뢰쾨르처럼 비트겐슈타인에게서 현상학의 가능성을 단념할 수는 없다. 비트겐슈타인에게 현상학적 문제란 바로 이 세계와 맺어주는 매체이면서도 그 자신에 대해서는 말할 수 없는 언어의 특질로 향하는 물음이었기 때문이다. 이것은 "현상학이란 문법이다"[9]라는 말로 단적으로 표현되고 있다. 우리는 여기에서 후설 현상학의 궁극적인 물음이 세계의 현출로 향하는 물음이며, 그도 또한 현상학적 반성의 극점에서 반성불가능한 사상事象에 직면하고 있었다는 것을 상기해야 할 것이다.

스피겔버그Herbert Spiegelberg[10]는 비트겐슈타인의 유고를 읽어 들어가면서 그가 '현상학'이라는 말로 보여주고자 했던 사상事象들을 자세히 조사하고, 비트겐슈타인을 현상학 운동 가운데 위치시키고자 했다. 스피겔버그에 의하면, 비트겐슈타인의 현상학은 1929년에 시작해서 1933년의 'The Big Typescript'를 통해서 발전했으며, '청색책'으로 시작하는 일상언어의 문법에 의해 완전히 (현상학으로) 대체되었다고 한다. 이 시기는 비트겐슈타인이 명시적으로 '현상학'이라는 말을 사용하고 있었던 시기이다. 그러나 박병철은 스피겔버그가 한편으로 비트겐슈타인의 중기사상에 대해서 초기 저작이 갖는 문맥적 연관에 주의하지 않았으며, 다른 한편으로 최만년의 「색에 대해서」에서 나오는 '현상학'이라는 말을 알아차렸으면서도 별로 중요시하지 않았던 점을 지적하면서, 스피겔버그가 비트겐슈타인이 생애를 통해 현상학적 문제와 씨름했다는 것을 간과했고 또 처음부터 현상학자이었을 가능성을 고려하지 않았다고 비판하고 있다.

기어Gier는 스피겔버그에서 한 걸음 더 나아가 1929년 이후 비트겐슈타인은 생을 마감할 때까지 현상학자였다고 주장하고, 특히 그의 후기철학을 하이데거나 메를로-퐁티 등 후설 이후의 현상학적 철학자와 비교할 수 있다는 것을 보여주었다. 그러나 "『논고』의 비트겐슈타인은 외적 관계들, 원자론, 표상주의에 찬성하기 때문에 결정적으로 현상학 운동과 헤어지고 있다"[11]라고 단정하는 기어는 『논고』를 현상학적 저작으로 인정하지 않는다. 『논고』에서 말하는 대상은 형이상학적 단일체의 요소를 불식하지 않고 있기에, 직접경험의 현상으로는 여겨질 수 없기 때문이다. 다른 한편으로 기어는 예를 들면 『철학적 탐구』의 "우리는 모든 설명을 제거해야 한다. 기술記述이 그것을 대신해야만 한다"[12]와 같은 말에 의해 곧바로 중기 및 후기 비트겐슈타인의 기술적記述的 방법에서 후설의 현상학적 환원 사상思想을 읽어내고 있다. 그러나 여기서 주의해야 할 것은, 비트겐슈타인의 이러한 언명은 그가 직접경험을 기술할 기능을 맡아야 하는 '현상학적 언어'를 거부한 후의 것이라는 점이다. 이 점에서 박병철은 후기 비트겐슈타인이 후설 현상학과 동종의, 혹은 그와 유사한 방법을 실제로 수행했다고 하는 기어의 견해에는 비판적이다.

대략 이상과 같은 논의 곳곳에 박병철 자신의 견해가 얼굴을 내밀고 있다. 그것은 한마디로 말하면, 다음과 같이 정리할 수 있을 것이다. 즉, 비트겐슈타인은 초기의 『논고』에서 후기의 언어게임론에 이르기까지 일관되게 현상학적 문제와 씨름하고 있었다. 그러나 이 '현상학'은 반드시 후설의 현상학과 동일한 것은 아니며, 바로 '비트겐슈타인의 현상학'으로서 고찰되어야 한다. 비트겐슈타인이 씨름했던 현상학적 문제의 의미는 비트겐슈타인의 문맥에 맞게 탐구되어야 하지, 후설의 현상학적 방법을 기준으로 해서 그것과 얼마나 합치할 수 있는가에 의해 추량되어서는 안 된다. 그러면 그와 같은 '현상학적 문제'는 무엇이고, 그것이 한사코 '현상학'으로 불릴 수 있는 것은 어떠한 이유 때문인가? 이 물음은 우리를 '직접경험'과 그 기술이라는 문제로 데리고 돌아가는 것과 동시에, 그 기술의 가능성을 둘러싼 논의를 통해서 20세기 학문론을 보다 보편적인 시야에서 다시 묻는 과제로 이끌 것이다.

제2장 직접경험과 현상학적 언어

박병철 저작의 의도는 비트겐슈타인이 '현상학' 또는 '현상학적 언어'라는 용어를 사용하는 문맥을 조사하고, 그 사용이 (한 시기가 아니라) 그의 철학 전체에 어떻게 관계하고 있는가를 고찰하는 것이다. 그때 '현상학'이라는 말은 후설의 방법론으로부터 자유로운 것이며, 19세기에서 20세기로 전환하는 시기에 마하 · 볼츠만 · 헤르츠 등에 의해 이론물리학의 분야에서 시작된 어떤 학문태도를 나타낸다. 즉, 그것은 우리의 경험에 직접 주어지는 것에서 실재의 궁극 구조를 이해하고자 하는 학문적 태도이며, 가정적 요소들을 운용하는 종래의 과학적 방법과는 일치할 수 없는 것이다. 비트겐슈타인도 후설도 이 토양에서 출발했지만, 직접소여의 구조를 둘러싼 견해의 차이가 두 사람을 다른 '현상학'으로 이끌었던 것이다.

"우리가 살고 있는 세계는 감각여건의 세계이다. 그러나 우리가 말하는 세계는 물리적 대상의 세계이다."[13] 이 말은 비트겐슈타인의 현상학적 문제를 집약하고 있다. 그의 궁극적 관심은 전 생애를 통해서 직접경험과 그 기술을 둘러싼 문제였다. 1929년에 일어난 변화, 즉 『철학적 탐구』 서두에 적은 현상학적 언어의 거절과 '논리'에서 '문법'으로의 전환은 현상학적 문제의 철폐를 의미하는 것은 아니다. 직접경험의 문제가 그의 관심에서 떠나지 않았던 것은 '색'이 초기부터 최만년에 이르기까지 계속 그의 철학적 문제이었던 것에서도 엿볼 수 있다. 변화한 것은 직접경험을 표현하고 기술하는 그의 방식에 대한 견해이다. 초기에는 직접경험을 순수하게 기술하는 이상언어 곧 현상학적 언어를 겨냥하지만, 중기에 이르러 그렇게 독립해 있는 기호법으로서의 이상언어는 불가능하며, 우리가 소유하고 있는 것은 '물리적'이라 불리는 일상언어뿐이라는 것을 인식하게 된다. 현상학적 언어의 거부는 진리함수이론의 완전성을 내버린 데서 귀결하는 것이고, 또 요소명제의 독립성을 내버린 것과도 결부되어 있다.

따라서 '비트겐슈타인의 현상학'은 『논고』에서 가장 명백히 현전하고 있다. 거기에서 대상은 논리형식과 함께 주어지며, 논리형식은 언어와 세계를 관계짓는 사영射影으로서 기능하고 있다. 대상은 논리형식을 이미 갖추고 있고, 우리가 논리를 갖는 능력은 대상과 함께 주어져 있다. 여기에 후설 현상학과 명확히 차이나는 점이 있다. 후설에게 있어서 무언가가 무언가로서 인식되는 것은 그것이 형식화되어 있지 않는 생生의 휠레적 여건이 의미부여작용에 의해 구성되기 때문이고, 이 구성은 순수의식의 지향적 성격으로 되돌려진다. 구성을 주제화하기 위해 환원이 요구된다. 그러나 비트겐슈타인에게 있어서 이러한 환원은 불필요하다. 의미를 주는 것은 대상과 함께 오고 있으며, 실재를 잡는 열쇠[논리형식]는 이미 주어져 있기 때문이다. 그러나 그만큼 직접경험을 기술하는 문제가 그에게 있어서 초미의 과제가 되지 않을 수 없다. 『논고』에서는 요소명제의 사상寫像적 성격이 진리함수에 의해 복합명제에도 보존되어, 언어와 실재의 투명한 관계를 통해서 직접경험의 직접기술이 가능하다고 생각되고 있었다. 1929년의 전회에 근저에 있었던 것은 언어와 실재의 대응관계의 어려움을 숙고하는 것이었다. "우리는 실로 실재와 명제를 비교할 수 있어야 한다"[14]라는 말은 당시의 그가 씨름하고 있던 문제의 소재를 보여주고 있다.

이 씨름 끝에 그는 언어는 전체로서 다루어야 하며, 초점은 사태를 기술하는 명제보다는 오히려 언어의 전체적 시스템에 놓여야 한다는 결론에 도달했다. 여기에서 논리형식을 대신하는 것은 '문법'이다. 후기의 전개에서 문법은 언어게임, 규칙론을 통해서 정의된다. 확실히 여기에서는 현상주의라는 의미에서도, 체계적 형상학形相學이라는 의미에서도 현상학은 더 이상 불가능하다. 그러나 현상학적인 물음은 더욱 깊어지고 있다고 보아야 한다. 초기에는 세계를 반영하는 논리형식이 대상과 함께 주어져 있다고 했지만, 그러나 그것이 왜 어떻게 주어지는가 하는 물음은 물어질 수 없었다. 이 물음은 우리가 경험할 수 있는 것에 앞서는 무언가를 묻고 있기 때문이다. 그것은 '논리란 도대체 무엇인가?' 하는 물음이다. 이 궁극적인 물음은 말할 수 있는 것의 영역에는 들어가지 않는다. 『논고』에서는 인식의 한계가 조명되었을 뿐이지만, 1929년에 그는 이 한계를 보다 정확히 규정하고자 고투해서, 『논고』의 '보이다'라는 개념을 현상학적 기술에 의해 충족하고자 시도했다. 그 결과 현상학적 언어를 거절하게 되었지만, 그러나 그것은 "우리가 언어사용의 규칙을 탐구하는 일은 우리가 현상학적 언어의 구축에 의해 도달하고자 자주 의도했던 일과 동일한 것에 이른다"[15]고 말하듯이, 현상학적 문제를 방기한 것이 아니라 오히려 다른 형태로 현상학적 물음을 철저히 수행한 것이다.

제3장 비트겐슈타인의 철학의 동기로서의 현상학

그러면 후기 비트겐슈타인에서 현상학적 문제는 어떻게 전개되는가? 박병철은 "1929년 이후 비트겐슈타인의 현상학은 우리가 사용하는 물리학적 언어의 표현 속으로 깊이 스스로를 숨기게 된다"[16]라고 서술하고 있지만, 숨기면서도 그것은 그의 철학하는 행위를 근저에서 동기부여하고 있다. 이 점을 강조하며 고찰한 사람이 바로 크리스티안 베르메스Chrstian Bermes이다. 베르메스는 비트겐슈타인에게서 두 가지 현상학을 발견한다. 하나는 '의미'의 문제를 사정거리에 넣은 '문법'의 구조 탐구이고, 다른 하나는 기술의 정당성의 문제를 주제로 하는 현상주의적인 현상학이다. 이 중에서 후자는 제일차적[현상학적] 언어와 물리적 언어의 구별이 불가능하다는 점, 현상학적 영역의 기술을 위해서는 물리학적 영역이 필요하다는 점을 깨닫자마자 단호히 방기된다. 그러나 전자는 그 후 비트겐슈타인이 그의 철학을 수행할 수 있도록 동기부여하면서 계속 살아남는다. 이 점은 비트겐슈타인의 철학을 '문법의 관리인'[17]으로 규정하는 데서 발견된다. 그것은 세계의 본질을 언어명제를 통해서가 아니라, 언어규칙의 존재방식을 통해서 파악하고자 한다. 이 방향은 선先-이론적 계기를 말할 수 없는 것으로서 돋보이게 해서, 이후의 현상학적 동기를 철저히 수행하게 한다.

『철학적 탐구』에서는 현상학적 동기 즉 선先-이론적인 '의미'에 대한 관심은 그의 철학하는 스타일에서만 표현된다. 그것은 이론적 명제를 기술記述의 재고在庫에서 배제하긴 하지만, 이 저작의 성립에 동기부여하고 있다. 철학은 무언가를 설명한다든지 추론한다든지 해야 하는 것이 아니라 "모든 것을 그것이 있는 그대로 내버려 둔다."[18] '의미'의 명석성은 단지 일상언어의 '생활형식' 곧 언어사용의 규칙을 실천적으로 보여주는 경우에만 분석될 수 있다. 확실히 여기에는 후설의 현상학적 방법과 비교할 여지가 없다. 그러나 비트겐슈타인은 생애를 통해서 그의 탐구의 전제들을 설시說示할 가능성과 계속 씨름했다. 이 점에서 그는 후설이 말하는 '원리들의 원리'를 다음과 같은 방식으로 철저히 수행했다고 말할 수 있을 것이다. 즉, 원리를 더 이상 원리라 이름붙이지 않고, 원리의 내용을 철학해 가면서 이를 사용한다고 하는 방식으로. 그는 '당신Du'이라 부르면서, 독자에게 항상 이 원리를 따라 수행할 것을 요구하고 있다. 베르메스는 이렇게 서술한다. "비트겐슈타인의 철학은 그 자체도 더 이상 설시할 수 없는 실천화된 현상학으로서 그 정체를 나타내고 있다."[19]

후기

지금 교정을 마치고 다시 본서 전체를 돌아볼 때, 과연 서문에서 서술했던 목적을 이루었을까 자문하지 않을 수 없다. 실감을 말한다면 오히려 마치 좌초한 배의 잔해를 보는 기분이다. 천학비재한 탓에 논문집이라는 형태로 정리할 수밖에 없었고, 쓸데없는 반복이 눈에 띈다. 가능하다면 또 한 번 환골탈태해서 완전한 형태로 만들고 싶다는 생각이 들긴 하지만, 지금은 그럴 시간적 여유도 없으니 이대로의 형태로 상재해서 독자의 질정을 청하는 것 이외는 다른 길이 없다. 이로부터 새로운 항로를 향해서 재차 닻을 올리기 위해서는 지금 부딪히고 있는 암초가 어떠한 것일까, 그것은 어떻게 깨뜨릴 수 있을까 명확하게 하지 않으면 안 된다. 그러나 특히 제Ⅲ부의 '전의와 반성'이라는 문제권역은 현재의 필자의 역량을 아득히 넘어선 난제임을 통절하게 느끼지 않을 수 없었다. 다만 이 책의 공간公刊에 일정한 의의가 있다고 한다면, 그것은 필자가 직면한 어려운 물음을 공개하고, 그것에 대해서 불교학과 철학 양쪽으로부터 서로 논의를 전개할 수 있는 장을 여는 데 있을 것이다. 물론 안이한 융합은 위험하다. 학문연구에 있어서 가장 중요한 것은 공정한 비판이다. 만약 이 책의 공간이 이제까지 거의 독립해서 연구되어 왔던 양 분야 간에 서로의 차이를 존중하면서도 어떤 공통된 물음으로 향해서 상호비판을 전개할 수 있는 장을 여는 하나의 계기가 된다고 한다면, 필자로서는 이 이상의 기쁨은 없다. 이 의미에서도 이 책의 내용에 관해서 불교학과 철학 양쪽으로부터 비판이 있기를 간절히 원하는 바이다.

덧붙이면, 이 책은 타이쇼大正 대학에 제출한 학위청구논문 — 원제「유식사상과 현상학」— 을 기초로 하고 약간의 교정을 행해서 이루어진 것이다. 논문의 심사를 담당한 분은 田丸德善 선생님, 吉田宏晳 선생님, 峰島旭雄 선생님이었다. 주심을 맡아 주셨던 田丸 선생님은 필자 이상으로 논문의 취지를 읽어낸 간절한 심사보고서(『타이쇼대학 대학원논집』 제27호)를 집필해 주셨을 뿐만 아니라 출판의 최종단계에서도 귀중한 조언을 베풀어 주셨다. 吉田 선생님께는 주로 불교학의 측면에서, 그리고 대학원 이래 지도를 해주고 계신 峰導 선생님께는 주로 철학의 측면에서 귀중한 조언을 받았다. 평소에 지도하실 때는 말할 것도 없고, 공간公刊을 맞이해서도 간독懇篤한 조언을 베풀어 주신 세 분 선생님께 여기서 다시 마음에서 우러나오는 감사의 말씀을 드리고 싶다.

이제까지 더딘 걸음이지만 에두르지 않고 필자가 철학을 계속할 수 있었던 것은 실로 많은 선생님들께 받은 간절한 지도 덕분이다. 타이쇼대학 대학원 이래 시종 격려를 주셨을 뿐만 아니라 이번 심사를 담당하신 세 분 선생님과 함께 필자를 비교사상이라고 하는 학문 분야로 이끌어 주신 中川榮照 선생님, 교토京都에서의 학부학생 시대 이래 오늘날에 이르기까지 필자의 더딘 걸음을 항상 따뜻하게 지켜보아 주신 田閑照 선생님과 長谷正當 선생님, 마찬가지로 교토에서 졸업논문을 낼 때에 덕을 입은 山本誠作 선생님, 필자가 현상학을 연구할 때 후설의 엄밀한 강독을 부과함과 동시에 그로부터 항상 새로운 사색을 하도록 촉구하시고, 유식사상과 현상학의 사상事象 연관을 탐색하려고 시도할 때도 많은 시사를 주신 新田義弘 선생님, 진종대곡파교학연구소眞宗大谷派教學研究所에서 『성유식론』, 『安田理深選集』 등의 강독을 통해서 전통을 답습하고 그러면서도 현대의 과제에 응답하면서 불교사상을 독해할 것을 부과하셨던 兒玉曉洋 선생님, 이외에 여기서는 이름을 들지 않은 많은 선생님들과 동학의 여러분들께 이 자리를 빌어서 마음에서 우러나오는 감사를 드리고 싶다.

또한 지금은 돌아가신 선생님들께 받은 학은도 필자로서는 잊을 수 없다. 武內義範 선생님께는 교토대학에서 문학부 철학과로 전과할 때 덕을 입었다. 선생님은 그 후 1년이 지나 퇴임하셨지만, 최종 강의는 지금도 필자에게는 마음의 곡식이 되고 있다. 토쿄의 내 거처로 돌아간 필자가 타이쇼대학 서양철학 연구실과 연을 맺을 수 있었던 것은 당시 주임을 맡고 있던 臼木淑 선생님과의 만남이 계기가 되었다. 필자가 선생님 밑에서 배우기 위해 대학원 진학의 준비를 진행하고 있었던 한창 때 돌연 선생님께서 돌아가셨다. 대학원 입시는 필자에게는 선생님의 넋을 달래기 위한 싸움이었다. 대학원에서는 茂手木藏 선생님께 그리스어와 라틴어를, 中田勉 선생님께는 비트겐슈타인을 중심으로 하는 분석철학을 교시 받았다. 그러나 두 선생님께 필자가 배운 최대의 것은 무엇보다도 학문을 향한 순수무잡純粹無雜한 태도이고, 바로 철학하는 것 그 자체였다. 두 선생님의, 사람들이 알지 못하는 고된 일에 단련된 고고孤高라고나 할까 무구無垢라고나 할까 그러한 순수함에 감화되어, 당시 걸핏하면 우울증에 빠졌던 필자가 얼마만큼 용기가 북돋아졌는지는 이루 헤아리기 어렵다. 이미 돌아가신 선생님들께 늦었지만 심심한 감사를 올리고 싶다.

말미에 게재한 두 독어 논문 중 첫 번째 논문은 1997년 2월 18일부터 19일에 걸쳐서 개최된 하코네 심포지움 '현상 개념 — 동과서'Der Begriff der Erscheinung — Ost und West에서 발표한 원고이다 — 그 후 峰島旭雄 교수 고희기념논문집 『동과 서의 지知 탐구』에 게재 — . 그때 나를 초대해 준 토요東洋 대학 인문학과 연구실에 다시 감사의 뜻을 표하고 싶다. 그 후 2001년 7월 20일부터 24일에 걸쳐서 슈바르츠발트의 산록, 프라이부르그에서 개최된 현상학 연구대회 '현상으로서의 생명 — 동서대화 속에서의 프라이부르그 현상학'에서 발표의 기회가 주어졌다. 둘째 논문은 그때의 발표원고 중에서 아뢰야식에 관한 일부분을 발췌해서 다시 정리한 것이다 — 그 후 타이쇼대학철학회 『철학년지哲學年誌』 제8호에 게재 — . 이 연구회는 한스 라이너 젭프Hans Rainer Sepp 박사가 중심이 되고, 프라이부르그 교육대학 오이겐 핑크 문고 주최 하에 열려진 것인데, 발표의 기회를 주신 젭프 선생님, 오이겐 핑크 문고의 선생님들, 新田義弘 선생님, 山口一郎 선생님께도 마음에서 우러나오는 감사를 드리고 싶다. — 발표원고의 전문은 후일 편집자의 젭프 선생님의 교정을 거쳐서 Orbis Phaenomenologicus총서 중의 한 권으로서 공간되는 "*Leben als Phänomen*"에 게재될 예정이다 — .

제 I 부 제1장 '유식사상은 관념론인가?'는 궁택정순 박사 고희기념논문집宮澤正順博士古稀記念論文集 『동양 — 비교문화론집』을 위해, 그리고 제Ⅲ부 제2장 '식의 유와 식의 무를 둘러싼 철학적 고찰 — 유식사상에서의 유·무·공이라는 말의 의미'는 북조현삼박사고희기념논문집北條賢三博士古稀記念論文集 『인도의 사상들과 그 주변』을 위해 각각 집필한 것이지만, 결과적으로는 본서와 거의 동시에 게재되었다. 여기서, 두 박사의 고희기념논문집 간행위원회에 너그러운 용서를 간절히 바라는 바이다. 또 또한 보유논문 「불교와 과학 — 인지과학자의 불교이해를 단서로 해서」는 작년(2002년) 9월에 타이쇼대학에서 개최된 불교문화학회에서 발표한 강연원고에 기초해서 『佛敎文化學會紀要』 제12호를 위해 집필한 것이지만, 이 원고들은 이 책에서 처음 발표한 것이 되고 말았다. 이 점을 명기하니, 불교문화학회는 이해해 주기를 바라는 바이다.

이 책에는 이전 저서 『현상학과 비교철학』(기타쥬출판, 1998년)에 이미 게재된 논문들 — 초출일람표 — 도 많이 포함하고 있다. 이것은 본서가 성립한 사정으로 보아 어쩔 수 없었던 것인데, 다시 게재하는 것을 흔쾌하게 승낙해 준 기타쥬北樹출판사 사장 登坂治彦 님에게 이 자리를 빌려 마음에서 우러나오는 감사를 드리고 싶다.

마지막으로 본서는 타이쇼대학출판의 도움을 받아서 간행되는 것이라는 점을 명기해 둔다. 더뎌서 진행되지 않은 교정작업 가운데서 시종 격려를 받았을 뿐만 아니라 최종 교정 즈음해서 덕을 입은 타이쇼대학출판회의 新井俊定, 野手香織 두 분에게 마음에서 우러나오는 감사의 말씀을 드리고 싶다.

2003년 3월 하루히데 시바司馬春英

미주

서론

제1장 환원에서의 태도전환과 3성설

1. 長尾雅人, 『中觀と唯識』(岩波書店, 1978) 200쪽.
2. 같은 책 238쪽.
3. 같은 책 196쪽.
4. 이 대목에 대해서는 新田義弘, 『現象學』(岩波書店 岩波全書, 1978) 54~59쪽 참조.
5. 같은 책 74~75쪽 참조.
6. Hua. Ⅷ S. 119.
7. ebenda S. 154.
8. 和辻哲郎, 『原始佛教の實踐哲學』(岩波書店, 1970 <개정판>) 154쪽.

제2장 아뢰야식연기와 초월론적 역사성

1. 『安田理深選集』 제3권 (文榮堂, 1987) 16쪽.
2. 같은 책 제2권 142쪽.
3. 長尾雅人, 『中觀と唯識』 243쪽.
4. 같은 책.
5. 新田義弘, 『現象學とは何か』(紀伊國屋書店, 1979) 127쪽, 講談社學術文庫版 151~152쪽.
6. Iso Kern: Object, Objective Phenomenon and Objectivating Act According to the Vijňaptimātratāsiddhi of Xuanzang (600-664), in: Phenomenology and Indian Philosophy

(ed. by D.P. Chattopadhyaya, L. Embree, J. Mohanty, State University of New York Press, 1992) p. 265.

7. Hua. XVII S. 252.

8. Hua. VIII S. 153.

제3장 지평으로부터 탈각함과 원성실성

1. Hua. VI S. 212~213.

2. Yoshihiro Nitta: Der Weg zu einer Phänomenologie des Unscheinbaren, in: Zur Philosophischen Aktualität Heideggers II (hg. von D. Papenfuss und Otto Päggeler, Vittorio Klostermann, 1990) S. 45.

3. Yoshihiro Nitta: Das anonyme Medium in der Konstitution von mehrdimensionalem Wissen, in: Perspektiven und Problem der Husserlschen Phänomenologie (hg. von E. W. Orth, Alber, 1991) S. 191.

[Hua.: Husserliana]

제Ⅰ부 행상과 현출

제1장 유식사상은 관념론인가

1. 上田義文, 『'梵文 唯識三十頌'の解明』(第三文明社, 1987) 70쪽, 『佛教思想史硏究』(永田文昌堂, 1972) 10쪽, 그 외 참조.

2. 『辯中邊論』, 『大正大藏經』(이하 『大正藏』) 31卷 465a.

3. Dan Lusthaus: Buddhist Phenomenology: A Philosophical Investigation of Yogācāra Buddhism and the ch'eng wei-shih lun(Routledge Curzon, 2002).

   이하, 본 논문의 각 장에서 이 책의 다음 부문을 참고하고 있음을 명기해 두고자 한다.

   제1장 = Chapter One(p. 4~6), Conclusions(p. 533~4, p. 538~540).

   제2장 = Chapter Twenty-Three(p. 528~532).

제3장 = Chapter Twenty(p. 500~504), Chapter Two(p. 13 ff.).

제4장 = Chapter Eighteen(p. 472~6).

제5장 = Chapter Eighteen(p. 478~480), Conclusions(p. 538~9).

4. ibid. p. 540 (cognitive narcissism), cf. p. 538 (narcissism of consciousness).
5. 『大正藏』 31권 6c, 日譯大藏經(第一書房, 이하 '日譯') 117쪽.
6. 『唯識三十頌』 第27頌(『大正藏』 31卷 61b).
7. 『大正藏』 31卷 6c, 日譯 116쪽.
8. 같은 책 6c, 日譯 116쪽.
9. 같은 책 40c, 日譯 445쪽.
10. 같은 곳, 日譯 445쪽.
11. 같은 책 40c~41a, 日譯 446쪽.
12. E. Husserl: Ideen zu einer reinen Phänomenologischen Philosophie (Husserliana Ⅲ-1, Kluwer), §. 85, S. 192, 日譯 渡辺二郎, 『イデーン Ⅰ-ii』(みすず書房) 92쪽.
13. E. Husserl: Die Idee der Phänomenologie (Husserliana I, Martinus Nijhoff) S. 11.; 日譯 立松弘孝, 『現象學の理念』 22쪽.
14. ebenda S. 11, 日譯 23쪽.
15. 메를로-퐁티의 '신체', 레비나스의 '타자'는 휠레의 문제에 대한 독자적인 전개라 볼 수 있다. 또, 리쾨르는 휠레를 '저항' 또는 '강제'와 같은, 자유를 위협하는 부정적인 계기로서 논하는데, 이것이 역으로 휠레가 갖는 의미의 중요성을 부각시키고 있다.
16. 『大正藏』 31卷 40c, 日譯 446쪽.
17. 같은 책 39b, 日譯 446쪽.
18. 같은 곳, 日譯 434쪽.
19. 같은 곳, 日譯 434쪽.
20. 같은 곳, 日譯 432쪽.
21. 『唯識三十頌』 제4송 『大正藏』 31권 60b.
22. 『大正藏』 31권 465a.
23. 같은 책 464c.

제2장 가설의 소의인 식전변

1. 『成唯識論述記』(『大正藏』 43卷 237c).

2. 『大正藏』 31권 1a, 『成唯識論』 若唯有識 云何世間及諸聖教說有我法.

3. 같은 책 43권 238a, 『成唯識論述記』 世間聖教 所言我法由假說故 有此種種諸相轉起 非實有體說為我法.

4. 같은 책 31권 1b, 『成唯識論』 愚夫所計實我實法都無所有.

5. 같은 책 43권 238a.

6. 같은 책 31권 1b.

7. 같은 책 43권 238a.

8. 같은 책 31권 1a.

9. 같은 책 1쪽 a~b, 『成唯識論』 變謂識體轉似二分.

10. 結城令聞, 『唯識三十頌』(大藏出版 佛典講座19) 86~8쪽.

11. 우에다 요시부미(上田義文)는 자신의 생각을 다수의 저작에서 전개하고 있다. 이 장에서 참조한 저작을 들면 다음과 같다.

    『佛教思想史研究』(永田文昌堂, 1972).

    『唯識思想入門』(あそか書林, 1964).

    『大乘佛教思想の根本構造』(百華苑, 1957).

    『攝大乘論講讀』(春秋社, 1984).

    『'梵文 唯識三十頌'の解明』(第三文明社, 1987).

12. 上田義文, 『'梵文 唯識三十頌'の解明』 29~30쪽.

13. 『大正藏』 31卷 1a~b, 『成唯識論』 變謂識體轉似二分 相見俱依自證起故 依斯二分施設我法 彼二離此無所依故.

14. TBh. (par S. Lėvi, Paris. 1925) p. 16.

    宇井伯寿, 『安慧・護法 唯識三十頌釋論』(岩波書店, 1952) 6-上.

    上田義文, 앞의 책 45쪽.

    übersetzt von Hermann Jacobi: Triṃśikāvijñapti des Vasubandhu mit Bhāsya des Ācārya Sthiramati (Kohlhammer in Stuttgart,1932) S. 3.

15. 『大正藏』 31卷 61a, 『唯識三十論頌』 是諸識轉變 分別所分別 由此彼皆無 故一切唯識.

16. 같은 책,『唯識三十論頌』由一切種識 如是如是變 以展轉力故 彼彼分別生.

17. 같은 책 40a,『成唯識論』此識中種餘緣助故 即便如是如是轉變 謂從生位轉至熟時.

18.『安田理深選集』第2卷 (文榮堂, 1987) 50쪽.

19. 上田義文, 앞의 책 44쪽.

20. 같은 책 43~44쪽.

21. 宇井伯壽, 앞의 책 185쪽; 上田義文, 앞의 책 21쪽, Jacobi a.a.O. S. 46.

22.『大正藏』31卷 38쪽c,『成唯識論』, 所變見分說名分別 能取相故 所變相分名所分別 見所取故.

23. 所遍計(parikalpya)에 대해서는, 키타노 신타로(北野新太郎)의 '三性説の變遷における世親の位置 ── 上田・長尾 論爭をめくて-'(『國際佛敎學大學院大學硏究員紀要』제2호, 1999) 및 '唯識思想における <所遍計生成のメカニズム>について' 第25号, 2003)을 참조.

24.『大正藏』31卷 139b,『成唯識論』又依他起自性名所遍計.

25. 같은 책 46쪽a,『成唯識論』攝大乘說是依他起遍計心等所緣緣故.

26. 같은 책 61쪽a,『成唯識論』由彼彼遍計 遍計種種物 此遍計所執 自性無所有.

27. 이상 세 단락에 대해서는『安田理深選集』第4卷 (文榮堂, 1988)을 참조.

28.『成唯識論』(新導本) 권1 3쪽.

29. 山口益・野澤靜澄『世親唯識の識原典解明』(法藏館, 1953) 165쪽; 上田義文, 앞의 책 69쪽.

30. 上田義文, 앞의 책 66쪽.

31.『大正藏』31卷 181쪽b,『攝大乘論釋』分別無為有故言虛妄.

32. 上田義文, 앞의 책 66쪽.

33. 같은 책 68쪽.

34. 같은 곳.

35. 같은 곳.

36. 上田義文, 앞의 책 91쪽, 112쪽.

37. 上田義文,『佛敎思想史硏究』10쪽.

38. 같은 책 14쪽.

39. 上田義文,『'梵文 唯識三十頌'の解明』 91쪽.

40. 上田義文,『佛敎思想史硏究』 10쪽.

41. 같은 책 83쪽, 95쪽, 102쪽. 그 외에 '융몰(融沒)'이란 표현을 쓰고 있다. 104~106쪽.

42. 長尾雅人,『中觀と唯識』(岩波書店 1978).

43. 같은 책 489쪽.

44. 같은 곳.

45. 같은 곳.

46. 같은 책 476쪽.

47. 같은 책 482쪽.

48. 같은 곳.

49. 같은 책 489쪽.

50. Ichiro Yamaguchi: Ki als leibhaftige Vernunft; Beitrag zur interkulturellen Phänomenologie der Leiblichkeit (Wilhelm Fink, 1997) S. 189~191.

51.『大正藏』31卷 464쪽b,『辯中邊論』虛妄分別有 於此二都無 此中唯有空 於彼亦有此.

52. Fink, E.: Das Problem der Phänomenologie Edmund Husserls(1939), Eugen Fink, 新田義弘・ 小池稔 譯『フッサールの現象學』(以文社, 1982년) 140쪽; 新田義弘『現代哲學 ー現象學と解釋學』(白菁社, 1997) 266쪽.

53. Husserliana Ⅲ, 1, S. 100.

54. ebenda S. 101.

55. ebenda S. 106.

56. ebenda S. 106.

57.『大正藏』31卷 10쪽a,『成唯識論』然有漏識自體生時 皆似所緣能緣相現 彼相應法應知亦爾 似所緣相說名相分 似能緣相說名見分.

58. 같은 책 40쪽a.

59. L. Landgrebe: Der Weg zur Phänomenologie — Das Problem einer urspriünglichen Erfahrung (Gütersloher Verlagshaus, Gerd Mohn Gütersloh, 1963) Kapiter 8, S163 ff.

60. ebenda S. 165.

61.『大正藏』16권 698b,『解深密經』此中無有少法能見少法.

제3장 행상과 현상학적 현출론

1. 『大正藏』 43卷 698쪽b, 『成唯識論述記』 然行相有二 一者見分 如此文說 即一切識等皆有此行相 於所緣上定有 二者影像相分名為行相.

2. 新田義弘, 『現代哲學-現象學と解釋學』(白菁社, 1997) 153쪽.

3. 『大正藏』 43卷 317쪽b, 『成唯識論述記』 大乘緣無不生識心 影像之中必定變為 依他法故 故行相杖之而方得起.

4. 長尾雅人, 『中觀と唯識』(岩波書店, 1978) 487쪽.

5. Iso Kern: The Structure of Consiousness According to Xuanzang, in Journal of British Society for Phenomenology, Vol. 19, No. 3, October 1988, p. 283.

6. 『大正藏』 43卷 315쪽b.

7. 같은 곳.

8. 『成唯識論』(『大正藏』 31권 1쪽a~b) 變謂識體轉似二分.

9. 『大正藏』 31卷 60쪽a, 『成唯識論』 由假說我法 有種種相轉 彼依識所變.

10. Edmund Husserl: Logische Untersuchungen Ⅱ/Ⅰ (1.Auflage, 1901, Max Niemeyer, Tűbingen, 6. Auflage, 1980) S. 7.

11. Logos(1910/11) S. 35, Edmund Husserl: Philosophie als strenge Wissenschaft (Klostermann, 1965) S. 25.

12. Hua. Ⅶ 377.

13. Hua. Ⅶ 377.

14. Hua. Ⅱ 5.

15. Hua. Ⅱ 5.

16. Hua. Ⅵ 140.

17. LU Ⅱ/1 S. 397, Vgl. Hua. Ⅲ 73, Hua. Ⅱ 5, 9.

18. LU Ⅱ/1 S. 400, Vgl. Hua. Ⅰ 136, Hua. Ⅱ 60.

19. Hua. ⅩⅦ 279.

20. Hua. Ⅷ 42.

21. Hua. Ⅰ 65, Vgl. Hua. 97.

22. Hua. Ⅰ 137.

23. 新田義弘, 『現象學』(岩波書店, 1978) 51쪽.

24. 같은 곳.

25. W. Szilasi: Einführung in die Phänomenologie Edmund Husserls (Max Niemeyer, Tübingen, 1959) S. 13.

26. Patočka, J.: Der Subjektivismus der Husserlischen und die Möglichkeit einer "asubjektiven" Phänomenologie (in: Philosophische Perspektiven, Ⅱ, 1970, Vittorio Klostermann).

27. LU Ⅱ/1 S. 350.

28. LU Ⅱ/1 S. 386.

29. LU Ⅱ/1 S. 400.

30. Hua. Ⅱ 31.

31. Hua. XⅠX/1 360.

32. LU Ⅱ/2 S. 232 ff.

33. 이 점에 대해서, 가츠마타 순쿄勝又俊教는 2분을 변계소집으로 보는 것은『중변분별론』에 기초하고, 2분을 의타기로 보는 것은 "견상 2분 및 11식의 의타기를 서술하는『섭대승론』"에 기초하기 때문에, 2분 의타기를 호법의 새로운 학설이라고 단정하기는 어렵다고 한다. 그러나 2분이 의타기라는 것을 증명하는 5가지 논증은 호법의 새로운 학설로 인정된다고 하면서 이 5가지 논증을 간결하고 적확하게 정리하고 있다 [가츠마타 순쿄勝友俊教, 『불교의 심식설心識說 연구』(山喜房佛書林, 1961) 259쪽] 이와 같이 이 논쟁은 예로부터 유식사상에서 중요한 논점이 되어 왔다는 것은 부정할 수 없다.

 여기에서 필자의 의도는, 이 논쟁의 중요성을 충분히 인정한 후 이를 다시 철학적으로 검토해서, 2분을 초월[변계소집]이라든가 내재[의타기]라든가로 고정해서 생각하는 것에 대해 이론異論을 서술하고자 하는 것일 따름이다. 이 점에서 흥미로운 것은 다케무라 마키오竹村牧男가 "유식의 원류原流에서 식의 상분 — 또는 상분과 견분 — 에 해당하는 것을 변계소집이라고 설한 일은 없었던 것이 아닐까?" 하는 견해를 보여주었다는 점이다.[다케무라 마키오, 『유식삼성설의 연구』(春秋社, 1995) 69쪽, 174쪽 참조] 불교사상을 철학적으로 해명하는 경우 예로부터의 논점을 정확히 수용하는 일과, 새롭게 검증된 문헌학적 견해를 청취하는 일에 충분히 유념할 필요가 있다는 것은 말할 나위도 없다.

제4장 유식 4분의와 자기의식의 문제영역

1. Iso Kern: The structure of Consciousness According to Xuanzang: in: Journal of the British Society for Phenomenoloy, Vol.19. No 3, October 1988.
2. 같은 책 p. 293.
3. 窺基,『成唯識論述記』(『大正藏』 43권 317b) 然行相有二 一者見分 如此文說 即一切識等皆有此行相 於所緣上定有 二者影像相分名為行相.
4. 『大正藏』 43권 317b,『成唯識論述記』 317b2, 大乘緣無不生識心 影像之中必定變為依他法故 故行相杖之而方得起.
5. I. Kern, 앞의 책 p. 284.
6. M. Heidegger: Sein und Zeit(M. Niemeyer) S. 34.
7. 『成唯識論』(新導本) 卷2, 28(78)쪽 然有漏識自體生時 皆似所緣能緣相現 彼相應法應知亦爾 似所緣相說名相分 似能緣相說名見分.
8. 같은 책 29(79)쪽, 相見所依自體名事 即自證分.
9. 『大正藏』 43권 318b.
10. 같은 책『成唯識論述記』 319a~b.
11. 같은 책『成唯識論述記』 318c.
12. 같은 책『成唯識論述記』 318c.
13. Husserliana Ⅵ. S. 116, Ⅶ S. 235.
14. 『成唯識論』(新導本) 권2 29(79)쪽, 此若無者 應不自憶心心所法 如不曾更境必不能憶故.
15. 『大正藏』 43권 318c.
16. 같은 책 319b『成唯識論述記』 諸體自緣皆證自相.
17. 같은 책 320a『成唯識論述記』 若為相分心 必非一能緣體故 或別人心 或前後心.
18. Klaus Held: Lebendige Gegenwart (Martinus Nijhoff, 1966, Phaenomenologica 23) S. 80,『生き生きした現在』(新田義弘 外 譯, 北斗出版, 1988) 111쪽.
19. ebenda S. 81.
20. ebenda S. 81.
21. Husserliana Ⅱ S. 39,『現象學の理念』(立松弘孝 譯, みすず書房, 1965) 60쪽.

22. 『大正藏』 43卷 319a.

23. 같은 책 『成唯識論述記』 今此三種體是一識 不離識故說之為唯 功能各別故說言三果是何義 成滿因義.

24. 같은 책 『成唯識論述記』 能量無果量境何益.

25. I. Kern, ibid. p. 289.

26. ibid. p. 291.

27. ibid. p. 291.

28. Husserliana Ⅱ S. 219.

29. Husserliana ⅩⅤ S. 378.

30. Husserliana ⅩⅤ S. 380.

31. K. R. Meist: Monadologische Intersubjektivität: Zum Konstitutionsproblem von Welt und Geschichte bei Husserl, In Zeischrift für Philosophische Forschung, B.34, Heft 4, 1980, S. 581.

32. 이 대목의 기술은 다음 책에 바탕을 두고 있다. 新田義弘 著, 『現代哲學-現象學と解釋學』(白菁社, 1997), 제10장 후설의 목적론, 특히 277~297쪽.

33. 『大正藏』 43권 320b.

34. 같은 책 320b 『成唯識論述記』 此四分中相見名外見緣外故 三四名內 證自體故.

35. 같은 책 320a 『成唯識論述記』 三四二分由取自體故現量攝.

36. 같은 책 31권 10b 『成唯識論』 見分或時非量攝故.

37. 같은 책 10b23 『成唯識論』 謂第二分但緣第一 或量非量或現或比.

38. 같은 책 10b18 『成唯識論』 復有第四證自證分 此若無者誰證第三.

39. 같은 책 43권 319c 『成唯識論述記』 今意欲顯由見緣外 不得返緣立第四分.

40. 같은 책 31권 10b 『成唯識論』 又自證分應無有果 諸能量者必有果故.

41. 같은 책 43권 319c 『成唯識論述記』 比非二種非證體 何得能為現量果.

42. 같은 책 31권 10b 『成唯識論』 第三能緣第二第四 證自證分唯緣第三 非第二者 以無用故 第三第四皆現量攝. 故心心所四分合成 具所能緣無無窮過.

43. 같은 책 43권 320a, 『成唯識論述記』 其第三分 前緣第二 却緣第四.

이 장을 집필할 때 닛타 요시히로新田義弘 저, 『현대철학-현상학과 해석학』(白菁社 1997), 특히 제6장 '현대철학의 반성개념', 제11장 '가까움과 거리 — 숨은 매체에 대한 소감', 그리고 제12장 '현상학에게 부과된 것'을 참조했음을 명기해 두고자 한다.

제5장 후설의 '초월론적' 개념 — 칸트와 비교하며

약호

로마숫자는, Husserliana (Martinus Nijhoff)의 권호를 가리킨다.

FTL. = E. Husserl: Formale und transzendentale Logik (Max Niemeyer, Tübingen 2.Auf, 1981)

K.d.r.V. = I. Kant: Kritik der reinen Vernunft

1. Ⅶ 377.
2. ebenda.
3. ebenda.
4. ebenda.
5. ebenda. objektivierende Intention.
6. Ⅱ 5.
7. Ⅱ 6.
8. Ⅶ 123.
9. K.d.r.V. B 25.
10. ebenda. B. 135.
11. ebenda.
12. regressiv-konstruktiv Ⅶ 197f, vgl. Ⅶ 370.
13. Ⅵ 102
14. Ⅶ 403f.
15. Ⅶ 379f.
16. Ⅶ 235.
17. Ⅶ 379.

18. ebenda.

19. Ⅶ 380.

20. ebenda.

21. Ⅶ 370.

22. Ⅶ 380f.

23. Ⅶ 381.

24. ebenda.

25. Ⅶ 401, Ⅶ 357ff.

26. Ⅶ 381.

27. ebenda.

28. Ludwig Landgrebe: Der Weg der Phänomenologie, Das Problem einer ursprünglichen Erfahrung (Gütersloher Verlagshaus Gerd Nohn, Gütersloh, 1963) S. 69.;『現象學の道 ── 根源的經驗の問題』, 山崎庸佑 譯 (木鐸社) 109쪽.

29. Seele, FTL 227, Ⅵ 117.

30. Ⅵ 117.

31. ebenda.

32. Ⅶ 401.

33. ebenda.

34. Ⅶ 402.

35. Ⅶ 382.

36. K.d.r.V. B 91.

37. ebenda.

38. ebenda.

39. FTL 228. Wilhelm Szilasi: Einführung in die phänomenologie Edmund Husserls(Max Niemeyer Verlag Tübingen, 1959) S. 11.

40. K.d.r.V. B 81.

41. Ⅶ 382.

42. Ⅲ 142.

43. Ⅲ 142f.

44. Ⅲ 90.

45. Ⅲ 117.

46. Ⅲ 134f. Vgl. Ⅲ 118f.

47. Ⅶ 386.

48. W. Szilasi, ebenda. S. 13.

49. ebenda.

50. Ⅶ 379.

51. ebenda.

52. Ⅶ 378, Ⅱ 29.

53. Ⅰ 70.

54. Ⅶ 282.

55. Paul Ricoeur, translated by Edward G.Ballard and Lester E.Embree: Husserl, An Analysis of His Phenomenology (Northwestern University Press, 1967) 7, Kant and Husserl p. 181.

56. Ⅶ 281.

57. Ⅶ 281-2.

58. Ⅶ 281.

59. W. Szilasi, ebenda. S. 12.

60. Ⅲ 42ff.

61. Ludwig Landgrebe: Ist Husserls phänomenologie eine Transzendentalphilosophie?, in; Herausgegeben von Hermann Noack: Husserl(Wege der Forschung band XL, Wissenschaftliche Buchgesellschaft Darmstadt, 1973) S. 322.

62. Ⅱ 62.

63. ebenda.

64. ebenda.

65. FTL 140ff.

66. FTL 142.

67. ebenda.

68. ebenda.

69. Ⅳ 102.

70. L. Landgrebe, ebenda. 322.

71. Ⅲ 47.

72. Ⅱ 51.

73. ebenda.

74. Ⅱ 52.

75. Ⅶ 388.

76. ebenda.

77. Ⅶ 364.

78. ebenda.

79. Ⅶ 402f.

80. ebenda. Wesensnotwendigkeiten.

81. Ⅶ 403.

82. ebenda.

83. ebenda. Ⅶ 369.

84. Ⅶ 364.

85. ebenda.

86. ebenda.

87. L. Landgrebe, ebenda. S. 319.

88. Ernst Tugendhat: Der Wahrheitsbegriff bei Husserl und Heidegger(Walter de Grüyter & Co. Berlin, 1970) S. 163.

89. ebenda.

90. E. Tugendhat, ebenda. S. 181. die philosophische Ebene.

91. Ⅵ 100.

92. Ⅱ 38.

93. Ⅶ 198.

94. Ⅶ 387.

제6장 후설의 논리와 생

약호

로마숫자는, Husserliana (Martinus Nijhoff)의 권호를 가리킨다.

K.d.r.V. = I. Kant: Kritik der reinen Vernunft

1. Ⅵ 10-11.
2. Ⅶ 281-2.
3. Ⅶ 377.
4. Ⅱ 5.
5. XXIV 104. cf., Steven Galt Crowell: Husserl, Lask, and the Idea of Transcendental Logic, in: ed, by Robert Sokolowski: Edmund Husserl and the Phenomenological Tradition(Washington, D.C.: The Catholic University of America Press, 1988) p. 80.
6. XVII 151.
7. 후설이 '무의미'라고 부르는 것은, 예를 들면, "König aber oder ähnlich und"와 같이 통사론을 충족시키고 있지 않은 경우이다.
8. 이상 이 대목의 기술에 대해서는 다음 책을 참조. Johanna Maria Tito: Logic in the Husserlian Contest (Evanston, Northwestern University Press, 1990) pp. 26-29.
9. XVII 159.
10. XVII 226.
11. ebenda.
12. XVII 212.
13. I. Kern: Husserl und Kant; Eine Untersuchung über Husserls Verhältnis zu Kant und zum Neukantianismus (Martinus Nijhoff, 1964) S. 228.
14. J.M. Tito, ebenda. p. 2.
15. XVII 267.

16. K.d.r.V. B 19.

17. Ms. orig. A I 40, S. 11b(1927), vgl. I. Kern: ebenda. S. 87, Fuβnote.

18. Ⅶ 397.

19. Ⅵ 99.

20. XⅦ 263.

21. K.d.r.V. B 90.

22. ebenda. B 91.

23. ebenda. B 126.

24. Ⅶ 401.

25. Ⅶ 357.

26. Ⅶ 403.

27. Ⅶ 364.

28. Ⅶ 403.

29. XⅦ 67.

30. ebenda.

31. ebenda.

32. K.d.r.V. B 423.

33. Ⅲ 42.

34. L. Landgrebe: Ist Husserls Phänomenologie eine Transzendentalphilosophie?, in: Herausgegeben von Hermann Noack: Husserl, (Wege der Forschung Band XL, Wissenschaftliche Buchgesellschalt Darmstadt, 1973) S. 322.

35. Ⅱ 62.

36. Ⅵ 103.

37. L. Landgrebe, ebenda. S. 322.

제Ⅱ부 훈습과 침전

제1장 아뢰야식과 현상학적 신체론

1. Hua. VX 598.

2. 『成唯識論』(新導本) 卷第4 148쪽.

3. 『大正藏』 31卷 17c.

4. 같은 책 10a.

5. 같은 곳.

6. 같은 곳.

7. 같은 곳.

8. 같은 곳.

9. 같은 곳.

10. 『成唯識論』(新導本) 卷1 2~3쪽.

11. 『大正藏』 31권 10c.

12. 『基本梵英和辞典』(東方出版, 1999) 76쪽.

13. '사유작용'이라 해도 제7말나식의 경우는 현재적顯在的 지향성에 기초하는 술어적 판단을 가져오는 고차의 사고작용이 아니다. 말나식은 "심층적 자아 집착심" — 요코야마 코이치横山紘一, 『유식 — 내 마음의 구조』, 春秋社, 143쪽 — 이라고도 말하듯이, 의식의 심층에서 생사윤회가 계속되는 한 항시[恒] 그러면서 집요하게[審] 계속 활동하고 있는 자아집착이다. 이것이 말나식의 특징인 '恒審思量(항심사량)'이며, 이 '사량思量'이야말로 "manas"라고 불리는 것이다. 이와 같은 자아의식은 "모든 표상에 수반되지 않으면 안 된다"고 하는 칸트의 초월론적 통각과는 취지를 달리한다. 왜냐하면 『섭대승론』에서 설하듯이 제7식은 '염오의'이고, 4번뇌 — 아견我見 · 아치我癡 · 아만我慢 · 아애我愛 — 와 함께하는 것으로서 모든 자아중심적인 미혹의 뿌리가 되고 있기 때문이다. '依彼轉緣彼(저것에 의지해서 전전하며 저것을 연한다)'라 설하듯이 말나식은 아뢰야식을 의지처로 해서 생하고, 그러면서도 그 아뢰야식을 소연所緣(대상)으로 해서 자아라고 집착하는 것이다. 호법은 이 점을 엄밀하게 고찰해서 말나식은 아뢰야식의 견분을 연한다고 하고 있다. 다케무라 마키오竹村牧男는 여기에서 말나식 특유의 전도의 구조를 보고 있다. "아뢰야식의 견분이란 우리의 존재의 근저에서 항상 계속해서 생하는 주체라고 할 수 있을 것이다. 이것을 말나식이 대상 쪽에 놓고서 파악하고 집착한다. 거기에서 근원적인 전도가 생기는 것이다." — 『유식의 탐구』, 春秋社, 112쪽 —. 이 전도를 필연적으로 가져오는 작용

이야말로 '사랑'이라 불리는 것이리라. 그것은 아뢰야식을 의지처로 하면서 아뢰야식을 자아로 오인誤認하는 작용이며, 이 오인의 존재양식을 소연의 관점에서 엄밀하게 규정할 때 '대질경帶質境'이라는 독특한 소연의 존재방식이 발견된다. '대질경'이란 "상분이 본질本質을 갖지만 능연의 심心이 그 자상을 얻지 못하고 연하는, 본질과 상사한 상분" — 후카우라 세이분深浦正文, 『유식학연구』 하권, 永田文昌堂, 464쪽 — 이며, 본질을 갖지만 본질과 유사하지 않은 경境, 즉 착각의 대상이다. 그것은 법상교학에서 말하는 이른바 '3류경' — 성경性境·대질경帶質境·독영경獨影境 — 중의 하나이다. '성경性境'이란 '실종소생實種所生(실의 종자에서 생하는 것)', '유실체용有實體用(실의 체와 용이 있는 것)', '득경자상得境自相(경의 자상을 얻는 것)'을 특징으로 하는데, 이 중 '득경자상得境自相'이란 "능연의 심心이 소연의 경境을 대할 때, 그것이 현량으로서 임운하게 경境의 자상을 연하는 경우" — 후카우라 세이분, 앞의 책, 459쪽 — 이다. 필자는 이것이 현상학에서 말하는 '자기능여Selbstgebung'에 해당한다고 생각한다. 아뢰야식心王 소변所變의 상분 — 종자·근根·기세간 — 이나 5감感의 대상 등은 이 성경으로 분류된다. '독영경'이란 "의식이 마음대로 만들어내는, 본질이 없는 대상" — 다케무라 마키오, 앞의 책, 113쪽 — 이며, '분별변의 대상'으로서 '능연인 견분의 분별력에 의해 변현되는 영상' — 후카우라 세이분, 앞의 책, 462쪽 — 이다. 거북이의 털·토끼의 뿔·허공의 꽃 등 '제6식이 무법無法을 연할 때의 상분' 내지 과거와 미래와 같은 '가법假法을 연할 때의 상분' — 후카우라 세이분, 앞의 책, 같은 곳 — 등이 이것으로 분류된다. 전자는 예컨대 '둥근 사각형' 등의 반反의미Widersinn를 주는 경우이고, 후자는 내적 시간의식의 분석에 있어서 과거파지와 미래예지에 밀접하게 관련되며, 또 동시에 『수동적 종합의 분석』에 있어서 어떤 의미에서 열쇠가 되기도 하는 '공허표상空虛表象, Leervorstellung'에 상응하는 것이라고 생각할 수 있겠다. 이상 두 가지(성경·독영경)와 관련해서, '대질경'은 "능연의 심이 그 본질을 갖는 점은 독영경이 무본질無本質인 것과 다르고, 그 자상을 얻을 수 없는 점은 성경이 자상自相을 얻는 것과 다르다." — 후카우라 세이분, 앞의 책, 464쪽 —. 즉 대질경은 완전한 무의미 또는 반의미가 아니라는 점에서 독영경과 다르며, '실종소생'이란 점에서 성경과 공통되지만 성경이기 위한 '유실체용', '득경자상'의 조건을 결여하고 있다. 독영경이 분별변의 특징이고 성경이 인연변의 특징이라면, 대질경은 인연변과 분별변의 경계에 위치함과 동시에 양자의 공통기반을 이루고 있다고 할 수 있다. "실實의 종자에서 생기지만 실의 체와 용은 없고, 필경 인연변과 분별변의 2변變을 통通해서 나타나는 것" — 후카우라 세이분, 앞의 책, 465쪽 — 이라고 말하기 때문이다. 말나식이 아뢰야식을 연하는 것은 설사 오인이라 할지라도 그 나름의 이유가 없으면 안 된다. 그것은 '依彼轉(저것에 의지해서 전전한다)'이나 '實種所生(실의 종자에서 생긴 것이다)'이란 말에서 알 수 있듯이, 말나식의 유래는 아뢰야식에 있기 때문이다. 유래가 인연변에 있을 때 완전히 다른 것을 오인하는 일은 없다. 그러나 제8견분을 연해서 이를 자아'로서' 대상화하는 것이므로 분별변에 발을 들여놓고 있다. 따라서 "manas"라는 작용은 인연변에서 분별변으로 전환하는 장치의 기능을 수행하고 있다고 말할 수 있겠다. 필자는 이 대질경이라는 독특한 노에마에 대해서 후설의 『수동적 종합의 분석』에서 논급되는 충동지향성과 공허표상의 관계에 입각해서 현상학적 고찰을 실시해 보고 싶다. 후설이 수행한 통각 이전의 수동적 종합의 분석에서는 분별변이 인연변에 정초되어 있다는 것이 어떻게 해명되고 있는가? 이 점에 필자의 관심의 초점이 있다. 다만 이 탐구는 단서에 그칠 뿐이고, 현 단계에서는 필자에게 이 문제를 상론할 힘이 없다. 지금은 이 물음을 과제로 남겨둘 수밖에 없다.

14. 『大正藏』 31卷 10a.

15. 宇井伯壽, 『安慧・護法 唯識三十頌釋論』(岩波書店, 1952) 185쪽.

16. 『大正藏』 31卷 11a.

17. 『成唯識論』(新導本) 卷4 29쪽.

18. 『大正藏』 31권 11b.

19. 같은 책 16권 692c.

20. Ludwig Landgrebe: Faktizität und Individuation (Felix Meiner, 1982) S. 83.

21. ebenda.

22. Hua. XV 297.

23. Hua. XV 304.

24. ebenda.

25. E. Husserl: Erfahrung und Urteil(Felix Meiner 1972) S. 25.

26. Hua. XI 304.

27. 『大正藏』 31卷 11a~b; 『安田理深選集』 제2권 (文榮堂, 1986) 180~185쪽.

28. L. Landgrebe: Das Problem der passiven Konstitution(In Faktizität und Individuation S. 71~87).

29. ebenda. S. 73.

30. Hua. Ⅹ 29.

31. Hua. Ⅲ 209.

32. Hua. Ⅵ 127.

33. Ulrich Claeges: Edmund Husserls Theorie der Raumkonstitution, Phaenomenologica 19 (Martinus Nijhoff, 1964).

34. Hua. Ⅰ 112.

35. L. Landgrebe a.a.O. S. 81.

36. U. Claeges a.a.O. S. 120.

37. Antonio Aguirre: Genetische Phänomenologie und Reduktion, Phaenomenologica 38 (Martinus Nijhoff, 1970) S. 167.

38. L. Landgrebe a.a.O. S. 81.

39. Hua. Ⅸ 486.

40. Hua. Ⅸ 152.

41. Hua. Ⅸ 258.

42. Hua. Ⅸ 261.

43. M. Heidegger: Sein und Zeit(Max Niemeyer) S. 184.

44. L. Landgrebe a.a.O. S. 83.

45. ebenda.

46. Hua. Ⅸ 281.

47. ebenda.

48. Hua. XV 304.

49. L. Landgrebe a.a.O. S. 73 [Hua: Husserliana(Martinus Nijhoff)].

1. 『大正藏』 31卷 60c.

2. 『攝大乘論』(『大正藏』 31卷 133b).

3. 『大正藏』 31권 7c.

4. 같은 책 8a.

5. 같은 책 9b.

6. Alfred North Whitehead: Process and Reality (1929, Macmillan 1978) p. 68, p. 283. Science and the Modern World (1926, Cambridge 1985) p. 157, p. 171.

7. 山本誠作, 『ホワイトッドの宗教哲學』(行路社, 1977) pp. 81~85.

8. 『大正藏』 31권 9b.

9. 上田義文, 『'梵文唯識三十頌'の解明』(第三文明社, 1987) 43쪽.

10. 『大正藏』 31卷 9b.

11. 같은 곳.

12. 같은 곳.

13. 같은 곳.

14. 『大正藏』 31卷 15b.

15. 『成唯識論』(新導本) 권2 27쪽.

16. Husserliana XV 392.

17. 헤겔이 『정신현상학』(Die Phänomenologie des Geistes, 1807)에서 셸링의 동일철학 Identitäts-philosophie의 절대자관絶對者觀을 비판하며 서술한 말. Vgl. Gesammelte Werke(Felix Meiner), Bd., 3, S. 22.

18. 『大正藏』 31권 16b, 『成唯識論』 又契經說有異熟心善惡業感.

19. 같은 책 137c, 『攝大乘論』 復有有受盡相無受盡相 有受盡相者 謂已成熟異熟果善不善種子 無受盡相者 謂名言熏習種子 無始時來種種戲論流轉種子故 此若無者 已作已作善惡二業 與果受盡應不得成 又新名言熏習生起應不得成.

제3장 후설 현상학에서의 초월론적 역사

약호

로마숫자는, Husserliana (Martinus Nijhoff)의 권호를 가리킨다.

FTL. = E. Husserl: Formale und transzendentale Logik (Max Niemeyer, Tübingen 2.Auf, 1981)을 가리킨다.

1. Ⅷ 169.
2. L. Landgrebe: Der Weg zur Phänomenologie, Das Problem einer ursprüünglichen Erfahrung (Gütersloher Verlagshaus, Gerd Mohn Gütersloh, 1963) S. 165.
3. XV 392.
4. Ⅵ 15.
5. L. Landgrebe: Phenomenology as Transcendental Theory of History, in: ed. by F. A. Elliston and P. McCormick: Husserl, Expositions and Appraisals(University of Notre Dame Press, Indiana 1977) p. 104.
6. Ⅵ 102.
7. Ⅱ 51.
8. Kant, K.d.r.V. S. 181.
9. Ⅶ 281~2.
10. ebenda.
11. Ⅶ 390.
12. Ⅰ 67.
13. Ⅶ 258.
14. Ⅶ 382.
15. Ⅰ 61.
16. Ⅷ 126.
17. Ⅵ 157.
18. Ⅷ 126.
19. Ⅷ 82.
20. Ⅷ 169, 465.
21. Ⅷ 86.
22. Ⅷ 149~150.

23. Ⅷ 150.

24. ebenda.

25. ebenda.

26. ebenda.

27. Ⅷ 151.

28. E. Tugendhat: Der wahrheitsbegriff bei Husserl und Heidegger(Walter de Grüyter & Co., Berlin, 1970) S. 205.

29. Ⅰ 62.

30. Ⅷ 171.

31. Ⅰ 67.

32. Ⅰ 55.

33. Tugendhat, ebenda. S. 208.

34. Ⅰ 102.

35. Ⅷ 132.

36. Ⅰ 102.

37. Ⅷ 132.

38. Ⅵ 252.

39. E. Ströker: Husserls transzendentale Phänomenologie(Vittorio Klostermann, Frankfrut a. M., 1987) S. 157.

40. F.T.L. 157.

41. F.T.L. 142, 147, Ströker, ebenda. S. 157.

42. F.T.L. 230.

43. F.T.L. 184.

44. ebenda.

45. ebenda.

46. F.T.L. 217.

47. E. Ströker, ebenda. S. 170.

48. Ⅵ 157.

49. Ⅷ 148.

50. XV 392.

51. Ⅷ 189.

52. Ⅷ 153.

53. Ⅷ 189.

54. Ⅷ 189~190.

55. Ⅵ 260.

56. der egologische Ansatz, E. Ströker; ebenda. S. 149.

57. Ⅵ 188.

58. Ⅷ 396.

59. E. Ströker, ebenda. S. 150.

60. Ⅵ 256.

61. E. Ströker, ebenda. S. 150.

62. XV 598.

63. XV 595.

64. L. Landgrebe, ebenda. p. 110.

65. Ⅷ 506.

66. XV 391 (die transzendentale Geschichte), Ⅵ 212 (die transzendentale Geschichtlichkeit).

67. E. Ströker, ebenda. S. 193.

68. XV 391.

69. XV 392.

70. ebenda.

71. ebenda.

72. ebenda.

73. Ⅵ 212~213. "통각統覺의 의미능작이나 타당능작이 유래하는 초월론적 역사성"이라 말하고 있다. L. Landgrebe, ebenda. p. 107.

74. L. Landgrebe, ebenda. p. 112.

75. D. Carr: Phenomenology and the Problem of history: A Study of Husserls Transcendental

Philosophy (Northwestern University Press, 1974) p. 102.

76. Ⅵ 427, Ⅵ 74, Ⅵ 275, "자기 자신의 인간적 존재에 책임을 진다고 하는, 인간의 궁극적인 자기이해, 즉 필증성에 의한 생활을 영위하게끔 운명지어져 있는 존재라고 하는 인간의 자기이해가 생겨 온다."

77. XV 403.

78. XV 148.

79. Eugen Fink: Die Spätphilosophie Husserls in der Freiburger Zeit, in Edmund Husserl 1859-1959(Comité de rédaction de la collection, président H.L. Van Breda, Martinus Nijhoff, Phaenomenologica, 1959) S. 114.

80. Ⅵ 380.

81. XV 393.

82. XV 391.

83. XIV 232.

84. Ⅵ 74.

85. ebenda.

86. Ⅵ 4.

87. XIV 232.

제4장 후설의 생활세계와 역사의 문제

약어

로마숫자는, Husserliana (Martinus Nijhoff)의 권호를 가리킨다.

1. Ⅵ 130 '근원명증根源明証'(Ursprüngsevidenz Ⅵ 132)이라고도 한다. 또한『이념들』(1913)에서는 '원적原的 명증'(Originäre Evidenz Ⅲ 346)이라는 용어가 사용되고 있다.

2. H. Hohl: Lebenswelt und Geschichte; Grundzüge der Spätphilosophie E. Husserls (Karl. Alber, Freiburg/München, 1962) S. 42. 深谷昭三・阿部未来 譯『生活世界と歴史 ── フッセル後期哲學の根本特徵』(行路社, 1983) 49쪽.

3. 『위기』 제9절에 대한 보주補注 초고草稿에 E. Fink가 '지향사적 문제 Internationalhistorisches Problem'로서의 기하학의 기원에 대한 물음'이란 표제를 붙였기에, 이 말을 사용한다.

4. Ⅵ 361.

5. Ⅵ 53.

6. Ⅵ 51 das Ideenkleid.

7. Ⅵ 131.

8. 니체(1844~1900)의 "신은 죽었다"라는 말(『즐거운 지식』 3장 125절)을 참조.

9. Vgl. L. Landgrebe: Phänomenologie und Geschichte, S. 15.

10. Ⅵ 158.

11. Ⅵ 131.

12. Ⅶ 361.

13. Ⅶ 377ff.

14. Ⅶ 381ff, 386, XⅦ 265, 267.

15. Ⅷ 3.

16. Ⅵ 102.

17. Ⅷ 132.

18. Ⅷ 151.

19. XⅦ 215 die Sinnesgeschichte.

20. Ⅵ 379.

21. Ⅵ 378.

22. XV 392.

23. Ⅵ 380.

24. Ⅵ 212~3.

25. Ⅵ 120ff.

26. Ⅵ 146.

27. Ⅷ 506.

28. XV 393.

29. Vgl. XV 385. Ⅶ 281.

❑ 참고문헌 ❑

新田義弘,『現象學』(岩波全書, 1978).

新田義弘,『現象學とは何か』(紀伊國屋書店, 1979).

新田義弘・宇野昌人 編,『他者の現象學』(北斗出版, 1982).

丸山高司・小川侃・野家啓一 編,「知の理論の現在」(世界思想社, 1987).

新田義弘,『哲學の歴史 ー哲學は何を問題にしてきたかー』(講談社, 1989).

野家啓一,『無根據からの出發』(勁草書房, 1993).

野家啓一,『科學の解釋學』(新曜社, 1993).

H.Hohl: Lebenswelt und Geschichte(Alber, 1962). 深谷昭三・阿部未来 譯,『生活世界と歴史』(行路社, 1983).

L.Landgrebe: Das Problem der transzendentalen Wissenschaft vom lebensweltlichen Apriori, in: Phänomenologie und Geschichte(Gütersloher Verlagshaus, 1967).

L.Landgrebe: Meditation über Husserls Wort, “Die Geschichte ist das große Faktum des absoluten Seins.” in: Faktizität und Individuation(Felix Meiner Verlag, 1982).

제5장 의식의 ‘뿌리’로서의 자연

약호

로마숫자는, Husserliana (Martinus Nijhoff)의 권호를 가리킨다.

KdrV = I. Kant: Kritik der reinen Vernunft

PR = A. N. Whitehead: Process and Reality (1929, corrected edition, The Free Press, 1978)

SMW = A. N. Whitehead: Science and the Modern World (1926, Free Association Books, 1985)

A.I = A. N. Whitehead: Adventures of Ideas(1933, The Free Press, 1961)

1. VI S. 182.

2. KdrV A S. 613, B S. 641.

3. X S. 29.

4. PR p. 53.

5. PR p. 267.

6. SMW p. 49.

7. PR p. 3.

8. AI p. 111.

❑ 참고문헌 ❑

峰島旭雄, 'カントこおける自然の形而上學(完)'(『大正大學研究紀要』 第47輯, 1962).

山本誠作, 『ホワイトハッドの宗教哲學』(行路社, 1977).

山本誠作, 『ホワイトハッドと現代 ── 有機體的世界觀の構想-』(法藏館, 1991).

新田義弘, 『哲學の歷史-哲學は何を問題にしてきたか-』(講談社, 1989).

プリゴジーヌ, スタンゾエール, 『混沌からの秩序』[伏見康治 譯 (みすず書房, 1987)].

Yoshihiro Nitta: Der Weg zu einer Phänomenologie des Unscheinbaren, in: Zur Philosophischen Aktualität Heideggers (hg. von D. Papenfuss und O. Päggeler, Vittorio Klostermann, 1990).

G.R. Lucas, Jr., A. Braeckman(Hrsg.) Whitehead und der deutsche Idealismus(Pater Lang, 1990).

제6장 소가 료신의 아리야식론

1. 『曾我量深選集』 第3卷 (彌生書房, 1970) 308쪽.

2. 같은 곳.

3. 같은 책 295쪽.

4. 같은 책 287쪽.

5. 같은 책 288쪽.

6. Vgl. E. Husserl: Die Krisis der europäischen Wissenschaften und die transzendentale Phänomenologie §32 Husserliana Band Ⅵ S. 120 ff. 『ヨーロッパ諸學の危機と超越論的現象學』(細谷恒夫・木田元 譯, 1974) 제32절(166쪽 이하) 참조. 거기서는 '평면적

생(Flächenleben)'과 '깊이의 생(Tiefenleben)'의 대비가 주제가 되고 있다.

7. 『曽我量深選集』 第3卷 292쪽.

8. 같은 책 302쪽.

9. 같은 책 301쪽.

10. 같은 책 302쪽.

11. 같은 곳.

12. 『成唯識論』(新導本) 卷2 27쪽.

13. 『曽我量深選集』 第12卷 120~1쪽.

14. 같은 책 124쪽.

15. 같은 책 121쪽.

16. 『成唯識論』(新導本) 卷2 27쪽.

17. 『安田理深選集』 第3卷 (文榮堂書店, 1987) 16쪽.

18. 같은 책 제2권 142쪽.

19. 長尾雅人 『中觀と唯識』(岩波書店, 1978) 243쪽.

20. 『安田理深選集』 제2권 97쪽.

21. 長尾雅人, 앞의 책 243쪽.

22. 같은 곳.

23. E. Husserl ebenda S. 102(27) [譯 앞의 책 139쪽].

24. ebenda.

25. E. Ströker: Husserls transzendentale Phänomenologie(Vittorio Klostermann, 1987) S. 170.

26. 新田義弘, 『現象學とは何か』(紀伊國屋書店, 1979) 127쪽.

27. E. Husserl, ebenda. S. 102(§6) [역은 앞의 책 29쪽].

28. Iso Kern. Husserl und Kant의 저자. 또한 Husserliana 제13 · 14 · 15권(Zur Phänomenologie der Intersubjektivität)의 편집자. 현재 스위스의 베른대학 교수. 『성유식론』을 실제로 한문으로 읽고, 그 성과를 다음 논문에서 보고하고 있다.

(a) Selbstbewußtsein und Ich bei Husserl, in, Husserl symposion Mainz 27.6/4.7. 1988 (Hrsg. von G. Funke, Akademie der Wissenschaften und der Literatur Mainz,

Franz Steiner Verlag Wiesbaden GmbH, Stuttgart, 1989, S. 51~63).

(b) Object, Objective Phenomenon and Objectivating Act According to the Vijñaptimātratāsiddhi of Xuanzang(600-664), in: Phenomenology and Indian Philosophy (ed, By D.P. Chattopadhyaya, L. Embree, J. Mohanty, State University of New York Press, 1922, p. 262~269).

29. Iso Kern a.a.O.(b) p. 265.

30. ebenda. P. 265-266.

31. E. Husserl: Formale und transzendentale Logik (Max Niemeyer, 2 Auflage, 1981 [1Auflage, 1929]) S. 217 Husserliana Band XVII S. 252.

32. Husserliana XV S. 598.

33. Husserliana XV S. 153.

34. 『曽我量深選集』 제3권 300쪽.

35. 하이데거의 용어. 존재자에게 존재를 증여하는 존재는 그 자체로는 현현할 수 없다. 이 존재자와의 구별을 이렇게 부른다. 이 차이의 구조는 부정을 매개로 한 공속성이며, 거기에서는 한 차이항이 스스로는 숨으면서 다른 항을 나타나게 한다고 하는 상호부정적 매개기능이 활동한다. 나는 유식학에서 말하는 3성의 관계도 이 매개기능에 깊이 관계하고 있다고 생각한다. 예를 들면 "변계소집이 있을 때는 원성실은 덮여 있다."(『安田理深選集』, 제4권, 文栄堂書店, 1988, 475쪽), "변계소집성이 부정되지 않으면 원성실성은 숨는다."(같은 책, 427쪽) 등이다.

36. 하이데거의 용어. 하이데거의 진리개념은 탈은폐성(Unverborgenheit)이다. 이것은 그의 '현상' 개념에서 귀결하는 것이기도 하다. 하이데거에 의하면 '현상'이란 '그 자체로 자기를 보여주는 것'이다. 따라서 은폐성(Verborgenheit)이란, 진리론에서는 그 반대의 비진리를 가리키고, 실존방식에서는 '비-본래성'에 대응한다고 말할 수 있겠다.

37. 하이데거의 용어. 이 말은 본래 '탈은폐'와 동의어이다. "존재가 자신의 덮개를 벗긴다 — 존재자로 현현한다 —"라고 하는 문맥에서 사용된다. 그러나 이 현현은 항상 '은폐'와 매개관계에 놓여 있어서, 이쪽으로부터의 자의적인 파악작용('취取')에 대해서는 자기를 은폐하게 된다. 야스다 리신의 다음과 같은 말도 이 점과 관계가 있다. '진리는 만드는 것이 아니라 나타나는 것이다. …… 진리를 파악하는 것은 진리로부터 멀어지는 길이다. …… 진리는 구성되는

것이 아니라 자기를 개시開示해 오는 것이다."(『安田理深選集』 제4권 436쪽).

38. 『安田理深選集』 제4권 430쪽.

39. 『曽我量深選集選集』 제3권 302쪽.

40. 같은 책 305쪽.

41. 같은 책 305쪽.

42. 하이데거의 형이상학 비판에 대해서 한마디 하겠다. 『존재와 시간』에서 형이상학을 해체하고자 한 시도가 좌절한 이유를, 후년에 그는 "형이상학을 극복하고자 시도하면서 형이상학의 용어를 사용한 데에 있다"라고 술회했다. 여기로부터 전회(Kehre)를 경과한 후기 하이데거의 사유의 길이 시작된다. 존재가 존재자로 스스로의 덮개를 벗길 때 존재는 스스로 물러난다. 그런데 형이상학적 사유는 존재 대신에 가장 높은 존재자 곧 존재자성存在者性을 존재자의 근거로서 표상한다. 형이상학은 존재와 존재자의 차이를 사용하지만, 차이를 차이로서 묻는 일은 하지 않는다. 차이화된 것은 고려하지만, 차이의 생기에 대해서는 주의조차 하지 않는다. 이것은 형이상학이 아직 지평적 사유에 머물러 있다는 것을 가리키고 있다. 그래서 그의 후기 사유는 나타남이 생기하는 바의 사건으로 참입參入하는 길을 밟고자 한다. 그것은 지평적 사유로부터의 탈각함의 길이며, 자신의 유래로 걸음을 되돌리는(der Schritt zurück), 수직적(vertikal)인 길이다. [Vgl. Yoshihiro Nitta: Der Weg einer Phänomenologie des Unscheinbaren, in: Zur Philosophischen Aktualität Heideggers (Vittorio Klostermann, 1989)].

43. 武内義範, 『教行信証の哲學』(弘文堂, 1941) 56쪽, [『現代佛教名著全集』 제6권 (隆文館, 1956) 107쪽].

44. 본론 제Ⅱ부, 제3장 제3절 참조.

제7장 키타야마 준유의 아뢰야식론

1. Kant-studien: Philosophische Zeitschrift Begründet von Hans Vaihinger, Band 40 Jahrgang 1935(herausgegeben von Hans Heyse, Pan-Verlagsgesellschaft m.b.H./Berlin 1935) S. 288. 또한, 소개된 글의 저자는 H.v. Glasenapp.이다.

2. Erich Frauwallner: Die Philosophie des Buddhismus(Akademie Verlag GmbH, Berlin,

1994) S. 416.

3. 『比較思想』 第7号 (大正大學西洋哲學研究室・比較宗教哲學研究會, 1983) 15~39쪽.

4. 峰島旭雄 編輯 『東と西 永遠の道 ── 佛教哲學・比較哲學論集』(北樹出版, 1985).

5. Junyu Kitayama: Metaphysik des Buddhismus ── Versuch einer Philosophischen Interpretation der Lehre Vasubandhus und seiner schule(Verlag von W. Kohlhammer Struttgart-Berlin, 1934) S. 12.

6. ebenda. S. 7.

7. 『대정장』 31권 828쪽.

8. Junyu Kitayama a.a.O. S. 53.

9. ebenda. S. 55.

10. ebenda. S. 53.

11. ebenda. S. 53.

12. ebenda. S. 54.

13. ebenda. S. 56.

14. ebenda. S. 56.

15. ebenda. S. 143.

16. ebenda. S. 143.

17. ebenda. S. 143.

18. ebenda. S. 143.

19. ebenda. S. 145.

20. ebenda. S. 145.

❑ 참고문헌 ❑

勝又俊教, 『佛教における心識說の研究』(山喜房佛書林, 1961).

深浦正文, 『唯識學研究』 上卷 教史論(永田文昌堂, 1954).

제1장 3성설을 둘러싼 여러 문제

1. 『鈴木宗忠著作集』 第2卷 『唯識哲學硏究』(嚴南堂, 1977).
2. 勝友俊教, 『佛教における心識説の硏究』(山喜房佛書林, 1961).
3. 田中順照, 『空觀と唯識觀』(永田文昌堂, 1963).
4. 竹村牧男, 『唯識三性説硏の究』(春秋社, 1995).
5. 上田義文, 『梵文唯識三十頌の解明』(第三文明社, 1987) 76~77쪽.
6. 같은 책 77쪽.
7. 같은 책 73~96쪽, 5~7쪽 참조.
8. 같은 책 83쪽.
9. 같은 책 84쪽.
10. 같은 책 85쪽.
11. 같은 책 105쪽.
12. 鈴木宗忠, 앞의 책 117~140쪽.
13. 같은 책 117쪽.
14. 같은 책 118~9쪽.
15. 같은 책 123쪽.
16. 『大正藏』 31卷 121쪽.
17. 鈴木宗忠, 앞의 책 128쪽.
18. 같은 책 235쪽.
19. 같은 책 136~7쪽.
20. 같은 책 137쪽.
21. 勝友俊教, 앞의 책 259쪽.
22. 같은 책 260쪽.
23. 『大正藏』 31卷 63a.
24. 勝友俊教, 앞의 책 261쪽.
25. 같은 책 261쪽.
26. 같은 책 265쪽.

27. 田中順照, 앞의 책 139쪽.

28. 같은 곳.

29. 같은 책 179쪽.

30. 같은 곳.

31. 같은 책 181쪽.

32. 같은 책 195쪽.

33. 竹村木男, 앞의 책 68쪽.

34. 같은 책 69쪽.

35. 같은 책 78쪽.

36. 같은 책 82쪽.

37. 같은 책 118쪽.

38. 勝友俊教, 앞의 책 296쪽.

39. 같은 책 309쪽.

40. 같은 책 301쪽.

41. 田中順照, 앞의 책 400쪽.

42. 같은 책 257쪽.

43. 같은 책 259쪽.

44. 같은 책 260쪽.

45. 같은 책 257쪽.

46. 같은 책 262쪽.

47. 『大正藏』 31卷 602c~603a.

48. 같은 책 30卷 581c.

49. 勝友俊教, 앞의 책 284.

50. 『大正藏』 31권 61b.

51. 勝友俊教, 앞의 책 284~5쪽.

52. 같은 책 286쪽.

53. 田中順照, 앞의 책 144~5쪽.

54. 『大正藏』 32卷 577c.

55. 田中順照, 앞의 책 308쪽.

제2장 식의 유와 무를 둘러싼 철학적 일고찰

약호

『大正藏』: 大正新修大藏經

日譯: 日譯大藏經 論部 第10卷(第一書房 1985년 재판)

1. 『大正藏』 31권 60-61.
2. 같은 책 61a, 『唯識三十論頌』 若有三性 如何世尊說一切法皆無自性.
3. 같은 곳.
4. 稲津紀三 , 『佛教人間學としての世親唯識說の根本的硏究』(中山書房, 1987 增補新版) 127쪽.
5. 같은 책 162쪽.
6. 宇井伯壽, 『安慧・護法 唯識三十頌釋論』(岩波書店, 1979 제2쇄) 136쪽.
7. 같은 책 238쪽.
8. 같은 책 239쪽.
9. 『大正藏』 31卷 48a; 日譯 513쪽, 『成唯識論』 由此體相畢竟非有 如空華故.
10. 같은 곳, 『成唯識論』 此如幻事託衆緣生 無如妄執自然性故 假說無性非性全無.
11. 같은 곳, 『成唯識論』 謂即勝義由遠離前 遍計所執我法性故 假說無性非性全無.
12. 山口益, 『佛教における無と有の對論』(山喜房佛書林, 1975 修訂) 47쪽.
13. Hrsg.v. D. Papenfuss und O. Pöggeler: Zur Philosophischen Aktualität Heideggers Ⅱ (Ⅴ. Klostermann, Frankfurt am Main, 1990) S. 46.
14. 安田理深, 『安田理深選集』 第5卷(文榮堂, 1988) 10쪽.
15. 稲津紀三, 앞의 책 164쪽.
16. 『大正藏』 31卷 61a.

    24頌 初即相無性 次無自然性 後由遠離前 所執我法性.

    25頌 此諸法勝義 亦即是真如 常如其性故 即唯識實性.

17. 渡邊隆生, 『唯識三十論頌の解讀研究』下(永田文昌堂, 1998) 100쪽.

18. 『大正藏』 31卷 48a; 日譯 514쪽.

19. 安田理深, 앞의 책 33쪽.

20. 같은 책 38쪽.

21. 『大正藏』 31권 48a~b, 日譯 515쪽.

22. 安田理深, 앞의 책 41쪽.

23. 같은 책 39쪽.

24. 稲津紀三, 앞의 책 164쪽 참조.

25. 『大正藏』 31권 48b; 日譯 515쪽(『大正藏』에는 '戒'자가 없다.) 『成唯識論』 誡有智者不應依之總撥諸法都無自性.

26. 稲津紀三, 앞의 책 164쪽.

27. 安田理深, 앞의 책 41쪽.

28. 稲津紀三, 앞의 책 165쪽.

29. 新田義弘, 『世界と生命』(青土社, 2001) 87쪽, Vgl. D. Papenfuss und O. Pöggeler, a.a.O., S. 48, W. Marks: Das Denken und seine Sache, in: Heidegger-Freiburger Universitätsvorträge zu seinem Gedanken, Hrsg. v.H.G. Gadamer und anderen(Alber, 1977) S. 19.

30. 『大正藏』 31권 6c; 日譯 117쪽 『成唯識論』 諸心心所依他起故 亦如幻事 非真實有 為遣妄執心心所外 實有境故 說唯有識 若執唯識真實有者 如執外境亦是法執.

31. Dan Lusthaus: Buddhist Phenomenology — A Philosophical Investigation of Yogācāra Buddhism and the ch'eng wei-shin lun(Routledge Curzon, 2002).

32. ibid. p. 466.

33. 『大正藏』 31卷 6c; 日譯 116쪽 『成唯識論』 真如亦是假施設名 遮撥為無故說為有 遮執為有故說為空 勿謂虛幻故說為實 理非妄倒故名真如 不同餘宗離色心等有實常法名曰真如 故諸無為非定實有.

34. 주 31)참조. 이 책은 전체 611쪽에 달하는 큰 책이며, 5부 23장으로 이루어져 있다. 범문뿐 아니라 한역 불전에 대해서도 정치한 독해가 이루어지고 있다는 점에서 주목된다. 또한 제목에서도 엿볼 수 있듯이 이 책은 불교와 현상학의 연관에 관한 고찰을 축으로 하고 있는데, 이 점에서 필자의 관심과 공명하는

점도 많다. 이와 같은 이유에서 본고에서 간략히 소개하는 바이다.

35. D. Lusthaus, ibid. Chapter17(p. 447~ 471).

36. ibid. p. 461ff.

37. 『大正藏』 31卷 39b; 日譯 430 『成唯識論』 此唯識性豈不亦空 不爾 如何 非所執故 謂依識變妄執實法理不可得說為法空 非無離言正智所證唯識性故說為法空.

38. 같은 책 30卷 33a; 三枝充悳, 『中論』 下(第三文明社 レグルス文庫, 1984) 641쪽.

39. 같은 책 31卷 39b; 日譯 431쪽.

40. 같은 책 39b; 日譯 428-9쪽.

41. 같은 책 30卷 268b.

42. 같은 책 31卷 6c; 日譯 116 『成唯識論』 故諸無為非定實有.

제3장 유식사상과 후설 현상학의 원적 사상에 대한 물음

1. Iso Kern: Selbstbewußtsein und Ich bei Husserl, in: Gerhald Funke(Hrsg): Husserl-Symposoin Mainz 27.6./4.7.1988.(Franz Steiner Verlag,1989) S. 51~S. 63.

2. ebenda. S. 52, Kants empirische Appezeption(nicht die “reine” oder “transzendentale” 즉, 여기서 이 제1의 도식에 대응하는 것은 어디까지나 칸트의 ‘경험적’ 통각이지, ‘순수’ 통각 혹은 ‘선험적’ 통각은 그런 한에서 없다는 점에 주의해야 한다.

3. 『唯識三十頌』 第1頌, 『成唯識論』(新導本) 卷1 1쪽(『大正藏』 31卷 60a).

4. 『成唯識論』(新導本) 卷1 3쪽(『大正藏』 31卷 1b) 『成唯識論』 外境隨情而施設故非有如識 內識必依因緣生故非無如境 由此便遮增減二執 境依內識而假立故唯世俗有 識是假境所依事故亦勝義有.

5. 같은 책 卷2 27쪽 (『大正藏』 31卷 10a).

6. 같은 책 ‘唯識三十頌’ 3쪽 第5頌 (『大正藏』 31卷 60b).

7. 같은 책 ‘唯識三十頌’ 8~9쪽 (『大正藏』 31卷 61a).

8. 竹村木男, 『唯識三性說の硏究』(春秋社, 1995) 491쪽.

9. Yoshihiro Nitta: Der Weg zu einer Phänomenologie des Unscheinbaren, in: D. Papenfuss und O. Pöggeler(Hrsg.): Zur Philosophischen Aktualität Heideggers, Band 2., Im Gespräch

der Zeit(Vittorio Klostermann, 1990) S. 43~S. 54.

10. 다음의 여러 논문을 참조할 것.

「主觀性とその根據について ── クザーヌスと現代」 (『東洋大學大學院紀要』 11, 1974).

「自己意識と反省理論 -フィヒテと現代」(『東洋大學大學院紀要』12, 1975).

「フィヒテとハイデガー」(『實存主義』77, 特輯 ハイデガー追悼号, 以文社, 1976).

「深さの現象學 ── フィヒテ後期知識學と否定性の 現象學」(『思想』749号, 岩波書店, 1986).

「地坪の形成とその制約となるもの」(『現象學年報』 5, 1990).

이상은 현재 新田義弘 著「現象學と近代哲學」(岩波書店, 1995)에 수록되어 있음.

「時代批判の特徵 ── ハイデガー」(『實在主義 講座 Ⅱ 時代批判』, 理想社, 1968).

「現代哲學の反省概念について」(『現象學研究』 創刊号, せりか書房, 1972).

「近さと隔たり」(『現象學年報』 創刊号, 北斗出版, 1984).

이상은 현재 新田義弘 著,「現代哲學 ── 現象學と解釋學」(白菁社 叢書 現象學과 解釋學, 1997)에 수록되어 있음.

11. M. Heidegger: Gelassenheit(Verlag Günther Neske, 1959. Zehnte Auflage, 1992) S. 49.

12. M. Heidegger: Vorträge und Aufsätze(Verlag Günther Neske, 1954. Siebte Auflage, 1994) S. 194.

13. ebenda.

14. 武內義範, '緣起思想'[長尾雅人・中村元 監修, 三枝充悳 編輯,『講座 佛敎思想』 第5卷(理想社, 1982) 第2章] 참조.

제4장 회심의 논리 탐구

1. 『講座 佛敎思想』 第5卷, 第2章「緣起思想」(理想社, 1982) 99쪽.

2. '근저(根底)로 가는 길에 완전히 도달함'이라고도 말한다. 『講座 大乘佛教』 第5卷 133쪽 참조.

G. W. F. Hegel: Wissenschaft der Logik: Die Lehre vom Wesen(1813) (Felix Meiner, Philosophische Bibliothek 376, 1999) S. 54, Z. 24-25, S. 91, Z. 22-23).

G. W. F. Hegel: Phänomenologie des Geistes(Felix Meiner, Philosophische Bibliothek 414, 1988) S. 269, Z. 31-33.

헤겔의 변증법에서는 모순이 노정되어 해결로 이르는 과정에서, 이 '몰락'이라는 계기가 중요한 의미를 갖는다. 즉, 모순의 노정에 의해 긍정적인 것과 부정적인 것은 존립근거를 잃으며 몰락한다. 하지만 몰락하는(zugrundegehen) 것은 동시에 '근거로 돌아가는(in den Grund zurückgehen)' 것을 의미한다. 몰락에 의해 비로소 대립이나 모순을 생겨나게 했던 근거가 부상하게 되는 것이다.

또한 관련사항에 대해서는 武市健人, 『ヘーゲル論理學の體系』(岩波書店, 1950) 126쪽, 樫山欽四郎, 『精神現象學の研究』(創文社, 1961) 119쪽, 岩佐茂・島崎隆・高田純 編 『ヘーゲル用語事典』(未來社, 1991) 104쪽 등을 참조.

3. Probleme der Versenkung im Ur-Buddhismus(hrsg. von Ernst Benz, E. J.Brill, Leiden, 1972) S. 66.

4. ebenda. S. 73ff. Vgl. M. Heidegger: Einführung in Metaphysik(M. Niemeyer, Tübingen, 1953) S. 54 [Ⅱ 2 Die Etymologie des Wortes<sein>].

5. ebenda. S. 74.

6. ebenda. S. 77.

7. 『親鸞と現代』(中央公論社, 1974) 78쪽.

8. 같은 책 77쪽.

9. 善導, 『觀經疏』, 觀經正宗分散善義 卷第4(『大正藏』 37卷 270c~271a); 村瀬秀雄 譯 『和譯善導大使觀經四帖疏』(常念社, 1977) 446쪽.

10. 親鸞, 『教行信証』信卷(『大正藏』 83卷 601c); 星野元豊・石田充之・家永三郎, 『日本思想大系 親鸞』(岩波書店, 1971) 71쪽.

11. 善導, 『觀經疏』, 觀經正宗分散善義 卷第4(『大正藏』 37卷 270c~271a) 村瀬秀雄 譯 『和譯善導大使觀經四帖疏』(常念社, 1977) 448쪽; 親鸞, 『教行信証』 信卷(『大正藏』 83卷 601c); 星野元豊・石田充之・家永三郎 『日本思想大系 親鸞』(岩波書店, 1971) 76쪽.

12. 『教行信証の哲學』(弘文堂, 1941) 103쪽; [『現代佛教名著全集』 第6卷(隆文館, 1965) 130쪽].

13. 같은 책 103~4쪽; [130쪽].

14. 같은 책 182쪽; [171쪽].

15. 같은 책 56쪽; [107쪽].

제5장 현상학과 대승불교

1. 『大正藏』 31卷 591c.

2. 유루의 식識을 전환해서[轉] 무루의 지智를 얻는 것. 그때 제8아뢰야식은 대원경지로, 제7말나식은 평등성지로, 제6의식은 묘관찰지로, 전前5식은 성소작지로 각각 전환된다(『成唯識論』 卷第10, 『大正藏』 31卷, 56b).

3. āśraya-parāvṛtti, 미혹한 존재의 근거가 전환되는 것. 또한, 특히 소의所依 또는 의지依止인 아뢰야식의 전환(『瑜伽論』 2卷 『大正藏』 30卷 218c; 『攝大乘論』 『大正藏』 31卷 148b; 『唯識三十頌』 『大正藏』 31卷, 61b; 『成唯識論』50c).

4. Husserliana(Martinus Nijhoff, 이하 Hua.로 약기), Ⅵ S. 102.

5. Hua, Ⅵ S. 140.

6. 世親(Vasubbandhu: 320~400) 造, 玄奘(600-664) 譯 (이하 『三十頌』으로 약기) 『大正藏』 31卷 60-61쪽.

7. Hua.XIX/1 S. 360.

8. Vijñaptimātratāsiddhi, Deux Traités De Vasubandhu, Vimsatikā(La Vingtaine), Accompagnée D'une Explicationen Prose et Trimsikā(La Trentaine) Avec le Commentaire de Sthiramati, par S. Lévi (Paris, 1935), P. 16, Ⅱ. 1-2.

9. 護法(Dharmapāla: 530-560) 造, 玄奘 譯 『大正藏』 31卷 1-60쪽.

10. 『大正藏』 31卷 40쪽 『成唯識論』 謂從生位轉至熟時.

11. Iso Kern: Object, Objective Phenomenon and Objectivating Act According to the 'Vijñaptimātratāsiddhi' of Xuanzang(600-664), in: Phenomenology and Indian Philosophy(ed. by D.P. Chattopadhyaya, L. Embree, J. Mohanty, State University of New York Press, 1992), P. 266.

12. Hua. VI S. 212-213.

13. Iso Kern, ibid. p. 260-268. 또한 Postulat는 보통 '요청'이라 번역되지만, 여기서는 문맥에 맞게 '근본전제'로 번역했다.

14. 『大正藏』 31권 17c.

15. Hua. XV S. 598.

16. 『대정장』 31권 10a.

17. 『섭대승론』에서 설하고 있고, 『성유식론』에서도 상세히 서술하고 있다. 찰나멸刹那滅, 과구유果俱有, 항수전恒隨転, 성결정性決定, 대중연待衆緣, 인자과引自果의 6의義를 말한다.

18. 『安田理深選集』 第2卷 (文榮堂, 1987) 119쪽.

19. 같은 책 第3卷 (1987) 16쪽.

20. 같은 책 第2卷 142쪽.

21. 長尾雅人, 『中觀と唯識』(岩波書店, 1978) 243쪽.

22. I, Kant: Kritik der reine Vernunft, B 218, 원문에는 ein empirisches Erkenninis라고 해서 중성명사로 표기된 것도 있다.

23. ebenda. B 81, der Unterschied des Transzendentalen und Empirischen.

24. 이 점에서 후설이 칸트의 선험철학 내의 형이상학적 잔재를 철저하게 비판하고 있다는 것은 중요하다. (Hua. VII S. 377ff. 참조).

25. 長尾雅人, 앞의 책 243쪽.

26. 新田義弘, 『現象學とは何か』(講談社, 1992) 151-152쪽.

27. Iso Kern, ibid. p265.

28. Hua.XVII S. 252.

29. Hua. VIII S. 153.

30. 新田義弘, 『現代哲學-現象學と解釋學』(白菁社, 1997) 166쪽.

31. 『大正藏』 31卷 17c.

32. 같은 책 10a.

33. 같은 곳.

34. 같은 책 11a.

35. 같은 책 22a.

36. Hua. XV S. 304.

37. 『大正藏』 31卷 11b.

38. Ludwig Landgrebe: Fakizität und Individuation(Felix Meiner, Hamburg, 1982), S. 83.

39. 『大正藏』 16卷 692c.

40. Hua.IV S. 281.

41. ebenda.

42. L. Landgrebe, a.a.O. S. 81.

43. Eugen Fink: VI. Cartesianische Meditation Teil l. Die Idee einer Transzendentalen Methodenlehre(Kluwer Acamedic Publishers, 1988), S. 212-213.; 新田義弘・千田義光 譯, 『超越論的方法論の理念 ── 第六デカルト的省察』(岩波書店, 1995).

44. M. Heidegger: Unterwegs zur Sprache (Günther Neske, 1959, Zehnte Auflage 1993), S. 135.

45. 수도修道의 위位를 5단계로 나누어 '5위位'라고 한다. 소승에서는 자량위・가행위・견도위・수도위・ 무학위라 하고, 대승에서는 자량위・가행위・통달위・수습위・구경위라고 한다. 수습위란 통달위에서 최초로 무루지를 얻은 후에도 다시 반복하여 무분별지를 닦아야 한다는 것을 가리킨다. 해탈을 얻을 때의 장애를 유식학에서는 번뇌장과 소지장의 2장障으로 파악하고 있다. 이것은 각각 인집과 법집에 대응하는 것이다. 이 중 소지장은 지智의 활동을 장애하는 불염오不染汚의 무지無智, 곧 '분별'을 가리킨다. 소승과는 달리 유식학에서는 법집을 보다 근원적인 것으로 간주하기 때문에, 수습의 역점은 소지장의 단斷에 있다. 또한 번뇌장을 끊어 얻는 것은 열반이고, 소지장을 끊어 얻는 것은 보리이다.

46. Yoshihiro Nitta: Der Weg zu einer Phänomenologie des Unscheinbaren, in: herausg: von D. Papenfuss und O. Pöggeler, Zur Philosophischen Aktualität Heideggers Bd. 2, Im Gespräch der Zeit(Vittorio Klostermann, 1990) S. 46-51.

47. '이중의 주름'으로 번역된다. Vergl. M. Heidegger: Unterwegs zur Sprache. S. 122ff., M. Heidegger: Vorträge und Aufsätze(Günther Neske, 1954, Siebte Auflage, 1994) S. 232ff.

48. M. Heidegger: Gelassenheit (Günther Neske, 1959, Zehnte Auflage, 1992), S. 36.

49. a.a.O. S. 37.

50. M. Heidegger: Identität und Differenz(Günther Neske, 1957, Achte Auflage, 1986), S. 63.

51. Yoshihiro Nitta: Das anonyme Medium in der Konstitution von mehrdimensionalem Wissen, in: herausg. von E. Orth, Perspektiven und Probleme der Husserlaschen Phänomenologie (Alber, Phänomenologische Forschungen 24/25, 1991), S. 191.

52. 진여가 무명의 연을 따르며 현상들을 생기게 하는 것. 진리眞理로부터 생성하는 것.

53. Yoshinori Takeuchi. Probleme der Versenkung im Ur-Buddhismus (herausg. von Ernst Benz, Joachim Wach Vorlesungen der phillipps Universität Margurg, Leiden: E.J. Brill, 1972) S. 86.

<보유 논문>

불교와 과학

1. Francisco J. Varela, Evan Thompson, Eleanor Rosch: The Embodied Mind (MIT Press, 1991); 日譯 『身體化された心 ── 佛教思想からエナクティヴ・アプローチ』(田中靖夫 譯, 工作舍, 2001). 본고에서는 일역을 참조하되, 문맥 또는 철학적 배경을 고려하며 번역을 다듬었다. 이하, 이 책 원서의 쪽수를 기재한다.

2. 이상의 두 논문은 후에 다음 책에 수록되었다. Humberto R. Maturana and Francisco J. Varela: Autopoiesis and Cognition (D. Reidel Publishing Company, 1980); 日譯 河本英夫 譯, 『オートポイエーシス ── 生命システムとは何か』(國文社, 1991).

3. Humberto R. Maturana and Francisco J. Varela: El Árbol del Conocimento [Der Baum der Erkenntnis] (Editiorial Universitaria, 1984), English version: The Tree of Knowledge, The Biological Roots of Human Understanding, Revised Edition(Translated by Robert Paolucci, Shambhala, Boston, London, 1998) pp. 209-10; 日譯 菅啓次郎 譯 『知惠の樹』(朝日出版社, 1979, ちくま學藝文庫, 1997).

4. ibid. cf. xi~xiii. 이 대목을 기술할 때 원저자의 감사의 말(Acknowledgments)과 함께 일역판 '역자 후기'(p. 358ff.), 그리고 『知惠の樹』 일역판 '역자 후기'(ちくま學藝文庫 p. 316ff.)를 참조했다. 명기하며 田中靖夫 님과 菅啓次郞 님에게 감사의 마음을 표하고 싶다.

5. ibid, xviii.

6. ibid. xviii.

7. 1994년 차머스가 제기한 이른바 '의식의 어려운 문제'로 인해 인지과학자들은 "뇌와 같은 물리적 시스템이 어떻게 '경험'을 할 수 있는 것인가?" 하는 물음에 직면하게 되었다. 이 차머스의 문제제기는 물리시스템으로 환원될 수 없는 의식의 질감質感에 정위定位하면서, 의식의 '환원을 거역하는 성질'이야말로 문제의 소재라는 것을 인지과학자나 신경과학자에 깨닫게 했다는 점에서 센세이션한 의미를 지니고 있었다. 그러나 차머스 자신이 결국은 심신이원론의 입장을 벗어나지 않았을 때도 있었고, 이 문제에 관한 그 후의 논의는 '퀄리어(qualia, 감각질)'에 대한 일정한 관심의 높이를 보여주고 있지만, 종래의 인지과학과 신경과학적 방법에 대한 근본적인 반성적 재검토에 이르게 되었다고는 말하기 어렵다. 따라서 바렐라의 이 진단은 현재에도 실정에 잘 맞는다고 필자는 생각한다.

   c.f. David J. Chalmers: The Conscious Mind: In search of a Fundamental Theory (Oxford University Press, 1996); 林一 譯『意識する心 ── 腦精と精神の根本理論を求めて』(白揚社, 2001); Fransico J. Varela: Neurophenmenology: A Methodological Remedy for the Hard Problem, in: Explaining Consciousness ── The 'Hard Problem' (ed. by Jonathan Shear, The MIT Press, 1997), originally published in the Journal of Consciousness Studies, 3, No. 4(1996), pp. 330-49. 河村次郞,『腦と精神の哲學 ── 心身問題のアクチュアリティー』(萌書房, 2001) 第5章(pp. 137-173) 참조.

8. "The Embodied Mind" 3.

9. ibid. xv.

10. ibid. 3.

11. M. Merleau-Ponty: Phénoménologie de la perception(Gallimard, 1945) p. IV~V; English version, Phenomenology of Perception(translated by Colin Smith, Routledge and Kegan Paul, 1962) p. x~xi; 日譯 M. メルロー＝ポンティ『知覺の現象學』(竹内芳郞・小木貞孝 譯,みすず書房, 1967) p. 6~7.

12. "The Embodied Mind" 4. 바렐라는 불교와의 연관성을 후술하는데, 여기서 이미 이를 암시하듯이 이 '간間'을 '중도中道'라고도 부르고 있다는 것에 주목해야 한다.

13. ibid. xvi.

14. Husserliana IV Ideen II S. 145.

15. 新田義弘,『現象學とは何か』(講談社, 1979) 140쪽 참조.

16. "The Embodied Mind" xv.

17. ibid. xv~xvi.

18. ibid. xvi.

19. Jürgen Habermas: Der Philosophische Diskurs der Moderne (Suhrkamp, STW 749, 1988) S. 430. 日譯: ユルゲ・ンハーバーマス『近代の哲學的ディスクルス II』(三島憲一・轡田収・木前利秋・大貫敦子 譯 岩波書店, 1999) 633쪽. 또한 이 항을 기술할 때 H.R. 마뚜라나, F.J. 바렐라『オートポイエーシス ── 生命システムとは何か』(河本英夫 譯, 國文社, 1991)의 '역자 후기'(pp. 315~17)를 참조했다. 이 점을 명기하며 역자 카와모토 히데오(河本英夫) 님에게 감사의 마음을 표하고 싶다.

20. "The Embodied Mind" 42-43.

21. ibid. 99.

22. ibid. 206~207.

23. ibid. 207.

24. ibid. 4, 135.

25. ibid. 136~137.

26. ibid. 139, cf. M. Minsky: The Society of Mind(Touchstone, Simon and Schuster, 1988) p. 288.

27. ibid. 139 "operational closure."

28. ibid. 165.

29. ibid. 202.

30. ibid. 194.

31. ibid. 185 ff.(Chapter 9).

32. ibid. 214.

33. 津田眞一,『アーラヤ的世界とその神』(大藏出版, 1998) 41a 참조.

34. “The Embodied Mind” 23.

35. ibid. 22.

36. ibid. 33.

37. ibid. 26.

38. ibid. 27.

39. ibid. 51.

40. ibid. 42.

41. ibid. 52.

42. ibid. 57.

43. ibid. 69.

44. ibid. 80.

45. ibid. 80.

46. ibid. 56.

47. cf. Marvin Minsky: The Society of Mind (Touchstone, Simon and Schuster, 1988) p. 20~25.

48. “The Embodied Mind” 110.

49. ibid. 114.

50. ibid. 116.

51. ibid. 118.

52. ibid. 118.

53. ibid. 124.

54. ibid. 219.

55. ibid. 221.

56. ibid. 223.

57.『大正藏』30卷 33b,『中論』觀四諦品 第24 第80~89偈; 三枝充悳,『中論』(下) (第三文明社 レグルス文庫, 1984) 650~652 참조.

58. “The Embodied Mind” 224.

59. ibid. 225.

60. Humberto R. Maturana and Francisco J. Varela: The Tree of Knowledge: The Biological Roots of Human Understanding, Revised Edition (Translated by Robert Paolucci, Shambhala, Boston, London, 1998) pp. 209~10 Humberto Maturana, Francisco Varela『知恵の樹』(管啓次朗, ちくま學藝文庫, 1997) 251~254쪽 참조.

61.『成唯識論』 卷第4 (『大正藏』 31卷 17c).

62.『大正藏』 31 60b.

63. 같은 책 10a.

64. 같은 책 11a.

65. 상세한 것은 본서 제Ⅱ부 제1장 제2절, 그리고 제Ⅲ부 제5장 제3절(2), (3)을 참조.

66.『大正藏』 31 10a.

67. "The Embodied Mind" p. 119.

68.『清沢滿之全集』(暁鳥敏・西村見暁 編, 法藏館, 1980) 第6卷 49쪽 '絶代他力の大道' 첫머리의 구.

69. 児玉曉洋, '眞宗の宿業觀試論',『眞宗の教學における宿業の問題』(眞宗大谷派教學研究所 編, 東本願寺出版部, 1993)에 수록. 48~49쪽 참조.

70.『大正藏』 31卷 137c.

생명윤리와 '신'의 논리

1. 加藤尚武,『二十一世紀への知的戰略』(筑摩書房. 1987) 314쪽.

2. M. Tooley: Abortion and Infanticide, 1972, in: J. Arthur(ed.): Morality and Moral Controversies, 1981 森岡正博 譯 '嬰兒は人格を持つか'(加藤尙武・飯田亘之 編,『バイオエシックスの基礎』, 東海大學出版會 1988).

3. 森岡正博,『生命學への招待 -バイオエシックスを越えて』(勁草書房, 1988) 210~213쪽 참조).

4. M. Tooley: Abortion and Infanticide, p. 218; 譯 100쪽.

5. ibid. p. 218; 譯 100쪽.

6. ibid. p. 216; 譯 96쪽.

7. ibid. p. 220; 譯 102쪽.

8. 森岡正博, 앞의 책 216~220쪽 참조.

9. 水谷雅彦, '生命の價値', 塚埼智・加茂直樹 編『生命倫理の現在』(世界思想社, 1987)에 수록, 131~147쪽 참조.

10. M. Tushnet and L. M. Seidman: A Comment on Tooley's "Abortion and Infanticide."1986, Ethics, vol.96, No.2, p. 351. 森岡正博, 앞의 책 229쪽.

11. I.Kant: Die Metaphysik der Sitten, Ak, Ausg. VI 223.

12. J.Locke: An Essay Concerning Human Understanding, Chap. XXVII-9 ed. by John W. Yolton, Dent: Everymans Library. 332, p. 280.

13. I.Kant: Anthropologie in pragmatischer Hinsicht, Ak. Ausg. VII 127.

14. I.Kant: Preisschrift über die Fortschritte der Metaphysik, Ak, Ausg, XX 270.

15. I.Kant: Kritik der reinen Vernunft, B 429.

16. E.Husserl: Die Krisis der europäischen Wissenschaften und die transzendentale Phänomenologie, 1936, Husseliana VI, §53 S. 182 細谷恒父・本田元 譯,『ヨーロッパ諸學の危機と超越論的現象學』(中央公論社, 1974) 256쪽.

17. ebenda. S. 185; 譯 261쪽.

18. 善導,『觀經疏』, 正宗分散善義 卷4(『大正藏』 37卷 271a).

❑ 참고문헌 ❑

關西倫理學會 編『現代倫理の課題』(晃洋書房, 1991).

小倉志祥 著,『カントの倫理思想』(東京大學出版部, 1971).

新田義弘 著,『現象學とは何か』(紀伊國屋書店, 1979).

中村元 編,『自我と無我』(平樂寺書店, 1986).

佛教思想硏究會 編『因果』(佛教思想 3)(平樂寺書店, 1978).

平野修 著,『民衆の中の親鸞』(東本願寺出版部 同朋選書18, 1991).

서양의 '인과성' 개념의 여러 형태

1. B. Russell: On the Notion of Cause Proceedings of the Aristotelian Society 13, 1912-13, in: Mysticism and Logic, Unwin Paperbacks, 1986) p. 173.
2. 『형이상학』에서의 '신(神)'. 그것은 순수형상으로서 가장 완전한 것이기 때문에, 보다 완전하게 되고자 스스로 움직이는 것이 아니다. 역으로 모든 것은 신을 동경하여 움직이는 것이기 때문에, 신은 스스로는 움직이지 않고 모든 것을 움직이게 하는 궁극원인으로 여겨졌다.
3. A.N. Whitehead: Adventures of Ideas(Macmillan 1933, Free Press 1967, 이상 AI로 약기) p. 118; 日譯『觀念の冒險』, 山本誠作・菱木政晴 譯(松籟社, 1982) 160쪽.
4. D. Hume: Enquiries concerning Human Understanding(1758, Oxford University Press, Third edition 1975, reprinted from the posthumous edition of 1777) p. 74.
5. I. Kant: Kritik der reinen Vernunft (Erste Auflage 1781…… A, Zweite Auflage 1781…… B) B, S. 19.
6. ebenda. B, S. 234.
7. ebenda. B, S. 432ff '순수이성의 안티노미' 참조. 경험적 인식에 관여하지 않는 한, 순수이성은 두 가지 상반되는 견해, 즉 "자연인과율 외에 자유인 원인이 있다"는 견해와 "모든 것은 자연인과율에 따라 일어나며 자유란 것은 없다"는 견해를 모두 정당화할 수 있다. 즉, 이 물음에 마무리를 짓는 것은 불가능하다는 것.
8. 한쪽이 다른 한쪽의 원인이 되는 일 없이 한쪽이 정해지면 다른 쪽도 정해진다는 단순한 대응관계를 말한다.
9. A.N. Whitehead: Science and the Modern World(Cambridge University Press 1926, Free Association Books London 1985, 이하 SMW라 약칭) p. 49; 日譯『科學と近代世界』上田泰治・村上至孝 譯 (創元社 1967, 松籟社 1981) 51쪽.
10. ibid, p. 49; 譯 51쪽. 정확하게는 '十六世紀の歷史的反逆'.
11. I. Newton: Optics(1730) Ⅲ qu.31.
12. 운동의 세 법칙, 즉 질량의 법칙, 운동방정식, 작용・반작용의 법칙 중, 운동방정식을 말한다. F = ma(F:힘, M:질량, a:가속도)를 나타낸다.
13. E. Mach: Erkenntnis und Irrtum(1905) S. 278.

14. B. Russel: 앞의 책 p. 173.

15. P.S. Laplace: Essai philosophique sur les probabilités(1814) p. 2.

16. R. Carnap: Philosophical Foundation of Physics(Basic Books 1938) p. 192.

17. AI p. 111; 譯 150쪽.

18. AI p. 123; 譯 167쪽.

19. AI p. 113; 譯 153쪽.

20. AI p. 112; 譯 151쪽.

21. AI p. 120; 譯 163쪽.

22. AI p. 112; 譯 152쪽.

23. A. N. Whitehead: Process and Reality (Macmillan 1929, edited by D.R. Griffin and D.W. Sherburne 1978, 이하 PR이라 약칭) p. 3; 日譯『過程と實在』, 山本誠作 譯(松籟社, 1979) 3쪽.

24. AI p. 113; 譯 153쪽.

25. SMW p. 63; 譯 67쪽.

26. (1), (2)에 대해서는 SMW pp. 61~69; 譯 64~72 참조.

27. (3), (4), (5)에 대해서는 PR, xiii; 譯 xxvii 그리고 SMW p. 70; 譯 74쪽 참조.

28. SMW p. 64; 譯 67쪽.

29. PR p. 3; 譯 3쪽.

❑ 참고문헌 ❑

Mahesh Chandra Bhartiya: Causation in India Philosophy (Vimal Prakashan 1973) 본장 제1절 (4)의 기술은 이 책의 서설(p. 4-27)에 힘입은 바가 많다.

Heraugegeben von Joachim Ritter und Karlfried Gründer: Historisches wörterbuch der Philosophie Band 4: I-K(Schwabe & CO. Verlag. Basel / Stuttgart 1976). 본장 제2절의 기술은 이 책의 “Kausalgesetz”(S. 789-S. 798)의 항목에 많이 힘입었으며, 특히 (1)~(3)ⓐ는 이 항목을 필자가 초역(抄譯)하는 데 토대가 되었다.

I.Prigogine and I Stengers: Order our of Chaos: Man’s New Dialogue with Nature (Bantam Books, New York, 1984; 日譯『混沌がらの秩序』, 伏見康治・伏見讓・松枝秀明 譯(みすず書房, 1987). 본장 제2절 (3)ⓑ~ⓒ에서는 이 책의 7장을 참조했다.

아도르노와 하이데거

1. Theodor W. Anorno: Negative Dialektik (1996, Suhrkamp Taschenbuch Wissenschaft 113,3. Aufl., 1982) [이하, N.D.로 약칭] S. 104; 日譯 木田元・徳永恂・渡辺祐邦・三島憲一・須田朗・宮武昭 譯『否定の弁證法』(作品社 1996) 이하 원문의 쪽수만 기재.

2. ebenda. S. 367.

3. Martin Jay: Adorno (Fontana Modern Masters, Editor Frank Kermode, first published in 1984 by Fontana Paperbacks) p. 6; 日譯 木田元・村岡晋一 譯『アドルノ』岩波書店 1987(제1쇄 발행) 1988(제2쇄 발행) 89쪽 참조.

4. ibid. p. 64; 譯 88쪽.

5. Max Horkheimer & Theodor Anorno: Dialektik der Aufklärung. Philosophische Fragmente (Querido Verlag, Amsterdam, 1947); 日譯 德英恂 譯,『啓蒙の弁證法-哲學的斷想』(岩波書店 1990).

6. 후기 하이데거의 용어. '역운歷運'이란 번역은, '존재의 운명(Geschick des Seins, Seinsgeschick)'과 '존재의 역사(Geschichte des Seins, Seinsgeschichte)' 간의 분리할 수 없는 관계에 관한 하이데거의 사상에 기초한다. 하이데거는 "존재사存在史란 존재의 운명, 즉 존재가 자기의 본질을 뒤로 뺌으로써 우리에게로 자기를 보내는, 그러한 존재의 운명의 것이다"라고 서술하고 있다. 존재는 존재자를 현현하게 하면서, 스스로는 그 그늘에 숨어 몸을 빼는 것이다. 이와 같이 '보내는 방법'이 '운명'이다. '존재사'와 '존재의 운명'은 근본적으로는 동일하지만, '존재의 운명'이 존재 그 자신의 내적 운동인 데 반해, '존재사'란 그 운명에 기초해서 존재가 인간본성을 중심으로 해서 실제로 자기를 밝히고, 숨으면서 생기해 온 그 현실의 과정을 의미한다.

7. N.D. S. 355.

8. ebenda. S. 355-6.

9. die instrumentelle Vernunft……이 용어는 호르크하이머Horkheimer의『理性の腐蝕』(Eclipse of Reason, Oxford University Press, New York 1947)을 알프레드 쉬미트 Alfred Schmidt가 독일어로 번역했을 때의 표제『도구적 이성비판』(Zur Kritik der instrumentellen Vernunft) 때문에 잘 알려져 있다.

10. N.D. S. 358.

11. 예를 들면, 물상화物象化된 '객관성'을 무비판적으로 믿고 있는 실증과학이 원자력 발전의 절대적 안전성을 보증하는 것과 같은 경우.

12. 예를 들면, 하이데거 존재론. 다만 하이데거 존재론을 '신비주의'로 규정하는 것의 시비에 대해서는 논의가 나뉘어져 있다. 또, 신비주의가 현실에 대해서 반드시 정관적靜觀的 태도를 취한다고 말할 수 없다. 여기서는 '신비주의'라는 용어를 애매하게 규정한 채 사용하고 있다는 것을 인정해야 한다. 이 점에 대해서는 독자의 비판을 청하는 바이다.

13. Theodor W. Adorno: Zur Metakritik der Erkenntnistheorie. Studien über Husserl und die phänomenologischen Antinomien(1956, Edition Suhrkamp 590, 2. Aufl, 1981) S. 13; 日譯 古賀徹・細見和之 譯『認識論のメタクリティ-ク ── フッサ-ルと現象學的アンチノミ-に関する研究』(法政大學出版局, 叢書ウニベルシタス, 1995).

14. Theodor W. Adorno: Minima Moralia. Reflexionen aus dem beschädigten Leben (Suhrkamp, 1951) S. 171, Minima Moralia. Reflexious from Damaged Life(translated by E.F.N. Jephcott, Verso Edition, 1984) p. 150; 日譯 三光長治 譯『ミニマ・モラリア ── 傷ついた生活裡の省察』(法政大學出版局, 叢書ウニベルシタス, 1979).

15. Theodor W. Adorno: Prismen. Kulturkritik und Gesellschaft (1. Aufl. 1955, Gesammelte Schriften 10-1, Suhrkamp, 1977) S. 30; 日譯 竹内豊治・山村直資・坂倉敏之 譯『プリズム ── 文化批評と社會』(法政大學出版局, 叢書ウニベルシタス, 1970).

16. N.D. S. 357.

17. ebenda. S. 356.

18. ebenda. S. 23.

19. ebenda. S. 24.

20. ebenda. S. 184.

21. Theodor W. Adorno: Drei Studien zu Hegel (l. Aufl. 1963, Suhrkamp stw 110, 1974) S. 28; 日譯 渡辺祐邦 譯『三つのヘ-ゲル研究』(河出書房新社, 1986).

22. ebenda. S. 29~30.

23. ebenda. S. 31.

24. 1927년 10월 22일에 하이데거가 후설에게 보낸 편지 ── 木田元,『現象學』(岩波書店, 1970) 80쪽 참조.

25. N.D. S. 92.

26. N.D. S. 85.

27. N.D. S. 135~6.

28. 여기에는 '상호주관성(Intersubjektivität)'에 의한 '물상화(Verdinglichung, Versachlichung)'의 성립기제가 작용하고 있다는 것이 히로마쯔 와타루(廣松涉)에 의해 지적되고 있다. 廣松涉, 『世界の共同主觀的存在構造』(勁草書房, 1972), 『事的世界觀への前哨』(勁草書房, 1975) 참조. 후자는 'ハイデッガ-と物象化的錯視'를 수록.

29. 西谷啓治, 『ニヒリズム』, 國際日本研究所 발행, 創文社 발매, 1972 (증보 제1쇄발행), 1973 (증보 제2쇄 발행) 178쪽.

30. M. Heidegger: Sein und Zeit(1927, Max Niemeyer, Tübingen, 7. Aufl., 1979) S. 34.

31. Vergl. M. Heidegger: Der Satz vom Grund (1. Aufl., 1957, Günther Neske, 7. Aufl., 1992) S. 108 ff. 新田義弘『現代哲學 ── 現象學と解釋學』(白菁社, 1997) 168쪽, 渡辺二郎『ハイデガと存在思想』(勁草書房, 1962) 158~160 참조.

32. N.D. S. 91.

33. ebenda.

34. ebenda.

35. ebenda.

36. ebenda.

37. ebenda. S. 91~2.

38. 시원성始原性으로의 회귀에 대한 비판은 아도르노의 저작에서 많이 발견된다. 예를 들면, "미분화란 통일되어 있음이 아니다."(Zur Subjekt und Objekt S. 743) "통일은 그것이 그 통일이어야 할 다른 것을 필요로 한다."(같은 책).

39. Theodor W. Adorno: Zur Metakritik der Erkenntnistheorie. Studien über Husserl und die Phänomenologischen Antinomien (1956, Edition Suhrkamp 590, 2. Aufl., 1981) S. 27.

40. N.D. S. 92.

41. ebenda.

42. ebenda.

43. ebenda.

44. M. Heidegger: Über den Humanismus (1949, Vittorio Klostermann, Frankfurt am Main, 8. Aufl., 1981) S. 28; 日譯 桑木務 譯『ヒュマニズムについて』(角川文庫, 1958), 佐々木一義 譯『ハイデガ-選集 XXⅢ』(理想社, 1974).

45. ebenda. S. 29.

46. ebenda. S. 21.

47. ebenda. S. 30.

48. M. Heidegger: Zeit und Sein. Zur Sache des Denkens (Max Niemeyer, Tübingen, 1969) S. 5.; 日譯 '時と有'; 辻村公一・ハルトム-ト＝ブラナー譯『思索の事柄へ』(筑摩書房, 1973)에 수록.

49. ebenda. S. 14

50. 이 인용문 중 '자신의 시대'의 의미에 대해서 칼 뢰비트(Karl Löwith)의 다음과 같은 논평이 있다.

"하이데거는 앞에 적은 인용문에서 '자신의 시대'라는 말에 인용부호를 달고 있다. 그 취지는 아마도 당면하고 있는 급박한 일을 알리면서 쫓아오는 동시대적인 오늘을 위한 흔해 빠진 참가(Einsatz)가 아니라, 진정한 순간이라는 결정적 시간을 염두에 두고 있기 때문에 그렇게 한 것이리라. 이 시간의 결단적 성격은 통속적 시간 또는 역사와 실존론적인 시간을 구별할 때 분명하게 된다. 그렇지만 만일의 경우 결단의 때가 '근원적' 순간인지, 아니면 세계의 사건의 과정이 강요하는 '오늘'에 지나지 않는지를 어떻게 일의적으로 판단할 수 있을까? 무엇을 각오覺悟하는지를 분간하지 않는 각오는 그것에 답해 오지 않는다. 크게 각오할 수 있는 사람들이 숙명적이고 결정적이라고 자칭하면서도, 실은 통속적이고 희생할 만한 가치가 없는 대의를 위해 몸을 바친 일은 이미 수없이 일어난 일이다.

본래적(eigentlich)인 사건과 통속적(vulgär)인 사건 간에 경계선을 긋는 일이 철두철미하게 역사적인 사색의 범위 안에서 도대체 어떻게 가능할까? 그 안에서 스스로 선택한 운명과, 아무 선택 없이 인간을 덮치든가 아니면 인간을 즉흥적인 선택이나 결단으로 유혹하는 운명을 확연히 판별하는 일 등이 어떻게 가능할까?

하이데거는 단순히 오늘날의 정세를 경멸하고 있지만, 그러나 통속적인 역사가 통속적인 결단적 순간에 하이데거를 유혹하여, 히틀러 하에서 프라이부르크 대학의 지도를 떠맡게 되고, 또한 각오覺悟를 작정한, 남의 일이 아닌 현존재를 독일적 현존재로 슬쩍 대체하고, 이렇게 해서 실존론적 역사성의 존재를 실제적으로(wirklich) 역사적인 — 즉 정치적인 — 사건의 존재적(ontisch) 지반 위에서 실천하도록 만들었을 때, 그 통속적 역사는 그것을 경멸하는 하이데거에게 생생하게 복수했던 것은 아니었을까?" — Karl Löwith: Heidegger — Denker in dürftiger Zeit, Karl Löwith Sämtliche Schriften 8, J. B. Metzlersche Verlagsbuchhandlung Stuttgart 1984, S. 169~170; 일역 『하이데거, 궁핍한 시대의 사색가』(杉田泰一・岡崎英輔 譯, 未來社, 1968) 89~90쪽.

51. ἔστι는 εἰμί (~이다, ~이 있다) [부정법 εἶναι]의 직접법 3인칭 현재. 독일어에서는 Es ist. 그러나 여기에서 하이데거는 파르메니데스의 ἔστι γὰρ εἶναι("왜냐하면 그것은 있음에서 있다.")라는 잠언의 ἔστι에 대해서 말하고 있으며, 그것이 현재의 독일어의 Es ist에 의해 표현되는 사태와는 다른 사태를 나타내고 있다는 것을 보여주기 위해 일부러 원어대로 표기하고 있다.

52. M. Heidegger: Zeit und Sein. Zur Sache des Denkens (Max Niemeyer, Tübingen, 1969) S. 8.

53. ebenda. S. 5.

54. ebenda. S. 5.

55. ebenda. S. 9.

56. M. Heidegger: Über den Humanismus(1949, Vittorio Klostermann, Frankfurt am Main, 8. Aufl., 1981) S. 32.

57. 그리스어 θέσει는 θέσις의 여격(與格). θέσις는 '놓다, 설정하다, 정하다'와 같은 의미의 동사 τίθημι에서 유래하고, '설정, 제정, 계약, 배치'를 의미한다. 따라서 θέσει는 '계약에 있어서 있는' 것 등의 의미가 된다.

θέσις는 φύσις의 반대개념이며, 후자가 '자연, 타고난 성질, 본성'을 의미하는 데 반해, 전자는 법률 등과 같이 계약에 의해 제정된 것을 가리키고 있다. 따라서 θέσις는 일반적으로는 '자연'에 반대되는 '인위'로 번역된다. 『부정변증법』 일역판도 '인위에 의한 존재'로 번역하고 있다(106쪽).

그러나 여기에서의 문제는 '존재'가 φύσις와 같은 본래성을 가리킨다고 보이지만, 실은 제정된 것에 지나지 않는다는 점에 있다. 그런데 θέσις를

φύαις로 굳게 믿도록 만든 것은 계약이 관습화되어 그 관습 속에서 살고 있다고 하는 정황이다. 그래서 여기에서는 Θέαις의 '놓여 있는 것, 정황(situation)'이라는 뜻을 중시해서 Θέαει를 '관습적 정황'으로 번역했다.

Sein Θέαει를 하나의 결말로 보고, 그것을 τό φύσει ὄν(자연에 의해 존재하는 것)에 반대되는 τό Θέσει ὄν(인위적인 계약에 의해 존재하는 것)으로 이해한 점은 일역판의 뛰어난 점이다. 필자로서는 이 반대개념을 '본래적 본성에 있어서 있는 것'과 '관습적 정황에 있어서 있는 것' 간의 차이로서 받아들여서, 하이데거에서는 본래성으로의 회귀가 반대로 정황으로 이해된다는 아도르노의 비판의 특징을 이 번역 내에서 표현해 보고 싶다.

58. N.D. S. 92.

59. ebenda. S. 92.

60. 하이데거의 용어법에 따르면 das Existenziale로 기술되어야 하는 곳이지만, 여기서는 아도르노의 원저에서 인용한 대목의 표기를 그대로 따랐다.

existenziell과 existenzial 간의 구별은 하이데거 존재론에서 말하는 '존재론적 구별'과 관련해서 볼 때 극히 중요한 점이기 때문에, 여기에 참고를 위해서 그 표준적인 해석으로 와타나베 지로우(渡辺二郎)의 다음과 같은 글을 인용해 둔다. "존재이해에 두 가지 경우가 있다. 하나는 그 자기의 실존의 문제를 각자가 그때마다 어떤 모습에서 실제로 해결해 가면, 거기에서 문제가 모두 해결되는 것이 아닐까 하는 자기이해를 존재적ontisch, '실존적'existenziell인 이해라고 부른다. 이렇게 되면, 문제는 각자 자신의 개별적인 인생문제가 된다. 또 하나는 위의 실존구조를 존재론적ontologisch으로 해명하고자 하는 이해의 방식으로, 이때에는 실존을 구성하는 구조들의 연관이, 즉 '실존성' 혹은 '실존범주'*Existenzialien*가 분석되어 도출된다. 이것을 '실존론적'*existenzial*인 이해라고 한다." [渡辺二郎 論『ハイデッガ- '存在と時間'入門』, 有斐閣, 1980 (初版 제1刷 發行) 29~30쪽.]

61. N.D. S. 134.

62. ebenda. S. 135.

63. ebenda. S. 135.

64. ebenda. S. 136.

65. ebenda. S. 136.

66. ebenda. S. 15.

67. Theodor W. Adorno: Zur Subjekt und Objekt, in: Stichworte (Gesammelte Schriften 10~2, 1. Aufl., 1977, Suhrkamp, S. 741~758) S. 743.; 日譯 '主觀と客觀について', 大久保健治 譯『批判的モデル集 Ⅱ 見出し語』(法政大學出版局, 叢書ウニベルシタス, 1979).

68. 앞의 책 Martin Jay, "Adorno" p. 65, 譯 90쪽.

69. N.D. S. 191.

70. ebenda. S. 191~2.

71. 이 말은 본래는 호넨(法然)이 『選擇本願念佛集(선택본원염불집)』(本願章본원장) 중에서, 홋쇼(法照)의 『五会法事讃(오회법사찬)』에서 '能令瓦礫変成金(능히 기와와 자갈을 변하게 해서 금이 되게 한다)'이란 말을 끌어온 데서 유래한다. 이것을 세이카쿠(聖覚)가 『唯信鈔(유신초)』에서 인용하고, 다시 그것을 신란(親鸞)이 『唯信鈔文意(유신초문의)』에서 인용했을 때, 그 속의 '瓦礫(기와와 자갈)'에 대해서 해석했던 것이 이 말이다. [시마지 다이토(島地大) 등 편, 『聖典・淨土眞宗(성전・정토진종)』(明治書院 1928 (<정정59판>1994) 506쪽).

비트겐슈타인과 현상학

1. C.A. van Peursen: Edmund Husserl and Ludwig Wittgenstein, in: Philosophy and Phenomenological Research 20(1959).

2. Nicholas Gier: Wittgenstein and Phenomenology, A Comparative Study of the Later Wittgenstein, Husserl, Heidegger, and Merleau-Ponty (Albany: State University of New York Press, 1981).

3. 黒田亘, '現象と文法'(日本哲學會 編, 『哲學』 25号, 1975).
黒田亘, 『經驗と言語』 (東京大學出版會, 1975).
滝浦静雄, 『ヴィトゲンシュタイン』 (岩波書店 二十世紀思想家文庫6, 1983).
野家啓一, 『言語行爲の現象學』(勁草書房, 1993).
岡本由紀子, '後期 ヴィトゲンシュタイン超越論的側面について'(『現代思想』青土社, 1985 12, vol.13-14, 總特輯・ヴィトゲンシュタイン 190~202쪽).

岡本由紀子, ‘比較研究における言語分析の方法’(『比較思想研究』 13号, 1987).

4. Byong-chul Park: Phenomenological Aspects of Wittgenstein's Philosophy (Dordrecht/Boston/London, Kluwer Academic Publishers, 1998).

5. Christian Bermes: Wittgensteins Phänomenologie, Phänomenologie als Motiv und Motivation Wittgensteinscher Philosophie, in: Phänomenologische Forschungen Neue Folge 1, 1996-1. Halbband (Freiburg/München, Verlag Karl Alber).

6. Byong-chul Park, ibid., p. 179-194.

7. Paul Ricoeur: Husserl and Wittgenstein on Language, in: Phenomenology and Existentialism, eds. E.N. Lee and M. Mandelbaum (London: Johns Hopkins Press, 1967), Analytic Philosophy and Phenomenology (Edited by Harold A. Durfee, Martinus Nijhoff, 1976).

8. ibid., p. 211.

9. L. Wittgenstein: Typescript 213(The Big Typescript) Probably 1933, p. 437.

10. Herbert Spiegelberg: The Phenomenological Movement (The Hague: Martinus Nijhoff, 1982).

11. N. Gier: Wittgenstein's Phenomenology Revisited in: Philosophy Today (Fall 1990) p. 275.

12. L. Wittgenstein: Philosophische Untersuchungen, in: ders. Werkausgabe Bd.1. (Frankfurt a.M. 1990) 109 (stw. 501, S. 298-9).

13. Wittgenstein's Lectures, Cambridge, 1930-32, ed. Desmond Lee. (Totawa, N.J., Rowman and Littlefield, 1980) p. 82.

14. Wiener Ausgabe Bd.2, hrsg. v. M. Nedo(Wien/New York, 1994) S. 89.

15. The Big Typescript, p. 437.

16. Byong-chul Park, ibid., p. 214.

17. Wiener Ausgabe Bd.2, S. 132, 6. Verwalterin der Grammatik.

18. L. Wittgenstein: Philosophische Untersuchungen, S. 124(stw. 501, S. 302).

19. Christian Bermes, ebenda. S. 21.

옮긴이 후기

내가 맡은 강좌에서 첫째 시간이 되면 나는 학생들한테 항상 다음과 같은 말을 한다. 불교를 잘 공부하려면, 첫째 수행을 해야 하고, 둘째 원전을 스스로 읽을 수 있도록 한문·산스끄리뜨어·티베트어·빨리어 등 어학 실력을 길러야 하고, 셋째 철학 공부를 해야 한다고. 첫째 수행, 둘째 문헌, 셋째 철학을 크게 칠판에 적으면서, 이 중 특히 학생들이 놓치기 쉬운 수행과 철학에 밑줄을 친다. 불교를 공부하는 학생들이라면 누구나 고따마 싯다르타 붓다가 수행자라는 것을 잘 알고 있고 붓다의 수행방식에 대해서 어느 정도 관심을 갖고 있다. 또 철학을 공부해야 할 필요성도 그들 나름대로 많이 느끼고 있는 것 같다. 하지만 불교용어를 올바르게 파악하기 위해서는 철학 공부를 해야 하며, 또 불교와 철학을 올바르게 이해하기 위해서 먼저 수행에 대해 잘 알고 있어야 한다고 매번 힘주어 학생들에게 전하고 있다.

4념주念住 같은 위빠사나 수행은 고요함과 고요함 속에서 사태 자체를 관찰할 수 있는 힘을 길러주고, 까시나 수행 같은 사마타 수행은 집중할 수 있는 힘을 길러준다. (위빠사나 수행에도 사마타의 계기가 있고, 사마타 수행에도 위빠사나의 계기가 있다.) 사마타 수행을 해야 신체가 평화로움에 놓이게 되고 번뇌들을 삭일 수 있게 된다. 위빠사나 수행을 하면 사마타 수행을 통해 형성된 고요함 속에서 반야의 힘을 기를 수 있다. 반야는 간택簡擇이라 정의되는 데서 알 수 있듯이 명석하고 판명하게 있는 그대로 나누어 볼 수 있는 능력이다. (위빠사나 수행도 번뇌를 삭이게 한다.) 이렇게 명석하고 판명하게 나누어 보는 반야 곧 지혜는 수행을 할 때 본격적으로 나타나지만, 불교문헌을 읽을 때 또 읽고 나서 사색할 때 나타나기도 한다. 불교나 철학 공부를 하기 위해서 먼저 꼭 수행을 해야 하는 이유가 여기에 있다.

그렇다면 이렇게 수행하면서 불교문헌의 문맥 속에서 불교용어의 의미를 파악하면 되는데 왜 철학을 따로 공부해야 할까? 아마도 학생들이 느끼는 철학의 필요성과 내가 느끼는 필요성은 다를 것이다. 그들은 나 같은 세대와는 달리 한글용어에 익숙해 있기 때문이고, 이런 점에서 이미 우리의 일상언어가 된 서양의 과학이나 철학 용어가 더 친숙하게 느껴지기 때문일 것이다. 나는 학생들의 이런 친숙함을 긍정적으로 받아들이고 싶다. 어차피 우리는 시대와 시대의 격차, 사회와 사회의 격차라는 해석학적 상황에 놓여 있기에, 의도하든 의도하지 않든 막연하나마 어떤 특정한 언어로 기왕의 언어를 해석하고 있다. 이 막연한 해석은 새로운 명쾌한 해석으로 나아가는 기회가 될 수도 있을 것이다.

문맥 속에서 용어의 의미를 확정해 가는 과정에는 꼭 해석이 개입하게 마련이다. 가령 색色이란 불교용어의 의미는, 여러 다른 개념들에 의해 규정되는 문맥 속에서 확인될 수 있겠지만, 이런 문맥은 오늘날의 문맥과 다르기 때문에 그 의미를 올바르게 파악하기란 쉬운 일이 아니다. 물론 이런 문맥들은 용어의 올바른 의미를 규정하는 데 결정적인 역할을 하지만, 용어의 의미를 파악하는 과정에 개입하는 그릇된 해석을 해체하고 올바른 해석을 보존하려면, 철학 공부를 하지 않을 수 없다. 가령 색色을 물질이라 번역하는 경우 우리가 일상생활에서 쓰고 있는 물질의 다양한 의미가 개입하거나, 막연하게 알고 있는 특정한 철학의 의미가 개입해서 색의 의미에 대한 올바른 파악을 방해할 수 있다. 더구나 색이 물질이 아니라 질료로 해석되어야 하는 경우라면 물질이란 용어는 색의 의미를 파악하는 데 더 큰 장애가 될 수도 있다. 그러나 철학을 올바르게 공부한다면 이런 장애를 뚫고 나가는 힘을 얻을 수 있을 것이다.

그렇다면 철학을 공부하는 이들이 불교를 공부한다면 불교를 공부하는 이들보다 더 정확하게 불교를 해석할 수 있을까? 철학도 어떤 철학을 했느냐에 따라 불교를 해석하는 방식이 다를 것이다. 불교도 살아 있는 생명체란 점에서 이런 해석들도 불교가 더 성숙해 나가는 데 일정한 기여를 하리라 생각되지만, 실재론이나 관념론이란 두 틀을 벗어난, (하이데거 · 사르트르 같은 후설을 계승한 현상학자들의 현상학보다는) 후설의 현상학이야말로 불교를 새롭게 해석해 나아가는 데 가장 적절한 철학이라고 생각한다. (주체철학, 의식철학, 반성철학이라 하면서 후설에게 비난을 퍼붓는 분들이나 하이데거의 기초존재론이야말로 후설 현상학의 문제점을 극복한 철학이라고 단정을 내리는 분들은 나의 이 말을 우스꽝스럽게 생각할지 모르겠다. 그러나 세계 현상학계에서는 이미 한참 전에 후설 생전에 간행된 저서를 중심으로 연구하던 분위기를 쇄신하고 미간행 원고, 유고를 천착하면서 후설을 더욱 새롭게 보기 시작했다는 점에 주목해야 할 것이다. 그리고 어쩌면 우리는 처음부터 후설을 곡해해 왔는지도 모른다.) 물론 불교도 실재론적인 전통이 있었기에 이 전통을 잘 계승해서 실재론적으로 해석하는 것도 나름대로 의미가 있다고 생각한다. 니체 · 들뢰즈 · 화이트헤드처럼 힘 개념에 중점을 두면서 실재론을 전개한다면 말이다.

유식학의 길과 현상학을 비롯한 철학의 길은 분명 다르다. 그런데도 내가 현상학과 유식학을 함께 연구하고 싶어 하는 것은, 그릇된 이해가 담긴 언어들을 통한 해석을 해체시키고 올바르게 이해된 언어들로 현상학과 유식학을 해석하면서 두 학문의 영역이 서로 교감하면서 성숙해 가는 모습을 보고 싶기 때문이다. 두 학문을 동시에 연구한다는 것은 어려운 일이다. 누구든 이와 유사한 작업을 하는 사람은, 그 마음속에 서양문명과 동양문명이 어지럽게 교차하고 있어서, 이 교차하는 영역을 잘 살펴서 각각의 고유한 영역을 올바르게 수렴하고 이로부터 각 영역의 확장을 모색해야 하는 아주 어려운 일에 봉착해 있다. 이제야 본격적으로 후설의 현상학 공부를 시작했기 때문에 아직 현상학에 깊지 않은 나로서는 유식학을 내 나름대로 현상학의 언어로 해석하면서도 확신이 서지 않을 때가 종종 있었다. 앞으로 후설의 현상학을 더 공부해 가면서, 현상학과 유식학의 차이와 공통점을 명료하게 잡아 가면서 유식학을 더 새롭게 이해하게 되겠지만, 먼저 저자의 이 책을 읽으면서 그동안 내가 이해하던 것을 더 깊게 이해할 수 있게 되었고, 앞으로 내가 해야 할 작업도 더 정확히 인지하게 되었다.

저자는 『칸트와 후설』을 저술한 이조 케른의, 유식학에 관한 두 논문을 정독하고 유식학의 핵심용어를 상세하게 설명하고 있다. 무엇보다도, 호법 유식학의 인전변因轉變 즉 종자생현행種子生現行·현행훈종자現行熏種子·삼법전전三法展轉·동시인과同時因果의 과정을 후설의 발생적 현상학에 의거해서, 과전변果轉變 즉 식체識體가 견분과 상분으로 분화되어 나타나는 과정을 후설의 정적 현상학에 의거해서 해석하고 있는 점은 이 책의 골격을 이루는 것이므로 더 주목할 필요가 있다. 저자는 후설 독해에 힘입어 종자생현행·현행훈종자를 무시시래의 역사적 과정으로 이해하고, 종자를 경험에 앞서는 선험적 형식이 아니라 역사적인 결과물로 이해하고 있다. 또, 이를 축으로 해서 저자는 다음과 같은 해석을 전개한다. 그 중 첫째는, 유식학에서 4분分을 거론할 때면 나오는 행상行相 개념을 지향성으로 이해하고, 견분見分을 노에시스, 상분相分을 노에마로 배대하면서, 유식학에서처럼 상분을 행상 개념에 포함시키고 있다는 점이다. 둘째는, 자증분自證分을 자기의식으로 이해하면서 이 자기의식을 대상화과정으로 보지 않고 견분 작용을 자증하는 의식으로 보고 있다는 점이다. 자증분을 대상화작용인 견분을 대상화하지 않고 자증한다는 것은 유식학에서 자주 강조하는 점인데, 그는 여기에 그치지 않고 후설을 따라 견분을 구성하는 내적 시간의식과 관련해서 설명하려 하고 있다. 셋째는, 삼법전전·동시인과의 동시성을, 초월론적인 것과 경험적인 것의 상관관계에서 해명하고 있다는 점이다. 넷째는, 종자를 이념적인 가능태로 보면서 종자와 현행의 초월론적 차이를 밝히고 있다는 점이다. 이 이념적인 가능태가 추상적이냐 구체적이냐 하는 문제와, 본질을 후설의 현상학에서 어떤 방식으로 파악하느냐 하는 문제에 대한 논급이 없기에 이를 이해하고자 하는 노력을 우리에게 맡기고 있지만, 과감하게 이념 또는 가능태라는 용어를 써서 종자를 해석한 것은 저자의 적지 않은 연구의 공력을 보여주는 것이라고 생각된다. 다섯째는, 종자6의義 중 과구유果俱有를 설명할 때 이를 동시인과로 보고 화이트헤드의 현실적 존재actual entity의 합생 과정으로 보고 있다는 점이다. 후설의 현상학이나 화이트헤드의 과정철학과 유식학은 그 체계의 구조와 목적이 다르기는 하지만, 이 두 철학자의 동시인과에 대한 해석은 유식학의 핵심주제를 풀어나가는 데 큰 도움이 되리라 믿는다. 마지막으로, 이 무엇들보다도 나에게 깊은 인상을 남긴 것은, 3류경 중 독영경獨影境에 속하는 아뢰야식의 5변행심소의 대상 및 과거와 미래의 대상을 후설의 공허표상Leersvorstellung으로 보고 있다는 점이다. 유식학에서 제기하는 세계와 타자의 문제를 해명해 나아가는 데에, 또 유식학이 새롭게 공허와 충실의 문제를 형성시켜 나아가는 데에 어떤 암시를 주고 있다고 생각된다. 저자 덕분에 이는 역자인 나에게 중요한 연구과제가 되었다.

저자는 후기의 후설이 반성의 한계를 잘 알아차리고 있었고 전회轉回를 했다고 말하고 있지만, 그러면서도 후설을 끌어오지 않고 하이데거를 끌어오는 대목은 유의해서 살펴볼 필요가 있다. 저자가 의타기성과 원성실성의 '비이비불이非異非不異'의 관계를 하이데거를 따라 반성조차도 거기서 일어나는 근원영역에서 입각해서 해명하려고 노력하고 있는 점은 주목할 가치가 있지만, 그가 보유논문에서 그 중요성을 역설한 바렐라의 반성개념을 끌어오지 않은 점은 우리로 하여금 그가 하이데거의 전회에 구속되어 있는가 하는 우려를 일게 한다. 바렐라도 말했듯이, 불교의 지智는 항상 사마디와 함께한다. 이 점에서 본래적인 의미의 반성은 항상 일정한 사마디의 수준에서 일어나는 것이다. 저자는 바렐라를 따라 반성과정이 커플링의 역사 속에 있다고 언급하는 것을 보면, 하이데거를 포괄하는 반성개념을 적시하고 있다고 할 수 있다. 내 생각에, 저자는 전의轉依와 반성을 논하는 장에서 이 바렐라의 견해를 적극적으로 수용해서 펼쳤다면, 하이데거의 존재개념으로는 다 담을 수 없는 내용을 보여줄 수 있었을 것이다.

붓다가 발견하고 창안한 4념주 위빠사나 수행의 과정은 일종의 반성과정이긴 하지만, 철학의 반성개념으로 충분히 설명될 수 있는 것이 아니다. 불교적 반성이란 말을 술어로 쓸 수 있다면, 불교적 반성은 헤겔의 변증법적 반성 또 특히 후설의 초월론적 반성과 일정한 수준에서 관련을 맺게 되겠지만, 이들의 반성과는 기본적으로 다른 수준에서 다른 방식으로 작동하고 있다. 불교적 반성은 항상 사마디 혹은 사마타와 함께하는 반성이다. 4념주 수행의 경우 '등수관等隨觀'이란 표현에서 알 수 있듯이 어떠한 사유도, 어떠한 판단도 없이 전찰나에 일어난 것을 있는 그대로 동등하게 따라가며 관찰하는 반성이다. 이는 전찰나에 일어난 것을 있는 그대로 따라가다가 점점 일어나고 사라짐이 빨라지다가 어느 순간 일어남과 사라짐이 끊기는 체험을 하게 하는 반성이기도 하다.

현상학을 비롯한 철학은 미움 등 마음의 감정이나 정서들이 나타나는 방식을 이야기하면서도 이 미움이 왜 일어나며 이 미움을 어떻게 끊어야 하나 하는, 동양전통 문화 속에서 살고 있는 우리에게는 너무나 자연스런 일을 간과하고 있다. 수행이 위빠사나든 사마타 등 기본적으로 번뇌장을 끊으면서 일어난다는 것을 잊지 않고 이 점에 유의해서 이 책을 읽는다면, 이 책은 현상학을 공부하는 이들에게는 유식학을, 유식학을 공부하는 이들에게는 현상학의 길을 열어주리라 믿는다.

도서출판 b는 즐거운 곳이다. 항상 모든 면에서 늦깎이인 나를 구김살 한 점 없이 반겨 주는 사람들이 일하고 공부하며 담소를 나누는 평화로운 곳이다. 좋은 책이 되도록 애써 주신 이 마음씨 좋은 도서출판 b의 모든 분들께 감사의 말씀을 드린다.

2014년 2월 14일 정월 대보름날
내 마음의 달집을 태우며
수조산 박인성 드림

구문歐文 논문

Der Begriff der Erscheinung in der Yogācāra-Schule*

Haruhide Shiba

Einleitung

In der gegenwärtigen Tendenz der Phänomenologie stehen wir einer Aufgabe gegenüber, den aller Reflexionen vorangehenden Grund des Phänomenologisierens zu suchen. Dabei müssen wir nach der Möglichkeit der Rückkehr des phänomenologischen Denkens zu seiner eigenen verborgenen Wurzel fragen.

Auf der anderen Seite scheint mir auch in der buddhistischen Überlieferung nach diesem Problem gefragt worden zu sein. Insbesondere in der Yōgācāra-Schule wird eine vor-reflexive Funktion vor der Ich-Aktivität erhellt, und es wird gefordert, daß diese Funktion als das abhängige Entstehen durchsichtig werden solle und daß dieses Durchsichtig-werden sich in der Erreichung der Weisheit durch die Umwendung des Bewußtseins (転識得智) oder in Umwendung des Grundes (āśraya-parāvṛtti= 転依) vollziehe.

Im folgenden versuche ich zu erörtern, inwiefern die Nurbewußtseinstheorie der Yogācāra-Schule auf die Problematik der gegenwärtigen Phänomenologie Beziehung hat.

Die Nurbewußtseinstheorie besteht aus zwei Stützen, d.h.der Lehre von dem abhängigen Entstehen aufgrund des Speicher-Bewußtseins (阿頼耶識縁起論) und der Lehre von der dreifachen Wesenheit (三性説).

Die erste Lehre behandelt das Problem des Hintergrundes des aktuellen Bewußtseins. Sie ist nach meiner Meinung die genetische Aufklärung des aktuellen Bewußtseins. In Bezug auf diesen Punkt ist das Wesentliche der Frage schon von Iso Kern[1] und Ichiro Yamaguchi[2] behandelt worden. Deshalb will ich hier hauptsächlich die letztere

Lehre behandeln.

In dem „Nachweis, daß alles nur Erkenntnis ist, in dreißig Versen[3]", der von Vasubandhu (400 ～ 480?) verfasst wurde, wird der Standpunkt der Yogācāra-Schule, daß alles nur Bewußtsein (Erkenntnis) ist, in zwei Versen (Vers 1 und 17) deutlich gemacht. Siebzehn Verse (2 ～ 16, 18 und 19) behandeln die Lehre von dem abhängigen Entstehen aufgrund des Speicher-Bewußtseins. Die Lehre von der dreifachen Wesenheit wird in drei Versen (20, 21 und 22) erklärt.[4]

1.Das Erscheinen des Erscheinenden als das abhängige Entstehen ——Die Reduktion in der Yogācāra-Schule——

Zunächst will ich den fundamentalen Standpunkt der Yogācāra-Schule deutlich machen. Der indische Gelehrte und Mitbegründer der Yogācāra-Schule, Vasubandhu, sagt im ersten seiner „Dreißig Verse": „Das Beilegen eines Ichs und von Gegebenheiten, welches in mannigfaltiger Weise stattfindet, betrifft die Umwandlung des Bewußtseins." Diese Umwandlung (vijñāna-pariṇāma) wird als Thema der Yogācāra-Schule aufgegriffen. Dagegen (im Verhältnis zur Umwandlung) ist das als Ich oder als die Gegenstände Erscheinende nur Schein. Aus diesem Grunde schreibt Vasubandhu auch: „Diese Umwandlung des Bewußtseins ist illusorische Vorstellung. Was von ihr vorgestellt wird, das ist nicht vorhanden. Daher ist dies alles bloßes Bewußtsein." Das von der Vorstellung vorgestellte beschreibt eine naive Seinssetzung. Deshalb ist es Täuschung. Die Umwandlung selbst aber kann nicht verneint werden, da das Erscheinende ja in der Tat vor Augen ist.

Die Umwandlung des Bewußtseins ist die Tätigkeit, die das Erscheinende erscheinen und somit zur Immanenz gehören läßt. Das Erscheinende als das Ich oder als die Gegenstände dagegen stellt die Transzendenz dar, die aus der Umwandlung des Bewußtseins konstituiert ist.

Im Mahāyāna-Buddhismus insgesamt wird die Leerheit (śūnyatā) aller Dinge behauptet. Die Yogācāra-Schule propagiert diese jedoch nicht so unmittelbar wie die Mādhyamika. Zunächst sichert sie das Feld der Erscheinung, also der Immanenz, und gelangt dann zu der Einsicht, daß das Wesen der Erscheinung selbst in der absoluten Wirklichkeit leer ist. Der Ausdruck „Umwandlung" impliziert „Vergänglichkeit". In der buddhistischen Doktrin wird diese das „abhängige Entstehen" genannt, welches durch das Zusammenspiel verschiedener Zusammenhänge entsteht. Das, was von der Yogācāra-Schule vorläufig als das „Sein" angesehen wird, ist das abhängige Entstehen, sofern es der transzendentale Grund ist, aus dem alles Seiende seinen Seinssinn bezieht.

Dagegen ist das, was als das „Nichts" verneint wird, die gegenständliche Welt, die von der naiven Seinssetzung projeziert wird. Diese Seinssetzung beruht auf dem transzendentalen Grund des abhängigen Entstehens, trotzdem geht sie an dieser Tatsache vorbei. In diesem Sinne dürfen wir sagen, daß (mit religiöser Zielsetzung) die Yogācāra-Schule die phänomenologische Reduktion vollzieht.

Die Lehre von der dreifachen Wesenheit (trayaḥ svabhāvāḥ) wird aufgrund dieses Standpunktes aufgestellt. Die Wirklichkeit erscheint je nach Einstellung in dreifacher Wesenheit, nämlich als eingebildete (parikalpita), als abhängige (paratantra) und als vollendete (pariniṣpanna). Während die eingebildete Wesenheit die natürliche, alltägliche Einstellung ist, die in naiver Blindheit an das An-sich-Sein der Dinge glaubt, ist die abhängige Wesenheit der durch die Epoché freigelegte Erscheinungsbereich.

Die Leistung des Einbildens nimmt eine Sache, die abhängig entsteht (das Erscheinen) als ein Seiendes (das Erscheinende) und klammert sich daran. Wenn es scheint, als ob es ein Seiendes gäbe, muß es einen Grund für diesen Schein geben. Hier betrachtet die Yogācāra-Schule den phänomenologischen Unterschied zwischen Inhalt und Gegenstand. Die naive Seinssetzung des Gegenstandes (viṣaya) ist das eingebildete Wesen. Die Gegebenheitsweise ist der Inhalt, d.h. die Erscheinung. Der Erscheinungsbereich ist zweifach, der Blickteil (darśanabhāga), d.h. die Noesis und der Bildteil (nimitta-bhāga), d.h. das Noema. Das ist der Erscheinungsbereich des abhängigen Entstehens. Worin hat also der Bildteil seinen Ursprung, wenn ein Gegenstand nicht vorhanden ist? Die gründliche Bedingung, die das Bewußtsein zum Bildteil entwickelt und auf die die Funktion der Intendierung (der Blickteil) des Bewußtseins sich stützt, wird „Bedingung als der Anhaltspunkt (ālambana-pratyaya)" genannt. Und wenn das der Fall ist, wo kommt dann diese Bedingung her? Angesichts solcher Fragen vollzieht die Yogācāra-Schule den Regreß auf folgende zweifache Weise.

Einerseits nimmt sie den Bewußtseinsinhalt als Leitfaden und entdeckt die Geschichte seiner Sinn-Konstituierung. Der Bewußtseinsinhalt ist an die sedimentierte Geschichte gefesselt. Dieser Regreß führt uns auf die Lehre vom Speicherbewußtsein (ālaya-vijñāna). Dieses ist durch unerkannte synthetische Vereinheitlichung (ādāna) gekennzeichnet, die von der Habitualität (vāsanā) des früheren Bewußtseins herkommt und in Form eines Keimes (bīja) potentiell vorhanden ist. Wenn das Denken genannte Bewußtsein (mano nāma vijñānam) als Selbstapperzeption anzudenken ist, darf das Speicherbewußtsein als Hintergrund der Selbstapperzeption betrachtet werden. Die fundamentalen Eigentümlichkeiten des Speicherbewußtseins erinnern uns an die „transzendentale Geschichtlichkeit, aus der letztlich die Sinnes- und Geltungsleistung dieser Apperzeptionen herstammt."[5] Aber die transzendentale Habitualität, die vom Speicherbewußtsein getragen wird, bedeutet nicht nur die Geschichtlichkeit, sondern auch die Leiblichkeit, auf die der oben erwähnte Begriff der „Vereinheitlichung (ādāna)" zeigt. Man kann diesen Regreß als die Aufdeckung des dunklen Horizonts[6] kennzeichnen.

Andererseits stellt sich die folgende Frage : „Wie ist es möglich, das abhängige Entstehen so erscheinen zu lassen, wie es ist?", bzw.

„Wie ist es möglich, die fungierende Tätigkeit so erscheinen zu lassen, wie sie fungiert?“. Angesichts dieser Tatsache müssen wir nach dem Motiv der Epoché selbst fragen, also nach der sachgemäßen Thematisierung dieser Tätigkeit. Hier erwähnt Klaus Held die Umwendung der Epoché als „Willensentschluß“ zur Epoché als „Stillegung der Willentlichkeit.“ Dies führt zur „Indifferenz von Vollzug und Vorliegen“.[7] Das Problem wird in der Lehre vom dreifachen Wesen behandelt, in der gefragt wird, wie das abhängige Wesen vom eingebildeten Wesen befreit sein kann, d.h. wie das abhängige Wesen als solches sich durchsichtig werden kann. Sofern die Thematisierung des abhängigen Wesens von dem endlichen Willen durchdrungen wird, verfällt das so thematisierte abhängige Wesen sofort zum eingebildeten Wesen. Zwar ist das richtig, aber der Begriff der „Indifferenz“ scheint mir noch zu statisch zu sein, um die dynamische Umwendung zum vollkommenen Wesen aufzuklären. Zu überlegen ist vielmehr die „Struktur der Differenz“ selbst, die Heidegger in seinem späten Denken dargestellt hat.

2. Der Weg zum vollkommenen Wesen
——Der vertikale „Schritt zurück“ in der Yogācāra-Schule——

Die Frage nach der Struktur der Differenz führt uns zur Einkehr in die Herkunft des Erscheinens. Nach Heidegger bedeutet die Einkehr, daß das Denken sich auf die Erfahrung einläßt, in der die Wesensherkunft des Erscheinens selbst erscheint.[8] In dieser Einkehr läßt sich das Denken auf das vom bislang waltenden Denken Ungedachte ein, d.h. auf die Wechselbeziehung zwischen dem Verbergen und dem Entbergen der Zwiefalt von Sein und Seiendem. Es scheint mir, daß die Lehre von den dreifachen Wesenheiten sich in dieses Ungedachte, diese Zusammengehörigkeit des Verbergens und des Entbergens eindringt.

Obwohl das reflektierende Wissen auf das abhängige Entstehen gerichtet wird, wird die durch dieses Wissen ergriffene Sache zum eingebildeten Wesen verfallen, solange das Wesen des Wissens im Vorstellen (Vergegenständlichung) liegt. Das abhängige Entstehen kann nicht als solches erscheinen, sondern nur in dem eingebildeten Wesen. Weil gerade die Umwandlung die Seinsweise des Bewußtseins ist, kann die für uns erscheinende Welt nichts anders als die schon umgewandelte Welt sein. Deshalb sagt Vasubandhu: „Alle Dinge, welche durch irgendeine Vorstellung vorgestellt werden, bilden das vorgestellte Wesen. Dieses ist nicht vorhanden."

Das abhängige Entstehen, welches die Welt-Erscheinung möglich macht, verbirgt sich gerade in dem Geschehen, welches die Welt (die eingebildete Welt) erscheinen läßt. Die Wahrheit gehört nicht zum Bewußtsein (vijñāna, vijñapti), sondern zur Weisheit (jñāna, prajñā). Daher ist in einem Kommentar zu den „Dreißig Versen" zu finden, daß man durch die Umwendung des Bewußtseins die Weisheit erreichen solle.[9]

Was ist dann die Wahrheit? Was heißt Erreichung der Weisheit? Dies zu beantworten scheint unmöglich, denn sie gehört zu dem Unaussprechlichen, zu den religiösen Erlebnissen. Sie wird leicht in esoterische Finsternis verschlossen. Denn sonst sind wir dazu geneigt, in metaphysische Spekulation zu verfallen. Aber der Wert der Yogācāra-Schule liegt darin, daß sie zu diesem Unaussprechlichen zurückschreitet, indem sie von diesem geleitet wird, und daß sie den Weg, das Sichverbergende als solches zu denken, bahnt.

Eine Untersuchung der Beziehung zwischen dem Speicherbewußtsein und dem Denken genannten Bewußtsein fragt nach der der Reflexion vorangehenden Wurzel. Sie ist eine Rückkehr in das Geschehen der Ur-Spaltung des Ich. Das Speicherbewußtsein ist im steten Fluß wie ein Strom. Vasubandhu spricht von dieser Beziehung in fünften der 30 Verse wie folgt: „Darauf (auf das Speicherbewußtsein) gestützt und mit ihm als Anhaltspunkt entwickelt sich das Denken genannte Bewußtsein, welches Meinen zum Wesen hat." Das Denken genannte Bewußtsein sieht das Speicherbewußtsein „als“ das Ego an und stützt sich darauf. Dieses „als“ ist das Entstehen der Ur-Distanz in den Strömen.

Aber dieses „als“ bleibt noch im Horizont-Phänomen. Zwar ist das Speicherbewußtsein der Grund des Horizont-Phänomens, aber auf dem Weg zum vollkommenen Wesen handelt es sich um die Umwendung des Grundes. In Hinsicht auf diesen Punkt ist im fünften Vers die Rede davon, daß sein Verschwinden im Zustand der Heiligkeit (arhat) erfolgt. Hier bricht ein Abgrund auf. Das ist die Fallgrube, die uns zum metaphysische Denken führt, weil das menschliche Wissen an das Horizonthaften gebunden ist. Aber „das Horizonthafte ist somit nur die uns zugekehrte Seite eines uns umgebenden Offenen“.[10] Die Metaphysik bleibt innerhalb des Bereichs des Erscheinens und kann nicht nach der Herkunft des Erscheinens fragen.

Das vollkommene Wesen würde nur erreicht, wenn der „Schritt zurück“ zu dem Aufbrechen, das im Horizont nie erscheint, sachgemäß vollzogen werden könnte. Das metaphysische Denken sieht jedoch das, was nicht vollkommenes Wesen ist, als das Vollkommene an und es verfällt damit zum eingebildeten Wesen. In dieser Weise kann das Denken, das Metaphysik überwinden will, nichts anderes als die Befreiung vom horizonthaften Denken (das Sich-Loslassen) sein. Dieser Schritt ist die sich vertikal ins Denken selbst hineinversenkende Bewegung des Denkens.[11] Die Yogācāra-Schule hat das sich hineinversenkende Denken mit der Phänomenologie gemein. Vasubandhu spricht von dieser „Befreiung“ in Vers 21: „Das abhängige Wesen ist dagegen die aus Ursachen entstandene Vorstellung. Das vollkommene Wesen ist dessen beständige Freisein vom vorhergehenden.“ Das „vorhergehende“ Wesen ist das eingebildete Wesen. Deswegen bedeutet das vollendete Wesen, daß das abhängige Wesen beständig von dem eingebildeten Wesen befreit ist. Genau so, wie der „Schritt zurück“ die Befreiung vom horizonthaften Denken ist. Der „Schritt zurück" ist der Weg, „auf die Differenz als Differenz zu achten".[12] Das Geschehen der Differenzierung, das im Horizont nie erscheint, ist ein Geschehen, das die Sprache verneint und zugleich die Sprache fordert.

Der Zusammenhang zwischen dem eingebildeten und dem vollendeten Wesen aufgrund des bhängigen Wesen weist auf die Funktion eines Mediums hin, welchem nur die sich vertikal ins Geschehen der Differenzierung hineinversenkende Bewegung begegnet. Von dem „Medium" spricht Nitta wie folgt: „Das Medium besteht aus Momenten, die vermittelst des Nichts zusammengehören. Denn es hat die Struktur der Differenz, in der zwei Differente, sich gegenseitig ausschließend, zusammengehören. Diese Struktur fungiert nur als Bewegung, in der sich je ein Differentes entzieht und dadurch das andere erscheinen läßt".[13] Sofern das abhängige Wesen als das eingebildete erscheint, entzieht sich das vollendete Wesen.

Es besteht hier jedoch die Gefahr der Entartung zur Emanationsmetaphysik. Diese sieht ein Glied, das sich verbirgt, als vor-differenzierte Einheit an, die der Funktion der Differenzierung vorangegangen wäre. Und sie sieht das Differente als das aus der Einheit ausgegliederte aus. Wenn wir auf die Geschichte der Yogācāra-Schule, die sich von Indien nach China weiterentwickelte, einen Blick werfen, verstehen wir, wie viel Streit es um dieses schwierige Problem gab. Das Problem hängt tief davon ab, ob das Speicher-Bewußtsein Wahrheit ist, ob es Wahn ist, oder ob es ein Komplex von beiden ist.[14]

In Hinsicht auf dieses Problem der Identität und Differenz trifft Vasubandhu das Ziel, ohne in eine solche Emanationstheorie zu verfallen. In Vers 22 sagt er : „Daher ist dieses vom abhängigen (Wesen) weder als verschieden noch nicht verschieden zu bezeichnen, wie die Vergänglichkeit usw. Solange dieses nicht gesehen ist, wird jenes nicht gesehen". „Dieses" ist das vollkommene Wesen und „jenes" das abhängige. Das abhängige Wesen so erscheinen zu lassen, wie es ist, das gerade ist das vollkommene Wesen. Ohne das abhängige Wesen gibt es deswegen auch nicht das vollkommene Wesen.

Wenn das vollkommene Wesen also vom abhängigen Wesen nicht verschieden ist, warum wird dann gesagt, daß es auch verschieden sei? Im allgemeinen Sinn liegt die Verschiedenheit in dem Unterschied zwischen Sache und Wesen. Aber hier lauert eine Gefahr die leicht zu einem großen Mißverständnis führen kann, dieses Wesen als Seiendheit des Seienden zu nehmen. Wenn es tatsächlich so wäre, würde das vollkommene Wesen in metaphysisches Denken ausarten, das Seiendheit als den Grund des Seienden ansieht.

Aber es wird hier kein Unterschied zwischen Ding und Wesen behauptet, sondern zwischen Sache und Wesen. Das vollkommene Wesen ist keine statische Allgemeinheit, sondern eine dynamische Weisheit, die an dem Geschehen der Differezierung teilnimmt. Die Differenzierung ist eine Ur-Funktion des Bewußtseins selbst, aus welcher das erste abhängige Entstehen entspringt. Deshalb sagt Vasubandhu: „Solange dieses (das vollkommene Wesen) nicht gesehen ist, wird jenes (das abhängige Wesen) nicht gesehen". Das vollkommene Wesen ist eine Erfahrung der Ur-Funktion, die von dem schon entstandenen Bewußtsein nie entdeckt wird. Sie ist innerhalb des schon entstandenen Horizonts nicht zu sehen.

Die horizontale Transzendenz ist nicht geeignet, um an der Differenzierung selbst teilzunehmen. Vielmehr wird hier die sozusagen „trans-des-zendentale"[15] Funktion gefordert, in der das Bewußtsein sich angesichts seines Ab-grundes erschüttert. Während die Umwandlung des Bewußtseins (vijñāna-pariṇāma) mit dem horizonthaften „als" fungiert, vollzieht sich die Umwendung des Grundes (āśraya-parāvṛtti) durch das „als" der Differenzierung, welches sich, das horizonthafte „als" möglich machend, diesem entzieht.

Anmerkungen

1) Iso Kern : Selbstbewußtsein und Ich bei Husserl, in : Husserl-Symposion Mainz 27. 6/4. 7. 1988 (hrsg.von Gerhard Funke, Franz Steiner Verlag Wiesbaden Stuttgart, 1989)

Iso Kern : Object, Objective Phenomenon and Objectivating Act According to the "Vijñaptimātratāsiddhi" of Xuanzang (600-664), in : Phenomenology and Indian Philosophy (ed. by D. P. Chattopadhyaya, Lester Emdree and Jitendranath Mohanty, State Uniphy (ed. by D. P. Chattopadhyaya, Lester Emdree and Jitendranath Mohanty, State University of New York Press, 1992)

2) Ichiro Yamaguchi : Bewußtseinsfluß bei Husserl und in der Yogācāra-Schule, in : Japanische Beiträge zur Phänomenologie (hg. von Yoshihiro Nitta, Alber 1984)

3) Vasubandhu (320-400) : Triṃśikā Vijñaptimātratāsiddhiḥ /Erich Frauwallner : Die Philosophie des Buddhismus, Vierte Auflage (Akademie Verlag Berlin 1994) S.385-390

4) Die übrigen Verse behandeln :

23 ~ 25=die Leerheit der drei Wesenheiten,

26 ~ 30=die praktische Methodenlehre, um die buddhistische Erlösung zu erreichen.

5) Husserliana (die Folgenden "Hua.") Bd. VI, S.212-3

6) Vgl. Hua. Bd. VI, S.170

7)Klaus Held : Husserls Rückgang auf das phainómenon und die geschichtliche Stellung der Phänomenologie, in : Dialektik und Genesis in der Phänomenologie (Phänomenologische Forschungen 10, Alber 1980) S.99-101

8) M. Heidegger : Unterwegs zur Sprache (Günther Neske, 1959, Zehnte Auflage 1993) S.135, Vgl. Yoshihiro Nitta : Der Weg zu einer Phänomenologie des Unscheinbaren, in : Zur Philosophischen Aktualität Heideggers II Im Gespräch der Zeit (hrsg. v. D. Papenfuss und O. Päggeler, V. Klostermann Frankfurt am Main 1990) S.49 ~ 50

9) Dharmapāla : Vijñaptimātratā-siddhi-ś., überliefert nur chinesisch : Hsüan-

Tsang, CH'ENG WEI-SHIH LUN [『成唯識論』] (T. T. Bd. 31, Nr. 1585, S. 56b). französische Übertragung : Louis de la Vallée Poussin (Librarie orientaliste Paul Geuthner, 1928. englische Übertragung : Wei Tat (The Ch'eng Wei-Shih Lun Publication Commitee, 1973) T.T. Bd.31, S.56, b

10) M. Heidegger : Gelassenheit (Günther Neske 1959, Zehnte Auflage 1992) S.37

11) Yoshihiro Nitta a.a.O., S.49

12) M. Heidegger : Identität und Differenz (Günther Neske 1957, Achte Auflage 1986) S.63

13) Yoshihiro Nitta : Das anonyme Medium in Konstitution von mehrdimensionalem Wissen, in : Perspektiven und Probleme der Husserlschen Phänomenologie (hrsg. v. E.W.Orth, Phänomenologische Forschungen 24/25, Alber 1991) S.191

14) Vgl. Junyu Kitayama : Metaphysik des Buddhismus (Kohlhammer Stuttgart-Berlin, 1934) S.141 ~ 146

Unter den Anhängern der Lehre Vasubandhus in China, die drei Schulen bildeten, gabes große Meinungsverschiedenheiten über den Sinn des Speicher-Bewußtseins.

Die erste Schule, Bhūmīśāstrasekte (Ti-lum-tsung [地 論 宗]) genannt, wurde von Bodhiruci (? ~ 527) [菩提流支]) begründet. Nach dieser Schule ist das Speicher-Bewußtsein seinem Wesen nach identisch mit dem absoluten Bewußtsein, und dieses ist wiederum Eins mit der absoluten Wahrheit (tathārtha=das Sein an sich).

Die zweite Schule heißt die Schule des Paramārtha (499 ~ 569 [眞諦]), die „She-lun-tsung" [攝論宗] genannt wird. Nach dieser Schule ist das Speicher-Bewußtsein an sich nicht das Sein alles Seienden, sondern es veranlaßt das absolute Bewußtsein, sich in dem endlichen Sein zu entfalten. Alles Endliche entsteht aus dem absoluten Bewußtsein kraft des Speicher-Bewußtseins. Diese Schule nennt das absolute Bewußtsein „Amalajñānaṃ" (das reine Bewußtsein) und betrachtet das Speicher-Bewußtsein als das komplexe Bewußtsein von den reinen Elementen und den schmutzigen.

Die dritte Schule, „Fa-hsiang-tsung“ [法相宗] genannt, wurde von Hsüan-Tsuang (602 ～ 664 [玄 奘]) begründet. Diese Schule folgte der strengen Lehre von Dharmapāla (530 ～ 561 [護法]) nach. Nach dieser Schule ist das Speicher-Bewußtsein das Sein alles endlichen Seienden und es ist selbst das sich entfaltende und sich erfahrende Bewußtsein. Auf der anderen Seite ist das absolute Sein nur an sich seiend ; es wird erst angeschaut, wenn das Speicher-Bewußtsein aufhört, tätig zu sein. Das absolute Sein wird nicht als untrennbar von dem absoluten Bewußtsein verstanden, so daß es dem Sein des Menschen innewohnen könnte, sondern es ist ein transzendentes Sein, das erst durch die Erlösung anerkannt werden kann.

15) Yoshinori Takeuchi : Probleme der Versenkung im Ur-Buddhismus (Joachim Wach-Vorlesungen der Philipps-Universität Marburg, hrsg. v. Ernst Benz, Leiden E. J. Brill 1972) S.86

* Vortrag auf dem Hakone-Symposium, „Der Begriff der Erscheinung——Ost und West——“, das auf Einladung des Kulturwissenschaftlichen Seminars der Tōyō Universität am 18./19. Februar 1997 stattfand.

Die Lehre vom Speicherbewußtsein in der Yogācāra-Schule

Haruhide Shiba

Einleitung

Das das Leben thematisierende Wissen kann nicht dessen Wesen erfassen. Ebenso kann das gegenständliche Wissen darüber nur mutmaßen, obwohl das Leben eigentlich den Ursprung gerade diesen Wissens darstellt. Neuerdings wird immer öfter versucht, durch wissenschaftliche und technische Methoden versucht, das Leben und dessen Ursprung zu simulieren und zu ergründen. Meiner Meinung nach wird es jedoch durch solche Methoden nicht gelingen, dieses Rätsel zu lösen und damit dem Ursprung auf die Spur zu kommen, obwohl das gegenständliche Wissen ja genau dem Leben entstammt. Der Rückweg und somit die Möglichkeit, seine eigene Herkunft zu ergründen, bleibt ihm allerdings verwehrt. Auf welche Art und Weise könnte es also dem Wissen möglich sein, diese Sperre zu durchbrechen und dadurch seine eigenen Wurzeln zu erfahren?

Im vorliegenden Aufsatz möchte ich einen Vergleich zwischen der Phänomenologie und der Philosophie der Yogācāra-Schule anstellen sowie deren Methode vorstellen, diese Sperre zu überwinden, um dadurch das Wesen des Lebens zu erfahren.

In einer anderen Arbeit[1)] habe ich bereits den grundlegenden Standpunkt der Nur-Bewußtseins-Theorie der Yogācāra-Schule erwähnt. Dabei habe ich diesen Standpunkt bisher im Vergleich mit Husserls Gedanken der phänomenologischen Reduktion betrachtet. Im vorliegenden Aufsatz werde ich explizit das Speicherbewußtsein (Ālayavijñāna), welches der zentrale Begriff der Yogācāra-Schule ist, als Thema wählen und untersuchen, auf welche Weise es mit Husserls spätem Denken, insbesondere der transzendentalen Geschichte und der phänomenologischen Leibeslehre zusammenhängt. Auf Grund dieser Untersuchung möchte ich, soweit es mir möglich ist, einen Beitrag zur Suche nach dem Zusammenhang zwischen „Leben“ und „Wissen“ leisten, die eine der wichtigsten Aufgaben der heutigen Philosophie ist.

1. Das Speicherbewußtsein (Ālaya-vijñāna) und die transzendentale Geschichte

Der chinesische Mönch Xuanzang äußert sich in seinen Anmerkungen zu „Nachweis, daß alles nur Bewußtsein ist“[2] wie folgt: „Der Keim erzeugt das aktuelle Bewußtsein. Das aktuelle Bewußtsein räuchert den Keim mit Räucherwerk. Der Kausalzusammenhang dieser drei Momente (der Keim, das aktuelle Bewußtsein und wieder der Keim) ist gleichzeitig.“[3] Mit „Keim“ ist die Fähigkeit gemeint, Wirkung zu erzeugen. Dieser Keim ist im Speicherbewußtsein verankert. Das Problem ist, daß Ursache und Wirkung gleichzeitig stattfinden. Als Erklärung kann man anführen, daß der Keim die transzendentale Bedingung der Möglichkeit der Erfahrung darstellt. Aus diesem Grund treten die Erfahrung und die zugehörige transzendentale Bedingung gleichzeitig auf. Somit könnte man die Transzendentalität des Keimes im Kantschen Sinn verstehen. Meiner Meinung nach jedoch muß der Erklärungsansatz anderswo gesucht werden. Von Beginn an häuft das Speicherbewußtsein Erfahrungen an. Das Individium ist daher als solches ein geschichtliches und weltliches Wesen, und somit zählen auch die die Erfahrung fundierenden Bedingungen zur Geschichte. Hier stehen wir dem Problem gegenüber, daß die transzendentalen Bedingungen, im Gegensatz zur Kantschen Auffassung, also als zur Geschichte gehörig betrachtet werden. Das den Keim mit Räucherwerk räuchernde aktuelle Bewußtsein drückt die Geschichtlichkeit, also die in der Transzendentalität beinhaltete Anhäufung von Erfahrungen, aus. Genau aus diesem Grund weist die Lehre der Yogācāra-Schule eher Parallelen zu Husserls Transzendentalphänomenologie als zur Kantschen Transzendentalphilosophie auf. Diese gegenseitige Beeinflussung von Urbewußtsein und aktuellem Bewußtsein kann bei Kant nicht gefunden werden.

In der Kantschen Lehre ist der Erfahrungsbegriff empirisch, weshalb es seine transzendentale Bedingung erfahrungsgemäß nicht sein kann. Aber in der Nurbewußtseinstheorie ist der Grund des Bewußtseins auch irgendein Bewußtsein, und der oben erwähnte Sachverhalt des Kausalzusammenhang als solches trägt die die Welt konstituierende, transzendentale Funktion, weshalb man sagen kann, daß der Sachverhalt dem Feld der transzendentalen Erfahrungen oder dem des transzendentalen Lebens Husserls entspricht. In diesem Falle scheint es mir, daß die Gleichzeitigkeit des Zusammenhangs das Zeit-konstituierende Geschehen bedeutet, dem die transzendentale Zeitigung entstammt.

Hier sollen wir uns daran erinnern, daß Husserls transzendentales Problem die Selbstfindung der Selbständigkeit ist und daß seine Absicht die „Allheit eines endlosen Lebenszusammenhanges“[4] mit den Habitualitäten zu thematisieren ist. Die transzendentale Reduktion bedeutet, die sich in die eigenen Früchte einschließende „transzendentale Subjektivität“ von der Selbstvergessenheit zu befreien. In dieser Absicht enthüllt Husserl in seiner genetischen Konstitutionsanalyse die Sinnesgeschichte, die alle Geltungssinne impliziert, als „die transzendentale Geschichte“.[5]

Meiner Meinung nach entspricht die potentielle Wirkung des Keimes der Habitualität oder Implikation der Intentionalität, und die im Speicherbewußtsein sedimentierte Anhäufung von Erfahrungen der transzendentalen Geschichte. Auch Iso Kern begreift den Satz Xuanzangs „Das aktuelle Bewußtsein räuchert den Keim mit Räucherwerk“ als die Sedimentierung in der genetischen Phänomenologie und äußert sich wie folgt: „Diese tiefste Stufe von Bewußtsein, welche das

Unterbewußtsein darstellt, beinhaltet die Geschichte eines gegebenen Bewußtseinsstroms in Form von Potentialität oder, akkurater ausgedrückt, Keime (bīja) genannte Tatsachen. Diese Keime sind, wie man in Husserls Sprache sagen könnte, die Sedimentierung der Geschichte eines gegebenen Bewusstseinsstroms, eine Sedimentierung, die die zukünftige Erfahrung des Bewußtseins beeinflußt".[6] Auf diese Weise kann man sagen, daß die latente Fähigkeit des Keimes „in der jeweils konstituierten intentionalen Einheit und ihrer jeweiligen Gegebenheitsweise als eine sedimentierte Geschichte beschlossen ist".[7] Es scheint mir, daß „Ālaya" diese „sedimentierte Geschichte" bedeutet.

Also wird die Offenbarung des Speicherbewußtseins uns an die folgende Selbstfindung des Lebens führen: „In Wahrheit stehen wir in der Alleinheit eines endlosen Lebenszusammenhanges, in der Unendlichkeit des eigenen und des intersubjektiven historischen Lebens, das, wie es ist, eine Alleinheit in infinitum sich forterzeugender, aber im Eindringen in die Gegenwarts-, Vergangenheits-, und Zukunftshorizonte in infinitum sich herausstellender Geltungen ist".[8]

2. Das Speicherbewußtsein(Ālaya-vijñāna) und die phänomenologische Leibeslehre

(1) „Unerkennbarkeit" und „Anonymität"

Der „Nachweis, daß alles nur Bewußtsein ist, in dreißig Versen" handelt von der Bestimmung des Speicherbewußtseins und spricht im dritten Vers davon, daß das Speicherbewußtsein in unerkennbarer Form die Aneignung und die Stätte erfaßt. Die Aufgabe dieses Abschnittes ist es, die Bedeutung von „Unerkennbarkeit" als die Funktion der „Anonymität" zum Ausdruck zu bringen, die als transzendentale Bedingung unserer Erfahrungswelt fungiert. Insbesondere ist hier die durch die phänomenologische Analyse der Kinästhese aufgeklärte Funktion der Leiblichkeit dessen Gegenstand. Die Leiblichkeit hat eine Doppelfunktion, einerseits als Körper zur Welt zu gehören, andererseits als Nullpunkt der Erscheinung die Welt erscheinen zu lassen. Diese Doppelfunktion ist mehr als eine Doppelfunktion; während sie sich gegenseitig verneint funktioniert sie gleichzeitig als zueinandergehöriges Medium. Das Urphänomen, das als Mediumsfunktion Leiblichkeit besitzt, konstruiert zwischen dem Selbst und der Welt, während es gleichzeitig erstmals Weltoffenheit ermöglicht.

Andererseits kann das Speicherbewußtsein auch das von der Leiblichkeit nicht abgrenzbare Bewußtsein genannt werden. Welche Bedeutung hat also die Bestimmung der „Unerkennbarkeit" des Speicherbewußtseins? Das Problem an der „Unerkennbarkeit" ist der Existenzbeweis des Speicherbewußtseins, doch für die folgende Diskussion berufen wir uns auf die dort vorgelegten Tatsachen:
Frage: Wenn es außer dem zum Vorschein kommenden Bewußtsein noch ein Urbewußtsein gibt, müßte dann nicht das Urbewußtsein, solange es ein Bewußtsein ist, eine objektive (noematische) und subjektive (noetische) Seite haben?
Antwort: Sicher gibt es im Urbewußtsein einen objektiven und subjektiven Teil. Doch sind diese unerkennbar.
Frage: Wenn sie unerkennbar sind, wie kann man dann sagen, daß sie tatsächlich existieren?
Antwort: Auch wenn man sich in perfekter Meditation befindet muß es, solange man lebt, das von der Leiblichkeit nicht abgrenzbare Bewußtsein geben.[9)]

Diese Antworten zielen meiner Meinung nach in eine eigentümlich transzendentale Richtung. Letzten Endes gehen sie der Frage nach, aus was ein Lebewesen als Lebewesen besteht, aus was Leben und Tod als solches bestehen. In dieser Diskussion setzt die nicht bejahende Seite des Speicherbewußtseins das zum Vorschein kommende Bewußtsein als objektivierendes Bewußtsein voraus. Sie vermittelt dessen wissentlich erfaßte Dinge als glaubhaft und verleugnet das Erreichen einer ungegenständlichen Dimension, was man mit einer naturalistischen Einstellung gleichsetzen kann.

Demgegenüber sucht die Frage nach der Dimension der Unerkennbarkeit nach der Tiefe dieser Dimension, die die Ebene der Erkennbarkeit entstehen läßt und die Bedingung dieser Möglichkeit darstellt. In diesem Punkt geht diese Frage auf die „Urstätte aller objektiven Sinnbildungen und Seinsgeltungen"[10] zurück, weshalb man sie als die „transzendentale Frage" bezeichnen kann.

Allerdings liegt die Eigentümlichkeit der transzendentalen Frage der Yogācāra-Schule darin, daß sie noch mehr als, so wie Husserl nach der Urstätte der erkennenden Subjektivität, nach dem Ermöglichen der Tatsache, mit dem Leib zu leben, sucht. In diesem Punkt ist es sicherlich keine Übertreibung zu behaupten, daß die transzendentale Frage in der Lehre der Yogācāra-Schule die Reduktion auf den Leib wagt, weshalb man sie durchaus auch als transzendentale Leibeslehre bezeichnen darf.

In welchem Zusammenhang steht also die auf diese Weise entdeckte Leiblichkeit zum Leiblichkeitsbegriff Husserls, der durch den von ihm geprägten Begriff der passiven Urkonstitution erläutert wird? Um etwas Licht in dieses Dunkel zu bringen muß man als Anhaltspunkt die beiden im Zusammenhang mit dem Speicherbewußtsein auftretenden Begriffe „Aneignung" sowie „Stätte" näher beleuchten.

(2) „Die Umwandlung durch die Kraft der Gründe und Ursachen" und „Kinästhese"

Der chinesische Mönch Xuanzang äußert sich in seinen Anmerkungen zu „Nachweis, daß alles nur Bewußtsein ist" zu diesen beiden Begriffen wie folgt:

„ ‚Stätte' bedeutet Standort, d.h. die Umwelt, weil sie der Standort aller Wesen ist. Die Aneignung ist zweifach, nämlich die der Keime und die der Körper mit den Organen. Unter ‚Keimen' ist die Durchtränkung des Speicherbewußtseins mit Merkmal, Namen und Vorstellung zu verstehen. Unter ,Körper mit den Organen' sind die materiellen Organe und der Träger der Organe zu verstehen.

Diese beiden sind vom Speicherbewußtsein angeeignet, d.h. in sein Wesen aufgenommen, weil sie sein Schicksal teilen. Aneignung und Stätte sind der Anhaltspunkt (des Speicherbewußtseins).
Zur Zeit, wo das Speicherbewußtsein durch die Kraft der Gründe und Ursachen seinem Wesen nach entsteht, erfolgt seine innere Umwandlung zu den Keimen und dem Körper mit den Organen, seine äußere Umwandlung zur Umwelt. An dieser Umwandlung hat es seinen Anhaltspunkt, weil durch ihre Hilfe seine Erscheinungsform (=das Bewu ßtsein) zur Entstehung kommt. Dabei ist unter Bewußtsein die auf seinen Anhaltspunkt gerichtete Bewußtseinstätigkeit des Reifungsbewußtseins zu verstehen. Diese Bewußtseinstätigkeit gehört dem Blickteil an. Hier muß man herausstellen, daß die durch die Kraft der Gründe stattfindende Umwandlung eine charakteristische Eigenschaft des Speicherbewußtseins darstellt".[11]

Diese Umwandlung steht im Gegensatz zur Umwandlung der Vorstellung. Gerade dieser Gegensatz gewinnt an Bedeutung, wenn man den Zusammenhang von der Unerkennbarkeit des Speicherbewußtseins und der phänomenologischen Leibeslehre näher betrachtet.
Im 18. der 30 Verse ist davon die Rede, daß das Bewußtsein alle Keime enthält. Dessen Umwandlung entwickelt sich unter gegenseitigen Einfluß mal so, mal so, so daß mal diese, mal jene Vorstellung entsteht. Die Vorstellung wird dadurch verständlich, daß sie durch die Umwandlung begründet ist. Schließlich fungiert die Unwandlung durch die Kraft der Gründe als transzendentale Bedingung für die Umwandlung der Vorstellung, weshalb sie gerade von der Umwandlung der Vorstellung nicht erfaßt werden kann. Genau aus diesem Grund wird sie als Unerkennbarkeit bezeichnet.

Von diesen beiden Arten von Umwandlung spricht Xuanzang: „Die erstere (durch die Kraft der Gründe) hat auf jeden Fall eine bestimmte

Wirkung. Im Gegensatz dazu spiegelt letztere (der Vorstellung) nur einen bestimmten Gegenstand vor. Wenn das Reifungsbewußtsein (das Speicherbewußtsein) sich wandelt, folgt es nur der Kausalität der Reifung (durch die Kraft der Gründe), weshalb die dadurch umgewandelten Daseinselemente (Dharma, z.B. "rūpa" etc.) notwendigerweise reale Wirkung besitzen."[12]

„Reale Wirkung" bedeutet, daß das Speicherbewußtsein seine Welt lebendig erfährt, ohne eine bestimmte Vorstellung von ihr zu haben. Konkreter ausgedrückt heißt dies, daß man in der realen Wirklichkeit z.B. Schmerzen fühlt und als Folge davon auch in Wirklichkeit Schmerzenslaute wie „Aua" ausstößt. „Gegenstände vorspiegeln" dagegen bedeutet einfach nur, sich eine Vorstellung dieser Schmerzen zu machen, ohne diese selber zu erfahren.

Obwohl in der Umwandlung durch die Kraft der Gründe keine Vorstellung vorhanden ist, fungiert schon, noch vor der Entstehung eines Ich-Bewußtseins, ein Mittler zwischen dem Selbst und der Umwelt. Dies entspricht der selbst konstituierenden Funktion der hylischen Momente, letzten Endes also einer kinästhetischen Funktion, die auch Husserl auch in seiner genetischen Analyse der Wahrnehmung beschreibt: „Eine Kinästhese ist undenkbar, die meinen Leib mir erst erfahrbar machen müßte. Auch diese Appräsentation meines Leibes in eins mit der mindestens haptischen Präsentation der aussendinglichen Berührungen etc. ist ein Moment der ursprünglichen Welterfahrung und gehört zu ihr in jedem Moment, in der sie, in welcher Gestalt auch immer, Welterfahrung ist".[13] Durch dieses sogenannte „Dabeisein des Leibes"[14] läßt der Leib auf ungegenständliche Weise die Welt erscheinen und begleitet gleichzeitg verborgen diese Erscheinung. Alle der gegenständlichen Setzungen sowie der Konstitution vorangehenden Welterfahrungen setzen ein „Dabeisein des Leibes" voraus.

Die Umwandlung durch die Kraft und Ursache sowie das „Dabeisein des Leibes" fungieren in gleicher Art und Weise, indem sie beide verborgen die Welt erscheinen lassen, wobei man durchaus von Gemeinsamkeiten zwischen Kinästhese und der Umwandlung durch die Kraft und Ursachen sprechen kann.

(3) Die „Winzigkeit" der Aneignung und die „unscheinbare" Funktion

In Xuanzangs Anmerkungen wird der Grund der Unerkennbarkeit wie folgt erklärt: „Unerkennbarkeit bedeutet, so steht es geschrieben, weil diese Erscheinungsform sehr winzig ist, ist es sehr schwierig, sie zu erkennen. Der Gegenstand der inneren Aneignung ist ebenfalls winzig, da auch die äußere Umwelt unmeßbar ist bezeichnet man sie als unerkennbar."[15]

Hier muß man darauf aufmerksam machen, daß für „Unerkennbar" zwischen den beiden Merkmalen „winzig" und „unmeßbar" unterschieden wird. Die Unmeßbarkeit bleibt im Hintergrund des Horizonts verborgen, dagegen gehört die Winzigkeit zur Tiefendimension, die den Horizont als Horizont ermöglicht.

Die Winzigkeit stellt die Verborgenheit dar, in der die Erkennungstätigkeit vertikal verwurzelt ist. Während die Umwandlung durch die Vorstellung die Welt voraussetzt tritt bei der Umwandlung durch die Kraft der Gründe das Ereignis der Urdistanz als die erste Eröffnung von Welt auf, weshalb man dieses als das transzendentale Geschehen bezeichnen kann.

·Der Begriff der Winzigkeit findet sich ursprünglich zum ersten Mal im Saṃdhinirmocana-Sūtra. Darin steht geschrieben, daß das ādānavijñāna, also das Speicherbewußtsein, „sehr tief und winzig"[16] ist. Dieser Ausdruck beinhaltet, daß die ādāna genannte Funktion nicht nur physiologischer Natur ist, sondern auch Mediumsfunktion trägt, die zwar selbst nicht erscheint, aber die Umwelt erscheinen läßt.

In diesem Sinne weist Winzigkeit auf die unscheinbare Funktion hin, die sich hinter dem Erscheinungshorizont verbirgt und die Welterscheinung ermöglicht. Diese unscheinbare Funktion meint die Bewegung des Selbstverhältnisses des Lebens, die sich in der Tiefendimension der Erfahrung lebendig ereignet.[17] Deswegen zeigt es sich, daß das Speicherbewußtsein nichts anderes als die Selbstfindung des sich ereignenden Lebens ist.

Anmerkungen

1) Haruhide Shiba : Der Begriff der Erscheinung in der Yogācāra-Schule, in : Tōzai ni okeru Chi no Tankyū—Mineshima Hideo Kyōju Koki Kinen Ronshū (Die Suche nach dem Wissen in Ost und West—Festschrift zu Professor Mineshimas 70. Geburtstag) (Hokuju Verlag, Tokyo, 1998)

2) Dharmapāla(530-561) : Vijñaptimātratāsiddhi-śāstra, überliefert nur chinesisch : Xuanzang, CH'ENG WEI-SHIH LUN, 『成唯識論』(Die Taishō -Ausgabe des chinesischen Tripitaka, hrsg. v. J. Takakusu und K. Watanabe, Tokyo, 1925, die Folgenden "T.T.", Bd. 31, Nr. 1585). Französische Übertragung : Louis de la Vallée Poussin (Librarie orientaliste Paul Geuthner, 1928). Englische Übertragung : Wei Tat (The Ch'eng Wei-Shih Lun Publication Committee, 1973).

3) T.T. Bd. 31, S.10, a

4) Vgl. Hua. Bd. VIII, S.153

5) Vgl. Hua. Bd. XVII, S.214-6

6) Iso Kern : Object, Objective Phenomenon and Objectivating Act According to the 'Vijñaptimātratāsiddhi' of Xuanzang (600-664), in : Phenomenology and Indian Philosophy (ed. by D. P. Chattopadhyaya, L. Embree, J. Mohanty, State University of New York Press, 1992), p.265

7) Hua. Bd. XVII, S.252

8) Hua. Bd. VIII, S.153

9) T.T. Bd. 31, S.17, c

10) Hua. Bd. VI, S.102

11) T.T. Bd. 31, S.10, a

12) T.T. Bd.31, S.11, a

13) Hua. Bd. XV, S.304

14) Hua. Bd. XV, S.304, S.312

15) T.T. Bd. 31, S.11, b

16) T.T. Bd. 16, S.692, c

17) Yoshihiro Nitta : Welt und Leben—Über das Selbstgewahren des Lebens bei Kitaro Nishida, Vortrag auf der Freiburger Tagung, „Leben als Phänomen—Freiburger Phänomenologie im Ost-West-Dialog", die auf Einladung des Eugen Fink-Archiv vom 20. bis 24. Juli 2001 in Freiburg i. Br. stattfand. S.4

初出一覧

序　論　唯識思想と現象学についての比較論的諸観点の提示

『比較思想研究』第二五号 (比較思想学会, 1999)

第一部

第一章　唯識思想は観念論か?

宮澤正順博士古稀記念文集『東洋 ── 比較文化』(2003)

第二章　仮説の所依としての識転変 …… (新稿)

第三章　行相と現象学的現出論 …… (新稿)

第四章　唯識四分義と自己意識の問題系

『哲学年誌』第七号 (大正大学哲学会, 2000)

第五章　フッサールにおける「超越論的」という概念 ── カントとの比較を通して ──

*『比較思想』第八號 (比較宗教哲学会, 1989)

第六章　フッサールにおける論理と生 ──「世界」の概念 ──

峰島旭雄他著『近現代の思想フロンティア ── カントからサルトルまで ── 』(北樹出版, 1992)

第二部

第一章　阿頼耶識と現象学的身体論 …… (新稿)

第二章　「異熟」・「一切種」と超越論的歴史 …… (新稿)

第三章　フッサール現象学における超越論的歴史について

*『大正大学大学院研究論集』第一三号 (大正大学, 1989)

第四章　フッサールにおける生活世界と歴史の問題

*峰島旭雄他著『日本文化を読み直す』(北樹出版, 1991)

第五章　意識の「根」としての自然 ── ホワイトヘッド, フッサールを結ぶ視点 ──

*峰島旭雄編著『思想史を読む』(北樹出版, 1995)

第六章　曽我量深の阿頼耶識論

*『教化研究』第一一七号 (真宗大谷派教学研究所, 1997)

第七章　北山淳友の阿頼耶識論

*『近代仏教』第五号 (日本近代仏教史研究会, 1998)

第三部

第一章　三性説をめぐる諸問題 …… (新稿)

第二章　識の有と識の無をめぐる哲学的一考察 ── 唯識思想における「有」・「無」・「空」という言葉の意味について ──

北條賢三博士古稀記念論文集『イソド学諸思想とその周延』(佛教文化学会, 2003)

第三章　唯識思想とフッサール現象学における原的事象への問い

*『哲学年誌』第六号 (大正大学哲学会, 1995)

第四章　廻心の論理の探求 ── 武内義範における転依の問題 ──

*峰島旭雄編著『戦後思想史を読む』(北樹出版, 1997)

第五章　現象学と大乗仏教

『思想』2000年 10月号 (No. 916)「現象学の100年」特集 (岩波書店, 2000)

補遺論文

仏教と科学 ── 認知科学者の仏教理解を手がかりに ──

『佛教文化学会紀要』第一二号 (佛教文化学会, 2003)

生命倫理と「身」の論理 ──「パーソン論」批判の一視点 ──

*峰島旭雄他編著『比較思想の展開』(北樹出版, 1994)

西洋における因果性概念の諸相

*『教化研究』第一〇六号 (真宗大谷派教学研究所, 1991)

アドルノとハイデガー ──「否定」と「性起」──

*『教化研究』第九九号 (真宗大谷派教学研究所, 1989)

ヴィトゲンシュタインと現象学 ── 直接経験への道とその困難性 ──

*峰島旭雄編著『二十一世紀への思想』(北樹出版, 2001)

獨逸語論文

Der Begriff der Erscheinung in der Yogācāra-Schule

峰島旭雄教授古稀記念論集『東西における知の探究』(北樹出版, 1998)

Die Lehre vom Speicherbewußtsein in der Yogācāra-Schule

『哲学年誌』第八号 (大正大学哲学会, 2002)

*印『現象学と比較哲学』(北樹出版, 1998) に既載

마음학 총서 [2]

유식사상과 현상학

초판 1쇄 발행 | 2014년 4월 25일

지은이 하루히데 시바 | 옮긴이 박인성 | 펴낸이 조기조
기획 이성민, 이신철, 이충훈, 정지은, 조영일 | 편집 김장미, 백은주
인쇄 주)상지사P&B
펴낸곳 도서출판 b | 등록 2003년 2월 24일 제12-348호
주소 151-899 서울특별시 관악구 미성동 1567-1 남진빌딩 401호 | 전화 02-6293-7070(대)
팩시밀리 02-6293-8080 | 홈페이지 b-book.co.kr | 이메일 bbooks@naver.com

ISBN 978-89-91706-80-4 93100
정가 | 30,000원